Theory of Hazardous Materials

위험물질론

이론과 실습

현성호 · 차정민 지음

| 제3판 |

도서출판 동화기술

머리말

과학기술의 진보와 동시에 이에 따른 위험물의 수요가 날로 증가하고 있기 때문에 새로운 사고재해의 원인을 동반케한다. 특히, 화학분야에 관계하는 사람들에게는 사고방지를 위해 항상 위험물질에 대한 새로운 지식이 요구되는데, 화재예방 직무에 종사하는 소방직원 또는 경찰관등에게 있어서 화학에 관한 지식은 더욱 더 중요성을 더해간다고 해도 과언이 아니다. 특히, 실습이 병행된 위험물교육의 경우 사고를 우려해 일선교육기관에서 실습을 기피하고 있는 실정이다. 실제로 지난 84년 중앙소방학교에서 일선소방교관이 실습을 재현하다 불의의 사고로 두 팔을 잃는 안타까운 사고도 있었던 터라 더욱이 위험물실습교육은 정체상태에 놓여 있었던 것도 사실이다. 이에 저자들은 이론과 실습을 병행하여 위험물의 위험성을 보다 효과적으로 학습할 수 있도록 본 서를 준비했다. 저자들은 실제 소방안전 및 위험물안전 교육계에 입문하고 오랜 기간 동안 교육현장에서 학생들과 소방공무원들을 대상으로 교육하면서 아쉽게 느꼈던 점들을 실험으로 재현하고자 노력하였으며, 이로 인해 공중파에서도 여러번 방송되었던 실험장면과 관련 동영상 자료의 출처를 교재에 삽입하여 독자의 이해를 돕고자 하였다.

본 교재의 주 독자대상을 소방직원 및 위험물관리자에게 두고 있으며, 이들에게 없어서는 안 될 위험물 화학 교과서처럼 다루었다. 특히, 대학 및 일선소방학교에서 강의가 진행될 경우 이론과 실습을 병행 · 학습할 수 있도록 구성하였으며 위험물에 대해 보다 쉽게 접근할 수 있도록 정리하였다. 그 밖에 산업안전관리과, 화학공업과 및 환경공업과 등등 공업계열의 경우 유해위험물 관리교재로 사용하면 학생들이 흥미를 느끼면서도 상당한 교육적 효과를 볼 수 있도록 화학의 매우 기초적인 내용부터 전문분야에 이르기까지 실용서 있게 기본적인 사항들 위주로 엮었다. 또한 너무 방대하지 않게 필요한 부분들을 선택적으로 정리하였으며, 더불어 본 서는 소방관계자 및 위험물관리자가 아니더라도 학교 및 연구실에 계시는 여러분께 사고 방지 상 중요한 많은 사전지식을 전해줄 것으로 믿는다.

본 서는 시중에 나와 있는 위험물교재와 차별화된 서비스를 제공하고자 각 류별 위험물의 이해를 돕는 측면에서 매 장별로 관련된 실습을 통해 확인할 수 있도록 첨가하였으며 위험물안전관리법상 유별 위험물을 부록에서 한 장의 도표로 이해할 수 있도록 요약 정리하였다. 위험물실습은 변수가 많으므로 실제 교육현장에서는 각별한 주의가 요구된다. 일선 소방관들에게 입사 후 받는 미약한 교육을 본 서를 통해 보완함으로써 실무에 직접 이용할 수 있는 지침서가 되기를 희망하여, 또한 독자들에게 위험물에 대한 깊은 이해를 돕기 위해 소방기술사 및 위험물기능장 시험에서 출제되었던 문제들을 연습문제로 삽입하였으며, 간단한 해설을 첨부하여 학습효과를 높이고자 하였다. 동시에 NCS(국가직무능력표준)에서 중요하게 다루는 수행내용을 부록에 담아 현행 교육지침을 반영하여 실무교재로서 병행하도록 구성에 변화를 주었다.

한편, 모든 화합물에 대해 대한화학회에서 기준으로 설정한 화합물명명법 편수자료에 따라 수정해야 하지만, 아직 위험물안전관리법상 위험물질에 대한 명명법이 바뀌지 않은 상황이라 교육현장에서 혼란을 줄이기 위해 위험물안전관리법상 위험물 명칭으로 통일하고자 하였다. 또한 각종 위험물질에 대한 물성치는 국가위험물정보센터 자료를 활용하여 표기하였다. 이에 대한 독자들의 넓은 이해를 바란다.

앞으로도 여러 선배제현들의 충고를 귀담아 듣고자 하니 많은 질책을 바란다. 교재를 펴내는데 늘 서슴지 않고 흔쾌히 출판을 허락해주신 도서출판 동화기술 대표님께 깊은 감사를 드린다.

사패산 기슭에서 대표저자 씀

목 차

제 1 장 서 론

제 2 장 위험물화학의 기초

제 3 장 물질의 구조

제 4 장 화학반응의 원리

제 5 장 중요한 원소화학

제 6 장 부식성 물질의 화학

제 7 장 물과 반응하는 물질의 화학

제 8 장 유독물질

제 9 장 산화·환원 현상

제 10 장 유기화합물

제 1 장

서 론

화학이란 일상생활에서 사용되는 모든 물질을 취급하는 학문이다. 즉 의약품, 세정제, 의복, 식기류 등의 모든 물질을 생산하는데 가장 기초가 되는 학문으로서 사전적 의미는 물질을 구성하는 성분원소의 조성, 결합형태, 성질의 변화 등을 연구하는 학문이다.

한편, 인류는 불(fire)이라고 하는 것을 사용하면서 현대 문명을 창조했다고 해도 과언은 아니다. 즉 불은 인류의 식생활 문화를 바꾸어 놓았을 뿐 아니라, 도구의 사용을 가능하게 했다. 다시 말해서 진흙을 구워서 식기를 만들고, 청동기, 철기시대로의 발전을 가져 왔으며 야수를 쫓고 등불을 만들어 사용하였다. 그리하여 인류는 불을 숭배하였다. 이러한 초기의 단순한 사용에 따른 불의 숭배는 중세에 이르러 연금술을 탄생시킴으로써 새로운 용도로서 불을 사용하게 되었고 이로 인해 불은 모든 것을 생산하는 기본 성분의 하나라고 인식되어 왔으며 화학의 발전도 이러한 불로부터 시작되었다. 즉, 초기의 화학자들은 주로 연소와 관계되는 기체의 화학을 연구하였다.

17세기에 토리첼리, 파스칼, 보일, 샤를 등은 진공과 가압하에서 기체의 형태와 거동을 연구했으며, 이 연구자들의 연구로 기초화학에 대한 실험기술이 대단히 향상되었다. 18세기에 이르러서는 캐번디쉬, 라브와지에, 프리드리히 등이 연소와 관계되는 산소의 화학반응에 대한 정량적인 연구를 수행하여 화학의 기반을 굳게 다듬었으며, 19세기 들어 아보가드로, 돌턴, 카니자로 등이 화학변화를 원자와 분자의 개념으로 설명하였으며 원자량과 분자량의 확립과 유기화학의 개념과 분자의 기하학적 구조도 이 시기에 정립되었다.

이러한 화학의 기초 위에 현대의 화학공업이 대단히 발전하였으며, 현재 가정에서 사용되는 냉난방시설, 내연기관, 제트엔진 등에 사용되어 인류의 문화생활에 지대한 공헌을 한 불은 반대로 인류 최대의 적이 되기도 했다. 즉 한 번의 화재로 인해 수많은 인명과 재산을 앗아가는 재앙이 되기도 했다.

역사적으로 커다란 재해는 1966년 런던 대화재, 1871년 위스콘신주 페시티고산불, 시카고 대화재, 1949년 중국 중경의 화재 등이 있으며 국내의 경우 1971년 대연각호텔 화재를 비롯하여 1994년 서울 마포구 아현동 도시가스 폭발화재 등 최근의 도시가스나 LPG의 폭발사고 등이 잇따라 발생하고 있으며, 그 피해는 수많은 생명과 재산을 앗아갔다. 따라서 이러한 재해로부터 벗어나기 위해 건설업자, 과학자, 소방기술자, 소방관 등은 대단히 많은 연구를 수행하고 있으며, 오늘날 소방관들은 광범위한 방화프로그램으로 훈련을 받고 있다. 따라서 소방에 관계되는 직종에 종사하는 사람들은 화학의 기초지식을 충분히 습득하여 여러 가지 화재 등에 대비할 수 있도록 준비해야 한다. 그래야만 유용한 자원을 효과적으로 이용하여 화재나 폭발로부터 생명과 재산을 보호할 수 있을 것이다.

1.1 과학의 기초

과학을 연구하는 방법으로 가장 기본이 되는 것은 실험과 이론이다. 실험이란 대다수의 연구자들이 반복해서 수행한 실험의 결과가 동일하게 얻어질 수 있도록 하여야 하는데, 조절가능한 계획적인 과정이다. 과학자들은 실험이 실시된 정확한 상태, 조건, 결과를 기록하고 결과에 미칠 수 있는 조건을 명시해야 한다. 또한, 다른 연구자가 동일한 실험을 수행하여 실험결과를 입증할 수 있는 보고서를 작성하여야 하며, 이러한 일련의 실험결과를 일반화 할 수 있어야만 한다. 그러나 이론은 자연법칙을 일반화하는 것으로 보다 넓은 의미를 갖는다. 법칙이나 이론은 가설로부터 시작된다. 실험과학에 있어서 법칙이나 이론이 갖는 중요성은 연구자의 지식을 체계화하고 장래의 현상을 예측하는데 도움이 되어 새로운 실험을 수행하는 데 그 목적이 있다.

이론이나 법칙은 항상 가설적이다. 즉 실험결과가 이론이나 법칙에서 완전히 벗어나는 경우 그 이론이나 법칙은 의미가 없다. 그러나 과학자들은 수많은 실험을 통한 가설이나 법칙의 유도과정을 과학적 방법이라 하여, 항상 앞서 제기되거나 알려진 이론을 설명하거나 새로운 해석을 수반해야 한다.

1.2 물질의 분류

인류는 누구나 수를 셀 수 없이 많은 물질을 만난다. 공기, 물, 돌, 동·식물 등 지구를 구성하고 있는 모든 것은 모두 서로 다른 종류의 물질이다. 이와 같이 지구상에 존재하는 물질[1)]은 크게 두 가지 방법으로 구분한다.

첫째는 화학적 조성에 따라 원소, 화합물, 혼합물로 분류하는 것이고, 둘째는 물리적 상태에 따라 고체, 액체, 기체로 구분하는 것이다.

혼합물은 2가지 이상의 순물질이 섞여 있는 물질로 소금물과 원유 등은 혼합물에 속한다. 혼합물은 물리적 방법으로 분리하여 순물질을 얻을 수 있고, 화합물은 화학적 방법으로 분해하여 원소를 얻을 수 있다.

1) 그리스의 철학자 엠페도클레스는 모든 물질은 물, 불, 흙, 공기 네 개의 원소로 이루어졌다고 생각했다.

(1) 화학적 조성에 따른 분류

원소(element)는 한 가지 종류의 원자로 구성되어진 물질을 말한다. 일반적으로 널리 알려진 원소의 원소기호, 물리적 성상 등을 표 1.1에 표기하였다. 원소기호는 스웨덴의 화학자 Berzelius가 처음 제안한 것으로 일반적으로는 영문명의 첫 글자나 두 번째 글자까지를 나타내며, 특별히 몇 가지 원소는 라틴어에서 유래되었다. 그리고 원소 명칭은 일반적으로 발견자나 발견장소에 의해 명명된다.

표 1.1 일반적인 원소

원소명	원자 기호	원소의 물리적 외양*	원소 기호**
알루미늄	Al	은백색의 금속	Al
바륨	Ba	은백색의 금속	Ba
브롬(취소)	Br	적갈색의 액체	Br_2
칼슘	Ca	은백색의 금속	Ca
탄소	C		
(흑연)		유연한 흑색 고체	C
(다이아몬드)		견고한 무색 결정	C
염소	Cl	녹황색 기체	Cl_2
크롬	Cr	은백색의 금속	Cr
코발트	Co	은백색의 금속	Co
구리	Cu (cuprum에서 유래)	적색의 금속	Cu
플루오린	F	옅은 황색 기체	F_2
수소	H	무색의 기체	H_2
요오드(옥소)	I	청흑색의 고체	I_2
철	Fe (ferrum에서 유래)	은백색의 금속	Fe
납	Pb	청백색의 금속	Pb
마그네슘	Mg	은백색의 금속	Mg
망간	Mn	회백색의 금속	Mn
수은	Hg	은백색의 액체 금속	Hg
니켈	Ni	은백색의 금속	Ni
질소	N	무색의 기체	N_2
산소	O	무색의 기체	O_2
인	P	황백색의 납질 고체	P_4
칼륨	K (kalium에서 따옴)	유연한 은백색의 고체	K
규소	Si	광택있는 회색의 고체	Si
은	Ag	은백색의 고체	Ag
나트륨	Na	유연한 은백색의 금속	Na
황	S	황색의 고체	S_8
주석	Sn	은백색의 금속	Sn
아연	Zn	청백색의 금속	Zn

* 보통의 조건하에서의 일반적인 원소의 형태
**분자로 존재하는 원소들은 분자식으로 쓴다. 반면에 원자로 존재하는 원소들은 원자기호로 쓴다.

화합물(compound)은 2종류 이상의 원소가 결합하여 형성된 물질로, 그 조성이 일정하다. 즉 동일한 화합물 속에 포함된 원소의 수는 항상 일정하다. 가장 대표적인 화합물은 H_2O, CO_2, HCl, H_2SO_4, CH_4, C_2H_5OH 등이다. 특히, 물은 고대 4원소설 중 하나로서 인정받았으나, 후에 수소가 발견되면서 원소 4원소설에 변화가 오게 되었다. 이때 수소는 고대 라틴어로 「'hydro'(물)+'gene'(생성하다)」로서 "물을 생성하는 원소"라는 말로 유래된다. 한편 일정한 조성과 물리·화학적 성질을 갖는 물질을 순물질이라 하며, 원소와 화합물이 이것에 속한다. 여기서 화학적 성질이란 화학변화를 수반하는 물질의 독특한 성질이다. 예를 들어 황이 연소하여 이산화황이 생성되는데, 이의 반응식은 다음과 같이 표현할 수 있다.

$$S + O_2 \rightarrow SO_2$$

그리고 물리적 성질이란 화학적 변화를 수반하지 않고 그 물질의 특성을 나타내는 성질로서 그 물질의 특성치를 말한다. 즉 밀도, 끓는점, 녹는점, 결정구조, 색상 등이 이에 속한다.

혼합물이란 순수한 물질이 두 종류 이상 섞여 있는 것으로 그 속에 포함된 순물질(화합물이나 원소)의 양에 따라 조성이 변화한다. 이러한 혼합물은 설탕물, 공기, 소금물과 같이 혼합물 전체에서 순물질의 조성비가 일정한 균일 혼합물과 모래, 진흙, 암석 등과 같이 순물질의 조성비가 일정하지 않는 불균일 혼합물로 구별된다.[2)]

(2) 물리적 상태에 따른 분류

모든 물질은 물리적 조건 즉, 온도, 압력이 서로 다른 조건에서 고체, 액체, 기체의 3가지 상태로 존재한다. 예를 들어 1기압 하에서 물은 온도가 0℃ 이하인 경우에는 고체인 얼음, 100℃ 이상에서는 수증기 상태인 기체로 존재하며, 그 사이의 온도에서는 액체 상태인 물로 존재한다. 이와 같이 기체, 액체, 고체의 형태를 물질의 상태(state of matter)라 하며, 3가지 상태로 존재하므로 물질의 삼태라고도 한다.

물질의 형태는 압축성, 유동성 및 비중 등의 성질에 따라 특징져진다. 여기서 압축성이란 어떠한 형태를 갖는가를 의미한다. 즉 기체나 액체의 경우에는 용기의 형태에 따라 움직여 모양이 변화하나 고체의 경우 특정한 한 가지 형태를 갖는 것이다.

2) 아르키메데스(B.C. 287~B.C. 212)는 시라쿠사의 왕 하에론으로부터 연금술사에게 받은 왕관이 순금인지 알아내라는 의뢰를 받고, 목욕을 하다가 부력의 원리로부터 서로 다른 물질은 같은 무게라고 해도 부피가 다르다는 점을 깨달아 왕관이 순금이 아니고, 금과 은의 혼합물로 만들어졌다는 것을 판별한다.

1.3 단위계

화학뿐 아니라 모든 과학은 앞서 언급한 바와 같이 실험을 통해 이론이나 법칙을 규명하거나 보완해야만 한다. 따라서 실험값의 측정을 위해서는 측정값의 단위가 매우 중요하다. 즉 거리를 측정한다면 미터(m), 인치(in), 피트(feet) 등의 단위를 사용하며 질량을 측정하기 위해서는 그램(g), 파운드(lb), 킬로그램(kg) 등의 단위가 필요하고 부피의 경우에는 입방미터(m^3), 입방인치(in^3), 리터(L) 등의 단위가 반드시 필요하다. 그러나 이러한 측정값의 단위는 국가나 실험자에 따라 다르기 때문에 특별히 통일된 단위가 필요하였다. 그리하여 1791년 프랑스의 과학기술위원회는 현재 가장 널리 사용되는 단위인 미터법을 고안하였다. 이 단위계는 대다수의 국가에서 폭넓게 사용되었다. 그러나 몇몇 유럽 국가나 미주 국가에서는 질량단위로 파운드, 길이 단위로 피트를 사용하는 FPS단위계를 주로 사용하였다. 따라서 통일된 단위계의 필요성이 절실해졌으며, 이에 따라 1960년 도량형에 관한 표준화기구에 의해 국제단위로 미터법을 기준으로 한 SI단위계(System International Unit)가 채택되었다.

SI단위계는 7개의 기본 단위를 가지고 있으며, 다른 유도단위는 측정값에 따라 기본단위의 조합에 의해 결정되었으며 십진법의 접두어로서 측정치의 배수와 약수를 나타낸다.

여기서 온도단위인 절대온도(K, Kelvin)는 섭씨온도에 273.15를 더한 값이다.

$$T(K) = T(℃) + 273.15$$

한편 SI단위계에서 사용되는 대표적인 유도단위 몇 가지를 살펴보면 부피는 m^3이며, 주로 사용되던 리터(L)의 1000배에 해당하는 값이다.

$$1\,L = 10^{-3}\,m^3 = 1000\,mL$$

압력에 대한 SI단위는 파스칼(Pa, N/m^2)이나 이 단위가 매우 적기 때문에 두 개의 또 다른 단위가 사용되며, 그것은 대기압(atm)과 mmHg 또는 Torr라고 하는 수은주 단위이다.

$$1\,atm = 1.01325 \times 10^5\,N/m^2 = 1.01325 \times 10^5\,Pa = 101.325\,kPa$$

$$1\,atm = 760\,mmHg = 760\,torr$$

표 1.2 SI 기본단위

양	단위	기호
길이	미터	m
질량	킬로그램	kg
시간	초	s
온도	켈빈	K
물질의 양	몰	mol
전류	암페어	A
광도	칸델라	cd

표 1.3 유도단위

양	양의 정의	SI단위
면적	길이의 제곱	m^2
부피	길이의 세제곱	m^3
밀도	단위부피의 질량	kg/m^3
속력	단위시간 동안의 이동거리	m/s
가속도	단위시간 동안의 속도변화	m/s^2
힘	물체의 질량과 가속도의 곱	$kg \cdot m/s^2$ (=N)
압력	단위면적에 작용한 힘	$kg/m \cdot s^2$ (=Pa)
에너지	힘과 이동 거리와의 곱	$kg \cdot m^2/s^2$ (=J)

표 1.4 SI 접두어

배수	접두어	기호
10^{18}	exa	E
10^{15}	peta	P
10^{12}	tera	T
10^9	giga	G
10^6	mega	M
10^3	kilo	k
10^2	hecto	h
10	deka	da
10^{-1}	deci	d
10^{-2}	centi	c
10^{-3}	milli	m
10^{-6}	micro	μ
10^{-9}	nano	n
10^{-12}	pico	p
10^{-15}	femto	f
10^{-18}	atto	a

1.4 물질의 밀도

만약 1개의 물질이 특정한 부피를 가지고, 그 질량이 확인된 경우에 그 질량을 부피로 나눈 값을 밀도라 하며, 4℃ 물의 밀도로 어떤 물질의 밀도를 나눈 값을 비중이라 한다.

$$밀도 = \frac{질량}{체적} \quad 또는 \quad d = \frac{M}{V}$$

(1) 물(H_2O)

비중(比重)이란 어떤 물질의 밀도와, 표준물질의 밀도와의 비라고 정의하며 상대밀도라고도 한다.

온도 및 기압 조건이 따로 제시되지 않았다면 일반적으로 고체 및 액체에 대해서는 표준물질로서 4℃, 1 atm 아래의 물을 취하고, 기체에 대해서는 0℃, 1 atm인 공기를 기준으로 한다. 비중은 무차원수(無次元數)이며 기체의 경우 온도 및 압력 따라 달라진다. 하지만 고체·액체에 경우에는 그 값이 소수점 이하 5자리까지 밀도와 일치한다. 따라서 비중과 밀도는 그 값이 같다고 생각해도 무방하다.

고체·액체의 표준물질인 물은 4℃, 1 atm 아래에서의 밀도가 최대값(1 g/cm^3)을 갖는다. 따라서 표준물질로 사용하는 것이다. 이는 물이 **수소결합**[3](Hydrogen bond)으로 인해 몇 가지 특성이 나타나기 때문이다.

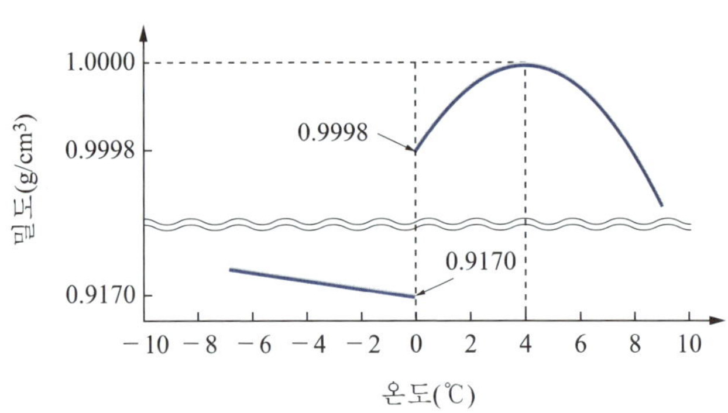

3) 수소결합 : N, O, F 등 전기 음성도가 강한 원자와 수소를 갖는 분자가 이웃한 분자의 수소 원자 사이에서 생기는 인력으로 일종의 분자간 인력(분자 사이에 끌어당기는 힘)이다. 수소결합을 하는 물질은 분자량이 비슷한 다른 분자들에 비해 녹는점과 끓는점이 높고, 융해열과 기화열이 크다. 이는 수소결합을 하고 있는 물을 소화약제로 사용하는 주된 이유 중 하나이다.

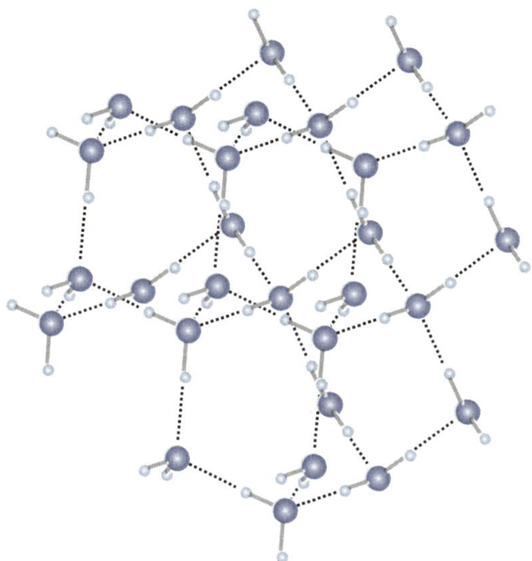

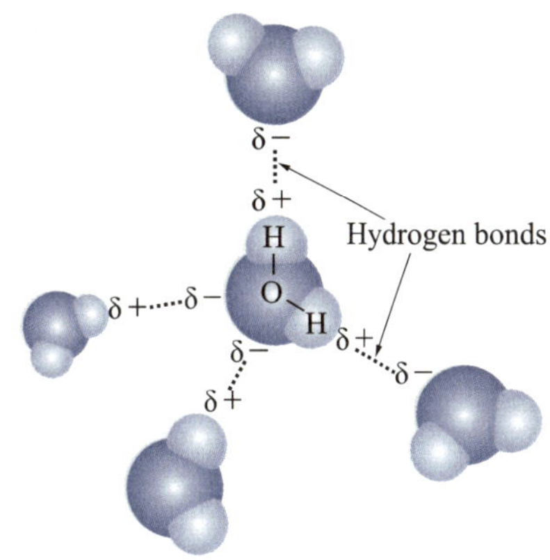

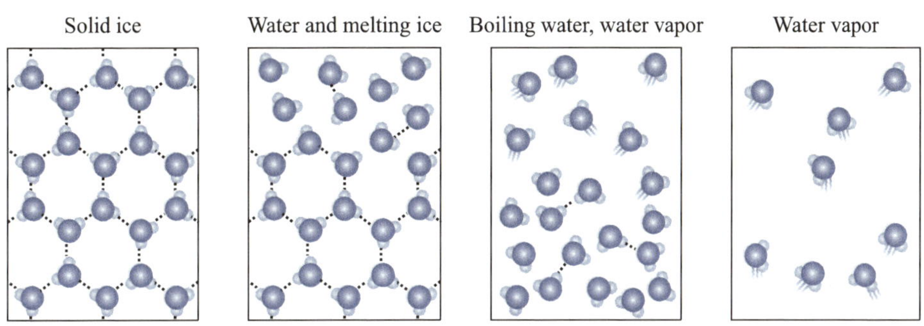

구분	0℃ 이하 (얼음)	0℃ (얼음→물)	0~4℃ (물)	4℃ 이상 (물)
현상	· 분자의 열운동 → 팽창	· 상태변화 · 수소결합 일부 해체	· 분자의 열운동 → 팽창 **· 수소결합 해체 → 부피감소**	· 분자의 열운동 → 팽창
부피	증가	감소	감소(최소)	증가
밀도	감소	증가	**증가**(최대값 : 1 g/cm^3)	감소

물의 온도가 높아져 4℃ 이상이 되면 수소결합은 해체되고 분자의 열 운동 에너지에 의해 부피가 팽창하게 된다. 하지만 온도가 낮아지면 수소결합에 의한 인력의 증가로 인해 부피가 감소하게 된다. 온도가 더 낮아져 0℃ 이하가 되면 수소결합에 의해 분자가 규칙적으로 배열되어 육각구조가 나타나게 되며 이때, 액체상태의 무질서한 분포보다 분자 사이의 빈 공간이 많아지게 되어 부피는 다시 증가하게 된다. 따라서 얼음은 같은 질량의 물보다 부피가 커지는 현상이 발생한다.

부피의 변화가 생기는 전환점이 4℃ 부근이다. 4℃에서의 물 분자는 운동에너지에 의한 부피팽창의 효과도 있지만 수소결합이 완전히 해체되기 때문에 부피감소 효과가 더 크게 나타난다. 따라서 부피는 최소가 되고 반대로 밀도는 최대가 된다. (4℃에서의 물 밀도 : 1 g/cm^3)

물의 밀도가 4℃에서 최대가 되기 때문에 빙하가 바닷물 위에 떠 있는 현상, 겨울철 암석의 풍화, 겨울철 강이나 호수가 윗부분부터 얼어 수중 생태계가 보호되는 등의 현상이 발생한다.

예를 들어 4℃ 물 1 cm^{3}은 1 g의 무게를 갖는다. 따라서 물의 밀도는 1 g/cm^{3}이며, 비중은 1.00이다. 같은 방법으로 측정을 하면, 납은 1 cm^3 당 11.34 g이므로 밀도는 11.34 g/cm^{3}이고 비중은 11.34이다.

표 1.5에 일반적인 물질의 비중을 표시하였다. 이 표에서 온도를 표시한 것은 물질의 부피가 온도에 따라 변화하므로 밀도도 달라지기 때문에 특정한 온도에서의 밀도에 대한 값임을 표시하는 것이다. 과학의 영역에서는 액체와 고체의 밀도는 1 cm^{3}당 g수로 측정되고 단위는 g/cm^{3}으로 표시하며, 기체의 밀도는 1 L당 g수로 표시된다. 미터법에서 물은 1 cm^{3}으로 표시되기 때문에 물의 밀도는 1 g/cm^{3}가 된다.

물질의 밀도를 측정하는 가장 간단한 방법은, 그 무게를 잰 다음 그 부피를 측정하여 질량을 부피로 나누어 주면 된다. 예를 들어 454 g의 수은의 부피가 33.5 cm^{3}이었다면 수은의 밀도는 454/33.5 = 13.56 g/cm^{3}이 된다.

표 1.5 일반적인 액체와 고체의 비중

물질	비중 (at 20℃)
아세톤	0.792
알루미늄	2.70
벤젠	0.879
이황화탄소	1.274
사염화탄소	1.595
클로로포름	1.489
에틸에테르	0.730
에틸알코올	0.791
가솔린	0.66~0.69
등유	0.82
납	11.34
은	13.6
수은	10.5
황	2.07
테르펜	0.87
물(4℃)	1.00

만약, 어떤 고체물질이 규칙적인 기하학적 형태를 갖고 있다면 그 부피는 계산에 의해 결정할 수 있다. 여러 가지 기하학적인 형태에 대한 부피식은 잘 알려져 있다. 만약 불규칙한 형태를 한 고체물질의 부피를 측정하려고 한다면 그 부피는 용액이 담겨진 눈금실린더에 그 물질을 넣어서 변화한 부피를 측정함으로써 확인할 수 있다. 실제로 순수물질의 밀도는 측정할 필요가 거의 없다. 왜냐하면 순수한 물질의 밀도는 거의 알려져 있기 때문이다.

어떤 물질의 밀도와 그것과 같은 부피의 4℃ 물의 밀도비를 비중이라 하는데, 이 값은 단위가 없는 무차원수이다.

$$\text{비중} = \frac{\text{물질의 밀도}}{4℃\ \text{물의 밀도}} = \frac{\text{물질의 중량}}{\text{동일체적의 물의 중량}}$$

예를 들어 구리 덩어리의 중량이 100 g이고, 그것과 같은 부피의 물의 무게가 40 g이었다라고 하면, 이 구리는 물의 2.5배의 무게를 갖는 것이며 구리의 비중은 2.5이다. 물질의 무게를 재고, 다음에 그것과 같은 부피의 물의 중량을 재는 것이다. 이 두 양의 비가 그 물질의 비중이 된다.

순수 액체 및 용액 비중을 측정하는 가장 일반적인 방법은, 비중계를 이용하는 것이고, 비중계는 추가 들어있는 진공관이 붙어있는 원통상의 유리관으로 되어 있으며, 그것은 액체 또는 용액 속에 수직으로 떠있는 형태이다(그림 1.1). 측정하고자 하는 용액은 가늘고 긴 유리용기 속에 담겨져 있고 비중계는 그 액체 속에 떠 있다. 다음으로, 비중계의 유리관이 액체 표면과 접촉하고 있는 부분에서 유리관 안쪽에 새겨진 눈금을 읽는다. 염류용액, 알코올 및 산 용액의 비중은 그 수용액의 농도를 계산하는데 이용된다.

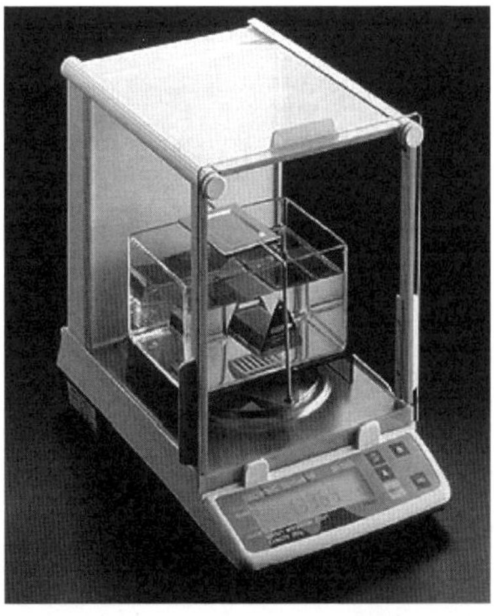

그림 1.1 전자 비중측정기(중량비중치를 알고 있는 고체 시료를 측정물 내에 걸어서 비중을 계산하는 방법이다)

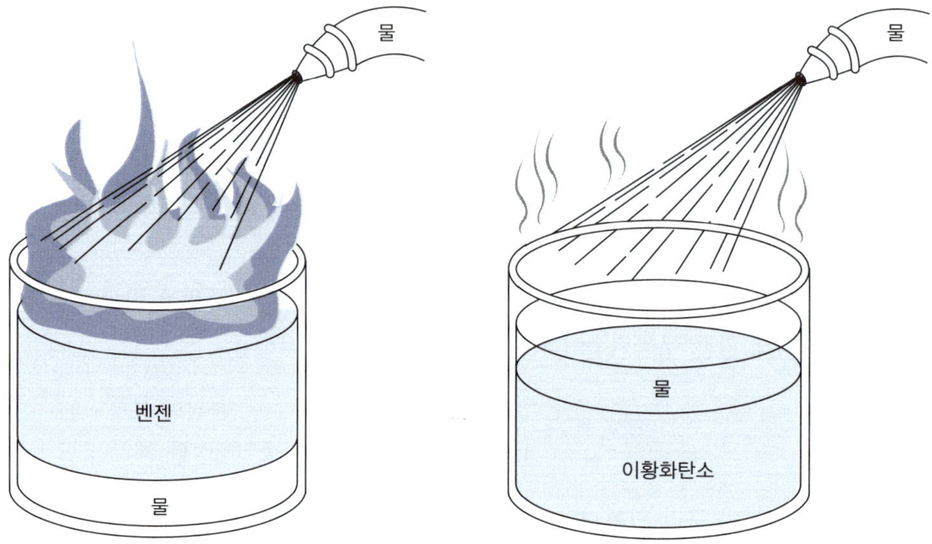

그림 1.2 벤젠(비중 0.879)이 타고 있는 드럼통에 물을 더해도 불을 끌 수는 없다. 물이 벤젠의 밑에 가라앉아 버리기 때문이다. 그러나 타고 있는 이황화탄소(비중 1.274) 드럼통이면 물로 효과적으로 끌 수 있다. 물이 이황화탄소의 액면 위로 떠올라 공기를 차단해 버리기 때문이다.

액체 비중은 물과 비교하여 측정되어진다. 만약 이들 액체가 1이하 비중을 가지며, 그리고 그것들이 물과 섞이지 않는 경우에는 액체는 물 위에 떠오르게 된다.

공업에 사용되는 액체 중에는 물에 뜨는 물질이 많다(그림 1.2). 또 액체 중에는 1.0보다도 큰 비중을 가진 물질은 물보다도 무겁다. 물보다 가벼운 가연성 액체의 화재 시에 소화제로 물을 사용하는 것은 유효하지 않다. 왜냐하면, 물은 타고 있는 액체 밑으로 가라앉아 버리기 때문이다. 만약 그 액체가 용기 속에 있지 않은 경우에 물은 가연성 액체를 확산시켜 화재범위를 확대시킨다.

액체와 고체의 경우 비중은 그 중량과 물의 중량과의 비로 결정되나, 증기는 공기 중량과의 비로 결정된다. 즉, 기체의 비중은 기체의 중량을 동일부피를 갖는 공기의 중량으로 나눈 값이다. 건조한 공기는 실제로 여러 가지의 기체 혼합물이지만, 공기는 1.29 g/L의 밀도를 가지고 있다. 여기서 기체 산소의 밀도는 1.43 g/L이기 때문에 산소 기체 비중은 공기에 대해 1.11이다. 여기서 주의해야 할 점은 액체나 고체의 경우에서와 마찬가지고 기체의 밀도를 표시할 때는 온도를 반드시 표시해야 하며, 특별히 온도가 표현되지 않는 경우에는 0℃, 1기압 상태를 나타내며, 이때의 모든 기체의 밀도는 분자량을 몰부피, 즉 22.4 L/mol로 나눈 값이 된다. 따라서 기체의 0℃, 1기압 하에서의 비중은 분자량의 비와 같다.

$$\text{산소기체 비중} = \frac{\text{산소밀도}}{\text{공기밀도}} = \frac{1.43\ \text{g/L}}{1.29\ \text{g/L}} = 1.11$$

$$\text{기체의 밀도} = \frac{\text{분자량 (g/mol)}}{22.4\ \text{L/mol}}\ \text{at 0℃, 1기압}$$

몇 가지의 일반적인 기체 비중은 표 1.6에 기재되어 있다. 어떤 기체의 비중을 알면 위험성 평가에 도움이 된다. 만약 어떤 가스의 기체 비중이 1.0보다 큰 경우에는 그 가스는 공기보다도 무거운 것이다. 이런 종류의 가스가 밀폐된 실내에 놓인 용기에서 누출되었을 경우, 그것은 한 곳에 높은 농도로 모여 농도가 낮은 곳으로 흘러가는 경향을 나타낸다. 특히 가연성 가스 또는 가연성 액체의 증기가 어느 농도 이상이 되면 중대한 화재의 위험을 갖게 된다. 만약 그 물질이 유독성을 갖는다면 비교적 낮은 장소에 높은 농도가 발생하므로, 중대한 건강상 위험을 일으키게 되며, 인화성인 경우 누출을 탐지할 수 없어 대형화재의 원인이 되기도 한다. 그림 1.3은 이와 같은 현상을 나타낸 것이다.

이것에 비해서 만약 어떤 가스의 비중이 1.0보다 낮은 경우에 그 가스가 용기 안에 갇혀져 있지 않은 경우 위쪽을 향해서 달아나는 경향을 나타낸다. 밀폐된 실내에서는 가벼운 가스는 위로 상승하여 열려진 창문을 통해서 외부로 달아난다. 가벼운 가스는 무거운 가스의 경우와 다르게 한 장소에 농축되거나 축적되지 않는다.

표 1.6 위험성이 있는 기체비중

가스	밀도 (g/L, 0℃)	기체비중(공기=1)
아세틸렌	1.16	0.899
암모니아	0.76	0.589
이산화탄소	1.96	1.52
일산화탄소	1.25	0.969
염소	3.17	2.46
불소	1.70	1.32
수소	1.09	0.07
염화수소	1.63	1.26
시안화수소	1.21	0.938
황화수소	1.52	1.18
메탄	0.714	0.553
질소	1.25	0.969
산소	1.43	1.11
오존	2.14	1.66
프로판	1.96	1.52
이산화황	2.86	2.22

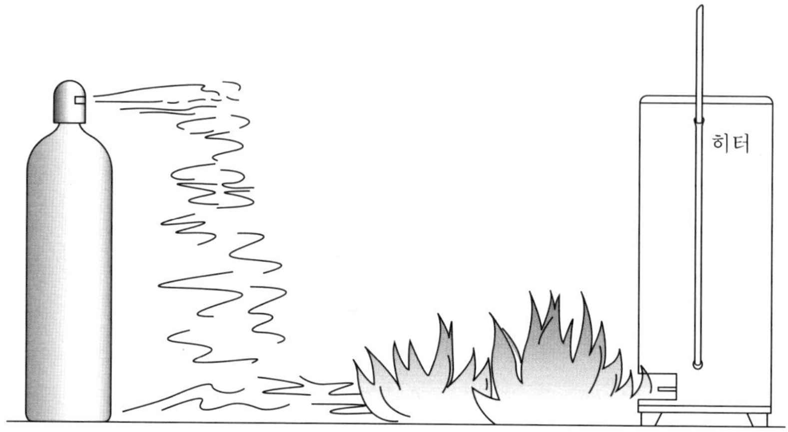

그림 1.3 어떤 물질의 증기가 공기보다 무거우면 그것은 낮은 곳에 체류하기 쉽다. 만약 그 증기가 가연성이라면 성냥불 등의 점화원을 가까이 대면 손쉽게 발화하게 된다. 이 경우 불씨는 점점 새고 있는 연료원 쪽으로 역화한다.

가벼운 가스는 확산속도가 빠르기 때문에 만약 그 가스가 확실한 악취를 가지고 있는 경우에는 빠른 시간에 가스를 감지할 수 있다. 무거운 가스는 공기 중에 확산되기 전에 오랜 기간 낮은 부분에 체류한다. 그러나 시간이 어느 정도 흐르면 모든 기체는 비중과 관계없이 무한으로 공기와 혼합된다.

불연성이면서 무거운 가스는 소화제로 사용되기에 적합하다. 이산화탄소의 기체 비중은 1.52이다. 따라서 이 가스의 흐름을 화재의 연소부분에 방사하면 그것은 가연성 가스나 증기가 공기와 접촉하는 것을 막는다. 이산화탄소는 불 위에 피복효과를 만들어 연소를 지지하는 공기를 차단하거나 희석하기 때문에 가연성 가스의 화재에 적절한 소화제로 사용된다.

1.5 온도

열과 온도는 밀접한 관계가 있다. 즉 뜨겁고, 차가운 정도를 검지할 수 있는 척도가 온도이며, 온도라는 것은 물체가 갖는 열을 정량화하는 방법이다.

온도계는 물질의 온도를 측정하기 위해서 가장 보편적으로 이용되는 기구이다. 온도계의 눈금에는 몇 가지 종류가 있다. 각각의 눈금은 온도에 따라 정확히 변화하는 물질의 성질을 이용해서 만들어지는데, 예를 들어 열에 대한 액주의 길이, 금속선의 전기저항, 가스의 압력 또는 부피변화 등의 성질이다. 어떤 눈금을 결정하기 위해서 2개의 표준이 되는 점이 선택되고, 이 점에 대해서 적당한 값으로 분배한다. 빙점이라 불리는 한 개의 기준 온도는 해면의 높이에서 공기로 포화된 물이 어는 온도이다. 비점이라 불리는 제2의 온도는 같은 해면의 높이에서 순수한 물을 비등시키는 온도이다. 미국에서 보통 이용되고 있는 화씨 온도 눈금은 각각 32°F와 212°F로 규정되어 있다. 이것에 비해 세계 대부분의 나라에서 사용되고 있는 섭씨 눈금은 빙점은 0℃, 그리고 비점은 100℃이다.

유리관에 액체를 넣어 봉한 액주온도계를 이용하면 이들 기준의 온도범위 내의 어느 온도라도 측정할 수 있다. 섭씨 눈금에서는 액주의 높이를 빙점과 비점 사이에서 100등분한다. 구분 하나는 섭씨 1도로 1℃의 약자로 기록된다. 화씨 온도계는 32도와 212도 사이를 180등분으로 나누었다. 각 구분은 화씨 1도이며, 1°F로 기록한다.

이 두 가지 섭씨온도와 화씨온도의 관계는 다음 식으로 표현된다.

$$T(°F) = 1.8T(℃) + 32$$

수은은 대부분의 온도계에 이용되는 액체이다. 수은은 −40℃에서 응고하며, 약 360℃에서 기화한다. 따라서 수은을 넣은 보통의 온도계는 그저 −40℃에서 360℃까지의 제한된 온도범위에서 이용된다. 이 온도범위 밖에서는 다른 장치가 온도 측정에 이용된다. 예를 들어 열전대, 저항온도계 및 고온계 등이 있다. 과학적 이론 또는 실험은 도달할 수 있는 최저의 온도한계가 있음을 명확히 하고 있다. 그 최저온도 −273.15℃를 절대영도라 부르는데, 여기서 켈빈온도 즉 절대온도는 다음과 같이 규정된다.

$$T(K) = T(℃) + 273.15$$

1.6 압력

압력은 어떤 면적에 대해 수직방향으로 가해지는 힘으로 정의된다. 따라서 압력의 힘과 면적의 단위로 표시되며, 예를 들어 1 cm^2당 kg수(kg/cm^2)이다. 어떤 물체 위에 있는 공기층의 중량이 대기압 현상을 만드는 것이며, 해면의 높이에서 대기에 의해 만들어진 압력은 수은주 76 cm를 유지한다. 이 압력을 1기압(atm)이라 하며, 다음과 같이 나타낼 수 있다.

$$1기압 = 76\ cmHg = 760\ mmHg = 14.7\ psi = 14.7\ lb_f/in^2 = 101.325\ kPa$$

대기압은 지구 대기가 지구표면을 누르는 압력이며, 기압계에 의해 기록되지만, 용기 내에 갇힌 가스 또는 액체 증기 압력은 통상 적당한 압력계를 이용해 측정된다. 대기압은 항상 모든 장치에 영향을 미치기 때문에 압력계는 통상 압력계가 가리키는 가스압력에 대기압이 더해진 압력을 측정하는 것이다. 여기서 진짜 압력은 절대압력이라 표시하며, 이는 표준압력(계기압력)에 대기압을 더한 값이다. 즉 완전 진공을 0으로 기준하여 측정한 압력이 절대압력이다. 한편 대기압보다 낮은 상태의 압력을 진공압력이라 한다.

절대압력 = 대기압 + 게이지압 = 대기압 − 진공압

만약 어떤 액체가 밀폐된 용기 속에서 특성 온도로 밀폐되어 있으면 그 소량이 액체 위의 공간으로 증발하게 되고, 그 액체와 증기 사이에 평형상태가 생긴다. 이러한 상태의 평형을 동적평형이라 한다.

동적평형이란, 2개의 대립하는 변화가 동시에 일어나는 것을 의미한다. 밀폐된 액체의 일부는 기화하지만, 증기의 일부는 다시 액체 상태로 응축한다. 어떤 주어진 온도에서 액체와 평형상태에 있는 증기에 의해 만들어지는 압력을 그 온도에 대한 액체의 증기압이라 부른다.

증기압은 액체가 가진 통상적인 성질이며, 그것은 온도와 더불어 변화한다. 액체의 온도가 증가할수록 액체는 점점 많이 기상으로 증발하고 압력도 증가한다.

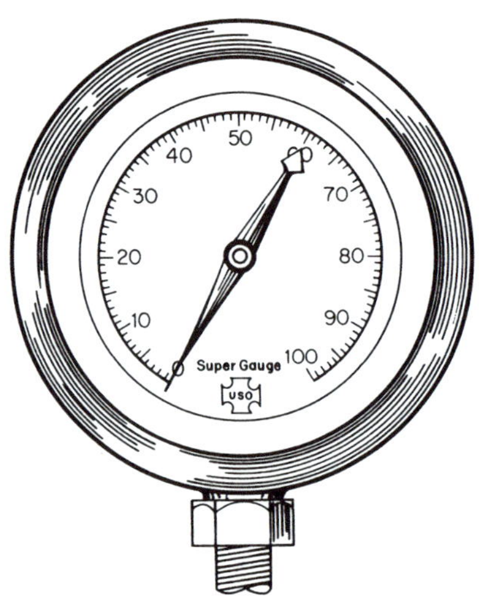

그림 1.4 실제로 측정된 압력과 대기압과의 차를 표준(게이지)압이라 부르고, 따라서 그림과 같이 게이지 압력이 0인 경우의 절대압력은 약 1 kg/cm^{2}이다.

표 1.7 일반적인 액체의 증기압

온도(℃)	물(mmHg)	에틸알코올(mmHg)	벤젠(mmHg)
−10	2.1	5.6	15
0	4.6	12.2	27
10	9.2	23.6	45
20	17.5	43.9	74
30	31.8	78.8	118
50	92.5	222.2	271
75	289.1	666.1	643
100	760.0	1693.3	1360

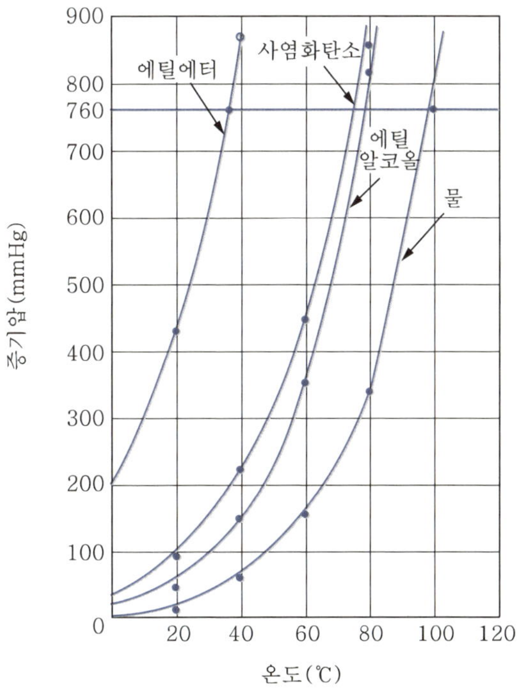

그림 1.5 온도에 따른 액체증기압의 변화

표 1.7 및 그림 1.5는 여러 가지 액체에 대해서 전형적인 증기압-온도의 데이터를 나타낸 것이다. 높은 증기압을 갖는 가연성 액체는 일반적으로 낮은 증기압의 물질에 비해 위험도가 높다. 즉 주위로부터 열을 받는 경우 증기의 발생은 비교적 높은 증기압을 가진 액체일수록 손쉽게 일어난다. 따라서 증기압이 높은 물질은 증기발생량이 많기 때문에 인화위험성이 크다. 또한 높은 증기압을 갖는 유독물질은 일반적으로 낮은 증기압을 갖는 다른 유독물질에 비해 한층 더 중대한 건강장해를 일으키는 물질로 분류되는데, 이는 발생된 증기량이 많을수록 흡수량이 많아지기 때문이다.

어떤 액체가 임의의 온도에서 증기압이 대기압과 같다면, 그 액체는 비등하며 이 점을 비등점이라 한다. 액체 속에서 증기거품이 발생하고, 액면까지 상승하여 대기중으로 달아나는 현상이다. 증기거품은 거품 속의 증기에 의해 생기는 압력은 최소한 액면을 누르는 대기압과 같아야 한다. 만약 대기압이 정확하게 1기압일 경우, 물의 비등점은 정확히 100 ℃이다. 대기압이 증가하면 액체를 비등시키는 데 필요한 온도 또한 증가한다.

실험 1-1. 밀도(density) 측정

1. 목 적

화학실험에서 시료의 양을 정확히 측정하고 적절하게 처리하는 것은 매우 중요하다. 이 실험에서는 저울로 시료의 무게를 측정하고, 액체 및 고체의 부피를 측정하여 실험값의 오차처리 방법에 유의하면서 시료의 밀도를 얻는다. 특히, 저울로 질량을 측정하는 법을 배우고 액체 및 고체의 부피를 측정하는 방법을 실습하며, 또한 화학실험에서 취급하는 유리기구들을 불순물이 없도록 깨끗하게 세척하는 법도 익히도록 한다.

2. 기구 및 시약

눈금실린더(graduated cylinder) 50 mL
비커(beaker)
온도계(thermometer)
저울(Dial-balance)
뷰렛(burette)
증류수(distilled water)
스포이드(spoide)
벤젠(benzene, C_6H_6)
이황화탄소(carbon disulfide, CS_2)

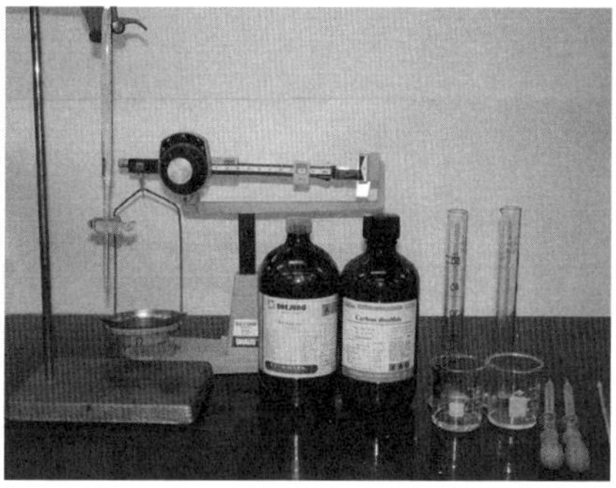
그림 1 실험 준비물

3. 원 리

밀도는 물질의 기본적인 물성으로 물질의 부피와 질량의 상호관계를 측정한 물리량이다. 밀도는 일정한 온도와 압력 하에서 측정되어야 한다. 왜냐하면 일정량의 물질의 질량은 온도나 압력의 변화에 의해서 변하지 않으나 부피는 변하여 밀도가 변하기 때문이다. 따라서 밀도는 단위부피에 대한 질량(g/cm^3 또는 g/mL)으로 표시하므로, 밀도를 측정하려면 일정한 온도와 압력 하에서 물질의 질량과 부피를 정확히 측정해야 한다. 일반적으로 물질의 질량을 측정하는 것은 매우 쉬우나 부피를 정확히 측정하는 것이 매우 어려우므로 정확한 부피측정을 위한 방법도 실습하도록 한다.

4. 실험방법

(1) 눈금실린더의 보정

① 깨끗한 비커에 증류수 50 mL를 취하고 온도계를 꽂아 온도를 측정하여 기록한다.
② 눈금실린더의 질량을 3회 반복 측정하여 평균을 낸다.
③ 증류수 30 mL를 가하여 3회 반복 질량을 측정하여 평균을 낸다.
④ ③~②를 하여 물의 무게를 구한다.
⑤ 물의 부피를 질량으로 나누어 물 1 g에 대한 겉보기 부피를 구한다.
(참부피가 물 1 g에 대한 부피이므로 겉보기 부피도 물 1 g에 대한 부피를 구한다.)

$$\text{겉보기 부피} = \frac{\text{부피}}{\text{질량}}$$

⑥ 물 1 g을 어떤 온도에 있어서의 밀도로 나누면 참부피가 된다.

$$\text{참부피} = \frac{1}{\text{밀도}}$$

(여기서, 밀도는 실험실 온도에서의 물의 밀도)
⑦ 따라서, 참부피와 겉보기 부피를 알 수 있으므로

$$\text{보정계수}\,(f) = \frac{\text{참부피}}{\text{겉보기 부피}}$$

※ 액체시료의 경우 눈금실린더의 양이 정확하지 않으므로 좀 더 정확한 부피를 알기 위해 보정계수를 구한다. 보정계수와 실제부피를 곱하면 보다 정확한 부피를 구할 수 있다.

(2) 액체시료의 밀도측정

① 50 mL의 눈금실린더에 메틸알코올을 5~10 mL를 넣고 흔들어 세척한 후 버린다. (눈금실린더의 잔존수분을 증발시킨다.)
② 빈 눈금실린더의 무게를 잰다.
③ 위 눈금실린더에 액체시료를 일정량 넣고 부피, 질량을 3회 반복 측정하여 평균값을 구한다.
④ ③~②를 하여 액체시료의 질량을 구한다.
⑤ 취한 부피에 보정계수를 곱하여 보다 정확한 실제부피를 구한다.

$$\text{실제부피} = \text{취한부피} \times \text{보정계수}(f)$$

⑥ 액체시료의 밀도 $= \dfrac{\text{액체시료의 질량}}{\text{실제부피}}$

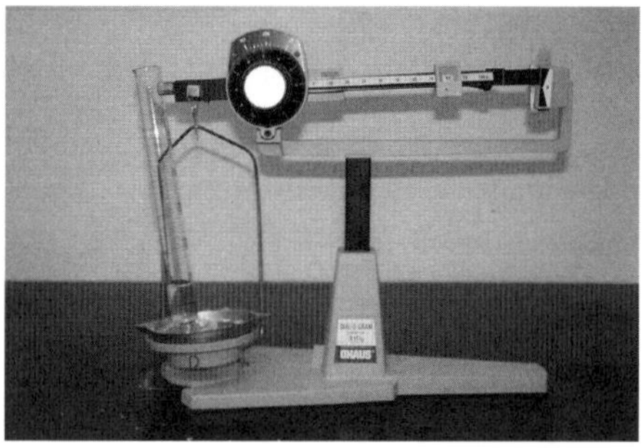

그림 2 액체 시료의 칭량

(3) 이황화탄소와 벤젠의 발화

① 두 개의 100 mL 비커에 스포이드를 이용하여 이황화탄소 및 벤젠을 각각 5 mL씩 넣는다.
② Fire Gun을 이용하여 연소시킨다.
③ 이황화탄소와 벤젠의 연소형태를 비교 · 관찰한다
(유독가스가 발생하므로 반드시 후드(hood) 내에서 실시한다).

그림 3 이황화탄소의 연소과정

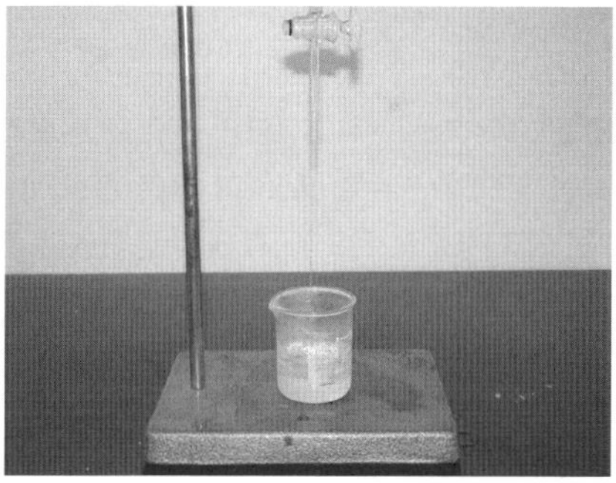

그림 4 이황화탄소의 주수소화과정

그림 5 벤젠의 연소과정

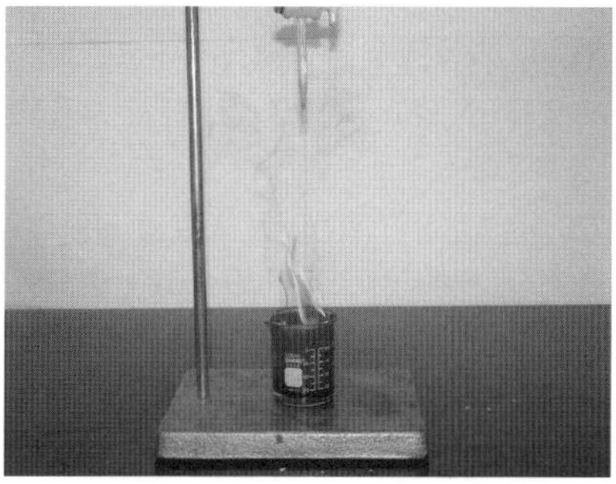

그림 6 벤젠의 주수소화과정

④ 100 mL의 물을 준비하여 연소하고 있는 각각의 이황화탄소 및 벤젠에 주수한다.
⑤ 이황화탄소와 벤젠의 소화여부를 비교해보자.
⑥ 이황화탄소의 경우 잠시 후면 물에 의해 질식소화 되지만, 벤젠의 경우 시간이 지나도 소화되지 않는 것을 알 수 있다. 벤젠은 샬레로 덮어서 질식소화 한다.
⑦ 이와 같은 현상에 대해 토론해 보도록 한다.

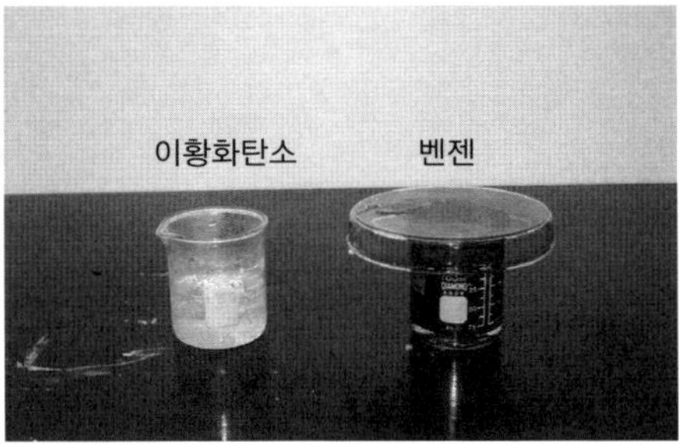

그림 7 이황화탄소와 벤젠의 소화 후 양상

5. 관계지식

물질이 가지는 단위부피당의 질량을 밀도라고 하고, 밀도의 SI단위는 kg/m^3이다. 그러나 화학실험에서는 밀도의 단위로 g/cm^3이 많이 사용된다. 밀도는 온도에 따라서 변화하므로 밀도를 측정할 때에는 반드시 시료의 온도를 함께 측정하여야 한다. 특히, 기체의 밀도는 온도에 매우 민감하다.

밀도와 비슷한 개념으로 비중이 있다. 비중은 시료와 부피가 같은 표준시료와의 질량의 비이다. 액체의 경우에는 흔히 4℃의 물을 표준물질로 사용하고, 기체의 경우에는 0℃, 1 atm의 공기를 표준물질로 사용한다.

질량과 무게는 엄밀한 의미에서는 서로 다르지만 흔히 구별하지 않고 사용한다. 무게는 중력장에 의한 힘으로부터 결정되는 양으로 중력장의 크기가 변화하면 다른 값을 가지게 되며, 스프링을 사용하는 저울을 사용하여 측정할 수 있다. 그러나 질량은 중력장의 세기와 무관한 물체의 고유한 물리적 성질이다. 질량은 같은 중력장에서 표준화된 저울추와의 무게를 지렛대의 원리를 사용하여 비교함으로써 얻을 수 있다. 화학 실험실에서 사용하는 대부분의 어림저울과 화학저울은 모두 질량을 측정하는 장치들이다.

밀도를 측정하기 위해서는 시료의 질량과 부피를 측정하여야 한다. 질량과 부피의 측정은 화학실험에서 가장 기본적인 조작이다. 0.01 g 정도의 정밀도를 요구하는 측정에는 어림저울이 사용되고, 더욱 정밀한 질량의 측정에는 화학저울과 같이 정밀한 저울이 사용된다. 부피의 측정에는 눈금실린더, 뷰렛, 피펫 등이 사용되며, 눈금실린더보다는 뷰렛이나 피펫이 정밀도가 높은 측정 장치이다. 비커나 플라스크에 표시된 눈금은 정밀도가 매우 낮으므로 정확한 측정이 필요한 경우에는 절대로 사용하여서는 안 된다.

표 1. 물의 밀도

온 도(℃)	밀 도(g/mL)	온 도(℃)	밀 도(g/mL)	온 도(℃)	밀 도(g/mL)
10	0.9997	19	0.9984	28	0.9963
11	0.9996	20	0.9982	29	0.9960
12	0.9995	21	0.9980	30	0.9957
13	0.9994	22	0.9978	31	0.9954
14	0.9993	23	0.9976	32	0.9951
15	0.9991	24	0.9973	33	0.9947
16	0.9990	25	0.9971	34	0.9944
17	0.9988	26	0.9968	35	0.9941
18	0.9986	27	0.9965		

표 2. 20℃에서 여러 물질들의 밀도

물 질	상 태	밀 도(g/cm^3)
산소(Oxygen)	기체 (gas)	0.00133*
수소(Hydrogen)	기체 (gas)	0.000084*
에탄올(Ethanol)	액체 (liquid)	0.789
벤젠(Benzene)	액체 (liquid)	0.880
물(Water)	액체 (liquid)	0.9982
마그네슘(Magnesium)	고체 (solid)	1.74
소금(Salt, sodium chloride)	고체 (solid)	2.16
알루미늄(Aluminum)	고체 (solid)	2.70
철(Iron)	고체 (solid)	7.87
구리(Copper)	고체 (solid)	8.96
은(Silver)	고체 (solid)	10.5
납(Lead)	고체 (solid)	11.34
수은(Mercury)	액체 (liquid)	13.6
금(Gold)	고체 (solid)	19.32

* 1기압 하에서 측정

제　　목	밀도 측정		
실 험 조		제 출 자	
실험일자		제출일자	

1. 눈금실린더의 보정

측정 회수	물의 온도(℃)	눈금실린더의 질량(g) (a)	물과 눈금실린더의 질량(g) (b)	물의 질량(g) (b) − (a)
1				
2				
3				
평균				

① 겉보기 부피 = mL
② 참부피 = mL
③ 보정계수(f) =

2. 액체시료의 밀도 측정

측정 회수	눈금실린더의 질량(g) (a)	시료와 눈금실린더의 질량(g) (b)	시료의 부피(mL) (c)	시료의 질량(g) (b) − (a)
1				
2				
3				
평균				

① 액체시료의 실제부피 = mL
② 액체시료의 밀도 = g/mL

3. 이황화탄소와 벤젠의 발화

① 벤젠과 이황화탄소의 소화 방법에 대해 논하시오.

② 이황화탄소가 소화되는 원리를 쓰시오.

【고　찰】

【참고문헌】

실험 1-2. 녹는점(melting point) 측정

1. 목 적

순수한 물질의 녹는점은 물질의 특성치중의 하나로서 일정 압력 하에서 일정한 값을 가지며 불순물이 존재하면 녹는점이 변화한다. 따라서 물질의 순도(purity)를 확인하는 방법의 하나로 이용되는 녹는점을 측정하는 방법을 알아보고자 한다.

2. 기구 및 시약

스탠드(stand)
클램프(clamp)
시험관(test-tube)
바닥 플라스크, 125 mL
비커(beaker), 250 mL
온도계(thermometer)
모세관(capillary tube)
식용유(oil)
알코올램프(alcohol lamp)
나프탈렌(naphthalene)
요소(urea)
얼음
가열기(heater)

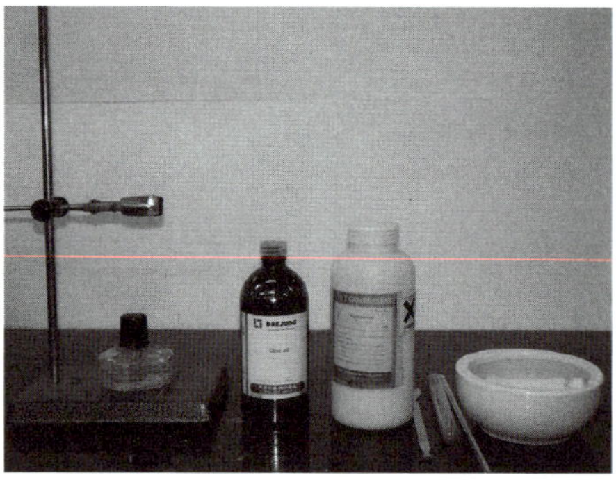

그림 1 실험 준비물

3. 원 리

고체 용융이 무한히 완만히 이루어질 때의 온도를 녹는점(melting point, mp) 또는 용융점이라고 한다. 녹는점은 일정 압력 하에서 고체상인 물체가 액체상과 평형을 유지할 때의 온도를 말하며 일반적으로 응고점과 같다. 보통 압력 1 atm 하에서의 녹는점을 그 물질의 녹는점으로 한다.

순수한 물질의 녹는점은 물질의 특성치중의 하나이다. 그러나 둘 또는 그 이상의 순수한 물질로 된 혼합물의 녹는점은 혼합물을 구성하고 있는 물질의 성질과 상대적인 조성비에 의존한다. 따라서 A성분 10%, B성분 90%로 된 혼합물의 녹는점은 A성분 50%와 B성분 50%로 된 혼합물의 녹는점과 다를 것이다. 더욱이 순수한 물질은 일반적으로 0.5～1℃의 좁은 녹는점 범위를 나타내지만 혼합물이 완전히 액체로 녹을 때의 녹는점의 범위는 더 넓어진다. 또한 혼합물은 그 혼합물을 구성하는 순수한 성분의 녹는점보다 더 낮은 녹는점을 가지는 것이 보통이다. 그러므로 물질을 확인하거나 순도를 확인하는 방법의 하나로써 물질의 녹는점을 측정하게 된다.

외부압력의 변화에 따른 녹는점의 변화는 다음 식과 같다.

$$\frac{dT}{dP} = \frac{T(V_l - V_s)}{\Delta H_{fus}}$$

여기서, V_l : 액체의 몰 부피, V_s : 고체의 몰 부피, ΔH_{fus} : 몰 융해열

정확한 녹는점을 측정하기 위해서는 여러 가지 요인들을 검토한 후 측정에 착수해야 한다. 이러한 요인들에는 모세관의 굵기, 시료의 밀집정도(packing density), 시료의 분말화 정도, 가열 속도 (heating rate) 등이 있다. 이와 더불어 온도계의 검정은 가장 중요한 요인이 된다.

4. 실험방법

(1) 온도계의 검정(Calibration)

① 125 mL 넓은 바닥 플라스크에 증류수 50 mL를 넣고 가열한다.

② 물을 가열하는 동안에 얼음-물의 혼합물의 온도는 0℃가 되도록 250 mL 비커에 얼음과 증류수를 넣는다. 이 때 물보다 얼음의 양이 많아야 한다.

③ 녹는점 측정에 사용할 온도계를 얼음 - 물의 혼합물에 넣고 2분 동안 유리막대로 혼합물을 저어준다(절대로 온도계로 저어주지 말 것).

④ 이때 온도계의 눈금을 정확하게 읽고 기록한 후 온도계를 꺼내어 온도계의 수은구가 물표면 바로 위에 오도록 끓는 물이 든 플라스크에 매달고 온도가 더 이상 올라가지 않고 일정하게 되었을 때 온도계의 눈금을 정확히 읽고 기록한다.

⑤ 이렇게 해서 측정된 물의 어는점(freezing point)과 끓는점(boiling point)을 그래프의 세로축에, 실제 온도계의 눈금을 가로축에 표시하고 물의 어는점과 끓는점의 두 점을 직선으로 연결하여 검정선(檢定線)을 만든다.

※ 온도계를 정확히 검정하려면 물 이외의 다른 물질도 몇 가지 사용하여 여러 온도에서 조사해야 하지만 이 실험에서는 물의 어는점과 끓는점을 이용한 검정선을 이용하기로 한다.

(2) 녹는점 측정

① 시료를 막자사발에 넣고 미세하게 분쇄한 후 깨끗한 거름종이나 시계접시에 놓는다.
② 한편 capillary tube의 한쪽 끝을 불에 달구어 봉인한다.
③ ①항에서 준비한 시료를 capillary tube의 열린 쪽으로 시료를 넣은 후 바로 세워서 가볍게 책상위에다 두드리면서 capillary tube 밑바닥에서 3~5 mm가 되게 촘촘히 넣은 다음 그림 2~3과 같이 capillary tube을 온도계의 수은구 중앙부분에 위치하게 고무줄로 묶어서 고정시킨다.

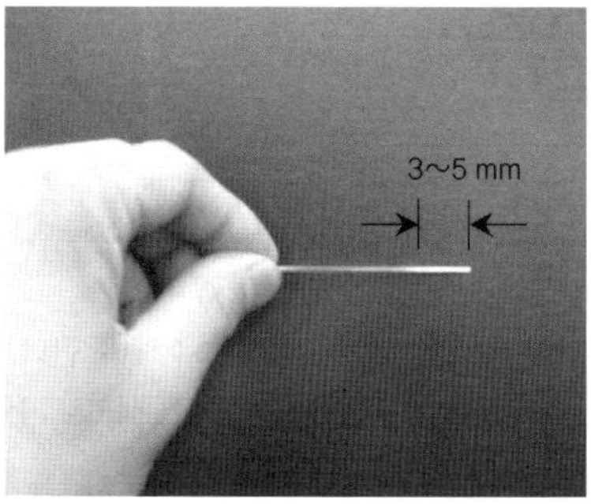

그림 2 모세관에 시료의 충진

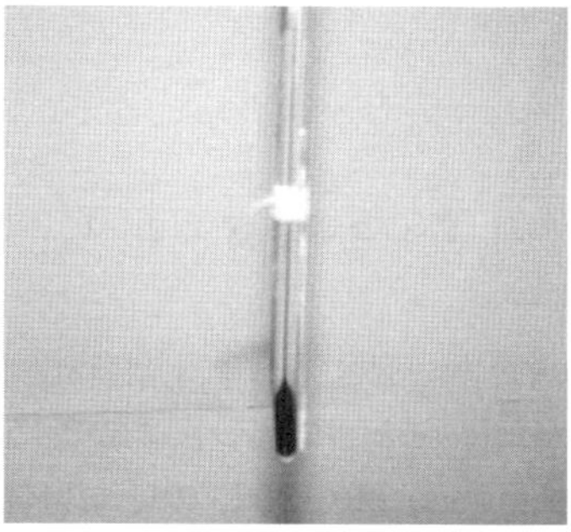
그림 3 온도계와 모세관의 체결

④ 약 20 mL의 oil (단, 시료의 녹는점이 100℃ 이하일 때는 증류수를 사용해도 된다)을 시험관에 넣고 온도계의 위치를 capillary 끝과 맞도록 잘 조절한다. 이때 capillary tube 안에 oil이 유입되지 않도록 주의한다.
⑤ 되도록 불꽃을 작게 조절하고 젓는 막대로 oil을 일정하게 저어주면서 시험관 밑바닥을 서서히 가열한다.
⑥ 가열하는 동안 capillary tube속의 시료와 온도를 주의깊게 관찰한다.
⑦ 시료의 녹는점 부근에서는 capillary tube의 시료가 점점 액화하는 것을 볼 수 있다. 시료가 액화하기 시작하는 온도(습윤점)와 모두 녹아서 투명하게 되는 온도(녹는점)의 범위를 기록하여라. 이 온도범위를 녹는점 범위라 한다.
⑧ 상기 순서를 반복하여 녹는점 범위가 0.5℃ 이내에서 일치하는 적어도 2개의 실험값을 얻어야 한다.

그림 4 녹는점 측정 장치

5. 관계지식

(1) 결정의 종류

결정성 고체의 분자들이 배열되는 방법은 제한되어 있으며 배열의 종류나 이들의 물리적 성질 등은 분자의 종류와 이들 사이에 존재하는 인력의 성질에 의하여 결정된다. 결정의 결합 종류에는 분자성, 이온성, 공유결합성, 금속성의 네 가지로 나눌 수 있다.

① 분자 결정 : 분자 결정에서는 분자나 원자들이 격자점을 차지하고 있으며 이들 사이의 인력은 개개의 분자를 구성하는 공유결합보다 훨씬 약하다. 분자성 고체는 결합력이 비교적 약하므로 부드럽고 녹는점이 낮다.

② 이온성 결정 : 이온성 고체에서는 이온들이 격자점에 위치하고 주로 정전기적인 힘으로 결합하고 있다. 센 전기적 힘 때문에 이온성 결정들은 높은 녹는점과 단단한 성질을 가지고 있다.

③ 공유 결정 : 공유 결정은 원자들이 공유 결합으로 연결되어 있으며, 방향성 때문에 조밀구조를 이룰 수 없는 것이 보통이다. 따라서 센 공유 결합이 서로 얽힌 그물구조 때문에 매우 단단하고 녹는점이 높고 전도성이 나쁘다.

④ 금속 결정 : 금속 결정은 양이온이 격자점에 위치하고 원자가 전자들이 개개의 원자들에 구속되지 않고 전체 결정에 속해 있는 결정이다. 이 결정에서는 양이온의 격자와 자유전자들이 전기적 인력에 의하여 결합되었다. 금속의 녹는점이나 경도는 금속의 종류에 따라 크게 다르다.

(2) 상도(Phase Diagram)

고체, 액체 및 기체상의 서로의 관계를 나타내는 그림을 상도(phase diagram)라 한다. 또한 상도는 물질이 고체, 액체, 기체 등 1개의 상으로 존재하는 조건 이외에 2개의 상, 3개의 상이 공존하는 열역학적인 조건을 나타낼 수도 있다.

표 1. 순수한 물질의 녹는점

물 질	녹는점 범위(℃)	물 질	녹는점 범위(℃)
succinic acid	186~188	naphthalene	79~80
camphor	173~174	urea	132~133
adipic acid	151~153	*p*-nitrobenzoic acid	238~239
benzoic acid	123~125	biphenyl	69~70

제　　목	녹는점 측정		
실 험 조		제 출 자	
실험일자		제출일자	

1. 온도계의 보정(검정선의 작성)

물의 어는점(t_0) = __________mL

물의 끓는점(t_{100}) = __________mL

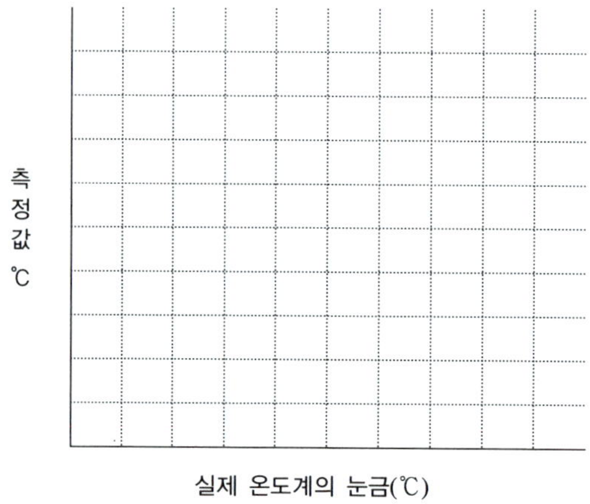

2. 순수한 물질의 녹는점

	물질 A		물질 B	
	습윤점(℃)	녹는점(℃)	습윤점(℃)	녹는점(℃)
1차 실험				
2차 실험				
3차 실험				
평　　균				

3. 습윤점과 녹는점의 차이를 설명하시오.

4. 증류수가 아닌 오일을 사용하는 이유를 설명하시오.

【고　　찰】

【참고문헌】

실험 1-3. 염화칼슘의 발열반응

1. 목 적

염화칼슘이 물에 녹을 때 발생하는 온도변화를 측정함으로써, 용해열이 발생하는 것을 이해하고 이로부터 수화에너지와 격자에너지를 이해하고 상호관계에 대해 알아본다.

2. 기구 및 시약

온도계(−20∼100℃)
비커(beaker), 250 mL
약 수저
염화칼슘(calcium chloride, $CaCl_2$)

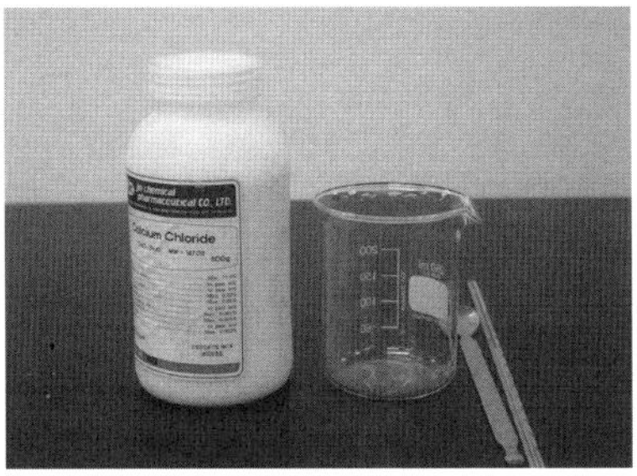

그림 1 실험 준비물

3. 원 리

① 염화칼슘은 물과 반응하여 발열한다.

$$CaCl_2(s) + H_2O(l) \rightarrow Ca^{2+}(aq) + 2Cl^-(aq) + \text{열}$$

② 염화칼슘이 용해하면서 발열하는 이유

$$CaCl_2(s) \rightarrow Ca^{2+}(g) + 2Cl^-(g) \qquad \Delta H = \text{격자에너지}$$

$$Ca^{2+}(g) + 2Cl^-(g) \rightarrow Ca^{2+}(aq) + 2Cl^-(aq) \qquad \Delta H_h = \text{수화에너지}$$

용해열(ΔH_s) = $\Delta H + \Delta H_h$ = 격자에너지 + 수화에너지 < 0 : 발열반응

용해열(ΔH_s) = $\Delta H + \Delta H_h$ = 격자에너지 + 수화에너지 > 0 : 흡열반응

즉, $CaCl_2$는 격자에너지보다 수화에너지가 크기 때문이다.

③ 수화에너지가 격자에너지 보다 크면 용해열은 발열반응이 되어 온도는 상승한다.

4. 실험과정

① 100 mL의 물을 비커에 넣고 물의 온도를 측정한다.
② 10~15 g의 염화칼슘을 물이 담긴 비커에 넣는다.
③ 염화칼슘이 용해하는 즉시 물의 온도 변화를 측정한다.

그림 2 염화칼슘의 용해

그림 3 용해 후 온도 측정

5. 관계지식

(1) 격자에너지

결정의 응집에너지, 곧 절대영도에서 결정을 구성요소로 분해하는데 필요한 에너지이고, 분자결정에서는 절대영도에서의 승화열과 같다.

(2) 수화에너지

① 이온의 수화에너지 : 희박상태인 기체이온이 물에 녹아서 희박한 이온 수용액으로 될 때의 에너지의 감소, 이온 결정의 격자에너지에서 결정의 물에 대한 용해열을 뺀 것과 같다. 단, 이와 같이 하여 얻은 수화에너지는 양, 음 두 이온의 값의 합이다.
② 그 밖의 물질 수화에너지 : 알코올 등 기체화하는 것에 관하여는 ①과 마찬가지로 희박기체의 물에 대한 용해열을 뜻하는데, 이것은 주로 수소 결합의 형성열이다. 단백질 · 녹말 등인 중합체와 같이 비휘발성인 것에 관하여는 수화에 수반하는 발열에 지나지 않아 직접 측정하기는 어렵다. 분말체 또는 고체 평면의 수화에너지는 습윤열과 같은 뜻이다.

(3) 염화칼슘($CaCl_2$)은 제설제와 핫팩(hot pack)으로 우리와 친숙하다.

$CaCl_2$는 석회석에서 직접 생산하거나 탄산나트륨(Na_2CO_3 및 $NaHCO_3$) 생산 공정에서 부산물로 얻는다. 무수 $CaCl_2$는 조해성(공기 중에서 수분을 흡수하여 녹는 성질)이 있고, 1몰 당 6몰까지의 물을 흡수할 수 있어 건조제로 사용된다.

물에 잘 녹고 녹을 때 많은 열($CaCl_2$ 1몰 당 82.8 kJ/mol)을 내놓기 때문에 얼음이나 눈을 녹이는데, 그리고 핫팩(hot pack: 화학 반응열을 이용한 손난로) 재료로 사용된다.

$CaCl_2$는 물의 어는점을 −52℃까지 낮출 수 있다. 제설제로 사용된 염화칼슘은 자동차를 비롯한 각종 철 구조물의 부식을 촉진시키므로 주의가 필요하다.

$CaCl_2$는 또한 식품 첨가제, 도로의 먼지 발생을 방지하는 방진제, 콘크리트의 경화 촉진제 등으로 사용된다.

제 목	염화칼슘의 발열반응		
실 험 조		제 출 자	
실험일자		제출일자	

1. 염화칼슘을 물에 녹인 후 측정된 온도는 몇 ℃인가?

2. 염화칼슘의 용해를 화학 반응식으로 써 보자.

3. 염화칼슘이 용해하면 왜 수용액의 온도는 상승하는가?

4. 어떤 물질이 물에 용해할 때 열을 방출하는 것과 열을 흡수하는 것은 무엇 때문인가?

5. 용해열이란 무엇인가?

【고 찰】

【참고문헌】

실험 1-4. 질산암모늄의 흡열반응

1. 목 적

질산암모늄이 물이 녹을 때 일어나는 온도변화를 측정함으로써, 용해열이 흡수되는 것을 이해하고 이로부터 수화에너지와 격자에너지를 이해하고 상호관계에 대해 알아본다.

2. 기구 및 시약

비커(beaker), 250 mL
온도계(−20～100℃)
약 수저
질산암모늄(ammonium nitrate, NH_4NO_3)

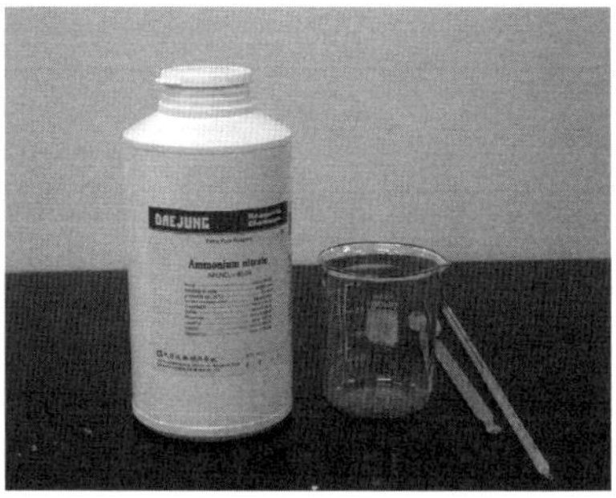

그림 1 실험 준비물

3. 원 리

① 질산암모늄이 물 속에서 용해하면 열을 흡수한다.

$$\text{열} + NH_4NO_3(s) + H_2O(l) \rightarrow NH_4^+(aq) + NO_3^-(aq)$$

② 질산암모늄은 극성 물질로 극성 용매인 물에 용해하면 무질서도(엔트로피)가 증가하여 자체 에너지를 흡수하여 온도는 낮아진다.

4. 실험방법

① 250 mL 비커에 약 100 mL의 물을 채운 후 물의 온도를 기록한다.
② 비커의 물 속에 질산암모늄 10~15 g을 신속히 용해시킨다.
③ 질산암모늄 고체가 녹으면 온도 변화를 관찰한다.

그림 2 질산암모늄의 용해

그림 3 용해 후 온도 측정

5. 관계지식

질산암모늄(NH_4NO_3)은 질산을 암모니아로써 중화하여 얻어지는 무색 결정으로 녹는점 169.5℃, 비중 1.73, 물에 대한 용해도는 214 g/100 g (25℃)으로 물에 녹을 때 많은 열을 흡수한다.

약 220℃에서 분해하여 이산화이질소와 물이 생긴다 ($NH_4NO_3 \rightarrow N_2O + 2H_2O$).

더 높은 온도에서는 폭발하므로 질산암모늄폭약으로서도 쓰이기도 한다.

주로 질소 비료로 사용된다.

제 목	질산암모늄의 흡열반응		
실 험 조		제 출 자	
실험일자		제출일자	

1. 질산암모늄을 물에 녹인 후 측정된 온도는 몇 ℃인가?

2. 질산암모늄의 용해를 화학 반응식으로 써 보자.

3. 질산암모늄이 용해하면 왜 온도는 낮아지는가?

4. 만약 질산암모늄의 양을 2배로 증가시키면 온도는 더 낮아지겠는가?

【고 찰】

【참고문헌】

연습문제

1.1 화학적 조성에 따라 물질을 분류하면 어떻게 할 수 있는가? 각각의 예를 들어 설명하시오.

1.2 물리적 변화와 화학적 변화를 설명하시오.

1.3 측정값을 표현하는 단위 중 국제표준단위로서 SI의 기본단위를 쓰시오.

1.4 다음 물질의 증기밀도 및 증기비중을 계산하시오.

(1) 물 (2) 에탄올
(3) 사염화탄소 (4) 이황화탄소
(5) 디에틸에테르

1.5 1 kg의 소화약제인 CO_2 가스의 밀도는 0℃, 1기압에서 얼마인가?

1.6 다음은 임의의 물질의 밀도이다. 비중은 얼마인가? 그 비중으로부터 어떤 물질인지 찾아보시오(표 1.5 참조).

(1) 0.792 g/cm^3 (2) 1.274 kg/L
(3) 11.340 kg/L (4) 2.070 kg/L
(5) 13.6 kg/L (6) 1.489 g/cm^3

1.7 다음의 온도를 절대온도 또는 화씨온도로 계산하시오.

(1) 100℃ → °F, K (2) 36.5℃ → °F, K
(3) 300 K → °F, ℃ (4) 170 °F → ℃, K

1.8 다음 용어의 정의를 쓰시오.

(1) giga
(2) mega
(3) 비중(액체, 고체, 기체)
(4) 압축성
(5) 증기압

1.9 인화성 액체인 4류 위험물은 일반적으로 비중이 1보다 작다. 이를 이용하여 물을 4류 위험물 화재의 소화약재로 사용할 수 없는 이유를 설명하여라.

1.10 비중이 작은 유기물질의 소화에는 물을 소화제로 사용할 수 없다. 그 이유는?

1.11 독성이 있거나 가연성이 있는 기체의 비중이 1.0보다 크다면 어떠한 위험성이 있는지 설명하라.

1.12 어떤 사람의 체온이 313 K이었다면 이 사람은 정상체온인가?

1.13 게이지압력 2.54 kg/cm^2를 절대압력으로 환산하면 얼마인가? 단 대기압은 740 mmHg이다.

1.14 게이지압력으로 600 mmHg는 절대압력으로 몇 밀리바(mbar)가 되는가? 단, 대기압은 760 mmHg이다.

1.15 다음 용어에 대하여 설명하시오. (소방기술사 제 83회)

(1) 몰분율(Molar fraction)
(2) 노르말농도(Normality)
(3) 몰랄농도(Molality)
(4) 몰농도(Molarity)

1.16 질산 수용액 360 g 중 질산은 31.5 g이다. 다음 물음에 답하시오. (위험물기능장 제53회)

(1) 몰분율
(2) 몰농도

제 2 장

위험물화학의 기초

화학 연구는 일반적으로 소방관에게 있어서 새로운 경험이며, 작업에 곤란함을 느끼게 하는 요소 중의 하나이다. 위험성 물질의 수는 얼핏 보기에도 많은 수가 존재한다. 1,000 종류 이상에 달하는 위험성 물질에 대한 정보는 소방관에게는 매우 중요하다. 그들은 이들의 성질을 마음속에 간직하고 이해하는 것 뿐 아니라, 생명과 재산이 위험한 곤란한 조건 속에서도 이들을 생각하지 않으면 안 된다. 다행히도 위험성의 이해는 물질의 열에 대한 성질을 조사하는 것에서 얻을 수 있다. 화학물질 각각의 성질은 상관관계를 가지며, 적당한 이론과 법칙에 따라 얽혀져 있다. 따라서, 위험성 물질의 연구는 화학영역의 기초적인 지식과 일반적인 용도를 이해해 가면서 시작하는 것이 좋다. 따라서 본 장에서는 위험물을 취급하거나 소방직종에 종사하는 종사자가 직면할 수 있는 기초적인 물질의 위험성에 대해 간략히 정리하였다.

2.1 물질에 대한 열의 영향

열이란 물질을 구성하는 작은 입자의 운동에 의해 발생하는 에너지로 정의된다. 온도에 대한 물질 상태의 물리적 변화 또는 어떤 물질의 화학적 성질의 변화에 열의 발생 또는 흡수가 일어난다. 주위로 열이 발생하는 과정을 발열현상이라 하며, 주위로부터 열을 흡수하는 과정을 흡열현상이라 한다. 이는 하나의 에너지 형태로 열을 만들어 내는 일도 파괴시키는 일도 없으며, 다만 물질 사이를 이동하거나 다른 형태의 에너지로 전환되는 것이다.

화학반응에 따른 열을 반응열이라 하는데, 이를 응급치료용 인스턴트 냉습포 또는 온습포에 응용하고 있다.

열과 다른 형태의 화학 에너지를 적당히 제어하는 일은 대부분의 제조공정에서 매우 중요하다. 석탄, 가솔린, 중유, 목재, 천연가스 및 그 밖의 물질의 연소과정에서 발생하는 열을 이용하는 것도 중요하다. 또 연소 및 화학반응에 의해 발생하는 열을 제거하는 일은 화재를 제어함에 있어 매우 중요하다. 성냥과 같은 점화원에 의한 착화에너지를 기점으로 충분한 열이 연소반응에서 발생하는 경우 불은 유지될 수 있다. 대부분의 불 또는 화재는 연소하는 물질의 온도가 어느 값 이하로 내려갈 때까지 꺼지지 않는다.

열의 양을 측정하는 단위로 일반적으로 칼로리가 이용된다. 칼로리는 물 1 g의 온도를 14.5℃에서 15.5℃까지 1℃만큼 높이는데 필요한 열의 양으로 정의된다. 하지만 영양학자가 사용하는 칼로리는 실제 kcal임을 알아두도록 하자.

열 에너지는 물질에서 물질로 또는 한 개의 점에서 다른 점으로 전도, 대류, 복사라고 하는 3가지의 방법에 의해 전달된다. **전도**는 열이 물체의 입자와 입자 사이를, 또는 물리적으로 접촉하고 있는 2개 또는 그 이상의 정지한 물체 사이로 이동하는 현상이다. 금속제의 스푼은 뜨거운 스프 속에 놓이면 급속으로 뜨거워지지만, 유리는 분제 버너의 불꽃에 닿아도 불꽃과 떨어진 부분은 거의 뜨거워지지 않는다.

대류는 열이 있는 공간에 모여 있는 가스 또는 액체의 한 부분에서 다른 부분으로 열이 전달되는 현상이다. 물이 고온의 판 위에서 가열되는 경우, 판 위에 가장 가까운 부분의 물이 우선 가열되면서 가벼워진 따뜻한 물은 무겁고 찬 물의 위를 향해서 이동한다. 그리고 그 결과 모든 물이 대류 현상에 의해 같은 온도로 뜨겁게 된다.

복사는 열이 고온도의 물질에서 보다 찬 물질로 열선에 의해 전달되는 현상이다. 대류 또는 전도와 달라서 복사는 물질 사이에 아무런 접촉재료가 없어도 일어날 수 있다. 복사는 지구가 태양에 의해 따뜻해지는 원리를 이해하는데 도움을 준다.

대류와 복사는 불이 꺼지지 않고 계속적으로 번지는 데 중요한 역할을 하는 열 이동수단이다. 연소하는 물질 부근에서는 대류에 의해 고온의 가스와 저온의 가스가 자연히 혼합하면서 공기의 흐름을 만들어 낸다. 연소하고 있는 장소로부터 고온의 공기가 이동하면 그것은 열을 인접하는 재료의 부분으로 확대되어 착화를 일으킨다. 대류운동은 뜨거운 가스와 찬 가스 사이의 비중차에 의해 **난류**(turbulence)를 보인다. 이 때문에 **연소 부분으로 신선한 공기의 유입이 일어나며 더욱더 연소속도가 증대된다.**

그림 2.1 미국 표준국에서 행한 실험으로 카펫의 표면에 퍼지는 수평불꽃의 특성에 미치는 외부 복사열의 영향이 연구되었다. 가해진 복사열류를 0.11에서 0.271 cal/cm^2·sec로 증가시켰더니 그 결과 불꽃의 높이와 길이는 4~5배로 증대하였다.

복사열도 불을 확산시키는 데 중요한 역할을 한다. 균일하게 분포하는 복사열의 양을 달리하여 카펫에 가했을 때 불꽃의 높이와 길이의 차이를 그림 2.1에 나타내었다. 복사와 대류의 영향을 양적으로 분석하는 것은 매우 어려운데, 이는 타고 있는 물질의 공간적 배치, 주위 구조물의 위치 및 공기의 통상적인 운동과 같은 여러 요소에 의해 결정되는 것이다.

또한 이와 같은 열의 이동은 소화에 종사하는 사람들에게도 영향을 미친다. 큰 화재에서 생기는 열의 복사와 대류는 주위의 공기를 참기 어려운 온도까지 가열한다. 고온으로 가열된 공기의 흡입은 중대한 폐 장해를 발생시키는데 연기를 내는 불은 특히 위험하다.

하나의 물질에서 다른 물질로 열이 전이되면서 생기는 가장 일반적인 효과는 양 물질 간의 온도차이다. 또한 열의 양은 물질의 질량에 의해서도 결정되는데, 화재 시 2개 또는 그 이상의 물질이 존재할 때 물질의 양은 외부에서의 복사열류에 의한 불꽃의 크기(아크릴 섬유제 카펫에서 충진물 없음)에 비례한다.

같은 질량을 어느 정해진 온도까지 상승시키는 데 필요한 열량은 물질에 따라 다른데, 이 열량을 그 물질의 열용량이라 하며 즉 열을 포함하는 능력을 뜻한다. 여러 가지 일반적인 액체의 열용량을 표 2.1에 기록하였다. 열용량의 단위는 cal/g·℃로 값은 온도에 따라 다르다. 예를 들면 열용량은 0℃에서 100℃ 사이에서는 1.00 cal/g·℃이지만 0℃ 이하 및 100℃ 이상에서는 그 값은 0.5 cal/g·℃가 된다. 같은 온도, 같은 단위량에 대한 물의 열용량과의 비를 **비열**이라 하는데 무차원이다. 비열은 어떤 물질 1 g의 온도를 1℃ 높이는데 필요한 열량으로서 물의 비열은 4.2 J/g·℃이다. 보통 대부분의 액체는 1보다 작은 비열을 갖는다.

표 2.1 일반적인 액체의 열용량

액체	열용량(cal/g·℃)
아세톤	0.506
벤젠	0.406
사염화탄소	0.201
클로로포름	0.234
디에틸에테르	0.547
에틸알코올	0.581
메틸알코올	0.600
테르펜	0.411
물(0~100℃)	1.000
물(0℃ 이하 및 100℃ 이상)	0.5

온도의 변화에 의해 열을 다른 물질로 이동하지만, 물질의 물리적 상태 변화를 일으키지 않는 경우 그 열을 현열이라 한다. 그것은 다음 식에 의해 결정된다.

$$Q = mC\Delta T$$

여기서, Q : 열량
m : 물질의 질량
C : 열용량
ΔT : 초기 온도와 나중 온도의 차

질량을 g으로 나타내는 경우, 열용량은 cal/g·℃, 온도차는 섭씨 눈금으로 나타내며 그 현열은 cal로 나타낸다. 그 밖의 열용량 단위로는 kcal/kg·℃, Btu/lb·°F 등이 있다. 그 중 10^5 Btu는 1 therm으로 나타내기도 한다.

앞에서 언급한 것처럼 열의 이동은 물질의 물리적 상태에 어떤 변화를 가져올 수 있다. 이 같은 물리적 상태의 변화 동안에는 온도의 변화가 없다. 만약, 따뜻한 물을 찬 영하의 온도에 방치하면, 물의 온도는 0℃에 도달할 것이다. 계속하여 그 온도는 액체 전체가 고체인 얼음으로 될 때까지 일정하다. 이 온도를 물의 응고점 또는 빙점이라 부른다. 물이 0℃에서 완전히 고체화 한 후에 온도는 다시 내려가기 시작하여 외부온도와 동일하게 된다. 액체인 물이 고체인 얼음으로 되는 경우, 80 cal/g의 열이 방출된다.

응고점에서 고체가 액체로 변하는데 요구되는 단위 물질당 열량을 **융해열**이라 부르며, 그것을 L_{fus}의 기호로 나타낸다. 용융은 응고의 반대이기 때문에 같은 양의 열이 얼음이 녹을 때 흡수된다. 한편 이와 같이 물리적인 상태의 변화를 수반하는데 필요한 열량을 잠열이라 한다. 동일하게 열이 액체인 물에 전달되면 100℃의 비등점에 도달하지만, 그 이상의 온도가 되면 물은 수증기로 전환되는데, 증발시 체적은 1700배 정도이며, 상태의 변화시 열의 흡수를 동반한다. 비등점에서는 액체에서 증기로 상태 변화하는데 사용되는 단위 질량당 열량을 그 액체의 증발 잠열 또는 **기화열**이라 하며 L_{vap}의 기호로 나타낸다. 물의 기화열은 다른 물질에 비해 높으며 그 값은 539 cal/g이다.

응축은 비등과 반대 반응이기 때문에 수증기가 응축해서 물이 되는 경우에 같은 양의 열을 방출한다. 물질의 물리적 변화 시에 발생 또는 흡수되는 열은 다음의 식으로 주어진다.

용융 또는 응고의 경우 $$Q = mL_{fus}$$

기화 또는 응축의 경우 $$Q = mL_{vap}$$

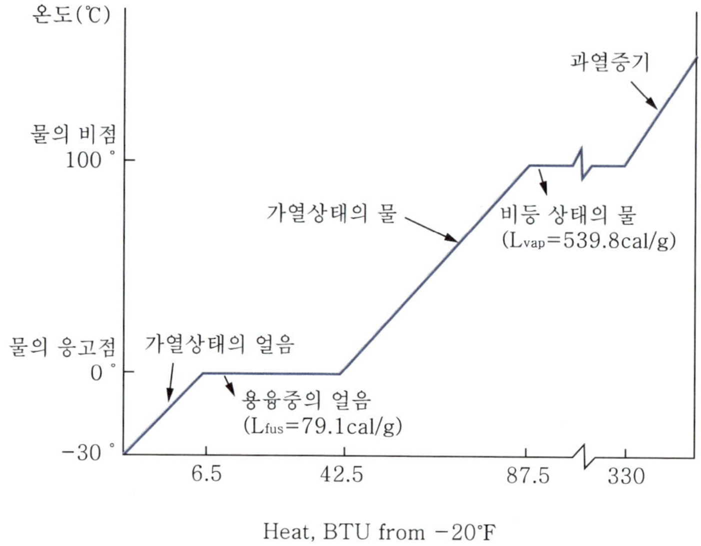

그림 2.2 물의 열과 온도에 따른 물리적 상태

물의 열과 온도에 따른 물의 물리적 상태 변화를 그림 2.2에 나타내었다. 물의 높은 기화열은 물이 소화제로 이용될 수 있는 중요한 이유이다. 증발을 하기 위해서 액체는 열을 흡수하지 않으면 안 된다. 불이 났을 경우, 물을 타고 있는 물질에서 열을 흡수하고, 결국 기화하게 된다.

고온의 물질에서 물로 열이 이동하면서 물질의 온도는 내려가며 그 결과 불은 꺼진다. 만약 물의 기화열이 539 cal/g보다도 상당히 낮았다면 물은 소화에 도움이 되지 않았을 것이다. 물이 가장 풍부하고 가격이 싸며 불연성 물질이기 때문에 물은 일반적인 화재에서 소화제로 가장 널리 사용되고 있다. 적당량의 물은 연소하고 있는 물질의 온도를 저하시켜 재점화를 방지할 수 있다.

대량의 열을 흡수하는 능력은 물의 독특한 열용량 때문이다. 표 2.1을 살펴보면, 물이 다른 대부분의 액체에 비해서 높은 열용량을 가짐을 알 수 있다. 이 독특한 성질 때문에 물은 일정한 온도범위 안에서 같은 질량의 대부분의 액체에 비해서 보다 많은 열을 흡수하는 능력을 가지는 것이다.

열의 흡수와 방출은 다른 방식으로 물질에 영향을 준다. 열이 물질에 미치는 가장 일반적인 영향의 하나는 열이 가해졌을 때의 물질의 팽창이다. 거의 예외없이 물질의 크기는 뜨거워졌을 때에는 팽창하며 차가워졌을 때는 수축한다. 기체 물질은 뜨거워졌을 때 가장 크게 팽창하고, 액체는 뜨거워졌을 때 팽창하지만 그것은 가스보다는 작다. 그리고 고체의 팽창은 더욱더 적다. 하지만 물은 일반적 온도 - 팽창 법칙에서 벗어난 것이 이미 알려진 사실로 4℃ 이하로 냉각되면 다시 팽창한다.

액체와 고체는 부피의 팽창에 관해서 같은 일반식을 따른다.

$$V_2 = V_1(1+\alpha\Delta T)$$

$$V_2 = V_1 + V_1\alpha\Delta T$$

여기서 V_1과 V_2는 최초와 최후 물질의 부피며, ΔT는 온도차이다. 그리스 문자의 α는 1도의 온도변화에 대한 기초 부피의 단위당 부피에서의 변화 계수 이다. 그것은 부피팽창계수라 불린다. 여러 가지 일반적인 액체에 대한 이 파라메타의 값이 표 2.2에 기록되어 있다.

표 2.2 보통 액체의 부피팽창계수

액체 종류	α (10^3 ℃$^{-1}$)
아세트산	1.071
아세톤	1.487
벤젠	1.237
사염화탄소	1.237
디에틸에테르	1.656
에틸알코올	1.120
가솔린	1.080
글리세린	0.505
메틸알코올	1.199
펜탄	1.608
테르펜	0.973
물	0.107

액체로 가득 채워진 탱크, 드럼 및 그 밖의 용기는 액체 부피의 증가를 메우고 동시에 팽창하지 않는 한 뜨거워졌을 때 액체의 부피 팽창에 의해 넘치거나 파열한다. 제조업자는 통상 이 같은 팽창에 대비해서 얼마간의 여유를 두고서 만든다. 그렇지만 이들 재료가 화재로 노출되었을 경우 부피 증가를 보상할 수 있을 정도의 여유를 통상 주고 있지 않다. 액체는 거의 압축할 수 없다. 따라서 어떤 정해진 부피를 가진 용기 속에서 액체가 뜨거워졌을 때에는 내부 압력이 증가해서 드럼을 파열시킨다.

2.2 위험성 물질

천연물질로 사람이 합성할 수 있는 화학물질의 수는 제조 능력에 따라 많은 제한을 받는다. 다행인 것은 이러한 물질의 대부분은 어떤 특정한 조건이 주어지거나 또는 조합되어지기 전에는 위험성을 드러내지 않는다. 그렇지만 실제 화재 속에서 높은 온도를 받게 되면 많은 물질은 보통의 상태에서는 무해해도 극히 위험한 물질이 된다. 그들은 증발하고, 폭발하며, 혹은 불길이 되어 탄다. 화재 시 희생자들의 커다란 상처와 죽음까지 초래하는 등 극히 위험성 높은 재해를 가져오는 물질도 있다.

종래, 화재 화학에서는 다음 어느 한 곳에 속하는 것은 위험 물질로 간주하였다. 곧, 타기 쉬운 물질, 폭발성 물질, 부식성 물질, 유독한 물질, 방사능을 가진 물질이거나 높은 온도에서 분해하여 손쉽게 산소를 발생하는 것을 위험물질로 간주하였다. 이러한 여러 성질 중 한 가지를 포함하는 물질의 예는 매우 많다. 그들 중에는 공업적으로 이용되거나 가정에 두고서 사용되는 물질도 포함되어 있다.

더욱이 두 종류 또는 그 이상의 화학물질이 접촉해서 작용하면 위에 열거한 여러 성질의 하나를 가진 새로운 물질을 만들어 내거나, 또는 간접으로 화재를 강하게 하는 원인이 되는 물질을 생성하는 경우가 있을 수도 있다.

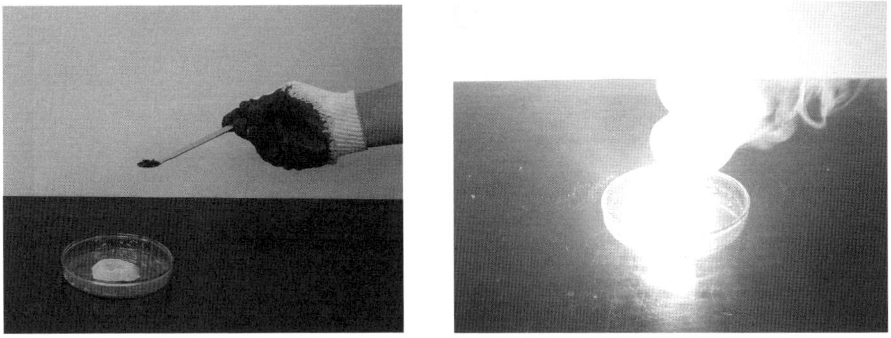

그림 2.3 두 개 성질의 복합물은 종종 보다 많은 형태의 위험성을 발생한다. 알코올이 섞인 톱밥에 삼산화크롬을 접촉한 결과 혼촉발화되는 그림이다.

(1) 화학적 생성물이 유독한 경우

물질의 성질, 농도 및 물질을 취급하는 경우 신체에 작용하는 상태에 따라서 화학반응의 생성물이 병 또는 죽음도 부를 수 있는 경우가 있을 수 있다. 예를 들어 만약 녹을 제거하거나 세면기의 청소 등에 이용되는 산이 세탁용 표백제 또는 수영장의 살균제를 혼합하면 극히 유독한 가스를 발생한다. 이 가스는 염소 가스이다. 공기 중에 1,000 ppm 정도의 그다지 진하지 않은 농도라 해도 그것을 2, 3회 깊게 호흡하면 죽을 가능성도 있다.

(2) 화학반응생성물이 폭발성 또는 가연성인 경우

질산염, 염소산염 및 과염소산염과 같은 몇 가지의 산화성 물질은 어떤 종류의 유기화합물과 혼합하면 폭발하는 성질을 갖게 된다. 이러한 형태의 혼합물 중에는 자연폭발을 일으키는 물질이 있다. 또 그 중에는 깃털을 섞는 것만으로도 폭발하는 것도 있다.

(3) 화학반응이 열을 발생하는 경우

어떤 화학반응에 의해서 발생한 열이, 반응성분 또는 그 근처에 있는 물질에 흡수되는 경우가 있다. 그 열이 흡수되면 흡수한 물질의 온도는 상승해서 자연발화를 일으키고 착화온도에까지 이를 가능성이 있다. 예를 들어 농질산을 톱밥 위에 부었을 경우 이 두 물질 사이에서 일어난 화학반응 결과 상당한 열량이 발생한다. 그리고 이 열로 인해 톱밥을 발화시킬 만큼의 충분한 온도에 이른다.

(4) 위험물의 정의

위험물(위험물질: hazardous materials)에 대한 사전적 의미는 다음과 같다. ① 물질의 화학적, 물리적 또는 생물학적 성질상 그 물질 자체의 특성 ② 환경조건에 따라 위험성[폭발, 인화성(引火性), 유독성(有毒性), 부식(腐蝕), 방사성(放射性), 질식(窒息), 자연발화(自然發火), 전염, 중합(重合), 동상]. 하지만, 「위험물안전관리법」상의 위험물은 넓은 의미의 위험물로서 인간의 생명, 신체, 재산, 환경에 대해 피해를 주는 화학물질을 관리·규제하는 것이며, 좁은 의미의 위험물(위험물안전관리법 제2조 제1항)로서 위험물이라 함은 인화성(引火性) 또는 발화성(發火性) 등의 성질을 가지는 것으로서 대통령령이 정하는 물품을 말한다. 즉, 화재·폭발에 직·간접적으로 촉진하는 물질에 대해 제조, 운반, 취급, 사용에 대해 규제하고 있는 것이다. 「위험물안전관리법」상의 위험물은 다음과 같이 분류된다.

구 분	성 질
제1류 위험물	산화성 고체
제2류 위험물	가연성 고체
제3류 위험물	자연발화성 및 금수성 물질
제4류 위험물	인화성 액체
제5류 위험물	자기반응성 물질
제6류 위험물	산화성 액체

물성에 따른 위험물의 분류「위험물안전관리법」

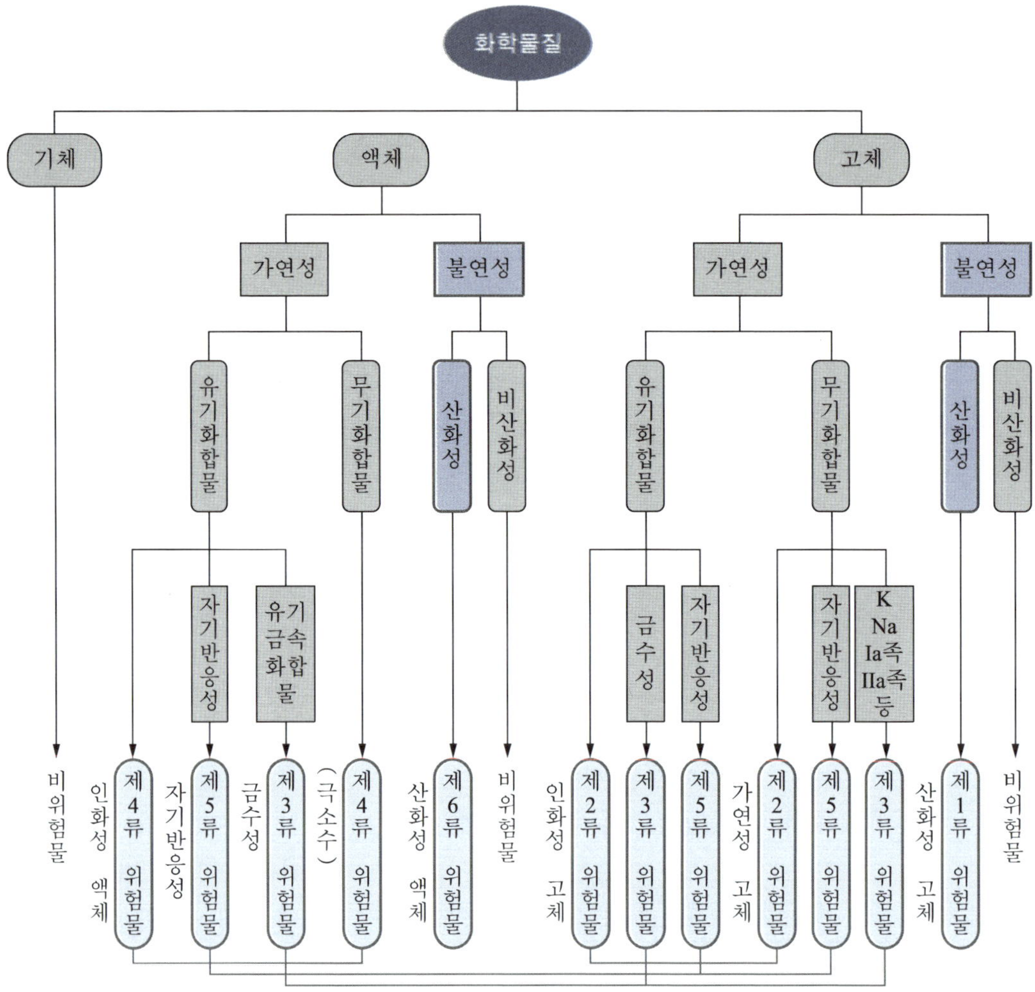

2.3 화재의 분류

가연성 물질의 발화와 소화의 연구 결과, 화재에는 5종류의 서로 다른 형태가 있는 것이 확인되었다.

(1) A급 화재 (일반화재)

태워서 숯을 남기는 것 같은 보통의 셀룰로오스계 재료의 연소에 의하여 발생하는 것이다. A급 화재의 보통 예는 목재, 종이 및 어느 정도의 섬유류가 포함되어 있다. A급 화재의 소화제로는 일반적으로 물이 유효하다.

(2) B급 화재 (유류화재)

가연성 액체 및 가연성 가스의 연소 결과 일어난다. B급 화재를 일으킬 가능성이 있는 물질의 예로는 가솔린, 등유, 그리이스(grease)와 같은 기름류, 메탄 및 수소 등과 같은 가스류가 있다. B급 소화제로는 이산화탄소 및 거품소화제가 효과적이라 보인다.

(3) C급 화재 (전기화재)

전류가 흐르고 있는 회로 안에서 재료가 타기 시작해서 또는 전류가 원인으로 연소가 일어나서 발생한다. 전기방전이 원인으로 일어난 화재를 끄는 데에는 이산화탄소가 일반적으로 이용되고 있다.

(4) D급 화재 (금속화재)

물과 반응하거나 이산화탄소와 반응하는 등의 독특한 화학적 성질을 가진 금속류의 연소에 의해서 일어난다. D급 화재를 일으키는 금속으로는 타이타늄, 마그네슘, 지르코늄 및 나트륨 등이 있다. D급 화재는 통상 흑연을 포함한 특수 소화제에 의해서 소화된다.

(5) F급 화재 (또는 K급 화재, 식용유 화재)

식용유의 발연점은 230~245℃, 인화점은 300℃ 내외, 연소점은 340~360℃, 발화점은 400℃ 내외이다. 식용유는 인화점과 발화점의 온도차가 적은데, 발화점이 비점 이하인 기름이 인화하여 화재가 되면 유온이 상승, 바로 발화점 이상으로 된다. 이때는 유면상의 화염을 제거하여도 유온이 발화점 이상이기 때문에 곧 재발화한다. 따라서 끓는 기름 속으로 물이 들어간 경우, 유온이 발화점 이하로 여겨질 때는 20~50℃ 이상 기름의 온도를 낮추어야만 소화할 수 있다. 이와 같은 방법으로는 가스레인지의 불을 끄고, 야채, 상온의 식용유, 밀가루 등 물 이외의 것으로 냉각한다거나 뚜껑을 덮어 질식시키는 것이 효과적이지만, 가장 적절한 소화 방법은 강화액 소화액으로 식용유 자체의 온도를 낮춰 냉각 소화하는 것이다.

2.4 가연성

가연성 가스 및 가연성 액체의 증기는 일반적으로 공기와 섞인 후 점화원과 접촉한 경우에 매우 손쉽게 발화한다. 그렇지만 각각의 물질은 공기 중에서 어느 점 이상 이하에서는 연소되지 않는 농도가 있다. 가스 또는 증기가 공기 중에서 점화되어도 연소하지 않는 물질의 최저 농도를 폭발 하한계라 하며, 공기 중에서 발화점 이상에서도 착화가 일어나지 않는 최고의 농도를 폭발 상한계라고 부른다. 폭발 상한계와 하한계는 일반적으로 공기 중에서의 증기 부피백분율로 표시된다. 예를 들어 자일렌 폭발 하한계는 공기 중에서 부피로 1.1%이지만 폭발 상한계는 공기 중에서 7.0%이다. 이 경우 자일렌은 5.9라는 연소범위를 갖는다고 표현된다. 어떤 물질의 연소 범위 즉, 폭발범위는 폭발의 상한계와 하한계 사이이다. 표 2.3에 각종 가연성 및 독성가스(증기)의 연소범위를 나타내었다.

일반적으로 액체와 고체는 실제로 연소를 일으키지 않는다. 오히려 액체나 고체에서 발생된 증기가 공기와 섞여서 가연성 혼합물을 만들었을 때 착화하는 것이다. 가연성 액

표 2.3 가연성 및 독성가스의 연소범위

가스증기	분자식	연소(폭발) 범위 (vol.%)	위험도 $\left(H=\frac{U-L}{L}\right)$	가스증기	분자식	연소(폭발) 범위 (Vol.%)	위험도 $\left(H=\frac{U-L}{L}\right)$
수소	H_2	4.0~75	17.75	에탄올	C_2H_5OH	4.7~19	3.04
일산화탄소	CO	12.5~74	4.92	아세트알데히드	CH_3CHO	4.1~55	12.41
암모니아	NH_3	16~25	0.5625	아세톤	$(CH_3)_2CO$	2.6~12.8	3.92
메탄	CH_4	5.3~14.0	1.64	에틸메틸케톤	$C_2H_5COCH_3$	1.8~10	4.56
프로판	C_3H_8	2.2~9.5	3.32	아세트산에틸	$C_2H_5COOCH_3$	2.5~9.0	2.6
n-부탄	C_4H_{10}	1.9~8.5	3.47	아세트산부틸	$C_4H_9COOCH_3$	1.7~7.6	3.47
i-부탄	C_4H_{10}	1.8~8.0	3.4	산화에틸렌	CH_2OCH_2S	3.0~80	25.67
n-펜탄	C_5H_{12}	1.5~7.8	4.2	취화메틸	CH_3Br	13.5~14.5	0.07
n-헥산	C_6H_{14}	1.2~7.5	5.25	염화비닐	CH_2CHCl	4~22	4.5
에틸렌	C_2H_4	3.1~32	9.32	아크릴로니트릴	CH_2CHCN	3.0~17	4.67
프로필렌	C_3H_6	2.0~11.1	4.55	시안화수소	HCN	6~41	5.83
부틸렌	C_4H_8	1.7~9.0	4.29	황화수소	H_2S	4~44	10
아세틸렌	C_2H_2	2.5~81	31.4	염소	Cl_2	-	-
부타디엔	C_4H_4	2.0~11.5	4.75	포스겐	$COCl_2$	-	-
벤젠	C_6H_6	1.4~7.1	4.07	도시가스	–	5~	-
톨루엔	$C_6H_5CH_3$	1.4~6.7	3.79	LPG	–	2~21	9.5
o-자일렌	$C_6H_4(CH_3)_2$	1.0~6.0	5	가솔린	–	1.4~7.6	4.43
메탄올	CH_3OH	7.3~36	3.93	등유	–	0.8~	-

체라도 주위의 온도에 의해 연소를 일으키는 데에는 충분한 만큼의 증기를 발생하지 않는 경우가 있을 수 있다. 공기 중 액체 증기의 농도가 옅으면 연소가 될 수 없기 때문에 그 액체가 연소되기 위해서는 증기를 발생해서 연소 범위 농도의 혼합물을 만들 수 있는 온도로 가열해야 한다. 즉, 이러한 가연성 증기를 발생하는 액체 또는 고체와 공기는 기체상 부분에 불꽃이 닿았을 때 연소가 일어나는데 필요한 최저 온도가 존재한다. 이 온도를 인화점(flash point)이라 부른다. 인화점은 휘발유 －20～－43℃, 아세톤 －18.7℃, 벤젠 －11.1℃, 톨루엔 4℃, 등유 약 30~60℃, 나프탈렌 80℃ 등이다.

NFPA는 **인화점**[4]을, 어떤 정해진 용기 안에서 액체 표면 근처에 공기와 섞여서 발화성 혼합물을 형성하는데 충분한 증기를 발생하는 액체의 최저온도라 정의하고 있다. 인화점에서의 액체의 연소는 지속적이지 않다. 액체의 온도가 인화점을 넘어서 상승하면 액체가 점화되어 연소를 계속 유지하는 데에도 충분한 양의 증기를 발생할 수 있게 된다. 이 온도를 fire point 즉, 연소점이라 부른다. 일반적으로 연소점은 인화점보다 5~10℃ 정도 높다. 만약 어떤 액체의 온도가 인화점보다도 상승하면 이 온도에서는 어떤 점화원이 없어도 연소를 일으킬 수 있다. 이 온도를 **자연발화온도**(점화점＝발화점＝착화점, Ignition point)라 부른다. 즉 가연성 물질 또는 혼합물이 연소를 시작(발화)하는데 필요한 최저가열온도를 말한다. 발화점의 값은 가열방법, 공기의 혼입도, 용기의 재질 또는 형태 등의 조건에 따라 현저하게 변동하므로 물질고유의 상수라고 볼 수 없다. 각종 측정법이 있으나, 측정법이 다른 값들을 서로 비교하는 것은 무의미하다. 이 자연발화 온도에 이르면 액체는 그 이상 열을 더하지 않아도 연소를 계속한다. 이 같은 연소를 자동 연속이라 부른다.

부틸알코올과 자일렌의 인화점과 연소점 그리고 착화점에 대해 표 2.4에 나타내었다. 부틸알코올은 점화원에 노출된 경우에 45.5℃에서 인화하지만, 50℃가 될 때까지 연소가 지속되지는 않으며 117.8℃가 될 때까지는 비등하지 않는다. 자연발화는 343℃에서 일어난다. 이러한 온도는 액체에 따라 다르며 자일렌의 경우는 보다 높다. 자일렌의 인화점은 25℃이며 연소가 지속되는 온도는 44℃, 비등점은 137.8℃ 그리고 자연발화온도는 495.5℃이다.

4) 인화점은 여러 가지 방법에 의해 측정되지만, tag식 측정법에서는 놋그릇에 시료를 담고 밀폐하여 물중탕에서 가열하고 때때로 가동식인 뚜껑을 열고 작은 불꽃을 갖다 대어 불꽃이 생겼는지의 여부를 관찰한다. 그밖에 통상 쓰이고 있는 것은 펜스키 말텐스의 밀폐식과 클리블랜드의 개방식이다. 그 중 개방식인 클리블랜드식 측정법은 특히 윤활유 등 인화점이 높은 물질에 주로 사용된다.
어느 방식으로도 어떤 결정된 온도에서 열린 용기 또는 밀폐된 용기에 담긴 액체 위에 작은 불씨를 가까이 하는 방법이다. 그리고 인화점은 액체가 최초로 발화한 온도이다. 일반적으로 개방식이 밀폐식보다도 3~5℃ 높다. 이 결과로 개방식이 실제 화재의 경우와 가깝다고 볼 수 있다.

표 2.4 부틸알코올과 자일렌 연소에 관한 물리적 성질

액체종류	비등점 (℃)	인화점 (℃)	연소점 (℃)	자연발화온도 (℃)	폭발 하한계 (%)	폭발 상한계 (%)
부틸알코올	117.8	45.5	50	343	1.7	18.0
자일렌	137.8	25	44	495.5	1.1	7.0

현행 위험물안전관리법에서 인화성액체란 액체(제3석유류, 제4석유류 및 동식물유류에 있어서는 1기압과 섭씨 20도에서 액상인 것에 한한다)로서 인화의 위험성이 있는 것을 말한다.

1. "특수인화물"이라 함은 이황화탄소, 디에틸에테르, 그 밖에 1기압에서 발화점이 섭씨 100도 이하인 것 또는 인화점이 섭씨 영하 20도 이하이고 비점이 섭씨 40도 이하인 것을 말한다.
2. "제1석유류"라 함은 아세톤, 휘발유, 그 밖에 1기압에서 인화점이 섭씨 21도 미만인 것을 말한다.
3. "알코올류"라 함은 1분자를 구성하는 탄소원자의 수가 1개부터 3개까지인 포화1가 알코올(변성알코올을 포함한다)을 말한다.
4. "제2석유류"라 함은 등유, 경유, 그 밖에 1기압에서 인화점이 섭씨 21도 이상 70도 미만인 것을 말한다.
5. "제3석유류"라 함은 중유, 크레오소트유, 그 밖에 1기압에서 인화점이 섭씨 70도 이상 섭씨 200도 미만인 것을 말한다.
6. "제4석유류"라 함은 기어유, 실린더유, 그 밖에 1기압에서 인화점이 섭씨 200도 이상 섭씨 250도 미만의 것을 말한다.
7. "동식물유류"라 함은 동물의 지육 등 또는 식물의 종자나 과육으로부터 추출한 것으로서 1기압에서 인화점이 섭씨 250도 미만인 것을 말한다.

인화성은 가연성 액체의 위험도를 평가한 결과로 편리한 온도이지만 기체 또는 고체에는 이용되지 않는다. 기체는 이미 증기 상태이며 또 고체는 기화하기 전에 통상 액체의 형태를 통과하지 않으면 안 되기 때문이다. 그렇지만 일부 고체도 발화에 필요한 최저의 온도가 필요하다. 고체에 적용되는 경우 이 온도를 **kindling point**라 부른다.

2.5 이상기체와 상태방정식

동일 온도와 압력상태에서 기체가 갖는 부피는 mol수에 정비례한다. 따라서 동일 온도와 압력에서 기체 1 mol이 차지하는 부피는 2 mol이 차지하는 부피의 반에 해당한다. 또한 동일온도와 압력에서 일정량의 기체(예를 들면, 1 mol)가 차지하는 부피는 기체분자의 종류에 관계없이 항상 일정하다(Avogadro의 원리). 만약 기체의 몰수가 n 일 때,

$$V \propto n$$

$$V = kn$$

이다. 이 때 비례상수 k 값은 기체의 온도와 압력에 따라 변한다.

이 관계식과 Boyle의 법칙, Charles의 법칙으로부터 기체의 부피, 온도, 압력 및 mol수에 관한 일반식을 얻을 수 있다. 기체의 부피는 압력에 반비례하고 절대온도와 mol수에 비례한다.

$$V \propto \frac{1}{P}$$

$$V \propto T$$

$$V \propto n$$

따라서,

$$V = R\left(\frac{1}{P}\right)(T)(n)$$

이다. 이를 정리하면

$$PV = nRT$$

의 관계식이 성립한다. 이 방정식을 **이상기체 상태방정식**(ideal gas state equation)이라고 한다.

STP에서 이상기체 1몰의 차지하는 부피는 22.4136 L이다. 이 자료를 이상기체 상태방정식에 적용하면 기체상수, R 값을 구할 수 있다.

$$R = \frac{PV}{nT}$$

$$R = \frac{(1\text{atm})(22.4136\,\text{L})}{(1\,\text{mol})(273.15\text{K})} = 0.082057\,\text{L} \cdot \text{atm/K} \cdot \text{mol}$$

이 값을 R 값으로 사용(실제로는 유효숫자를 3개로 0.0821로 사용)하여 이상기체 상태방정식을 이용한 문제풀이를 할 경우 반드시 주어진 자료들의 부피값은 L, 압력값은 atm으로 표시한 것을 사용하여야 한다. 다른 단위로 표시한 R 값들은 표 2.5에 표시되어 있다. $PV = nRT$의 이상기체 법칙을 이용하여 기체의 분자량을 계산할 수 있다.

n은 몰수이며 $n = \dfrac{w\,(\mathrm{g})}{M\,(\mathrm{g/mol})}$이므로 $PV = \dfrac{w}{M}RT$이다.

따라서 분자량 $M = \dfrac{w}{PV}RT$을 이용하여 계산한다.

표 2.5 여러 단위의 몰 기체상수 R값

0.082057	L · atm/(K · mol)
8.31441	J/(K · mol)
8.31441	kg · m^2/(s^2 · K · mol)
8.31441	dm^3 · Pa/(K · mol)
1.98719	cal/(K · mol)

2.6 기체상태에 따른 일반적인 위험성

물질의 세 가지 상태 중 기체상태만이 비교적 간단한 양적 표현이 가능하다. 밀폐되어 있는 가스의 부피, 온도와 압력 사이의 관계는 기초적인 물리학적 법칙에 의해 계산할 수 있다. 아일랜드의 물리학자 로버트 보일은 실험적으로 만약 온도(T)가 일정하면 일정한 질량을 가진 기체의 부피(V)는 가해진 절대압력(P)에 반비례해서 변화한다는 것을 밝혔다. 이것이 보일의 법칙이다. 보일의 법칙에 의한 일정 온도 하의 실험에서 가스의 부피와 그것에 가해진 절대압력과의 곱은 항상 일정함을 밝혔다.

$$P \times V = \mathrm{const} \quad (\mathrm{at}\ T = \mathrm{const})$$

그림 2.4에서 보일의 법칙에 관한 실험을 설명하였다. 보일의 법칙은 다음과 같이 쓸 수 있다.

$$P_1 V_1 = P_2 V_2$$

보일의 법칙을 이용하면 압력의 변화에 의해 생기는 기체의 부피 변화만이 계산되어 편리하다.

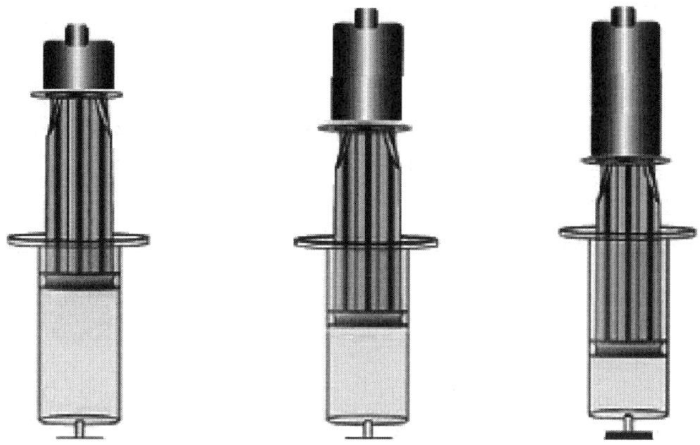

그림 2.4 보일의 법칙. 일정 온도 아래에서 기체의 부피에 대한 절대압력의 영향은 보일의 법칙으로 표현된다. 가해진 압력이 2배가 되면 부피는 초기 부피의 반으로 감소한다.

프랑스의 물리학자 샤를은 기체의 부피는 가해진 온도에 비례해서 변화함을 밝혔다. 일정 압력 조건에서 기체의 부피는 절대온도에 비례하는데 이것이 샤를의 법칙이다. 수학적으로 표시하자면 가스의 부피와 절대온도에 대한 비는 일정하다.

$$\frac{V}{T} = \text{const}$$

따라서 샤를의 법칙은 다음과 같이 표현할 수 있다.

$$\frac{V_1}{T_1} = \frac{V_2}{T_2} \quad (\text{at } P = \text{const.})$$

앞에서 기술한 것처럼 온도의 상승은 열흡수에 해당한다. 따라서 기체가 열을 흡수하면 기체는 팽창함을 샤를의 법칙을 이용해 알 수 있다. 그림 2.5는 일정 압력 하에서 체적과 온도의 관계에 대한 실험이다.

보일과 샤를의 법칙은 아래 식과 같이 하나의 식으로 맞출 수 있다. 이를 보일-샤를의 법칙이라 한다.

$$\frac{V_1}{V_2} = \frac{T_1}{T_2} \times \frac{P_2}{P_1} \quad \text{or} \quad \frac{P_1 \times V_1}{T_1} = \frac{P_2 \times V_2}{T_2}$$

이들 방정식에서 가스는 온도와 압력의 변화에 따른 부피 변화를 결정할 수 있다.

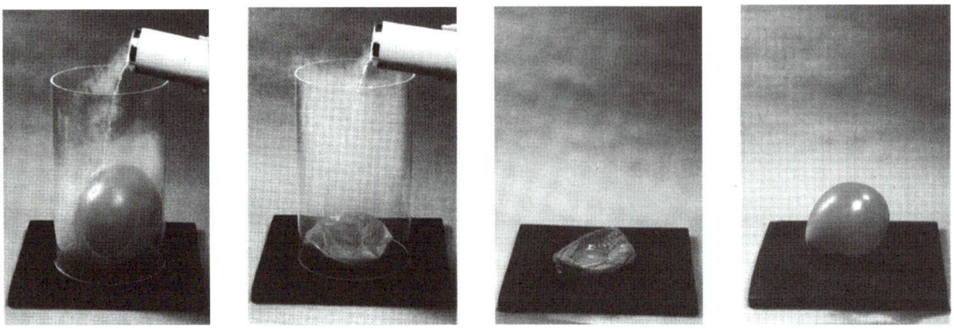

그림 2.5 기체의 온도와 부피(샤를의 법칙). 풍선에 액체 질소를 부으면 풍선이 찌그러지고, 공기 중에 놓아두면 다시 부풀어 오른다.

기체는 고정된 저장용기 안에서는 항상 일정 값을 갖는다. 따라서 $V_1 = V_2$이며 V_1/V_2의 비는 1로 일정하다. 따라서 위의 법칙을 아래의 방정식으로 나타낼 수 있다. 이를 아만톤의 법칙이라 한다.

$$\frac{P_1}{T_1} = \frac{P_2}{T_2}$$

만약 고압용기 안에 담긴 기체가 온도가 상승되면 가스 압력도 증가한다. 이 같은 조건에서는 고압용기가 파괴될 가능성이 있다.

그림 2.6은 **저장용기에 밀폐되어 있는 기체의 압력에 대한 온도의 영향**을 나타낸 것이다. 초기 실온에서 가스에 1,000 kg/cm^{2}의 압력이 가해지다가 280℃로 온도가 높아지면 압력은 거의 2배가 된다. 더욱더 280℃의 온도 증가는 가스 압력을 초기 압력의 3배로 높인다. 이 같은 온도는 화재 시 발생하는 전형적인 온도이기 때문에 화재에 노출된 가스용기가 화재 시 파열하는 것은 지극히 당연한 것이다.

산소, 수소, 질소 및 공기는 많은 다른 가스와 같이 강철의 실린더(원통용기)에 넣어 시판한다. 보통의 조건에서는 이들 가스는 곧바로 만들어 안전한 구조물에 단단히 고정되어 있어야 하며, 높은 온도로부터 차단하여 저장하여야 한다. 기체는 통상 가스의 온도가 대체로 52℃를 넘지 않는 한은 안전하다고 생각할 수 있다. 이 온도를 넘으면 고압용기는 파열할 가능성이 생기고 대부분 마개 부근에서 파열하여 로켓처럼 몇 백 미터도 날아갈 위험이 있다. 일광의 직사에 의해서도 이 안전수준을 넘는 온도가 되어 용기 속의 가스가 팽창할 가능성이 있다.

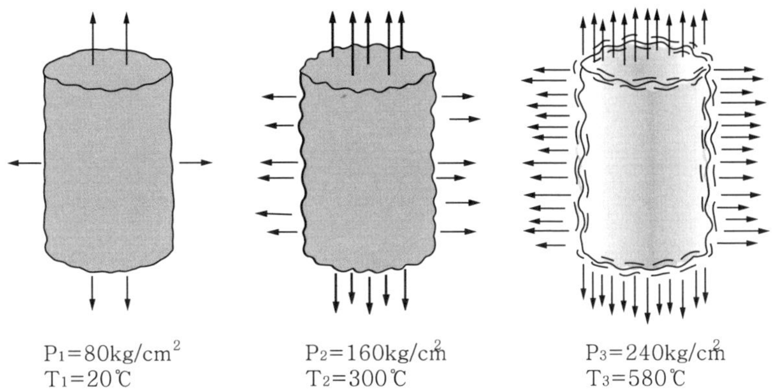

그림 2.6 일정한 부피를 가진 용기에 담긴 기체에 대한 온도의 영향. 기체의 온도가 280℃ 상승하면 압력은 약 2배 증가되어 용기는 파괴된다.

과다한 열을 받은 경우 가스 용기는 불발탄처럼 취급되어야 한다. 일반적으로 파열한 용기에서 뿜어내는 가연성 가스가 축적된 경우에는 자연발화를 일으키는데 충분하다. 그 영역은 순간적으로 불길에 둘러싸인다. 가스 용기의 폭발은 화재 진압시 발생하는 큰 위험요소의 하나이다. 고압가스 용기 폭발은 불연성 가스용 용기라도 위험하다. 불연성 가스는 연소는 되지 않는다고 해도, 고압용기가 폭발하면 급속한 압력이 주위에 퍼지게 되어 더욱더 주위를 파괴할 수 있다.

고온의 가연성 가스를 고압으로 저장하고 있는 탱크가 직접 화재의 불길에 방치된 경우에도 유사한 화재가 발생한다. 이 같은 상황은 종종 철도 또는 트럭 사고 시에 발생한다. 파괴된 탱크차에서 새어나온 가스는 가연성 가스로 채워진 인접한 탱크차를 발화시킨다. 고압의 많은 가스가 수송되는 경우 가스는 두 개의 상태로 분리되어 존재하는 경우가 있다. 그 경우 무거운 액상 부분은 탱크의 밑부분에 모이고 기상 부분은 그 위에 존재한다. 이러한 탱크의 외벽에 불이 접촉하면 금속의 강도가 감소하며 액체 윗부분에 존재하는 기상의 내부압력이 급속히 증대하게 된다. 따라서 탱크차의 구조에는 가스를 방출하는 장치가 반드시 설치되어야 하지만 과잉의 증기 발생에 의해 내부에 거대한 압력이 발생한 경우에는, 통상 그것을 안전하게 방출시키는 일은 불가능하다. 구조가 약해지고 내부압력이 증대했기 때문에 순간적인 가스 방출이 일어나면 증기로 착화가 일어난다. 이 현상을 BLEVE (Boiling Liquid Expanding Vapor Explosion)라 부른다. 액체의 비등에 의해 증기가 팽창하기 때문에 폭발의 의미를 갖는다(그림 2.7 참조). 일단 화재가 일어난 탱크의 외벽이 침해된 경우에는 BLEVE 현상이 순간적으로 일어날 수 있다. 화재의 경험상 구조물이 냉각되지 않는 한 최초의 불꽃이 접촉하고부터 10분 내지 30분 이내에 파괴 현상이 발생한다. BLEVE에 의한 위험도는 매우 중대함으로 주의를 해야 한다.

그림 2.7 BLEVE는 액체가 그 비점 이상의 높은 온도로 급속으로 뜨거워진 결과로 일어난다. 용기의 가스 방출만으로 증기의 팽창에 의해 생긴 거대한 내부압력 증대를 늦춰지게 하는 능력을 갖고 있지 않다. 용기의 구조 파괴는 파이어볼 또는 공중가스 폭발효과를 동반해서 대폭발을 발생시킨다.

탱크의 파편은 모든 방향에 빠른 속도로 몇 백 미터를 로켓처럼 비산한다. 이 같이 파편이 비산하는 현상에 의해 사람들은 생명을 빼앗기며 또 중대한 부상을 당한다. 근처에 존재하는 탱크 외의 구조물은 날아오는 파편의 충돌과 방사열에 의해 일어나는 2차적인 화재로 인해 파괴되는 것이다.

일단 BLEVE가 일어나면 통상 화재가 확대되는 것을 방지하는 것으로 소화활동이 제한된다. 이 같은 폭발이 일어나면 대혼란이 일어난다. 만약 BLEVE가 일어날 가능성이 있다면 모든 작업은 BLEVE가 발생되는 것을 막는 것에 집중되어야 할 것이다. 주요한 소방작전은 중요위험 곧 탱크 윗부분(기상으로 존재하는 영역)과 실제로 화재의 불꽃이 접촉하는 장소에 국부적으로 주수함으로써 탱크 외벽을 냉각하는 것이다. 이 같은 구조물을 효과적으로 냉각하기 위해서는 최소한도 매분 500 gallon의 물을 주수할 필요가 있다. 소방요원의 위험이 크기 때문에 주수하는 경우에는 모니터를 이용해 무인조작으로 행하는 것이 꼭 필요하다.

BLEVE를 예방하기 위해서는 첫째, 탱크 내에 감압장치를 설치함으로써 탱크 내의 압력이 저하되면서 탱크강판의 응력을 파괴치 이하로 떨어지게 하는 효과를 얻을 수 있다. 둘째, 탱크외벽의 단열조치, 탱크의 지하설치, 물에 의한 탱크 표면의 냉각장치를 설치함으로써 화염으로부터 탱크로의 입열을 억제토록 할 수 있어야 한다. 셋째, 탱크내벽에 열전도도가 좋은 물질을 설치하여 탱크가 화염에 노출되어 있을 때 탱크 기상부 강판으로 흡수되는 열을 탱크 내의 액상가스로 신속히 전달시킴으로써 탱크 기상부 강판의 온도를 파괴점 이하로 유지하여 BLEVE 발생을 방지할 수 있다.

2.7 한냉제의 일반적인 위험성

모든 가스류는 냉각하거나 높은 압력을 가하면 액화될 수 있으며, 마찬가지로 액체를 고체화할 수도 있다. 그렇지만 모든 가스는 압력만으로는 그 가스를 액체로 응축할 수 없는 최저의 온도가 존재하는데, 이 온도를 임계온도라 한다. 예를 들어 이산화탄소는 기체 상태를 31℃ 이하의 온도에서 충분한 압력을 가하면 손쉽게 액화한다. 그렇지만 이 온도보다 높은 온도에서는 압력을 가해도 가스를 액화할 수 없다. 어떤 가스를 임계온도에서 액화시키는 데 필요한 압력을 임계압력이라 한다. 이산화탄소의 임계압력은 73기압이다. 곧 31℃에서 73기압의 압력을 가하면 이산화탄소는 액화한다. 어떤 물질의 임계압력과 임계온도에서 얻는 체적을 임계체적이라 부른다. 이산화탄소 44 g의 임계체적은 0.095 L이다. 그 밖의 각종 가스에 관한 임계 수치를 표 2.6에 나타내었다.

액화하기 위해서 −100℃ 이하로 냉각하지 않으면 안 되는 가스를 한냉제라 부른다. 영어로 cryogens라 칭하며, 그것은 그리스어로 kyros, 얼음처럼 차다 라는 의미이다. 수소, 산소 및 메탄은 기체를 액화하기 전에 임계온도 이하로 냉각하지 않으면 안 되는 기체의 예이다.

모든 한냉가스를 취급, 저장하는 데는 특별한 주의를 필요로 한다. 왜냐하면 이들 물질은 저장조건의 온도가 충분히 낮은 때만 액체로 존재하기 때문이다. 모든 한냉가스는 매우 낮은 온도이기 때문에 공통된 세 가지 위험성을 가진다.

표 2.6 임계온도와 임계압력

물질명	임계온도(℃)	임계압력(atm)
암모니아	130	115
부탄	152	38
이산화탄소	31.1	73
디에틸에테르	197	35.8
수소	−234.5	20
질소	−146	33
산소	−118	50
프로판	96.7	42
이산화황	155.4	78.9

(1) 기화한 경우의 높은 팽창률

예를 들어, 액체인 메탄은 기화할 경우에 원래 체적의 약 630배로 팽창한다. 만약, 메탄을 냉각하는 기계가 고장나거나 그것을 액체로 유지하는 조건이 부적합하다면 저장 용기 내부의 압력이 거대한 압력으로 증대하기 때문에 적당히 가스가 방출될 곳이 준비되어 있지 않다면 용기파열이 발생하기 쉽다.

(2) 다른 가스를 액화시키는 능력

액화된 한냉가스의 온도가 극히 낮은 것을 생각한다면 이들이 또 다른 종류의 가스를 응축시키고 때로는 고화시키는 능력을 갖는 것은 지극히 당연하다. 공기의 고화현상이 액체공기의 저장용기의 가스배출관 속에서 일어나면 큰 위험이 발생한다. 왜냐하면 그것이 통로를 밀폐해서 가스의 배출을 막아 압력의 완화를 방해하기 때문이다.

(3) 생체조직을 파괴하는 능력

극저온의 액체가 피부표면에 닿으면 조직 국부를 동결시키는데 이것은 열에 의한 화상과 같은 아픔을 준다. 액체 산소는 중한 화상과 비슷한데, 한냉제의 비열이 높은 경우에 특히 일어나기 쉽다. 극단적인 차가움은 혈액 순환을 국부적으로 저지한다. 이 같은 작용을 받은 조직이 녹으면 작용을 받은 곳으로 혈액이 집중적으로 모인다. 그리하여 혈액의 응고가 일어날 가능성이 높아진다. 또 혈액 이외의 체액도 모여 혈액의 순환이 정상으로 돌아오는 것을 방해한다. 극저온의 액체에 노출된 피부는 할 수 있는 한 신속히 정상 체온으로 돌려놓아야 한다. 피해를 받은 피부를 약 42℃의 물에 담그는 것만으로도 손쉽게 효과를 올릴 수 있다. 모든 한냉물질의 일반적 위험성 외에 한냉액체는 각각의 성질에 기인하는 독특한 독성을 가지고 있다. 이들 한냉물질의 특성에서 오는 위험은 별도로 연구되어야 할 것이다.

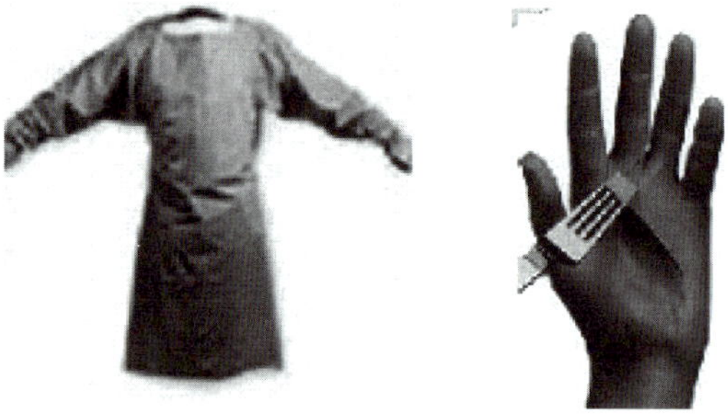

그림 2.8 극저온 액체 실험 시 필요한 장비. 한냉액체를 옮길 경우에 그 비말에 닿는 것을 방지하기 위해서 피부를 보호할 필요가 있다.

실험 2-1. 서로 다른 두 용액의 혼합에 의한 발열반응

1. 목 적

아황산나트륨 용액과 세탁용 표백분을 이용하여 산화·환원반응을 이해하고, 반응이 일어나면서 많은 열이 발생할 수 있다는 것을 숙지한다.

2. 기구 및 시약

비커(beaker), 250 mL
온도계(−20~100℃)
눈금실린더
스포이드
약 수저
아황산나트륨용액(Na_2SO_3)
세탁용 표백분(NaOCl)

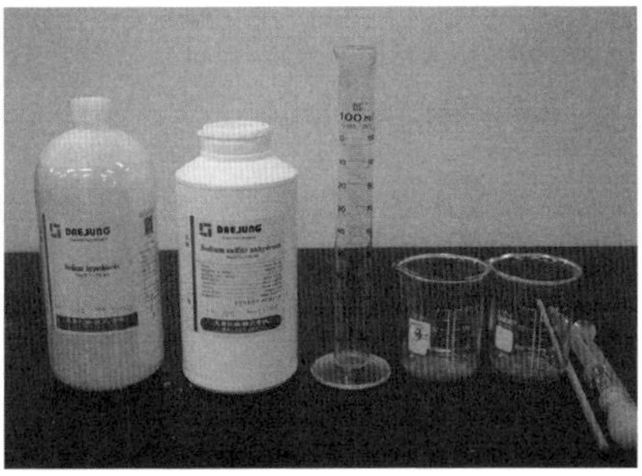

그림 1 실험 준비물

3. 원 리

① 이 반응은 매우 많은 열이 발생하는 반응이므로 온도는 대략 20℃까지 상승 할 것이다.

$$SO_3^{2-}(aq) + OCl^-(aq) \rightarrow SO_4^{2-}(aq) + Cl^-(aq)$$

② 이 반응에서 용액의 최초 온도는 반응속도에 영향을 줄 뿐 최종 온도 변화에는 영향을 주지 않는다.

③ 반응열은 반응한 물질의 양에 비례하므로 과량의 반응물을 포함한 용액의 농도 변화는 반응속도만 다르게 할 뿐 최종 온도 변화에는 영향을 주지 않는다.

④ 산화·환원반응이다. 아황산나트륨(Na_2SO_3)이 산화되고 표백분(NaOCl)이 환원되었다.

4. 실험방법

1) 용액 만들기

① 0.5 M Na_2SO_3 수용액 : Na_2SO_3 6.3 g을 증류수에 녹여 100 mL로 만든다.
② 세탁용 표백제는 NaOCl 수용액으로 한다.
③ 과붕산염(perborate)이 포함된 표백제를 사용해서는 안 된다.

2) 온도 변화를 좀 더 정확히 측정하려면 비커 대신 스티로폼 컵을 사용한다.

3) 과정

① 250 mL 비커에 50 mL의 세탁용 표백제를 붓는다.
② 세탁용 표백분의 온도를 측정한다.
③ 표백분이 담긴 비커에 아황산나트륨 수용액 50 mL를 가하여 반응이 끝난 후 온도 변화를 측정한다.

그림 2 두 용액을 서서히 혼합

그림 3 용액을 혼합한 후 온도 측정

5. 관계지식

아황산나트륨(Na_2SO_3)은 공기 속에서 서서히 산화되며 물에 녹는다. 용해도는 13.9 g/100 g (0℃)이며 알코올에서는 녹지 않는다. 비중 1.59이며 강한 환원제이다. 37℃ 이상에서는 무수염이 된다. 비스코스 염료의 제조, 치오황산나트륨의 제조원료 사진 현상액, 표백제, 방부제에 사용되며, 고무공업 · 플라스틱공업 등에서도 사용된다.

제 목	서로 다른 두 용액의 혼합에 의한 발열반응		
실 험 조		제 출 자	
실험일자		제출일자	

1. 이 반응에 관한 화학 반응식을 써보자.

2. 혼합 용액의 최초 온도는 최후 온도 변화에 영향을 미치는가?

3. 혼합 용액 중 어느 한 용액의 농도 변화는 최후 온도 변화에 영향을 미치는가?

4. 이것은 산화·환원반응인가? 산화·환원반응이라면 산화된 물질과 환원된 물질을 지적하시오.

5. 이 실험은 세탁용 표백분의 순도를 측정하는 실험에 이용될 수 있겠는가?

【고 찰】

【참고문헌】

실험 2-2. 인화점(Flashing Point) 측정

1. 목 적

가연성 액체 및 고체를 가열하여 그 표면 가까이 접근시켜 불꽃에 의하여 가연성 액체의 증기가 발화를 일으키는 현상을 인화라고 하며, 인화를 일으키는 가연성 액체의 최저온도를 인화점(Flash point)이라 한다. 가연성의 액체 및 고체의 표면상의 증기상의 농도는 폭발하한 범위에 따라 이루어지며, 반면에 폭발상한 범위에 상당하는 시료 온도를 상부인화점(上部引火占)이라고 한다. 밀폐 용기내의 공간이 폭발한계에 이른 것은 인화점(또는 하부인화점)과 상부인화점 사이에 있음을 뜻한다. 위험물안전관리법에 의해 분류된 위험물 종류 중 제4류 위험물은 그 물질의 인화점으로 위험정도를 결정하고 있다.

2. 기구 및 시약

인화점 시험기(개방식 및 밀폐식)
n-butyl alcohol, *n*-butyl alcohol-water 혼합액(물 4%)
ethylene glycol, ethylene glycol-water 혼합액(물 4%)

3. 원 리

(1) 인화점이란?

규정조건에서 시료를 가열하여 작은 불꽃을 유면에 가까이 대었을 때, 기름의 증기와 공기 혼합기체가 섬광을 발하며 순간적으로 연소하는 최저시료온도

(2) 연소점이란?

규정조건에서 시료를 가열하여 작은 불꽃을 유면에 대었을 때, 기름의 증기와 공기의 혼합기체가 연속하여 5초 이상 연소하는 최저 시료온도(클리블랜드 개방식 인화점 시험방법에 따름)

(3) 인화점 측정법

구 분	미 국		일 본	
	측정온도범위	규 격	측정온도범위	규 격
밀폐식 시험기	80℃ 이하 80℃ 이상	ASTM D-56 ASTM D-93	80℃ 이하 50℃ 이상	JISK 2539 JISK 2265
개방식 시험기	80℃ 이하 80℃ 이상	ASTM D-1310 ASTM D-92	80℃ 이상	JISK 2274

(4) 인화점 시험기의 종류

인화점에 따라 측정방법이 다르며 일반적으로 개방식과 밀폐식으로 크게 구별한다. 인화점이 80℃ 이하의 시료에 대한 밀폐식 시험기는 측정온도 범위가 넓고, 실온 이하의 저온에서의 인화점도 측정이 가능한 것이 특징이다. 시험용기는 바닥이 평탄한 원통형으로 녹이 슬지 않은 덮개로 밀폐되어 있고 시험 시에 구멍이 열리게 되며, 이와 동시에 시험불꽃이 그 중앙에서 내부의 시료에 접촉되어 착화됨을 확인한다. 그리고 시료용기를 인화점에 따라 가열 또는 냉각시켜야 하기 때문에 액체욕조가 준비되어야 한다. 그 조작법의 경우, 시험기를 통풍이 안 되는 장소에서 인화점이 13℃ 미만이면 ethylene glycol 수용액과 같은 적당한 저응고점 액체를 액체 욕조에 채워 중탕액으로 사용하고, 시료를 mass cylinder로 50±0.5 mL를 시료용기에 넣는다.

시험불꽃을 표준구의 크기로 조절하고, 시료온도가 1분당 1℃씩 상승할 수 있도록 가스버너, 알코올램프, 전열기 등의 가열장치로 조절한다. 시료온도가 0.5℃ 상승할 때 마다 점화원을 시표에 접근시키는 이러한 조작을 되풀이 하여본다. 착화가 분명히 확인될 때의 시료온도를 인화점으로 한다. 이 때, 인화점에 도달하기 전에 시험불꽃의 주위에서 생기는 푸른빛을 인화된 것으로 잘못 생각하기 쉬우니 주의하여 관찰한다. 측정을 2번 행하여 그 차이가 1℃ 이내가 되는 측정치를 인화점으로 하며, 측정치는 소수점 첫째자리까지 표시한다. 물질의 종류와 인화점 측정기의 종류에 따른 인화점의 측정치 예는 다음과 같다.

시 료 명	인 화 점	시 험 기
n-butyl alcohol	36.5℃	밀폐식(80℃ 이하용)
n-butyl alcohol/water 혼합액(물 4%)	39.0℃	밀폐식(80℃ 이하용)
ethylene glycol	122.0℃	밀폐식(80℃ 이상용)
ethylene glycol/water 혼합액(물 4%)	124.5℃	밀폐식(80℃ 이상용)

표 1. 인화점 시험방법의 종류

인화점의 종류	인화점 시험방법	적용기준*	적용유종(KS 제품규격 등에서 정하고 있는 보기)
밀폐식 인화점	태 그 밀폐식	인화점이 90℃ 이하인 시료. 다만, 다음시료는 적용할 수 없다. (1) 40℃의 농도가 5.5 mm^2/s (90.cSt) 이하인 시료 (2) 시험조건에서 기름막이 생기는 시료 (3) 현탁물질을 함유하는 시료	원 유 가솔린 등 유 항공 터빈 연료류
	펜스키마텐스 밀폐식	밀폐식 인화점 측정기이 필요한 시료 및 태그 밀폐식 인하점 시험방법을 적용할 수 없는 시료.	원유, 경유, 등유, 전기절연유, 방청유, 절삭유제
개방식 인화점	클리블랜드 개방식	인하점이 80℃ 이하인 시료. 다만, 원유 및 연료유는 제외한다.	석유아스팔트, 유동파라핀, 에어필터유, 석유왁스, 방청유, 전기절연유, 열처리유, 절삭유제, 각종 윤활유

* 개별의 제품규격 등으로 적용 시험방법 또는 시험조건이 지정되어 있는 경우에는 그에 따른다.

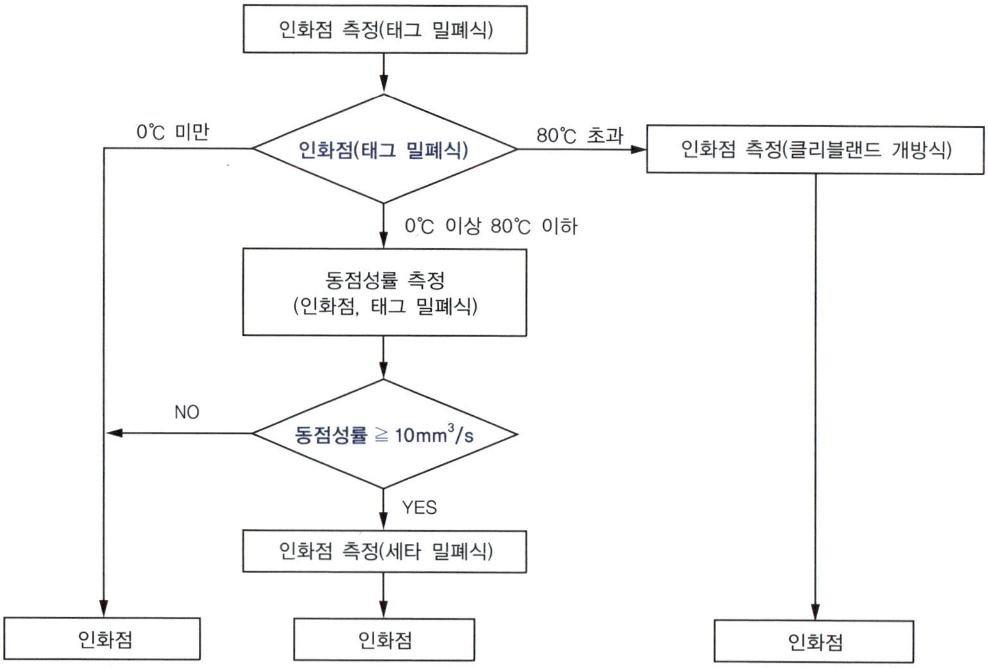

그림 1 인화점 흐름도

4. 실험방법

(1) 클리블랜드 개방식(Cleveland Open Cup) : 인화점 80℃ 이상의 윤활유 및 아스팔트 등에 적용

① 통풍이 없는 실내에 강한 빛이 들지 않게 바람막이를 한다.
② 기름단지를 용제로 닦고 산화·피막 등을 금속면이 나타나도록 강철솜으로 닦는다.
③ 온도계를 기름단지 중심과 안벽의 중간에 유지되도록 설치
④ 수은구 끝이 안바닥에서 6.5 mm 정도가 되게 한다.
⑤ 시료를 기름단지의 표시선가지 채운다.
⑥ 불꽃의 크기를 4±0.8 mm가 되게 조정
⑦ 시료를 분당 14~17℃ 정도로 온도를 높인다.
⑧ 예상인화점에서 28℃ 낮은 온도에서 인화점까지 분당 5.5±0.5℃ 정도로 상승시킨다.
⑨ 예상인화점에서 28℃ 낮은 온도가 되면 2℃ 상승마다 불꽃을 움직인다.
⑩ 명백한 인화가 인정되면 이때 온도를 기록

(2) 태그 개방식(Tag Open Cup) : 인화점 －17℃~168℃의 휘발성 재료에 적용

① 안정되고 공기의 유통이 없는 밝지 않은 장소(24±3℃)
② 점화봉과 불꽃의 위치를 맞춘다(언저리와 점화봉의 중심과는 3.2 mm).
③ 수은구가 컵바닥에서 6.4 mm 떨어지게 한다.
④ 시료를 중탕기에 표시선 만큼 넣는다.
⑤ 불꽃의 크기를 수평기의 4 mm 지름구멍 또는 4 mm 지름의 구에 맞춘다.
⑥ 예상인화점보다 11℃ 낮은 온도가 되면 분당 1℃ 정도 상승시킨다.
⑦ 명백한 인화가 인정되면 그때의 온도를 기록한다.

(3) 펜스키마텐스 밀폐식(Pensky-Martens closed Cup) : 인화점 50℃ 이상의 석유제품에 적용(수분이 함유된 시료는 건조 기름종이 또는 염화칼슘으로 탈수한다.)

① 기름단지 세척 및 건조
② 통풍이 없는 곳에서 시료를 표시선까지 채운다.
③ 기름단지에 뚜껑을 하고, 가열장치위에 고정
④ 시험화염 지름을 약 3.17 mm로 조절한다.
⑤ 시료를 분당 4~7℃ 정도로 상승시킨다.
⑥ 교반기를 매초 1~2회 속도로 회전시킨다.
⑦ 유온이 예상인화점보다 17℃ 낮은 온도에 달하면 화염을 접근시킨다.
⑧ 명백한 인화가 인정되면 그때의 온도 기록

Result & Conclusion

시료명	시험기방식	1차 실험	2차 실험	3차 실험	4차 실험	5차 실험	평균치
ⓐ							
ⓑ							
ⓒ							
ⓓ							

시료명 例

ⓐ *n*-butyl alcohol ⓑ *n*-butyl alcohol-water 혼합액(물 4%)

ⓒ ethylene glycol ⓓ ethylene glycol-water 혼합액(물 4%)

5. 관계지식

구 분	*n*-butyl alcohol	Ethylene glycol	비 고
화 학 식	$CH_3CH_2CH_2CH_2OH$	$C_2H_4(OH)_2$	
융 점	－89℃	－12.6℃	
비 중	0.80	1.11	
상 태	무색액체, 자극취	무색무취, 저휘발성	
비 점	82~118℃	1,972℃	
증 기 압	5.5 mmHg(20℃)	0.05 mmHg(20℃)	
용해물질	물	물, 에탄올, 에테르	
증기밀도	2.6	2.14	
인 화 점	116℃	11.1～39℃	
발 화 점	347～477℃	402℃	
폭발범위	1.7～12%	3.2%(하한계)	

＊ 반응성 : 인화하기 쉽고 증기는 낮은 곳에 체류하여 폭발성 가스를 만든다.

표 2. 가연성 액체의 인화점

분류	인화점	지방족 탄화수소류	지방족 산소화합물	
			alcohol류, ether류	aldehyde류, ketone류
1	<0℃	isoprene(−54) isopentane(−51) gasoline(−43) pentane(−40) isohexane(<−29) hexane(−26) ether(<−18) isoheptane(<−18) cyclohexane(−17) octane(−16) JP-4(−13) isooctane(−12) heptane(−4)	vinylethylether(<−46) diethylether(−45) oxipropylene(−37) divinylether(<−30) isopropylether(−28) acetal(−21) oxiethylene(<−18)	acetaldehyde(−38) arcroleine(<−18) acetone(−18) methylethylketone(−1)
2	0~30℃		methanol(11) dioxane(12) isopropylalcohol(12) ethylalcohol(13) propylalcohol(15) amilealcohol(제3)(19) ariylealcohol(21) isobutylalcohol(28) butylalcohol(29)	aldehyde(13) paraaldehyde(17) ethyl-butylaldehyde(21)
3	30~70℃	등유(30~70) minealspilito(40) 경유(>50) JP-5(>60) A중유(>60)	amilealcohol(제2)(34) amilealcohol(38) isoanilealcohol(제2)(40) cellosolve(40) methyl cellosolve(41) isoamilealcohol(제1)(43) amilemethylalcohol(46) amileether(57) butyl cellosolve(61) dichrohexanol(68)	acetylacetone(34) oxilealdehyde(52) paraformaldehyde(70) furfural(67~71)
4	70~100℃	spindol oil(76)	furfurilalcohol(75) cexiylalcohol(81) diethylbutyl cellosolve(82) propyleneglycol(99)	
5	>100℃	변압기 기름(146)	ethyleneglycol(111) glycerine(160)	

* cellosolve : ethylene glycol ether($HOCH_2CH_2OR$)

제　　목	인화점 측정		
실 험 조		제 출 자	
실험일자		제출일자	

【실험과정】

【결과 및 고찰】

【참고문헌】

실험 2-3. 자연발화시험

1. 목 적

자연발화는 인위적으로 외부에서 점화에너지를 부여하지 않는데도 상온에서 물질이 공기 중 화학변화를 일으켜 오랜 시간에 걸쳐 열의 축적이 생겨 마침내 발화하는 현상으로서 그 원인이 되는 발화에너지는 화학변화로 생긴 산화열, 분해열, 중합열, 흡착열등이 있다. 특히 물질고유의 모양, 시료의 형상 및 크기, 또한 분위기에 따라 큰 영향을 받는다.

특히 제4류 위험물 중 자연발화를 일으키는 경우와 공기 중 노출되어 즉시 발화하는 황린, 알킬알루미늄이나 물과 접촉하여 발열 발화하는 알칼리금속류와 차이가 있다. 제4류 위험물의 경우는 불포화도가 높은 건성유 또는 반건성유가 다공성 가연물에 스며 배어 장기간 저장된 경우 공기와 자연산화하고 산화열이 축적되어 자연발화 한다.

따라서 본 실험에서는 가연성 고체 물질의 자연발화현상을 관찰함으로써 자연발화의 원리를 이해하고자 한다.

2. 기구 및 시약

자연발화시험장치
시료용기 : 2.5, 5, 10 cm^3의 3종류
보호망(재질 : 300 mesh의 스테인리스체,
규격 : 15×15×25 cm)
냉접점
온도기록계
온도조절기
Fan
Digital balance
Sodium hydrosulfite($Na_2S_2O_4$)

그림 1 자연발화측정장치

3. 원 리

자연발화는 산화, 분해 또는 흡착 등에 의한 반응열이 축적하여 일어난다. 물질고유의 모양, 시료의 형상 및 크기 또는 분위기에 따라 큰 영향을 받는다. 본 시험법은 140℃로 유지한 전기오븐에 350 mesh의 금속체로 만든 한 변이 10 cm이고 위가 개방된 입방체의 용기를 매달고 여기에 시료를 넣고 12시간 가량 유지시킨다. 시료 중에 카본블랙 등에 대해서는 200℃, 활성탄에 대해서는 400℃ 이상 되면 자연발화성 물질로 나타난다.

자연발화의 분류

(1) 완만한 온도상승을 일으키는 경우

① 공기 중 자연산화하고 산화열이 축적되어 발화하는 물질
건성유, 반건성유가 적셔진 다공성 가연물, 원면, 석탄, 황철광, 금속 분등
② 자연분해 때 발생하는 분해열이 축적되어 발화하는 물질
니트로셀룰로오스, 셀룰로이드류, 니트로글리세린 등의 질산에스테르류
③ 물질이 주위의 기체를 흡착하고 그때 생기는 흡착열이 축적되어 발화하는 물질
탄소분말류, 가연성 물질+촉매
④ 물질제조과정에서 발열반응에 의해 발화하는 물질
아크릴로니트릴, 스티렌, 메틸아크릴레이트 등의 중합반응
⑤ 미생물의 활동으로 발열하여 발화하는 물질

(2) 비교적 온도가 빨리 상승하는 경우

① 발화점이 상온에 가깝고 산화열에 의해 물질자신이 발화하는 물질
황린, 디메틸마그네슘, 알킬알루미늄, 실레인, 디실레인 등

② 공기 중의 습기를 흡수하거나 물과 접촉했을 때 발열 또는 발화하는 물질
· 가연성 가스를 발생하고 자신이 발화하는 물질 : K, Na, 알칼리금속류 등
· 발열하여 다른 가연성 물질을 발화시키는 물질 : 무기과산화물류, H_2SO_4 등

③ 다른 물질과 접촉 또는 혼합하면 발열하고 발화하는 물질
· 혼합 시 즉시 발화하는 경우 : [삼산화크롬+에틸알코올], [과산화나트륨+이황화탄소] 등
· 폭발성 혼합물을 형성하지만 분해 발화하기까지는 이르지 않지만 원래 물질보다 발화하기 쉬운 물질 : [염소산칼륨+알루미늄분], [과산화나트륨+황] 등

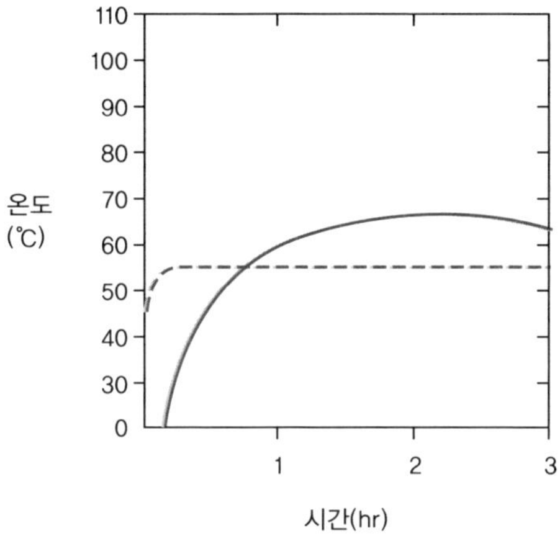

그림 2 Sodium hydrosulfide의 발열곡선(비발화)

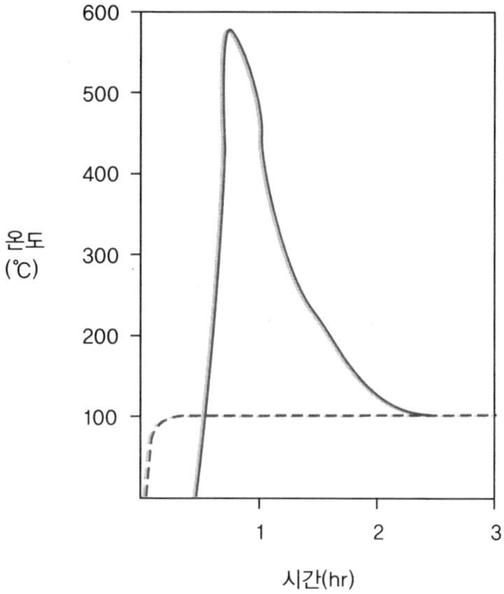

그림 3 Sodium hydrosulfide의 발열곡선(발화)

4. 실험방법

① 5 cm 시료용기에 123.6 g의 시료를 가볍게 누르면서 채워 넣는다.
② 용기 한가운데에 열전대를 설치하고 용기를 항온조의 중심에 매달고 외부에 보호망을 설치한다.
③ 55℃의 온도를 일정온도로 설정하고 전원을 넣어 일정온도까지 상승시켜 그 온도를 유지하고 시료온도를 관찰한다.
④ 동일한 용기에 시료량을 129.0 g으로 100℃로 유지시킨 것과 비교한다.
⑤ 그 외 2.5 cm 및 10 cm의 경우에 대해서도 실시한다.

5. 주의사항

① 자연발화는 물질의 자연발열속도와 열의 확산속도간의 평형이 깨어져 열이 축적되어 생기는 것이기 때문에 통풍, 환기, 저장방법 등을 고려하여 열의 축적을 방지한다.
② 반응속도가 온도에 크게 좌우하므로 온도의 상승을 방지한다.
③ 습기, 수분 등은 물질에 따라 촉매적 작용을 하므로 가급적 습도가 높은 곳은 피한다.
④ 기름이 다공성 가연물에 섞여 들어가지 않도록 하며 혹시 섞여 있는 넝마, 종이, 가마니, 옷감, 천, 톱밥, 나무상자, 골판지 상자 등을 함부로 방치하여 두지 않도록 한다.
⑤ 석탄, 고무류를 대량으로 집적해서 그 산화열이 축적되는 일이 없도록 하고, 황화철 등의 불순물이 포함되거나 수분이 침투되지 않도록 한다.
⑥ 고무의 미세분말 부스러기, 고무제품의 연마부스러기 등은 한곳에 대량 집적하지 않도록 하고 가연성 물질과 격리한다.
⑦ 물질 중에는 발화할 때 폭발적으로 반응하는 것이 있어 실험장소의 선정, 관찰방법에 충분한 배려가 따라야 한다.
⑧ 분해할 때에 유해기체를 발생하는 물질도 있어 주의환경 및 건강상의 주의를 기울여야 한다.
⑨ 자연발화시험은 시간이 오래 걸려 영향을 주는 시간도 길기 때문에 시료량을 아주 적게 취하여 시험하는 것이 이에 대한 대책의 하나이지만 자연발화의 본질에 관련한 것이므로 곤란한 점이 많다.

6. 관계지식

(1) 자연발화가 일어나기 위한 조건

대기 중에서 불질이 자연발화하기 위해서는 물질 자체의 화학반응 등에 의해 열이 발생하고 그 열의 축적이 일어나야만 한다. 이러한 열의 발생과 축적에 영향을 미치는 인자는 다음과 같다.

1) 열의 발생

① 온　도 : 일반적으로 화학반응은 온도에 비례한다. 그러므로 물질 자체가 발열반응을 일으키는 경우 물질 주위의 온도가 상승하고 그 온도의 상승으로 인해 화학반응속도가 증가하는 자동촉매반응에 의해 자연발화를 일으킬 수 있다.
② 발열량 : 화학반응이 발열반응인 경우 발열량이 클수록 열의 축적이 용이하므로 자연발화의 위험성이 크다. 그러나 발열량이 아무리 크더라도 반응속도가 느린 경우에는 열의 축적량이 적기 때문에 자연발화는 일어나기 어렵다.
③ 수　분 : 적당한 수분은 열의 발생이나 축적에 촉매역할을 한다. 따라서 고온다습한 경우가 저온건조한 경우보다 자연발화의 위험성이 크다.
④ 표면적 : 산화 발열반응인 경우 물질의 표면적이 클수록 반응속도가 증가한다. 그러므로 표면적이 큰 경우 반응속도가 빠르기 때문에 발생한 열의 축적이 크므로 자연발화의 위험이 크다.

⑤ 촉　매 : 촉매란 화학반응의 속도를 변화시키는 물질이다. 따라서 정촉매가 존재하는 경우 자연발화의 위험성이 크다.

2) 열의 축적

① 열전도도 : 열전도도가 작으면 보온 효과로 인해 열의 축적이 용이하다. 특히 분말상이나 섬유상의 물질의 경우 열전도도가 적은 공기를 다량 함유하고 있기 때문에 열의 축적이 보다 용이하고 반응속도도 빠르기 때문에 자연발화가 용이하다.
② 저장방법 : 물질을 보관하는 경우 여러 층으로 적층하여 보관하면 중심부는 단열성과 보온성으로 인해 자연발화가 용이하다.
③ 공기의 흐름 : 대기의 흐름이 용이한 경우 통풍우로 인해 열의 축적이 어려우므로 자연발화가 매우 어렵다.

(2) 자연발화의 예방

① 열의 축적을 방지하기 위해서 통풍이나 환기에 유의한다.
② 반응속도는 온도에 따라 증가함으로 자연발화의 위험이 있는 물질을 보관하는 장소의 내부 온도가 상승되지 않도록 주의한다.
③ 적당한 수분은 열의 발생이나 축적에 촉매역할을 함으로 건조한 곳에 보관한다.
④ 기름과 같은 인화성 액체는 다공성 가연물에 스며드는 경우 자연발화의 위험성이 현저히 증가함으로 주의한다.
⑤ 산화성 물질과 환원성 물질, 또는 가연물과는 철저히 격리하고 충격이나 화기 등 분해요인을 제거한다.
⑥ 중합반응으로 발열반응을 하는 경우 제조 과정에서 이상 반응에 의한 발열이 생기지 않도록 주의한다.

제　　목	자연발화실험		
실 험 조		제 출 자	
실험일자		제출일자	

【실험과정】

【결과 및 고찰】

【참고문헌】

실험 2-4. 인화성 액체의 위험성 – 메틸알코올

1. 목 적

위험물안전관리법상 제4류 위험물(인화성 액체)로 분류하고 있는 메틸알코올(CH_3OH)의 기화 시 위험성에 대해 알아본다.

2. 기구 및 시약

메틸알코올(CH_3OH), 분무기, 깡통, 종이컵, 파이어 건(Fire gun)

3. 실험방법

1) 알루미늄 캔을 준비한다.
2) 알루미늄 캔 안에 메틸알코올(CH_3OH) 5 mL 정도를 분무기를 이용하여 분사한다.
3) 약 30~50회 흔들어 충분히 기화시킨다.
4) 파이어 건(Fire gun)을 이용하여 깡통이 폭발하는 현상을 관찰한다.

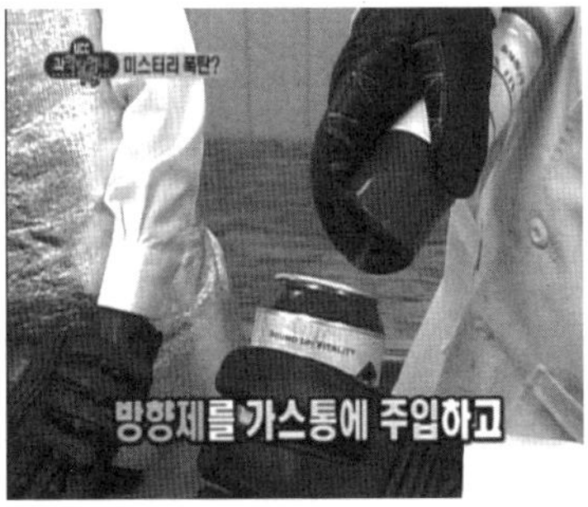

1. 준비한 알루미늄 캔 안에 메틸알코올(CH_3OH) 5 mL 정도를 분무기를 이용하여 분사한다.

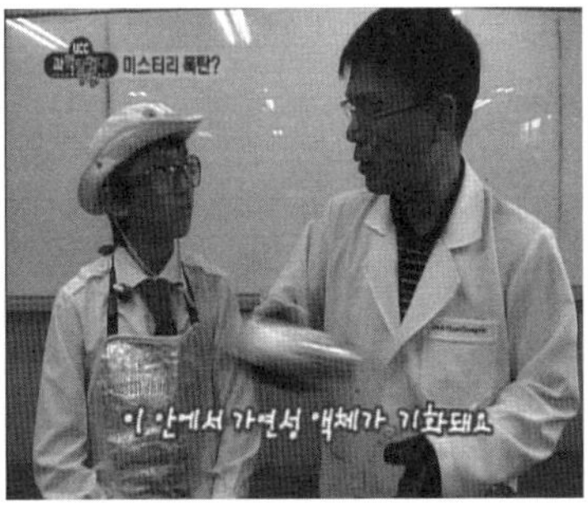

2. 약 30~50회 흔들어 충분히 기화시킨다.

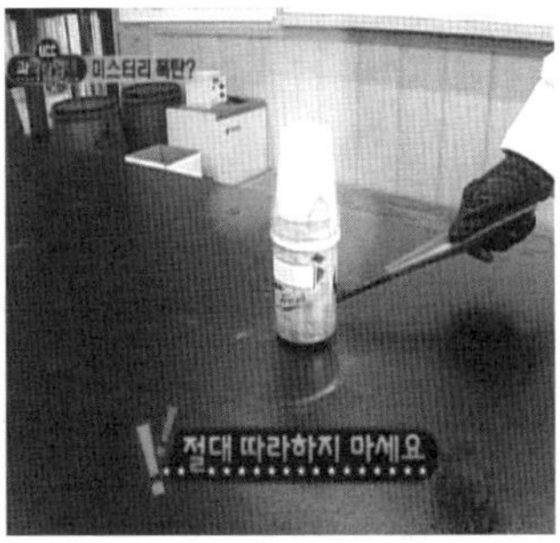

3. 파이어 건(Fire gun)을 이용하여 깡통이 폭발하는 현상을 관찰한다.

제 목	인화성 액체의 위험성-메틸알코올		
실 험 조		제 출 자	
실험일자		제출일자	

【실험과정】

【결과 및 고찰】

【참고문헌】

연습문제

2.1 100 g의 구리가 30℃에서 100℃까지 뜨거워질 때의 현열은? 단, 구리의 열용량은 0.093 cal/g · ℃이다.

2.2 어떤 장소의 온도가 20℃였다. 그곳에 에틸에테르가 10 kg 보관되어 있는데, 화재가 발생하여 1,000 kcal의 열량이 발생했다면 에틸에테르의 온도는 얼마로 증가할 것인가? 또한 그 후에 발생한 현상을 예상해서 설명하여라.

2.3 화재의 종류와 각각의 특징을 간단히 설명하시오.

2.4 만약 어떤 가스가 0℃에서 300 mL의 부피를 차지한다고 할 때, 압력이 1기압으로 일정하다면 100℃로 온도를 증가시키는 경우 체적은 어느 정도가 될까?

2.5 어떤 물질이 5 atm 하에서 25℃를 유지하고 있는데, 화재가 발생하여 온도가 800℃로 상승하였다면 압력은 얼마가 되겠는가?

2.6 인화점, 연소점, 발화점을 설명하시오. (위험물기능장 35회, 소방기술사 28회)

2.7 30 L들이 용기에 산소를 가득 넣어 압력을 150기압으로 해놓았다. 이 용기를 온도 변화 없이 40 L 용기에 넣었을 경우의 압력은 얼마인가? (위험물기능장 34회)

2.8 70℃, 130 mmHg에서 1 L의 부피를 차지하며 질량이 대략 0.17 g인 기체의 분자량은? 단, 이 기체는 이상기체와 같이 행동한다. (위험물기능장 34회, 42회)

2.9 표준상태에서 1 L의 질량이 1.429 g이었다. 이 기체의 분자량은 약 얼마인가? (위험물기능장 38회)

2.10 분자량이 78인 어떤 물질 6 g이 1 atm, 90℃에서 차지하는 부피는? 단, 이상기체로 취급하며, R = 0.082 L · atm/K · mol이다. (위험물기능장 40회)

2.11 황화수소 가스의 밀도(g/L)는 27℃, 2기압에서 약 얼마인가? (위험물기능장 42회)

2.12 산소 32 g과 질소 56 g, 물 20℃에서 30 L의 용기에 혼합하였을 때 이 혼합기체의 압력(atm)은? 단, 이상기체로 취급하며 R = 0.082 L · atm/K · mol이다. (위험물기능장 40회)

2.13 다음물질의 위험도를 구하시오. (위험물기능장 41회)

(1) 디에틸에테르 (2) 아세톤 (3) 이황화탄소
(4) 가솔린 (5) 아세트알데히드

2.14 휘발유의 연소범위, 위험도, 옥탄값의 정의 및 공식을 쓰시오. (위험물기능장 43회)

2.15 1기압, 100℃에서 1 kg의 이황화탄소가 모두 증기가 된다면 부피는 약 몇 L가 되겠는가? (위험물기능장 42회)

2.16 STP(표준온도 압력상태)에서 1 kmol의 공기 온도가 273℃로 증가한 경우에 체적은 몇 배로 증가하는지 수식으로 설명하시오. 단, 온도변화 전후의 압력변화는 없으며 이상기체로 가정함. (소방기술사 제79회)

2.17 전기화재에 적응하는 소화약제의 종류를 3가지 이상 들고, 적응원리에 대하여 기술하라. (소방기술사 28회)

2.18 가연성 액체의 화재위험과 깊은 관계가 있는 자연발화점, 인화점, 연소점 및 연소범위의 4가지는 연소현상에서 상호밀접한 관련이 있는 개념이다. 이들의 개념과 상호관련성에 대하여 상술하라. (소방기술사 29회)

2.19 물이 소화약제로 가장 많이 쓰이는 이유를 논하라. (소방기술사 31회)

2.20 수소, 메탄, 프로판, 부탄, 에틸렌의 폭발한계를 쓰시오. (소방기술사 61회)

2.21 발화점에 대하여 쓰시오. (소방기술사 62회)

2.22 F급 화재에 대하여 설명하시오. (소방기술사 69회)

2.23 화재의 분류를 국내기준, ISO, NFPA기준으로 구분하여 설명하시오. (소방기술사 71회)

2.24 가스폭발 중 BLEVE현상이 발생하지 않도록 예방대책을 3가지 부문으로 분류하여 쓰시오. (위험물기능장 39회)

2.25 이산화탄소 가스의 밀도(g/L)는 27℃, 2기압에서 약 얼마인가? (위험물기능장 47회)

2.26 자연발화를 일으킬 수 있는 요인 5가지를 쓰시오. (위험물기능장 44회)

2.27 뚜껑이 개방된 용기에 1기압 10℃의 공기가 있다. 이것을 400℃로 가열할 때 처음 공기량의 몇 %가 용기 밖으로 나오는가? (위험물기능장 45회)

2.28 신속평형법 인화점 측정기에 의한 인화점 측정방법을 쓰시오. (위험물기능장 44회)

2.29 CO_2 1,000 g을 방사할 경우 체적을 계산하라. 단, STP상태이다. (위험물기능장 32회)

2.30 1기압, 10℃의 공기를 정압 하에서 400℃로 가열했을 때, 달아난 공기의 양은 처음 양의 몇 배인가? (위험물기능장 33회)

2.31 탄산수소나트륨의 분해반응식을 쓰고, 이 소화제 5 kg이 1기압 100℃에서 분해하여 발생하는 탄산가스의 양은 몇 m^3인가? 단, Na의 원자량은 23이다. (위험물기능장 33회)

2.32 분자량 227, 비중 1.6인 니트로글리세린 500 g이 부피 320 mL 용기에서 폭발하여 폭발 온도가 1000℃일 때, 폭발 당시 압력을 구하라. (위험물기능장 35회)

2.33 100 g의 탄화알루미늄이 물과 반응하여 발생한 가스의 양을 20℃, 1.5기압에서 측정할 때 몇 L인지 구하라. 단, 알루미늄의 원자량은 27이다. (위험물기능장 34회)

2.34 탄산수소나트륨의 분해식을 쓰고, 탄산수소나트륨 8.4 g이 반응해서 발생하는 이산화탄소는 몇 L인가? (위험물기능장 32회, 50회)

2.35 보호액 속에 나트륨 46 g을 저장하다 수분이 유입되어 가스가 발생되었다. 용기의 용적은 2 L일 때, 이 기체의 온도가 30℃이었다. 압력은 얼마인가? (위험물기능장 40회)

2.36 다음 물질의 위험도를 구하라. (위험물기능장 41회)

(1) 디에틸에테르

(2) 아세톤

2.37 뚜껑이 개방된 용기에 1기압 10℃의 공기가 있다. 이것을 400℃로 가열할 때, 공기의 몇 %가 용기 밖으로 나오는지 계산하라. (위험물기능장 41회)

2.38 1 kg의 아연을 묽은 염산에 녹였을 때 발생가스의 부피는 0.5 atm, 27℃에서 몇 L인지 계산하라. (위험물기능장 41회)

2.39 1기압 35℃에서 1,000 m^3의 부피를 갖는 공기에 이산화탄소를 투입하여 산소를 15vol%로 하려면 소요되는 이산화탄소의 양은 몇 kg인지 구하라. 단, 처음 공기 중 산소의 농도는 21vol%이고, 압력과 온도는 변하지 않는다. (위험물기능장 42회)

2.40 80wt% 과산화수소 수용액 300 kg을 보관하고 있는 탱크에 화재가 일어났을 때 다량의 물에 의하여 희석 소화를 시키고자 한다. 과산화수소의 최종 희석 농도를 3wt% 이하로 하기로 하고, 실제 소화수의 양은 이론양의 1.5배를 준비하기 위해서 얼마 이상의 물을 소화수로 저장하여야 하는지 구하라. (위험물기능장 42회)

2.41 탄화칼슘 10 kg이 물과 반응하였을 때 70 kPa, 30℃에서 몇 m^3의 아세틸렌 가스가 발생하는지 구하라. 단, 1기압은 약 101.3 kPa이다. (위험물기능장 42회)

2.42 1기압 20℃에서 나트륨을 물과 반응시킬 때, 발생된 기체의 부피를 측정한 결과 20 L이었다. 동일한 질량의 칼륨을 2기압 100℃에서 물과 반응시키면 몇 L의 기체가 발생하는지 구하라. (위험물기능장 42회)

2.43 분자량 138.5, 비중 2.52인 제1류 위험물 277 g이 열분해하여, 발생하는 기체의 압력이 0.8기압, 온도가 600℃인 경우 발생가스의 부피는 몇 L인지 구하라. 또 이 위험물의 지정수량은 얼마인가? (위험물기능장 44회)

2.44 아보가드로의 법칙(Avogadro's Law)을 간단히 기술하시오. (소방기술사 83회)

2.45 100℃ 물 1 g이 표준대기압 상태에서 100% 수증기로 증발하였을 때 체적을 계산하시오. (소방기술사 94회)

2.46 드라이아이스를 100 g, 압력이 100 kPa, 온도가 30℃ 일 때 부피는 몇 리터인지 계산하시오. (위험물기능장 57회)

제 3 장

물질의 구조

모든 물질은 입자로 구성되어 있으며, 물질의 입자 성질로 거시적 세계에서의 여러 가지 현상을 만족하게 설명할 수 있다. 예를 들어 액체를 가열하면 그 성분 입자는 운동을 일으키고 더욱더 많은 열이 가해지면 입자는 더욱더 빠르게 움직이기 시작하여 결국 입자 간의 인력이 파괴된다. 그리고 입자는 서로 분리되기 때문에 액체는 기화한다. 이것에 비해 액체를 냉각하면 에너지가 소멸되면서 입자 간의 인력이 증대되어 결국 고체가 된다. 이 같은 입자 가설을 이용하면 열 및 열이 포함된 다른 자연현상을 잘 해석할 수 있다. 실제로 물질의 미세구조 연구는 위험성물질의 화학을 포함해서 모든 화학연구에 매우 편리하다.

3.1 원소와 화합물

용융된 식염 안에 두 자루의 흑연 봉을 세우고 그 사이에 전류를 흐르게 하면 한쪽 봉 근처에는 황녹색의 기체가 발생하며 다른 흑연 봉에서는 빛나는 고체가 석출된다. 이들을 분석해 보면 발생한 가스와 고체는 각각 염소와 나트륨이다. 같은 방법으로 산화수은을 강하게 가열할 경우, 어두운 주황색의 분말이 회색의 액체로 변하고 그와 동시에 무색의 기체를 발생한다. 여기서 액체는 수은, 기체는 산소이다. 그렇지만 산소, 나트륨, 염소 또는 수은을 좀 더 단순한 물질로 변화시키려 해도 그것은 불가능하다. 이 같은 열, 빛 또는 전기 등의 일반적인 화학방법에 의해 그것보다 단순한 물질로 변할 수 없는 물질을 **원소**라 한다.

원소는 모든 물질을 구성하는 기초적인 단위이다. 이들은 자연계에서 불균일하게 분포되어 있으며 오늘날 105종류가 알려져 있다. 이들 중 10종류는 지각, 해수 및 대기 질량의 99%를 차지하고 있으며, 그것을 표 3.1에 나타내었다. 지구상에 검지할 수 있는 양만큼 존재하는 원소는 88종류를 넘지 않는다. 그 밖의 원소는 대부분 미량이며 인공적으로 만들어지기도 한다.

오래전부터 알려진 원소의 대부분은 그 성질이 어떤지에 따라 그리스어 또는 라틴어에 의해 명명되고 있다. 예를 들어 크롬(chromium)은 색을 의미하는 그리스어 chroma에서 유래했으며, 염소(chlorine)는 황녹색을 의미하는 그리스어 chloras에서, 그리고 질소는 "초석(niter)을 만들다"라고 하는 것을 의미하는 라틴어 nitrogen로 붙여졌다. 또 일부 여러 개의 원소는 발견 장소의 이름이 붙여져 있기도 하다. 스웨덴의 잇터비시는 이 물질이 많이 발견되는 곳으로 4개의 원소가 이 시의 이름을 기초로 해서 붙여져 있다. yttrium, ytterbium, erbium, terbium이다. 또 최근에 발견된 원소인 어떤 것은 유명한 과학자의 이름을 따서 einsteinium, fermium, nobelium, mendelevium 등으로 명명되었다.

표 3.1 지각, 해수 및 대기권 내에서의 원소의 분포

원소	중량%	원소	중량%
산소	49.20	염소	0.19
규소	25.67	인	0.11
알루미늄	7.50	망간	0.09
철	4.71	탄소	0.08
칼슘	3.39	황	0.06
나트륨	2.63	바륨	0.04
칼륨	2.40	질소	0.03
마그네슘	1.93	불소	0.03
수소	0.87	기타	0.47
타이타늄	0.58		

표 3.2 일반적인 원소의 기호 (탄소12척도)

원소	기호	원자량(amu)	원소	기호	원자량(amu)
알루미늄	Al	26.98	마그네슘	Mg	24.31
안티모니	Sb	121.75	망간	Mn	54.94
아르곤	Ar	39.95	수은	Hg	200.59
비소	As	74.92	네온	Ne	20.18
바륨	Ba	137.34	니켈	Ni	58.71
비스무트	Bi	208.98	질소	N	14.01
붕소	B	10.81	산소	O	16.00
브롬(취소)	Br	79.91	인	P	30.97
카드뮴	Cd	112.40	백금	Pt	195.09
칼슘	Ca	40.08	칼륨	K	39.10
탄소	C	12.01	라듐	Ra	226
염소	Cl	35.45	규소	Si	28.086
크롬	Cr	51.99	은	Ag	107.87
코발트	Co	58.93	나트륨	Na	22.99
구리	Cu	63.54	스트론튬	Sr	87.62
플루오린(불소)	F	19.00	황	S	32.06
금	Au	196.97	주석	Sn	118.69
헬륨	He	4.00	타이타늄	Ti	47.90
수소	H	1.01	텅스텐	W	183.85
요오드(옥소)	I	126.90	우라늄	U	238.03
철	Fe	55.85	아연	Zn	65.37
납	Pb	207.19	지르코늄	Zr	92.22
리튬	Li	6.94			

각각의 원소는 완전한 원소명을 사용하는 대신 기호를 사용한다. 염소라고 하는 대신 Cl이 사용되며 철 대신에 Fe가 사용된다. 이들 기호는 모두 한 개 또는 두 개의 문자로 구성된다. 한 개의 문자가 사용되는 경우 대문자로 쓰이며, 그 기호가 두개의 문자로 사용되는 경우 처음 문자만 대문자 이다. 일반적인 원소와 그 기호가 표 3.2에 기록되어 있다. 원소 기호는 모두 기억하지 않으면 안 된다.

원소는 대개 2개군으로 분류된다. 곧 금속원소와 비금속원소이다. **금속**은 모두 공통된 성질을 가지고 있다. 이들은 열과 전기의 양도체이며, 연성과 전성을 가지고 있고, 일반적으로는 높은 녹는점과 비중을 갖고 있다. 대부분의 금속은 실온에서 고체이며 금속의 대표적인 예로는 다음과 같은 알루미늄, 구리, 크롬, 철, 마그네슘, 아연 등이 있다. 실온에서 액체인 금속은 세슘, 칼륨 및 수은 3종류뿐이다. 어떤 금속과 다른 금속과의 고용체를 합금이라 칭하는데, 예를 들어 황동은 구리와 아연의 합금이다.

비금속은 금속원소와 대조적인 성질을 가진 원소이다. 일반적으로 이들은 열 및 전기의 양도체가 아니고 또 비교적 낮은 비중과 녹는점을 가진다. 원소 중에서 비금속 원소는 22종류뿐이며, 이들 대부분은 상온에서 기체이거나 고체이다. 질소, 산소 및 염소는 비금속 기체 원소의 예이다. 탄소, 황 및 인은 비금속 고체 원소의 예이다. 단 브롬(취소)만이 실온에서 액체인 비금속 원소이다.

2개 또는 그 이상의 원소가 화학적으로 결합한 경우 화합물을 생성한다. **화합물**은 독자적인 성질을 가진 순수 물질이다. 이들은 단순한 화합물로 분해되며 결국은 이들을 조성하던 원소로 분해된다. 용융한 염화칼륨 안에 흑연의 봉을 삽입해서 그 사이에 전류를 흐르게 하면 이 물질은 성분 원소인 칼륨과 염소로 분해한다. 따라서 염소산칼륨은 칼륨과 염소와 산소 3개로 이루어졌음을 증명할 수 있다. 화학적으로 결합하면 이들 원소는 다시 같은 화합물 또는 새로운 화합물을 생성하게 된다.

모든 원소와 화합물은 그 독자적인 특성을 갖고 있다. 인간을 식별하는데 지문을 사용하는 것처럼 원소와 화합물은 각각 특정된 성질로 구별할 수 있다.

새로운 물질의 생성 없이 상태의 변화만 일어나는 것을 물리적 성질이라 부른다. 예를 들어 액체 가솔린의 기화는 물리적 변화이다. 왜냐하면 액체와 증기의 화학적 조성은 같기 때문이다. 그렇지만 가솔린이 타는 경우는 화학변화이다. 그것은 가솔린이 화학적으로 대기 중의 산소와 결합해서 이산화탄소와 물을 만들기 때문이다.

한편 비점, 응고점, 증기압, 비중이라는 여러 가지의 물리적 성질은 이미 전부터 알려져 있는 성질이다. 물리적 변화가 일어나는 경우에 그 물질의 화학적 조성에는 조금의 변화도 일어나지 않는다.

원소나 화합물은 또 다른 물질과 반응하는 경우 독특한 성질을 가지고 있다. 예를 들어 철은 습기를 머금은 공기 중에서 녹슬지만, 금이나 백금은 녹스는 일은 없다. 또한 주석이나 철은 산류에 용해하는 반면, 은은 용해하지 않는다. 어떤 물질의 조성에 변화를 주어 화학적으로 검지할 수 있는 변화를 화학적 성질이라 한다.

위험성 물질의 연구에서는 어떤 재료의 원소와 화합물의 화학적 또는 물리적 성질에 대한 자료를 필요로 한다. 여러 가지 위험한 물리적 또는 화학적 현상의 예를 표 3.3에 기재한다.

표 3.3 위험한 물리적·화학적 변화의 예

변화과정	변화종류	현 상
인의 연소	화학적	공기와 접촉하면 인은 자연발화해서 흰 잔유물을 남긴다.($4P + 5O_2 \rightarrow 2P_2O_5$)
이황화탄소의 기화	물리적	이황화탄소의 증기는 극도로 유독하며, 공기와 섞이는 경우 인화하기 쉽다.
이황화탄소의 연소	화학적	이황화탄소가 연소해서 이산화탄소와 이산화황을 생성시킨다.($CS_2 + 3O_2 \rightarrow CO_2 + 2SO_2$)
다이너마이트의 폭발	화학적	다이너마이트는 극히 급속도로 화학변화를 일으키고 동시에 열과 가스를 발생한다.
염산에 의한 금속철의 부식	화학적	철은 산에 의해 부식되며, 이 경우 수소 가스가 발생한다.
질산칼륨이 가열된 경우	화학적	질산칼륨은 높은 온도에 방치되면 산소를 발생한다. ($2KNO_3 \xrightarrow{\triangle} 2KNO_2 + O_2$)

3.2 원자, 분자 및 이온

만약 어떤 원소, 예를 들어 알루미늄의 작은 파편이 매우 작게 분해되어 어느 순간 분해할 수 없는 조각에 이르면 그 결과는 알루미늄으로 이 최소의 알맹이를 **원자**라 부른다. 원자[5] atom은 그리스어로 "더는 쪼개지지 않는다"란 의미의 atomos에서 생겨난 말이다.

원자는 극히 미소하지만 원자도 다른 입자인 양성자, 중성자, 전자 등으로 구성되어 있다. 전자는 (−)의 전하를 가진 입자여서 화학적 활성의 주요한 역할을 맡는다. 양성자는 (+)의 전하를 가진 입자이며, 중성자는 전기적으로 중성이다. 양성자와 중성자는 원자의 중심에 위치해 있고 그 부분을 원자핵이라 부른다. 전자는 원자핵 주위의 정해진 공간에 존재하며, 어떤 원자가 가지고 있는 전자의 총수를 그 원자번호라 부른다. 어떤 원자의

5) 데모크리토스(B.C. 460~B.C. 370년)는 그리스 학자들과 달리, 동전이 닳는 것을 보고 물질이 아주 작은 조각들로 이루어졌다고 생각했으며 가장 작은 조각을 '원자'라고 불렀다.

원자핵 안에 있는 양성자와 중성자 수의 합계를 질량수라 부른다. 같은 원소의 원자는 항상 같은 수의 양성자와 전자를 포함하고 있지만 중성자의 수는 다른 경우가 있다. 같은 원소로 다른 수의 중성자를 가진 원자를 그 원소의 동위원소라 부른다. 예를 들면 자연에 존재하는 탄소는 주로 두 개의 동위원소로 구성되어 있으며, 이들의 원자질량은 각각 1.99268×10^{-23} g (C-12)과 2.15929×10^{-23} g (C-13)이다. 이 외에도 방사성원소인 C-14가 더 있다.

C-12의 질량척도에서 C-12 동위원소의 원자단위질량을 정확히 12라 임의로 정하였다. 따라서 **1원자질량단위**(atomic mass unit, amu)는 정확히 C-12원자 질량의 1/12이다.

$$1\ \text{amu} = \frac{1}{12} \times 1.99268 \times 10^{-23}\text{g} = 1.66057 \times 10^{-24}\text{g}$$

자연에 존재하는 원소 시료는 이들이 지구의 어느 곳에서 발견되든 보통 동일한 성분비를 갖는다. 즉 자연에 존재하는 탄소는 98.889%의 C-12와 1.11%의 C-13으로 이루어져 있고, 이러한 시료에 있어서 탄소 원자의 질량은 12.011 amu이다.

우주에서 원자의 총수는 일정하고 새로운 원자가 생산되는 일이 없다면 파괴되는 일도 없다는 것을 의미한다. 이것은 물질보존의 법칙으로 잘 알려진 자연의 기초적 법칙이다. 한편 원자는 상당히 작기 때문에 그 질량 또한 상당히 작다. 수소 원자의 질량은 불과 1.67×10^{-24} g이다. 이처럼 작은 수로 질량을 나타내는 대신 비교의 단위로 이를 나타내는 방법이 훨씬 편리하다. 그 때문에 탄소 12라 불리는 탄소의 동위원소는 12.011 원자질량단위(amu)를 갖으며, 모든 다른 원소들은 같은 단위를 이용해서 비교 질량 값을 갖는다.

자연계에서 찾을 수 있는 대부분의 원소는 많은 동위원소를 갖기 때문에 실험적인 연구 시 단독 동위원소를 충분 양 얻는 것은 어렵다. 그렇기 때문에 어떤 원소의 원자 질량은 통상 자연계에 분포된 동위원소의 평균 비교 질량으로 표시되며, 이를 원자량이라 한다. 즉 자연에 존재하는 원소의 평균원자량을 원자질량단위로 표시한 것을 원자량(atomic weight)이라 하며 몇 가지 원소들의 원자량을 표 3.2에 나타내었다. amu로 표시한 원자량에 g수를 붙인 것을 g원자량이라 하며, 표 3.2에서 알루미늄의 g원자량은 26.9815 g, 비소는 74.9216 g이다.

화합물에서 한 개의 원자는 화학결합이라 불리는 힘에 의해 다른 원자와 부착하여 존재하는데 이를 분자라 한다. **분자**(molecule)란 같은 원소 또는 다른 원소들이 단단하게 결합된 여러 가지 원자의 집합체이다. 분자는 화합물의 기초적인 단위로서 화합물의 조성을 가리키는 최소의 단위이며 특정 성질을 갖는다. 화합물은 성분 원소의 간단한 정수비로 완성되는데, 예로 물 분자는 두 개의 수소 원자와 한 개의 산소 원자로 완성된다.

일산화탄소는 한 개의 탄소 원자와 두 개의 산소 원자로 구성된다.

어떤 분자의 비교질량을 g으로 나타낸 것을 g분자량 또는 1몰이라 부른다. 어떤 물질의 분자량은 그 분자 안에 존재하는 원자의 원자량 합계이다. 예를 들어 이산화탄소의 분자량은 12.01115 + (2×15.9994) = 44.00995 g이다. 왜냐하면 이산화탄소 1분자는 탄소 1원자와 산소 2원자로 되어 있기 때문이다. 이산화탄소의 1몰은 44.00995의 중량을 가진다.

원자가 결합하여 화합물을 생성하는 방법은 몇 세기에 걸쳐서 화학자들에 의해 연구·논의되었다. 그 중 하나는 화합물의 성분 원자 사이의 정전기적 인력에 의한 것으로, 물에 용해하거나 높은 온도에서 용융상태가 되면 전류를 운반하는데 이는 분자 단위로 해리하는 것이 아니고 각각의 분자가 이온 상태로 분리한다는 가설을 뒷받침한다. 전하를 가진 원자 또는 원자단을 이온이라 하는데 화학결합의 이온설에서는 그 성분원자가 서로 전기적인 인력으로 결합하고 있다고 본다.

예를 들어 염화나트륨 같은 단순한 화합물을 생각해 보자. 만약 나트륨 원자의 전자 하나를 염소 이온에 제공한다면 이들 원자는 각각 전하를 띠게 된다. 나트륨 원자번호는 11이며 따라서 11개의 전자를 가지고 있고, 나트륨 이온이 되면 전자 하나를 방출하며 그 결과 처음 전자 중의 10개만이 남아 있게 된다. 반면에 염소 원자(원자번호 = 17)가 이 전자를 받으면 염소 이온은 18개의 전자를 갖게 되는 것이다. 전자 하나를 방출한 나트륨 원자는 양전하를 띠게 되고 양이온(cation)이라 부른다. 반대로 염소 원자는 전자를 받기 때문에 (−)로 하전되며 이 같은 원자상태를 음이온(anion)이라 불린다. 나트륨의 양이온은 Na^+로 표현되며 염소의 음이온은 Cl^-로 표기된다. 이온화의 과정을 정리하면 아래와 같다.

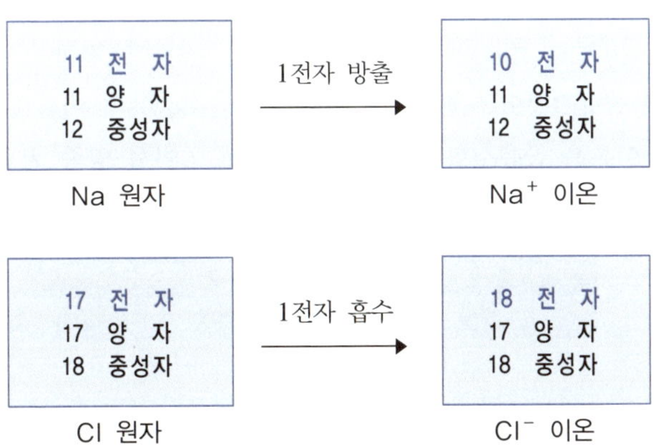

양이온과 음이온으로 되어 있는 화합물은 이온 결합에 의해 화합물을 유지하는데 두 개의 원자 사이에 생긴 정전기 인력으로 결합한다.

어떤 화합물은 전류를 전하지 않는다. 이 경우에는 화합물의 결합방식을 다른 메커니즘으로 설명해야 한다. 이러한 결합을 공유결합이라 한다. 공유결합은 이온결합처럼 전자가 하나의 원자에서 다른 원자로 이동하는 것이 아니고, 원자 간에 전자를 공유하는 것이다. 즉, 인접한 원자 사이에 한 쌍 또는 그 이상의 전자쌍을 나누어 가진다. 에너지 측면에서 볼 때 일반적으로 각각의 원자가 8개의 전자를 가짐으로써 안정한 상태를 이루려는 것으로 볼 수 있다. 이를 **팔우설(Octet rule)**이라 하는데, 수소를 제외한 모든 원소에 적용할 수 있다. 하나의 수소 원자가 다른 원자와 결합하려는 경우에는 2개의 전자를 다른 원자와 공유하면 된다.

공유결합의 메커니즘을 명확하게 하기 위해서 유독가스인 일산화탄소가 생성되는 경우를 생각해 보자. 일산화탄소 한 분자는 하나의 탄소와 하나의 산소 원자로 구성된다. 탄소 원자(원자번호 6)의 전자 중 네 개와 산소 원자(원자번호 8)의 전자 중 여섯 개는 다른 원자와 전자를 공유할 수 있다. 결합에 참여하지 않는 전자 두 개는 원자핵과 너무 가깝기 때문에 화학결합에 참여할 수 없는 것으로 생각된다. 탄소의 전자를 *로 표시하며 산소의 전자를 · 으로 표시했다고 하면 일산화탄소의 공유결합구조는 아래와 같다.

$$\overset{*}{\underset{*}{}}\text{C}\overset{*}{\underset{*}{}}::\text{O}:$$

각각의 원자는 8개의 전자로 둘러싸여 있는 것에 주의해야 한다. 그 표시를 간단히 하기 위해 원자간 결합 전자 쌍을 －로 기록할 수 있다. 일산화탄소 중 탄소와 산소 원자 사이의 결합에 참여한 세 쌍의 전자는 C≡O로 쓰인다. 이들 두 개 원자 사이에 나누어 갖게 되는 여섯 개의 전자는 공유결합을 나타낸다. 공유결합에 참여하는 원자의 전자수를 표 3.4에 나타내었으며, 위험한 화합물에 대한 공유결합의 예는 표 3.5에 나타내었다.

팔우설(Octet rule)에 의한 전자점식은 원자가 결합구조(Valence-bond structure)로 1916년 공유결합이론을 제창한 Gilbert N. Lewis의 이름을 따서 **Lewis 구조**라 부른다. Lewis 이론은 공유결합분자의 전자배치에 있어서 영족 원소의 전자배치를 강조한다.

표 3.4 공유결합 화합물을 만드는 비금속

원소	원자번호	공유결합에 참가한 전자의 수
수소	1	1
탄소	6	4
질소	7	5
산소	8	6
플루오린(불소)	9	7
황	16	6
염소	17	7

표 3.5 여러 위험물의 공유결합구조

화합물	Lewis 구조	구조식	위험성
플루오르화수소	H:F:	H—F	유독, 부식성
시안화수소	H:C:::N:	HC≡N	유독
황화수소	H:S:H	H—S—H	유독
과산화수소	H:O:O:H	H—O—O—H	부식성. 큰 반응성
포스겐	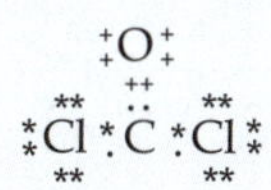	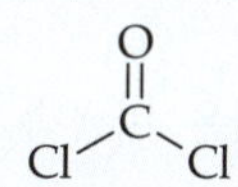	유독
프로판	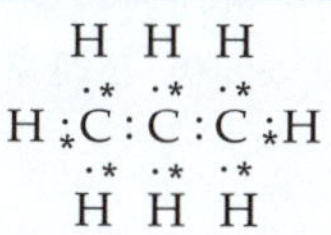	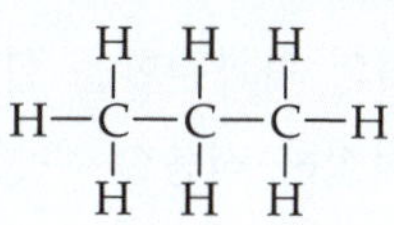	가연성

Lewis구조를 그리는 방법

1. 구조의 모든 원자에 의해 공급되는 총원자가 전자의 수를 구한다. 각 A족 원소에 의해 공급되는 전자의 수는 족번호와 같다.
   a. 음이온의 전자는 중성일 때의 전자수에서 이온의 전하 수를 더한 값이다.
   b. 양이온의 전자는 중성일 때의 전자수에서 이온의 전하 수를 뺀 값이다.
2. H 원자는 2개씩, 그 외 다른 원자들은 전자를 8개씩 배당하는데 필요한 전자의 수를 결정한다.

각 원자를 위한 전자수 = 2(H원자의 수) + 8(다른 원자의 수)

3. 단계 2에서 얻은 수로부터 단계 1에서 얻은 수를 빼면 최종적인 구조에서 공유할 전자의 수이다.

결합전자수 = (각 원자를 위한 전자수) − (총 전자수)

4. 결합전자의 수(단계3)의 1/2이 최종구조의 공유결합 수이다.

$$결합수 = \frac{결합전자수}{2}$$

5. 원자들이 기호를 실제구조에 맞게 배열하여 쓴다.
6. 공유결합은 − 로 표시한다. 결합 사이에 하나의 결합을 표시하고 단계 4에서 계산된 총결합수에서 남는 것은 다중결합을 만든다. 각 H 원자는 한 개의 결합만을 갖는 것에 유의하라.
7. 총 전자수(단계 1)에서 결합전자수(단계 3)를 뺀 것이 비공유전자수이다.

비공유전자수 = (총 전자수) − (결합전자수)

비공유전자를 나타내는 데 점을 첨가하여 각 원자의 (H 제외) 전자옥테트를 갖도록 완성한다.
8. 적절한 위치에 각 원자들의 형식전하를 표시하고 구조를 검토한다.

공유결합 방식은 비금속 원소의 결합을 설명하는 데 가장 도움이 된다. 이온 결합 방식은 금속 이온과 비금속 이온 사이에 생긴 화합물의 구조를 설명하는 데에 알맞다. 이들은 원자 사이의 화학결합을 설명하는 두 개의 극단적 경우지만 모든 화합물은 이 두 가지 이론을 적절히 적용할 수 있다.

3.3 원자가

화학결합의 기초적인 개념 중 하나는 어떤 원소가 다른 원소와 어떤 힘에 의해 결합되는 지를 결정하는 것이다. 어떤 원소의 결합력은 그 원소에 결합된 수소 원자의 수에 관계한다. 예를 들어 물 분자는 수소 2원자와 산소 1원자로 구성되어 있는데, 수소가 1의 결합력을 갖는다면 산소는 2의 결합력을 갖는다. 산소는 산소 원자를 포함한 거의 모든 화합물에서 2의 결합력을 갖는다. 각종 화합물을 분석하게 되면 모든 원소의 결합력을 명확히 할 수 있다.

어떤 원소의 결합력을 **원자가**라 부른다. 원자가라는 용어에는 결합력뿐만 아니라 (+) 또는 (−)의 기호가 포함되어 있다. 이온결합의 모형에서 원자가는 직접적으로 원자가 주고 받는 전자수와 관련된다. 나트륨은 +1의 원자가를 갖는다고 알려져 있는데 전자 하나를 제공하고 전체적으로 (+)의 전하를 띤다. 염소 원자가 하나의 전자를 받으면 (−)의 전하를 띤다. 나트륨 이온과 염소 이온은 1 대 1의 비율로 결합하여 화합물을 생성한다.

표 3.6은 일반적인 이온과 그들의 원자가를 나타낸 것이다. 이 표에서 알 수 있는 바와 같이, 구리나 수은처럼 어떤 원소는 복수 원자가를 가지고 있다. 또한 원소의 어떤 그룹

은 1가의 암모늄 이온 NH_4^+, 2가의 탄산 이온 CO_3^{2-}처럼 안정된 이온 배열을 형성한다. 이 같은 다원자 이온은 한 개의 단원자 이온처럼 거동한다.

표 3.6 일반적 이온의 원자가

1가 (+)의 원자가
- **암모늄, NH_4^+**
- 제1구리, Cu^+
- 수소, H^+
- 리튬, Li^+
- 칼륨, K^+
- 은, Ag^+
- 나트륨, Na^+

2가 (+)의 원자가
- 바륨, Ba^{2+}
- 카드뮴, Cd^{2+}
- 제1크롬, Cr^{2+}
- 코발트, Co^{2+}
- 제2구리, Cu^{2+}
- 제1철, Fe^{2+}
- 납, Pb^{2+}
- 마그네슘, Mg^{2+}
- 망간, Mn^{2+}
- 제2수은, Hg^{2+}
- 제1수은, Hg_2^{2+}
- 제1주석, Sn^{2+}
- 아연, Zn^{2+}

3가 (+)의 원자가
- 알루미늄, Al^{3+}
- 안티모니, Sb^{3+}
- 제2크롬, Cr^{3+}
- 제2철, Fe^{3+}

4가 (+)의 원자가
- 제2주석, Sn^{4+}
- 지르코늄, Zr^{4+}

1가 (−)의 원자가
- (아세트산)초산 이온, $C_2H_3O_2^-$
- 탄산수소 이온, HCO_3^-
- 황산수소 이온, HSO_4^-
- 아황산수소 이온, HSO_3^-
- 브롬화 이온, Br^-
- **염소산 이온, ClO_3^-**
- 염화 이온, Cl^-
- **아염소산 이온, ClO_2^-**
- 시안화 이온, CN^-
- 플루오린화 이온, F^-
- 수소화 이온, H^-
- 수산화 이온, OH^-
- **차아염소산 이온, ClO^-**
- 요오드화 이온, I^-
- **질산 이온, NO_3^-**
- 아질산 이온, NO_2^-
- **과염소산 이온, ClO_4^-**
- **과망간산 이온, MnO_4^-**
- **취소산 이온(브롬산 이온), BrO_3^-**
- **옥소산 이온(요오드산 이온), IO_3^-**

2가 (−)의 원자가
- 탄산 이온, CO_3^{2-}
- 크롬산 이온, CrO_4^{2-}
- **중크롬산 이온, $Cr_2O_7^{2-}$**
- 옥살산 이온, $C_2O_4^{2-}$
- 산화 이온, O^{2-}
- 과산화 이온, O_2^{2-}
- 황화 이온, S^{2-}
- 아황산 이온, SO_3^{2-}
- 티오황산 이온, $S_2O_3^{2-}$

3가 (−)의 원자가
- 질소화 이온, N^{3-}
- 인산 이온, PO_4^{3-}
- 인 이온, P^{3-}
- 아인산 이온, PO_3^{3-}

※ 굵은 글씨로 표기한 것은 제1류 위험물(산화성 고체) 학습 시 매우 중요하므로 반드시 암기가 필요하다.

3.4 화학식

화학원소 또는 화합물의 화학식은 그 물질을 간단히 기술하는 것으로 분자 하나의 조성을 나타낸다. 화학식은 화학을 통해 상당히 자주 이용되기 때문에 사용법을 익히고 숙련하는 일은 위험물의 성질을 연구하는 데 상당히 중요하다.

분자의 조성은 화학식에서 원소의 기호와 원자의 수로 표현되는데, 일산화탄소 한 분자는 하나의 탄소와 하나의 산소 원자가 결합된 것이기 때문에 화학식은 CO이다. 이산화탄소의 화학식은 CO_2인데 이는 탄소 일원자와 산소 이원자인 것을 알 수 있다. 보통 원소의 수가 하나인 경우 원소기호에 아래첨자로 "1"의 수를 붙이는 것은 생략된다.

가장 간단한 식으로 표현되는 것은 이들 원자가 이온결합으로 연결되어 있는 화합물의 경우이다. 모든 화합물은 전기적으로 중성이기 때문에 그 화합물 안의 원자의 원자가 총수는 0이어야 한다. 여기서 나트륨의 양이온(원자가 +1)은 단 하나의 염소 음이온(원자가 −1)과 결합한다. 한편 마그네슘 이온(원자가 +2)은 두 개의 염소 이온(원자가 −1)과 결합하여 원자가의 합이 0인 된다. 그 결과 이 화합물의 식은 $MgCl_2$가 된다.

다음은 알루미늄과 불소 사이에 생성되는 화합물의 화학식을 확인하는 경우를 생각해 보자. 알루미늄과 불소의 원자가는 각각 +3과 −1이다. 원자가의 합이 0이 되기 위해서는 세 개의 불소 이온이 하나의 알루미늄 원자와 결합해야 하며, 이 화합물의 화학식은 AlF_3이다.

알루미늄과 산소 원자 사이에 생성되는 화합물의 화학식도 같은 방법으로 결정된다. 산소는 −2의 원자가를 가지기 때문에 두 개의 알루미늄 이온과 세 개의 산소 이온이 결합되어야 하며 이들의 화합물은 Al_2O_3이다.

복수 원자가를 가진 금속류는 한 종류의 음이온에 대해 여러 가지 화합물을 만든다. 예를 들어, 구리가 황 이온과 결합하는 경우 두 개의 화합물을 생성하는데, 그 중 하나가 Cu_2S로 구리 이온이 +1의 원자가를 가지며 CuS의 경우에는 구리 이온이 +2의 원자가를 갖는다. 황은 두 화합물 모두에서 −2의 원자가를 갖는다.

여러 가지 다원자 이온은 짜여진 하나의 단위로 취급되어야 적절하다는 것을 알아야 한다. 한편 암모늄 이온은 염소 이온과 결합해서 화학식이 NH_4Cl인 화합물을 생성하며, 암모늄 이온이 황산 이온과 결합하는 경우 화학식이 $(NH_4)_2SO_4$인 화합물을 생성한다.

화합물은 몇 백만 종류나 있기 때문에 이들을 명명하기 위해서는 하나의 규칙이 필요하다. 많은 화합물은 화학자가 과학적 명명법을 사용하기 이전부터 이름을 갖고 있었다. 이렇게 붙여진 이름은 통칭이나 속칭으로도 이용되고 있다. 예를 들어 그레인 알코올이란 어떤 종류의 발효에 의해 생성된 물질에 붙여진 이름이다. 이 화합물의 이름은 화학적인 기원에 관계되어 붙여졌지만 화학적 조성을 나타내지 못하기 때문에 이 물질의 화학적 성질을 연구하는 데는 도움이 안 된다. 이렇게 붙여진 통칭 중에는 화합물이 최초로 발견된 날에서 유래하는 것도 있으며, 발견자, 발견장소 또는 물질의 특성과 관련되어 명명되기도 한다. 이런 종류의 이름에는 물, 암모니아, 히드라진 등이 있는데, 화학식은 H_2O, NH_3, N_2H_4이다.

이런 이유로 무기화합물의 명명방식이 필요하다. 유기화합물의 명명법은 10장에서 소개하도록 하겠다. 가장 간단한 무기화합물은 이원소 화합물이다. 이 화합물이 하나의 금속과 하나의 비금속으로 이루어진 경우에는 금속은 비금속 앞에 놓이도록 명명된다. 비금속은 이름 끝에 －ide(－화)를 붙이는데, 예로 LiCl은 염화리튬(lithium chloride), NaF는 불화나트륨(sodium fluoride), 그리고 $MgBr_2$는 취화마그네슘(Magnesium bromide)으로 명명된다.

어느 양이온이 복수의 원자가를 갖는 경우 여러 가지 원자가의 상태를 구별할 필요가 있다. 구리와 황 원자의 결합에 의해 생기는 두 개의 다른 화합물은 서로 구별될 수 있도록 이름을 바꿀 필요가 있다. Cu_2S는 황화제1구리이며 영어로는 cuprous sulfide로 －ous를 붙인다. 이것에 반해 CuS는 황화제2구리이며 영어로는 cupric sulfide와 같은 －ic를 붙인다. 원소에 "제1－" 또는 "－ous"를 붙이면 그 원소의 낮은 원자가의 상태를 가리키는 것이며, 원소에 "제2－" 또는 "－ic"를 붙이면 그 원소의 높은 원자가의 상태를 가리키는 것이다.

이원소 화합물 중 그 성분원소가 비금속으로만 이루어진 것도 많은데, 이 때 두 원소 중 어느 원소의 이름을 먼저 명명할 지가 문제가 된다. 이 경우 다음의 원소 순서에 의한다.

B, Si, C, P, N, H, S, I, Br, Cl, O, F

예를 들어 탄소와 산소의 화합물의 경우 탄소가 산소의 앞에 오는데 carbon monoxide 또는 carbon dioxide가 된다. 단 우리말의 경우는 이와 반대로 일산화탄소, 이산화탄소처럼 산소가 먼저 온다. 영어의 명명법은 화학을 공부하는 이상 알아둘 필요가 있다.

원소 수에 따라 원소명 앞에 접두사가 붙는데 다음과 같다.

mono	1	hexa	6
di	2	hepta	7
tri	3	octa	8
tetra	4	nona	9
penta	5	deca	10

CO는 carbon monoxide(일산화탄소), CO_2는 carbon dioxide(이산화탄소), P_2O_3는 di-phosphorous trioxide(삼산화이인), Cl_2O_7은 dichlorine heptoxide(칠산화이염소)라 명명된다.

수산화 이온(OH^-, hydroxide), 시안화 이온(CN^-, cyanide) 등의 이원소 화합물은 어미에 －화(－ide)를 붙인다. 예를 들어 KOH는 수산화칼륨(potassium hydroxide), $Ni(CN)_2$는 시안화니켈(nickel cyanide)로 명명된다.

$BaCO_3$	Barium carbonate	탄산바륨
$AgNO_3$	Silver nitrate	질산은
$Ca3(PO_4)_2$	Calcium phosphate	인산칼슘
$Zn(ClO_4)_2$	Zinc perchlorate	과염소산 아연
K_2CrO_4	Potassium chromate	크롬산칼륨
$Mg(ClO_3)_2$	Magnesium chlorate	염소산 마그네슘
PbC_2O_4	Lead oxalate	옥살산납
$Al_2(SO_4)_3$	Aluminum sulfate	황산알루미늄
NaClO	Sodium hypochlorite	차아염소산나트륨

접두어 hypo－(차아－), per－(과－)와 접미사 －ite, －ate는 음이온의 산화상태를 의미한다.

무기화합물에는 산이라 불리는 화합물이 존재한다. 산은 화학영역에서 정의방식이 여러 가지이다. 위험물을 공부하는 거라면 산은 수용액 중에서 수소 이온을 생성하는 화합물로 이해하는 것이 좋겠다. 산의 그 밖의 여러 가지 특성은 제6장에서 알아보기로 하겠다.

3.5 수화물

고체물질에서 이들 결정구조의 일부분으로 물 분자를 포함하고 있는 것을 수화물이라 칭한다. 수화물 각각의 분자는 한 개 또는 그 이상의 물 분자를 포함하고 있으며 이 물은 수화수 또는 결정수로 알려져 있다. 또한 수화물이 가열되어 대기로 결정수를 잃고 분말로 되는 것을 무수물이라 한다. 한편 물에 대단히 잘 녹는 고체물질이 공기 중의 수증기를 흡수하여 자기 스스로 녹는 현상을 조해라고 하며, 이들 조해성 물질은 위험물안전관리법상 제1류 위험물에서 많이 볼 수 있다.

수화물의 화학식에는 무수물 한 분자에 존재하는 물 분자수를 나타내어야 한다. 그 식은 통상 무수물식을 먼저 쓰고 그 뒤에 점을 찍고, 존재하는 물 분자수를 나타내면 된다. 예를 들어 황산제일철은 한 분자에 7개의 물 분자를 포함하기 때문에 $FeSO_4 \cdot 7H_2O$라 쓰인다. 또는 경우에 따라서 물 분자를 괄호 안에 넣고 괄호 뒤에 분자수를 기록하는데 $FeSO_4(H_2O)_7$과 같다. 또는 무수화합물의 양이온과 음이온 사이에 괄호를 넣어서 그 안에 물 분자를 기록하기도 하는데 $Fe(H_2O)_7SO_4$와 같다.

3.6 주기율표에 의한 원소의 분류

과거의 화학자들에게도 원소의 화학적 성질이 주기적으로 재현된다 라는 것은 분명한 사실로 인식되어 있었다. 이 화학적 성질의 유사성을 기초로 러시아 과학자 드미트리 멘델레프[6]는 처음으로 주기율표를 완성하여 원소를 하나의 표에 배치하게 되었다. 그 이후 계속된 발전 속에 오늘날의 주기율표는 그림 3.1과 같이 나타내고 있다. 이 주기율표에서는 원소를 원자번호의 증가에 따라서 몇 개의 그룹으로 나누는데, 그것은 화학적 성질의 주기적인 반복이 원자 구조의 유사성과 관계가 있기 때문이다. 이 표에서 원소의 수평 그룹을 주기라 하며 원소의 세로 그룹을 족이라 부른다. 같은 족의 원소들은 유사한 화학적 특성이 있으며 이 주된 족은 8족이 된다. 이들 중 4개는 특히 관심을 가질 필요가 있다.

1. **Ⅰa족은 알칼리금속**이라 불린다. 이 종류에는 리튬, 나트륨, 칼륨, 루비듐, 세슘 및 프랑슘이 있다. 이들 원소의 화학적 성질은 유사하다. 예를 들어 리튬을 빼면 이들 모두가 물과 접촉해서 폭발을 일으키며 또 공기에 접촉하면 손쉽게 발화한다. 알칼리금속은 각각 +1의 원자가를 갖는다.
2. **Ⅱa족은 알칼리토금속**이라 불린다. 이 종류에는 베릴륨, 마그네슘, 칼슘, 스트론튬, 바륨 및 라듐이 있다. 알칼리토금속류는 화학적 활성이 크지만 알칼리금속만큼 강하지는 않다. 이들은 물에서 분해하지만 폭발하는 일은 없다. 이들은 공기 중에서는 타지만 단지 이들 금속이 가열되거나 착화원에 접촉한 경우에 한한다. 알칼리토금속류는 +2의 원자가를 갖는다.
3. **Ⅶa족은 할로겐족**이라 불린다. 이 그룹은 모두 비금속이며 불소, 염소, 취소(브롬), 옥소(요오드) 및 아스타틴이다. 이들은 모두 활성이 크며 −1의 원자가를 갖는다.

6) 드미트리 멘델레프는 1834년 러시아의 시베리아에서 14형제 가운데 막내로 태어났다. 멘델레프의 어머니는 그가 똑똑하다는 것을 알고 상트페테르부르크에 있는 대학에 보내기 위해 1,500 km가 넘는 길을 걷거나 마차를 타고 가서 입학한다. 그는 35살 때 63개의 원소들로 첫 번째 주기율표를 만드는데 성공한다.

4. **VIIIa족은 비활성 가스족** 또는 희가스족이라 불린다. 이 족에는 6개의 멤버가 있는데 헬륨, 네온, 아르곤, 크립톤, 제논, 라돈이다. 화학자들은 처음 5개의 가스는 화학결합을 일으키지 않는 불활성 물질이라 생각했다. 그렇지만 1962년에 처음으로 제논이 불소와 결합해서 육불화 제논을 생성하는 것이 밝혀졌다.

수소는 전자 하나를 잃을 수도 있고 얻을 수도 있기 때문에 H^+ 또는 H^-를 생성할 수 있다. 따라서 수소는 알칼리금속의 성질도 가지고 있으며 한편으로는 할로겐 원소의 성질도 가지고 있음을 알 수 있다. 주기율표는 원소의 화학적인 상관관계를 알기 위한 매우 중요한 표이다. 어느 족의 하나의 원소의 화학적 성질이 한번 알려지면 그것은 일반적으로 그 족에 속하는 그 밖의 원소도 그것과 같은 화학적 특성을 가진다 라고 추측할 수 있다. 따라서 주기율표는 원소의 화학적 성질을 연구하기 위한 중요한 입문서이다.

주족원소(Main-group elements)

s block　　　*p* block

전이원소(Transition elements)　*d* block

1 H																	2 He
3 Li	4 Be											5 B	6 C	7 N	8 O	9 F	10 Ne
11 Na	12 Mg											13 Al	14 Si	15 P	16 S	17 Cl	18 Ar
19 K	20 Ca	21 Sc	22 Ti	23 V	24 Cr	25 Mn	26 Fe	27 Co	28 Ni	29 Cu	30 Zn	31 Ga	32 Ge	33 As	34 Se	35 Br	36 Kr
37 Rb	38 Sr	39 Y	40 Zr	41 Nb	42 Mo	43 Tc	44 Ru	45 Rh	46 Pd	47 Ag	48 Cd	49 In	50 Sn	51 Sb	52 Te	53 I	54 Xe
55 Cs	56 Ba	57 La	72 Hf	73 Ta	74 W	75 Re	76 Os	77 Ir	78 Pt	79 Au	80 Hg	81 Tl	82 Pb	83 Bi	84 Po	85 At	86 Rn
87 Fr	88 Ra	89 Ac	104 Rf	105 Db	106 Sg	107 Bh	108 Hs	109 Mt	110	111	112						

내부전이원소(Inner-transition elements)

f block

58 Ce	59 Pr	60 Nd	61 Pm	62 Sm	63 Eu	64 Gd	65 Tb	66 Dy	67 Ho	68 Er	69 Tm	70 Yb	71 Lu
90 Th	91 Pa	92 U	93 Np	94 Pu	95 Am	96 Cm	97 Bk	98 Cf	99 Es	100 Fm	101 Md	102 No	103 Lr

그림 3.1 전자배치와 주기율표. 현대 주기율표에서는 원소의 족을 1~8족으로 분류한다.

실험 3-1. 금속의 이온화 경향

1. 목 적

금속의 이온화에너지를 이해하고 실험을 통해 그 상호간의 이온화에너지의 크기를 비교함으로써 원소주기율표 상의 이온화 경향성을 파악한다.

2. 기구 및 시약

비커, 못, 시험관
피펫, 무명실, 유리막대
황산구리
아세트산납
아연, 아세트산, 질산은

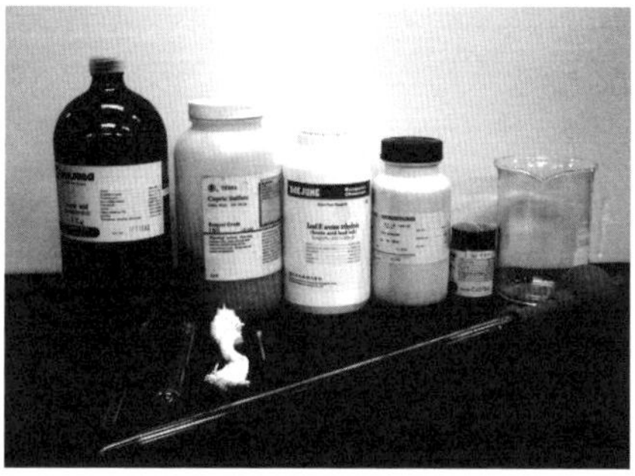

그림 1 실험 준비물

3. 원 리

금속의 이온화 경향을 살펴보기 위해 다음의 실험 원리로써 실험을 수행한다.

① 이온화 경향이 큰 금속을 이온화 경향이 작은 금속의 염 용액 속에 넣으면 이온화 경향이 작은 금속이온이 석출하며, 이온화 경향이 큰 금속은 용액 속으로 이온화되어 녹아들어 가게 된다.

$$Pb(CH_3COO)_2 + 2H_2O \rightarrow Pb(OH)_2 + 2CH_3COOH$$

즉 아세트산납은 가수분해되어 수산화납의 침전을 만든다. 이 용액에 아연(Zn)을 넣으면 이온화 경향이 작은 납(Pb)이 석출된다.

② 제1철 이온은 물 속의 산소와 작용하여 수산화 제2철의 침전을 만들므로 용액이 불투명하며 노란 갈색이 된다.

4. 실험방법

(1) 납과 아연의 이온화 경향

① 비커에 물 200 mL를 넣고 아세트산납 5 g을 넣어 수용액을 만든다.
② ①의 수용액에 아세트산 1～2 mL를 넣고 잘 저어준다.
③ 아연조각을 적당한 크기로 잘라 무명실로 묶어서 수용액에 잠기도록 하고 비커 입구에 가로지르는 막대를 설치하여 매어둔다.
④ 10～15시간 방치하여 납이 석출되는 과정을 조사한다.

그림 2 납과 아연의 이온화 경향 과정

(2) 철과 구리의 이온화 경향

① 비커에 물 95 g과 황산구리 5 g을 넣어 잘 저어주면 5% 황산구리용액이 만들어진다.
② ①에서 만든 용액에 철 조각(못)을 1)의 실험에서와 같이 장치한다.
③ 10～15시간 동안 철 조각의 표면에 달라붙는 금속을 관찰한다.
④ 용액의 색깔 변화를 관찰한다.

그림 3 철과 구리의 이온화 경향 과정

5. 관계지식

(1) 이온(Ion)

원소들의 최외각에 돌고 있는 전자들은 0족 원소를 제외하고는 모두 8개가 되지 않는다. 따라서 모든 원소들은 최외각의 전자를 8개가 되도록 하여 안정 상태를 만들려고 한다. 보통의 원자나 분자는 전자를 전체적으로 잃거나 얻으면 전하를 띠게 되는데, 이와 같이 '전하를 띤 원자'를 이온이라 한다. 이온의 종류는 다음과 같이 나눌 수 있다.

① 양이온 : 중성원자가 전자 1개를 잃으면 양(+)전하를 띤 양이온이 된다. 원자번호 11인 Na의 전자배열은 2, 8, 1이므로 최외각 전자 1개를 잃고 1가의 양이온인 나트륨이온(Na^+)이 된다.
② 음이온 : 중성원자가 전자 1개를 얻으면 음(−)전하를 띤 음이온이 된다. 원자 번호 17인 Cl의 전자배열은 2, 8, 7이므로 최외각전자 1개를 얻어 1가의 음이온인 염화 이온(Cl^-)이 된다.
③ 라디칼이온 : 두개 이상의 원자가 서로 결합하여 1개의 원자와 같이 행동하는 원자의 집단을 라디칼(radical)이라 하고, 라디칼이 전하를 띤 것을 라디칼이온이라고 한다. SO_4^{2-}, PO_4^{3-}, CrO_4^{2-}, OH^- 등은 라디칼이온이다.

(2) 원소의 이온화 경향

1) 이온화에너지

기체 상태에서 가 전자 1개를 떼어내는데 필요한 최소에너지로써, 맨 처음 전자 1개를 제거하는데 필요한 에너지를 1차 이온화에너지라 하고, 두번째 전자를 제거하는데 필요한 에너지를 2차 이온화에너지라 하며 세번째 전자를 제거하는데 필요한 에너지를 3차 이온화에너지라 한다. 여러 단계의 이온화에서 소요되는 에너지량은 이온화가 진행될수록 커진다. 즉, $E_1 < E_2 < E_3 \ldots$이고, 이온화에너지가 작다는 것은 이온화가 잘되는 것으로 이온화 경향이 크다고 할 수 있다. 이온화에너지는 다음과 같은 특징을 갖는다.

① 한 원소의 순차적인 이온화에너지는 차수가 증가할수록 커지고, 전자껍질이 바뀔 때 갑자기 커진다.

② 순차적인 이온화에너지와 족수 판정 관계

맨 처음 전자 1개 제거가 매우 어려운 원소 → 가전자수 0개(0족)
2번째 전자 제거가 매우 어려운 원소 → 가전자수 1개(1족)
3차 이온화에너지가 매우 큰 원소 → 가전자수 2개(2족)
4차 이온화에너지가 매우 큰 원소 → 가전자수 3개(3족)

2) 주기율표에서의 이온화에너지의 주기적 성질

전기음성도는 중성의 원자가 전자를 핵 쪽으로 끌어당기는 능력을 상대적인 값으로 나타낸 수치이고 전자친화력은 기체 상태의 비금속 원자가 전자 1개를 받아 음이온으로 되면서 방출되는 에너지이다. 두 원소간의 전기음성도의 차가 클수록 더욱 센 이온결합을 이루고, 작을수록 더욱 센 공유결합을 이루고 있다.

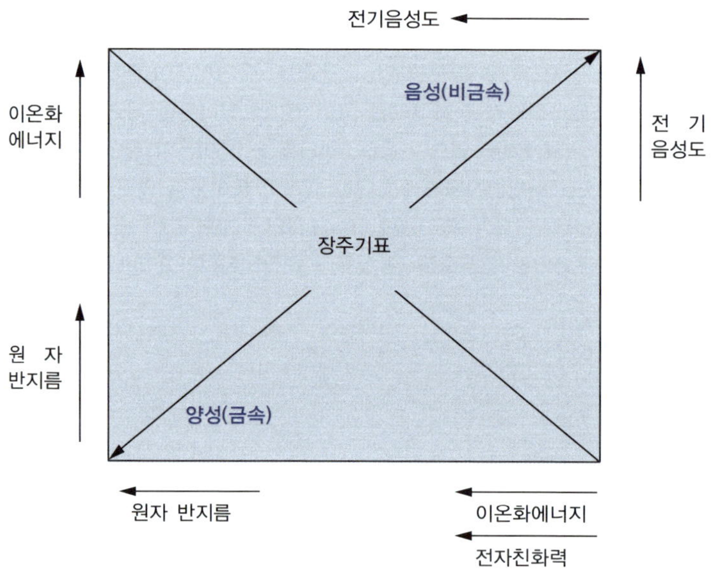

그림 4 주기율표에서의 주기적 성질

그림 4에서와 같이 이온화에너지는 7주기보다 1주기 원자들의 이온화에너지가 더 큰 경향이 있고, 또한 1A족보다 0족의 원자들의 이온화에너지가 더 크다. 따라서 이온화되는데 필요한 에너지가 작을 때 이온화 경향이 큰 것이므로 7주기와 1A족의 원자들이 1주기와 0족의 원자들보다 이온화 경향성이 더 크다.

제 목	금속의 이온화 경향		
실 험 조		제 출 자	
실험일자		제출일자	

1. 실험에 사용된 금속의 이온화 경향을 비교하여 순서대로 쓰시오.

2. 1)과 2) 실험의 석출 모양을 크기와 증가 순서로 2시간 간격으로 그림으로 나타내시오.

3. 1)과 2) 실험을 반응식으로 나타내시오.

4. 실험에 사용된 금속 이외에 위와 같은 실험이 가능한 금속을 짝지으시오. (5개 이상)

【고 찰】

【참고문헌】

연습문제

3.1 원자의 정의를 설명하시오.

3.2 몰의 개념을 설명하고 원자, 분자, 이온이 각각 1몰 있다면 각각의 원자수, 분자수, 이온수는 얼마나 되겠는가?

3.3 다음 각 이온의 원자가를 쓰시오.

(1) 아세트산 이온 (2) 황산 이온

(3) 염소산 이온 (4) 중크롬산 이온

3.4 다음 물질의 구조식과 시성식을 쓰시오.

(1) 에틸알코올 (2) 디에틸에테르

(3) 아세트산 (4) 황산암모늄

3.5 지구상에는 약 103종의 원소가 존재한다. 이렇게 많은 종류의 원소는 크게 4가지로 구분할 수 있다. 그 4가지는 각각 무엇인가?

3.6 다음 물질의 화학식을 쓰시오.

(1) 중크롬산칼륨 (2) 염소산마그네슘

(3) 황산알루미늄 (4) 아염소산칼륨

3.7 주기율표상의 ⅠA족 원소는 알칼리금속이라 불린다. 알칼리금속의 특수반응성에 대해 설명하시오.

3.8 할론 104의 경우 대기 중에서 유독가스를 방출하기 때문에 법적으로 소화약제로서의 사용이 금지되어 있다. 이 때 발생하는 유독가스를 Lewis 점기호로 나타내시오.

3.9 아보가드로의 법칙을 설명하시오. (소방기술사 83회)

3.10 산소 64 g 속에는 몇 개의 산소분자가 들어있는가? (위험물기능장 32회)

3.11 소금물을 전기분해하여 염소(Cl_2)가스 22.4 L를 얻으려면 표준상태에서 이론상 소금 몇 g이 필요한가? (위험물기능장 36회)

3.12 표준상태에서 질량이 0.8 g이고 부피가 0.4 L인 혼합기체의 평균분자량(g/mol)은? (위험물기능장 39회)

3.13 원소주기율표 상에서 7족 원소의 소화관련 특성에 대해 설명하시오. (소방기술사 85회)

3.14 소화약제로서 물의 특성을 설명하고 비열 및 증발잠열이 큰 이유를 화학결합이론으로 설명하시오. (소방기술사 82회)

제 4 장

화학반응의 원리

광범위한 사고재해가 일반적으로 화학반응과 반응속도의 속도조절물질과 관계가 있다. 따라서 모든 화학반응의 공통적인 특성과 반응의 속도에 관계하는 원인을 이해하는 것은 더없이 중요하다. 이렇게 논의된 여러 가지 원인과 결과를 숙지하는 것은 어떤 물질의 위험성을 검사하는 데 도움이 된다.

4.1 서론

하나의 화학물질이 다른 물질로 변화하는 과정을 화학반응이라 한다. 예를 들어 고체 황이 공기 중에서 타서 기체 이산화황을 발생하는 것이 그것이다. 황은 산소와 결합하여 새로운 물질이 된다.

화학반응에서 반응물질은 열, 전기 또는 빛 등의 영향에 의해 다른 물질로 변화한다. 그렇지만 어떤 반응은 조금도 에너지를 더하는 일이 없이 자연적으로 발생된다. 모든 화학반응은 화학방정식으로 알려진 간단히 요약된 형식으로 나타낼 수 있다. 알기 쉽게 말하면 화학방정식은 화학현상의 총괄이다. 그것은 다음과 같은 형식으로 쓰인다.

반응물질 → 생성물질

화살표는 항상 그 반응의 생성물 쪽 방향을 향하는 것에 주의한다. 황이 공기 중의 산소와 결합된 경우에는 아래와 같이 쓴다.

황 + 산소 → 이산화황

이 현상은 실제로는 화학방정식을 사용해 훨씬 간단한 형태로 기록된다. 곧

$$S + O_2 \rightarrow SO_2$$

어느 화학반응도 이 같은 간단한 형태로 표현할 수 있다. 그런데 화학방정식은 질량보존의 법칙을 따르고 있음을 명확히 알아야 한다. 위의 예에서는 이러한 문제가 존재하지 않는데, 이유는 방정식을 보면 조금도 새로운 원소가 생성되지 않았으며 소멸한 것도 없기 때문이다. 화살표의 양측은 늘 같은 수의 원자, 하나의 황 원자와 두 개의 산소 원자임을 알 수 있다. 그렇지만 다른 방정식은 이 정도로 단순하지 않다. 예를 들어 금속아연이 염화수소에 부식된 경우를 생각해 보자. 그것은 언뜻 보기에 아연은 부식하지 않고 수소만 생성하는 것같이 보인다. 이 화학반응식은 다음과 같은 화학방정식으로 표기된다.

$$Zn + 2HCl \rightarrow ZnCl_2 + H_2$$

이 예에서는 반응의 전후에서 수소와 염소의 모든 원자 수를 맞추기 위해서 HCl 앞에 2라는 숫자를 표기한다. 이 방정식을 보면 손쉽게 화살표 양방측에 한 개의 아연 원자와 두 개의 염소 원자가 존재하는 것을 알 수 있다. 화살표 양측에 각각의 원소수가 같다면 방정식은 균형 잡혀 있다 라고 한다.

간단한 화학방정식의 경우 그 균형은 시행착오의 방법으로 결정할 수 있다. 화학식의 앞에 놓인 숫자를 반복해 검사해 보면 좋다. 원자의 소멸이 발생하는 일은 없기 때문이며, 방정식을 단순하게 하기 위해서 정수를 사용하는 것이 좋다.

4.2 화학반응의 형태

어떤 화학방정식이 기록되기 전에 반응에서 무엇이 생성되는가를 정확하게 알 필요가 있다. 경험을 쌓은 화학연구자는 이 정보를 실험실에서 실험을 반복함으로써 발견한다. 이에 반해 학생들은 반응을 실험적으로 처리할 뿐 전문지식을 갖지 못하기 때문에 이 책 끝에 소방 관계자가 우연히 맞닥뜨리기 쉬운 물질의 화학적 여러 성질을 조사할 수 있도록 할애하였다.

모든 화학반응의 생성물을 예측하는 것은 불가능하지만 어느 정도의 예측은 가능할 수 있다. 무기화합물에 관계하는 화학반응의 일반적인 형태는 다음과 같이 분류된다,

(1) 합성반응

합성이란 단어는 부품을 결합시키는 것에 의해 하나의 완전한 물질을 생성하는 것을 의미한다. 따라서 이러한 형태의 화학반응에서는 2개 또는 그 이상의 물질이 결합하여 하나의 새로운 물질을 만드는 것인데, 그것은 아래와 같이 표현할 수 있다.

$$A + B \rightarrow AB$$

A와 B는 원소이거나 화합물이며 AB는 A와 B의 결합에 의해 생긴 새로운 화합물이다. 예를 들면 합성반응에는 다음과 같은 것이 있다.

$$2H_2 + O_2 \rightarrow 2H_2O$$

$$2Na + Cl_2 \rightarrow 2NaCl$$

$$C + O_2 \rightarrow CO_2$$

$$NH_3 + H_2O \rightarrow NH_4OH$$

(2) 분해반응

이 반응은 합성반응의 반대로 다음과 같이 표현된다.

$$AB \rightarrow A + B$$

A와 B 및 AB는 합성반응에서와 같은 의미이다. 분해반응의 예로는 다음과 같은 것이 있다.

$$2HgO \rightarrow 2Hg + O_2$$

$$2KNO_3 \rightarrow 2KNO_2 + O_2$$

$$Na_2CO_3 \rightarrow CO_2 + Na_2O$$

$$NH_4NO_3 \rightarrow 2H_2O + N_2O$$

$$4H_3PO_3 \rightarrow PH_3 + 3H_3PO_4$$

(3) 단일치환반응

이러한 형태의 화학반응으로는 한 개의 원소가 어떤 화합물과 반응해서 하나의 새로운 원소와 하나의 화합물을 형성하는 경우로 이것은 다음과 같이 나타낼 수 있다.

$$A + BC \rightarrow B + AC$$

단일치환반응의 예로서는 다음과 같은 것이 주어진다.

$$2Na + 2H_2O \rightarrow H_2 + 2NaOH$$

$$Zn + 2HCl \rightarrow H_2 + ZnCl_2$$

$$Cu + 2AgNO_3 \rightarrow 2Ag + Cu(NO_3)_2$$

(4) 이중치환반응

이 타입의 화학반응은 2개의 화합물이 2개의 새로운 화합물을 생성한다. 어떤 반응물질의 양이온이 다른 반응물질의 음이온과 결합한다. 화학반응은 다음과 같이 나타낼 수 있다.

$$AB + CD \rightarrow AD + CB$$

이중치환반응의 예에는 다음과 같은 것이 있다.

$$H_2SO_4 + 2NH_4OH \rightarrow (NH_4)_2SO_4 + 2H_2O$$

$$2NaCN + H_2SO_4 \rightarrow 2HCN + Na_2SO_4$$

$$PbS + 2HCl \rightarrow PbCl_2 + H_2S$$

(5) 산화·환원반응

산화·환원반응의 특징은 하나의 물질에서 다른 물질로 전자가 이동하는 것이다. 전자를 방출하는 쪽의 물질을 환원제라 하는데 이는 상대편의 물질을 환원시키기 때문이다. 전자를 얻는 쪽의 물질을 산화제라 하며 이는 상대편의 물질을 산화시키기 때문이다.

예를 들어 금속 마그네슘이 산소 안에서 탈 때, 마그네슘의 전자 2개가 산소 원자쪽으로 이동한다. 마그네슘은 전자를 잃고 산소 원자가 이 전자를 받아들인다. 그 과정은 다음과 같다.

산화 $Mg \rightarrow Mg^{2+} + 2e^-$

환원 $O_2 + 4e^- \rightarrow 2O^{2-}$

(e^- 는 하나의 전자를 일컫는다)

이 전체의 반응은 다음과 같다.

$$2Mg + O_2 \rightarrow 2MgO$$

이 반응은 합성반응의 한 예이기도 하다. 그 밖의 산화·환원반응은 다음의 반응식과 같이 단순하지만은 않다.

$$3NaClO_3 + 3H_2SO_4 \rightarrow 3NaHSO_4 + HClO_4 + 2ClO_2 + H_2O$$

이 반응은 폭발적으로 일어난다. 사실 이들 산화반응의 성질이 원인이 되어 사고를 일으키는 화합물이 다수 존재한다.

4.3 화학반응속도에 영향을 주는 여러 원인

어떤 물질이 화학변화를 일으킨 경우 반응속도는 그 물질의 위험성과 관계가 있다. 예를 들면 니트로글리세린은 순간적으로 폭발한다. 수 g이 1초간 백만분의 일 이내에 완전히 분해하는 것이다. 액체가 순간적으로 고온의 기체로 변화하면서 폭발의 큰 파괴력을 갖는다. 이 짧은 시간 사이에 고온의 가스가 빠르게 팽창하는 것이며, 그것이 최초 액체였을 때의 체적과 비교해 기체는 상당히 큰 체적을 차지한다.

다행히 화학반응의 전부가 순간적으로 일어는 것이 아니고, 이들은 여러 가지 원인에 의해 다양한 형태로 진행되며, 특히 반응속도에 깊은 영향을 주는 요인으로는 그 물질의 성질, 응집상태, 입자의 크기, 농도, 온도, 활성화에너지 및 촉매 작용 등이 있다. 이들 원인의 각각에 대해서 설명하고자 한다.

(1) 물질의 성질

발생되는 반응의 타입은 반응물질 성질과 관련이 있다. 인의 작은 조각은 공기와 접촉하면 자연히 타기 시작하지만, 마그네슘 리본은 착화원이 접촉할 때까지는 연소를 하지 않는다. 네온은 어떠한 조건에서도 전혀 연소를 일으키지 않는다. 인, 마그네슘 및 네온은 전혀 다른 성질이기 때문에 서로 다른 연소속도를 가진다는 것이다.

(2) 반응물질의 입자크기

석탄 덩어리는 손쉽게 연소하지 않는다. 이에 반해 공기 중에 잘게 분산된 석탄 분말은 순간적으로 연소할 수 있다. 이와 같이 **반응물질의 입자 표면적이 클수록 연소반응은 빨리 진행된다**. 탄진은 탄광 안에서 심각한 사고를 불러일으키기 때문에 그 확산과 폭발 가능성을 저하시키는 특별한 조치가 취해진다. 그것이 탄진이나 큰 덩어리일 지라도 석탄은 같은 물질이다. 그러나 그 연소속도는 명확히 그 표면적에 영향을 받는다. 실제로 모든 가연성 고체 물질은 잘게 분쇄되어 분말상태일 때 만약 그것이 공기 중에 떠다니다 불꽃 또는 불씨에 의해 점화되면 분진폭발을 불러일으킨다.

실제로 1992년 12월 11일 대전시 충남방직에서 전기스파크가 주위의 분진에 착화되면서 폭발하여 10명의 부상자와 약 50여억 원의 재산피해를 발생시킨 사례가 있다. 타이타늄, 지르코늄, 알루미늄 및 마그네슘 등의 금속은 덩어리 상태에서는 그 위험성이 작지만 미분 상태가 되면 이와 같은 위험성을 내재하기 때문에 특별히 주의해야 한다.

(3) 응집상태

액체 또는 액체 중에 분산되어 있는 콜로이드 입자가 조밀한 집합상태를 이루는 현상으로 고체와 기체 또는 고체와 액체 간의 반응에서 고체의 표면적이 반응속도에 영향을 주는 것처럼 어떤 물질이 반응하는 속도는 종종 물질의 물리적인 상태에도 영향을 받는다. 이 사실은 특히 연소반응의 경우에 언급될 수 있다. 가연성 가스는 연소 범위 한계 내에 있을 경우 실온에서 손쉽게 점화된다. 그렇지만 2장에서 열거한 것처럼 액체 및 고체 물질은 발생된 증기가 공기와 혼합되어 연소혼합물을 생성한 때에만 착화될 수 있다. **특정 온도에서 물질이 손쉽게 기화하지 않도록 조치한 경우에는 스파크나 불꽃에 접촉시켜도 탈 수가 없다.**

하지만 이 개념을 목재나 석탄의 연소에 적용한 경우에는 주의가 필요하다. 이들 물질은 연소에 앞서 증발하는 일은 없지만 오히려 여러 가지 가연성 성분의 혼합물로 이루어져 있다. 그렇기 때문에 이들 가연성 성분의 연소가 목재나 석탄의 발화 원인이 된다.

(4) 반응물질의 농도

반응속도는 반응물의 농도가 증가하면 빨라진다. 한 가닥의 가느다란 강철섬유는 20%의 산소 농도에서는 연소되기 어렵지만 순수한 산소 중에서는 눈부시게 흰빛을 발하면서 탄다. 연소의 속도는 O_2의 농도가 증가함에 따라 빨라진다.

두 물질의 화학반응은 이들 분자가 접촉하기 전에는 일어날 수 없다. 일정 공간에서 이들 분자가 서로 충돌할 기회는 분자의 수가 증가함에 따라 커진다.

그림 4.1에 나타난 것처럼 같은 체적을 가지고 그 안에 두 개의 가설적인 분자 A와 B의 수가 각각 다르게 들어 있는 네 개의 용기를 생각해 보자. 제 1 용기에는 A분자 한 개와 B분자 한 개가 들어 있다. 제 2 용기에는 A분자 두 개와 B분자 한 개가 들어 있다.

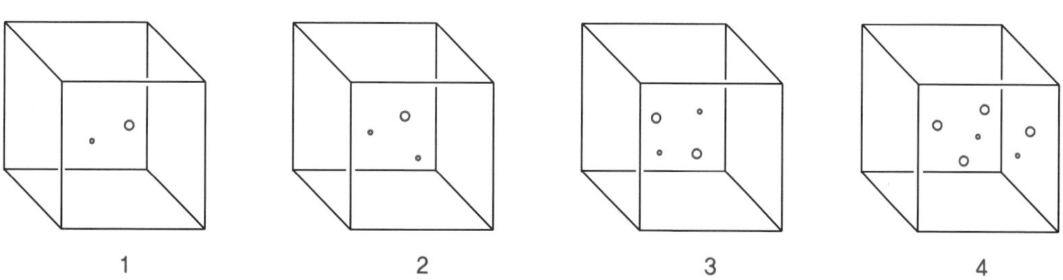

그림 4.1 동일한 용기 안의 반응물질의 분자수가 증가함에 따라 화학반응확률은 증가한다. 그림에서 A분자는 점으로, B분자는 동그라미로 표시하였다.

A분자가 B분자 한 개와 충돌할 확률은 제 1 용기보다는 제 2 용기가 2배 많다. A분자 두 개, B분자가 두 개 들어 있는 제 3 용기에서는 분자 간의 충돌 확률이 제 1 의 경우보다 4배가 많다. A분자가 두 개, B분자가 네 개 들어 있는 제 4 용기에서는 충돌 확률이 제 1 용기보다 8배가 커진다. 반응에는 다른 분자간 충돌이 중요한데 이것은 같은 분자 간의 충돌은 화학반응을 일으키지 않기 때문이다.

(5) 활성화 에너지

활성화 에너지란 어떤 반응계에서 전이 상태를 거쳐서 생성계로 옮아가는 과정에서 전이 상태의 에너지와 처음 평형 상태의 에너지와의 차를 의미한다.

많은 반응이 자발적으로 진행하지만 그렇지 않은 반응은 그 반응이 개시되기 전에 어떤 양의 에너지가 빛, 열 또는 전기의 형태로 공급되어야 한다. 예를 들어 수소와 염소 용기는 어둠 속에서는 혼합되어도 반응이 일어나는 일이 거의 없다. 그렇지만 햇빛에 노출되면 혼합물은 거세게 폭발한다. 이와 같이 반응을 개시하기 위해서 그 물질의 혼합물에 공급되어야 하는 에너지의 양을 활성화 에너지라 부른다.

활성화 에너지의 역할은 연소에서 매우 중요하다. 가연성이란 공기만 접촉한 경우에는 연소가 일어나지 않지만 하나의 **성냥불에 의한 열이 활성화 에너지를 공급함으로써 연소될 수 있음**을 뜻한다. 연소는 발열현상이기 때문에 연소에 의한 반응열이 가연물의 다른 부분도 착화온도까지 상승시키는데, 이러한 경로로 가연물이 모두 탈 때까지 연소는 계속 진행된다.

그렇다고 모든 화학반응이 반응을 유지하는 만큼의 양의 에너지를 생성한다는 의미는 아니다. 일반적으로 빛 또는 전기에 의해 유도되는 반응은 그 에너지원이 제거되면 정지한다.

(6) 온도

일반적으로 **온도가 높아지면 반응은 빨라진다**. 열은 화학반응에서 활성화 에너지 역할을 한다. 온도가 높아지면 반응물질의 분자 속도를 높여 분자의 충돌 확률을 증가시킨다. 활성화 에너지 이상의 온도증가는 충돌 확률 증가에 더 이상 도움이 되지 못한다. Arrhenius 법칙에 의하면 온도가 10℃ 증가하면 반응속도가 2배 높아진다. 즉 2배수의 분자가 반응을 개시하는 것이다. 온도가 20℃ 증가하면 4배의 분자가 활성화되고 30℃ 높아지면 8배, 40℃ 높아지면 16배의 분자가 활성화 된다. 이는 반응분자수는 동일하나 화학적으로 결합하는데 충분한 에너지에 도달한 분자는 온도가 상승하면 훨씬 크게 증가함을 알 수 있다.

온도는 연소에 많은 영향을 미친다. 특히 대부분의 가연성 액체는 착화원이 가해졌더라도 액체가 가열되지 않으면 점화원으로 인해 물질전체로 화염이 확산되는 것은 불가능하다. 즉 인화점에서는 비교적 소량의 액체가 기화하는 것뿐이다. 분자의 소량만이 연소반응을 할 만큼의 정도인 에너지로 활성화된다. 액체가 자연발화온도에 도달하면 자발적으로 연소가 되는데, 기화된 분자는 그 수만으로도 충분하며 강하게 활성화되어 있기 때문에 연소를 개시하는데 착화원은 필요가 없다.

물질의 혼합물이 냉각되면 분자는 점차 움직이는 속도가 줄어든다. 만약 반응물질이 냉각되어 활성화된 분자수가 적어지면 반응은 전체적으로 정지해 버린다.

앞에서도 이미 설명한 것처럼 소화제로서의 물의 중요한 작용은 타고 있는 물질의 온도를 착화점 이하로 끌어내리는 능력에 있는 것이다. 이는 연소를 지속시키기에는 남아있는 활성화된 분자가 매우 적다 라는 것을 의미한다.

(7) 촉매작용

촉매란 어떤 반응을 가속 또는 감속하는 물질로 처음의 양 그대로 소모되지 않고 유지된다. 촉매는 화학방정식의 진행쪽을 표시하는 화살표 위에 표기한다. 어떤 물질이 그 반응속도를 증가시키는 경우에 그것은 정(+) 촉매라 불린다. 생물학적인 반응을 가속하는 효과를 가진 촉매를 효소라 부른다. 산소와 수소의 혼합물은 반응하지 않고 몇 년간이라도 유지할 수 있다. 하지만 소량의 백금이 도입되면 그 혼합물은 격렬히 반응하여 폭발한다. 이 때 백금은 정촉매로 작용한다. 특정 반응은 한두 개의 촉매에 의해 영향을 받을 뿐이다. 또한 순수한 용액의 과산화수소는 안정하다. 그러나 HBr이 첨가되면 H_2O_2는 빠르게 H_2O와 O_2로 분해한다.

$$2H_2O_2(aq) \xrightarrow{\text{HBr (aq)}} 2H_2O(l) + O_2(g)$$

여기서 HBr은 분해속도를 촉진하는 촉매로 사용되었고, 반응 후에도 그대로 유지된다. 어느 경우에는 하나 또는 그 이상의 반응물질과 작용해서 불안정한 물질을 생성하는 것처럼 보이지만 다시 분해해서 촉매로 재생한다. 또 어떤 경우엔 촉매 표면에서 고도로 활성화된 분자를 형성하고 그 생성 정도는 반응속도에 영향을 미친다. 하지만 대부분의 촉매는 그 역할을 시사하는 적당한 설명방법이 없는 실정이다.

4.4 연소화학

연소 및 산화라는 단어는 전반적인 연소화학 영역에서 어느 정도 동의어적인 의미로 이용되고 있다. 그렇지만 기술적으로는 미묘한 차이가 존재한다. 산화반응은 본래 산소와 결합하는 화학반응 영역으로 생각하지만 원자가 전자를 잃을 때도 산화라 한다.

두 개 또는 그 이상의 물질이 화학적으로 결합했을 때 열과 빛을 발생하는데 이를 연소라 한다. 물질 중 하나는 거의 항상 산소지만 산소 외에도 연소과정을 지지하는 물질이 있다. 염소, 황, 질소가 그 예인데, 이산화탄소는 금속 마그네슘과 금속 알루미늄의 연소를 지지한다. 연소과정은 탄다 라는 현상과 같으며, 연소 결과로 생기는 불꽃은 열과 빛이 발생하였다는 물리적인 표시이다. 보통의 연료인 메탄의 착화도 연소 상태를 설명하는데 이용할 수 있다. 메탄은 탄화수소이다. 그 분자는 수소와 탄소의 원자만으로 되어있으며, 그 화학식은 CH_4이다. 메탄이 탈 때 그 성분의 탄소 원자는 일산화탄소 또는 이산화탄소 어느 쪽으로도 변할 수 있으며, 수소 원자는 물로 전환된다. 이산화탄소와 물의 생성에 관련한 화학반응은 다음의 방정식으로 표시된다.

화학반응식[7]	$CH_4 + 2O_2 \rightarrow CO_2 + 2H_2O$
분자해석	1분자의 CH_4 + 2분자의 O_2 → 1분자의 CO_2 + 2분자의 H_2O
몰해석	$1\ mol\ CH_4 + 2\ mol\ O_2 \rightarrow 1\ mol\ CO_2 + 2\ mol\ H_2O$
질량해석	$16\ g\ CH_4 + 2 \times 32\ g\ O_2 \rightarrow 44\ g\ CO_2 + 2 \times 18\ g\ H_2O$

즉 화학방정식과 해석 방법에 따라 메탄이 연소하는 경우 필요한 산소의 양을 계산할 수 있다. 예를 들면 1 ton의 CH_4가 연소하는 경우 필요한 산소의 양은

$$\frac{1\ ton\ CH_4}{} \left| \frac{10^6\ g\ CH_4}{1\ ton\ CH_4} \right| \frac{1\ mol\ CH_4}{16\ g\ CH_4} \left| \frac{2\ mol\ O_2}{1\ mol\ CH_4} \right| \frac{32\ g\ O_2}{1\ mol\ O_2} = 4.0 \times 10^6\ g\ O_2$$

한편 연소의 경우 공기를 필요로 하는데, 상기 계산으로부터 이론공기량도 계산될 수 있다. 즉, 필요산소량은

$$\frac{4.0 \times 10^6\ g\ O_2}{} \left| \frac{1\ mol\ O_2}{32\ g\ O_2} \right| = 125{,}000\ mol\ O_2$$

---

7) **반응식 완결공식** $C_mH_n + \left(m + \frac{n}{4}\right) O_2 \rightarrow m\ CO_2 + \left(\frac{n}{2}\right) H_2O$

공기 중의 산소량은 체적백분율로 21%이므로 이론적 필요공기량은 다음과 같다.

$$125,000\,\text{mol} \div 0.21 \approx 595,238\,\text{mol} \times \frac{0.0224\,\text{m}^3}{1\text{mol}} \fallingdotseq 13,333\,\text{m}^3$$

1 ton의 CH_4이 연소하는데 필요한 이론공기량은 다음과 같이 구할 수도 있다.

$$\frac{1\text{ ton } \cancel{CH_4}}{} \left| \frac{10^6\text{ g } \cancel{CH_4}}{1\text{ ton } \cancel{CH_4}} \right| \frac{1\text{ mol } \cancel{CH_4}}{16\text{ g } \cancel{CH_4}} \left| \frac{2\text{ mol } \cancel{O_2}}{1\text{ mol } \cancel{CH_4}} \right| \frac{100\text{ mol-}\cancel{Air}}{21\text{ mol } \cancel{O_2}} \left| \frac{0.0224\text{ m}^3}{1\text{ mol-}\cancel{Air}} \right. = 13,333\text{ m}^3$$

위의 계산에서는 몇 가지 환산인자를 이용하고 있다.

$\dfrac{1\text{mol } CH_4}{16.0\text{g } CH_4}$	CH_4의 질량을 몰수로 전환하는 환산인자 (CH_4 1 mol의 몰질량은 16.0 g)
$\dfrac{2\text{mol } O_2}{1\text{mol } CH_4}$	CH_4의 몰수를 O_2의 몰수로 전환하는 환산인자 (화학반응식의 계수를 비교함)
$\dfrac{32\text{g } O_2}{1\text{mol } O_2}$	O_2의 몰수를 O_2의 질량으로 전환하는 환산인자 (O_2 1 mol은 32.0 g)

이 화학방정식은 또한 앞에서 설명한 몇 개의 관찰을 요약한 것이기도 하다. 즉,

1. 메탄이 연소할 때 그것은 산소와 화학적으로 결합한다.
2. 메탄 성분 원자는 메탄이 탈 때 파괴되는 일은 없다. 그것은 오히려 새로운 형태인 이산화탄소와 물을 형성하며 연소의 전형적인 방식인 열이 발생된다.

경우에 따라서는 반응이 끝났을 때 반응물 중의 하나만이 완전히 소모되고 과량으로 가한 반응물은 반응하고 일부가 남는다. 즉 반응이 완결되었을 때 완전히 소모된 반응물을 한계반응물이라 하는데, 이때 생성물의 양은 항상 한계반응물의 양에 의해 결정된다. 천연 가스의 연소를 경험했던 사람은 누구라도 메탄이 탈 때에 열과 빛을 동반함을 안다. 메탄 1 mol이 연소될 때 약 213 kcal의 열이 발생한다. 어떤 물질과 산소가 충분한 활성화 에너지를 갖는다면 착화원이 존재하지 않아도 연소를 계속할 수 있을 만큼의 에너지 능력을 가지고 있으면 결과적으로 연소는 계속 이루어진다.

일단 몇 개의 분자가 스파크 또는 불꽃에 의해 활성화되면 연소가 시작되고, 연소에 의해 생성된 열이 더욱더 많은 분자를 활성화하여 연소반응은 계속된다. 공기의 공급이 부족한 폐쇄된 공간에서도 천천히 연소를 할 수 있는 물질이 있다. 이 같은 조건에서는 물질은 연소열을 계속 갖는다. 그 열이 그 물질의 온도를 착화온도까지 상승시킬 수 있

다. 완만연소에서의 열의 축적에 의해 연소가 시작되는 경우 통상 그것은 자연연소로 알려져 있다. 기름류, 마른 풀, 석탄, 황, 그 밖의 물질의 자연발화는 흔히 자연연소에 의해 일어난다.

그림 4.2 공기의 환기가 나쁜 차고 안에서는 기름 누더기가 자연발화할 때도 있다. 매년 몇 백만 달러의 재산이 자연연소에 의해 발생한 화재 때문에 없어지고 있다.

불 또는 화재는 불꽃을 일으켜 타는 자기계속연소와 같은 의미이다. 불이 동반하는 고도의 대류 및 복사에 의한 열은 불이 자유롭게 타는 상태를 유지시켜 주며, 또는 그것이 넓게 번질 수 있게 한다. 화재 화학분야에서의 연소지지는 그림 4.3에 나타낸 것처럼 불의 삼각형 개념을 사용해서 일반적으로 설명한다. 이 삼각형의 각각의 변이 연소반응에 필요한 요소 중의 하나 곧, 열, 연료 및 산소 중의 하나를 가리킨다. 다른 두개의 요소 중 하나가 제거되면 연소는 더 이상 진행될 수 없다.

한편 여러 가지의 불의 온도를 비교하여 살펴보면 대체로 도시가스가 약 1700～1900℃, 프로판가스가 약 1900℃, 아세틸렌은 2300℃이다. 또한 담뱃불은 650～850℃이며, 연탄은 1000～1200℃ 정도이다.

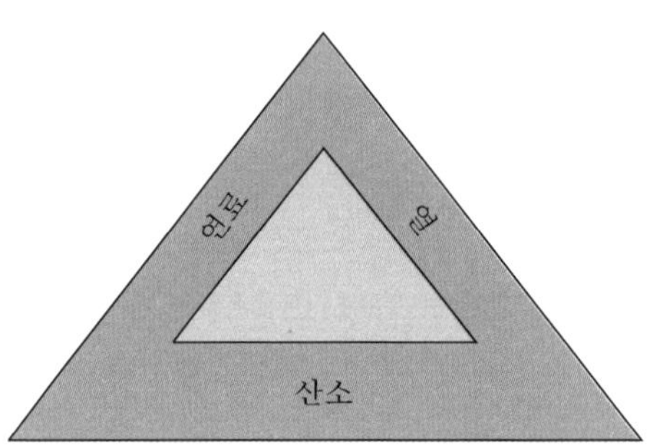

그림 4.3 연소의 3요소. 연소는 세 개의 성분, 연료, 산소, 열이 충분히 존재할 때만 자기계속연소를 할 수 있다. 더욱이 대부분의 화재는 이들 성분의 하나를 제거하는 것에 의해 소화된다.

4.5 소화화학

소화제의 가장 중요한 성질은 불연성이다. 연소는 일반적으로 말해, 어떤 물질이 산소와 결합하는 것을 의미하는 것이기 때문에 “보통의 소화제는 이미 산화되어 더 이상 산소와 결합하는 것이 불가능한 물질을 의미한다”라고 표현해도 무방하다.

소화제의 효과는 불의 삼각형 성분의 하나를 다른 두 개에서 떼어놓는 일을 한다. 앞 장에서 언급한 것처럼 물은 증발할 때에 불에서 열을 빼앗아 달아나는 능력이 있기 때문에 소화제로서 큰 효과를 나타낸다. 그렇지만 **물은 모든 목적에 알맞은 소화제라고 할 수는 없다.** 화재 시 물을 사용함으로써 생기는 피해가 화재 자체에 인한 피해보다 큰 경우가 있다. 일반적으로 물은 A급 화재에만 효과적이며, B급 화재에는 연소하는 연료 즉 기름보다 물의 비중이 훨씬 크기 때문에 그들은 서로 혼합하지 않는다. 따라서 물은 타고 있는 연료의 표면보다도 밑에 가라앉기 때문에 물의 증발에 의한 열의 소모가 일어나지 않는다. 또한 물은 미세한 전기회로를 못 쓰게 하며 따라서 C급 화재에서는 그 이상의 재해를 발생시킨다. 물은 무기염류를 포함하고 있기 때문에 전기가 통할 수 있고 펌프호스를 조작하는 소방관에게도 감전을 일으킬 수 있다. 그 외에 물은 B급 화재의 원인이 될 것 같은 물질과 반응하여 오히려 연소를 지지하는 역할을 하기도 한다.

물의 사용이 소화 방법으로는 일반적으로 효율적이지 못하다고 생각되는 경우가 있다. 큰 화재에 사용되는 물은 화재가 일어나는 지역 이외의 넓은 면적으로도 확산됨으로 수손피해가 잇따르므로, 소화에 사용하는 물의 효율을 증대시키기 위해 스프레이 또는 분무를 사용하는 경우도 있다. 안개와 같은 작은 입자에 의해 증대된 표면적은 열을 훨씬 신속하게 제거할 수 있다.

물은 겔 또는 거품 상태의 구조로 하여 불을 봉쇄할 때에 한층 큰 효과를 얻는다. 필름을 형성하는 여러 개의 수용액 거품이 상품화 되어 있는데, 물을 거품 구조 속에 가두어 소화의 효과를 얻을 수 있다. 거품은 불을 감싸버리는 역할을 하여 소방재의 기능을 발휘한다. 따라서 거품은 일반 석유 등의 연료와 같은 B급 화재를 끄는 데도 도움이 된다. 거품을 이용하는 가장 큰 장점중 하나는 그 융통성에 있다. 거품은 거품제에 물을 더함으로써 농도를 조절할 수 있고 그 유동성에 여러 가지 변화를 줄 수 있다. 이런 방법으로 거품을 당밀처럼 찰기 있고 짙은 모양으로도 만들 수 있으며, 동시에 물 자신의 유동성을 갖게 할 수도 있다. B급 화재에서 거품을 사용할 때의 가장 큰 단점은 타고 있는 액체에 포화될 가능성이 있다. 이러한 포화 현상은 거품이 그 표면을 덮지 않고 액체 내부 깊숙이 들어가 버리기 때문이다.

물은 쉽게 어는 단점이 있다. 물이 −51℃라는 낮은 온도에서도 얼지 않고 액체 상태로 유지하기 위해 첨가하는 부동액이 몇 개 존재한다. 그러나 부동액은 자주 금속과 접촉하여 부식을 일으키며 또 그것을 방출하기 위해 특별히 높은 압력기계를 필요로 한다.

이산화탄소도 불을 덮어서 질식시키는 작용을 갖기 때문에 소화제로 이용되고 있다. 물과는 달라서 이산화탄소는 화재 주위에 거의 피해를 주지 않는다. 이산화탄소를 사용한 경우 그것은 서서히 대기로 확산된다. 그렇지만 대량의 이산화탄소가 소화제로 이용되면 그것은 생명을 유지하는 데 필요한 산소와 대체되어 건강에 장해를 일으킬 위험이 있다(제8장의 3절 참조). 대량의 이산화탄소 방사장치는 화재 영역에서 사람들이 대피한 뒤에만 사용이 가능하다. 실온에서 이산화탄소의 물리적 성질은 특이하다. 대부분의 고체는 기화하기 전에 액화하지만, 고체인 이산화탄소는 드라이아이스라 불리고 있는데, 그것은 공기 중에 노출되었을 때 액화하는 일 없이 바로 증기의 형태로 변한다. 고체가 액체의 형태를 취하지 않고 직접 기화하는 경우를 승화라 한다.

그림 4.4 이산화탄소가 전충만방식으로 작업을 방해하는 일 없이 주물공업의 냉각탱크로 방출된 경우

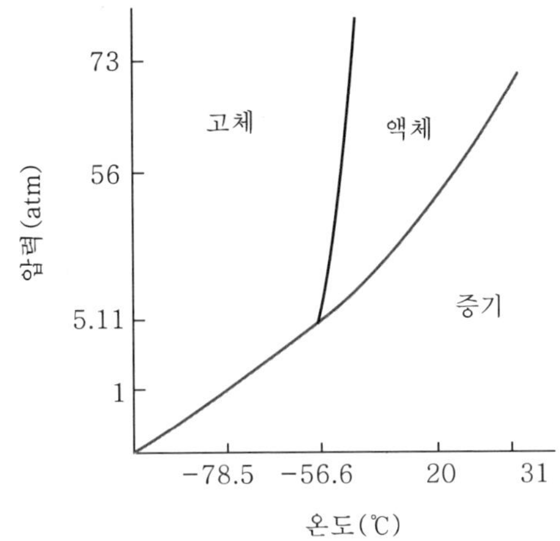

그림 4.5 이산화탄소의 상태도

이산화탄소의 압력과 온도의 관계를 그림 4.5에 나타내었다. 세 개의 곡선에 의해 세 개의 영역으로 분할되어 있는데, 고체, 액체 및 기체이다. 대기압에서는 이산화탄소가 고체 또는 기체로만 존재할 수 있음을 그림에 분명하게 나타내었다. 드라이아이스는 압력이 5.11기압 이상이 되지 않는 한은 승화한다. 강철 압력용기에 저장되어 있는 이산화탄소는 56.5기압의 압력 이하에서도 액체로 존재한다.

이산화탄소는 액체상태로 휴대용 소화기 또는 이산화탄소 분사장치를 이용해 소화제로 이용된다. 휴대용은 손으로 들 수 있는 10 kg 정도이다. 액체 이산화탄소가 전역방사에 이용되는 경우에는 두 개의 방식이 존재한다. 제1방식은 고압방식으로, 이 경우에는 액체 이산화탄소는 고압용기 안에 일정온도에서 56.5기압으로 저장되어 있다. 제2방식은 저압방식으로, 이산화탄소는 −18℃, 20기압에서 냉각되어 액체로 유지된다. 잘 알려진 **산 알칼리 소화기**의 경우 이산화탄소를 생성하는 화학반응을 이용한 것이다. 이 경우 알칼리는 보통 중조라 불리는 탄산수소나트륨이 이용된다. 그 중조 용액과 황산의 용기가 그림 4.6에 나타낸 것처럼 놓여 있고, 이 때 소화기를 뒤집으면 두 개의 약품이 서로 혼합해 이산화탄소를 생성하는 반응을 일으킨다. 화학반응식은 다음과 같다.

$$2NaHCO_3 + H_2SO_4 \rightarrow Na_2SO_4 + 2H_2O + 2CO_2$$

물은 이산화탄소에 의해 생긴 압력에 의해 소화기의 노즐로부터 압출된다. 산알칼리 소화기는 정기적으로 약제를 교체할 필요가 있다. 이유는 탄산수소나트륨 용액은 이산화탄소가 서서히 없어지기 때문이다. 그것은 다음과 같은 반응에 근거한다.

그림 4.6 소화기 종류. 소화기 내부에 저장된 소화약제의 종류에 따라서 물소화기, 산알칼리 소화기, 강화액 소화기, 할론 소화기, 이산화탄소 소화기, 분말소화기로 분류된다.

$$2NaHCO_3 \rightarrow Na_2CO_3 + CO_2 + H_2O$$

이산화탄소는 또한 이산화탄소를 포함한 화학적인 **거품형**으로 소화제로 이용되는 것도 있다. 이 경우에는 탄산수소나트륨과 황산알루미늄을 분리해서 수용액 또는 분말상태로 소화기 내부에 저장하고 있다. 그들이 혼합하면 이산화탄소가 다음 식에 따라서 생성된다.

$$6NaHCO_3 + Al_2(SO_4)_3 \rightarrow 3Na_2SO_4 + 2Al(OH)_3 + 6CO_2$$

식물의 감초 뿌리에서 채집한 추출물 등의 거품 안정제가 자주 알칼리 용액 속에 섞여 있다. 이 안정제와 수산화알루미늄은 이산화탄소의 거품 둘레에 튼튼한 피막을 생성한다. 그 전체 혼합물이 거품을 분출시키고 불 위에 젖은 피복을 만들어내며 불이 공기 중의 산소와 접촉하는 것을 차단한다.

큰 저유소 또는 옥외탱크가 있는 곳에서는 탱크 화재를 질식시키기 위한 이액식(二液式) 거품소화설비를 갖추고 있다. 거품제인 황산알루미늄과 탄산수소나트륨 용액은 그 지역의 다른 탱크 안에 저장되어 있으며, 화재 발생 시 하나의 석유 탱크에 공급된다. 석유 탱크에는 그 윗부분 또는 탱크 지붕에 거품 혼합실이 설비되어 있다. 내부에서 두 개의 액체가 섞여서 화학거품을 만들어낸다. 거품이 타고 있는 기름 표면에 퍼져서 산소를 제거하고 불을 끄게 된다.

몇 개의 할로겐 탄화수소류는 불에 대해서 상당히 안정되어 있어 소화제로 적합하다. 지방족 포화탄화수소 분자 중에 존재하는 수소 원자들 중 하나 이상이 할로겐족 원소(불소, 염소, 취소 및 옥소)로 치환된 물질 중 현실적으로 소화약제로 사용될 수 있는 것을 총칭해서 **할론소화약제**라 부른다. 이들 약제 중 불을 끄는 능력이 발견된 최초의 것이 사염화탄소였다. 사염화탄소는 완전히 불연성 액체이며 물과 혼합하지 않는 액체 등급 화재의 소화제로 이용되고 있다. 예를 들어 사염화탄소가 타고 있는 연료에 살포되면 그것은 기화해서 무거운 증기 구름을 생성하여 불을 질식시킨다.

사염화탄소는 소화기로 사용될 수 있는 조건도 갖추고 있다. 사염화탄소의 비등점은 78℃로 응고점은 −19.5℃이며, 기화열은 약 46.4 cal/g이다. 그렇지만 사염화탄소는 수증기와 작용해서 화학적으로 유독한 가스인 포스겐($COCl_2$)으로 변할 가능성이 있기 때문에 그것을 소화제로 사용할 때는 또 다른 종류의 위험을 동반하게 된다. 이때의 화학반응식은 다음과 같다.

$$CCl_4 + H_2O \rightarrow COCl_2 + 2HCl$$

이 반응은 몇 개의 금속 촉매작용에 의해 촉진된다. 그래서 일반적으로 말하면 사염화탄소는 금속화재를 끄는 데에 사용해서는 안 된다. 불이 꺼져버린 경우라도 포스겐의 생성이 가능한데, 예를 들어 고온의 금속 표면에 튀었을 경우에 그러하다. 그러므로 소화제로 사염화탄소를 사용하는 것은 법률로 금지되어 있다.

그 밖에 몇 개의 할로겐 탄화수소의 소화제의 성질이 1940년 이후 주목받아 왔다. 이러한 종류의 할로겐 탄화수소 그룹의 명명법에는 독특한 체계가 있다. 할로겐 탄화수소는 네 개 또는 다섯 개의 숫자 열로 되어 있는데, 숫자가 그 물질 안의 탄소와 할로겐 원자수를 가리키는 것이다.

제 1 숫자	탄소 원자수
제 2 숫자	불소 원자수
제 3 숫자	염소 원자수
제 4 숫자	취소 원자수
제 5 숫자	옥소 원자수

수의 열 마지막에 한 개 또는 그 이상의 0이 나타나는 경우에는 세 개 또는 네 개의 숫자 수가 사용된다. 그 수는 할론(halon)이라는 이름의 뒤에 붙는다.

브로모클로로메탄이라 불리는 화합물을 이 시스템으로 표현해 보면 그것은 할론 1011이 된다. 숫자방식은 물질 구조를 설명할 수 있고 결국 탄소 원자 한 개, 불소 원자 없음, 염소 원자 한 개, 취소(브롬) 원자 한 개를 갖는다. 할론 1011은 CH_2ClBr이란 화학식을 가지고 있다. 수소 원자의 수는 숫자방식에는 특별히 나타나 있지 않지만 소화제의 결합구조를 생각하면 손쉽게 결정될 수 있다. 할론 1011은 다음과 같은 공유결합구조를 갖는다.

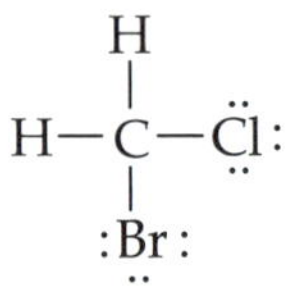

탄화수소 메탄(CH_4)의 두 개의 수소 원자가 할로겐 원자로 치환되면 할론 1011이 생성된다. 몇 가지 할론 화합물의 소화 능력에 대해 알아보자. 일반적으로 이용하는 할론 소화제와 그것의 물리적 성질이 표 4.1에 요약되어 있다. 이들 화합물 각각은 화재 진압제로서의 장점과 단점을 갖고 있다. 할론제는 일반적으로 화재에 사용해서 약간의 잔유물 밖에 남기지 않기 때문에, 미세한 전자공학적인 장치인 컴퓨터의 회로나 항공기 내부 등을 보호하기 위해 더 없이 필요하다.

표 4.1 할론소화제의 물리적 성질

소화제	화학식	할론번호	비점(℃)	녹는점(℃)	액체비중 (at 20℃)
브로모클로로메탄	CH_2BrCl	1011	66	−191	1.93
디브로모디플루오로메탄	CBr_2F_2	1202	24.5	−142	2.28
1,2-디브로모테트라플루오로에탄	$F_2BrC\text{-}CBrF_2$	2402	243	−111	2.17
브로모트리플루오로메탄	$CBrF_3$	1301	−58	−168	1.57
디클로로디플루오로메탄	CCl_2F_2	122	−30	−158	1.31
브로모클로로디플루오로메탄	$CBrClF_2$	1211	−3.9	−161	1.83
1,2-디클로로테트라플루오로에탄	$F_2ClC\text{-}CClF_2$	242	3.9	−94	1.44

할론제는 지하 저장실, 박물관, 도서관, 병원 그 밖의 많은 여러 장소에 이상적으로 사용된다. 이들은 A, B 및 C급의 화재 모두에 사용할 수 있고, 물 또는 이산화탄소를 사용한 경우보다도 훨씬 효과가 크다. 그렇지만 할론류에는 또 여러 가지 단점도 있는데, **D급의 화재에는 사용할 수 없다.** 할론류는 여러 가지 독성을 갖는데, 흥분, 떨림, 경련, 침울감, 혼수상태 등을 불러일으키며 또 의식불명 등이 알려져 있다. 화재온도에서 할론제가 분해하면 불화수소, 염화수소, 취화수소 등의 가스를 생성한다. 이들 가스도 유독하며 인체가 견딜 수 없을 정도의 농도로 생성되기도 한다. 할론 중에는 매우 고가이며 위험하지만 전자장치의 가격을 생각한다면 상황에 따라 비용면에서 유리할 수 있다. 할론류의 성질은 표 4.2에 비교되어 있다.

표 4.2 할론류의 특성

화학명	할론류	장점	단점
사염화탄소(CCl_4)	104	· 액체 : 비교적 화재 억제제로 효과적. 원거리에서 사용할 수 있다.	· 유독 : 다소 부식성. 수증기와 작용해서 유독한 포스겐을 생성한다. 사용은 법률로 금지되어 있다.
브로모메탄(CH_3Br)	1001	· 액체 : halon 104와 같다.	· 고온에서 연소된다 : 할론104보다도 독성이 강하고, 부식성이 강하다.
브로모클로로메탄 (CH_2BrCl)	1011	· 액체 : 소화제로 할론104보다 더욱더 효과가 크다. 할론 104보다도 독성이 작다.	· 유독 : 다소 부식성이 있음
디브로모디플루오로메탄 (CF_2Br_2)	1202	· 액체 : 24℃에서 비등하기 때문에 자연적으로 비등한다.	· 유독 : 방사용으로 질소를 필요로 함
브로모클로로디플루오로메탄 ($CClBrF_2$)	1211	· 기체 : 통상액체와 기체혼합물로 방출된다.	· 유독
브로모트리플루오로메탄 (CF_3Br)	1301	· 액체 : 전체 할론류를 통틀어 가장 효과가 크다. 모든 할론류 중에서 가장 독성이 작다.	· 유독 : 고온에서 분해됨
1,2-디브로모-1,1,2,2-테트라플루오로에탄 (CF_2BrCF_2Br)	2402	· 자연증발을 하는 액체 (비점 47℃) : 원거리에서 사용할 수 있다. 무거운 하얀 증기구름이 방출되기 때문에 목표물로의 조준이 쉽다.	· 유독 : 증기가 화재면의 전체로 손쉽게 퍼지지 않음 ※ 현재 국내외에서 생산되고 있지 않다.

할론 1301은 할론류 중에서 가장 잘 알려진 것이며, 국내에서 다량 사용되고 있는 단 하나의 물질이다. 그것은 점차 화재제압소화방식에 보급되는 중이다. 실온에서는 할론 1301은 기체로 그 비중은 5.17이며 공기의 약 5배 무게를 가지기 때문에 소화제로서의 장점이 크다. 또한 A급 화재 표면소화를 하는 경우에 5% 이하의 농도로도 가능하다. 안쪽에서 타고 있는 불은 20~40%의 농도로 작용시간 5~30분 이내에 소화할 수 있다.

할론 1301의 독성은 여전히 논란의 여지가 있는 물질로, 길게 들이 마시면 가벼운 두통과 행동의 민첩성이 감퇴하는 현상을 보인다. 20% 이상 농도의 할론 1301에 장시간 노출되면 심장장해가 일어나는 것으로 보고되었다. 그렇지만 이 약제에 단시간 노출된 경우에는 사람의 건강에 조금도 장해를 주지 않기 때문에, 할론이 필요한 경우 언제라도 방사할 수 있다. 이에 비해 이산화탄소가 전면소화 시스템에 이용되는 경우에는 우선 그 장소에서 모든 사람을 대피시켜야 한다.

할론제가 소화제로 작용하는 메커니즘은 "불의 삼각형 성분의 하나를 제거한다"라는 막연한 방법에 의한 것보다는 특이 화학 반응에 따른다. 즉, 화학적 억제작용에 의한 것으로 고온의 화염에 접할 시에 그 일부가 분해하여 유리되고, 유리된 할로겐이 연소하고자 하는 가연물의 활성기와 산소와의 반응을 억제하고 스스로는 가연성의 활성기와 결합하여 산소에 의한 발열을 방지하여 소화한다. 이에 대해서는 제10장의 10절에서 자세히 취급한다.

그 밖에 몇 개의 **드라이케미칼 소화제**도 시판되고 있다. 즉 알맹이 모양의 식염, 결국 염화나트륨이 불을 끄는데 도움이 된다 라는 것은 그것이 일부 대기 중의 산소에서 연소물을 분리하는 것에 따른 것이다. 식염은 801℃에서 용융하는데, 그것이 도포된 전체 면적으로 액체의 형태로 퍼진다. 불은 용융된 식염에 의해 질식해서 소화되는 것이다. 그렇지만 식염이 처음부터 다른 이유로 소화제로서의 효과를 가지게 되는데, 그것도 또한 제10장 10절에서 설명하기로 한다.

그 밖의 몇몇 드라이케미칼 소화제의 주요한 성분인 석묵(石墨)은 D급 화재에 상당히 효과적이다. 타고 있는 금속에서 열을 가지고 가는 능력과 질식효과도 있기 때문에 석묵은 소화제로 효과적이다. 일반적으로 석묵에는 몇 개의 이차적인 재료가 더해지는데, 그것은 화재 열로 용융해서 타고 있는 금속을 산소로부터 차단한다.

드라이케미칼 소화제의 일부는 탄산수소나트륨 또는 탄산수소칼륨을 기본재료로 이용한다. 일반적으로 수분을 제거하고 유동하기 쉬운 분말 성분을 섞는다. 탄산수소나트륨(중조)은 A급 화재의 강도를 크게 감소시키며, B급 및 D급 화재에도 도움을 준다. 이들 탄산수소나트륨 및 탄산수소칼륨을 기본 재료로 하는 소화제는 어느 쪽도 불의 삼각형을 이용하지 않는다.

실험 4-1. 이산화탄소의 제조

1. 목 적

식물이나 동물은 대부분 탄소의 화합물로 되어 있다. 특히 식물계에서 대단히 중요한 역할을 하는 이산화탄소의 제법과 그 반응 및 성질을 관찰해 본다.

2. 기구 및 시약

양초, 리트머스종이
삼각플라스크, 시험관
집기병, 안전 깔때기
석회석
알코올
염산
수산화칼슘
탄산수소나트륨
사이다

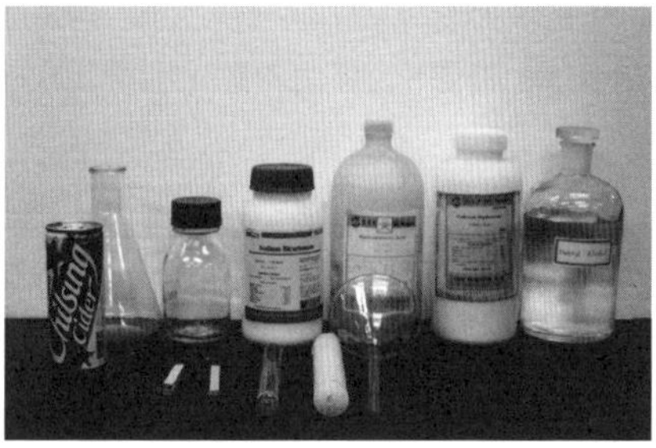

그림 1 실험 준비물

3. 원 리

① 이산화탄소는 공기 중에 약 0.03% 포함되어 있다. 동식물의 호흡, 유기물질의 산화, 탄소화합물이 연소할 때에 발생한다. 이산화탄소의 발생반응을 화학반응식으로 표시하면 다음과 같다.

$$C + O_2 \rightarrow CO_2$$

$$CaCO_3 \rightarrow CaO + CO_2$$

$$2NaHCO_3 \rightarrow Na_2CO_3 + H_2O + CO_2$$

$$CaCO_3 + 2HCl \rightarrow CaCl_2 + H_2O + CO_2$$

② 산화칼슘 수용액에 이산화탄소를 통과시키면 탄산칼슘의 흰 앙금이 생기고, 여기에 이산화탄소를 계속 통하면 탄산수소칼슘이 되어 흰 앙금이 녹는다. 이 용액을 가열하면 다시 탄산칼슘이 침전된다.
③ 이산화탄소는 색깔과 맛이 없는 기체로서 요소, 청량음료, 드라이아이스, 이산화탄소 소화제 등의 제조에 쓰인다.
④ 이산화탄소는 1기압, −78℃에서 기체가 직접 고체로 되고 5.1기압, −57℃에서 액화한다. 그러나 보다 높은 압력에서는 상온에서 액화한다.

4. 실험방법

(1) 호흡으로 이산화탄소의 발생 실습

① 시험관에 수산화칼슘 용액을 5 mL 정도 넣고 유리관으로 입김을 불어넣어 본다.
② 이때, 흰 앙금이 생기는가를 관찰하고, 계속 입김을 불어넣어 흰 앙금이 없어지는가를 관찰한다.

그림 2 호흡으로 이산화탄소 발생

2) 청량음료수에서 이산화탄소의 발생

① 200 mL 둥근 플라스크 속에 사이다 50 mL를 넣고 그림 3과 같이 장치하여, 가열할 때 발생하는 이산화탄소를 수산화칼슘 용액 속에 반응시켜 본다.
② 중탕냄비에 물을 넣고 물의 온도를 40～50℃로 가열하여 놓은 다음, 사이다가 들어있는 플라스크를 중탕냄비에 넣고 플라스크를 흔들어 준다.

③ 발생하는 이산화탄소를 수산화칼슘 용액이 들어있는 병 속으로 넣어 흰 앙금이 생기는가를 살펴본다.
④ 생성된 흰 앙금이 없어질 때까지 이산화탄소를 발생시켜 본다.

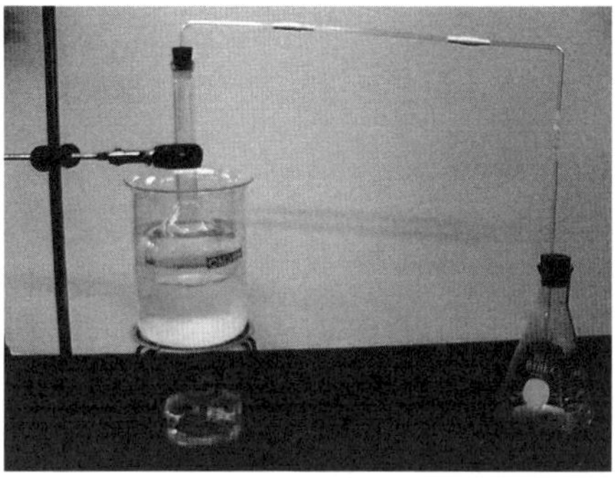

그림 3 이산화탄소 발생장치－1

(3) 탄산수소나트륨으로 이산화탄소의 발생

① 500 mL 삼각 플라스크에 탄산수소나트륨 50 g을 달아 넣는다.
② 그림 4와 같은 이산화탄소 발생장치를 꾸민다.
③ 유도관을 집기병 속에 넣고 유리판으로 덮어놓는다.
④ 안전 깔때기의 콕을 열고 탄산수소나트륨이 물이 잠길 정도로 물을 넣은 다음, 진한 염산을 조금씩 넣는다.
⑤ 기체가 발생하면 콕을 달고, 발생하는 기체를 하방치환에 의하여 모은다.
⑥ 성냥불을 붙여 집기병에 넣어 불이 꺼지는가를 살펴본다.
⑦ 유도관을 수산화칼슘 용액에 넣고 흰 앙금이 생기는가를 알아본다.

그림 4 이산화탄소 발생장치－2

5. 관계지식

(1) 이산화탄소(carbon dioxide, CO_2)

기체인 것은 탄산가스, 고체인 것은 드라이아이스라고도 한다. 천연가스 · 광천가스 등에도 섞여 있는 경우가 많으며, 보통 상태에서는 조연성도 가연성도 없고, 색도 냄새도 없는 기체이다. 기체분자의 구조는 직선형으로 다음과 같이 공명구조를 갖는다.

$$O=C=O \qquad \overset{-}{O}\equiv C-\overset{+}{O} \qquad \overset{+}{O}-C\equiv \overset{-}{O}$$

고체는 OCO 분자로 이루어진 분자결정으로서 황철석 구조이다.
비중은 1.529(공기 1), 밀도 1.976 g/mL(0℃, 1 atm), 승화점 −78.50℃(1 atm),
녹는점(3중점) −56.5℃(5.11 atm)이다.

(2) 제 법

공업적으로 석회석을 가열하여 만들기도 하고 또는 석탄 등을 태워 생기는 가스를 탄산염 용액에 흡수시켜 탄산수소염을 만들어서 이것을 가열하여 순수한 것을 얻는다.

정제에는 탄산나트륨 또는 에탄올아민의 찬 수용액을 써서 이것에 흡수시킨 후 열분해하여 원상태로 돌아가게 하는 방법이 보통으로 쓰이고 있으며, 실험실에서는 석회석에 염화수소산을 작용시키거나, 탄산나트륨 또는 탄산마그네슘을 열분해하여 제조한다.

제 목	이산화탄소의 제조		
실 험 조		제 출 자	
실험일자		제출일자	

1. 각 반응실험의 화학반응식을 표기하라.

2. 호흡할 때 이산화탄소가 발생하는 이유를 써라.

3. 이산화탄소의 공업적 사용분야와 소화기에서의 역할을 써라.

4. 이산화탄소를 $Ca(OH)_2$ 수용액에 넣으면 흰 앙금이 생기고 계속해서 넣으면 흰 앙금이 녹는다. 이 과정을 화학반응식으로 나타내어라.

5. 빵을 만들 때 빵을 부풀어 오르게 하기 위하여 넣는 것은 무엇인지 화학반응식으로 나타내어라.

【고 찰】

【참고문헌】

연습문제

4.1 다음 반응을 화학반응식으로 표현하시오.

(1) 메탄이 완전연소한다.

(2) 알루미늄이 산화한다.

(3) 염소산칼륨이 열분해하여 염화칼륨과 산소가 발생한다.

4.2 에틸렌(C_2H_4)은 다음 방정식에 의하여 공기 중에서 연소하여 CO_2와 H_2O를 생성시킨다.

$$C_2H_4 + 3O_2 \rightarrow 2CO_2 + 2H_2O$$

1.93 g의 C_2H_4와 5.92 g의 O_2에 불을 붙였을 때 한계반응을 확인하고 몇 g의 CO_2가 생성되겠는가 계산하여라. 한편 상기반응식으로부터 1 kg의 C_2H_4가 연소하는데 필요한 이론공기량(g)을 계산하여라.

4.3 다음의 화학반응을 합성, 치환, 분해, 단일치환, 이중치환, 산화·환원반응으로 구별하시오.

(1) $C + \frac{1}{2}O_2 \rightarrow CO$

(2) $H_2SO_4 + 2NaOH \rightarrow Na_2SO_4 + 2H_2O$

(3) $KClO_4 \rightarrow KCl + 2O_2$

(4) $Fe + 2HCl \rightarrow FeCl_2 + H_2$

(5) $2Mg + O_2 \rightarrow 2MgO$

4.4 연소의 3요소는 무엇인가?

4.5 연소의 3요소와 관련지어 소화 방법을 논하시오.

4.6 다음 할론 소화약제 번호에 해당하는 화학식을 쓰시오. (위험물기능장 40회)

(1) halon 1202　　(2) halon 2402

(3) halon 1211　　(4) halon 104

4.7 에탄올 1몰이 표준상태에서 완전연소하기 위해 필요한 공기량은 약 몇 L인가? (위험물기능장 41회)

4.8 프로판 가스 3 L를 완전연소시키면 공기가 약 몇 L가 필요한가? 단, 공기 중 산소는 20%이다. (위험물기능장 42회)

4.9 1기압 35℃에서 1,000 m^3의 부피를 갖는 공기에 이산화탄소를 투입하여 산소를 15vol%로 하려면 소요되는 이산화탄소의 양은 몇 kg인지 구하시오. 단, 처음 공기 중 산소의 농도는 21vol%이고, 압력과 온도는 변하지 않는다. (위험물기능장 42회)

4.10 탄화칼슘 10 kg이 물과 반응하였을 때 70 kPa, 30℃에서 몇 m^3의 아세틸렌 가스가 발생하는지 구하시오. 단, 1기압은 약 101.3 kPa 이다. (위험물기능장 42회)

4.11 연소점과 연소범위에 대해 설명하라. (소방기술사 27회)

4.12 할로겐화합물 소화설비에 있어서 소화약제의 종류를 열거하고, 전역방출방식과 국소방출방식에 대하여 아는 바를 기술하시오. (소방기술사 36회)

4.13 할론 104는 국제적으로 사용이 금지되었다. 그 이유를 설명하시오. (소방기술사 66회)

4.14 희석소화의 정의, 소화 방법 3가지에 대하여 설명하시오. (소방기술사 71회)

4.15 아세틸렌 1 mol이 완전연소하는데 필요한 이론산소량은 몇 mol인가? (위험물기능장 47회)

4.16 질산 2몰은 몇 g인가? (위험물기능장 47회)

4.17 공기 중에 산소가 21% 함유되어 있을 때 비중이 0.8인 메탄올 10 L가 완전연소할 때 이론 공기량은 몇 kg인가? (위험물기능장 44회)

4.18 메틸알코올 10 L를 완전연소할 경우 이론적인 산소량(kg)과 이론적인 산소의 체적(m^3)을 구하라. (위험물기능장 33회)

4.19 다음 반응식에서 HCl 1 mol과 산소 0.5 mol이 반응하여 염소 0.39 mol이 생성되었고, 압력이 1 atm일 때, 각 성분의 분압을 구하라. (위험물기능장 40회)

$$4HCl + O_2 \rightarrow 2Cl_2 + 2H_2O$$

4.20 비중이 0.8인 메탄올 10 L가 완전히 연소될 때 아래 물음에 답하라. (위험물기능장 40회)
(1) 소요되는 이론 산소량(kg)을 구하라.
(2) 25℃, 1 atm에서 생성되는 이산화탄소의 부피(m^3)를 구하라.

4.21 물이 결빙되는 0℃ 이하의 장소에서 물을 소화약제로 사용할 때, 물의 결빙을 방지하기 위한 첨가제의 종류와 결빙온도에 대하여 설명하시오. (소방기술사 94회)

4.22 표면장력의 원리와 물의 표면장력이 소화에 미치는 영향을 설명하시오. (소방기술사 85회)

4.23 연소속도에 영향을 미치는 요인 중 5가지를 기술하시오. (소방기술사 83회)

4.24 발화점이 낮아지는 조건 중 5가지를 기술하시오. (소방기술사 83회)

4.25 표준상태(S.T.P)에서 벤젠 6 g이 완전연소 시 생성되는 CO_2의 부피(L)는? (위험물기능장 제 54회)

4.26 다음 반응식에서 HCl 2 mol과 산소 0.5 mol이 반응하여 염소 0.39 mol이 생성되었고, 압력이 1 atm일 때, 전체 mol수와 각 성분의 부분압력(분압)을 구하시오. (위험물기능장 제54회)

$$2HCl + 0.5O_2 \rightarrow Cl_2 + H_2O$$

4.27 0.01 wt% 황을 함유한 1,000 kg의 코크스를 과잉공기 중에 완전 연소시켰을 때 발생되는 SO_2의 양은 몇 g인가? (위험물기능장 제54회)

4.28 1기압, 25℃에서 에틸알코올 200 g이 완전연소 시 생성되는 CO_2의 양은 몇 (L)인가? (위험물기능장 제56회)

4.29 25℃, 0.85 atm에서 산소의 밀도(g/L)는 얼마인지 구하시오. (단, 산소는 이상기체로 가정한다.) (소방기술사 제101회)

제 5 장

중요한 원소화학

알려져 있는 105종류의 원소 중에 8개의 원소가 위험물을 공부하는 데 특히 중요하다. 이 원소들은 공업에서 일반적으로 이용되는 물질이지만 그 위험 정도는 사용방법과 관련된다. 이들 원소가 일반적으로 사용되는 곳에서는 위험성에 무관심한 경향이 있고, 원소의 위험성을 무시한다. 본 장에서는 이들 원소의 성질이 관계하는 사고 또는 화재의 위험을 감소시키는 목적에서 검토되었다.

5.1 산소

산소[8)]는 화재화학의 전 영역에서 가장 중요한 원소이기 때문에 제일 먼저 공부할 필요가 있다. 산소는 자연계에서 대기 중에 유리 원소로 존재하며, 그 밖의 경우는 다른 원소와 화합물의 형태로 결합해 있다. 그것은 또 시장에서 압축가스, 냉동용 액체 및 초저온 유체로 이용되고 있다. 산소는 물의 전기분해 또는 액체 공기의 분류에 의해 제작 판매된다.

기체 산소는 무미, 무취, 무색이며, 분자식은 O_2이다. 액체상태와 고체상태에서 산소는 엷은 파란색을 하고 있으며, 자석에 끌리는 흥미로운 성질이 있다. 그 밖의 산소의 물리적 성질을 표 5.1에 기재하였다.

표 5.1 산소의 물리적 성질

융고점	−218.4℃
끓는점	−182.96℃
융해열	3.3 cal/g
기화열	50.9 cal/g
끓는점에서의 액체밀도	1,410 g/L
끓는점에서의 기체밀도	4.3 g/L
실온에서의 기체밀도	1.3 g/L
증기의 비중(공기＝1)	1.105
액체가 기체가 된 경우의 팽창비	875

8) 1779년 현대 화학의 아버지라 불리는 프랑스의 화학자 앙투안 라부아지에는 산소에 이름을 붙이고, 산소가 있어야 불꽃이 일어난다는 사실을 밝혀냈다. 그는 세금 거두어들이는 일을 하던 프랑스혁명 때 죽임을 당하고 말았는데, 동료였던 한 과학자는 그의 죽음을 안타까워하며 이렇게 말했다고 한다. "그의 머리를 자르는 데는 일분도 걸리지 않았지만, 그런 머리를 다시 얻기 위해서는 백년을 기다려야 할 것이다."

화재와 관계하는 사람들이 알아야 하는 산소의 두 가지 성질은 다음과 같다. 연소를 지지하는 능력과 생명을 유지하는 능력이다. 어떤 물체라도 공기 중에서 타는 경우에 그것은 산소와 결합한다. 밀폐된 장소에서 연소될 경우 점차 산소가 줄어들기 때문에 소방관과 화재 희생자들의 생명에 직접적으로 중대한 위협을 준다. 공기 중의 산소 농도가 인체에 미치는 영향을 표 5.2에 나타내었다. 생리적인 활동은 산소의 농도가 12~15%로 내려가면 매우 곤란해지며, 산소가 6% 이하인 공기를 호흡하면 6~8분 내에 죽게 된다.

표 5.2 화재에 따른 산소 농도의 저하에 의한 중독의 증상

공기 중 산소 농도(%)	증 상
20 또는 그 이상	정상
12~15	근육의 운동기능이 없어진다.
10~14	의식은 계속 있지만 판단이 흐려지고 근육을 움직이려 하면 급속히 피곤을 느낀다.
6~8	급속으로 허탈감에 빠지지만 신속히 응급처치하면 사망을 막을 수 있다.
6 또는 그 이하	6~8분으로 사망한다.

산소는 기체 또는 액체상태로 사용되는데, 저장하는 용기 내의 온도와 압력조건을 조절하는 방법으로 가스를 방출하는 방법이 바람직하다. 매우 저온의 액체산소(LOX[9]; liquified oxygen)는 액체의 고농도 산소이기 때문에 저온 조건이라도 화학적으로 반응성이 크다. 예를 들면 철은 액체 산소 안에서는 매우 활발히 연소하는데, −180℃보다도 낮은 온도의 산소 액체로 둘러싸인 경우에도 변함없이 연소열로 인해 그 철은 용융된다.

액체 산소에 접하면 연료류, 기름류, 윤활유류, 타르, 아스팔트, 종이섬유류, 페인트 및 그 밖의 다수 물질이 사소한 충격에서도 연소를 일으킨다. 통상적으로 불연성이라 간주되는 많은 물질들이 LOX 내에서는 단지 연소만을 일으키는 것이 아니라 폭발적인 연소를 일으킨다. 예를 들어 마그네슘 부스러기에 LOX가 뿌려지면 폭발을 일으키는 것으로 알려져 있다. LOX는 알루미늄과 폭발적으로 반응하며 마찰만으로도 가열되어 있는 강철제의 펌프를 폭발시킬 수 있다.

LOX는 손쉽게 목재, 콘크리트, 아스팔트, 그 밖의 다공질 재료 안에 스며들며 불꽃에 의해 쉽게 연소될 수 있는데, 연소를 일으키지 않았다 해도 스며들어가 있는 재료는 여전히 위험한 물질로 취급되어야 할 것이다. 왜냐하면 LOX를 포함한 물질이 후에 사고를 일으키는 경우가 종종 있기 때문이다. 예를 들어 아스팔트에 LOX가 튀었을 경우 며칠이 지난 후에도 화재가 발생하는 경우가 있다.

9) LOX(liquified oxygen) : 액체산소로 −180℃의 임계온도 이하에서 저장된다.

실제로 쏟아진 액체산소 및 저장용기가 파열하지 않도록 특별한 주의와 예방조치가 취해져야 할 것이다. 대량의 산소가 급속으로 방출되는 것은 이에 상당하는 가연성 연료가 방출된 것과 같은 정도로 위험하다. NFPA는 열에 노출된 LOX의 저장용기를 냉각하기 위해 무인 모니터를 이용하여 물로 냉각할 것을 추천하고 있다. 물은 LOX의 쏟아짐으로 인해 발생하는 A급의 작은 화재를 끄는 데에는 이용되지만 화재가 크면 거품제 또는 B급의 화재에 적당한 그 밖의 소화제를 이용해서 불을 꺼야 할 것이다.

LOX는 대기 중에 노출되는 경우 쉽게 기화한다. 많은 냉동제는 액체에서 기체 상태로 변할 때 수배로 팽창하는데, 산소는 최초 체적의 875배로 팽창한다. 만약 LOX가 약 200 ℃의 용기 안에서 기화하면 그 내부압력은 동시에 증대하여 약 2440기압이 된다. 이 같은 조건하에서 연속적인 가스 방출이 행해지지 않는 한 폭발은 불가피하다.

우주개발공업은 로켓 추진 산화제로 LOX를 대량으로 사용하며, 비교적 많은 분야에서 일반적인 용도로도 사용되고 있다. 냉장보장, 식품처리공장, 병원, 금속가공공장, 화력발전소 및 제철소 등이 여러 목적으로 액체 산소를 사용하고 있다.

기체상의 산소는 공기보다도 무겁기 때문에 새는 곳 근처에 머물며 상당히 긴 시간 정체하는 경향이 있다. 산소가 낮은 장소로 가라앉을 경우 새어나온 장소에서 떨어진 곳에 화재 위험을 일으킬 우려가 있다. 산소 자신은 연소하지 않으며 다만 연소를 지지한다. 더불어 열에 의해 성분 원소를 방출하는 화학약품은 화재를 강하게 한다. 만약 산소를 포함한 산화제가 열에 노출되었을 때 산소를 일부분 또는 그 전부를 방출할 가능성이 있다. 열에 의해 분해되어 **산소를 방출하는 전형적인 산화제**에는 염소산칼륨, 과산화바륨 및 질산나트륨이 있다. 다음은 이와 같은 물질들의 열분해 반응이다.

$$2KClO_3 \rightarrow 2KCl + 3O_2$$

$$2BaO_2 \rightarrow 2BaO + O_2$$

$$2NaNO_3 \rightarrow 2NaNO_2 + O_2$$

이들 화합물의 화살표 왼쪽에 있는 것은 각각 산소를 포함한 산화제로서 열을 가하면 대기 중으로 산소를 방출한다.

산소는 다른 원소와 결합하여 산화물과 과산화물을 형성한다. 이들 산화반응은 상당히 활발한 원소의 경우를 제외하고는 천천히 진행한다. **나트륨, 칼륨 및 인의 산화**는 자연 발생되며 이들 반응은 다음과 같다.

$$4Na + O_2 \rightarrow 2Na_2O$$

$$4K + O_2 \rightarrow 2K_2O$$

$$P_4 + 3O_2 \rightarrow P_4O_6$$

거의 모든 원소가 대기 중의 산소와 결합하지만 꽤 높은 온도에서 활성화된 후에만 일어난다. **금속의 연소**가 순수한 산소기류 안에서 일어나는 경우 주로 O_2^{2-} 음이온을 포함한 과산화물을 생성한다. 알칼리 및 알칼리토금속의 과산화물은 다른 금속의 과산화물보다도 일반적으로 많다. 나트륨 및 바륨이 순수한 산소 기류 안에서 연소하는 경우에 과산화물이 생성되는 반응이다.

$$2Na + O_2 \rightarrow Na_2O_2$$

$$Ba + O_2 \rightarrow BaO_2$$

금속의 과산화물은 다른 산화물과 비교하여 훨씬 활성이 강하기 때문에 훨씬 위험성도 강하다. 가열을 받으면 과산화물은 산소의 일부를 유리시킨다. 예를 들면 과산화바륨은 열에 의해 분해되고 산소와 산화바륨이 다음과 같이 생성된다.

$$2BaO_2 \xrightarrow{\triangle} 2BaO + O_2$$

이것에 비하면 산화물의 열분해는 훨씬 드물다. 산화수은은 315℃ 이하의 온도에서 열분해로 산소를 내는 유일한 금속산화물이다. 과산화물은 더없이 중요한 산화제이고 그것은 제9장에서 좀 더 자세히 연구하도록 한다.

산소 하나의 최종적인 형태는 **오존**이라 불리는 동소체이다. 동소체는 특별한 물리적 및 화학적 성질을 여러 개 지니고 있는 원소의 변종이다. 동소체를 가진 원소는 몇 가지 안 되는데 이 종류에는 산소, 유황, 인 및 탄소가 있다. 오존은 1분자당 2원자를 가진 보통의 산소와 틀려서 3개의 원자를 가지며 화학식은 O_3이다. 다음의 두개의 특성이 오존을 위험한 물질로 분류한 원인이다.

첫째, 오존은 화학적으로 활성이며 독성이 있다. 오존은 산소보다 더 강한 산화제로서 더욱 활발한 성질을 지니며, 실제로 오존보다도 더욱더 활발한 산화제는 불소(F_2)와 불소 산화물(OF_2)뿐이다.

둘째, 오존이 다른 물질과 화학반응을 일으키는 경우에는 통상 그 생성물의 하나로서 산소를 생성한다. 예를 들면 염화나트륨은 오존과 작용해서 차아염소산나트륨과 산소를 생성한다. 화학반응을 요약하면 다음과 같다.

$$NaCl + O_3 \rightarrow NaClO + O_2$$

오존은 여러 개의 무기화합물을 산화해서 오존화물을 생성한다. 오존화물에는 O_3^- 이온을 포함한 이원소 화합물이 있다. 수산화나트륨이 오존과 반응하면 오존화나트륨이 생성되며 그것은 다음 식에 나타낸 대로이다.

$$6NaOH + 6.5O_2 \rightarrow 6NaO_3 + 3H_2O$$

알칼리금속 오존화물은 꽤 안정하지만 다른 금속오존화물은 폭발을 일으키는 경향이 있다. 오존은 일부 유기화합물과 반응을 하는데, 화합물 중 일부는 폭발성을 가지고 있으며, 특히 화합물이 낮은 분자량을 가질 경우에는 폭발하기 쉽다.

오존은 흔히 공기 또는 순수한 산소 내에서 방전이 일어나거나, 자외선이 조사되거나 하면 극히 낮은 농도로 발생되는데, 일반적으로 번개가 친 순간이나 후에 가볍게 찌르는 것 같은 악취가 느껴진다. 공기 중의 오존 대부분은 지상 20~50 km 상공에서 층을 이루고 농축되어 있으며 그 층은 태양으로부터의 방사선 대부분을 흡수한다. 오존은 또 공기 중의 어떤 종류의 오염물질이 태양광선의 영향을 받아서 화학반응을 일으킨 결과로도 생성된다. 공기 중 높은 수준의 오존이 종종 공업지대에서 발생하며 그것이 두통, 기침, 가슴통증 및 폐수종 등을 유발한다. 공기 중 오존 농도가 0.1 ppm을 넘으면 인체 특히 호흡기 질환 및 심장병을 가진 사람에게는 위험하다고 알려져 있다.

오존은 오조나이저라는 이름으로 시판되는 장치로 산소로부터 합성할 수 있다. 오존은 원래 불안정한 기체이고 따라서 먼 곳까지 운반할 수 없다. 오존은 일반적으로 방부, 살균 및 기름류, 지방류, 섬유류 및 설탕용액의 표백에 이용된다. 또 오존은 공업배수용 처리에도 이용된다.

5.2 수소

수소는 무취, 무색, 무미 그리고 타기 쉬운 가스이다. 분자는 두 개의 원자로 되어 있고, 탄소를 포함해서 다른 원소보다도 많은 화합물을 만든다. 자연계에서 수소는 다른 원소와 결합하여 물, 산, 연료, 탄화수소 등의 형태로 존재한다. 수소가 지구상에서는 유리된 상태로는 발견된 일이 거의 없다 라는 사실도 수소가 반응성이 크다는 것을 말해 준다. 수소는 상업적으로 기체 및 액체 상태로 이용되고 있으며 가연성 압축가스로도 취급된다.

표 5.3 수소의 물리적 성질	
응고점	−259.14℃
끓는점	−252.85℃
융해열	13.9 cal/g
기화열	106.5 cal/g
끓는점에서의 액체밀도	71 g/L
끓는점에서의 기체밀도	1.3 g/L
실온에서의 기체밀도	0.082 g/L
연소열 (고발열량, HHV)	57.8 kcal/mol
연소열 (저발열량, LHV)	68.3 kcal/mol
폭발의 하한계	4%
폭발의 상한계	75%
기체비중(공기=1)	0.0695
액체가 기화한 경우의 팽창비	865

수소의 물리적 성질은 다음의 표 5.3에 기재되어 있다. 수소는 끓는점이 매우 낮기 때문에 액화하기 쉽지 않다. 또한 알려져 있는 물질 중에서 가장 가볍다(기체비중=0.07). 따라서 수소는 빠른 속도로 공기 중에 확산되기도 하지만 발생원의 상층에 모일 가능성도 있어서 그 같은 장소에 불꽃 또는 불길이 존재하면 더 없이 발화하기 쉽다.

수소가 공기와 섞여서 용량 %로 4~75% 농도의 혼합물을 만들면 그것은 즉시 불꽃에 의해 발화한다.

연소하고 있는 수소는 번뜩이는 불길을 거의 보이지 않게 하기 때문에 그 연소를 눈으로 관찰하는 일은 상당히 힘들다. 이 때문에 연소에 의해 발생하는 에너지는 빛보다도 대부분 열로 발산하여 매우 높은 온도에 도달한다. 공업적으로는 수소의 이러한 성질을 이용하고 있다. 예를 들어 산수소[10] 불길은 3000℃의 높은 온도까지도 만들 수 있으며, 용접에서는 더 높은 온도도 얻을 수 있다.

E급 기체 수소의 연소는 일반적으로 B급 화재로 간주된다. 이산화탄소, 질소 또는 거품제는 비교적 소량의 수소에 관여된 화재의 소화제로 유효하다. 수소가 천천히 대기 중에 확산되는 경우는 화재를 바로 잠식시킬 수 있지만, 만약 수소가 고압용기에서 새는 경우 소화제로 소화하기 위해서는 가스의 흐름을 멈추는 것이 절대적으로 필요하다. 공기 중에 불과 4%의 수소만 있어도 그것은 연소혼합물을 만들어 낼 수 있다. 따라서 수소는 그 폭발 하한계를 넘거나 소화제가 없을 때는 불길이 되어 폭발한다.

수소는 초저온의 액체로도 존재한다. 이른바 LH_2라 표현되는 액체 수소는 특히 위험한 물질이다. 이것은 어떤 물질보다도 가볍고 보다 큰 에너지를 발생할 수 있기 때문에 로켓

10) 산수소 : 산소와 수소를 혼합한 기체, 용접에 사용됨

의 연료로 사용된다. 액체 수소는 취급이 상당히 어려우며 액체 수소가 새어나옴으로써 발생되는 화재의 규모는 일반적으로 말해 저유소의 화재 또는 소화전략이 필요한 화학공장의 화재와도 유사하다.

어떤 종류의 금속이 물, 산, 알칼리에서 치환되면서 수소를 발생한다. 알칼리금속과 알칼리토금속류는 물과 상당히 반응하기 쉽다. 소량이라도 알칼리금속은 물과 격렬히 반응하며, 화학반응 결과 생성하는 수소가 발화 폭발하는 것이다. 알칼리금속의 물에 대한 반응성의 한 예가 제7장에서 검토된다.

반응성이 강한 금속은 물과 폭발적으로 반응하지만 **대부분의 금속은 산과 접촉하여 천천히 수소를 발생**하며 그리고 궁극적으로는 그 산에 용해된다. 예를 들면 주석과 알루미늄은 다음에 나타난 것 같은 반응으로 천천히 수소를 발생한다.

$$Sn + 2HCl \rightarrow SnCl_2 + H_2$$

$$2Al + 3H_2SO_4 \rightarrow Al_2(SO_4)_3 + 3H_2$$

여기서 이들 반응이 저장 용기 같은 밀폐된 장소에서 일어나는 경우에는 수소의 생성에 의해 발생된 강한 내부압력이 용기를 파열하는 원인이 될 가능성이 있으므로 특별히 주의할 필요가 있다.

금속의 반응성은 산 용액에서 수소가 발생되는 속도로 측정될 수 있으며, 표 5.4에 나타낸 것처럼 활성열로 분류할 수 있다. 이 활성열에서 표 위편에 오는 금속은 물과 매우 빠른 속도로 반응하며 때로는 폭발적이다. 마그네슘보다 아래의 금속은 산 용액에서 수소를 발생한다. 비스무트 이하 금속은 산에서도 수소를 발생하지 않는다.

어떤 종류의 금속은 알칼리 용액에 용해된다. 알칼리 용액에 녹는 가장 일반적인 금속은 알루미늄과 아연이다. 그렇지만 이 같은 반응은 일반적으로 상당히 천천히 일어나기 때문에 반응이 밀폐된 장소에서 일어날 때 외에는 인화가 일어날 정도의 수소 농도를 만들어 내는 일은 거의 없다.

수소가 원인이 되어 일어나는 일반적인 사고 중 하나는 축전지의 충전 때에 발생한다. 축전지는 화학반응에 의해 전류를 발생하는 것으로, 전해질의 수용액에 전극이 잠겨 있는 구조로 되어 있다. 보통의 납축전지는 한 조의 납판과 이산화납으로 피복된 다른 한 조의 납판과의 사이에서 일어나는 화학반응에 의해 전기를 만들어 낸다. 이 경우 전해액으로 황산이 사용된다.

축전지는 일반적으로 충전과 방전의 가역반응을 한다. 밖으로부터 용액을 통해서 보내지는 전류로 축전지는 충전되며, 충전과정에서 생성된 물질의 화학반응에 의해 전기가 만들어진다.

표 5.4 원소 활성의 예

원소	구분
세슘 리튬 루비듐 칼륨 바륨 나트륨 칼슘 마그네슘	물에서 수소를 방출하는 원소
알루미늄 망간 아연 크롬 철 니켈 주석 납	산에서 수소를 방출하는 원소
비스무트 구리 수은 은 백금 금	산에서 수소를 방출하지 않는 원소

전류가 납축전지에 충전되면서 양쪽 전극에 기포가 관찰된다. 산소가 양극판에 도달하면 이산화납을 생성하며, 생성된 산화납이 납 전극의 위에 피복된다. 이때 음극에서 발생한 수소는 대기 중으로 날아간다. 일단 전지가 가득 충전되면 전류는 물을 수소와 산소로 전기분해한다. 따라서 대기 중으로 도망가는 수소의 양은 충전과정이 완료하는 순간 급속으로 증대한다. 공기 중에 4%의 수소만 존재해도 그것은 스파크 또는 불꽃에 의해 발화하기 때문에 많은 수의 축전지가 놓인 방에서는 적당히 환기를 하는 것이 필요하다. 적당한 환기는 수소가 협소한 공간에 모여 인화와 폭발을 일으키는 것을 방지한다.

수소가 포함된 대부분의 화합물은 위험하다. 수소는 부식성이 큰 산류의 성분이며, 거의 모든 비금속과 결합하여 존재한다. 황화수소나 시안화수소 같은 종류의 화합물은 독성을 가진 물질이다. 수소는 알칼리 및 알칼리토금속과 안정된 수소화물을 형성하는데, 수소화물은 매우 강력한 환원제이다. 이들 물질은 모두 위험물 연구에 있어 중요하며 다른 장에서 독립되어 취급할 것이다.

지구상에서 발생된 수소화재의 최대사건은 1937년 5월 6일 뉴저지의 레이크허스트에서 일어난 독일의 비행선 힌덴부르크 호의 폭발이다. 힌덴부르크 호(LZ 129 Hindenburg)는 독일을 출발하여 미국에 착륙을 시도하다 비행선 내부에 저장한 수소가스가 폭발하여 추락하는 대참사를 일으킨 체펠린 사의 비행선으로 97명의 탑승객 중 36명이 사망하였는데, 폭발의 원인에 대해 두 가지 가설이 전해지고 있다.

> 첫째, 거대한 선체의 대부분을 공기보다 가볍지만 폭발성이 강한 수소 기체로 채워서 부력을 얻고 있었는데, 이는 가벼우면서도 안전한 헬륨 기체가 당시에는 매우 귀하고 비쌌기 때문이기도 했지만 당시 헬륨가스의 최대 생산국인 미국이 독일 나치를 견제하기 위해 독일에 헬륨가스를 판매하지 않았던 이유이며,
>
> 둘째, 직접적인 폭발 원인으로, 착륙도중 급격한 방향전환으로 인해 선체를 지지하는 철선이 끊어졌고 이때 수소가스를 저장한 탱크에 균열이 생겨 거기에서 새어나온 수소 기체에 정전기에 의한 스파크가 더해져서 폭발이 일어났다는 가설이 전해지고 있다.

힌덴부르크 호의 폭발 장면

5.3 할로겐 원소 : 불소, 염소, 취소, 옥소

할로겐족은 네 개의 잘 알려진 원소 – 불소, 염소, 취소(브롬) 및 옥소(요오드)가 있으며, 드물게 존재하는 아스타틴도 있다.

할로겐 원소는 매우 활성이 강한 비금속의 일종이며, 공업분야에서 중요한 원소이다. 매우 강한 활성으로 할로겐은 자연계에서 다른 원소와 결합된 형태로 발견된다. 그리고 불소를 제외하고는 손쉽게 염류에서 직접 만들 수 있다.

유리 할로겐은 이원자 분자로 되어 있는데, 분자식은 각각 F_2, Cl_2, Br_2, I_2이다. 실온에서 불소와 염소는 기체이며 취소는 액체, 그리고 옥소는 고체이다. 각각 색체가 있는데, 불소는 청황색, 염소는 녹색, 취소는 적색, 옥소는 거의 짙은 검은색에 가까운 자색이다. 할로겐 원소의 화학적 활성은 F>Cl>Br>I의 순이며, 소화력의 세기는 F<Cl<Br<I이다. 이 중 옥소는 위험물로 규제를 받는 일은 거의 없다.

불소는 알려져 있는 원소 또는 화합물 중에서 가장 활성이 큰 물질이다. 불소 가스는 자신과 만나는 모든 것을 태워버린다. 비가연성인 유리도 예외는 아니다. 이 특별한 반응성 때문에 불화물의 염류를 산화제와 화학반응시켜도 불소를 만들 수는 없다. 불소를 염류에서 분리할 수 있는 유일한 방법은 전기분해뿐이다. 불소의 물리적 성질을 표 5.5에 나타내었다. 불소는 저온에서 냉각된 액체로 시판되고 있지만, 가장 보편적으로 이용되는 것은 압축가스의 형태이다. 기체 불소(조연성 및 불연성)가 판매되는 경우에는 용기 안에 3 kg 이상 넣지 않도록 제한한다.

불소는 여러 가지 형태로 위험성을 나타내지만 그 중 가장 중요한 위험은 접촉하는 것에 대해서는 무엇이라도 화학적으로 반응한다는 사실이다. 그렇기 때문에 불소와 반응하지 않는 물질을 알아내는 편이 손쉬울 것이다. 산소처럼 불소도 연소를 지지하며 자신은 타지 않는다. 목재, 플라스틱 및 금속을 포함한 보통 재료는 불소의 기류 안에서 발화한다. 불소와 금속이 반응하면 금속 불소화물이 형성되는데, 종종 그 금속의 표면을 피복해서 그 이상 반응이 진행하는 것을 억제한다. 불소는 물처럼 수소를 포함한 화합물과의 반응성이 매우 크다. 불소 위에 안개 상태로 물을 부으면 매우 위험한 불화수소산(HF)을 생성하며, 또한 산소, 과산화수소(H_2O_2) 및 이불화산소(OF_2) 등도 생성된다.

이 화학반응은 다음식과 같이 표현된다.

$$5F_2 + 5H_2O \rightarrow 8HF + O_2 + H_2O_2 + OF_2$$

표 5.5 불소의 물리적 성질

응고점	−219.65℃
끓는점	−187.95℃
융해열	9.8 cal/g
기화열	39.7 cal/g
끓는점에서의 액체밀도	1,505 g/L
끓는점에서의 기체밀도	1.108 g/L
실온에서의 기체밀도	1.56 g/L
기체비중(공기=1)	1.312
액체가 기화한 경우의 팽창비	965

물 표면에 기체 불소가 흐르면 순간 물이 연소하는 것 같은 현상을 만든다. 고온의 유리와 불소가 작용하면 같은 현상을 나타내고 목재가 탈 때처럼 거세게 연기를 발생한다. 또한 고온의 금속은 불소 안에서 연소한다. **대표적 불연재인 석면도 불소 안에서 연소하며, 비활성 가스 중 몇 가지도 불소와 결합한다.** 불소 기류 안에서 물질이 연소할 때는 일반적으로 산소 아세틸렌 불꽃과 유사한 고온의 불길을 만든다. 이와 같은 성질을 바탕으로 실제로 눈에 들어오는 모든 물질이 불소에 발화할 위험이 있을 것으로 생각된다. 불소가 유기화합물과 반응하는 경우에 종종 탄소와 불소가 결합한 물질을 생성한다. 예를 들면 프로판(C_3H_8)의 불소화 반응에서는 탄소와 수소의 원자가 완전히 불소화되어 다음 반응식에 나타난 반응을 한다.

$$C_3H_8 + 10F_2 \rightarrow 3CF_4 + 8HF$$

불소는 예외적이라 할 만큼 반응성이 강하지만 불소화된 유기화합물의 대부분은 가장 안정된 화학약품으로 알려져 있다. 그들은 부식성이 없고 용제에 대해 극도로 저항성이 강하고 대부분의 화학약품에 대해 반응하지 않고 불연성이다. 불소화된 유기화합물의 예로는 테트라플루오로에틸렌이 있는데 일반적으로 테플론이란 이름으로 알려져 있다. 이 물질은 열에 대해 상당히 안정적이며 열 분해를 하지 않기 때문에 요리 도구와 전기 절연재로 이용된다. 또 테플론이 열에 의한 변질이 되지 않는 범위는 250℃ 이하에 한한다. 이 온도는 오븐 사용 시 쉽게 도달하는 온도이며 분해생성물은 유독하다.

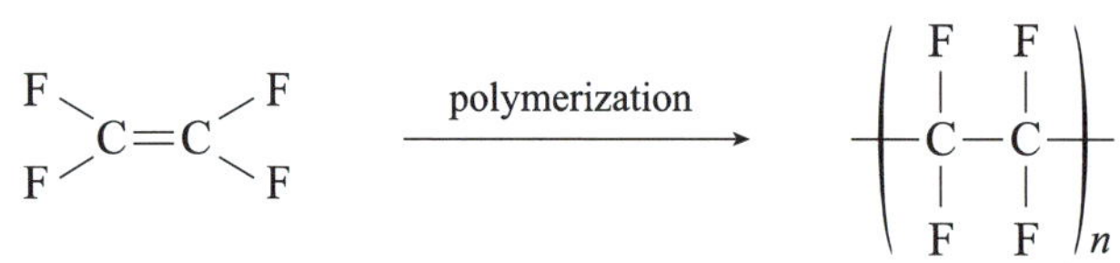

Tetrafluoroethylene　　Polytetrafluoroethylene(Teflon)

고어텍스는 폴리테트라플루오로 에틸렌을 가공해 만든 것으로, 폴리테트라플루오로 에틸렌은 테트라플루오로 에틸렌 분자가 연결되어 만들어진다.

고어텍스는 이 폴리테트라플루오로 에틸렌을 가공해서 만든 것으로, 폴리테트라플루오로 에틸렌[11]이라는 물질은 1938년 듀폰의 한 과학자(Roy J. Plunkett)가 우연히 발견한 것이다. 상품명 테플론으로 우리에게 더 알려진 이 물질은 우리 주변에 많이 있다. 프라이팬이나 음식 조리기구에 테플론을 입힌 제품은 없는 집이 거의 없을 정도로 주부들에

11) 테팔(tefal) 프라이팬은 프랑스 엔지니어 마크 그레그와르가 알루미늄에 눌어붙지 않는 소재인 PTFE (polytetrafluoroethylene)를 접착하는 공정을 개발하여 세계 최초로 눌어붙지 않는 프라이팬을 발명하였다.

게 인기가 많은 제품이다. 사용해 본 사람들은 경험을 했듯이 음식을 조리할 때 가열을 해도 음식이 조리기구에 붙지 않는 특성을 가지고 있다. 테플론으로 만든 제품은 화학적으로 안정해서 뷰렛의 꼭지부분, 테플론 테이프, 비교적 저온 반응장치, 저장용기의 마개 등으로 실험실에서 널리 애용되고 있다. 테플론이 화학적으로 안정하다는 의미는 테플론이 다른 화학물질과 반응하여 쉽게 다른 물질로 변환되지 않는다는 것을 의미한다.

어느 할론은 불소 원자를 포함하는데 훨씬 일반적인 할론 소화제의 대부분은 일부분 불소화된 유기화합물이다. 이들 화합물은 고온에서 안정하기 때문에 유효한 소화제로의 사용이 가능하다.

불소를 포함한 중요한 위험물 중 하나는 **삼불화염소** ClF_3이다. 이 화합물은 제2차 세계대전 중 독일에서 최초 합성되었는데 그것은 소이탄용이었던 것으로 생각된다. 삼불화염소는 불소의 성질 대부분을 가진 액체이지만, 취급이 비교적 손쉬워 안전하다. 삼불화염소는 불소화제로 이용되는데, 이 물질은 부식성으로 물을 분해시켜 접촉하는 대부분의 물질에 자연발화를 일으키게 된다.

여기서 문제되어진 제2할로겐은 염소로 **염소**의 물리적 성질은 표 5.6에 나타나 있다. 공업에서는 염소가 많은 용도로 사용된다. 염소는 하수며 상수의 정화 때 살균제로 사용된다. 음료수며 수영장에 이용되는 물의 소독에는 염소를 사용하여 박테리아를 죽이고, 또 종이 펄프와 섬유류에는 표백제로 사용된다. 이 외에 화학약품 즉, 폭약, 염료, 살충제, 표백분, 세정용 용제, 플라스틱 및 소화제 등에도 염소가 포함되어 있다.

다음의 전기분해에서 수소와 염소가 기체로 각각의 전극에서 발생하며, 전해조 중에는 수산화나트륨이 생성물로 남는다. 화학반응은 다음과 같다.

$$2NaCl + 2H_2O \rightarrow H_2 + Cl_2 + 2NaOH$$

표 5.6 염소의 물리적 성질

응고점	−34.05℃
끓는점	−100.98℃
0℃에서의 기체밀도	3.209 g/L
0℃에서의 액체밀도	1,468 g/L
끓는점에서의 기화열	68.7 cal/g
0~25℃에서의 열용량	0.113 cal/g·℃
증기압	3.617 atm
기체비중(공기＝1)	2.486
액체가 기화한 경우의 팽창비	457.6

이 방법에서 만들어진 염소는 50 kg, 75 kg 및 1 ton의 강철 용기에 6기압의 압력으로 넣어져 액체로 판매되지만 방출될 때는 기체 상태이다. 액체 염소는 철도 수송되는 경우에는 각각 16, 30, 55, 85 및 90 ton의 충전량을 가진 단일 탱크차로 운반된다. 염소는 또 대륙수로를 통해서도 운반된다. 한 척의 수송선은 통상 염소를 넣는 4~6개의 탱크를 장비하고 있다. 이 같은 대량의 염소 단독 수송은 위험성을 갖고 있다. 액체 염소는 탱크로리로도 운반된다. 염소 용기는 손쉽게 분별되도록 되어 있어야 하며, 각각의 용기에는 그 측면에 염소라는 단어가 기록된다.

염소[12)]는 염산과 여러 가지 산화제와의 화학반응결과 생성하기 쉬운 물질이다. 화학반응은 다음과 같은 형태로 요약된다.

$$\text{산화제} + \text{농염산} \rightarrow \text{염류} + H_2O + Cl_2$$

염소가 생성되는 상태를 나타낸 몇 가지 특별한 예를 아래에 언급한다.

$$MnO_2 + 4HCl \rightarrow MnCl_2 + 2H_2O + Cl_2$$

$$2KMnO_4 + 16HCl \rightarrow 2MnCl_2 + 2KCl + 8H_2O + 5Cl_2$$

$$KClO_3 + 6HCl \rightarrow KCl + 3H_2O + 3Cl_2$$

$$K_2Cr_2O_7 + 14HCl \rightarrow 2KCl + 2CrCl_3 + 7H_2O + 3Cl_2$$

$$HNO\ 3 + 3HCl \rightarrow NOCl + 2H_2O + Cl_2$$

이들 반응은 일반적으로 어느 것도 폭발성이 없지만, 시판되고 있는 세탁용 표백제 또는 푸울(pool) 살균제의 표백분류가 염산과 섞인 경우에 같은 반응을 함으로 주의한다. 염화이소시안요산의 나트륨 및 칼륨염을 포함한 분말의 표백제를 열을 가하면 염소가 발생한다.

유리된 염소는 많은 사고원인과 결부된다. 그것은 여러 가지 물질과 화학반응을 일으키지만 불소만큼 반응성이 강하지는 않다. 염소는 아래와 같이 물과 반응하지만 반응은 불소와 물의 반응에 비하면 온화하다.

$$Cl_2 + H_2O \rightarrow HClO + HCl$$

염소는 불연성이며 연소를 지지하는 지연제로 작용한다. 뜨거워진 분말 상태의 금속 또는 비금속 원소는 염소 안에서 작열해서 연소한다. 몇 가지 원소의 염소 내에서의 연소 예를

12) 1차 대전 중 지독한 참호전 대치상황에서 독가스로 사용되었다. 군인들은 앞쪽 줄에 가스 실린더를 쭉 늘어놓았고, 바람이 적을 향해 불 때까지 기다렸다가 밸브를 열고서 필사적으로 도망쳤다.

아래에 나타내었다.

$$Cu + Cl_2 \rightarrow CuCl_2$$

$$2As + 3Cl_2 \rightarrow 2AsCl_3$$

$$2Sb + 3Cl_2 \rightarrow 2SbCl_3$$

$$P_4 + 6Cl_2 \rightarrow 4PCl_3$$

$$2S + 3Cl_2 \rightarrow SCl_2 + SCl_4$$

염소 중에서 원소류의 연소는 단지 원소가 작게 분쇄된 상태의 경우에만 위험성이 고려된다. 이에 반해 탄화수소, 에틸, 암모니아 및 수소는 염소와 혼합한 경우, 만약 일광이 존재하면 염소 안에서 자연발화해 연소한다. 예를 들면 메탄(CH_4)을 염소와 혼합하면 네 종류 화합물의 혼합물이 생성한다. 그 반응은 다음과 같다.

$$CH_4 + Cl_2 \rightarrow HCl + CH_3Cl \quad \text{클로로메탄}$$

$$CH_3Cl + Cl_2 \rightarrow HCl + CH_2Cl_2 \quad \text{디클로로메탄}$$

$$CH_2Cl_2 + Cl_2 \rightarrow HCl + CHCl_3 \quad \text{클로로포름}$$

$$CHCl_3 + Cl_2 \rightarrow HCl + CCl_4 \quad \text{사염화탄소}$$

이들 생성물의 일부는 잘 알려진 용제이다.

염소의 화학적 반응성은 일반적으로 염소의 독성에 비교하면 위험도는 적다고 보이고 있다. 가령 농도가 엷어도 이 가스는 자극적으로 질식시키도록 악취를 가지고 있다. 공기 중에서 그 농도가 1 ppm을 넘으면 인체에 위험하다고 보여진다. 1000 ppm 농도의 염소를 2~3분 호흡하면 생명을 잃는다. 염소는 공기에 비해 2.5배의 무게를 가지기 때문에 그것이 용기 또는 반응 장치에서 새어나오는 경우 염소는 그 주변의 가장 낮은 장소로 흘러간다. 소방관은 다음 세 가지 상태의 경우 염소 용기와 가장 만나기 쉽다. 수영장, 상수 또는 배수처리공장, 창고 또는 수송기관이다.

염소는 용기 및 탱크차 안에서 고압의 액체로 존재해 있지만 그들 용기에서 방출된 경우는 기체 상태이다. 염소 탱크는 두께 약 10 cm의 단열재로 보호된다. 탱크차와 압력용기는 압력을 제거하는 안전장치가 구비돼 있는데, 그것은 막의 변좌의 정확히 바로 아래에 있고 70~73℃에서 용융하도록 설계된 저융점합금의 플러그로 되어 있다. 따라서 열에 노출되어도 염소 용기는 파열하는 일이 없다. 염소와 관련된 화재의 소화전략은 밸브 근처에 물을 부음으로써 용기를 저온으로 유지하는 것이다. 물론 염소가 연소하지는 않지만 만약 안전막이 급속도로 염소를 방출할 수 없는 경우에는 용기의 파열이 일어날 가능성이 있다. 만약 액체 염소가 밸브에서 새어나오면 막이 최상부에 오도록 용기를 넘어뜨려야 할 것이다. 이 방법을 채택하면 단지 염소 가스로 샐 뿐이다. 액체 염소의 누출은 특별히 위험한데, 그 액이 기화하면 460배의 체적이 되기 때문이다. 염소는 유독하기 때문에 그것을 취급할 때에는 호흡보호기를 사용하는 것이 절대로 필요하다. 염소는 암모니아와 화학반응을 일으키며 그 반응은 염소의 약간의 누설을 발견하는 데에도 중요하다. 암모니아수를 적신 천조각을 봉 끝에 달아서 염소 용기의 표면에 가까이 하면 누설장소를 발견할 수 있다. 새고 있는 장소의 위치를 염화암모니아의 흰 연기가 나오는 것을 보고 발견한다. 그렇지만 이 테스트는 주의해서 행하지 않으면 안 된다. 공기 중의 염소의 농도가 상당히 높으면 그것이 암모니아에서는 중화되지 않는다. 억지로 그것을 행하려고 하면 폭발을 일으키는 결과가 된다. 염소는 삼염화 질소를 생성하기 쉽다.

$$12NH_3 + 6Cl_2 \rightarrow 9NH_4Cl + NCl_3 + N_2$$

삼염화 질소는 극도로 불안정한 화합물로 생성되면 즉시 폭발한다.

유리 원소 외에 염소는 금속 또는 비금속과 염화물이라 불리는 이원소 화합물을 만들어 존재하고 있다. 염소는 또 산소와 차아염소산화물, 아염소산화물, 염소산화물 및 과염소산화물을 만들어 존재한다. 일반적으로 염화물은 2, 3의 특별의 경우를 제외하고는 무해하다. 그들의 특별물질에 대해서는 제6장과 제7장에서 취급한다. 또 염소를 포함한 몇 가지의 부식성을 가진 산은 제7장에서 검토하는 것으로 한다. 차아염소산염, 아염소산염, 염소산염 및 과염소산염은 일반적으로 산화제이고, 그들은 충분히 화재를 일으킬 위험이 있으며 그것은 제9장 전체를 통해 취급하도록 한다.

취소(브롬)는 여기서 취급하는 세 번째의 할로겐 원소이다. 다른 원소와 같이 극히 화학적으로 활성이 크며 자연계로 유리상태에서는 찾아낼 수 없다. 물리적 성질은 표 5.7에 주어져 있다. 취소의 증기압은 극히 높고 액체와 그 암적색의 증기는 취소 용기를 열었을 때에 즉시 검지된다.

표 5.7 취소(브롬)의 물리적 성질

응고점	−7.2℃
끓는점	58.78℃
59℃에서의 기체밀도	2.928 g/L
끓는점에서의 기화열	43.7 cal/g
증기압	0.2303 atm

그 증기는 인체 내외에 강한 영향을 불러일으킨다. 취소의 증기는 극단으로 질식성이고, 고도로 유독하고 인체 기관과 폐에 장해를 불러일으킬 가능성이 있다. 유해한 영향을 받는 일 없이 참을 수 있는 농도는 공기 중에서 겨우 0.1 ppm이다.

액체의 취소와 몇 개의 취소화물 염류는 사진, 의약 및 취소를 포함한 화학약품의 합성을 이용하고 있다. 1940년 이래 그것은 주로 옥탄값이 높은 가솔린에 넣는 안티녹킹제의 화합물 제조에 이용되어 왔다. 공기와 가솔린 증기가 자동차 안에서 연소하는 기구는 복잡한 과정을 거친다. 사에틸납 $[Pb(C_2H_5)_4]$ 같은 물질은 연료의 연소과정에서 일어나는 노킹을 감소시키며, 사에틸납을 포함한 가솔린이 연소할 때 납은 실린더의 벽이며 막 위에 산화물로 침전한다. 그렇지만 만약 1,2-디브로모에탄이 더해지면 납은 취화납(브롬화납)이 되어 엔진의 온도에서 증발하여 배기 중에 섞여 나간다.

대량의 취소가 바닷물에 포함되어 있는데, 그것은 취소화합물을 포함한 물에 적당량의 염소를 혼합하는 것과 같다. 원료인 염수가 반응 통 안을 통과하면 공기 중으로 취소가 방출되고 탄산나트륨에 흡수된다. 그 반응은 다음과 같다.

$$2NaBr + Cl_2 \rightarrow Br_2 + 2NaCl$$

$$3Na_2CO_3 + 3Br_2 \rightarrow 5NaBr + NaBrO_3 + 3CO_2$$

최후에 생긴 용액은 유산으로 처리해 취소를 회수한다. 취소는 납 뚜껑이 있는 유리술병, 납으로 덮은 금속제통, 드럼통, 탱크에 저장되어 수송된다. 취소는 비금속 중 유일한 적갈색 액체로서 주요한 피해는 부식이다. 산과 같이 금속 및 비금속을 용해하며, 직접 알루미늄, 구리, 인, 비소 및 안티모니와 화합한다. 취소는 금조차도 침범하지만 백금, 납 또는 니켈은 침범하지 않는다. 취소에 의해 부식되는 반응 결과로는 무해한 취소화물이 생기며, 전형적인 반응은 다음과 같은 형태이다.

$$2Al + 3Br_2 \rightarrow 2AlBr_3$$

$$Cu + Br_2 \rightarrow CuBr_2$$

취소는 또 유기화합물과도 반응한다. 그들의 반응으로는 대량의 열의 발생을 동반한다. 따라서 취소가 목재, 틈막이에 사용하는 대팻밥 또는 톱밥에 튀면 연소를 불러일으킬 가능성이 있다.

취소는 물에 약간 녹는다. 그것은 높은 온도의 물과 반응해서 취화수소산 및 취화수소를 생성한다.

$$3Br_2 + 3H_2O \rightarrow HBrO_3 + 5HBr$$

취소는 사염화탄소 같은 유기용제에 손쉽게 융해한다.

취소가 쏟아진 경우에는 치오황산나트륨의 5~10% 수용액으로 중화시킬 수 있으며 다음의 반응에 의한다.

$$2Na_2S_2O_3 + Br_2 \rightarrow Na_2S_4O_6 + 2NaBr$$

결국 취소는 톱밥에 흡수시키려는 실험을 하면 안 된다. 취소를 중화하는데 수산화암모늄 곧 암모니아수를 사용하는 것도 피하지 않으면 안 된다. 극히 폭발을 일으키기 쉽기 때문이다.

원소 상태의 취소보다 원소를 포함한 유일의 위험한 무기화합물은 취소산염이다. 이들 화합물은 강력한 산화제이며 그것에 관해서는 제9장에서 설명한다. 취소화자일렌은 취소를 포함한 주의할 만한 유기화합물이다. 이것은 잘 알려져 있는 최루가스의 화학명이다.

5.4 탄소

위험성 있는 탄소 화합물은 다른 어느 원소 화합물보다도 훨씬 그 수가 풍부하다. 가연성 용제 섬유 그리고 플라스틱은 탄소 화합물인 경우가 많다. 유해한 연소 생성 가스는 탄소의 산화물이다. 탄산음이온을 포함한 이원소염류, 예를 들면 탄화칼슘 같은 물질은 물과 화학적으로 반응한다. 이산화탄소와 할로겐 탄화수소는 소화약제로서 도움이 되지만 특별 조건 하에서 이들 화합물은 동시에 위험물이 된다.

단체원소인 탄소는 자연계에서 두 종류의 동소체인 흑연과 다이아몬드 및 몇 가지의 무정형물질 예를 들면 목탄, 코크스 및 카본블랙 등으로 존재한다. 다이아몬드는 상당히 높은 온도로 열을 가하지 않는 한은 화학적으로는 비활성이다. 순수 흑연과 산소는 대체로 700℃ 이하에서는 반응하는데 충분한 에너지를 얻을 수 없다. 따라서 탄소의 동소체를 실용목적으로 이용하는 경우 일반적으로 위험한 물질로 보이지는 않는다. 그것이 기화하는 데는 상압 하에서 약 5,550℃이다. 탄소는 단지 극단으로 높은 압력과 온도에서만 액화한다.

무정형 탄소는 그 동소체의 결정성 탄소보다도 화학적으로 훨씬 움직임이 크다. 석탄은 몇 세기에 걸쳐 문명국가 전부에 있어서 주요한 에너지원의 하나가 되어왔다. 그것은 비교적 싸고 풍부하기 때문에 공업적으로도 가장 중요한 고체 연료이다. 지질학 연구는 석탄이 식물에서 유래된 식물이라고 설명하고 있다. 몇 십만 년 몇 백만 년이란 오랜 시간 걸려 시든 식물이 석탄으로 전화한 것이다.

석탄이 생성하는 과정에 따라 석탄의 종류가 결정된다. 석탄의 주요한 종류는 갈탄, 역청탄, 반무연탄 및 무연탄이다. 석탄의 종류를 석탄 품위와 혼동하면 안 되는 것이며, 석탄의 품질은 그 크기, 황의 함유량, 회분함유량, 발열량 및 그 밖의 요소로 결정하기 때문이다. 석탄의 종류 사이에 명백한 구별을 할 수는 없지만 여러 가지 석탄 종류의 발열량은 극히 광범위하게 변화하고 있다.

석탄이 공기 없는 곳에서 가열되면 그 결과로 **코크스**라 불리는 고체물질이 생긴다. **공기가 존재하지 않는 곳에서 열에 의해 분해가 일어나는 과정을 열분해라 한다**(그림 5.1). 석탄의 열분해에서는 타르와 휘발성 물질의 가스의 혼합물이 생성된다. 휘발성 물질의 가스 중에는 벤젠 같은 손쉽게 응축해서 액체가 되는 물질이 몇 가지 존재한다. 남아있는 타르는 몇 개의 유기화합물의 혼합물이고 그것은 석탄산, 톨루엔, 나프탈렌, 안트라센, 피리딘 등이다. 막 채굴된 석탄과 가는 입자로 분쇄된 석탄은 특별히 위험하며 그 이유는 앞에 쓴 화합물의 거의가 새롭게 생성한 표면에서 발견되기 때문이다. 석탄과 코크스의 자연발화의 위험성은 높고 특히 가늘게 분쇄된 재료의 경우는 위험도가 높다.

코크스는 연료로 유명하지만 공업적으로는 금속을 제조하는 경우 광석환원제로 이용되고 있다. 예를 들면 철광석의 정련은 다음과 같은 반응으로 용광로 안에서 행해진다.

$$C + FeO \rightarrow Fe + CO$$

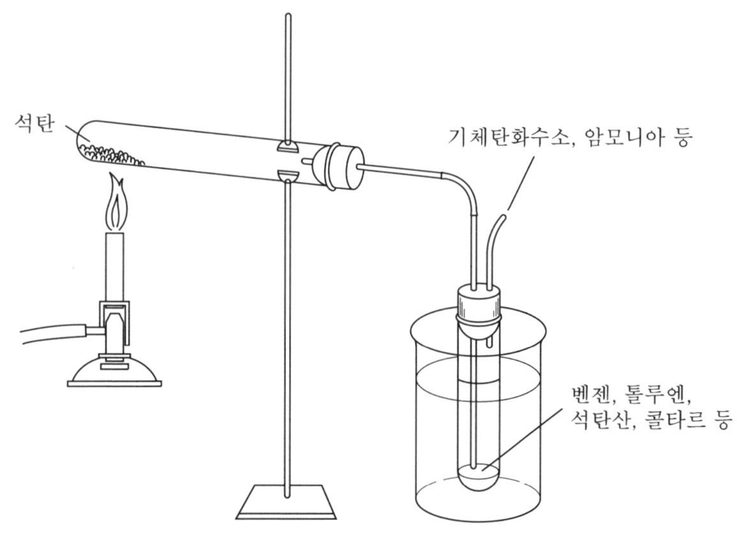

그림 5.1 그림 같은 실험으로 석탄의 열분해를 간단히 설명할 수 있다. 이 방법에서는 코크스와 몇 개의 부산물을 얻을 수 있다.

목탄은 같은 방법으로 목재의 열분해에 의해 만들어진다. 열분해가 진행하면 기체 혼합물이 발생한다. 그들 기체는 주로 응축하지 않은 수소, 메탄, 일산화탄소 및 이산화탄소의 성분으로 되어 있다. 이와 함께 물의 냉각으로도 간단히 응축하는 몇 가지 기체가 포함되어져 있다. 그 유분은 초산, 메틸알코올 및 아세톤으로 구성되어 있고 그것을 목초산이라는 이름이 붙여져 있다.

수탄이라 불리는 탄의 일종은 동물의 뼈의 열분해로 만들어졌다. 수탄은 목탄과 틀려서 그 안에 비교적 대량의 광물질이 포함되어 있다.

흑연 및 다이아몬드와는 반대로 무정형의 탄소는 적당히 활성화되면 손쉽게 타기 시작한다. 이들 물질은 휘발되어서 대기 중의 산소와 혼합하며 불 또는 불꽃으로 점화된 경우에 착화가 일어난다. 이들 물질의 연소는 높은 온도를 생성하며 그것이 성분탄소의 착화에 있어서 필요한 요소가 된다. 탄소는 기화작용을 수반하는 일 없이 고체 형태로 연소한다.

여러 가지 형의 단체원소인 탄소는 흡착으로 알려진 물리적 성질을 나타낸다. 이 성질은 고체, 액체 또는 기체상의 분자가 표면에 부착해서 정체하는 것을 의미하는 것이고 흡수와 혼동하면 안 된다. 흡수는 물질이 다른 고체 또는 액체 덩어리의 내부로 침입해가는 것을 의미한다. 목탄은 뛰어난 흡착재이다. 그것은 그 원료가 된 목재의 골격상 세포조직을 남기고 있어 다공질이고 단위중량당 매우 큰 표면적을 가진다. 목탄은 흡착재로 공업에서 폭넓게 이용되고 있다. 설탕, 위스키 및 약품류 등을 포함한 여러 가지 물질의 탈색시에 사용되는데, 목탄층 안에 용액의 형태로 통과시키면 물질의 색이 손쉽게 빠진다. 그 다공성과 큰 표면적에 의해 어떤 크기의 목탄은 그 목탄 자신의 중량에 가까운 무게의 가스를 흡착하는 힘을 가지고 있다. 이 특성은 가스마스크 및 권련초필터에 쓰이는데, 그것은 유독 가스를 선택적으로 제거하기 때문이다. 목탄은 대량의 기체, 액체 및 고체를 흡착할 수 있지만 그 표면적이 최후에는 포화되어 버린다.

목탄의 흡착능력을 재생시키기 위해서 목탄의 활성화가 행해지는데 그것은 증기로 처리하는 방법이다. 목탄은 최초에 높은 온도에서 처리를 해두면 그 활성화가 가장 손쉽다. 목탄의 활성화를 하고 있는 사이에 흡착된 기체는 제거되어 막대한 수의 작은 구멍이 다시 열려지게 된다. 활성화된 목탄 곧 활성탄은 자연발화를 일으키기 쉽다. 요리용 등에 일반적으로 이용되는 목탄을 굳힌 연탄도 이 같은 자연발화를 일으키는 것으로 알려져 있다. 이 발화의 위험은 특히 연료가 조금 축축해져 있는 경우에 두드러진다. **목탄이 염소산칼륨 같은 산화제와 섞인 경우에도 자연발화가 일어난다.**

$$3C + 2KClO_3 \rightarrow 2KCl + 3CO_2$$

이 같은 반응은 목탄 표면에 약품류가 흡착해 있거나 열분해 후에 유기화합물이 남아있거나 하면 그것에 의해 방아쇠작용이 일어나는 것이 명백하다. 흑연이 자연발화를 일으키는 것은 불소에 의해서 만이다.

무정형 탄소에 관한 화재는 물로 소화할 수 있다. 그렇지만 그 물은 높은 유속으로 주수되어야 한다. 만약 물이 지나치게 천천히 뿌려지면 물과의 화학반응이 발생한다. 이 반응은 유독가스인 일산화탄소와 수소를 발생한다.

$$C + H_2O \rightarrow H_2 + CO$$

화재에 의해 생기는 연기는 연소유독 가스와 함께 방출되어 소방관과 피해자에 대해 최대의 생명위협을 준다. 연기는 시야를 가리고, 더불어 연기의 주요한 성분이 원소상태의 유리된 탄소이다. 이 가늘게 분산된 연기 안의 탄소는 탄소질 물질의 불완전 연소에 의해 생긴 유독가스를 대량으로 흡착한다. 연기를 흡입한 경우 큰 위협은 그들 가스에 의해 발생된 잠재적인 폐의 장해이다. 연기 안의 탄소 미립자에 흡착된 각종 가스중독작용의 연구는 추후의 연구대상으로 되어 있다.

흑연의 비활성 성질과 훌륭한 열 전도체라는 사실은 고체의 건조된 흑연이 소화제로의 능력을 가짐을 뜻한다. 흑연은 특히 D급 화재에 유효하다.

5.5 인

인[13]은 상당히 활성이 큰 원소로 자연계에서 유리 상태로 발견되는 경우는 결코 없다. 그러나 그것은 광물의 광산에 광범위하게 분포하고 있다. 가장 중요한 광물은 인회석이다. 인에는 여러 개의 동소체가 있다. 가장 보통의 형태는 백린이고 그것은 또한 황린이라고도 불리고 있지만 모두 유독하며 타기 쉽다. 그 착화온도는 겨우 34℃를 넘지 않는다. 그것은 부드럽고 납 같아서 반투명의 고체이며 물 또는 일반 소화제와는 반응하지 않는다. 그러나 그것은 이황화탄소에 녹는다. 단체원소로의 황린은 사원자 분자로 화학식은 P_4라 쓴다.

공기에 닿으면 황린은 연기를 내며 타고 있는 성냥과 닮은 악취를 내고 자연스럽게 타기 시작한다. 탄소와 같은 인도 기화하는 일 없이 고체형으로 탄다. 연소 후에는 육산화사인 또는 십산화사인 중 어느 하나를 생성한다.

13) 인의 발견 : 1669년 독일의 연금술사인 헤니히 브란트는 오줌을 50동이 모아 지하실에 보관하면서 오줌을 모래와 물과 함께 끓여 희끄무레한 빛으로부터 인을 발견하게 되었다.

$$P_4 + 3O_2 \rightarrow P_4O_6$$

$$P_4 + 5O_2 \rightarrow P_4O_{10}$$

삼산화사인은 물에 녹아, 인산으로 알려진 광산을 생성한다.

$$P_4O_{10} + 6H_2O \rightarrow 4H_3PO_4$$

자연발화를 막기 위해 황린은 통상 물 속에 저장해 두고 그것에 의해 공기와의 접촉을 차단하고 있다. 착화온도가 낮기 때문에 황린은 상당히 손쉽게 발화하므로 물 밖에서 취급하는 것은 위험하다. 황린은 또 불안정해서 서서히 적린이라 불리는 동소체로 변화한다. 백린이 황색을 띠고 황린이라 불리는 것은 그 안에 적색의 동소체가 존재하기 때문이다.

적린은 황린보다도 훨씬 반응성이 낮으므로 물 안에 넣어 둘 필요는 없다. 그 착화 온도는 260℃이다. 적린이 연소하는 경우 화학반응식은 다음과 같다.

$$4P + 5O_2 \rightarrow 2P_2O_5$$

한편 적린은 인 중에서는 예외적이다 할 만큼 독성이 없다. 이들 두개 인의 동소체의 성질에는 모두 놀랄만한 것이 있다. 이러한 인의 물리적 성질이 표 5.8에 주어져 있다.

표 5.8 인의 물리적 성질

	황린(제3류)	적린(제2류)
녹는점	44℃	590℃
끓는점	280℃	280℃
비중	1.82 g/cm^2	2.34 g/cm^2
자연발화온도	34℃	260℃

인의 서로 다른 두 개의 동소체는 흑색과 자색의 이상한 형태이고 그들은 극히 드물어서 전문적린 화학자에 의해서도 거의 볼 수 없는 것이다.

단체원소 인에 관한 화재는 물, 젖은 모래 또는 흡수재로 표면을 덮음으로써 소화할 수가 있다. 그렇지만 연소 결과 생성한 인의 산화물은 물에 녹으면 부식성이 강한 산이 되는 것을 알고 있는 것이 중요하다. 따라서 인의 화재 주위의 공기는 산성이 되기 쉽다. 인이 타는 것에 따라 생기는 연기를 호흡하는 것은 폐에 중대한 장해를 일으킬 가능성이 있으며 그것은 이 산화물이 폐안 및 기관 안의 액체에 용해하기 때문이다. 인의 화재 때에는 소화작업에 종사하는 사람들은 코 및 흉부 점막의 의학적 검사를 받아야만 한다. 인에 의해 피부에 화상을 입는 경우에 물로 씻고 다음으로 3%의 황산구리 수용액을 바르는 것이 좋다. 황산구리는 인과 반응해서 손쉽게 관찰되는 검은 염을 생성한다. 그 물질은 손쉽게 제거할 수 있다.

가장 넓게 사용되는 단체원소 인의 용도는 성냥공업이다. 황린 성냥은 다음과 같은 몇 가지의 이유로 사용이 금지되어 있다. **첫째 황린이 자연발화를 일으키기 쉽다는 것과 둘째, 그것은 턱 뼈를 침식하는 인독골증으로 잘 알려진 병의 원인이 되기 때문이다.** 한편 황화인은 보통 세 가지의 물질로 분류될 수 있으며, 그 중 성냥에 이용되는 삼황화사인(P_4S_3), 농약 제조 및 윤활유 첨가제로 이용되는 오황화사인(P_4S_5), 유기합성용인 칠황화사인(P_4S_7) 등이 있다. 그 중 삼황화사인 같은 인과 황에서 합성된 화합물은 미국 외에서는 어디서나 그어지는 성냥으로 이용되고 있다(그림 5.2). 이 같은 화합물은 낮은 자연발화온도를 가지고 있고 딱딱한 표면에 긋는 마찰열로 발화한다. **P_4S_3는 100℃에서 자연발화한다.** 외국에서 만들어져 어디서나 그어지는 성냥은 용융한 납에 적신 소나무 재료로 만들어 지고 있다. 성냥머리는 이산화납 같은 강한 산화제와 송진 또는 안료로 딱딱해진 황으로 되어 있다. 그리고 끝 부분에 유리 분말과 황화인의 혼합물이 발라져 있다.

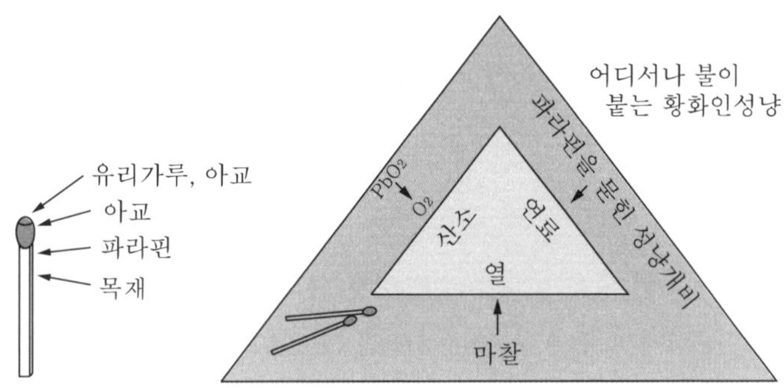

(a) $P_4S_3+PbO_2+$마찰

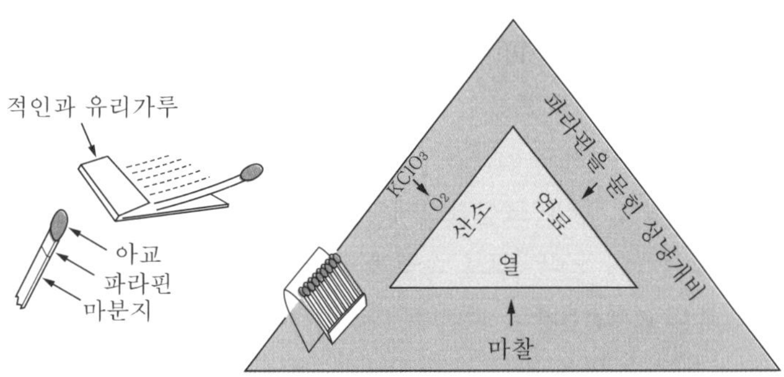

(b) 적인$+KClO_3+$마찰

그림 5.2 (a) 황화인 성냥의 발화원리 (b) 안전성냥의 발화원리

이 같은 성냥은 마찰이나 타격에 의해 황화물에 착화가 일어나기 때문에 그로 인해 성냥머리 전체가 타기 시작하는 것이다. 황화안티모니를 이용하면 황화인 성냥보다도 착화하기 어렵기 때문에 안전성냥이라 불린다.

그 밖의 인의 황화물도 낮은 착화온도를 가지고 있다. P_4S_3 외에 또 하나의 성냥으로의 시장가치를 가지고 있는 황화물은 오황화이인(P_2S_5)뿐이다. 이 화합물은 황록색의 고체로 그 자연발화온도가 142℃이다. 마찰 불꽃 또는 불길이 손쉽게 그 연소를 일으킨다. P_2S_5가 탈 때는 P_4O_{10}과 유독가스인 SO_2의 혼합물을 생성한다.

$$2P_2S_5 + 15O_2 \rightarrow P_4O_{10} + 10SO_2$$

이 외에 물과 접촉하면 그것은 유독한 황화수소 가스를 발생한다.

$$P_2S_5 + 8H_2O \rightarrow 5H_2S + 2H_3PO_4$$

위의 두 가지 성질을 고려했을 때 화재 시 P_2S_5의 양에 따라 물에 의한 소화는 오히려 화재를 지속시킬 수 있다.

5.6 황

단체원소인 황은 고대부터 알려져 있으며 현재도 세계에서 가장 중요한 원료중의 하나이다. 공업에서 황을 사용하거나 또는 공업과정에서 그 화합물을 이용하지 않는 공업은 거의 없을 정도이다. 황은 자연계에서 단체원소로 산출하며 특히 멕시코만 부근 및 인도, 이태리 등에서 산출되는데, 광물 또는 광석의 형태로는 너무 많아서 여기에 기술할 수 없을 정도이다. 황은 고체상태 또는 용융상태로 수송된다. 고체 및 용융상태의 황의 물리적 성질을 표 5.9 및 표 5.10에 기재하고 있다.

순수 황은 무취이고 실온에서는 청황색의 고체이지만, 화합물의 대부분은 고약한 악취를 가지고 있다. 황을 포함한 2개의 잘 알려진 기체는 황화수소와 이산화황이고 그들은 유독하고 뚜렷이 드러나므로 손쉽게 식별할 수 있는 악취를 가지고 있다. 황을 포함한 유기화합물은 **메르캅탄류**라 불린다. 메르캅탄의 어떤 것은 1억분의 1이라는 희박한 상태에서도 검지할 수 있을 만큼 강한 악취를 가진 것이 있다. 스컹크의 분비물 안에 고약한 악취는 부틸메르캅탄이다. 가솔린이며 등유의 불유쾌한 냄새도 역시 메르캅탄류에 의한 것이라 생각된다.

표 5.9 고체 황의 물리적 성질	
녹는점	110~119℃
자연발화온도	
공기 중 분산한 경우	190℃
분산하지 않는 경우	220℃
비중	2.07
열용량	0.16 cal/g·℃
연소열	2210.4 cal/g
공기 중 황분말의 폭발한계	0.025~1.4 oz/ft^3
물에 대한 용해도	불용성

표 5.10 액체 황의 물리적 성질	
끓는점	444℃
공기 중 착화온도	248~261℃
인화점	168~188℃
143℃에서의 열용량	0.25 cal/g·℃
140℃에서의 증기압	0.0001447 atm
138℃에서의 비중	1.79

표 5.11 동소체로서 황

	단사황	사방황	고무상황
결정모양	바늘모양	팔면체	무정형
비중	1.96	2.07	–
녹는점	119℃	113℃	–
물에 대한 용해도	불용	불용	불용
CS_2에 대한 용해도	잘 녹음	잘 녹음	불용

단체원소인 황에는 여러 개의 동소체가 존재한다. 그 중 가장 중요한 형은 사방정형과 단사정형의 황으로 이 두개는 실온에서 고체이다. 황의 가장 안정된 형태는 사방정형의 것이다. 이 두개의 타입은 물에 녹지 않지만 이황화탄소 및 여러 개의 유기용제에는 용해한다. 순수 황을 가늘게 분쇄한 것을 황꽃이라 부르고 황을 승화시키면 얻을 수 있다. 영어로 brimstone이라 불리는 경우가 있지만 그것의 이름은 바이블에서 유래한다. 이 원소 분자는 S_8이지만, 그 반응의 대부분에 있어서 황은 통상 단 하나의 S로 표현된다.

황은 110℃에서 용융하며 덩어리의 경우에는 약 250℃의 착화온도를 가지고 있다. 따라서 탄소나 인과 달라서 황은 타기 전에 용융한다. 이들 세 개의 원소는 발화이전에 휘발하는 일은 없다. **황의 연소**에서는 이산화황이 생성된다.

$$S + O_2 \rightarrow SO_2$$

거친 황은 가연성 유기화합물과 황원소와의 혼합물로 되어 있기 때문에 자연발화를 하는 것으로 알려져 있다. 정제되지 않은 황은 메르캅탄류로 되어 있으며 그들이 용융된 경우에 혼합물에서 황화수소를 서서히 방출한다. 황화수소의양이 어느 정도에 달하면 중대한 위험을 가져오는데 그것은 그 가스가 가연성이며 동시에 유독하기 때문이다.

황화수소는 용융한 황 안에 녹아서 존재한다. 황화수소는 수송 때처럼 교반을 받지 않는 한 분리하지 않는다. 황화수소가 밀폐된 공간 내에서 발생하면 그것은 손쉽게 공기와 섞여서 폭발성 혼합물을 형성한다. 불꽃에 의해 손쉽게 연소된다. 용융된 황의 폭발은 이 같은 황화수소의 발생과 그것에 수반하는 인화가 원인이라고 믿어져 왔다.

순 황 덩어리면 그것은 자연발화를 일으킬 가능성은 없다. 그렇지만 이것에 반해 순 황이 분말 또는 증기의 형이 되면 극히 손쉽게 착화되고 그리고 공기와 섞이면 폭발혼합물을 만들어낸다. 분말 황의 경우 인화점은 겨우 270℃이다. 황분말은 정전기 같은 전기불꽃에 의해 손쉽게 착화한다.

황은 특히 산화제와 혼합된 경우에 발화를 일으키기 쉽다. 예를 들면 흑색화약은 황, 탄소 및 질산칼륨을 긴밀히 혼합한 것이다. 이 중 질산칼륨은 통상 초석이라 불리는 산화제이다. 흑색 화약이 폭발할 때의 화학반응은 다음과 같다.

$$4KNO_3 + 3S + 2C \rightarrow 2K_2CO_3 + 2N_2 + 3SO_2$$

순수 황과 대부분의 산화제와의 혼합물은 폭발하기 전 또는 발화하기 전에 열에 의해 활성화될 필요가 있다. 그렇지만 정제되지 않은 황을 산화제와 섞은 것은 자연발화를 일으키기 쉽다.

화재 시에 황이 존재하는 경우에는 그것은 손쉽게 용융해서 인접한 장소로 흘러가고 또 거기서 근처의 물질을 발화시키는 원인이 될 수 있다. 황은 물에 녹지 않고 또 물과

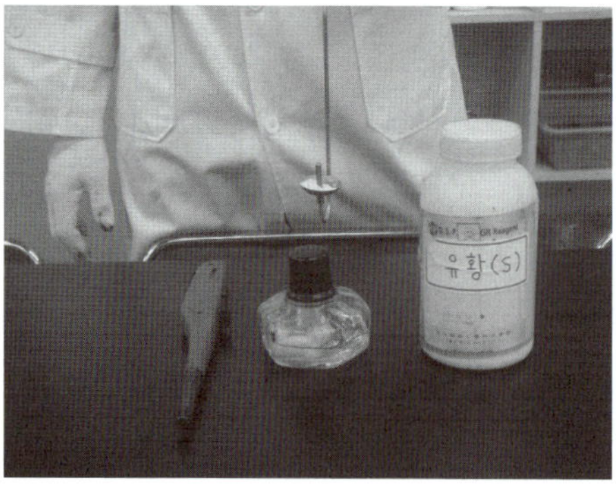

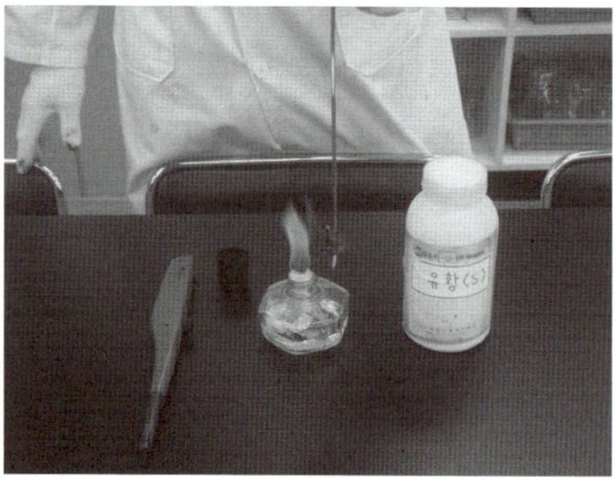

사진 1. 황은 용융된 후 연소하는 특성이 있다. 연소 시 청색불꽃을 낸다.

반응하지 않기 때문에 물의 사용은 통상 타고 있는 황을 끄는 데에 많은 도움이 된다. 소화에는 물의 분무가 직접 주수하는 것보다도 좋다고 주장되어 있는데, 그것은 안개가 황 표면에서 수증기를 발생하는 것을 방해하고, 그 때문에 황분말이 생성되는 것을 방지하기 때문이다. 황이 화재 주변에서 일어나는 중대한 위험은 연소에 의해 생성된 대량의 이산화황이 농후한 상태로 존재하는 것이다. 이 가스는 비교적 무겁고 공기 중에 천천히 확산된다. 따라서 황 화재 현장에서는 호흡은 실제로 불가능해져 버리기 때문에 소화작업 시 자동적으로 호흡할 수 있는 호흡보호기를 사용하는 것이 필요하다.

단체 원소인 황의 주요한 용도의 하나는 고무의 가황이다. 천연고무는 여러 물질인 폴리프렌의 복잡한 혼합물이다. 따뜻하게 하면 끈적끈적하게 되지만 그것을 황과 함께 가열하면 가지고 있는 본래의 성질을 잃는다. 이 과정은 1830년에 Goodyear에 의해 발견되어 가황이라는 이름으로 알려져 있다. 가황 외에 대량의 황이 인조비료, 석회와 황의 살충제 및 다수의 황을 포함한 화합물을 제조하는 데에 이용되고 있다. 황산은 그 원료로 황을 필요로 하는 가장 중요한 화합물이다. 상업적으로는 모든 황의 약 5분의 4가 황산의 형태로 만들어진다. 황은 또 스루파민이나 살파티아졸 같은 화학요법인 살파제의 제조에도 사용되고 있다.

화학적으로 황은 광범위한 금속과 결합해 황화물을 생성한다. **황화물에 관한 주요한 사고**는 그것이 산에 닿았을 때에 **황화수소를 생성**하는 것에 의해 일어난다.

$$ZnS + 2HCl \rightarrow ZnCl_2 + H_2S$$

황은 또 어떤 종류의 비금속과도 결합한다. 앞에서도 주의한 것 같이 황은 공기 중에서 타고 이산화황을 생성한다. 또 하나의 산화물인 삼산화황은 이산화황과 산소와의 반응으로 만들어진다. 삼산화황은 시장에서는 황산제조에 있어서 중요하다.

$$2SO_2 + O_2 \rightarrow 2SO_3$$

이산화황은 물에 녹고 상당히 약산인 아황산을 만든다. 이 산의 염류를 아황산염이라 부른다. 아황산염에 관계된 주요한 위험성은 그것이 산과 섞인 때에 이산화황을 생성하는 성질이 있다 라는 것이다.

$$K_2SO_3 + 2HCl \rightarrow 2KCl + H_2O + SO_2$$

이산화황의 독성에 관해서는 제8장에서 기술한다.

황산의 염류는 황산염이라 불린다. 황산구리는 구리의 정련의 부산물이지만, 살충제로 이용되고, 또 도시의 수원에서는 물의 살균에 이용되고, 또 구리도금에 사용되고 있다. 황산나트륨은 목재펄프나 염료공업에서 사용되고 있다.

산소 이외도 황과 화합하는 중요한 비금속 원소로는 탄소와 염소가 있다. 그들에 관한 화학반응은 다음의 반응식으로 나타낸다.

$$C + 2S \rightarrow CS_2$$

$$2S + Cl_2 \rightarrow S_2Cl_2$$

이황화탄소는 보통의 유기용제이지만 그 위험한 성질에 관해서는 제8장에서 논하는 것으로 한다. 염화황은 이황화탄소와 함께 사염화탄소의 제조에 사용된다.

$$CS_2 + 2S_2Cl_2 \rightarrow CCl_4 + 6S$$

황을 포함한 다른 보통 염류에는 치오황산염이 있을 뿐이다. 치오황산나트륨($Na_2S_2O_3$)은 하이폰이라는 이름으로 사진 분야에서 널리 일반에게 알려져 있다. 아황산염과 같이 치오황산염도 그것이 산과 반응하면 이산화황을 생성한다는 점에서 위험하다.

$$Na_2S_2O_3 + 2HCl \rightarrow 2NaCl + H_2O + SO_2 + S$$

실험 5-1. 적린의 혼촉 위험성

1. 목 적

위험물안전관리법상 제2류 위험물로 분류하고 있는 가연성 고체인 적린과 제1류 위험물인 과산화나트륨의 혼촉 시 발화 실험을 통해 그 위험성에 대해 알아본다.

2. 기구 및 시약

철판
약 수저
적린
과산화나트륨

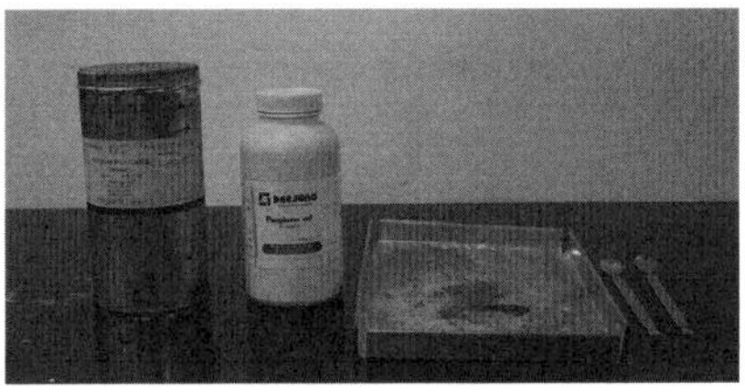

그림 1 실험 준비물

3. 실험방법

① 0.3 g 적린과 0.3 g Na_2O_2를 준비한다.
② 철판 위에 두 시약을 골고루 잘 섞는다.
③ 수저로 비비면서 마찰을 준다.
④ 이때에 나타나는 반응을 관찰하자(갑자기 발화할 수 있으므로 주의해야 한다).
⑤ 한편, 골고루 섞은 다음 물 한 방울을 적가해 본다.
작은 폭발음과 함께 발화폭발한다(많은 양의 연기가 발생하므로 실외에서 실험해야 한다).

그림 2 적린과 과산화나트륨의 혼촉

그림 3 혼촉 발화

제 목	적린의 혼촉 위험성		
실 험 조		제 출 자	
실험일자		제출일자	

1. 이 실험에서 발화원인은 무엇인가?

2. 이 실험과 비슷한 반응을 하는 것은 무엇인가?

【고 찰】

【참고문헌】

실험 5-2. 황의 혼촉 위험성

1. 목　적

위험물안전관리법상 제2류 위험물로 분류하고 있는 가연성 고체인 황과 제1류 위험물인 과산화나트륨의 혼촉 시 마찰에 의한 발화 실험을 통해 그 위험성에 대해 알아본다.

2. 기구 및 시약

막자사발
약 수저
황
과산화나트륨

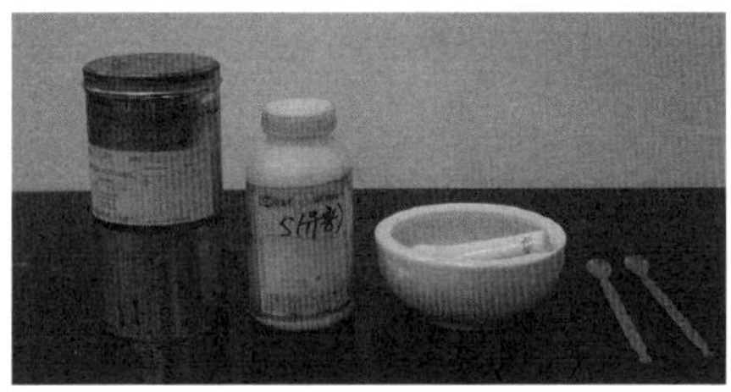

그림 1 실험 준비물

3. 실험방법

① 0.5 g 황과 1 g Na_2O_2를 준비한다.
② 두 시약을 막자사발에 넣는다.(그림 2)
③ 막자로 충격과 마찰을 주면서 휘저어준다.(그림 3)
④ 막자사발 안에서의 반응을 관찰하자.(그림 4)

그림 2 황과 과산화나트륨의 혼촉실험

그림 3 혼촉 시 마찰

그림 4 혼촉 시 마찰 후

제　　목	황의 혼촉 위험성		
실 험 조		제 출 자	
실험일자		제출일자	

1. 이 실험에서 발화원인은 무엇인가?

2. 이 실험과 비슷한 반응을 하는 것은 무엇인가?

【고　　찰】

【참고문헌】

실험 5-3. 분진폭발시험(Dust Explosion Test)

1. 목 적

가연성 고체의 미분 또는 가연성 액체의 안개 모양의 방울이 어떤 농도 이상으로 공기와 같은 지연성 gas 중에 분산된 상태에 놓여 있을 때는 폭발성 혼합 기체와 같이 외부에서 에너지를 주면 폭발한다. 이처럼 미분말상인 고체나 안개모양의 가연성 액체가 공기와의 혼합물을 형성하여 발생하는 폭발현상을 분진 폭발이라 하며, 본 실험에서는 이와 같은 분진폭발 실험을 수행함으로써 가연성 분진의 위험성을 조사해 보고자 한다.

2. 기구 및 시약

분진폭발 한계측정장치(Hartman type)
balance
파열판(호일)
밀가루
톱밥
미숫가루

그림 1 Hartman식 분진폭발 시험장치

3. 원 리

분진의 연소폭발 위험성을 생각할 때 가연성 분진은 공기 중에 부유하는 경우(AEROSOL)와 구조물 위에 퇴적하는 경우(AEROGEL)로 나누어지고, 어느 경우라도 분진은 가연성 물질이다. 즉 공기 중의 산소와 반응하여 발열하고 있는 성질을 가지고 있는 물질을 대상으로 한다. 분진은 가연성 고체를 미분화한 것으로 생각할 수 있으며 대단히 작은 입자, 예를 들어 직경이 10^{-5}cm 이하로 되면 aerosol상태로 되어 공기 중에 분산하여 현탁상태로 된다. 이들은 액체의 미립자, 즉 mist의 상태와 동일하며 침강하지 않는다.

이와 같이 되면 가연성 가스와 동일한 위험성이 있다고 생각하여도 좋으나, 실제로는 우리들이 직면하게 되는 분진은 더욱이 입자가 커서 대체로 10^{-3}cm 정도 이상의 입자이며 부유현상은 영구적인 것이 아니다.

또 분진은 생성의 과정에서 균일한 입도의 것은 거의 없고 aerosol 같은 미세한 것에서부터 상당히 큰 알맹이 정도로 확실히 확인할 수 있는 것까지 입도가 다른 것까지 혼합되어 있는 것이 보통이다. 이와 같은 분진의 폭발은 공기와 잘 혼합되어 있는 부유상태를 형성하고 있어야 한다. 큰 입자는 간단하게 부유되지 않고, 일단 부유하여도 바로 침하함으로써 폭발 위험성이 적게 된다. 그러므로 폭발을 일으키기 위해서는 어느 정도 크기의 미립자로서 외부에서 어떤 기계적인 이동작용을 분진에 가하여 일정시간 분진운을 생성시키지 않으면 안 된다.

왜냐하면 침강하는 분진은 그 자신으로서는 가스나 증기처럼 확산성을 가지지 않기 때문이다. 확산성을 가지지 않는 분진은 방치하면 침강하여 퇴적된다. 퇴적된 분진은 공기를 다량으로 함유한 gel로 되고 이를 aerogel이라고 부른다.

4. 실험방법

① 압력용기를 깨끗이 한 후 준비한 시료로서 잘 건조된 분진을 넣는다.
② 파열판을 호일로 하여 크기에 맞게 절단하여 밀봉한다.
③ 밸브를 이용하여 압력을 설정한다.
④ Power를 넣고 Stop button을 누른 후 조건(start, delay, ignite)을 맞춘 다음 start button을 누른다.
⑤ 이상과 같은 실험을 다음과 같은 조건으로 수행한다.
  ㉠ 압력을 일정하게 하고 분진의 량을 달리하여 5회 실시
  ㉡ 분진의 량을 일정하게 하고 압력을 달리하여 5회 실시
  (압력을 낮게 하여 점차적으로 올려 파열판이 터질 때까지)
  ㉢ 분진의 종류를 밀가루와 톱밥, 미숫가루 3가지로 하여 상기 ㉠, ㉡의 실험을 반복한다.

밀 가 루		톱 밥		미 숫 가 루	
분진량(g)	최소폭발압력 (kg/cm²)	분진량(g)	최소폭발압력 (kg/cm²)	분진량(g)	최소폭발압력 (kg/cm²)

5. 관계지식

(1) 분진폭발의 특징

① 단위 용적당의 발열량이 크다.
② 연소가 불완전하기 때문에 CO와 같은 유독성 가스의 발생량이 많다.
③ 분진의 부유상태가 비정상적, 불균일하기 때문에 피해가 사전방지가 어렵다.
④ 2차, 3차의 연쇄폭발로 인해 피해가 크다.
⑤ 미분체의 크기가 작고, 모양이 뾰족하고, 표면이 거칠고 수분 함유량이 적을수록 폭발이 일어나기 쉽다.

(2) 분진폭발의 발생순서

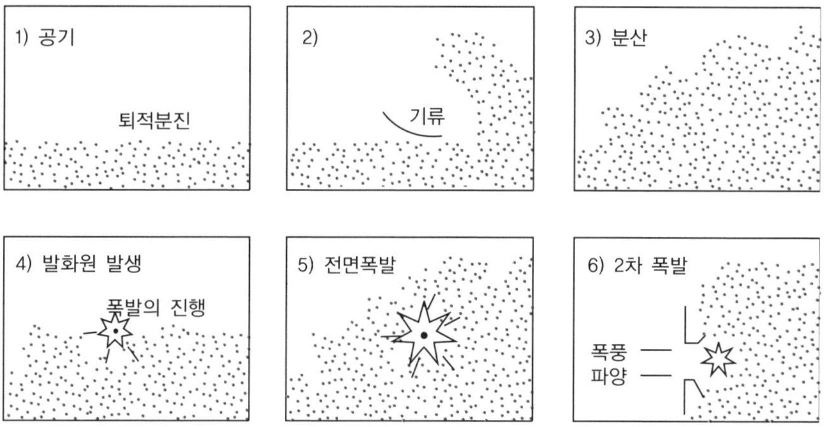

(3) 분진폭발성에 영향을 미치는 인자

① 발열량이 클수록 폭발성이 크다.

물 질 명	발열량(kcal/kg)	물 질 명	발열량(kcal/kg)
탄화수소류	10,000	석 탄	7,000~9,000
합 성 품	3,000~11,000	목 재	3,500~5,000

② 탄진의 경우 휘발성이 11% 이상이어야 폭발하기 쉽다(폭발성 탄진).
③ 탄분 함유량의 大小가 폭발성에 영향을 미친다.
④ 수분－수분의 부유성 억제

(4) 폭발 화재 방지

① 분진운 생성방지
② 점화원 제거
③ 불활성 물질 첨가
④ 공장계획
　㉠ 분진이 불필요하게 분산되는 것을 억제
　㉡ 취급하는 입자는 될 수 있는 한 거친 것으로 한다.
　㉢ 미분화하는 단계는 습식법 채택
　㉣ 폭발 Vent 사용

(5) 분진폭발을 일으키는 분진

① 금　　속 : 알루미늄, 마그네슘, 철, 망간, 규소, 주석 등
② 분　　말 : 타이타늄, 바나듐, 아연 등
③ 플라스틱 : 카세인, 질산 및 초산셀룰로오스, 프탈산 무수물, 합성고무, 요소 폴리에틸렌, 폴리스티렌, 성형수지 등
④ 농 산 물 : 밀가루, 전분, 솜, 쌀, 콩, 코코아, 커피, 담배 등
⑤ 기　　타 : 스테아린산 알루미늄, 석탄, 콜타르 핏치, 황, 비누, 목분, 매연

(6) 폭발에 의한 피해의 확대방지(주변환경에 대한 방호)

① 입지조건
② 장치등의 lay out
③ 위험한 작업, 고정, 장치의 무인화
④ 방호벽(방폭벽)
⑤ 블로우 다운 시스템(blow down system)
⑥ 가연물의 양을 줄이는 대책 및 화재대책
⑦ 긴급 시 대책의 확립

(7) 분진폭발 방지대책

① 분진은 집진공정에서 잘 포집한다. 포집 공정에서는 분진운 중의 분진의 함유량이 언젠가는 분진운의 폭발하한 농도 이상으로 될 수 있으므로 항상 주의하여야 한다.
② 분진이 존재하는 매체(공기)를 질소, 이산화탄소 등의 불활성 가스로 완전히 치환하고 정히 치환 곤란 시, 산소 농도를 약 5% 이하로 낮춰주며 2차, 3차의 연쇄폭발을 방지하기 위해 불활성 고체 미립자를 작업장에 비치한다.
③ 착화원의 제거 etc.

(8) 분진이 폭발하기 위한 조건

① 가연성 분진
② 지연성 가스 중에서의 교반과 유통
③ 점화원의 존재
④ 밀폐된 공간

(9) 분진폭발이 대형화하는 조건

① 산소의 농도가 증가하는 경우
② 밀폐된 공간 내의 압력, 온도가 고온, 고암인 경우
③ 분진이 인화성 액체나 고체의 증기와 혼합되어 있는 경우
④ 분진 자체가 폭발성 물질인 경우

(10) 소화대책

분진폭발의 경우는 부유 중인 분진이 점화원에 의해 폭발하는 경우에 침적된 분진의 부유에 의한 2차, 3차의 연쇄폭발이 있기 때문에 다른 화재에 비해 위험하고 대형화 할 가능성이 큰 것이다. 그러므로 분진폭발의 소화대책 중에서 가장 중요한 것은 연쇄폭발을 방지하는 것이다. 따라서 소화약제는 분진의 종류에 따라 다르지만 일반적으로 금속분을 제외한 모든 분진폭발의 위험성이 있는 장소에는 스프링클러 설비를 하도 금속분의 경우에는 건조사나 불연성 분말을 비치하여 2차, 3차의 연쇄폭발을 방지하는 것이 가장 중요하다. 또한 분진폭발의 경우 화재의 진행 정도에 따라 예상치 않은 폭발이 발생할 수 있으므로 무인화, 자동화 소화설비를 갖추는 것이 필수적이다.

제　　목	분진폭발시험		
실 험 조		제 출 자	
실험일자		제출일자	

【실험과정】

【결과 및 고찰】

【참고문헌】

연습문제

5.1 황린의 자연발화를 억제하기 위해 어디에 보관해야 하는가? 또 보관 중에 인화수소의 발생을 억제하기 위해 pH는 얼마로 조정해야 하는가?

5.2 황이 공기 중에 분산된 경우의 자연발화온도는 얼마인가?

5.3 인이 대기 중에서 연소할 때 발생하는 흰색기체는 무엇인가?

5.4 오황화인의 화재에는 물을 소화제로 사용할 수 없다. 그 이유는?

5.5 황의 연소반응식을 쓰시오.

5.6 흑색화약의 제조원료는 무엇인가?

5.7 수소가스(H_2)의 연소범위와 위험도(H)를 계산하시오.

5.8 다음 보기의 할로겐 화합물은 불연성이면서 (　　　)성 화합물이다.

보기	불소(F_2), 염소(Cl_2), 취소(Br_2)

5.9 수소의 연소 메커니즘은 순식간에 연쇄반응에 의해 연소가 확산되는 이유를 반응식을 이용하여 화학적으로 설명하시오. (소방기술사 59회)

5.10 연소의 3요소 중 산소결핍의 대표적 이상현상에 대해 설명하시오. (소방기술사 74회)

5.11 삼황화인의 착화점, 연소반응식에 대해 쓰시오. (위험물기능장 34회)

5.12 황화인의 동소체 화학식 3가지를 쓰고 다음 보기에서 3가지 종류에 대해 각각 용해가능 여부를 표시하시오. (위험물기능장 39회)

보기	물, 끓는물, 황산, 질산, 이황화탄소, 알칼리, 글리세린, 벤젠, 톨루엔, 알코올

5.13 과산화나트륨이 온수와 반응할 때 반응식과 생성하는 물질을 쓰시오. (위험물기능장 32회)

5.14 과염소산칼륨($KClO_4$)의 분해반응식을 쓰시오. (위험물기능장 32회)

5.15 과산화칼륨이 물과 이산화탄소와 반응할 때 반응식을 써라. (위험물기능장 37회)

5.16 석탄 100 kg에 S가 0.01% 있을 때, SO_2의 질량을 구하라. (위험물기능장 32회)

5.17 담황색의 고체로 마늘냄새가 나며, 비중 1.82, 녹는점 44.1℃인 위험물에 대한 답을 써라. (위험물기능장 41회)

(1) 화학식
(2) 지정수량
(3) 보관 방법
(4) 연소반응식

5.18 삼황화인, 오황화인의 연소반응식을 써라. (위험물기능장 50회)

5.19 연쇄반응(Chain Reaction)을 설명하면서 Halon소화약제의 소화효과에 대하여 기술하시오. (소방기술사 71회)

5.20 할로겐 화합물 소화약제에 의한 오존파괴가 어떻게 이루어지는지 Halon1301소화약제를 예로 들어 설명하시오. (소방기술사 75회)

5.21 (1) 지구온난화지수(GWP)와 (2) 오존층파괴지수(ODP)에 대하여 각각 개념을 설명하시오. (소방기술사 83회)

5.22 다음은 제3류 위험물인 황린과 제2류 위험물인 적린에 대한 내용이다. 빈 칸을 알맞게 채우시오. (위험물기능장 제54회)

구분	색상	독성	연소생성물	CS_2에 대한 용해도
황린				
적린				

5.23 황화인 중 분자량 222, 비중 2.09인 물질에 대해 다음 물음에 답하시오. (위험물기능장 제55회)

(1) 물과의 반응식

(2) 발생가스의 연소반응식

5.24 삼황화인 및 오황화인의 연소반응식을 쓰시오. (위험물기능장 제56회)

5.25 불화수소의 물리·화학적 특성, 누출 시 인체와 환경에 미치는 영향 및 대책에 대하여 설명하시오. (소방기술사 제101회)

제 6 장

부식성 물질의 화학

많은 양의 부식성 물질이 매년 화학공업용으로 수송되고 있다. 이들 부식성 물질이 누출되는 사고는 인간에게 중대한 부상을 불러일으키며 재산에 대해서도 막대한 손해를 입힌다. 또한 많은 부식성 물질은 여러 가지 유기화합물과 접촉해서 발화하며 어떤 종류의 물질은 유독가스를 발생하기도 한다. 넓은 의미에 있어서 부식은 원래의 광물이나 금속을 원하지 않는 생성물로 변화시키는 화학반응이다. 이 현상의 가장 일반적인 예는 철이 녹스는 것이다. 부엌도구며 기구류, 자동차부품, 주전자 및 철사를 친 울타리 등은 대기 중의 산소에 의해 부식되는 금속제품의 예이다.

기체, 액체 및 고체로 광물류나 금속류를 부식시키는 물질이 있을 수 있다. 그 중 기체 물질을 가연성, 불연성 또는 유독물질로 규정하고 있지만 또 그들을 부식성이라는 이름으로 분류하고 있는 것을 생각해내기 바란다. 부식성 물질은 금속상태의 파괴와 함께 피부에 접촉한 경우에는 그 조직을 명료하게 파괴하며 또는 변화시키는 물질이다. 일반 산, 알칼리, 취소, 삼불화염소 및 과산화수소 등은 부식성 물질의 예이다. 이 장에서는 산과 알칼리의 성질을 검토하도록 한다.

6.1 산

산이란 단어는 영어로 acid이지만 그것은 라틴어의 acidus, 즉 시다라는 것을 의미하는 것이고 그것은 식초 안의 초산 또는 감귤류의 과일 안의 크엔산 등의 맛을 연상시킨다. 제3장에서 소개한 산의 간단한 개념은 물에 녹은 경우에 수소이온을 생성한다 라는 것이다. 수소이온 H^+는 용액 안에서 단독으로 존재할 수 없는 벌거숭이 양자이다. 여기서 그것은 $H(H_2O)^+$와 같이 **하이드로늄**(hyrdonium) 이온이라 불리는 물과 결합된 형태를 취한다.

$$H^+ + H_2O \rightarrow H_3O^+$$

그렇지만, 간단히 하기 위해서 기호 H^+가 통상 H_3O^+ 대신 이용된다. 따라서 물 안에서 염산 및 황산의 이온화는 다음의 식으로 표현된다.

$$HCl \rightarrow H^+ + Cl^-$$

$$H_2SO_4 \rightarrow 2H^+ + SO_4^{2-}$$

산은 2개의 큰 종류로 나눠진다. 곧 무기산 또는 광산이라 불리는 그룹과 유기산이다. 광산은 모두 불연성이지만 이것에 비해 유기산은 가연성이다. 다행한 일로 대부분의 유기산의 착화온도는 실온보다도 현저히 높다. **유기산**은 분자구조가 닮아서 그들은 모두 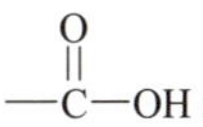, 곧 **카르복실기**라 불리는 원자단을 포함하고 있다. 유기산의 하나인 아세트산의 분자식은 아래와 같다.

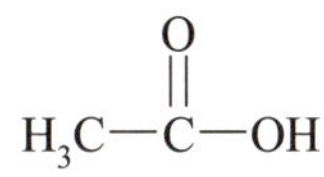

진한 용액은 희석한 용액보다도 부식성물질로의 위험성이 한층 더 크다. 사실 많이 희석되면 산도 그 부식성은 정지한다. 짙은 산류와 단위 용적의 물에 포함된 산 자신의 몰수에 의해 진함이 정해진다. 이러한 농도는 산에 따라 각각 다르다. 진한 산이 일반적으로 어느 정도의 물을 포함하고 있다는 것을 알고 있는 것은 중요하다. 예를 들면 농염산은 물 안에 보통 37%의 HCl을 포함하고 있다. 희석한 산이란 진한 산을 어떤 양의 물로 희석하느냐 하는 것이다.

산의 강도는 용액의 물과 결합해 양자가 생기는 경향으로 결정된다. 염산은 수용액일 경우에 강산으로 분류되는데, 그것은 염산이 완전히 이온화해서 H^+와 Cl^- 이온이 되어 있기 때문이다. 초산은 약산으로 분류되어 있다. 이유는 그것은 용액에서 완전히 이온화하지 않기 때문이다. 초산 분자의 몇 개는 완전히 분자 상태로 남아있어 이온화되어 있지 않다. 따라서 진한 산이 꼭 강산이다 라고는 말할 수 없다. 그 위에 몇 개의 산은 상당히 약해서 부식성을 가지지 않는다. 붕산은 상당히 약하기 때문에 눈의 세정에 이용될 수 있는 것이다. 표 6.1은 몇 개의 산이 물에 녹은 경우 산의 강도를 비교한 것이다. 과염소산, 황산, 염산 및 질산 등은 강산이고 그 밖의 산은 약산이다. 수소를 포함한 얼마간의 화합물은 산으로 작용한다 라고 생각할 수 있다. 그렇지만 현실적으로는 예를 들어, 탄화수소류처럼 다수의 수소를 포함한 물질이 산으로 분류되는 것이 불가능한 정도로 이온의 해리하는 경향이 극히 작은 것이다.

표 6.1 물에서의 산류의 강도

과염소산	$HClO_4$
황산	H_2SO_4
염산	HCl
질산	HNO_3
인산	H_3PO_4
아질산	HNO_2
플루오린산	HF
아세트산	CH_3COOH
탄산	H_2CO_3
시안화수소(시안산)	HCN
붕산	H_3BO_3

산은 정해진 공통 반응을 하며, 어느 것이든지 부식성이란 단어로 표현된다. 그 반응은 다음에 총괄되어 있는 대로이다.

1. 산류는 원소의 활성 순서도(표 5.4)에서 수소보다 위에 존재하는 금속 모두와 반응해서 금속의 염과 수소를 생성한다.

$$Mg + 2HCl \rightarrow MgCl_2 + H_2$$
$$2Al + 3H_2SO_4 \rightarrow Al_2(SO_4)_3 + 3H_2$$

2. 염기와의 반응. 산류는 염기류와 반응해서 염과 물을 생성한다. 이 반응은 중화라 불린다.

$$HCl + KOH \rightarrow KCl + H_2O$$
$$HNO_3 + NaOH \rightarrow NaNO_3 + H_2O$$

3. 금속산화물과의 반응. 산류는 금속산화물과 반응해서 염과 물을 생성한다.

$$FeO + 2HCl \rightarrow FeCl_2 + H_2O$$
$$Al_2O_3 + 6HNO_3 \rightarrow 2Al(NO_3)_3 + 3H_2O$$

4. 탄산염과의 반응. 산은 탄산염과 작용해서 이산화탄소, 염 및 물을 생성한다.

$$CaCO_3 + 2HCl \rightarrow CaCl_2 + H_2O + CO_2$$
$$ZnCO_3 + 2HCl \rightarrow ZnCl_2 + H_2O + CO_2$$

5. 산화·환원반응. 성분원자에 원자가의 변화를 일으키는 반응은 산성용액에서 일반적이다. 금속과 산과의 반응, 예를 들면, 앞에 기술한 중에 나타낸 것 같은 반응은 산화·환원반응이다. 이유는 그들의 성분원자는 원자가에 변화를 만들기 때문이다. 마그네슘의 원자가는 0에서 +2로 변화하는 데에 대해 수소 원자가는 +1에서 0으로 변화한다. 모든 산화·환원반응이 금속에 관계한다 라고는 할 수 없다. 다음 예는 제 5장에 이미 나타낸 바 있다.

$$MnO_2 + 4HCl \rightarrow MnCl_2 + 2H_2O + Cl_2$$

여기서 망간의 원자는 환원되어 있다. 그 원자가는 이산화망간의 +4에서 염화 망간의 +2로 변화한다. 염소 원자는 산화되며 그것에 관계하는 원자가는 −1에서 0으로 변화한다.

모든 산은 염기 또는 탄산염류와의 반응에 의해 불활성이 되기 때문에 **산이 누출된 경우에는 그것에 소다회(탄산나트륨, Na_2CO_3) 또는 소석회(수산화칼슘, $Ca(OH)_2$)를 뿌려서 중화한 후에 물로 씻어낸다.** 물에 희석된 흡수제는 일반적으로 시장에서 쏟아진 산을 흡수시키는데 사용하고 있다. 모래도 흡수제로 유효하지만 불화수소산의 경우는 예외이다.

몸의 외부에 닿은 경우, 특히 눈에 들어간 경우 산류는 부착부분을 냉수로 연속적으로 세정하면서 급속으로 제거하지 않으면 안 된다. 대량의 산을 취급하는 경우에는 보호의 및 보호마스크를 착용해야만 한다. 항상 눈을 보호하기 위해서 특별 조치를 강구하지 않으면 안 된다.

일반적인 반응 외에 산류는 독특한 화학적 특성을 보인다. 유기산은 가연성이다.

몇 개의 산은 그들의 부식성의 관점에서 위험하지만 동시에 산화제로의 위험성을 가지고 있다. 그 밖의 산류는 물과 반응한다. 가장 일반적인 산류는 부식성 물질로 분류되며 각각의 성질에 대해서는 이 장의 이하에서 검토하도록 하겠다.

6.2 황산

어느 국민의 경제상태는 그 나라의 황산 소비량에 의해 측정한다 라고 전해지고 있다. 그만큼 황산시장은 철 공업보다도 일반적 경제조건의 보다 좋은 지표가 된다 라고 생각되고 있을 정도로 황산은 공업의 여러 가지 과정에 속해 있다. 국내의 경우 1987년 기준 127,400 M/T 정도를 소비하는데 반해 미국 21,531,000 M/T, 일본 5,424,000 M/T에 비하면 아직 다소 부진한 듯하다. 대부분의 화학약품 중에서도 황산은 황산칼슘, 염산, 불화수소산, 인산나트륨 및 황산칼슘 등의 제조에 필요하다.

황산(H_2SO_4)은 무색의 점도가 큰 기름상 액체이며 비중은 1.82 정도이다. 97.35%가 최고 비중 1.8415를 표시하나, 100% H_2SO_4는 1.8385이다. 끓는점은 98.3% H_2SO_4가 최고이고, 그 이상에서는 상온에서 SO_3를 방출하게 되어 98.3%로 저하된다. 그 물리적 성질은 표 6.2에 주어져 있다. 순수하지 않은 황산은 일반적으로 투명하지 않으며 갈색을 띤다.

표 6.2 진한 황산의 물리적 성질

H_2SO_4의 수용액 농도	98.33%
비중	1.84
끓는점	338℃
응고점	10℃
물에 대한 용해도	무한으로 용해한다.

영어에서는 황산을 oil vitriol이라고 부르는 경우가 있지만 그 이유는 황산은 최초 비트리올 결국 녹반을 뜨겁게 해서 나온 것이 모여서 생성되기 때문이다. 녹반은 황산철 $FeSO_4 \cdot 7H_2O$이다. 이로부터 황산을 얻을 수 있는 반응은 다음과 같다.

$$2FeSO_4 \cdot 7H_2O \rightarrow Fe_2O_3 + H_2SO_4 + SO_2 + 13H_2O$$

공업적인 황산의 제조법은 그것과는 달라서 다음과 같이 반응이 단순하다.

$$SO_3 + H_2O \rightarrow H_2SO_4$$

황산에 과잉의 SO_3가 녹은 경우에 생기는 물질은 통상 발연황산이라 불린다. 화학적으로 그 구조는 $H_2S_2O_7$이다. 이 물질은 황산 자신보다도 훨씬 위험성이 높다.

희(希)황산은 일반적인 산의 성질의 모든 것을 가지고 있다. 수용액은 금속을 부식하며 염기류를 중화하고 금속 산화물 및 탄산염류와 반응한다. 농황산은 그림 6.1에 나타낸 것처럼 4개의 독특한 성질을 가지고 있다.

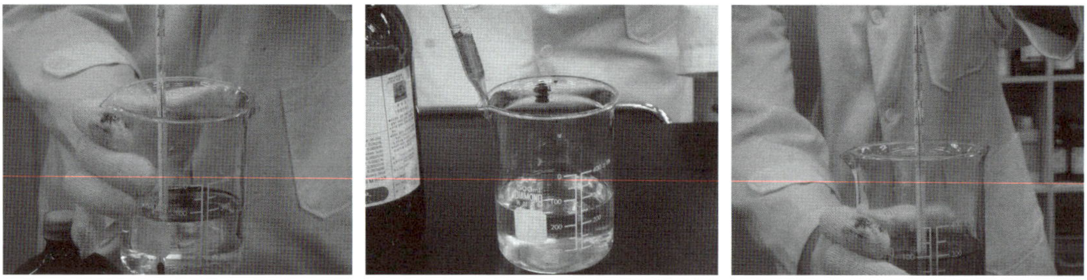

(a) 증류수　(b) 물에 진한 황산을 넣는다.　(c) 혼합후 온도가 급격히 상승한다.

그림 6.1 진한 황산과 물을 혼합하면 몇 가지 물질을 자연발화시킬 만큼의 열을 발생한다.

1. **농황산은 물에 용해할 때 상당한 열, 약 20 kcal/mol를 발생한다.** 희석반응은 그 같은 발열을 하기 때문에 농황산을 묽게 하는 경우에는 매우 주의를 해서 연습하지 않으면 안 된다. 농황산은 통상 물 안에 조금씩 천천히 더하지 않으면 안 된다. 만약, 그것과 반대 방법이 취해지면 물은 황산보다도 비중이 낮기 때문에 우선 산의 층, 상부에 잔류한다. 그 물이 산 안에 확산하는 것에 따라서 용해열이 발생하며 국부적으로 비등이 일어나고 거세게 황산이 솟구치게 된다. 농황산이 관계하는 화학반응은 어느 것이나 비교적 대량의 열 발생을 동반한다. **황산은 불연성이지만 비교적 착화온도가 낮은 물질에 황산의 반응열이 전해지면 손쉽게 화재가 일어나는 것이다.**

2. 농황산은 물에 대해 극히 큰 친화력을 가진다. 대기 중에 드러나면 그것은 수증기를 흡수한다. 대기 중의 수분을 빼앗는 이 같은 성질을 흡습성이라 부른다. 농황산이 수화물과 접촉하면 그것을 탈수시킨다. 어떤 경우에는 농황산은 화합물에서 물 성분인 수소와 산소를 물의 비율로 추출해 버리는 일도 있다. 그 전형적인 탈수반응은 표 6.3에 나타내었다. 최초 2개의 반응은 설탕, 전분, 셀룰로오스 같은 탄수화물에서 일어나는 탈수반응의 전형적인 반응이다. 이 종류의 화합물은 생명 과정에 밀접한 관계가 있다. 농황산의 접촉에 의해 일어난 피부화상은 최초로 조직의 탈수가 일어나고, 이어서 부분적인 열의 발생이 일어난다. 만약 부착된 산을 물로 씻지 않으면 피부는 탄화해서 연소에 의해 탄화된 목재 표면처럼 된다.

농황산 또 농후한 과염소산 $HClO_4$의 탈수를 행할 경우 그 위험은 상당히 크기 때문에 각각의 산은 접촉된 위치에 저장하지 않으며 2개의 전혀 다른 장소에 놓는다. 농후한 과염소산이 탈수된 경우에는 칠산화이염소(Cl_2O_7)가 생성되며 이 물질은 불안정하여 순간적으로 염소와 산소로 분해하면서 폭발을 일으킨다.

표 6.3 진한 황산의 대표적 탈수반응

반응목적	반응	현상
설탕 $C_{12}H_{22}O_{11}$	$C_{12}H_{22}O_{11} \rightarrow 12C + 11H_2O$	반응은 조용히 진행하지만 상당히 큰 발열을 한다.
셀룰로오스 $(C_6H_{10}O_5)x$	$(C_6H_{10}O_5)x \rightarrow 6x\,C + 5x\,H_2O$	반응은 조용히 진행하지만 극히 발열이 크기 때문에 가늘게 분쇄된 재료의 경우는 다름
농과염소산	$2HClO_4 \rightarrow Cl_2O_7 + H_2O$	거센 폭발
개미산	$HCOOH \rightarrow H_2O + CO$	반응은 조용히 진행하지만 생성하는 CO가 유독하다.
수산	$H_2C_2O_4 \rightarrow H_2O + CO + CO_2$	
에틸알코올	$C_2H_5OH \rightarrow C_2H_4 + H_2O\ (t=150℃)$ $2C_2H_5OH \rightarrow C_2H_5OC_2H_5 + H_2O\ (t=125℃)$	반응은 조용히 진행하지만 생성물질이 인화성이다.
$KMnO_4$	$2KMnO_4 + H_2SO_4 \rightarrow K_2SO_4 + 2HMnO_4$ $2HMnO_4 \rightarrow Mn_2O_7 + H_2O$ $2Mn_2O_7 \rightarrow 4MnO_2 + 3O_2$	거센 폭발을 일으킨다.
$K_2Cr_2O_7$	$K_2Cr_2O_7 + H_2SO_4 \rightarrow H_2Cr_2O_7 + K_2SO_4$ $H_2Cr_2O_7 \rightarrow 2CrO_3 + H_2O$	반응은 조용히 진행하지만 큰 발열이 일어난다.

3. 농황산은 몇 개의 물질과 반응해서 하나 또는 그 이상의 위험한 생성물을 만들 수 있다(표 6.4). 염소 및 산소를 포함하고 있는 산화제는 농황산과 작용하면 염소의 산화물을 만들지만 그것은 어느 것도 안전성을 가지고 있지 않다. 농황산과 혼합하면 염소산나트륨은 이산화염소를 생성한다. 이산화염소의 생성에 수반하는 화학반응은 다음과 같다.

$$3NaClO_3 + 3H_2SO_4 \rightarrow 3NaHSO_4 + HClO_4 + 2ClO_2 + H_2O$$

이 반응은 폭발적으로 일어나고 그것은 황산의 탈수성에 의해 더욱 높아진다. 이산화염소는 그 자신이 염소와 산소로 분해한다. 이 반응은 제 2차 세계대전에서 소이탄이 가솔린에 점화하는데 사용되었다(제12장의 11 참조). 이산화염소는 오렌지색의 기체이며 냉각되어 있을 때나 농도가 작을 때는 비교적 안정한다. 그러나 그것이 농축되거나 열에 드러나거나 하면 불안정하게 된다. 공업적으로는 목면 레이온 및 각종 섬유류의 표백제로 이용되어 왔지만 이러한 용도로는 현재 사용하지 않고 있다. 한편 이산화염소의 산화력은 상당히 커서 설탕을 타오르게 하기까지 한다.

농황산은 또 낮은 끓는점을 가진 산의 염류를 분해한다. 사실 이 특성은 공업적으로 다른 산류를 제조하는데 유용하게 쓰이고 있다. 염류는 황산과 섞인 상태에서 가열하면 휘발성 높은 생성물을 증류에 의해 얻을 수 있다. 이 방법으로 만들어진 산의 종류에는 불화수소산, 염산 및 질산이 있다. 각각의 반응은 2중 치환반응으로 다음에 나타낸 대로이다.

$$2NaF + H_2SO_4 \rightarrow Na_2SO_4 + 2HF$$

표 6.4 진한 황산에 관한 위험한 반응

반응물질	화학반응	위험한 현상
NaBr	$2NaBr + 2H_2SO_4 \rightarrow Br_2 + SO_2 + Na_2SO_4 + 2H_2O$	반응은 비교적 천천히 진행 SO_2와 Br_2가 유독하다.
NaI	$2NaI + 2H_2SO_4 \rightarrow I_2 + SO_2 + Na_2SO_4 + 2H_2O$	반응은 비교적 조용하게 진행하지만 생성된 SO_2와 I_2의 증기는 유독하다.
NaCN	$2NaCN + 3H_2SO_4 + 2H_2O \rightarrow (NH_4)_2SO_4 + 2NaHSO_4 + CO$	반응은 비교적 조용하게 진행하지만 CO가 유독하다.
NaSCN	$NaSCN + 2H_2SO_4 + H_2O \rightarrow COS + NaHSO_4 + NH_4HSO_4$	거센 폭발을 일으킨다. 생성된 COS(유화카르보닐)은 매우 유독하고 그리고 인화성이다.
$NaClO_3$	$3NaClO_3 + 3H_2SO_4 \rightarrow 3NaHSO_4 + HClO_4 + 2ClO_2 + H_2O$	거센 폭발을 일으킨다. 생성된 ClO_2는 불안정하고 유독하다.
HI	$8HI + H_2SO_4 \rightarrow H_2S + 4I_2 + 4H_2O$	반응은 비교적 천천히 진행하지만 생성된 H_2S가 유독하다.

이 형태의 화학반응은 또 어느 정도의 위험성을 동반할 가능성이 있다. 예를 들면, 불화수소는 유독하다.

4. 농황산은 또 강한 산화제와 반응하며 탄소를 산화시키기도 한다. 이러한 종류의 몇 가지 화학반응 방정식을 다음에 나타냈다.

$$C + 2H_2SO_4 \rightarrow CO_2 + 2SO_2 + 2H_2O$$

$$Pb + 3H_2SO_4 \rightarrow Pb(HSO_4)_2 + SO_2 + 2H_2O$$

$$Cu + 2H_2SO_4 \rightarrow CuSO_4 + SO_2 + 2H_2O$$

이들 반응에 수반된 잠재적인 위험은 공통적으로 유독가스인 이산화황을 생성하는 것이다. 한편 황산과 관련된 국내사고로서 1991년 9월 18일 98% 황산을 적재한 탱크로리가 경북 봉화군 낙동강 하류지천인 현동천으로 전복됨으로써 황산 27.5톤이 하천으로 유입되어 사고지점으로부터 약 3 km 하류까지 물고기들이 폐사된 사례가 있다. 또한 2015년 1월 11일 울산항에서 계류 중이던 1553t급 화학물 운반선에서 질산과 황산을 함께 선적하는 과정 중에 폭발사고가 발생해 선원 4명이 부상당했으며, 12일 새벽에 적재된 혼산(황산과 질산 혼합물)을 다른 탱크로 옮기는 과정에서 황산(20%)과 질산(80%)이 섞인 혼산물이 바닷물과 화학반응을 일으켜 추가 피해가 발생한 사례가 있다.

6.3 질산

질산염류와 황산의 이중치환 반응은 질산(HNO_3)을 생성한다. 공업적으로는 질산나트륨 또는 초석이 질산염의 원료이다. 이 반응은 다음의 화학반응식으로 표현된다.

$$2NaNO_3 + H_2SO_4 \rightarrow Na_2SO_4 + 2HNO_3$$

질산의 끓는점은 황산보다도 상당히 낮기 때문에 반응혼합물에서 분별 증류하기에 편리하다. 질산은 또 공업적으로는 암모니아에서 만들어진다.

순수 질산은 무색에 부식성 강한 액체이지만 산이 빛에 접촉된 결과로 생긴 이산화질소를 포함하고 있기 때문에 적갈색을 하고 있다. 곧

$$4HNO_3 \xrightarrow{h\nu} 4NO_2 + 2H_2O + O_2$$

표 6.5 진한 질산의 물리적 성질	
HNO_3의 수용액 농도	68~70%
비중	1.50
끓는점	86℃
응고점	−42℃
물에 대한 용해도	무한으로 용해한다.

공업적으로는 황산에 버금가는 가장 중요한 산이다. 그 물리적 성질을 표 6.5에 나타냈다.

질산은 미국에서만 연간 800만 톤 이상이 만들어지고 있으며, 주로 질산암모늄 비료, 질산화 된 유기화합물의 제조에 사용된다. 특히 니트로글리세린, 트리니트로톨루엔(TNT) 같은 몇 가지 폭약은 질산을 이용해서 만들어진다. 목면솜을 질산으로 질산화 하면, 생성물은 플라스틱의 셀룰로오스 또는 인견 같은 인조섬유로 만들어진다. 그리고, 약한 질산을 이용해서 금속제품의 에칭을 한다.

질산은 탄산염, 금속산화물 및 염기에 대해 모든 산의 전형적인 성질대로 반응하지만 그것은 통상 금속과 접촉한 경우 수소를 발생하는 경우가 없다. 그 대신 질산은 강력한 산화제로 거의 모든 금속(및 비금속도 같음)을 화학적으로 침식한다. 금속의 반응활성도도 산의 희석도와 온도, 질산의 화학과 함께 중요하다.

예를 들면, 아연 같은 반응이 활발한 금속은 질산과 반응해서 적어도 5종류의 생성물을 준다.

$$Zn + 4\,HNO_3\,(\text{진한질산}) \rightarrow Zn(NO_3)_2 + 2\,NO_2 + 2\,H_2O$$

$$3\,Zn + 8\,HNO_3\,(\text{묽은질산}) \rightarrow 3\,Zn(NO_3)_2 + 2\,NO + 4\,H_2O$$

$$4\,Zn + 10\,HNO_3\,(\text{묽은질산}) \rightarrow 4\,Zn(NO_3)_2 + NH_4NO_3 + 3\,H_2O$$

$$4\,Zn + 11\,HNO_3\,(\text{묽은질산}) \rightarrow 4\,Zn(NO_3)_2 + 2\,NO_2 + 5\,H_2O$$

$$5\,Zn + 12\,HNO_3\,(\text{묽은질산}) \rightarrow 5\,Zn(NO_3)_2 + N_2 + 6\,H_2O$$

제1의 반응은 진한 산의 전형적인 반응이고, 두 번째는 희질산과 금속과의 전형적 반응이다. 그렇지만 이 일반적인 성질은 특별한 주의를 하면서 취급되어져야만 한다. 어느 종의 금속류, 예를 들어 철, 크롬 및 코발트 등은 농질산과는 전혀 반응하지 않지만 묽은 질산의 경우에는 거세게 반응한다. 가늘게 분쇄된 금속은 질산과 폭발적으로 반응한다. 은은 질산에 용해하지만 금은 용해하지 않는다. 이 산의 산화력은 용해해있는 이산화질소의 양에 따라서도 꽤 다르다. 특별히 강력한 산화제인 발연질산은 순수 질산에 이산화질소를 과잉으로 용해한 물질이다.

특수한 반응을 제외하고 질산은 금속에 대해 결정적인 부식효과를 갖는다. 그 부식에는 통상 2개의 유독가스 NO 및 NO_2 중의 하나가 발생한다. 고온도의 질산은 화학반응에 의해 비금속도 용해한다. 그 전형적인 반응은 다음과 같다.

$$C + 4HNO_3 \rightarrow CO_2 + 4NO_2 + 2H_2O$$

$$S + 6HNO_3 \rightarrow H_2SO_4 + 6NO_2 + 2H_2O$$

질산은 불연성이지만, 목재, 대팻밥 및 그 밖의 셀룰로오스 제품의 발화원인이 된다. 셀룰로오스 계통의 물질이 가늘게 가루가 되어 있거나 다공질이거나 하면 자연발화하기 쉽다. 많은 일반적인 유기물질은 고온의 농질산과 섞이면 폭발하고, 또 자연발화를 일으킨다. 그 예로 테르펜, 질산, 아세톤, 에틸알코올, 니트로벤젠 및 아닐린 등을 열거할 수 있다. 마지막으로 질산은 양모, 피부조직성분인 단백질을 산화해서 그들을 크산토프로테인산이라 불리는 복잡한 황색물질로 변화시킨다. 질산이 피부에 묻으면 잘 없어지지 않는 추한 황색의 화상을 생기게 한다. 만약 질산이 피부 또는 의복에 묻은 경우에는 즉시 물로 묽게 해서 비누로 세척해야만 한다. 이들 농질산의 일반적인 사고는 그림 6.2에 요약되어 있다.

그림 6.2 진한 질산의 위험한 성질.
(a) 질산은 많은 금속 및 비금속을 부식하며 유독가스인 이산화질소를 생성한다.
(b) 질산은 목재, 대팻밥 등의 물질과 혼합되면 자연발화원인이 되기 쉽다.
(c) 질산은 목장갑이 부식될 정도이므로 피부조직에 화상을 일으킨다.

질산은 화재를 포함해서 다수의 사고에 관계한다. 1973년 11월 3일에 유럽행의 펜아메리카 항공 제트수송기의 추락원인이 질산이었다는 것이 밝혀지게 되었다. 뉴욕을 출발해서 수 분 지났을 때 이 제트기는 기내에 연기가 발생한 것을 통보했다. 35분 지난 뒤 그것은 보스톤 공항으로 추락해 3명의 승무원 모두가 사망했다. 이 사고조사는 기내에 쌓여져 있던 화물 사이에 질산이 있었다는 것을 밝혔다. 질산은 수송기에 의해 유발할 수 있지만, 이 사고 원인은 부적당한 포장과 취급에 있었다. 질산병은 단단하게 밀폐된 금속 용기 안에 넣어두지 않으면 안 된다. 이 제트수송기에 쌓여있던 질산은 톱밥 따위를 채운 목재 상자 안에 보관되어 있었던 것이다. 그 위에 물건을 쌓았던 계원이 상자위에 쓰였던 「이 면을 위로 한다」란 문자를 무시하고 병을 가로로 놓는 방법을 택했던 것이었다. 그래서 질산이 병에서 새어나와 톱밥과 섞인 후 곧 톱밥의 발화가 일어난 것이다.

6.4 염산

염화나트륨과 황산을 뜨겁게 하면 기체의 염화수소가 발생한다.

$$2NaCl + H_2SO_4 \rightarrow 2HCl\uparrow + Na_2SO_4$$

이 기체는 공기보다 1/5만큼 무겁다. 그것은 강한 악취를 갖고, 무색으로 공기 중에서 발열한다. 중간 정도의 농도라도 그것을 흡입하면 목구멍이 막힌다. 특히 공기 중에서 1,500 ppm을 넘는 농도로 존재하면 그 안에 있는 사람은 수 분 이내에 사망한다. 염화수소를 공업에서는 무수의 압력가스로 이용한다. 염화수소는 물에 더욱 잘 녹으며(표 6.6), 그 결과로 생기는 수용액을 염산이라 부른다. 염화수소 및 그 산인 염산도 둘 다 화학식은 HCl이다. 염산은 일반적으로 여러 가지 다른 용도로 이용되고 있다. 공업용 염산은 통상 그 제조과정에서 남아 있는 철이온 때문에 노란색을 나타내고, 그것은 강수산이라 불린다.

표 6.6 진한 염산의 물리적 성질

HCl의 수용액 농도	36~38%
비중	1.20
끓는점	−85℃
응고점	−115℃
물에 대한 용해도	85 g/100 g 물

염산은 배관공이 납땜의 프랙스에 사용하고 있는 염화 아연 같은 여러 가지 염화물을 제조하는데 이용되고 있다. 또 염산은 벽돌공 등이 직접 벽돌 표면에서 몰탈을 제거하는 데에 이용되고 있다. 철에 도금을 하는 경우 우선 염산수용액으로 세정한다. 그 밖에 세면용 그릇 등 가정용 세탁제로 사용된다.

염산은 농염산도, 희염산도 강산으로 간주한다. 그들은 접촉한 금속류 및 그 밖의 대부분의 재료를 급속도로 부식시키는 위험성을 가지고 있다. 농염산은 또 산화제와 반응하여 손쉽게 환원된다. 염산과 산화제의 몇 개 반응이 제5장의 3에 나타나 있다.

염산 증기는 가장 중대한 2차적 재해를 준다. 농염산은 꽤 높은 증기압을 가지고 있으며, 염화수소의 악취는 그 용기에서 뚜껑을 벗기는 순간에 벌써 느껴진다. 모든 부식성 산 중에서 염산은 가정에서도 비교적 위험하다. 이 산은 수영장의 물에 적당한 산성을 유지하는데 필요하고, 그것은 이 산이 해초발생을 억제하기 때문이다. 예를 들면, 바닥에 염산의 큰 병이 넘어져 흘러넘치거나 하면 공기 중에는 많은 양의 염화수소의 증기가 즉시 방출된다.

건강에 대한 위험성은 특히 어린 아이에 대해서는 치명적이다. 염화수소를 위험한 정도로 흡입하면 기관안의 세포의 발육을 완전히 억제시켜 버릴 수 있고, 또 기관표면을 파괴할 수 있다. 염화수소 5 ppm이 평균 어린이에 대한 안전레벨이라 생각하고 있다. 천식 기관지염 또는 그 밖의 호흡기 병에 걸려있는 사람들은 특히 소량의 염화수소에 의해 장해를 받는다. 염화수소를 흡입한 경우 인체에 미치는 영향을 표 6.7에 나타내었다. 그 증기의 독성 외에 염산 용기가 열에 노출된 경우에 생기는 큰 압력에 주의하는 것도 중요한 일이다. 소방직종에 종사하는 사람이 이 가스 또는 산에 노출될 것 같은 경우에는 전신용 보호의 외에 호흡보호기를 사용하는 것이 중요하다. 다행인 것은 염산은 불연성이며, 또 통상 가연성 물질과 작용해서 열을 발생할 수 있다.

만약 염산이 쏟아진 경우는 충분한 양의 물을 이용하면 손쉽게 씻어낼 수 있다.

표 6.7 염화수소를 흡입한 경우 인체에 미치는 영향

공기 중에서의 염화수소 농도(ppm)	징후
1~5	악취가 느껴지는 한도
5~10	점막에 원만한 자극을 준다.
35	단기간에 인후에서 자극을 느낀다.
50~100	참을 수 없는 정도
1000	단기간에 폐수종을 일으킬 위험성이 있다.

3부피의 농염산과 1부피의 질산을 혼합한 것을 왕수[14]라 부른다. 일반 산에는 녹지 않는 금이나 백금 등의 귀금속을 녹이며, 그래서 '물의 왕'이라는 뜻의 이 혼합물은 질산염이라고도 불린다. 그것은 큰 산화력을 가지고 있으며, 다른 화합물을 산화하는 효과가 특별히 강한 물질인 기체의 염화 니트로실이 발생하기 때문이라고 믿고 있다. 이 반응은 다음 방정식과 같다.

$$3HCl + HNO_3 \rightarrow 2H_2O + Cl_2 + NOCl$$

왕수라는 이름은 그것이 귀금속인 금 및 백금을 용해할 수 있다는 것에서 유래된 것이다. 왕수의 용도는 화학 실험실만이 아닌 대체로 그들 귀금속을 취급하는 작업으로 여러 장소에서 이용되고 있다.

6.5 과염소산

간단한 산으로 가장 강력한 것은 과염소산 $HClO_4$이다. 그것은 과염소산칼륨과 황산을 작용시키는 것에 의해 얻을 수 있다.

$$2KClO_4 + H_2SO_4 \rightarrow 2HClO_4 + K_2SO_4$$

감압하에 증류를 하면 이 혼합물에서 과염소산의 72.4% 용액을 얻을 수 있다. 이것은 시판용 농과염소산의 농도이며, 상당히 불안정하다. 그 물리적 성질은 표 6.8에 나타나 있다.

무수과염소산의 아주 적은 한 방울을 종이에 접촉시키면 종이가 발화하는 것으로 알려져 있다. **대기압 하에서 뜨거워지면 시판용 농과염소산은 약 92℃에서 폭발적으로 산소, 물 및 염소로 분해된다.** 이 반응은 다음과 같다.

$$4HClO_4 \rightarrow 2Cl_2 + 7O_2 + 2H_2O$$

따라서 과염소산은 결코 열원에 가까운 장소에 보관해서는 안 되며, 특히 화재발생시 과염소산의 폭발을 불러일으키게 된다.

---

14) 1943년 말 덴마크 물리학자 벨은 독일파쇼의 검문을 피하기 위해 노벨물리학상 수상 때 받은 금메달을 실험실 유리병에 있는 왕수에 녹여 보관하고 피난했다가 제2차 세계대전이 끝난 후 고향으로 돌아와 왕수에 녹아있던 금메달용액에 동 한 조각을 넣어 황금을 되찾았다. 황금은 성질이 극히 안정되어 화학작용이 활발하지 않은 금속으로서 웬만해선 기타 화학원소와 화학반응을 일으키지 않는다. 그래서 일반 산액은 황금을 용해시키지를 못하나 왕수는 황금을 굴복시킬 수 있다. 동의 성질은 황금에 비해 훨씬 활발하여 왕수에 굴복했던 황금을 다시 치환해낼 수가 있었던 것이다.

표 6.8 진한 과염소산의 물리적 성질	
$HClO_4$의 수용액 농도	72.4%
비중	1.70
끓는점	203℃
녹는점	−18℃
물에 대한 용해도	매우 잘 녹는다

열분해를 일으키기 쉬운 것 외에 과염소산은 또 산화제로 위험한 작용을 한다. 그것이 셀룰로오스계의 재료와 접촉한 경우에는 특히 위험하다. 즉, 이 산이 높은 온도를 가지고 있는 상태에서 셀룰로오스가 가늘게 분말이 되어 있게 되면 거센 폭발이 일어날 수 있다. 폭발의 직접적인 위험은 이 산과 셀룰로오스의 분해에 의해 생기는 힘에 의한 것이다. 과염소산과 일반 유기화합물 사이의 반응은 종종 폭발적인 분해가 된다. 유기산, 알코올, 에틸 및 그 밖의 유기화합물은 과염소산의 존재로 거센 분해를 일으키기도 한다.

6.6 불화수소산(불산)

기체인 불화수소는 농황산과 불화물의 염류를 함께 가열한 경우에 얻을 수 있다. 불화물의 공업적인 자원은 통상 불화칼슘이다. 그 반응은 다음과 같다.

$$CaF_2 + H_2SO_4 \rightarrow 2HF + CaSO_4$$

무수불화수소는 매우 강력한 산이고, 그것은 대개 농황산의 세기와 대등하다. 그것은 강력한 탈수제이지만 농황산과는 달라서 많은 유기물질을 분해하는 일 없이 불화수소와 분리할 수 있다. 불화수소는 제5장에서 설명한 것처럼 플루오로카본, 즉 탄소의 불화물을 만드는데 이용된다.

불화수소가 물에 녹으면 불화수소산을 만든다. 그 물리적 성질이 표 6.9에 주어져 있다. 다행스럽게 수용액인 불화수소산은 강한 산이 아니다. 불산(플루오린화 수소산, HF, Hydrofluoric acid)은 다른 할로겐화수소산(HX: HF, HCl, HBr, HI)에 비해 약산이다. 불산이 위험한 건 오히려 약산이기 때문에 HF가 불소이온(F^-)으로 잘 해리되지 않아 조직에 침투하기 쉽기 때문이다. 세포막은 지질이기 때문에 이온은 잘 통과하지 못한다. 이는 불산이 수소결합을 하고 있기 때문에 결합력이 강하여 이온화가 잘 되지 않는 것이다.

표 6.9 진한불화수소산의 물리적 성질

HF의 수용액 농도	용해액은 일반적으로 48~60% HF이지만 공업용에서는 100% HF가 사용된다.
비중	1.0
끓는점	20℃
응고점	−83℃
물에 대한 용해도	무제한

그렇지만 그것은 유리를 녹이는 독특한 성질로 인해 위험한 재료로 보인다. 유리의 공통 성분인 규소산칼슘이 불화수소산과 다음과 같이 반응한다.

$$CaSiO_3 + 6HF \rightarrow CaF_2 + SiF_4 + 3H_2O$$

따라서 불화수소산은 그것과 반응하지 않는 물질 안에 저장하며, 수송하지 않으면 안 된다. 그것에는 폴리에틸렌이 일반적으로 이용된다. 불화수소산은 통상 유리의 부식과 광택을 없게 하는 공업에서 사용되고 있다. 이 산은 대부분이 촉매로 이용되고 또 삼불화붕소 같은 다른 촉매를 만드는데도 이용되고 있다. 합성 빙정석의 제조에는 불화수소산이 필요하다.

그 부식성 외에, 불화수소산은 또 건강상 큰 위험성을 나타낸다. 체내에 들어온 불산의 일부는 수소 이온과 불소 이온으로 해리하는데 불소이온이 체내에 존재하는 칼슘 이온(Ca^{2+})이나 마그네슘 이온(Mg^{2+})을 만나 불용성 염인 $CaF_2(s)$ 혹은 $MgF_2(s)$를 형성한다. 화학반응으로 인해서 전해질의 칼슘이온과 마그네슘이온의 농도가 정상수치보다 낮아지면서 전해질 균형이 깨진다. 또한 플루오린 이온이 뼈와 반응을 하면서 뼈가 상하게 된다. 또한, 불산은 끓는점이 19.5℃이므로 상온에서 쉽게 기체로 변한다. 따라서 불산이 액체로 누출되더라도 기온이 약 20℃를 넘으면 기화된다. 기화된 플루오린화 수소가 호흡을 통해서 폐로 들어가면 점액질에 포함된 물과 반응하여 불산이 만들어질 것이며, 그것은 폐 조직을 괴사시킬 것이다.

또한 약한 경우라 할지라도 폐 내에 물집을 형성하여 호흡이 곤란해지면 사망할 수 있기 때문에 위험하다. 불화수소의 증기를 흡입하면 폐수종을 불러일으키며 허파꽈리 안에 이상(異狀)으로 액체가 모인다. 이 산은 물에 상당히 녹기 쉽기 때문에 산성의 증기가 손쉽게 눈 주위의 액체로 용해하며, 시력의 영구적인 장해를 불러일으킨다. 불화수소산이 몸의 외부에 묻으면 다른 어느 강산보다도 강한 아픔과 더욱 강한 화상을 불러일으킬 수 있다. 무수인산과 불화수소의 60% 이상의 강한 용액은 거의 순간적으로 화상을 생기게 한다. 이 산에 아주 조금 접촉했다 해도 매우 심한 화상을 불러일으킬 수 있다. 몸 외부에 불화수소산이 묻으면 피부가 하얗게 된다. 그리고 그 피부아래 조직은 파괴되고, 그 파괴는 뼈까지 퍼져간다. 불화수소산에 크게 드러난 피부는 조직의 백화가 없어질 때까지 찬물로 철저하게 씻지 않으면 안 된다. 불산의 접촉 정도가 비교적 심하지 않을 경우에, 접촉된 피부는 글루콘산칼슘(calcium gluconate) 젤로 응급처치를 한다. 접촉된 피부에 젤을 문질러 칼슘 성분을 흡수시켜 국부적으로 존재하는 플루오린화 이온과 결합하는 것이다. 일단 $CaF_2(s)$를 형성한다면 플루오린화 이온에 의한 2차 피해를 막을 수 있다. 글루콘산칼슘 10% 용액은 저칼슘증을 치료하는 약으로 이용되고 있다. 불산으로 오염된 물건은 일단 물로 철저히 씻어내야 된다.

땅이나 건물에는 수산화칼슘($Ca(OH)_2$), 산화칼슘(CaO) 혹은 염화칼슘($CaCl_2$)을 뿌려서 불용성 염을 형성하여 안정된 형태로 변형을 시키는 것이 급선무이다. 물에 씻긴 불산은 물속에서 칼슘이온 혹은 실리콘 등과 반응하면 보다 안정한 형태로 바뀔 수 있다. 불화수소산의 증기에 접촉한 경우에는 가능한 빨리 의사의 처치를 받지 않으면 안 된다.

지난 2012년 9월 27일 오후 3시경 구미 국가산업단지 불산누출사고로 작업자 5명이 사망하였고, 주변 반경 700m 이내에서 2차 피해가 확산되었다. 사고 발생 이후 구미시는 대책본부를 운영하여 직원과 경찰 등 하루 평균 300여명씩 3교대로 근무하면서 사고 20일째 대책본부에 투입된 공무원은 연인원 4천여명에 달하며, 사고처리가 장기화 되면서 입원 및 통원 치료하는 직원들도 늘어났다.

6.7 인산

인은 적어도 8종류의 산을 생성하지만 그러나 통상 사용되고 있는 것은 인산(H_3PO_4)뿐이다. 그것은 시장에서 몇 개의 중요한 인산염의 제조에 사용된다. 인산이수소 칼슘 및 황산칼슘과의 혼합물로 되어 있는 경우 과인산염이라 불리고, 그것은 가장 보통의 인조비료의 하나이다. 일부 세탁제도 인산염이다. 또한 인산이수소암모늄은 분말소화제로 이용된다.

인산은 부식성 물질로서 자연에서 얻을 수 있는 인광석을 황산으로 처리함으로써 얻을 수 있으며 반응은 다음과 같다.

$$Ca_3(PO_4)_2 + 3H_2SO_4 \rightarrow 3CaSO_4 + 2H_3PO_4$$

또 다른 방법은 인광석과 코크스와 모래를 전기로 안에서 혼합해서 가열하며 인을 증발시키는 방법으로, 증발된 인은 바로 연소해서 산화물 P_4O_{10}이 되고 물에 용해되며 그 반응은 다음과 같다.

$$2Ca_3(PO_4)_2 + 10C + 6SiO_2 \rightarrow 6CaSiO_3 + P_4 + 10CO$$

$$P_4 + 5O_2 \rightarrow P_4O_{10}$$

$$P_4O_{10} + 6H_2O \rightarrow 4H_3PO_4$$

인산의 물리적 성질은 다음 표 6.10에 주어져 있다.

표 6.10 진한 인산의 물리적 성질

H_3PO_4의 수용액 농도	85%(일반적)
비중	1.69
끓는점	260℃
응고점	42℃
물에 대한 용해도	매우 잘 녹는다

이 산화물은 무수인산이라고도 불리고 물에 대해 큰 친화력을 갖고 있으며, 공업적으로는 건조제로 이용된다. 물과 접촉하면 꽤 높은 열을 발생하고, 유기화합물과 접촉하면 발화의 원인이 된다. P_4O_{10}과 물의 화학반응에 의해 만들어진 수용액이 인산이고, 시장에서는 물에 녹은 85%의 시럽상태의 액체로 이용되고 있다. 인산은 통상 중등정도의 강한 산으로 보이는데, 그것은 금속을 부식하지만 상온에서는 오히려 천천히 작용한다. 단, 활발한 금속류에서는 다르며, 산화제로서는 오히려 약한 편이다. 인산은 취화수소 같은 황산에 의해 산화된 기체류의 발생에 이용될 수 있다. 이 산은 거센 피부 화상을 일으킬 가능성이 있다. 그래도 본 장에서 논한 산 중에서는 훨씬 위험성이 적은 산이라고 할 수 있다.

6.8 클로로설폰산

설폰산은 황산에서 유도된 강산이다. 클로로설폰산($ClSO_3H$)은 황색이고 염기를 내는 액체이며, 그 물리적 성질은 표 6.11에 나타내었다. 그것은 삼산화황과 염화수소를 반응시킴으로써 얻을 수 있다.

표 6.11 진한 클로로설폰산의 물리적 성질

비중	1.769
끓는점	159℃
응고점	−80℃
물에 대한 용해도	물에서 분해된다.

$$SO_3 + HCl \rightarrow ClSO_3H$$

제조법을 보아 이 산은 황산을 닮았음을 알 수 있다(황산은 삼산화황을 물에 녹임으로써 만들어진다). 클로로설폰산은 황산의 일산염화물로도 말할 수 있는데, 그것은 황산 안의 하나의 수소 원자가 다른 원자단으로 치환되었기 때문이다. 이 설폰화의 과정에는 하나의 분자 안에 설폰기 HSO_3^-의 도입이 일어난다. 공업적으로는 벤젠 같은 유기화합물이 종종 설폰화된다. 설폰화 반응은 염료, 화약, 세제 그 밖의 제품 제조에서 대규모로 행해지고 있다.

클로로설폰산의 위험성은 황산과 거의 비슷하지만 탈수제는 아니다. 그것은 또 물에 의해 격렬히 분해를 일으키며 염산과 황산을 만든다.

$$ClSO_3H + H_2O \rightarrow HCl + H_2SO_4$$

이 산이 대기 중의 수증기와 반응하면 전형적인 발연성을 보이고, 접촉하는 금속의 부식을 가속한다. 물에 대한 극단적 반응성은 또 인체의 약한 부분에 거센 자극을 주고, 특히 심하게 눈을 자극한다. 마찬가지로 인후며 폐가 장애를 일으킬 가능성도 있다.

클로로설폰산은 강력한 산화제이고, 많은 일반적인 화합물과 반응한다. 이 산의 대부분의 반응은 물이 존재하지 않는 장소에서는 통상 천천히 진행하지만 비교적 대량의 열을 발생한다. 이 산이 다공질 또는 미분상태가 된 가연성 물질 위에 쏟아지면 발화를 일으키기 쉽다. 미분으로 된 금속 및 질산염류와 폭발적으로 반응하는 것이 알려져 있다.

한편, 높은 온도에서는 클로로설폰산은 염화설퍼릴과 황산으로 분해한다.

$$2ClSO_3H \rightarrow SO_2Cl_2 + H_2SO_4 \ (175℃ \text{ 이상})$$

염화설퍼릴(SO_2Cl_2)도 또한 고온에서 분해하여 유독가스인 이산화황과 염소를 생성한다.

$$SO_2Cl_2 \rightarrow SO_2 + Cl_2$$

건강에 대한 문제 외에 화재가 일어났을 때 산의 저장용기 내에서 기체생성물이 발생하면 내부압력이 높아짐으로써 용기가 파열될 수도 있다. 클로로설폰산과 관련된 국내의 대표적인 사고사례로는 1991년 4월 3일 경기도 수원시에서 있었던 사고로, 액체 염화 설폰산을 운송중인 차량이 충돌하여 염화 설폰산 12,000 L가 누출되어 하수구에 유입된 후 하수와 화학반응을 일으켜 황산과 염산가스가 발생하면서 2명이 사망하고 23명이 부상 당하였다.

6.9 개미산

개미산(의산, HCOOH)은 자연계에서 붉은 개미의 몸 안에서 발견되는데, 개미가 물었을 때의 자극성 성분으로 알려져 있다. 농후한 상태에서는 찌르는 듯한 냄새가 나며 살충성을 가지고 있고, 이로 인해 개미산은 공업적으로 동물 가죽의 무두질 아세트산에 첨가하거나 그 밖의 목적에 이용된다. 개미산의 가장 넓은 용도는 염료공업에서이다.

진한 개미산의 물리적 성질을 표 6.12에 나타내었다.

표 6.12 진한 개미산의 물리적 성질

HCOOH의 수용액 농도	77%
비중	1.22(공기비중 1.59)
끓는점	101℃
응고점	8.2℃
물에 대한 용해도	무한으로 용해
인화점	69℃
자연발화온도	601℃
폭발하한계(공기 중)	18%
폭발상한계(공기 중)	57%

금속을 부식하는 성질 외에 진한 개미산은 유독하고 피부에 아픔을 느끼는 상처를 만든다. 화학적으로 개미산은 광산에 비하면 약한 산이다. 그것은 연소하지만 그 착화온도는 비교적 높다. 개미산은 또 화학적으로 불안정하지만 물과 일산화탄소를 분해하는 반응에서는 상당히 천천히 일어난다. 사실 이러한 분해는 77%의 짙은 용액이 아니면 검출할 수 없는 과정이다. 이 분해는 농황산 같은 탈수제에 의해 촉진된다(표 6.3 참조).

6.10 아세트산

유기산 중에서 가장 흔한 물질이 아세트산(CH_3COOH)이다. 그것은 식초의 신맛과 날카로운 냄새의 원인으로, 목재를 열분해 했을 때 얻을 수 있는 목재 식초 성분의 하나이다. 식초도 역시 3~6%의 아세트산을 포함하고 있다.

일상에서 아세트산은 여러 가지 방법에 의해 만들어진다. 가장 일반적인 방법은 아세틸렌을 그 출발재료로 이용하는 것이다. 아세트산의 용액은 단지 냉동법만으로 정제가 가능하다. 그 중 얼지 않는 부분은 불순물을 포함하고 있기 때문에 버려진다. 이렇게 해서 정제된 아세트산은 빙초산이라 불린다. 그 순도는 보통 99.5% 이상이다. **아세트산은 17℃에서 언다.** 이 낮은 응고점은 저장 때 위험을 가져올 가능성이 있다. 아세트산은 물과 같이 응고할 때에 팽창한다. 그것은 온도에 따른 비중의 독특한 변화가 원인이다. 진한 아세트산의 물리적 성질이 표 6.13에 주어져 있다.

표 6.13 진한 아세트산의 물리적 성질

CH_3COOH의 수용액 농도	99～100%
비중	1.05
끓는점	118℃
응고점	172℃
물에 대한 용해도	매우 잘 용해된다.
인화점	43℃
자연발화온도	426℃
폭발하한계(공기 중)	4%
폭발상한계(공기 중)	16%

아세트산은 상당히 일반적인 용제이고 물, 에테르, 알코올, 그 밖의 여러 액체에 유기화합물과 어떠한 비율에서도 섞인다. 공업에서의 그 주요한 용도는 아세톤, 에스테르, 향료, 염료, 플라스틱 및 의약 등의 유기물질을 합성하는 데에 관계하고 있다. 아세트산셀룰로오스와 폴리아세트산비닐은 그 제조에 아세트산을 필요로 한다. 이 산은 또 통상 제지공업과 염료 공업에서 이용되고 있다.

아세트산의 주요 위험성은 부식성으로 보이지만, 이에 관한 중요한 이차적인 재해는 그 증기를 흡입한 경우에 일어나는 장해작용이다. 진한 아세트산의 증기는 호흡곤란을 일으키며, 폐 및 기관 장해를 일으킬 가능성이 있다. 몸에 묻으면 상당히 아픈 화상이 생길 가능성이 있고, 특히 눈 주위에 화상을 일으키기 쉽다. 아세트산은 모든 보통 산화제와 반응하지만 그 반응은 일반적으로 폭발성을 나타내지 않는다. 그렇지만 상당한 열이 반응 시에 발생하며, 그것은 다른 유기물에 발화를 일으키게 할 가능성이 있다. 아세트산의 자연발화는 오히려 일어나기 어렵지만 큰 화재에 처한 경우에는 특히 주의해야 한다.

6.11 알카리류

알칼리란 단어는 아라비아어이고, 식물인 오카히지 나무와 앗케시풀의 눈과 그 수용액과 관련하여 붙여진 단어이다. 후에 알칼리성 및 가성이란 단어는 나트륨, 칼륨 및 칼슘의 탄산염과 수산화물의 수용액에 관한 단어가 되었다. 주기율표의 최초 2개의 족, 알칼리족과 알칼리토금속은 그 이름을 그 염류용액의 화학적 성질에서 받은 것이다. 결국 몇 개의 알칼리성 물질은 화학적으로는 염기물질인 것이다.

고전적으로 염기는 물에 녹는 경우에 수산이온을 내놓는 물질이다. 알칼리성, 가성 및 염기성이란 단어는 오히려 이들 용액의 화학적 성질을 표현하는 동의어로 사용되고 있다. 가장 일반적인 염기류는 부식성 물질로서 수산화나트륨, 수산화칼륨 및 수산화칼슘이 있다. 이들 부식성 염기류는 신체 조직을 파괴하거나 또는 화상을 일으켜 상당히 중대한 상처를 남긴다. 그들은 매운 또는 찌르는 듯한 맛을 가지고 있고 매끈매끈한 비누 같은 감을 준다. 부식성을 가진 염기류는 다음과 같은 공통된 몇 개의 성질을 가진다.

1. 산과의 반응(제6장의 1 참조)

2. 금속과의 반응

어떤 종의 금속은 진한 염기 용액과 반응해서 수소와 염을 생성한다. 그 반응은 일반적으로 극히 천천히 진행하기 때문에 발생한 수소가 충분한 양이 되어 축적해 인화할 우려는 없다. 그렇지만 염기와 금속과의 반응은 부식성으로 위험하다. 농후한 염기 용액과 반응하는 가장 보편적인 금속은 알루미늄, 아연 및 납이다.

$$2Al + 6NaOH \rightarrow 2Na_3AlO_3 + 3H_2$$

$$Zn + 2KOH \rightarrow K_2ZnO_2 + H_2$$

$$Pb + 2NaOH \rightarrow Na_2PbO_2 + H_2$$

3. 염류와의 반응

염류는 알칼리 용액과 반응해서 금속의 수산화물을 만든다. 일반적으로는 이들 화합물은 물에 녹지 않는다. 몇 개의 예는 다음과 같다.

$$Pb(NO_3)_2 + 2NaOH \rightarrow Pb(OH)_2 + 2NaNO_3$$

$$CuSO_4 + 2NaOH \rightarrow Cu(OH)_2 + Na_2SO_4$$

$$NiCl_2 + 2NaOH \rightarrow Ni(OH)_2 + 2NaCl$$

아연, 알루미늄 및 납의 수산화물은 알칼리의 진한 용액에 다시 용해한다. 예를 들어, 다음 예가 가리키는 것과 같다.

$$Pb(OH)_2 + 2NaOH \rightarrow Na_2PbO_2 + 2H_2O$$

알칼리금속류가 쏟아지거나 몸에 묻은 경우에는 그 자리는 물로 세탁하며, 매우 연한 질산 용액으로 염기를 중화시키기 위해서 전력을 다해야만 한다. 알칼리 용액이 눈에 튀어 들어간 경우에는 염산 용액으로 그 염기를 중화하는 것이 좋지만 그것은 수분간 물에서 연속적으로 충분히 눈을 씻은 후가 아니면 안 된다. 알칼리 중에서 가장 부식성 강한 두 가지 물질의 독특한 성질을 다음 절에서 기술하였다.

6.12 수산화나트륨

부식성 염기로 대표적인 물질은 수산화나트륨(NaOH)이다. 그것은 일반적으로 가성소다라는 이름으로 이용되고 있고 공업의 전반적인 분야에서 다양한 이용법으로 발전하고 있다. 예를 들면 석유제품의 정제, 비누제조 등이다. 그것은 가정에서도 흔하게 이용되고 또 납 배관을 하는 경우 그것을 세정하는데도 이용된다. 그것은 흰 고체형으로 수송되지만 여전히 진한 수용액의 형으로 수송되는 경우도 있다.

수산화나트륨은 공업적으로는 탄산나트륨과 수산화칼슘의 반응 및 염화나트륨(농후한 식염수)의 전기분해에 의해 만들어진다.

$$Na_2CO_3 + Ca(OH)_2 \rightarrow 2NaOH + CaCO_3$$

$$2NaCl + 2H_2O \rightarrow H_2 + Cl_2 + 2NaOH$$

수산화나트륨과 그 진한 용액은 알루미늄, 아연, 납을 부식하는데, 그것은 부식성 염기의 일반적인 성질로서 기술한 대로이다. 그러나 그 밖의 보통 금속은 거의 부식시키지 않는다. 고체 수산화나트륨은 흡습성으로 손쉽게 대기 중의 수증기를 흡수하기 때문에, 그것은 저장 및 취급 동안에는 공기로부터 차단되도록 해야 한다. 진한 용액은 인체조직과 반응한다. 그들은 비단, 양모 및 동물조직을 용해한다. 피부에 수산화나트륨이 접촉한 경우에는 그것이 설령 단시간이어도 심한 화상을 불러일으킨다. 수산화나트륨을 마셨을 경우에는 염기를 즉각 1%의 아세트산용액으로 중화하지 않으면 생명이 위험할 우려가 있다. 수산화나트륨과 동물조직과의 반응을 이용하여 쓰레기로 막힌 배수관을 세정하기 위해서 수산화나트륨 용액을 사용하는데, 그것은 이 용액이 물에 녹지 않는 그리이스(진득진득한 윤활유)며 지방류를 물에 녹는 물질로 변화시키기 때문이다.

수산화나트륨은 그 고체가 물에 용해하는 경우를 포함해서 극도로 발열성이 크다. 수산화나트륨의 용해열은 10 kcal/mol을 조금 넘는다. 그 자신은 불연성이지만 용해열은 많은 물질의 발화의 착화원이 될 정도이다.

6.13 수산화칼륨

가성칼리 또는 칼리용액이라는 것은 부식성 염기인 수산화칼륨의 속명이다. 그 화학식은 KOH이며, 염화칼륨의 전기분해에 의해 만들어진다.

$$2KCl + 2H_2O \rightarrow 2KOH + Cl_2 + H_2$$

중요한 공업적 용도로는 연비누 및 액체비누의 제조이다.

수산화칼륨의 위험성은 수산화나트륨과 같고, 양쪽 다 알칼리금속의 수산화물인 이상 주의해야 한다. 수산화칼륨은 수산화나트륨보다도 강한 염기로 보이지만, 그들의 위험성을 비교한 결과 그것을 논하기에는 그 차가 거의 무의미하다. 화재화학의 관점에서 이들 알칼리 물질의 중요한 물리적 성질을 표 6.14에 나타내었다.

표 6.14 수산화나트륨과 수산화칼륨의 물리적 성질

	NaOH	KOH
비중	2.13	2.04
끓는점	1390℃	1320℃
응고점	315℃	360℃
물에 대한 용해도	42 g/100 g 물	107 g/100 g 물

실험 6-1. 황산에 의한 탈수반응

1. 목　적

청색의 황산구리 오수화물을 진한 황산에 넣어 백색의 무수황산구리가 되는 것을 관찰함으로써, 물에 대한 흡수력이 좋은 진한 황산의 성질을 이해한다. 이로부터 진한 황산의 위험성을 숙지한다.

2. 기구 및 시약

시험관(대)
스포이드
스탠드
약 수저
황산구리 오수화물($CuSO_4 \cdot 5H_2O$)
진한 황산(conc-H_2SO_4)

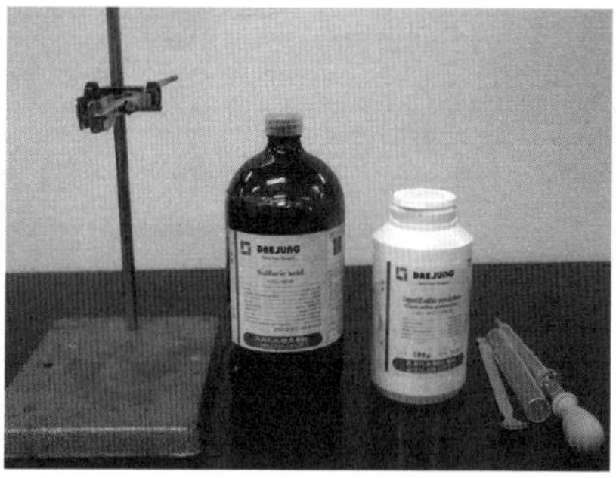

그림 1 실험 준비물

3. 원　리

① 황산은 강한 탈수제이다. 황산은 물을 흡수해서 여러 가지의 수화물을 형성한다. 수화물속의 물이 푸른 황산구리로부터 제거되면 백색의 무수물이 남는다.

$$CuSO_4 \cdot 5H_2O \xrightarrow{H_2SO_4} CuSO_4 + 5H_2O$$

② 황산과 반응하지 않는 기체(예를 들면 O_2, N_2, CO_2, SO_2 등)들은 황산에 통과시킴으로써 건조되어진다.

③ 황산의 탈수 작용은 대단히 강해서 심지어는 화합물 속의 H_2O가 분자 상태로 존재하지 않더라도 수소와 산소의 비가 2 : 1이면 그 화합물로부터 물을 빼낸다. 예를 들면 설탕($C_{12}H_{22}O_{11}$), 나무, 종이, 녹말은 황산에 의해 탈수작용이 일어나 새까맣게 탄화된다. 또한 황산은 유사한 방법으로 피부에 있는 유기화합물과도 반응하여 심각한 화상을 입힌다.

④ 황산은 탈수력이 강해서 수화물과 같이 물 분자를 직접 함유하고 있는 경우뿐만 아니라 수소 원자와 산소 원자가 2 : 1인 경우에도 물을 뽑아 낼 수 있다.
⑤ 유사한 실험으로 비커에 있는 설탕($C_{12}H_{22}O_{11}$)에 진한 황산을 첨가하는 것이 있다. 탄수화물인 설탕 속의 물이 제거되면서 설탕은 검게 변한 탄소 잔재물을 남긴다.

4. 실험방법

① 큰 시험관에 진한 황산을 절반 정도 채운다.
② 황산구리 오수화물의 큰 결정을 시험관에 조심스럽게 넣는다.
③ 황산구리 오수화물이 물을 잃으면서 푸른빛이 사라지고 흰색의 무수황산구리가 형성되는 것을 수분동안 관찰한다.

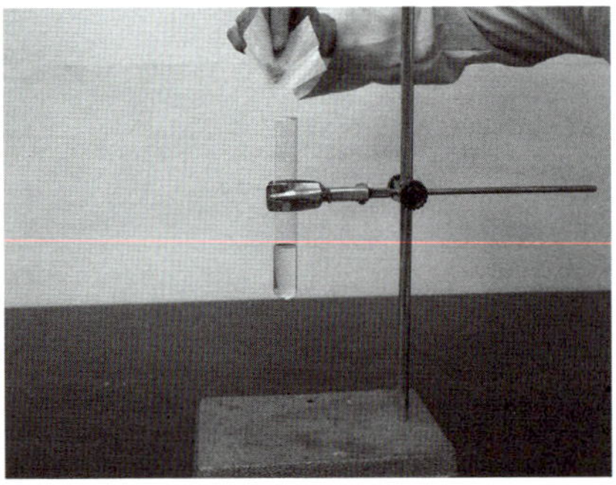

그림 2 황산에 황산구리의 첨가

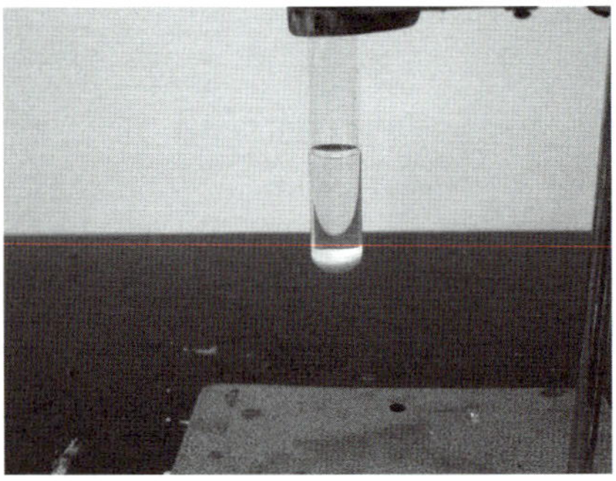

그림 3 황산구리의 변색 관찰

5. 관계지식

황산(H_2SO_4)은 보통 수용액으로 보관되어 있다. 순수한 황산은 끈기가 있는 무색 기름모양 액체이고 녹는점 10.49℃,비중 1.834, 가열하면 290℃에서 삼산화황을 발생하고 분해하기 시작해서 약 317℃에서 끓는다. 이때의 조성은 98.54%인 함께 끓는 혼합물이다.

할로겐 · 할로겐화수소 · 인산 · 탄화수소 등을 제외한 대부분의 무기물과 유기물을 녹여서 해리시킨다. 진한 황산은 물과 혼합하면 많은 열량을 발생시키고, 강한 탈수 작용이 있어서 물과 화합할 뿐만 아니라 다른 화합물에서 수소와 산소를 물과 같은 비율로 빼앗아 낸다. 대부분의 유기화합물은 이 때문에 탄소를 유리시키는 경우가 있다. 진한 황산은 뜨거울 때 특히 강한 산화작용을 나타낸다.

제 목	황산에 의한 탈수반응		
실 험 조		제 출 자	
실험일자		제출일자	

1. 황산에 청색의 황산구리를 넣었을 변화를 설명하시오.

2. 황산이 탈수제로 작용할 때 일어나는 현상을 화학적으로 설명하시오.

3. 오수화물로부터 무수 황산구리를 만드는 반응식을 적으시오.

4. 황산이 다른 수화물과도 반응할 것 같은가?

【고 찰】

【참고문헌】

실험 6-2. 황산의 위험성 I

1. 목 적

황산이 물과 혼합될 때 심한 발열을 하는 실험을 통해 그 위험성을 숙지한다.

2. 기구 및 시약

비커(beaker), 200 mL
온도계
스포이드
황산

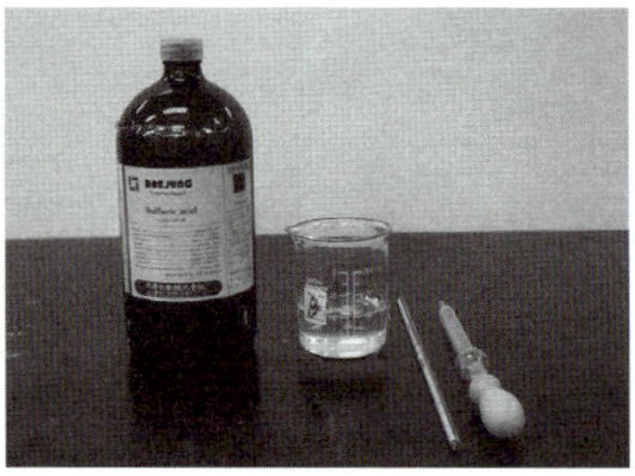

그림 1 실험 준비물

3. 실험방법

① 200 mL 비커에 100 mL 물을 넣는다.
② 현재 물의 온도를 측정한다.
③ 스포이드를 이용하여 10 mL 황산을 비커에 넣는다.
④ 비커 유리벽에 온도계를 갖다 대어 온도를 측정한다.
⑤ 비커를 들어서 손을 비커바닥에 갖다 대어 손의 느낌을 관찰한다.

그림 2 실험 장치

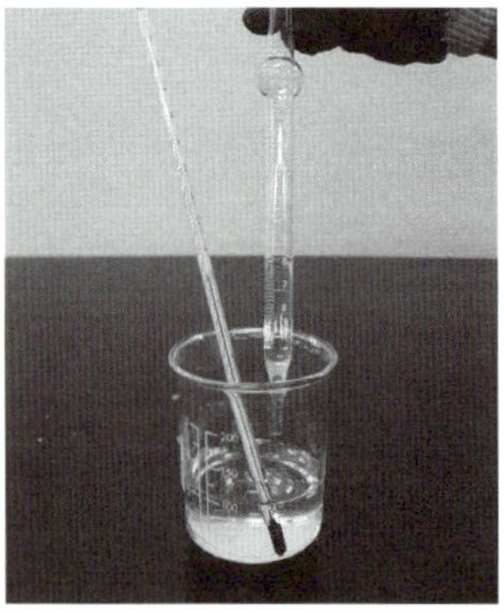

그림 3 물에 황산을 적가

그림 4 황산을 적가 후 온도측정

제 목	황산의 위험성 I		
실 험 조		제 출 자	
실험일자		제출일자	

1. 온도가 상승하는 이유는?

【고 찰】

【참고문헌】

실험 6-3. 황산의 위험성 II

1. 목 적

황산이 가연성 물질과 혼촉될 때 탈수반응 실험을 통해 황산의 위험성을 숙지한다.

2. 기구 및 시약

나무젓가락
비커(beaker), 500 mL
설탕
스포이드
진한 황산

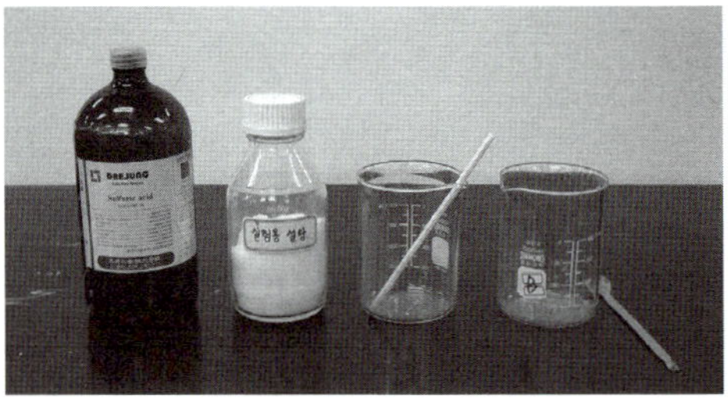

그림 1 실험 준비물

3. 실험방법

① 진한 황산을 스포이드를 이용하여 나무젓가락에 묻혀보자.
② 비커에 설탕을 조금 넣은 다음 스포이드를 이용하여 조금씩 넣어본다.
③ 비커에서 일어나는 현상을 관찰하자.

그림 2 설탕과 나무젓가락에 황산을 적가

제 목	황산의 위험성 II		
실 험 조		제 출 자	
실험일자		제출일자	

1. 설탕이나 나무젓가락이 검게 변하는 이유는 무엇인가?

【고 찰】

【참고문헌】

실험 6-4. 과산화수소의 위험성

1. 목 적

위험물안전관리법상 제6류 위험물인 산화성 액체로 분류하고 있는 불연성의 과산화수소의 위험성에 대해 알아본다.

2. 기구 및 시약

색소
눈금실린더
철판
약 수저
퐁퐁
과산화수소
요오드화칼륨

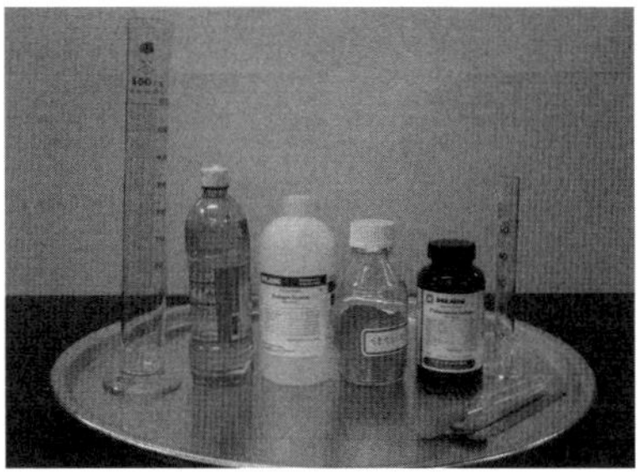

그림 1 실험 준비물

3. 실험방법

① 100 mL 눈금실린더에 스포이드를 이용하여 과산화수소를 30 mL 정도 넣는다.
② 쟁반 위에 500 mL 눈금실린더를 놓고 과산화수소를 붓는다.
③ 500 mL 눈금실린더에 퐁퐁 10 mL와 색소 1 g 정도 넣는다.
④ 약 3 g의 KI을 눈금실린더에 넣는다.
⑤ 눈금실린더에서 일어나는 반응을 관찰하자.

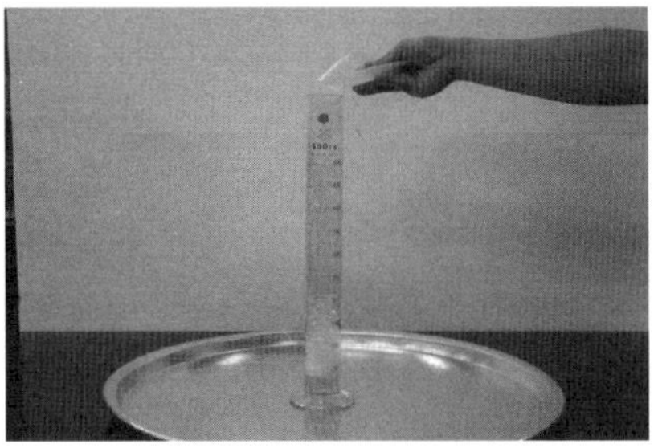

그림 2 과산화수소에 KI의 첨가

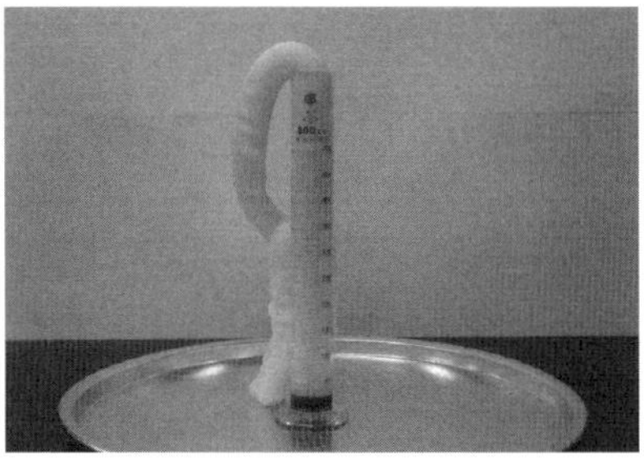

그림 3 과산화수소에 KI의 첨가 후

제　　목	과산화수소의 위험성		
실 험 조		제 출 자	
실험일자		제출일자	

1. 부풀어 오르는 거품은 무슨 기체인가?

2. 실험에 사용된 요오드화칼륨의 역할은 무엇인가?

【고　　찰】

【참고문헌】

연습문제

6.1 Acid란 어떤 물질인가?

6.2 질산은 우리나라에서 제6류 위험물에 포함된다. 위험물안전관리법상 위험물에 포함되는 질산은 비중이 얼마인가?

6.3 과염소산의 열분해 반응을 화학반응식으로 표현하시오.

6.4 실험실에서뿐 아니라 현장에서도 황산을 취급하는 경우가 매우 많다. 황산을 희석하는 방법을 설명하시오.

6.5 농후한 과염소산이 황산에 의해 탈수되는 경우 (   )가 생성되며, 이 물질은 불안정하여 순간적으로 (   )와 (   )로 분해하면서 폭발을 일으킨다.

6.6 왕수란 무엇이며, 왕수가 금을 녹이는 것을 반응식을 써서 설명하시오. (위험물기능장 35회)

6.7 질산은 많은 금속 및 비금속을 부식하며 유독가스인 (   )를 생성한다.

6.8 제6류 위험물에 대하여 이의 특성, 저장방법, 취급방법, 소화 방법에 대하여 약술하시오. (소방기술사 45회)

6.9 발연황산에 대해 설명하시오. (위험물기능장 35회)

6.10 질산의 분해식을 쓰시오. (위험물기능장 34회)

6.11 철, 니켈, 크롬 등은 진한 질산에 녹지 않는 피막을 형성하는데 이런 현상을 무엇이라 하는가? (위험물기능장 34회)

6.12 질산, 과산화수소, 과염소산의 각 품명별 주의사항에 대해 써라. (위험물기능장 32회)

6.13 왕수가 금을 녹이는 반응식을 써라. (위험물기능장 35회)

6.14 과산화수소 안정제 2가지를 써라. (위험물기능장 37회)

6.15 산업안전보건기준에 관한 규칙에 규정된 다음의 독성물질 구분기준항목에 대하여 설명하고, 각 항목의 함량 기준치를 제시하시오. (소방기술사 92회)

(1) LD_{50}(경구, 쥐)

(2) LD_{50}(경피, 토끼 또는 쥐)

(3) LD_{50}(쥐, 4시간 흡입)

제 7 장

물과 반응하는 물질의 화학

물은 가장 일반적인 소화약제이다. 그러나 물을 소화제로 이용하기 위해서는 특별한 주의가 필요하다. 물은 화학적으로 타고 있는 여러 개의 금속과 작용해서 그 금속의 직접적 영향보다 훨씬 중대한 화재를 불러일으킨다. 그들 금속은 D급의 화재물질로 분류된다. 그러한 금속들 중 일부는 상당히 화학적으로 활발해서 공기와 접촉한 경우에는 자연발화를 일으키는 경우도 있다. 점화원이 없어도 공기 중에서 자연발화하는 물질은 자연발화성이라 불린다. 물은 어떤 종류의 비금속 화재에서는 화재를 강화시키는 원인이 된다. 「만약 물이 목탄화재에 상당히 느린 속도로 흘러들어 간다」고 하면 화학반응이 일어나서 수소가 발생하며, 화재가 다시 타기 시작하게 된다(제5장의 2 참조).

물이 위험한 상태를 만들어 낼 경우는 이 외에도 여러 가지가 있다. 수산화나트륨, 글리세린 및 농황산 같은 흡습성 물질이 무엇인가의 사고에 의해 공기 중에서 방출된 경우에는 중대한 재해가 일어나게 된다. 농황산을 넣은 용기의 내용물이 습기를 머금은 공기와 접촉하면 그 결과로 넘쳐흐르게 된다. 그렇지만, 물이 어떤 종류의 물질과 작용해서 하나의 화학반응을 일으킬 수 있을 때에는 소방관이 물을 뿌리는 것만으로도 중대한 재해가 일어날 수 있다. 이 같은 화학 반응 형태를 일반적으로 가수분해라는 단어로 부르고 있다. 어떤 가수분해는 가연성 물질을 만들어 내며, 어떤 경우에는 유독한 물질을 만들어 낸다. 더불어 또 다른 가수분해는 금속을 부식시키며, 피부조직에 눈에 보이는 파괴를 일으킬 수 있는 물질을 만들어 낸다. 예를 들면, 앞에서도 관찰한 것처럼 클로로설폰산은 가수분해되어 염산과 황산을 만들어 낸다(제6장).

7.1 알칼리금속류

알칼리금속류는 주기율표에서 가장 화학적으로 반응하기 쉬운 원소 부류에 속한다. 그들에 관한 위험성은 통상 특별한 반응성에 기인한다. 이들 금속 중에서 세슘, 루비듐 및 프랑슘은 시장가치가 거의 없기 때문에 일반화재 관계자가 만나는 경우는 거의 없다. 그렇지만 그 밖의 알칼리금속은 공업적으로 매우 유용하다. 그들의 물리적 성질은 표 7.1에 표시하였다.

리튬은 가연성 고체로서 부드러운 은빛의 금속이며, 도자기, 주물류, 살균제, 표백제, 의약품 등의 제조에 사용된다. 그것은 알려져 있는 고체 원소 중에서 가장 가볍다. 석유의 비중이 리튬보다도 크기 때문에, 금속 리튬과 그 수소화물은 유기합성에 이용된다. 한편 리튬은 구리합금 가스를 빼내는 데에 이용되고 또 마그네슘 합금에서 상당히 낮은 중량의 성분으로도 되어 있다.

표 7.1 알칼리금속류의 물리적 성질

	리 튬	나트륨	칼 륨
20℃에서의 비중	0.534	0.972	0.819
녹는점	179℃	97.5℃	63.7℃
끓는점	1317℃	883℃	760℃
융해열	103.2 cal/g	27.2 cal/g	14.6 cal/g
기화열	4680 cal/g	1005 cal/g	496 cal/g
열용량	0.90 cal/g · ℃	0.30 cal/g · ℃	0.19 cal/g · ℃

리튬은 특히 높은 비열을 가지고 있기 때문에 뛰어난 냉각재로 이용된다. 그렇지만 그 가격과 기체상태에서의 부식성 때문에 비교적 비경제적인 물질이다. 리튬은 물과 반응하여 수소 가스를 방출한다.

$$2Li + 2H_2O \rightarrow 2LiOH + H_2$$

리튬의 물과의 화학반응은 다른 알칼리금속의 같은 반응보다도 훨씬 천천히 진행한다. 리튬은 그 녹는점이 100℃보다도 높은 유일한 알칼리금속이다. 이러한 이유로 리튬 금속 덩어리는 통상 물과 반응하는 동안 고체 상태를 유지하고 있다. 그 밖의 알칼리금속은 물과의 반응 시에 발생하는 열에 의해 용융되는데, 이로 인해 큰 표면적이 생기고 물과의 반응을 크게 한다. 리튬과 물의 반응에서 생기는 수소는 통상 점화원이 없이 발화하는 일은 없다. 가수분해열은 리튬에 의해 흡수될 뿐이다.

덩어리로 된 고체 리튬은 설령 순수한 산소에 접촉해 있다 해도 실온에서는 자연히 발화하는 경우는 없다. 용융상태의 리튬이라도 상당히 천천히 산화되어서 공기 중에 노출되어도 광택을 잃지 않는다. 그렇지만 200℃ 이상의 온도에서는 리튬은 산소 안에서 독특한 진홍색으로 빛나면서 산화 리튬 LiO_2를 생성한다. 또한 다른 알칼리금속과는 달라서 질소와 직접 화합해서 질화 리튬을 만들 수 있다.

$$6Li + N_2 \rightarrow 2Li_3N$$

따라서 리튬 금속의 화재에서는 질소로 질식시켜서 소화할 수 없다.

나트륨도 은색으로 빛나는 금속이다. 그것은 알칼리금속 중에서 가장 일반적인 물질이고, 몇 톤이라는 양으로 제조되는 단 하나의 알칼리금속이다. 또한 금속나트륨은 2개의 특별한 형태로 이용된다. 그 중 하나는 나트륨 아말감으로, 또 하나는 칼륨과의 합금이다. 아말감은 금속인 수은과의 고용체이다. 나트륨 아말감을 이용한 반응은 금속 나트륨만을 이용하는 반응과 비교해서 덜 격렬하다.

덩어리로 된 나트륨의 자연발화온도는 일반적으로 115℃ 이상이라고 인정되고 있다. 그렇지만 금속 나트륨은 공기 중의 상온에서도 자연발화를 일으킬 가능성이 있다. 또한 나트

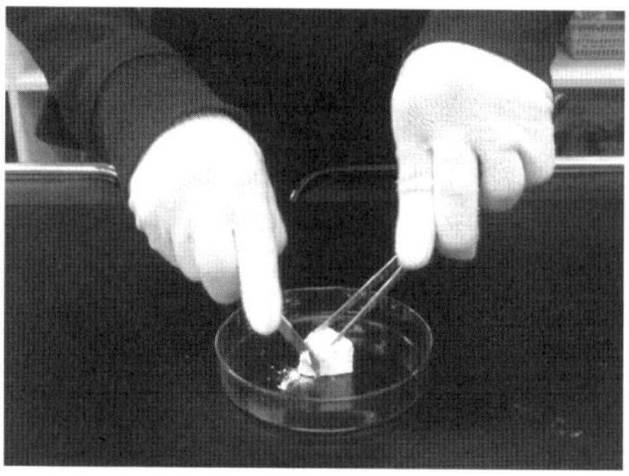

(a) 나트륨 절단하는 모습

(b) 나트륨(Na)이 물과 만나 발화하는 모습

사진 1. 나트륨을 절단하여 물과 반응시키는 모습

륨 금속은 산화물 및 수산화물로 표면이 점차 피복되게 되는데 그 중 수산화물쪽은 흡습성이기 때문에 대기 중의 수증기를 흡수하고, 그로 인해 수분이 금속과 반응해서 화재를 불러일으키기도 한다(사진 1).

나트륨은 공기 중에서 연소하여 독특한 황색 불꽃을 내고 산화나트륨(Na_2O)을 생성한다. 나트륨은 리튬과는 달리 높은 온도에서도 질소와는 화학적으로 결합하지 않는다. 그렇지만 물과 접촉하면 나트륨은 리튬의 경우보다도 훨씬 빠르게 수소를 생성한다. 나트륨은 고체덩어리에서도 물과 반응하면 용융하고, 발생한 수소는 불꽃이 되어서 연소하며 그 화학반응은 다음과 같다.

$$2Na + 2H_2O \rightarrow 2NaOH + H_2$$

지난 2008년 5월 16일 서울의 한 대학교 실험실에서 대학원생 3명이 금속나트륨(면도칼로 알루미늄 호일정도 손톱만한 크기로 절단)을 이용하여 톨루엔 유기용매에 있는 수분을 제거하는 실험을 마친 후 용액을 플라스틱 폐용기에 버리는 과정에서 폭발사고로 화재 발생한 사례가 있다. 이와 같이 나트륨은 아주 적은 양으로도 큰 사고로 확대될 수 있는 매우 주의를 요하는 위험물질이다.

칼륨은 여기에 제시된 알칼리금속의 마지막 물질이다. 예전에는 칼륨은 화학실험실 이외에서 사용되는 것이 상당히 드물었다. 하지만 오늘날에 그 중요한 용도는 앞에서도 나열한 것처럼 칼륨과 나트륨 합금 등이다. 칼륨도 역시 나트륨과 같이 은색을 띠는 빛나는 금속이고, 여러 개의 다른 성질 외에 나트륨에서 일반적으로 나타나는 위험한 반응의 전부를 갖고 있으며, 다른 알칼리금속보다도 훨씬 반응성이 높다. 또한 상온에서 공기와 접촉하면 즉각 자색의 불꽃을 일으키며 타기 시작하여 주로 산화칼륨(K_2O)을 생성하고 동시에 과산화칼륨(K_2O_2)도 생성한다. 한편, 리튬과 나트륨이 초과산화물을 만드는 것은 상당히 곤란한 반면, 칼륨의 경우 순수한 산소기류 중에 노출되면 과산화물과 "초과산화물"을 생성한다. 초과산화물은 O_2^- 이온을 포함하고 있으며, 다음 식이 가리키는 것처럼 산소와 과산화수소로 가수분해된다.

$$2KO_2 + 2H_2O \rightarrow O_2 + H_2O_2 + 2KOH$$

칼륨이 공기 중에 노출되면 흔적 정도의 초과산화물이 생성되는 것에 불과하지만, 금속의 표면에 초과산화칼륨의 아주 조금의 축적물이 만들어져도 아주 위험하다. 이 초과산화물은 칼륨의 예외라 할 정도의 화학적 활성의 원인이 되는 것은 의심할 여지가 없기 때문이다. 이 초과산화물이 등유 및 그 밖의 유기물과 접촉하면 폭발이 일어난다. 칼륨은 액체인 취소와 접촉하면 폭발하지만 리튬과 나트륨은 상온에서 취소와 겨우 표면에서만 반응한다. 칼륨의 물과의 반응은 리튬 또는 나트륨의 같은 반응과 비교해 상당히 격렬하고 폭발이 일어나는 것에 의해 이 금속이 사방으로 비산하게 되는데 그 반응은 다음과 같다.

$$2K + 2H_2O \rightarrow 2KOH + H_2$$

물과 반응하는 것 외에 알칼리금속은 또 할로겐 탄화수소류와도 반응한다. 예를 들면, 사염화탄소가 타고 있는 나트륨에 뿌려지면 탄소의 재가 발생해서 화재는 계속되며, 이때의 화학반응을 다음과 같이 표현할 수 있다.

$$2Na + CCl_4 \rightarrow C + 2NaCl + Cl_2$$

또한 **이산화탄소도 알칼리금속류 화재의 소화제로 적절하지 못하다.** 왜냐하면 이산화탄소는 화학적으로 금속 나트륨과 다음과 같은 식으로 반응하기 때문이다.

$$4Na + CO_2 \rightarrow 2Na_2O + C$$

또 **건조된 모래(SiO_2)도 알칼리금속의 화재에는 이용될 수 없으며,** 그것은 알칼리금속의 산화물이 모래와 화학적으로 반응하기 때문이다. 예를 들면, 산화 리튬은 모래와 다음과 같이 반응한다.

$$Li_2O + SiO_2 \rightarrow Li_2SiO_3$$

소다재, 염화나트륨, 질소 또는 석묵이 나트륨 및 칼륨 화재의 소화에 필요하리라고 생각된다. **그러나 어느 알칼리금속의 화재에 대해서도 소화제로 석묵을 이용하는 것에는 다소의 주의가 필요하다.** 왜냐하면 설령 그 화재가 석묵을 이용하여 소화되었다 해도 연소로 동반되는 높은 온도에서 그 금속의 몇 가지 탄화물이 생성되며(제7장의 참조), 이들 물질이 물에 젖으면 탄화물인 아세틸렌(C_2H_2)을 생성해서 그것이 즉시 발화하기 때문이다. 탄화물의 생성은 특히 금속 리튬에 흡착해서 쉽게 생성된다. 그 화학반응은 다음과 같다.

$$2Li + 2C \rightarrow Li_2C_2$$

$$Li_2C_2 + 2H_2O \rightarrow 2LiOH + C_2H_2$$

리튬의 화학은 다른 알칼리금속 화학과 두드러지게 다르다. 이것은 알칼리금속 각각의 화재에 이용되는 소화제가 각기 차이가 있음을 반영한다. **리튬의 화재에 소화제 또는 염화나트륨을 사용하면 금속 나트륨이 유리되는데, 그것은 원래의 리튬보다도 더욱 더 위험하다.** 이때의 화학반응은 다음과 같이 나타낼 수 있다.

$$Na_2CO_3 + 2Li \rightarrow Li_2O + CO_2 + 2Na$$

$$NaCl + Li \rightarrow LiCl + Na$$

그리고 리튬은 나트륨이나 칼륨과 달라서 질소와 화학적으로 반응한다는 것을 미리 숙지하고 있어야 한다. 결국, **리튬의 화재는 염화리튬 또는 석묵으로 끄는 것이 가장 좋으며,** 석묵을 이용하는 경우에는 이 재료가 절대적으로 건조해 있어야 할 필요가 있다. 왜냐하면 금속 리튬과의 반응으로 생성된 탄화물은 불이 꺼진 뒤에의 처리에 있어서 물과 반응할 우려가 있기 때문이다. 마지막으로 이들의 D급 화재의 분위기가 극단적으로 유해할 것이다 라는 것을 기억해야 할 것이다. 알칼리금속의 산화물을 흡입하는 것은 심한 폐의 장해를 불러일으킬 가능성이 있기 때문에 소화에 종사하는 사람들과 화재 재해를 입은 자들은 이 같은 화재 뒤에 의사의 진단을 반드시 받아야만 하고, 특히 코, 목구멍, 기관 등에 만성적인 자극, 충혈이 이어지는 경우에는 치료가 특히 필요하다.

앞에 열거한 나트륨과 칼륨합금은 특히 흥미있는 물질이다. 액체금속 나트륨과 칼륨을 2 : 1의 비율로 섞은 혼합물은 그 조성이 Na_2K의 불안정한 화합물을 생성한다고 생각된다. 이 재료는 NAK (낙이라 발음한다)이라 부르고 순수 나트륨 또는 칼륨의 어느 쪽과도 전혀 다른 성질을 가지고 있다. 예를 들어, 이 합금은 7℃에서 용융하며, 이와 같이 녹은 재료는 고체 재료에서의 성분과 달라져 있기 때문에 비합동적으로 녹인다 라고 한다. NAK은 높은 비열을 가지고, 그 가치는 녹아 있는 재료의 실제의 조성에 의해 결정된다. 이 합금은 열교환기에서의 뛰어난 냉각제로서 작용하며, 이 목적을 위해서 노필러스호 원자력 잠수하의 원자로에 이용되고 있다. NAK의 위험한 성질은 칼륨과 매우 유사하다. 즉, 이 합금이 공기에 노출되면 그것은 더욱 더 위험한 물질이 되는데 보통은 초과산화칼륨이 생성하는 것에 의한다. 알칼리금속류 자신과 마찬가지로 이 합금도 물, 할론 소화제 및 이산화탄소와 반응한다. NAK이 유기물과 접촉한 경우에는 폭발이 일어날 위험성도 크다.

7.2 마그네슘, 지르코늄, 타이타늄, 알루미늄 및 아연

마그네슘, 지르코늄, 타이타늄, 알루미늄 및 아연의 5개 금속은 각각의 공통된 여러 가지 위험한 성질을 가지고 있다. 분말상태 또는 미분상태에서 순수한 금속은 중대한 폭발 및 화재를 일으키는 성질이 있다. 그 금속의 순도는 잠재적인 연소에 관한 중요한 요소로서, 그 위험성은 각각의 금속이 그 **표면에 산화물을 생성한 경우에는 결정적으로 감소한다.** 즉 마그네슘, 알루미늄 및 아연을 공기 중에 두면 금속의 산화물은 단지 천천히 생성할 뿐이다. 따라서 그 산화물은 보호피막으로 작용하고, 그것이 금속내부의 화학적 침식을 방지하다. 금속의 순도와는 상관없이 여러 개의 본질적인 요소가 자연발화를 포함한 그 연소성에 영향을 준다. 입자의 크기, 입자의 분포와 분산상태, 수분의 함유량, 금속의 자연발화온도 및 흡착되어 있는 가스, 특히 산소 등이 연소성에 영향을 미치게 되는 것이다. 이들 금속의 각각은 물과 반응하는데 마그네슘, 지르코늄, 타이타늄, 알루미늄 및 아연은 각각 속도는 다르지만 물에서 수소를 유리시키는 원인이 된다. 또한 수소의 생성 속도는 그 금속의 순도에 크게 의존할 뿐만 아니라 입자의 크기에도 의존한다. 그리고 화학반응은 발열적으로 진행하며, 수소와 자연발화해서 불꽃이 되어 타오르기도 한다. 이들 금속분말의 자연발화는 그 금속과 공기 중의 수증기의 작용으로 생긴 수소의 최초 연소에 의해 야기될 가능성도 있다.

이들 금속의 물과의 반응성은 동시에 간접적인 재해 원인이 될 수 있다. 예를 들어, 금속이 용기 안에 밀폐되어 있는 경우, 이 금속은 수분을 흡수하고 결국 물과 반응해서 수소의 발생에 의해 생긴 압력이 용기를 파열시키는 원인이 될 수도 있기 때문이다. 또한 부피로 불과 4%의 농도로 수소와 공기와 혼합된 경우에 극히 쉽게 발화할 수 있다 라는 것을 생각하는 것도 중요하다. 따라서 용기파열은 곧바로 발화와 화재를 수반하기 쉽다는 점이다.

표 7.2 물과 반응하는 금속류의 물리적 성질

	마그네슘	지르코늄	타이타늄	알루미늄	아연
20℃에서의 비중	1.74	6.5	4.5	2.7	7.4
녹는점	651℃	1850℃	1800℃	660℃	419℃
끓는점	1107℃	3578℃	3262℃	2056℃	905℃
융해열	88.9 cal/g	60 cal/g	104.4 cal/g	94.5 cal/g	24.4 cal/g
열용량	0.25 cal/g · ℃	0.068 cal/g · ℃	0.10 cal/g · ℃	0.21 cal/g · ℃	–
금속분의 자연발화온도 (착화원이 있는 경우)	520℃	21℃	480℃	645℃	–

이들 마그네슘, 지르코늄, 타이타늄, 알루미늄 및 아연 등 5종류의 금속분말은 고온에서 자연발화하기 쉽기 때문에 종종 높은 인화점을 가진 액체 안에 저장된다. 석묵, 식염 또는 불활성 가스는 이를 금속의 어느 화재라도 소화한다. 이들 5종류 금속의 물리적 성질은 표 7.2에 주어져 있다.

마그네슘은 예외라 해도 좋을 정도로 가벼운 금속이기 때문에 종종 비행기, 경주용 자동차, 이동할 수 있는 기계류, 엔진부품, 자동차의 본체 및 범퍼에 이용되고, 또 물체의 가벼운 점이 중요한 요소인 상품이나 구조들에 흔히 이용된다.

마그네슘은 금속상태에서는 극도로 반응하기 쉬운 물질이지만 그 산화물 피막이 마그네슘의 표면에 생성해 있는 경우에는 어느 정도 반응성이 둔하게 된 상태를 나타낸다. 마그네슘이 공기 중에서 타는 경우 산화마그네슘을 만드는 데에 약 75%만 산소와 결합될 뿐이다. 남은 25%는 공기 중의 질소와 혼합해 질화마그네슘을 생성한다. 공기 중에서의 마그네슘 연소에 수반한 화학반응은 다음과 같다.

$$2Mg + O_2 \rightarrow 2MgO$$

$$3Mg + N_2 \rightarrow Mg_3N_2$$

마그네슘의 연소는 강한 열과 하얗게 빛나는 불꽃을 동반한다. 그 불꽃 빛은 자외선을 포함하기 때문에 눈의 망막에 장해를 줄 가능성이 있다. 또한 마그네슘은 실온에서는 물과 천천히 반응한다. 그렇지만 마그네슘이나 물, 어느 쪽인가가 높은 온도에 있으면 그 반응은 빠르게 진행해 수소를 생성한다.

$$Mg + 2H_2O \rightarrow Mg(OH)_2 + H_2$$

(a) Mg 리본을 알코올램프 불꽃으로 연소한다.

(b) 강한 열과 함께 하얗게 빛나는 불꽃을 동반한다.

사진 2. Mg 리본을 알코올램프 불꽃으로 연소하는 장면이다.

그러므로 타고 있는 마그네슘의 소화제로 물을 사용하는 것에 주의하지 않으면 안 된다. 만약 물이 타고 있는 마그네슘의 퇴적에 흘러들어가는 속도가 너무 완만하면 금속은 폭발을 피할 수 없는 대량의 수소를 발생시키는 원인이 된다. 그렇지만 금속에 물을 뿌리면 그 물이 금속을 냉각시켜서 연소가 정지되는 온도 이하로 온도를 낮추게 된다. 또한 고온의 마그네슘은 그 밖의 소화제 몇 개와 반응하기도 한다. 이 금속은 이산화탄소를 사용한 경우에 손쉽게 산화물을 생성한다.

$$2Mg + CO_2 \rightarrow 2MgO + C$$

할론류는 어느 것이나 타고 있는 마그네슘의 소화에는 별로 효과가 없다. 산화마그네슘 곧 산화물은 상당히 활성이 커 소화제와 화학적으로 결합하기 때문이다. 이 현상을 설명하기 위해서 할론 104를 선택해서 그것에 수반되는 반응을 아래에 나타냈다.

$$2MgO + CCl_4 \rightarrow 2MgCl_2 + CO_2$$

마그네슘과 같이 지르코늄은 공업적으로 이용되고 있다. 지르코늄의 유용성은 거의 모든 원자력 공업과 철공업에 한하고 있다. 원자력 영역에서 지르코늄은 원자로 노심의 성분에 이용되고 또 우라늄 연료봉의 집으로 사용되고 있다. **고운 가루로 된 지르코늄의 먼지 또는 작은 부스러기는 자연발화성 금속 중에서 가장 발화하기 쉬운 물질의 하나이며, 그 분말의 자연발화온도는 겨우 21℃에 불과하다.** 때문에 지르코늄 분말은 단지 가루입자의 마찰에 의해 만들어진 열로도 무서운 폭발을 동반하고 자연발화하는 것이 알려져 있다. 마그네슘과 마찬가지로 지르코늄도 극도로 밝은 흰색 불꽃을 내며 공기 중에서 연소하여 그 산화물과 질화물을 생성한다.

$$Zr + O_2 \rightarrow ZrO_2$$

$$2Zr + N_2 \rightarrow 2ZrN$$

고온으로 타고 있는 지르코늄은 또 화학적으로 물, 이산화탄소 및 할론류와 반응하기 때문에 이 약제들은 지르코늄의 소화에 별 도움이 되지 못한다.

$$Zr + 2H_2O \rightarrow ZrO_2 + 2H_2$$

$$Zr + CO_2 \rightarrow ZrO_2 + C$$

$$Zr + CCl_4 \rightarrow ZrCl_4 + C$$

따라서 이들 소화제의 어느 것을 이용해도 타고 있는 지르코늄의 화재를 끌 수는 없다. 금속 타이타늄도 위험하기는 마찬가지이다. **타이타늄**[15]은 자연계에서 비교적 풍부한 원소로서 마그네슘과 같은 대부분의 다른 금속에 비해 낮은 비중을 가지고 있고, 그 때문에 구조재료로서의 능력을 지니고 있다. 그렇지만 금속 타이타늄 제조 원가는 현재 시점으로 상당히 높아서 일반적인 용도로는 사용이 제한된다. 그러나 그 가벼움과 강도의 장점으로 인해 타이타늄은 항공기나 제트엔진 제조에 도움을 주고 있다. 더불어 타이타늄은 해수에 의한 부식에 저항력을 갖기 때문에 물속에서 사용되는 배나 기계류에 있어서 이상적인 금속이다.

금속 타이타늄은 마그네슘, 지르코늄과 같이 자연발화의 위험을 가지고 있지만 하나 확실히 다른 점이 있다. 이들 금속의 발화에 관한 위험, 특히 그들의 자연발화는 주로 그 금속이 분말이 되어 있을 때에 존재하지만 타이타늄의 경우는 분말 상태에서 연소할 뿐만 아니라 덩어리 상태에서도 여전히 손쉽게 연소한다는 사실이다. 700℃ 이상에서 타이타늄은 자연스럽게 연소해 산화물과 질화물의 혼합물을 만든다.

$$Ti + O_2 \rightarrow TiO_2$$

$$2Ti + N_2 \rightarrow 2TiN$$

고온의 타이타늄과 그 산화물도 여전히 손쉽게 물, 이산화탄소 및 할론류와 반응한다.

$$Ti + 2H_2O \rightarrow TiO_2 + 2H_2$$

$$Ti + CO_2 \rightarrow TiO_2 + C$$

$$TiO_2 + CCl_4 \rightarrow TiCl_4 + CO_2$$

한편, 금속 **알루미늄**도 여전히 위험성을 가지고 있다. 순수 알루미늄은 화학적으로 반응하기 쉬운 금속의 하나라는 것이 알려져 있다. 그렇지만 알루미늄의 표면에 존재하는 산화알루미늄이 이 금속을 화학물질의 침식으로부터 보호하고 있다. 알루미늄은 지각 안에 존재하는 3번째로 많은 원소이다. 그것은 지르코늄이나 타이타늄보다도 가볍지만 마그네슘보다는 가볍지 않다. 그것은 상당히 얇은 판으로 늘릴 수가 있기 때문에 가정이나 공업에서 여러 가지 목적으로 사용될 수가 있다. 알루미늄을 사용해 가정의 많은 구조물

15) 타이타늄은 그리스신화에 나오는 신, 타이탄의 이름을 땄다. 실제 사용되는 예(상당한 힘이 필요한 제트엔진, 연장, 로켓을 만드는데 쓰인다.)에서 알 수 있듯이 타이타늄은 '힘'을 상징한다. 또한 절대 녹슬지 않고, 알레르기도 일으키지 않아서 몸속의 인공고관절, 치과용 임플란트, 장신구(즉 혀 피어싱, 눈썹고리, 그 외에 10대들이 흔히 몸에 박는 물건 등)에 사용되는 것으로 유명하다. 미사일에서 면도날까지 쓰이는 타이타늄은 용도가 다양하다.

들이 만들어져 있다. 예를 들면 외벽, 처마끝, 스크린, 창문 및 문의 틀, 그 밖의 여러 가지이다. 알루미늄은 산화물의 피복 때문에 전혀 위험성이 없는 원소처럼 보인다. 그렇지만 산화물의 두꺼운 축적물 또한 전선에 알루미늄을 이용하는 경우에는 화재의 원인으로 될 수 있다. 그 산화물이 전류의 흐름을 방해해서 전선이 가열되는 원인이 되기 때문이다. 즉, 열이 충분히 축적된 경우에 C급 화재가 일어나게 된다. 알루미늄 전선은 미국에서 1965년 이래 적어도 300만 세대에서 이용되고 있다. 그것은 특히 이동식 집에 인기가 있다. 알루미늄 전선의 부식, 특히 해안에서는 그것이 화재원인이 된다. 순 알루미늄 분말은 점화원이 존재한 경우에는 폭발을 일으킨다. 알루미늄이 공기 중에서 탈 때에는 그 산화물과 질화물의 혼합물이 생성된다.

$$4Al + 3O_2 \rightarrow 2Al_2O_3$$

$$2Al + N_2 \rightarrow 2AlN$$

높은 온도에서 연소하고 있는 알루미늄도 또한 물, 이산화탄소 및 할론류와 반응한다.

$$2Al + 6H_2O \rightarrow 2Al(OH)_3 + 3H_2$$

$$4Al + 3CO_2 \rightarrow 2Al_2O_3 + 3C$$

$$2Al_2O_3 + 3CCl_4 \rightarrow 4AlCl_3 + 3CO_2$$

아연은 자연발화성 성질의 금속 중 마지막 금속이다. 훨씬 잘 알려져 있는 금속이지만 실제로는 지르코늄이나 타이타늄보다도 존재가 드문 금속이다. 그렇지만 `지르코늄이나 타이타늄이 광석에서 간단히 추출되지 않는 것에 반해 아연은 광석에서 손쉽게 추출되기 때문에 기원전 수세기부터 금속으로 이용되어 왔다. 아연은 일반적으로는 여러 가지 목적으로 이용되어 왔다. 아연은 일반적으로는 여러 가지 목적으로 이용되고 있다. 그것은 구리와 섞어서 황동으로 이용되기도 하고, 또 철을 피복해 부식으로부터 보호하는데 이용되기도 한다. 아연 도금을 한 철판을 보통 함석판이라 부르고 있다. 아연은 건축재료, 건전지의 양극 등에 이용된다. 이런 목적으로 이용되는 상태에서 아연은 연소라는 관점에서 비교적 위험성은 적지만 마그네슘, 지르코늄, 타이타늄 및 알루미늄과 같이 가는 분말이 수분을 머금으면 자연히 열을 발생해 발화하며 산화물이 된다. 아연이 공기 중에서 연소하는 경우에는 산화물만이 생성되며 질화물은 될 수 없다.

$$2Zn + O_2 \rightarrow 2ZnO$$

분말로 된 아연은 물과 천천히 반응해서 수소를 발생한다.

$$Zn + 2H_2O \rightarrow Zn(OH)_2 + H_2$$

타고 있는 아연이 화학적으로 이산화탄소 및 할론류와 아래와 같이 반응한다.

$$2Zn + CO_2 \rightarrow 2ZnO + C$$

$$2ZnO + CCl_4 \rightarrow 2ZnCl_2 + CO_2$$

마지막으로 고도로 반응성이 강한 금속의 화재 환경은 극히 유독할 가능성이 있다는 것을 기억해야만 한다. 본 장에서는 논한 5종류의 금속 중에서 마그네슘 금속의 화재에 대한 위험이 특별히 숙지되어야만 한다. 왜냐하면 산화마그네슘을 흡입하면 건강상 상당한 장애가 일어나고, 특히 폐의 국부적 지장이 일어나기 때문이다.

7.3 유기금속화합물

대량의 알칼리금속, 그 아말감 및 그들의 합금이 공업에서 금속원자와 탄소 원자가 결합한 화합물을 만드는데 이용되고 있다. 그들의 화합물을 총괄해서 유기금속 화합물이라 명명하고, 합성과정에서의 화학반응매개물질이나 중합의 촉매로 이용되고 있다(제11장 참조). 금속원자와 결합해 있는 탄소 원자나 기타 다른 탄소 원자와 결합할 수 있다. 공업적 가치를 가진 대부분의 유기금속 화합물은 50종류 이상이 된다. 이들 화합물과 그 액체를 총괄해서 넓게는 자연발화성 액체 또는 자연발화성 고체의 분류에 넣고 있다.

표 7.3 몇 가지 유기금속 화합물의 성질

화학명	화학식	성 질
트리메틸알루미늄	$Al(CH_3)_3$	무색의 액체 : 물에 분해되어 폭발을 일으킴. 응고점 : 15.4℃, 공기 중에서 자연발화된다. 증기는 150℃ 이상에서 분해된다.
디메틸카드뮴	$Cd(CH_3)_2$	자극성 악취를 가진 무색의 액체, 100℃ 이상에서 격렬히 분해됨, −0.4℃에서 응고함, 자연발화성, 물에서 분해됨
테트라메틸주석	$Sn(CH_3)_4$	무색의 휘발이 강한 액체, 물에 녹지 않음, 공기 및 수분에 안정, −53℃에서 응고함, 400℃까지 열에 안정함
트리이소부틸알루미늄	$Al(C_4H_9)_3$	무색의 액체, 자연발화성, 1℃에서 응고함, 75℃ 이상의 열에 불안정, 물과 반응함

또한 이들 화합물은 가연성 액체로 엄중한 규제 하에 수송된다. NFPA는 그 출판물 안에 유기금속 화합물의 어떤 물질은 특별 화학명으로 기재하고 있지만, 그들 대부분은 단순한 알킬알루미늄류와 같은 부류이다. 모든 유기알루미늄 화합물은 물과 격렬하게 반응한다. 몇 가지 유기금속 화합물을 선정하여 그 성질을 표 7.3에 기재하였다. 유기금속은 공기가 존재하는 곳에서 취급할 수 없으며, 또 수분과 접촉하는 경우 급속한 분해를 하게 된다. 그들은 종종 가연성이지만 자연발화하는 일 없도록 유기용제로 녹여서 운반된다.

유기금속 화합물 중에서 가장 잘 알려져 있는 것은 사에틸납이고, 그것은 오래전부터 가솔린의 안티녹크제로 이용되고 있다. 미국에서 제조된 금속 나트륨 총량의 60%는 사에틸납의 합성에 사용되고 있다. 그것은 염화에틸과 나트륨, 납합금으로부터 만들어진다.

$$4NaPb + 4C_2H_5Cl \rightarrow (C_2H_5)_4Pb + 4NaCl + 3Pb$$

그렇지만 사에틸납은 대부분 유기금속 화합물과 비교해 그 위험한 성질에서 몇 가지 상이한 점이 있다. 그것은 자연발화성도 아니고 또 물과 반응할 리도 없지만 가연성이다. 사에틸납에 관한 화재는 물로 소화할 수 있다. 유독한 사에틸납의 증기 또는 산화납을 흡입하는 것을 막기 위해 산소 또는 압축공기 등으로 호흡하는 장치를 이용하는 것이 적당하다. 국내의 경우 연소성 향상을 위하여 휘발유에 사에틸납을 첨가하였지만 납 성분이 배기가스와 함께 방출됨으로써 인체에 나쁜 영향을 미치는 것으로 인해 다른 대체물질을 사용함으로써 **무연**[16](無鉛) 휘발유가 생산되고 있다. 가장 단순한 유기금속 화합물로 얻기 쉬운 물질의 하나는 에틸아연이고, 이 부패냄새를 가진 액체는 공기와 접촉하면 즉시 발화하고 연소한다. 에틸아연은 금속 나트륨과 함께 에틸나트륨을 만드는데 이용된다.

$$(C_2H_5)_2Zn + 2Na \rightarrow 2C_2H_5Na + Zn$$

에틸 아연과 에틸 나트륨은 대부분의 유기금속 화합물 중에서 매우 전형적인 물질이다. 그것은 물같이 수소를 포함한 어느 화합물과도 순간적으로 반응을 일으킨다. 에틸나트륨이 물과 반응할 때 동시에 발생하는 유기물질은 가연성 탄화수소인 에탄이다.

$$C_2H_5Na + H_2O \rightarrow NaOH + C_2H_6$$

따라서 자연발화성 유기금속 화합물의 화재에 물을 뿌리는 것은 화재를 확대하는 결과를 초래할 뿐이다. 물과 반응하는 유기금속 화합물은 여전히 할론류와도 반응한다. 그 전형

16) 무연 휘발유(Unleaded gasoline) : 1993년 1월부터 납 성분이 없는 휘발유로 연소성을 향상시켜 주기 위해 MTBE(Methyl Tertiary Butyl Ether)가 첨가되면서 연한 노란색으로 착색되었다. 납을 첨가한 유연 휘발유의 경우 납이라는 유독물을 첨가했다는 표시로 자동차용은 붉은 빛깔, 항공기용은 청색 빛깔로 착색하였다.

적인 반응은 다음과 같다.

$$CCl_4 + NaC_2H_5 \rightarrow CH_3CH_2CCl_3 + NaCl$$

이 같은 반응의 생성유기물은 일반적으로 가연성이 있다. 따라서 이러한 종류의 약품은 불을 끌 수 없다. 이것에 반해 이산화탄소는 유기금속 화합물과는 반응하지 않기 때문에 이들 화합물의 작은 화재를 질식시키는데 이용할 수 있다. 그렇지만 이산화탄소로 화재를 덮는 것은 장시간 유지할 수 없다. 일단 그 화합물이 공기와 재접촉하면 불꽃이 되어 타오르기 때문이다. 이산화탄소는 유기금속 화합물의 비자연발화성 용액의 소화에 대해서는 유효하다. 일반적으로 대량의 유기금속 화합물의 화재에는 건조한 모래, 석묵, 규조토 및 그 밖의 흡수재가 소화에 이용된다. 이들 소화제는 각각 그 물질을 흡수하고 표면상 수 cm 이상의 두께로 체류할 수 있다. 유기금속 화합물의 독특한 반응성 때문에 제조업자는 그 화합물을 취급하는 경우 또는 그 화재를 소화하는 경우에 특별 보호의를 착용할 것을 추천 장려하고 있다. 이들 화합물을 신체, 특히 눈에 접촉하지 않는 것이 특별히 중요하다.

7.4 수소화합물

수소와 다른 원소와의 2원소 화합물을 수소화합물이라 부른다. 이들 화합물은 그 화학구조에서부터 2개의 형태로 분류된다. 즉, 분자상태의 물질과 염류형태의 수소화물이 그것이다. 분자수소화물은 주로 분자가 응집한 상태로 존재하는 화합물이며, 염류형 수소화물은 주로 양이온과 음이온이 응집된 형태로 존재하는 화합물이다.

분자수소화합물의 대부분은 어떠한 형태로든지 위험성이 있지만, 그들은 모두 물과 반응하지 않는 물질이다. 분자수소화물의 대부분의 위험한 성질은 다른 장에서 논하고 있으나 여기서는 그것을 총괄적으로 설명하면 다음과 같다.

1. **물과 과산화수소**는 산소분자 수소화물이며, 여기서 과산화수소는 강력한 산화제이다(제9장).

2. **할로겐화수소**, 특히 불화수소와 염화수소는 유독가스의 위험성을 지니고 있고, 그들 수용액은 부식성산이다.

3. 황의 분자 수소화물은 **황화수소**로 유독한 기체이다(제8장).

4. 탄소 분자 수소화물은 **탄화수소**이며, 그들은 가연성 물질로 위험하지만 물과는 반응하지 않는다(제10장).

5. **질소 분자 수소화물**은 암모니아, 히드라진 및 아지화수소이다. 그들 화학식은 각각 NH_3, N_2H_4 및 HN_3이다. 암모니아는 유독한 기체이고, 그 농후한 수용액은 알칼리성으로 상당한 부식성을 가진다(제8장). 또 히드라진은 환원제로 그 주요한 위험성은 예외적인 화학적 반응성과 관계가 있다(제9장). 아지화수소는 불안정하며 폭발한다.

6. **인, 비소 및 안티모니 분자 수소화물**을 각각 포스핀(인화수소), 아신(비소화수소) 및 스틸빈(안티모니화수소)이라 부르고 있다. 그들 화학식은 PH_3, AsH_3 및 SbH_3이다. 이들 화합물은 각각 불안정하고 인화성이며 극단적으로 유독하다. 그들의 어느 것이나 공업적 가치를 갖기에 충분한 안정성을 갖고 있지 않다. 각각은 그저 독특한 화학반응의 결과로 발생하지만 포스핀만은 특히 주의를 해야 한다. 포스핀은 인 염류가 가수분해를 일으킨 때(제7장의 6) 또는 인의 어떠한 화합물이 열분해를 일으킨 때에 생성된다. 아인산을 가열시키면 포스핀으로 분해한다.

$$4H_3PO_3 \rightarrow 3H_3PO_4 + PH_3$$

포스핀은 또 단체원소의 인이 강한 알칼리와 작용하면 생성한다. 한편, 포스핀은 다음과 같은 화학반응에 의해 연소한다[17].

$$4PH_3 + 8O_2 \rightarrow P_4O_{10} + 6H_2O$$

이 연소는 고도의 발열반응이기 때문에 포스핀에 관한 화재는 급속으로 주위의 재료로 퍼져 간다.

7. 붕소 분자 수소화물은 **보레인**이라 불린다. 보레인은 적어도 14종류가 존재하지만 그들 대부분은 실온에서 안정적이며, 300℃를 넘으면 모든 보레인은 분해해 붕소와 수소로 된다. 그들 중의 단 2종류, 디보레인과 데카보레인이 실온에서 충분히 안정적이고, 공업용으로의 가치를 가질 가능성이 있다. 디보레인 B_2H_6은 기체비중 0.96의 값을 가진 가연성 가스이며, 공기 중에 약간의 체적으로 0.8% 정도의 디보레인이 존재하고, 자연스럽게 연소가 일어난다. 이 가스는 독특의 녹색 불꽃을 일으켜서 연소하며 527 kcal/mol의 열을 낸다. 그 반응은 다음과 같다.

17) 연못 등에서 종종 관찰되는 희미한 자색의 빛은 포스핀이 자연히 연소하는 것에 의해 일어난다고 생각되고 있다. 이 포스핀은 인의 화합이 자연스럽게 환원하는 것에 의해 생성한다. 국내에서 전해지는 도깨비불도 포스핀의 불꽃이라고 생각되고 있다.

$$B_2H_6 + 3O_2 \rightarrow B_2O_3 + 3H_2O$$

극도로 높은 연소열과 낮은 분자량은 디보레인을 로켓 연료로 응용할 수 있게 하고 있다.
디보레인은 물과 반응하는 물질이며, 공기 중의 수증기와도 거세게 반응한다. 디보레인과 물 사이의 화학반응은 수소를 발생한다.

$$B_2H_6 + 6H_2O \rightarrow 2H_3BO_3 + 6H_2$$

디보레인에 의한 화재에는 수소의 연소가 수반되기 쉽다. 물과의 반응성 외에 디보레인은 또 할론류와도 반응한다. 디보레인은 할론 104, 곧 사염화탄소와 다음과 같이 반응한다.

$$2B_2H_6 + 3CCl_4 \rightarrow 4BCl_3 + 3C + 6H_2$$

디보레인의 화재에 있어서 물은 그저 화재에 노출되어 있는 디보레인 용기를 냉각하는데 이용될 수 있는 것뿐이다. 이산화탄소와 질소는 디보레인과 반응하지 않기 때문에 그들만이 소화제로 가능하다. 그렇지만 그 어느 쪽을 사용해도, 타고 있는 가스에 대해서는 그것이 공기보다도 가볍기 때문에 그저 일시적 효과를 주는 것뿐이다. 따라서 그 화재를 소화시키기 위해서는 디보레인의 흐름을 멈추게 하는 것이 가장 좋은 방법이다. 데카보레인($B_{10}H_{14}$)은 고체의 흰 물질로서 보레인류 중에서 가장 안정되지만 여전히 연소성은 가지고 있다. 그 연소 반응은 다음과 같다.

$$B_{10}H_{14} + 11O_2 \rightarrow 7H_2O + 5B_2O_3$$

데카보레인은 상온에 있어서 상당한 증기압을 가지고 있으며, 그 증기는 찌르는 듯한 불유쾌한 악취를 가지고 있고, 또한 인화점은 80℃이다. 데카보레인은 디보레인보다도 훨씬 천천히 가수분해를 일으키지만, 이 경우도 가수분해의 생성물은 수소이며, 그 화학반응은 다음과 같다.

$$B_{10}H_{14} + 30H_2O \rightarrow 10H_3BO_3 + 22H_2$$

가수분해는 완만히 일어나지만 수소와 데카보레인 증기가 결부되어 극도로 중대한 화재가 될 위험성이 있다. 데카보레인 화재는 이산화탄소 또는 물의 흐름에 의해 끄는 것이 가장 좋다. 그렇지만 조금이라도 남아 있는 데카보레인이 있으면 그것은 3%의 암모니아수로 분해시키지 않으면 안 된다. 할론류는 데카보레인과 화학적으로 반응하기 때문에 불을 끌 수는 없다. 데카보레인과 할론 104와의 사이의 반응은 다음과 같다.

$$2B_{10}H_{14} + 15CCl_4 \rightarrow 20BCl_3 + 15C + 14H_2$$

8. 규소의 분자 수소화물은 **실레인(규화수소)**이라 불린다. 성질이 잘 알려져 있는 실레인류는 별로 없기 때문에 상당한 양으로 어딘가에 이용되는 일은 거의 없다. 가장 간단한 실레인은 모노실레인과 디실레인이고 그 화학식은 SiH_4와 Si_2H_6이다. 그들은 상온에서 기체수소화물이고, 그들의 성질은 디보레인과 유사하다. 그들은 공기 중에서 자연발화하여 연소하며, 물과 반응한다. 디실레인과 물 및 산소와의 반응은 다음과 같다.

$$Si_2H_6 + 4H_2O \rightarrow 2SiO_2 + 7H_2$$

$$2Si_2H_6 + 7O_2 \rightarrow 4SiO_2 + 6H_2O$$

지난 ○○○○년 ○○월 ○○(주) 사업장에서 Hopper를 이용하여 혼합기에 원료(LLDPE)를 투입한 뒤 비닐백에 담긴 실레인(Silane)을 혼합기 상부에 주입하던 중 재해자는 혼합기내 공기를 치환하기 위한 질소퍼지 미실시 및 정전기 발생 억제를 위한 접지선 연결 미시행으로 인해 갑작스런 폭발이 발생하여 전신에 화상을 입고 119에 의해 병원으로 후송되어 치료 중 사망한 사례가 있으므로 취급시 주의를 요한다.

9. 보통의 염과 닮은 수소화물은 **알칼리금속의 수소화물**이다. 그 밖의 금속 대부분의 금속 수소화물은 물과 극히 급속도로 반응하며, 상당히 불안정하기 때문에 상업적으로 이용되는 일은 없다. 알칼리 수소화물은 여러 개의 공통성질을 가지고 있다. 그들은 공기 중에 존재하는 수분을 흡수해 물과 반응하며, 그 반응의 속도는 각각 정도의 차이가 있지만 그들은 비교적 안정된 화합물로서 그 녹는점에 있어서는 성분 원소로 분해를 일으킨다. 용융한 물질이 급속으로 전기분해를 일으키면 양극에 수소를 생성하며, 음극에 알칼리금속이 석출된다. 이 전기 분해 결과는 수소가 (−)로 대전하고 있는 것을 가리키고 있다.

알칼리 수소화물류는 금속과 수소를 300~700℃로 수소와 직접 반응시킴으로써 의해 얻을 수 있다. 리튬과 나트륨 수소화물은 화학식이 각각 LiH와 NaH인 흰 고체물질이다. 물과의 반응으로 수소가 생성하는 것은 다음 식으로 표현된다.

$$LiH + H_2O \rightarrow LiOH + H_2$$

$$NaH + H_2O \rightarrow NaOH + H_2$$

이 반응은 상당히 발열이기 때문에 발생하는 수소는 거의 순간적으로 타오른다. 양쪽

물질 모두 가연성 고체로 수송된다.

여러 개의 알칼리금속과 착염을 형성한 수소화물도 여전히 공업적으로 이용되고 있다. 리튬, 알루미늄의 수소화물은 수소화리튬과 염화알루미늄으로부터 만들어졌다.

$$4LiH + AlCl_3 \rightarrow LiAlH_4 + 3LiCl$$

그것은 흰색고체 물질로 염류형태의 수소화물과 같은 반응을 한다. 그것은 유기화학에서 어떤 합성반응의 환원제로 가치가 있다. 물과의 반응은 상당히 격렬하고 수소화물은 백열하며 연소한다. 그 가수분해는 다음 반응에 의해서 나타내어진다.

$$LiAlH_4 + 4H_2O \rightarrow Al(OH)_3 + LiOH + 4H_2$$

또한 그 복염의 수소화물은 상업적으로는 순수 화합물로 여전히 에테르에 녹여서 용액으로 이용된다. 그 고체는 가연성 고체로 분류되고 또 에테르 용액은 가연성 액체로 분류되고 있다.

붕수소화나트륨($NaBH_4$)은 착염형태의 수소화물이다. 이 화합물의 공업상 이점은 물에 의해 그저 천천히 분해되는 것이다. 그것은 공기 중의 습기와는 다른 어느 수소화물염류 보다도 훨씬 천천히 반응하면서 수소를 발생한다.

$$3NaBH_4 + 6H_2O \rightarrow Na_3B_3O_6 + 12H_2$$

착염형수소화물을 포함해서 수소화물의 화재는 i) 소다재, ii) 염화나트륨 또는 iii) 석묵가루로 질식시키는 방법으로 소화해야만 한다. 이산화탄소와 할론류는 그저 일시적인 소화제로 쓸모가 있을 뿐 그 화합물이 다시 공기와 접촉된 경우에는 공기 중의 수증기와 작용해 불꽃이 되어 타오른다.

7.5 과산화물

$(-O-O-)^{2-}$ 이온을 포함한 화합물을 과산화물이라 명명한다. 이들 화합물은 산화제로 일차적 위험성을 가지고 있다(제9장 참조). 그러나 여기서는 과산화물이 물과 반응하는 것을 주의하는 것에 주안을 둔다. 유기 과산화물류와 알칼리 및 알칼리토금속의 무기 과산화물은 공업적으로 중요하다. 앞에 논술한 것처럼 무기과산화물은 그 금속이 과잉의 산소 안에서 탈 때에 생긴다. 무기과산화물은 물과 반응하는데 물의 온도에 따라 산소 또는 과산화수소를 생성한다. 무기 과산화물은 찬물에서 과산화수소를 생성하며 고온

의 물에서는 산소를 생성한다. 과산화나트륨과 물과의 화학반응은 다음과 같다.

$$Na_2O_2 + 2H_2O\,(\text{찬물}) \rightarrow H_2O_2 + 2NaOH$$

$$2Na_2O_2 + 2H_2O\,(\text{뜨거운 물}) \rightarrow 4NaOH + O_2$$

따라서 과산화물의 용기는 수분을 흡수하는 것으로부터 보호되지 않으면 안 된다. 대량의 과산화물염에 물이 뿌려지면 폭발적으로 반응할 것이기에 이때 발생한 산소는 화재를 지지하는 일을 한다(그림 7.1). 무기과산화물류가 화재를 일으킨 경우 소다회, 식염 또는 모래가 가장 좋은 소화제이다. 물은 부근의 가연성 물질의 불을 끌 때에만 주의 깊게 이용해야 한다.

그림 7.1 과산화나트륨의 산화력. 알루미늄을 준비해서 철판 위에 쌓아놓고, 그 알루미늄 표면에 과산화나트륨 0.5 g을 얼룩지게 뿌린다. 스포이드를 이용해서 몇 방울의 물을 투하하면, 산소가 발생하는 화학반응을 관찰할 수 있다.

저자는 지난 2008년 5월 9일 서울시 소방학교에서 화재조사요원을 대상으로 위험물교육을 하던 중 과산화나트륨과 적린을 혼촉하여 발화하는 실험을 보여주려 준비하던 과정에서 비커 안에 과산화나트륨과 적린을 넣고 섞어주기 위해 비커를 흔들던 도중 2도 화상을 입게 되었다(사진 참조). 사진은 어느 정도 치료를 받은 후 회복기 사진이지만, 당시의 끔찍한 상황을 미루어 짐작할 수 있으리라 생각되어 공개하고자 한다. 평소에는 안전장비를 갖추고 하였으나 그날따라 무슨 생각에서인지 아무런 장비도 갖추지 않고 실험하게 됨으로 인해 화상을 입는 결과를 가져왔다. 감히 독자들에게 말하거니와 아무리 사소한 실험일지라도 반드시 안전장비를 갖추고 실험하기를 제언한다. 위험물관련 실험은 변수가 많아서 상당한 주의를 요한다. 본 교재에서도 매 장별로 실험을 제시하고 있지만, 최대한 안전사고를 대비해 주의를 요한다.

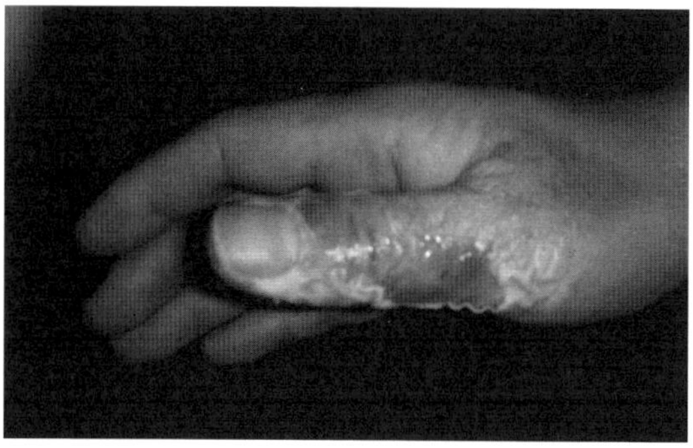

사진 3. 과산화나트륨과 적린의 혼촉발화실험을 시연하다 2도 화상

7.6 질화물, 탄화물 및 인화물

질소를 N^{3-} 이온형으로 포함하고 있는 이원소 화합물을 **질화물**이라 칭한다.

이 같은 화합물은 아지드와 혼동하면 안 된다. 아지드는 N^{3-} 이온을 포함하고 있는 화합물이다. 엄밀히 말하면 아지드도 여전히 질화물이다. 아지드는 물과 반응하는 화합물은 아니지만, 그들은 다른 면에서 위험하다(그들은 폭발한다).

여러 개의 질화물은 앞선 금속 발화에 관해 논한 곳에 언급되었다. 마그네슘, 리튬, 타이타늄 및 지르코늄은 질소기류 중에서 연소하는 금속의 부류이다. 질화물이 공업적 가치는 거의 없지만 이 화합물은 간접적으로는 도움이 될 가능성도 있다. 그들은 물과 반응하는 화합물이다. 질화마그네슘은 물과 다음과 같이 반응한다.

$$Mg_3N_2 + 6H_2O \rightarrow 3Mg(OH)_2 + 2NH_3$$

질화물이 가수분해를 받으면 암모니아의 악취가 나는데, 이 가스의 독성이 일반 조건에서도 모여 쌓이게 된다는 것은 의문이다.

탄화물은 탄소의 양이온을 포함한 이원소 화합물로서 2개의 종류가 있다. 즉 공유결합에 의한 물질과 소금 성질을 가진 탄화물이다. 공유결합 탄화물은 분자의 응집체로 존재하지만 그것에 반해 염과 유사한 탄화물은 양이온과 음이온의 결합물로 존재한다. 공유결합 탄화물의 대부분은 탄화수소이며, 그들은 동시에 분자수소화물이기도 하다. 탄화규소는 카보런덤(SiC)라는 이름으로 알려져 있지만 그것은 공유결합 탄화물이다. 이 물질은 거의 다이아몬드에 가까운 단단함을 가지고 있어 화학적으로 활발하지 않다. 염을 닮은 탄화물류는 물과 반응하는 물질이다. 그 탄소는 화합물 중에서 $C_2{}^{2-}$, C^{4-}, 및 $C_3{}^{4-}$ 같은 여러 가지 그룹을 만들어서 존재한다. 가수분해를 일으키면 염류형 탄화물은 가연성 탄화수소를 생성하는데 다음의 반응은 **탄화물 가수분해**의 전형적인 물질이다.

$$CaC_2 + 2H_2O \rightarrow Ca(OH)_2 + C_2H_2$$

$$Be_2C + 4H_2O \rightarrow 2Be(OH)_2 + CH_4$$

$$Al_4C_3 + 12H_2O \rightarrow 4Al(OH)_3 + 3CH_4$$

$$Mg_2C_3 + 4H_2O \rightarrow 2Mg(OH)_2 + HC \equiv CCH_3$$

각각의 반응은 충분히 발열성이고 가수분해로 생성된 가스에 착화한다. **탄화칼슘**은 공업적으로 중요한 물질이다. 그것은 전기로 안에서 코크스와 석회를 혼합해 가열함으로써 대량으로 생산되고 있다. 그것에 수반하는 반응은 다음과 같다.

$$CaO + 3C \rightarrow CaC_2 + CO \text{ (온도 2000℃ 이상)}$$

탄화칼슘은 아세틸렌의 주요한 원료이고 또 그것은 비료인 칼슘시아나이드($CaCN_2$)를 제조하는데 이용된다. 이 공업 재료는 불순물인 인화 칼슘이 존재하기 때문에 포스핀의 악취가 난다. 물과 접촉하면 탄화칼슘은 아세틸렌을 발생한다. 따라서 이 물질의 저장과 취급 또 화재에 있어서 소화활동을 하는 경우에는 건조상태로 두는 것이 매우 중요하다. 탄화칼슘의 가수분해로 생성된 아세틸렌은 탄화칼슘의 철도수송이 금지되어 있을 정도로 발화 우려를 가지고 있다.

P^{3-} 같은 인의 음이온을 포함한 이원소 화합물을 **인화물**이라 부른다. 중금속류의 인화물은 금속과 인을 접촉화합시킴으로써 만들어지지만, 알칼리 및 알칼리토금속류의 인화물은 그들의 인산염과 금속 알루미늄을 고온으로 반응시킴으로써 생성된다. 인화알루미늄과 인화칼슘은 합금의 형태로 존재하며, 또 곡물의 훈증제로도 이용된다.

인화물은 또 통상 인산염 또는 원소 인을 이용한 고온의 반응에 있어서 불순물로 존재한다. 앞에서 언급한 것처럼 인화물은 가수분해하면 가연성이며 유독한 화합물인 포스핀을 생성한다. 예를 들면, 인화 알루미늄 AlP는 다음 같은 반응을 일으킨다.

$$AlP + 3H_2O \rightarrow Al(OH)_3 + PH_3$$

손쉽게 발화해 타기 시작하며 고도의 독성을 가진 것이 포스핀의 주요한 위험성이다.

7.7 물과 반응하는 무기염화물

금속 염화물류는 일반적으로 말해 약염기와 강산의 염이다. 예를 들면 염화알루미늄은 강산인 염산과 약염기인 수산화알루미늄이 화학적으로 반응하는 결과 생긴 염이다.

$$3HCl + Al(OH)_3 \rightarrow AlCl_3 + 3H_2O$$

단 알칼리금속과 알칼리토금속의 염화물만이 강산과 강염기의 염이다. 염화알루미늄 또는 염화칼슘의 수용액은 중성이다. 곧 그들은 염기성도 산성도 아니다. 이것에 반해 약염기와 강산의 염이 물에 녹으면, 그 수용액은 확실히 산성을 나타낸다. 이 금속의 양이온은 양자를 용제의 분자에 이행시키는 경향이 있기 때문에 용액이 일부 가수된 수소이온 H_3O^+를 형성하며 염의 음이온도 방출된다. 그 염이 금속 염화물(M_nCl_m)인 경우에 그 수용액 이온의 환경은 염산 수용액과 유사하다.

어떤 염류는 물과 접촉하면 수화물이 된다는 것을 염두에 두어야 한다. 여기서 무수의 염화알루미늄은 화학식 $AlCl_3$로 그 상태를 잘 나타내고 있지만, 물이 결부한 염화알루미늄은 더욱더 완전한 화학식 $AlCl_3 \cdot 6H_2O$ 또는 $Al(H_2O)_6Cl_3$로 표현된다. 염화알루미늄의 용액 내에서의 가수분해는 다음 식에 의해 표현된다.

$$Al(H_2O)_6{}^{3+} + 3Cl^- + H_2O \rightarrow Al(H_2O)_5OH^{2+} + H_3O^+ + 3Cl^-$$

이와 같이 염화알루미늄이 물에 녹으면 하이드로늄 이온과 염산의 경우와 같은 염소 이온이 생긴다.

$$HCl + H_2O \rightarrow H_3O^+ + Cl^-$$

염화알루미늄 같은 몇 개의 금속 염화물은 산화 같은 부식작용을 한다. 그들은 화학적으로 대부분의 금속과 반응을 일으키며, 또 피부에 묻으면 피부 조직에 눈으로 보이는 파괴작용을 일으킨다. 이들 물질의 부식작용은 가수분해의 결과 생긴 산성의 환경 때문이다. 금속 염화물과 더불어 몇 개의 비금속 염화물도 여전히 물과 반응한다. 그들의 수용액은 화학적으로 금속 염화물의 가수분해보다도 훨씬 강하기 때문에 부식성 물질로 분류되고 있다. 또 삼염화인, 오염화인은 함께 독물 라벨을 첨부한다. 금속 염화물 또는 비금속 염화물과 접촉하는 물의 양이 비교적 적은 경우에는 기체 염화수소가 발생한다. 이것에 반해 물의 양이 비교적 많은 경우에 이 가스는 용액 안에서 염산의 형으로 잔존한다. 이 염화수소와 염산은 양쪽 모두 피부, 눈 및 점막을 약하게 자극해 염증을 일으킨다는 것을 기억해야만 한다. 염화수소를 흡입한 경우 건강에 대한 장해는 표 6.7에 총괄되어 있다. 피부에 접촉된 경우에는 이들 염산은 대량의 물로 급속히 제거해야 하고, 그 부착된 부분은 계속해서 탄산수소나트륨으로 중화해야만 한다. 이 그룹의 각각의 물질은 불연성이다. 그렇지만 가수분해시에 만들어진 열은 통상 부근에 있는 가연성 물질을 착화시키거나 인체에 심한 화상을 일으키는 원인이 되기에 충분하다.

이상의 성질을 소유하는 금속 및 비금속의 일반 염화물은 아래와 같이 간단히 요약할 수 있다.

1. **무수 염화알루미늄**은 황색의 고체이며, 그것은 공기 중의 습기와 천천히 반응하며, 그 동안 염화수소의 악취가 나는 것으로 판별할 수 있다. 무수 염화알루미늄의 가수분해는 다음 식과 같다.

$$2AlCl_3 + 3H_2O \rightarrow Al_2O_3 + 6HCl$$

물과 접촉하면 염화알루미늄은 격렬한 가수분해를 일으킨다. 대량의 무수 염화알루미늄은 비교적 단순한 화합물로부터 복잡한 유기화합물로의 합성에서 촉매로 작용한다(프리델 크라프트 반응). 염화알루미늄은 또 종종 착염수소화물과 유기알루미늄 화합물의 합성 개시제로 이용된다.

2. **오염화안티모니**는 황적색의 액체이며, 물에 의해 가수분해를 일으켜 흰 불용성 안티모니산을 생성한다.

$$SbCl_5 + 4H_2O \rightarrow H_3SbO_4 + 5HCl$$

이 가수분해는 상당한 열 발생을 동반하며, 수송할 때는 부식성 물질이라는 라벨을 필요로 한다. 안티모니의 삼염화물($SbCl_3$) 화합물도 존재하지만 이 화합물은 비교적 위협성이 적다.

3. **삼염화붕소**는 무색으로 18℃에서 비등해서 발열하는 액체이고, 손쉽게 물과 반응해 붕산과 염화수소를 생성한다.

$$BCl_3 + 3H_2O \rightarrow H_3BO_3 + 3HCl$$

상당량의 삼염화붕소가 어떤 종의 유기 합성과정에서 공업적으로 촉매로 이용되고 있다. 이것은 부식성 물질로 취급되어 수송된다.

4. **옥시(산화)염화인**은 **염화포스포릴**이라고도 불리는 발열하는 액체이다. 그 화학식은 $POCl_3$이며, 물에 의해 격렬하게 가수분해하여 인산을 만든다.

$$POCl_3 + 3H_2O \rightarrow 3HCl + H_3PO_4$$

이것은 부식성 물질로 분류된다.

5. **오염화인**은 녹색 고체이고, 그 가수분해의 생성물은 염화물 몰당 반응하는 물의 양에 의해 결정된다. 오염화인이 대량의 물과 작용하면 인산이 생성되며, 소량의 물과 반응하면 옥시 염화인이 생성된다. 각각의 반응도 여전히 염화수소를 생성한다.

$$PCl_5 + 4H_2O \rightarrow H_3PO_4 + 5HCl$$

$$PCl_5 + H_2O \rightarrow POCl_3 + 2HCl$$

오염화인의 가수분해열은 상당히 크기 때문에 가연성 고체로 분류하고 있다.

6. **삼염화인**(PCl_3)은 발열하는 무색의 액체이며, 격렬하게 가수분해하여 아인산과 염산으로 분해하고 그 때 상당한 열을 발생한다. 그 화학반응은 다음과 같다.

$$PCl_3 + 3H_2O \rightarrow H_3PO_3 + 3HCl$$

삼염화인은 부식성 물질로 분류되고 있으며, 삼염화인, 오염화인 및 옥시염화인은 다른 화합물로부터 산소를 추출할 수 있는 큰 친화력도 가지고 있다. 따라서 그들은 그와 같은 합성 목적에서 상당히 중요하다.

7. **사염화규소**는 무색으로 발열하는 액체이며, 가수분해해서 규산과 염산으로 분해된다. 그 화학반응은 다음과 같다.

$$SiCl_4 + 4H_2O \rightarrow H_4SiO_4 + 4HCl$$

그것은 또한 부식성 물질로 분류된다.

사염화규소는 각종 규소수지가 만들어질 때에 출발화합물로 이용된다. 규소수지의 이름은 일반적으로 실리콘이라 불리고 있으며, 이는 각종 그리스, 기름, 왁스, 광택제 등에 폭넓게 이용되고 있다. 1974년 4월 시카고에서 약 1만 갤런의 액체 사염화규소가 저장 탱크로부터 흘러나와서 몇 천 명의 주민을 피난시키는 일이 있었다. 이 액체는 대기압의 조건에서 기체로 되고 공기 중의 습기와 반응하여 유독한 염화수소를 생성한다.

사염화규소와 더불어서 보통 20종류의 할로겐 치환을 행한 유기실레인이 공업적으로 이용되고 있다. 이러한 종류의 화합물 예로는 메틸트리클로로실레인 및 에틸클로로실레인이 있다. 단순한 실레인처럼 이들 화합물은 종종 가연성으로 유독하며, 또 물과 반응한다. 그들 중 어떤 물질은 가연성 액체로 분류되지만 대부분은 부식성 물질로 보인다.

8. **무수 사염화주석**은 무색으로 발연하는 액체이며, 그 화학식은 $SnCl_4$이다. 그것은 물보다 2배 이상 무겁고(비중 2.23), 가수분해해서 불용성 주석산과 염산을 만들고, 그 화학반응은 다음과 같다.

$$SnCl_4 + 3H_2O \rightarrow 4HCl + H_2SnO_3$$

9. **염화치오닐**($SOCl_2$) 및 **염화설퍼닐**(SO_2Cl_2)은 무색의 악취나는 액체이며, 그 양쪽 모두 화학반응이 상당히 유사하다. 가수분해 시에 양쪽 모두 염화수소와 위험한 황화합물을 생성하며, 그 화학반응은 다음과 같다.

$$SOCl_2 + H_2O \rightarrow SO_2 + 2HCl$$

$$SO_2Cl_2 + 2H_2O \rightarrow H_2SO_4 + 2HCl$$

염화치오닐의 가수분해는 특히 격렬하며 부식성 물질로 취급된다.

10. **사염화타이타늄**은 무색의 휘발성 액체로 염화수소의 자극성 있는 악취를 가지고 있다.

$$TiCl_4 + 4H_2O \rightarrow 4HCl + Ti(OH)_4$$

사염화타이타늄과 유기알루미늄 화합물의 혼합물은 공업상 티이크란 촉매로 알려져 있다. 그것은 어떤 종의 불포화탄화수소류의 중합촉매로 효과적이다.

7.8 물과 반응하는 유기화합물

몇 개의 유기책에는 손쉽게 가수분해를 일으켜서 부식성 물질을 생성하며, 가수분해의 증거로 공기 중에서 통상 발연한다. 손쉽게 가수분해를 일으키는 가장 보통의 유기물질은 다음과 같다.

1. **무수 아세트산**은 무색으로 발연하는 액체이고, 주로 아스피린 합성에 이용되며, 실험식은 $(CH_3CO_2)_2O$이다. 가수분해 시에는 아세트산을 생성하고 화학반응은 아래와 같다.

$$(CH_3CO_2)_2O + H_2O \rightarrow 2CH_3COOH + O_2$$

무수 아세트산의 상당량을 대기 중에 노출시키면 호흡이 상당히 곤란하게 될 가능성이 있고, 또한 이는 아세트산의 증기가 존재한다는 것을 말한다. 아세트산의 증기와 무수 아세트산과의 혼합물은 공기 중에서 가연성이며, 무수 아세트산은 부식성 물질로 분류된다.

2. **염화아세틸**은 무색의 발연하는 액체로 주로 유기합성 과정에서 이용된다. 그 화학식은 CH_3COCl이며, 가수분해 시 염화수소와 아세트산을 생성한다.

$$CH_3COCl + H_2O \rightarrow HCl + CH_3COOH$$

염화아세틸은 부식성 물질로 분류되고 있지만, 그 가연성은 중대한 2차적 재해를 낳는다. 특히 염화아세틸의 인화점은 겨우 4.4℃에 불과하다.

실험 7-1. 칼슘을 이용한 수소의 제조

1. 목 적

칼슘이 찬물과 반응하여 발생하는 기체의 성질을 알아보고, 알칼리금속과 알칼리토금속류 원소들의 이온화에너지에 대해 이해한다. 아울러 알칼리금속과 알칼리토금속류의 물과의 반응성으로부터 위험성에 대해 숙지한다.

2. 기구 및 시약

비커(beaker), 400 mL
유리 깔때기
스포이드
시험관
칼슘(calcium, Ca) 조각
페놀프탈레인 용액
물

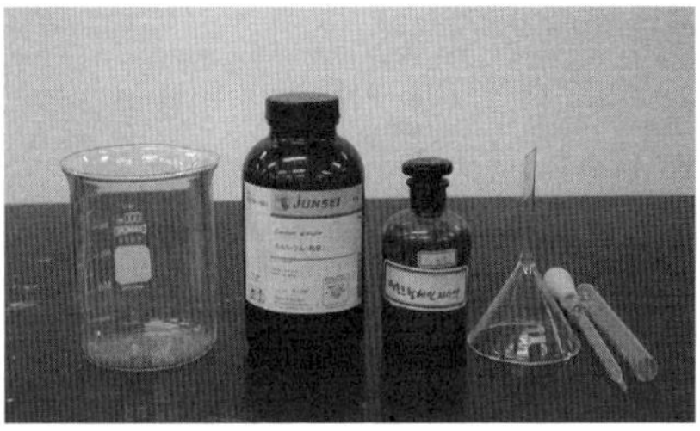

그림 1 실험 준비물

3. 원 리

① 칼슘은 물과 반응하여 수소 기체를 발생한다.

$$Ca(s) + 2H_2O(l) \rightarrow H_2(g) + Ca(OH)_2(s)$$

② 수소가 연소하면 물이 된다. 수소가 산소와 혼합되어 있을 때 점화하면 "퍽" 소리가 나는데 이것이 수소 기체의 확인법이다.

③ 염기인 수산화칼슘은 무색의 페놀프탈레인 용액을 분홍빛으로 변화시킨다.

④ 주기율표의 1족에 속하는 알칼리금속은 모두 찬 물과 격렬하게 반응하여 수소 가스를 내면서 용액의 액성이 염기성으로 변한다. 그러나 2족에 속하는 알칼리토금속은 일반금속에 비해 이온화 에너지가 크기 때문에 알칼리금속보다 반응성이 떨어진다. 즉, 이온화에너지가 작을수록 반응성이 크다. 따라서 알칼리토금속 중에서도 이온화 에너지가 큰 Be과 Mg은 찬물에는 반응하지 않고 비교적 이온화 에너지가 작은 Ca부터는 찬물에서 반응하게 된다.

금속의 이온화 경향

<table>
<tr><th>이온화 경향</th><td colspan="5">K > Ca > Na > Mg > Al > Zn > Fe > Ni > Sn > Pb > (H) > Cu > Hg > Ag > Pt > Au</td></tr>
<tr><th>산소와 반응</th><td>쉽게 산화</td><td colspan="2">서서히 산화</td><td colspan="2">산화 안 됨</td></tr>
<tr><th>물과의 반응</th><td>냉수와 반응</td><td>고온에서 반응</td><td colspan="3">반응치 않음</td></tr>
<tr><th>산과의 반응</th><td colspan="2">모든 산과 반응</td><td colspan="2">산화성에 용해</td><td>왕수 녹음</td></tr>
</table>

4. 실험방법

① 400 mL 비커의 3/4 정도로 물을 채운다.
② 여기에 2～3방울 정도의 페놀프탈레인 용액을 떨어뜨린다.
③ 시험관에 물을 가득 채운 후 물이 담긴 비커에 거꾸로 세워 놓는다.
④ 비커 속에 거꾸로 넣었을 때 물 속에 완전히 잠길 수 있는 조그만 유리 깔때기를 고른다. 이때 필요하면 물을 더 부어 준다.
⑤ 완두콩만한 크기의 칼슘 덩어리를 비커의 한 가운데 떨어뜨린 후 그림 3과 같이 바로 유리 깔때기로 칼슘을 덮는다.
⑥ 수소 기체가 발생하면 수상 치환의 방법으로 시험관에 기체를 모은다.
⑦ 수소 기체가 들어 있는 시험관 주둥이를 아래로 향한 다음 시험관 주둥이에 성냥 불씨를 넣어 봄으로써 수소 기체임을 확인해 보자.
⑧ 용액의 색이 분홍색이 되고 앙금이 생기는 것을 관찰한다.

그림 2 페놀프탈레인 지시약 적가

그림 3 수소기체 발생

그림 4 수용액의 액성 확인

5. 관계지식

칼슘(Ca)은 알칼리토금속의 하나이다. 지각을 구성하는 많은 규산염의 성분이기도 하다. 동물의 영양에 없어서는 안 되는 것으로서, 뼈 · 이 등의 성분이고 식물의 생육에도 중요하다. 염화칼슘을 주성분으로 하는 용융염전기분해법으로 만드는데, 공업적 제품은 순도 94～98%이고, 진공증류로 정제한다. 은백색의 무른 금속으로 전성과 연성이 있다.

녹는점 851℃, 끓는점 1,240℃이다. 상온에서는 산소 · 할로겐과 직접 화합하고, 가열하면 격렬하게 작용한다. 또한 황, 인, 수소, 질소, 규소, 및 탄소와도 화합한다. 물을 작용시키면 상온에서는 수산화칼슘의 보호막을 만들어 느리지만, 가열하면 격렬하게 물을 분해하고, 수소를 발생한다. 불꽃반응은 등적색, 각종 금속의 탈산제 · 환원제 또는 합금으로 쓰이고 있다.

제 목	칼슘을 이용한 수소의 제조		
실 험 조		제 출 자	
실험일자		제출일자	

1. 페놀프탈레인 지시약을 적가하는 이유는?

2. 칼슘을 물에 넣었을 때 반응 한 후 용액의 액성은?

3. 물과 칼슘과의 반응을 설명하여 보자.

4. 물 속에 넣을 때 수소를 발생시키는 금속을 조사하여 보자.

5. Al, Mg 및 Ca의 제1 이온화에너지를 조사한 후, 물과의 반응성을 크기 순서로 예측하여 보자.

【고　　찰】

【참고문헌】

실험 7-2. 나트륨의 위험성 I

1. 목 적

제3류 위험물 중 금수성 물질인 나트륨이 물과 접촉되었을 때 발화 실험을 통해 그 위험성을 알아본다.

2. 기구 및 시약

비커(beaker), 1,000 mL
핀셋
나트륨

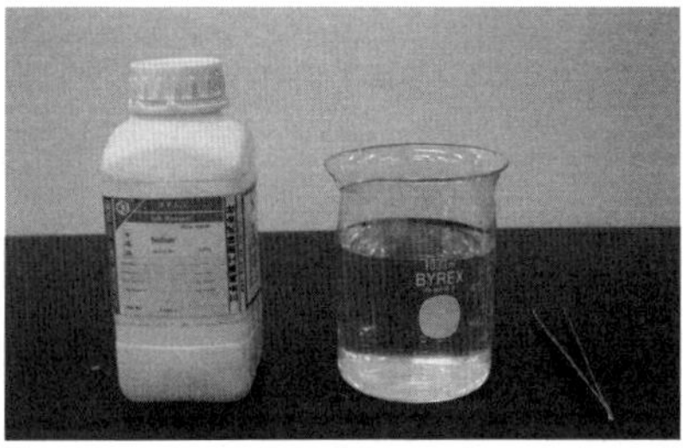

그림 1 실험 준비물

3. 실험방법

① 비커에 약 800~900 mL 정도의 물을 준비한다.
② 약 50 g 정도의 나트륨 덩어리를 준비한다.
③ 보호장비를 착용한 후에 준비된 나트륨을 물이 담긴 비커에 넣어 반응시킨다.
(넣는 즉시 발화·폭발하므로 최대한 주의한다.)
④ 발화·폭발하는 반응을 관찰한다.

그림 2 나트륨 50 g을 준비한다
(보호액은 반드시 석유나 파라핀 사용).

그림 3 비커에 물을 준비한다.

그림 4 준비된 나트륨을 물이 담긴 비커에 넣는다
(넣는 즉시 발화폭발하므로 최대한 주의한다).

그림 5 반응을 관찰한다.

그림 6 발화폭발하는 반응을 관찰한다.

그림 7 발화폭발하는 반응을 관찰한다.

제　　목	나트륨의 위험성 I		
실 험 조		제 출 자	
실험일자		제출일자	

1. 물속에 나트륨을 넣으면 어떻게 되는가?

2. 발화의 직접적인 원인물질은 무엇인가?

3. 나트륨의 소화 방법은 무엇인가?

4. 나트륨은 어떻게 보관해야 하는가?

【고　　찰】

【참고문헌】

실험 7-3. 나트륨의 위험성 II

1. 목 적

위험물안전관리법상 제3류 위험물(금수성 물질)로 분류되고 있는 나트륨(Na)은 물과 만나 가연성 가스인 수소가스(H_2)를 발생하며 반응열을 동반하여 발화·폭발하게 된다. 이와 같이 제3류 위험물은 공기 중의 수분 및 물(H_2O)과 반응하여 발화·폭발의 위험성을 갖기 때문에 저장 시 석유등의 보호액 속에 저장해야 한다.

2. 기구 및 시약

나트륨(Na)
휴지(여과지)
스포이드
물
핀셋

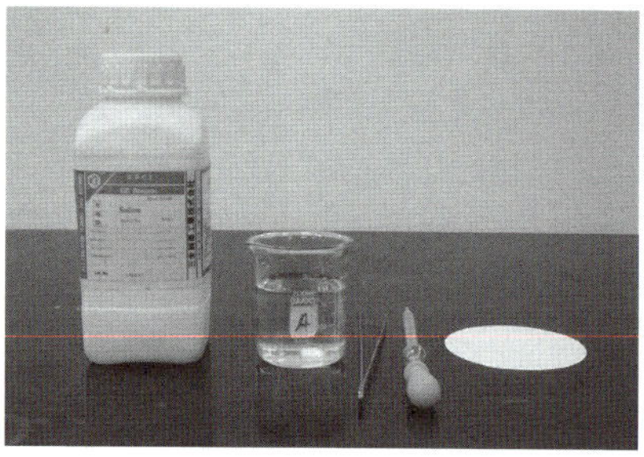

그림 1 실험 준비물

3. 실험과정

① 스포이드를 이용하여 휴지를 적신다.
② 휴지위에 약 0.05 ~ 0.1 g 정도의 나트륨(Na)을 준비한다.
③ 200 mL 비커에 물을 넣은 다음 스포이드를 이용하여 물을 한 방울씩 천천히 떨어뜨린다.
④ 나트륨(Na)의 변화 및 발화현상을 관찰한다.
⑤ 물이 접촉하는 순간 나트륨 알갱이가 불티를 내는 경우도 있으므로 주의한다.

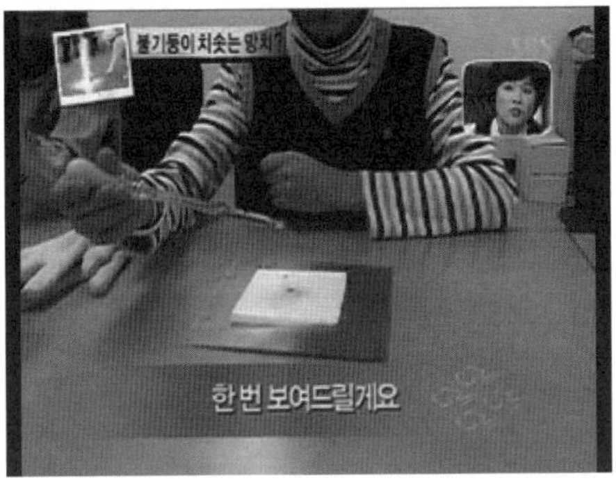

그림 2 스포이드를 이용하여 적신 휴지 위에 나트륨(Na) 0.05~0.1 g를 준비한다.

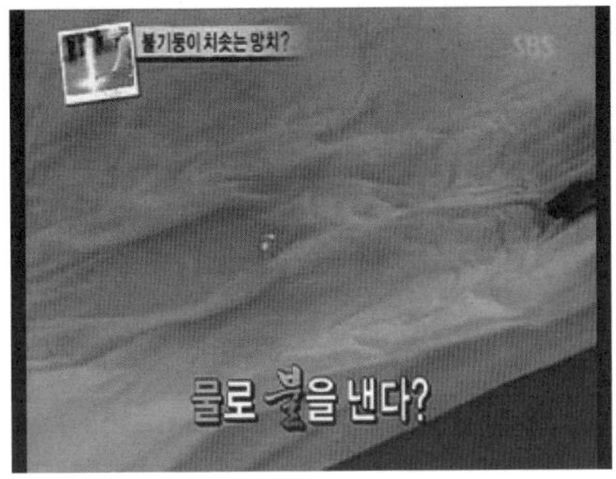

그림 3 스포이드를 이용하여 물을 한 방울씩 천천히 떨어뜨린다.

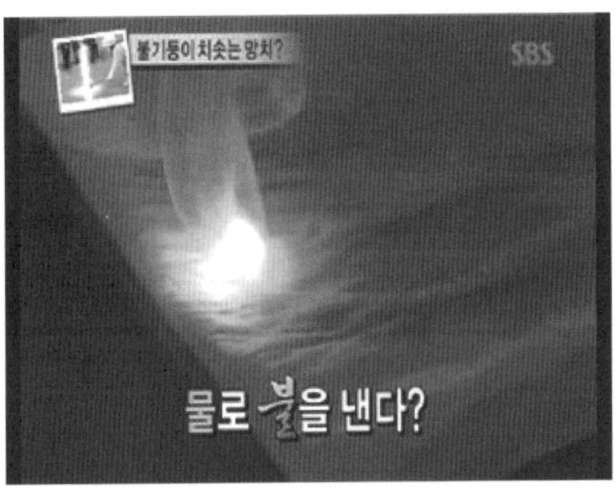

그림 4 나트륨(Na)의 변화 및 발화현상을 관찰한다.

제 목	나트륨의 위험성 II		
실 험 조		제 출 자	
실험일자		제출일자	

1. 위 실험의 화학반응식은 어떻게 되는가?

2. 나트륨의 지정수량은 얼마인가?

【고　　찰】

【참고문헌】

실험 7-4. 칼슘의 위험성

1. 목 적

제3류 위험물 중 금수성 물질인 칼슘이 물과 접촉되었을 때 발생되는 기체의 폭발 실험을 통해 그 위험성을 알아본다.

2. 기구 및 시약

가지달린 둥근바닥 플라스크
가지달린 삼각플라스크
고무관, 샬레
고무마개, 수조
유리관, 스탠드
글리세린
칼슘
양초
퐁퐁

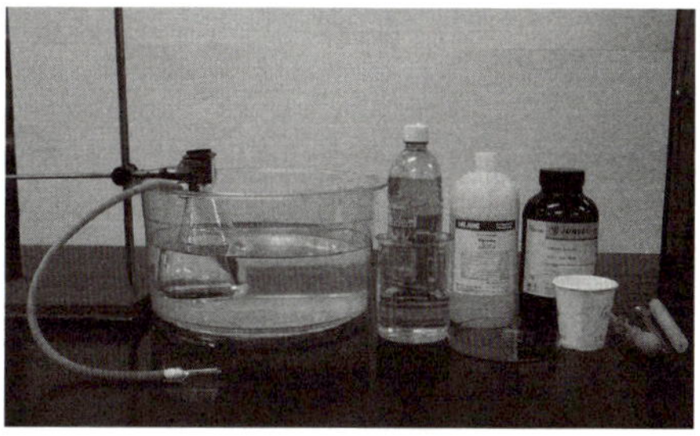

그림 1 실험 준비물

3. 실험방법

① 퐁퐁, 글리세린, 물의 부피가 3 : 6 : 4가 되도록 혼합용액을 만든다.
② 수조와 가지달린 삼각 플라스크에 물을 채운다.
③ 가지달린 둥근 플라스크의 바닥을 물에 넣어 스탠드에 고정시킨 후 300 mL 비커에 물을 채운 후 둥근 바닥 플라스크에 넣는다.
④ 고무관의 한쪽 끝을 둥근 플라스크의 가지에 끼우고, 다른 끝에 유리관을 끼운 다음 이 끝을 고무마개에 끼워 삼각 플라스크의 입구를 막는다.
⑤ 다른 고무관의 한쪽 끝에 유리관을 끼우고 다른 쪽은 삼각 플라스크의 가지에 끼운다.
⑥ 0.5 g 칼슘을 준비한다.

⑦ 둥근바닥 플라스크에 0.5 g 칼슘을 수저로 넣고 고무호스 중에 남아 있는 공기를 충분히 배출시킨 후 둥근바닥 플라스크 입구를 고무마개로 막는다. (고무호스 중에 공기가 잔류하는 경우 고무마개를 막으면 역류에 의해 둥근바닥 플라스크가 폭발할 수도 있다.)

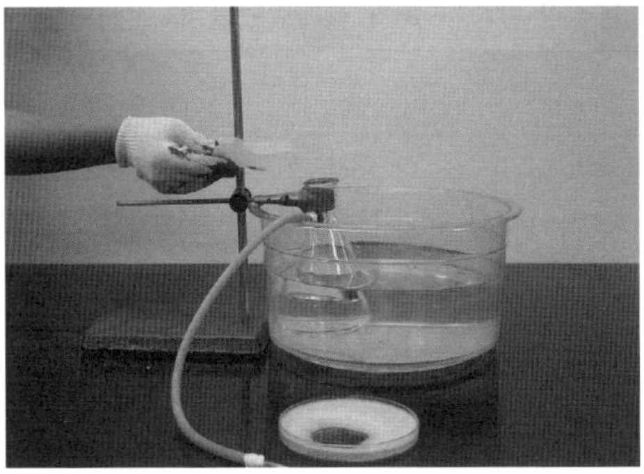

그림 2 실험 장치

⑧ 거품이 나오기 시작하면 유리 막대 끝에 비눗물을 묻힌 후, 방울이 생기면 날려 보낸다.
⑨ 부유하는 비눗방울에 촛불을 갖다 댄다. 그러면 비눗방울이 폭발음과 함께 연소한다.

그림 3 부유하는 비눗방울

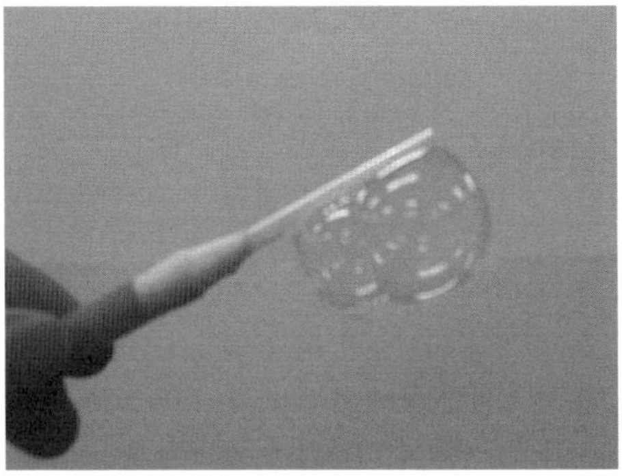

그림 4 비눗방울

제 목	칼슘의 위험성		
실 험 조		제 출 자	
실험일자		제출일자	

1. 위 실험에서 발생하는 기체는 무엇인가?

2. 비눗방울이 공기 중으로 떠오르는 이유는 무엇인가?

3. 위 실험의 화학반응식은 어떻게 되는가?

【고 찰】

【참고문헌】

실험 7-5. 탄화칼슘(칼슘카바이드)의 위험성

1. 목 적

위험물안전관리법상 제3류 위험물(금수성 물질)로 분류되고 있는 탄화칼슘(칼슘카바이드, CaC_2)은 물과 만나 가연성 가스인 아세틸렌 가스(C_2H_2)를 발생하며 반응열을 동반하여 발화·폭발하게 된다.

2. 기구 및 시약

탄화칼슘(칼슘카바이드, CaC_2)
비커, 물, 깔때기, 시험관, 파이어 건(Fire-gun)

3. 실험방법

① 비커에 물을 준비한다.
② 물이 채워진 비커 안에 탄화칼슘(칼슘카바이드, CaC_2) 조각을 넣고 재빨리 깔때기와 시험관이 이용해서 아세틸렌가스(C_2H_2)를 시험관 안에 포집한다.
③ 아세틸렌가스(C_2H_2)가 포집된 시험관에 파이어 건(Fire-gun) 불꽃을 가져간다.
④ 시험관에서 작은 폭발이 일어나는 걸 관찰한다.

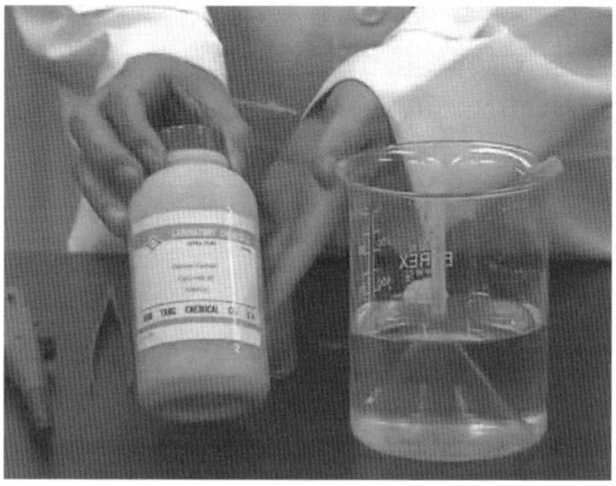

1. 실험재료를 준비한다.

2. 물이 채워진 비커 안에 탄화칼슘 (칼슘카바이드, CaC_2) 조각을 넣고 재빨리 깔때기로 덮는다.

3. 시험관이 이용해서 아세틸렌가스(C_2H_2)를 시험관 안에 포집한다.

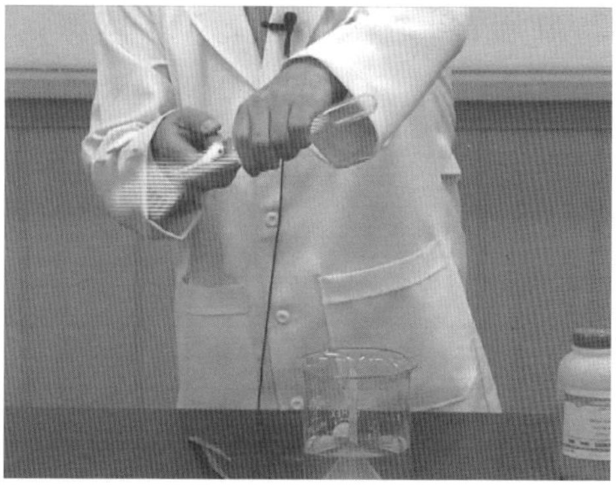

4. 아세틸렌가스(C_2H_2)가 포집된 시험관에 파이어건(Fire-gun) 불꽃을 가져간 후 시험관에서 작은 폭발이 일어나는 걸 관찰한다.

제　　목	탄화칼슘(칼슘카바이드)의 위험성		
실 험 조		제 출 자	
실험일자		제출일자	

1. 위 실험에서 발생하는 기체는 무엇이며, 이 기체의 위험도를 계산하시오

2. 위 실험의 화학반응식을 적으시오.

3. 탄화칼슘의 용도에 대해 조사하시오.

【고　　찰】

【참고문헌】

연습문제

7.1 알칼리금속이 물과 반응하여 생성되는 가연성 가스는 무엇인가?

7.2 알칼리금속의 화재에 대한 소화 방법으로 적합한 것은 무엇이며, 이에 적합한 소화제는 무엇인가?

7.3 마그네슘의 화재에 물을 소화제로 사용할 수 없다. 그 이유를 화학반응식을 써서 설명하여라.

7.4 아연분의 화재에는 할론이나 CO_2를 소화제로 사용할 수 없다. 그 이유를 설명하시오.

7.5 유기금속화합물의 화재에 적합한 소화 방법은?

7.6 규소의 수소화물을 실레인, 붕소의 수소화물을 보레인이라고 한다. 이러한 실레인과 보레인은 할론을 소화약제로 사용할 수 없다. 그 이유를 화학식을 통해 설명하시오.

7.7 금속수소화합물의 소화 방법을 간단히 설명하시오.

7.8 탄화물은 물과 반응하여 여러 가지 탄화수소를 생성한다. 금속의 탄화물 중에서 물과 반응하여 대단히 인화성이 높은 아세틸렌가스를 발생하는 물질은 무엇이며, 그 화학반응식을 쓰시오.

7.9 마그네슘 화재 시 소화약제로서 물과 이산화탄소를 사용할 수 없는 이유를 쓰고 화학반응식으로 표현하시오. (소방기술사 82회)

7.10 금수성 위험물의 소화약제 종류에 대하여 설명하시오. (소방기술사 60회)

7.11 실레인(SiH_4)의 연소, 폭발의 위험성과 방지대책에 대하여 기술하시오. (소방기술사 56회)

7.12 칼륨((Potassium)의 성질, 화재위험성, 소화대책에 대해 설명하라. (소방기술사 32회)

7.13 금수성 물질에 대하여 4가지 이상 예를 들고, 그 위험특성에 대하여 논하시오. (소방기술사 31회)

7.14 수소화나트륨과 물이 접촉했을 때의 반응식과 위험성 2가지? (위험물기능장 41회)

7.15 트리메틸알루미늄, 트리에틸알루미늄과 물과 반응 시 발생하는 생성기체(가연성 가스) 2가지를 써라. (위험물기능장 37회)

7.16 연한 은백색의 육방정계 구조로, 비중 1.55(20℃), 융점이 851℃이고, 납보다 단단하고 연성과 전성이 좋다. (위험물기능장 37회)]

(1) 명칭
(2) 지정수량
(3) 물과 반응식
(4) 보관 방법
(5) 소화 방법

7.17 탄화칼슘에 수분이 침투시의 화학반응식, 생성기체 농도가 25%일 때 위험한 이유 2가지를 적으시오. (위험물기능장 37회)

(1) 화학반응식
(2) 위험한 이유 2가지

7.18 금속분에 대하여 설명하시오. (소방기술사 69회)

7.19 과산화칼륨의 열분해 반응식을 쓰시오. (위험물기능장 35회)

7.20 과산화나트륨이 온수와 반응시 생성물질에 대해 써라. (위험물기능장 32회)

7.21 알킬알루미늄과 공기와의 반응식을 써라. (위험물기능장 37회)

7.22 인화석회와 물과의 반응식, 지정수량, 위험성 2가지를 써라. (위험물기능장 37회)

7.23 염화칼슘과 물과의 반응식, 생성되는 기체 화학식, 생성물의 농도가 공기 중에서 25%인데, 생성물이 왜 위험한지 써라. (위험물기능장 37회)

7.24 탄화칼슘의 질량이 100 kg이며. 100℃, 1기압일 때 물과의 반응시 발생하는 가스의 부피는 몇 m^3인가? 발생 가스의 위험도는? (위험물기능장 44회)

7.25 트리에틸알루미늄이 공기와 수분에 노출되었을 때의 반응식을 써라. (위험물기능장 50회)

7.26 마그네슘 화재 시 소화약제로서 물과 이산화탄소를 사용할 수 없는 이유를 쓰고 화학 반응식으로 표현하시오. (소방기술사 82회)

7.27 금속나트륨의 화학적 특성, 화재위험성 및 화재위험성 및 화재감식요령에 대하여 설명하시오. (소방기술사 93회)

7.28 트리에틸알루미늄[Triethyl Aluminium; $(C_2H_5)_3Al$]의 성상. 위험성, 저장·취급 및 소화 방법에 대하여 설명하시오. (소방기술사 98회)

7.29 알루미늄분의 염산과 수산화나트륨 반응식을 쓰시오. (위험물기능장 제55회)
(1) 염산과의 반응식
(2) 수산화나트륨과의 반응식

7.30 트리에틸알루미늄과 각 물질이 반응 시 발생하는 가연성 가스를 화학식으로 쓰시오. (위험물기능장 제54회)
(1) 수분과 반응
(2) 염소와 반응
(3) 알코올과 반응
(4) 산과의 반응

7.31 다음 약어의 화학식을 쓰시오. (위험물기능장 제53회)
(1) TEA
(2) EACD
(3) DACD

7.32 아세틸렌 가스를 제조에 사용되는 제3류 위험물의 물과의 반응식을 쓰시오. (위험물기능장 제53회)

7.33 마그네슘과 각 물질별 화학반응식을 써라. (위험물기능장 제54회)
(1) CO_2와의 반응식
(2) N_2와의 반응식
(3) H_2O와의 반응식

7.34 탄화칼슘과 물과의 반응식을 쓰고 발생가스의 위험도를 구하라. (위험물기능장 제55회)

7.35 과산화칼슘에 대하여 알맞게 채어 넣으시오. (위험물기능장 제56회)
(1) 열분해 생성물
(2) 염산과의 반응 시 생성물

7.36 탄화칼슘(CaC_2) 제조 공장의 침수로 인한 화재발생과정 및 위험성에 대하여 설명하시오. (소방기술사 제101회)

제 8 장

유독물질

일반가정에서도 다수의 유독한 화학물질이 사용되고 있다. 살충제, 제초제, 살서제, 세정 물질과 도장에 이용되는 약품류, 소독약 등이다. 이들 물질은 많은 다른 독물과 함께 소방관들이 작업하는 사이에 종종 우연히 만나는 물질이다. 더불어 많은 연소생성물도 예를 들면, 일산화탄소는 위에 기술한 여러 물질과 같이 독물로 취급한다.

소화에 종사하는 사람들이 생명에 위협을 주는 물질에 노출되는 기회는 대단히 많다. 특히 유독한 물질에 오염된 분위기 속에서 구조작업을 행해야 하는 경우가 빈번하게 발생한다. 또한 소방관들은 종종 유독한 연기입자와 이산화탄소에 오염된 공기 안에서 작업을 하는 경우도 있다. 이 때 이상한 생리적인 긴장과 운동이 소방관들의 호흡을 곤란하게 하기도 하고, 심한 경우 생명을 앗아간다. 호흡작용에 의해 유독한 가스를 폐 안 깊숙이 끌어들이기 때문이다. 이로부터 생물학적인 장해가 가속될 뿐 아니라, 화재 주위의 공기에 유독한 가스가 증가하여 생명을 지탱하는데 필요한 산소의 적당한 공급이 결핍된다라는 사실을 인식하는 것이 매우 중요하다.

소방관들이 흔히 만나는 유독한 물질은 단일 그룹이 아니다. 따라서, 소방직업에 종사하는 사람들의 건강과 안전을 첫째로 고려해서 일반물질의 독물학적 성질을 연구하는 것은 중요한 일이다.

8.1 독성의 생물학적 의의

화학약품이 생명계에 가지고 있는 성질, 특성 및 작용을 연구하는 것은 약리학이다. 독물에 관한 약리학의 제1부문이 독물학이다. 상당히 넓은 의미로 말하면 독물학은 개인의 혈관에 들어가서 중대한 병 또는 죽음을 부를 가능성이 있는 모든 관련된 물질을 다룬다. 진짜 독물의 작용은 어떤 물질에 독특의 감수성을 가진 개인에게 영향을 주는 물질이 아닌 좋은 건강상태에 있던 사람들에게 공통으로 장해를 주는 물질인 것이다. 부식성 산과 알칼리는 엄밀히 말하면 독물이 아니다. 왜냐하면, 그들은 혈액 안에 들어가 장해작용을 불러일으키는 일은 없기 때문이다. 그렇지만 부식성 물질에 의해 야기되는 조직의 국부적인 파괴작용은 죽음을 초래할 정도로 거센 경우가 있을 수 있다. 인체는 상당히 복잡하며 미세한 균형이 유지되고 있는 시스템이다. 이 생명의 기본적 단위인 세포의 각각은 영양을 취하고 미생물의 공격에 저항하며 증식하고, 그 주인이 생존하는데 필요한 물질을 생산한다. 인체의 세포는 생명이 계속되는 한 상상을 초월하는 속도로 다수의 화학반응이 연속적 그리고 영속적으로 진행하는 장소이다. 어떤 이물질의 분자가 세포 안에 흡수되면 그들은 세포성분과 반응한다. 그 화학반응에 의해 세포는 파괴 또는 부분적 지장을 불러일으킨다. 장해를 일으킨 세포는 어느새 인체 안에서 특별기능을 수행할 수 없게 되며, 그로 인해 사람의 기관은 기능장해를 일으키게 되어 희생자는 건강장해 또는 죽음을 피할 수 없는 것이다.

어떤 물질이라도 인체에 과잉으로 이용되면 유독하다는 것을 잊어서는 안 된다. 예를 들어, 카페인은 매일 차, 커피, 콜라 및 코코아 성분으로 몇 백만 사람들에 의해 소비되고 있으며, 신경계에 약한 자극을 주는 것으로 알려져 있다. 그렇지만 150 mg의 카페인을 단 1번에 소비한다 라고 하면, 이 물질은 평균 어른의 전척추를 자극할 가능성이 있으며, 1회에 5 g의 카페인을 투여했다고 하면 그것은 치명적인 손상을 불러일으킨다.

설령, 생명과정을 지지하는 산소라고 해도 도를 넘으면 독작용을 수반하는 것으로 되어 있다. 예를 들어, 공기 중에 용적으로 80% 이상의 산소가 존재할 때 그 안에 오랜 시간 노출되어 있다 라고 하면 쾌활한 기분이 높아진다. 그러나 산소텐트의 치료가 요구된 어느 병원의 환자들은 그 목적이 심장장해 치료를 위함이었지만 종종 2차적 병으로 폐렴을 불러일으켰다. 그렇다고 해서 산소를 유독물질로 분류하는 것은 어렵다.

다행히 인체는 어떤 종의 유해한 화학물질을 무해로 바꾸거나 또는 원래의 물질보다도 훨씬 빠르게 배설되는 물질로 전환하는 자연기능을 가지고 있다. 세포생화학의 결과로 어떤 물질은 화학구조가 변하고, 또 어떤 물질은 일시적으로 특별기관 안에 갇히고, 또 어떤 물질은 직접 제거된다.

신진대사와 배설작용이 함께 진행되어 몸으로부터 이물질을 제거하는 일을 한다. 간과 신장 같은 특별기관이 인체를 중독으로부터 보호하며, 또는 유독물질을 제거하는데 도움을 준다. 그렇지만 독물 중에는 그들과 똑같은 기관 안에 축적된다. 중독물질이 혈액 안에 들어와서 인체를 구석구석 빠짐없이 순환함으로써 그들은 결국 몸 전체의 기관과 접촉하게 되는 것이다. 많은 독물은 독특기관의 세포에 선택적으로 결부되는 상태를 보이며, 그들에게 특별한 영향을 미친다. 그럼으로 인해서 어떤 종류의 약물은 그것들이 접촉한 모든 세포에 영향을 주기 때문에 이 같은 독물을 세포독이라 부른다. 주로 신경계에 작용하는 독물을 신경독이라 부르며, 순환계에 작용하는 독물을 혈액독이라 부른다.

특별물질의 독성은 몇 가지 요소로 구성되어 있으며, 그 기본적인 것은 다음과 같다.

1. 물질의 양

비교적 소량으로 유해한 물질은 독성물질로 분류된다. 독물이란 일반적으로는 3 g 또는 그 이하의 양으로도 유해한 작용을 만드는 물질로 고려된다.

2. 약품이 혈액 안에 흡수되는 속도와 그 범위

흡수되지 않고 어떤 기관 안에 일시적으로 침적해 있는 독물은 통상 무해하다. 하지만 보통 그것이 혈액의 흐름 안에 도착한 후에는 독성이 현저하게 나타난다. 중독을 일으키는 물질은 다음 방법으로 인체에 들어온다.
(a) 정맥내, (b) 흡입, (c) 복강내, (d) 근육내, (e) 피하, (f) 경구 및 피부내

3. 약물이 생물학적으로 인체에 이입되어 분해생성물을 만드는 속도와 범위

4. 약품 또는 그 파괴생성물이 인체로부터 배설되는 속도와 범위
통상 배설방법은 대변, 소변 또는 발한을 통해 행해진다.

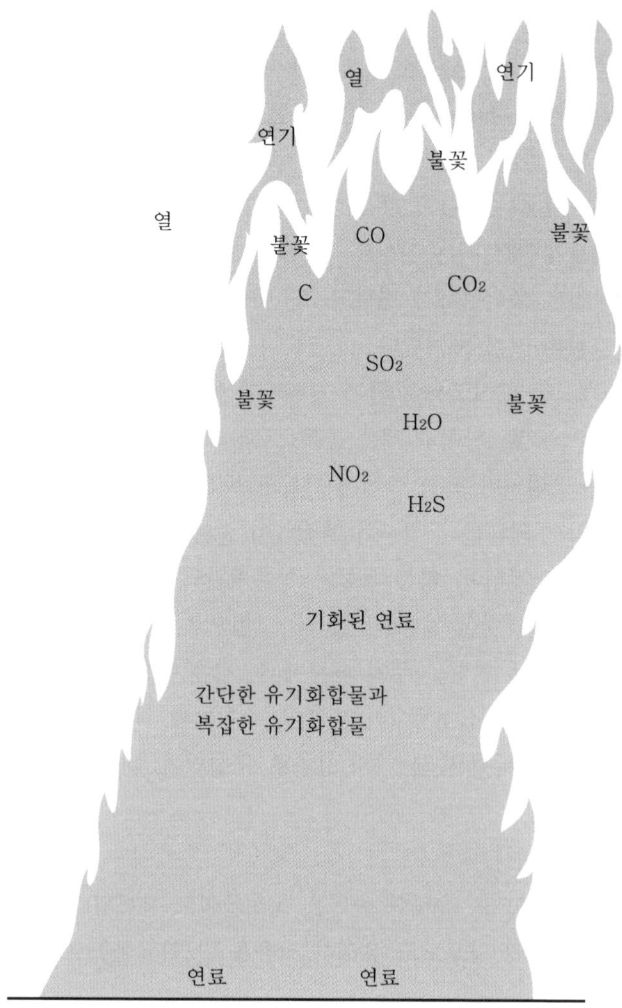

그림 8.1 어떤 물질의 열분해와 연소는 매연과 각종 질식성과 마취성, 또는 인체에 대해 중독과 자극을 가져오는 기체를 생성한다. 이 같은 분해와 연소생성물은 소방대원과 피난자에게 불과 열보다도 큰 직접적인 피해를 가져온다.

호흡시스템은 어떤 물질이 인체에 우연히 들어와서 위험한 장해를 불러일으킬 경우의 가장 일어나기 쉬운 순서이다. 즉, 폐 내부의 표면은 혈관이 많이 있기 때문에 들어온 가스는 손쉽게 거의 흡입 후 순간적으로 혈액 흐름 안에 흡수된다.

가스는 일반적으로 질식제, 자극제 또는 마취제로 그 위험성이 인정되고 있다. 질식제라는 것은 어느 정도 호흡을 저지하는 능력을 가진 물질을 말한다. 독성가스의 흡입에 의해 생기는 질식은 일반적으로 산소를 운반하는 능력이 있는 적혈구에 장해를 줌으로써 생기는 질식이다. 기체자극제는 눈, 피부 또는 호흡기 점막 같은 조직에 국부적인 자극 또는 염증을 일으키는 물질이다. 마취제는 근육의 활력에 현저한 힘의 상실을 불러일으킬 가능성이 있는 물질로서 아산화질소, 에틸에테르 같은 가스는 일반적으로 의료 및 치아의 치료 시에 강력한 마취작용을 일으키는데 이용되고 있다. 그들 가스류가 마취를 불러일으키는 메커니즘은 아직까지 생리학적으로 규명해야 할 과제로 남아 있다.

기체류가 액체나 고체보다도 더욱 더 중대한 독성물질인 것은 부정할 수 없다. 이 사실은 소화작업에 종사하는 경우 매우 중요하며, 모든 소방관이 어느 시점에는 연소와 화학적 분해작용(그림 8.1)으로 발생한 기체생성물에 쉽게 노출되기 때문이다. 이들 기체물질, 즉 일산화탄소, 이산화탄소, 이산화황, 질소산화물, 암모니아, 황화수소 및 시안화수소 등은 일반적으로 독성을 지니고 있으며, 화재 시에 보통 직면한다.

연소생성물 외에 연기도 또한 소방관의 건강에 위험한 영향을 미친다. 연기와 연소 생성물의 발생은 일반적으로 화재의 불, 그 자체보다도 생명에 있어서 훨씬 큰 위험을 가져오는 물질이고, 또 소화작업에 훨씬 중대한 방해작용을 하는 물질이다. 연기는 미세한 탄소입자로 되어 있으며, 연소하는 동안 현미경적인 미립자로 생성되고 궁극적으로 눈으로 볼 수 있는 매연으로 성장한다.

특별히 그것은 다음의 4가지 위험성을 지니고 있다.

1. 연기는 시계(視界)를 막고, 소화작업을 훨씬 곤란하게 한다.
2. 연기는 기관과 기관지 및 폐 표면을 피복하여 정상호흡작용을 방해하며 종종 죽음에 이르게 한다.
3. 연기 입자는 유독가스 흡수제로 작용할 가능성이 있다(제5장).
4. 어느 종의 화재에서 생기는 매연은 몇 개의 복잡한 탄화수소를 포함, 그 어떤 물질은 암을 발생시키는 것으로 알려져 있다.

연기와 유독한 연소생성물을 피해서, 더구나 정규 소화작업을 수행하는 것은 사실상 불가능하다. 그 위에 유독한 가스의 분위기 안에 언제 들어갈까를 정확히 알 수는 없다. 그렇지만 독성 물질을 잘 알고 깊게 처리하며 적당한 환기를 하고, 그리고 호흡을 보호하는 장치를 사용하면 위험의 정도를 어느 정도 감소시키는데 큰 도움이 된다.

8.2 독성의 측정

어떤 물질이 살아있는 세포기능에 영향을 주는 정도를 양적으로 아는 것은 중요한 일이다. 그러나 독성이란 물질의 물리적인 정수가 아니며, 어떤 정확성을 가지고 그것을 측정하는 것은 곤란하다. 독성이란 물질에 대한 동물실험을 통해서 그 결과를 인체로의 적용에 결부해가는 연구에 의해 규정되어지는 것이고, 그 절차는 의심할 것도 없이 필요한 것이지만, 드러난 결과도 종종 의학적인 근거를 빠뜨리는 경우가 있다. 독성을 측정하기 위한 단위가 3개 존재하며, 이들의 단위는 다음과 같다.

1. 50%가 사망하는 치사량

LD_{50} (Lethal Dose)이라 약기하는데, 이 양은 흰 쥐와 몰모트 등의 실험동물에 사용했을 때, 그 반이 사망하는 경우의 물질량이다.

그것은 mg/kg의 단위로 나타내는데, 동물체중 kg당 그 물질의 mg수이다. 그 물질이 인체에 대해서도 흰 쥐의 경우와 같이 치사적인 작용을 준다 라고 추정해서 체중이 W kg의 사람에 대한 치사량은 $LD_{50} \times W$이다.

2. 50%가 사망하는 치사농도

LC_{50} (Lethal Concentration)으로 약기하는데, 그 물질의 농도는 용적 단위인 ppm으로 나타내고, 그것을 실험동물에 실험한 경우 일정시간 폭로했을 때 그 반이 사망하는 경우이다. ppm은 100만분의 일로 일정 공간에 존재하는 분자의 수를 나타낸다.

3. 서한량(허용농도)

기호 TLV(Threshold Limit Value)로 나타낸다. 평균 건강한 사람이 1일 중 반복해서, 그리고 매일 계속해서 노출되어도 유해한 결과를 불러일으키지 않는 독물 농도의 상한계이다.

그것은 통상 공기 중의 가스 ppm으로 나타내며, 연기와 공기 중에서 안개 등에 대해서는 입방 m당 mg수, 또는 입방 m당 μg 수($\mu g/m^3$)으로 나타낸다. TLV는 앞에서 최고허용농도로 알고 있는 부분이다. TLV의 값은 미국정부의 공업위생회의(AGGIH)에 의해 결정되고, 새로운 정보에 의해 변경을 필요로 하는 경우에는 정기적으로 수정된다. TLV에 가까운 농도를 가진 많은 물질에 노출된 경우에는 그 사람은 통상 약한 현기증, 두통 및 권태감을 느끼기 시작한다.

8.3 일산화탄소와 이산화탄소

탄소 산화물의 독성에 관한 연구는 소방관에게 특히 중요한 문제이다. 보통 화재는 분자구조 안에 탄소를 포함하고 있는 목재, 플라스틱, 연료, 그 밖의 물질의 연소에 관한 것이다. 이들 물질 또는 그 성분이 휘발해 공기에 섞여 연소하면, 그 성분탄소는 모두 무색 무취의 기체이다. 이 두 개 가스의 물리적 성질은 표 8.1과 표 8.2에 주어져 있다.

표 8.1 일산화탄소의 물리적 성질

끓는점	−191.6℃
증발열	51.4 cal/g
−191.6℃에서의 액체 밀도	795 g/L
−191.6℃에서의 기체 밀도	4.3 g/L
20℃에서의 기체 밀도	1.25 g/L
공기를 1로 한 경우의 기체 비중	0.97
연소열	67.64 kcal/mol
자연발화온도	609℃
폭발의 하한계	12.5%
폭발의 상한계	74%
액체가 기체가 되는 경우의 팽창비	700

표 8.2 이산화탄소의 물리적 성질

응고점 (5.1 atm)	−56.55℃
승화온도 (1 atm)	−78.5℃
융해열	47.5 cal/g
승화열	36.2 cal/g
고체밀도 (1 atm)	1.56 g/cm^3
기체밀도 (−78.5℃)	2.8 g/L
기체밀도 (20℃)	1.98 g/L
기체비중 (공기를 1로)	1.529
고체가 기체로 팽창한 경우의 팽창비	790

일산화탄소 생성은 혼합물이 특히 가연성 증기가 많아져 있을 때 또는 공기의 공급이 제한된 때에 일어난다. 그것은 통상 대량의 연기 생성을 수반한다. 이산화탄소는 연소장소에 충분한 공기의 공급이 있는 경우 또는 그 물질이 순수산소 안에서 연소하는 경우에 생성한다. 공기 중에서 타는 경우에는 대부분의 물질이 이 두 개의 가스혼합물을 만든다. 만약 메탄이 충분한 공기 안에서 타면 연소생성물은 이산화탄소와 물이 된다. 산소공급이 제한되면, 일산화탄소와 탄소(매연)가 생성된다. 그들 조건하에서의 메탄의 연소화학 반응식은 다음과 같다.

$$CH_4 + 2O_2 \rightarrow CO_2 + 2H_2O \quad \text{(공기가 충분한 경우)}$$

$$2CH_4 + 3O_2 \rightarrow 2CO + 4H_2O \quad \text{(공기가 부족한 경우)}$$

$$CH_4 + O_2 \rightarrow C + 2H_2O \quad \text{(공기가 부족한 경우)}$$

산화물류는 연소 시 생성되는 것으로 대기 중의 산소는 연소에 필요한 물질이다. 따라서, 공기 중의 산소가 감소하여 6% 이하가 되면, 일반적으로 이러한 환경 안에 있는 사람은 6~8분 이내에 사망하게 된다.

가장 일반적인 화재의 유독생성물인 일탄화탄소가 화재 다수피해자의 사망의 원인이 되고 있다(그림 8.2). 1941년에 매사추세츠주 보스턴에서의 나이트클럽 화재로 492명의 사망자를 냈다. 적게는 이들의 반이 질식과 일산화탄소 중독작용에 의해 사망했다고 시사하기에 충분한 증거가 있다.

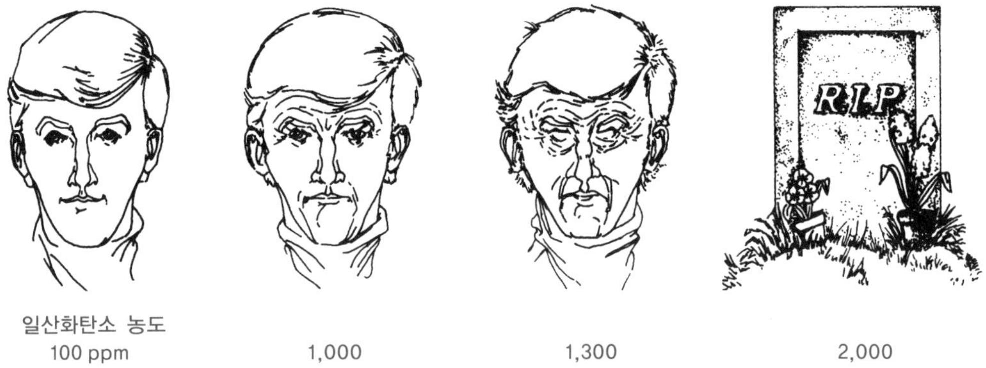

그림 8.2 일산화탄소는 모든 소화활동자가 부딪히는 연소의 위험한 생성물이다. 어른은 일산화탄소의 농도가 100 ppm까지 있으면 그 공기 중에서 위험한 영향을 입는 일 없이 견딜 수 있다. 그렇지만 1,000 ppm 농도의 일산화탄소에 1시간 폭로되면 그 피해자는 상당한 두통을 경험한다. 그리고 동시에 피부의 붉어짐이 퍼져가며, 1,300 ppm의 농도에 한 시간 노출되면 피부가 분홍색이 되고 심한 두통이 있다. 2,000 ppm을 넘는 농도에 1시간 노출되면 죽음을 가져올 가능성이 있고, 또는 살아남아도 그 희생자는 호흡기 계통과 신경계 계통에 장해를 일으킨다.

일산화탄소는 자동차와 가스스토브의 배기성분이기도 하다. 자동차의 내연기관은 가솔린 1갈론이 연소할 때마다 평균 2.9파운드의 일산화탄소를 방출한다. 내연기관에 의한 가솔린의 연소만으로 대기 중에 방출되는 일산화탄소의 양은 1년간에 1억 9300만 톤으로 추산되고 있다. 대기 중에 방출되는 일산화탄소는 천천히 산화해 이산화탄소가 된다.

$$2CO + O_2 \rightarrow 2CO_2$$

최근 과학자들은 토양 안에 존재하는 몇 가지 미생물이 효소를 촉매로 하여 위 반응을 일으키기 때문에, 대기 중의 일산화탄소의 수준은 비교적 일정치인 0.1 ppm을 유지하고 있다 라고 해석하고 있다.

만약 체내에서 생리적 기능이 정상으로 기능하기 위해서는, 산소가 계속적으로 공급되어야 한다. 산소는 신체조직에서 헤모글로빈에 의해 운반되지만 헤모글로빈은 혈액의 복잡한 성분이며, 철 이온의 주위에 4개 분자와 결합한 형태이다. 헤모글로빈(Hb)의 분자구조는 그림 8.3에 나타나 있지만 헤모글로빈은 폐안에서 산소를 다음과 같은 과정으로 섭취한다.

$$Hb + O_2 \rightarrow O_2Hb$$

이 생성물 O_2Hb는 옥시헤모글로빈이고, 그것이 일단 세포 조직에 도달하면 산소를 방출한다. 계속해서 새로운 산소를 공급하기 위해 헤모글로빈은 폐로 되돌아온다.

$$O_2Hb \rightarrow Hb + O_2$$

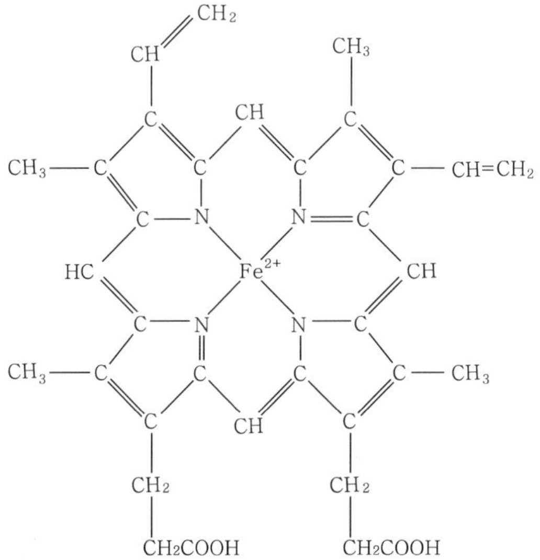

그림 8.3 헤모글로빈의 구조. 헤모글로빈은 혈액의 복잡한 성분이고, 폐 안에서 산소를 붙잡아 체내조직에 운반하는 일을 한다.

일산화탄소는 혈액에 의해 산소가 정상으로 운반되는 것을 방해하면서 혈액에 중독작용을 일으킨다. 그 독작용은 비교적 안정된 카르복시헤모글로빈 또는 일산화탄소 헤모글로빈(COHb)이라 불리는 물질을 생성하는 것에 의한다.

$$Hb + CO \rightarrow COHb$$

일산화탄소와 헤모글로빈의 화학적 결합력은 산소결합력보다도 300배나 크기 때문에, 더불어 옥시헤모글로빈은 손쉽게 일산화탄소를 받아들이고 산소를 방출한다. 이 반응식은 다음과 같다.

$$O_2Hb + CO \rightarrow HbCO + O_2$$

일산화탄소는 혈액내 대부분의 헤모글로빈과 결합하여 카르복시헤모글로빈을 생성한다. 그 결과로 헤모글로빈은 체내에서 정상 기능을 수행하는 것이 불가능하게 되고, 산소 공급은 중요한 과정에서 방해받는다. 그 희생자는 혈액 안의 산소가 부족해 산소결핍증으로 쓰러지게 된다.

일산화탄소 중독의 최초의 현저한 징후는 약한 두통이다. 피부는 분홍색으로 빨갛게 물드는데, 일산화탄소의 농도가 증대하면 두통은 더욱 거세진다.

중독에 대한 응급처치는 2기압의 압력으로 여압산소치료법을 이용하는 것인데, 이 방법은 앞의 반응을 왼쪽으로 진행하게 한다.

일산화탄소의 TLV는 100ppm으로, 인체는 0.01% 농도의 일산화탄소에는 견딜 수 있다. 하지만 0.1%의 농도가 되면 두통과 토할 것 같은 불쾌한 작용이 생기고, 그것은 1시간 이내의 노출에서도 일어난다. 공기 중에 1%의 일산화탄소가 포함되어 있으면 겨우 1분간 그 가스를 흡입한 것만으로도 치명적이다.

화재의 경우에는 공기 중에 거대한 농도의 일산화탄소가 방출되는데, 일산화탄소에 노출된 많은 사람들이 불에 접촉하기 이전에 사망하는 것도 이 때문이다. 혈액중의 카르복시헤모글로빈의 여러 가지 농도에 대한 생리적 반응이 표 8.3에 나타나 있다.

일산화탄소는 화재가스로부터 발생하지만 한편에서 가연성 압축가스 및 액화가스로도 이용되고 있다. 일산화탄소는 공업적으로는 메틸알코올, 그 밖의 화학약품을 만드는데 이용된다. 그것은 또 보통 연료가스에 이용되는 수성가스 성분의 하나로 수증기를 고온의 탄소층에 통과시킴으로써 만들 수 있다. 그 화학반응식은 다음과 같다.

$$C + H_2O \rightarrow CO + H_2$$

일산화탄소를 촉매를 이용하여 물에서 산화시키면, 일산화탄소는 물에 녹아 순수 수소가스만 얻을 수 있다.

표 8.3 혈액중의 카르복시헤모글로빈의 여러 가지 농도에 대한 생리적 반응

카르복시헤모글로빈의 농도(%)	징후와 증상
0~10	조금의 징후 또는 증상을 알아차리지 못함
10~20	앞머리부분에 긴장감을 느끼고 조금의 두통을 느낄 가능성이 있다. 피부혈관의 팽창이 일어난다.
20~30	두통과 머리 위부분에서 고통을 느낀다.
30~40	거센 두통과 허탈감 및 현기증과 시력의 혼미, 머슥거림, 구역질, 그리고 쇠약해 진다.
40~50	상기와 같은 증상이지만 좀 더 쇠약해지고 뇌빈혈을 일으키며 맥박과 호흡회수가 증대한다.
50~60	뇌빈혈, 호흡회수와 맥박속도가 증대, 혼수상태 그리고 때때로 경련이 일어난다.
60~70	혼수상태, 때때로 경련, 심장의 움직임과 호흡속도가 쇠약해지고 그리고 사망할 가능성이 생긴다.
70~80	맥박이 약해지고 호흡이 완만해지며 수시간 이내에 죽음에 이른다.
80~90	1시간 이내 사망
90~100	수분 사이에 사망

일산화탄소는 다른 물질과는 본래 결합되기 어려운 물질이지만, 엷은 청색 불꽃을 내며 연소한다. 일산화탄소는 또 특수금속류와 결합하여 카르보닐이라 불리는 위험한 화합물을 생성한다. 대부분의 금속 카르보닐은 철과 니켈의 카르보닐로 각각 $Fe(CO)_5$ 및 $Ni(CO)_4$로 나타내어지는 화합물이다. 이 화합물은 모두 실온에서 액체이지만 쉽게 휘발한다. 그 증기는 공기 중에서 고도로 인화하기 쉽고, 극도로 유독하다. 테트라카르보닐 니켈은 가연성 액체라는 표식을 부착하는 것이 요구되며, 수송에는 특별 봄베를 이용하고, 급행에 의해 수송되는 것을 허가하지 않는다.

최근 국내에서 발생했던 사고로는 1995년 3월 22일 강남구 논현동소재 대현빌딩에서 일어났던 것으로 난방용 LNG가 불완전연소하면서 생긴 일산화탄소가 중앙공급식 공기조절장치를 통해 15층에서 20층으로 퍼져 입주인 300여 명이 긴급대피 했던 사례가 있다.

일산화탄소가 산화되면 비교적 무해의 이산화탄소가 된다. 대기 중의 이산화탄소의 비율은 여러 가지 조건에서 다르지만 대체로 공기 중에 1만분의 3 정도이다. 공기 중의 이산화탄소의 농도와 비교했을 때 바다는 50배나 많은 이산화탄소를 보존, 유지하고 있다. 세계적으로 공업이 팽창을 계속하고 있기 때문에 이산화탄소의 농도도 증가함을 이해할 수 있다. 사실, 대기 중의 일산화탄소의 함유량은 벌써 1세기 전 290 ppm에서 320 ppm으로 증가하고 있다.

이산화탄소의 공급은 식물의 생육에 빠져서는 안 될 물질이지만, 간접적으로는 동물에게도 똑같이 중요하다. 광합성에 의해 포도당($C_6H_{12}O_6$)같은 설탕이 태양의 에너지를 이

용해 이산화탄소와 물에서 만들어진다.

$$6CO_2 + 6H_2O \rightarrow C_6H_{12}O_6 + 6O_2$$

포도당은 여러 가지 복잡한 반응을 하고 생명을 유지하는데 중요한 물질로 변화한다. 산소는 광합성에 의해 대기 중에 방출되며, 동물이 생활에서 식물이 만든 산소와 영양소를 섭취하고 이산화탄소를 배출하면, 그것이 다시 대기 중으로 돌아간다. 포도당에 관한 이 같은 화학반응은 다음 식에 나타나 있다.

$$C_5H_{12}O_6 + 6O_2 \rightarrow 6CO_2 + 6H_2O$$

따라서, 식물과 동물에 있어서 이 두 개 반응의 결합이 대기 중의 산소 및 이산화탄소의 균형을 유지하는 역할을 한다. 물론 인류는 여러 가지 공업을 통해 연료를 태워 이산화탄소의 농도를 증대시킴으로써 이 시스템을 파괴하고 있다.

다행인 것은 이산화탄소는 농도가 낮은 경우에는 독성이 없다. 이산화탄소의 TLV는 5,000 ppm, 곧 공기 중에서 용적으로 0.5%이다. 이산화탄소에 결부되는 주요한 위험성은 높은 농도의 가스를 흡입했을 때이다. 이산화탄소는 호흡의 속도와 깊이를 자극하는 물질로서 호흡작용을 자극하는 것은 이산화탄소의 중요한 역할이다. 하지만 고농도일 때는 몸 안에서 독성가스로 작용한다.

이산화탄소는 대개 농도가 3~7%인 때에 질식작용을 한다. 그렇지만 희생자는 통상 신선한 공기 안으로 들어가면 단시간에 의식을 찾는다. 이산화탄소의 농도가 9%를 넘는 분위기 안에서는 인체에 대해 신경독으로 작용하며, 그 농도에 노출되면 순간적으로 사망할 가능성이 있다. 이 중독물질은 신경계통의 어떤 한 부분의 세포를 자극하며, 그것에 의해 신경의 전도 및 전달을 방해한다. 화재에서 생기는 가스로 이산화탄소는 소방관 및 화재 희생자의 생명과 안전에 중대한 영향을 준다. 소량의 이산화탄소만으로도 호흡의 속도를 증대시키기 때문에 일단 짙은 이산화탄소의 가스를 흡입한 경우에 소방활동에 필요한 정규업무를 수행하는 것은 더욱 곤란하게 된다. 고농도의 이산화탄소를 포함한 공기를 흡입한 결과 생기는 질식작용은 수초 이내에 일어날 수 있다.

이산화탄소는 또 시장에서 불연성 압축가스 및 냉동용 액체로 이용되고 있다. 높은 증발열을 갖는 이산화탄소는 냉동체로 이용될 수 있다. 또한 이산화탄소는 물에 상당히 잘 용해하기 때문에 탄산음료를 만드는데 폭넓게 이용되고 있다. 이산화탄소가 통상 저장되는 강철제 탱크 안에는 액체와 증기 모두 포함되어 있다. 이들 탱크안의 증기압은 20℃에서 약 60 kg/cm^{2}이다. 고체 이산화탄소(드라이아이스)는 장갑 또는 집게로 집어서 취급해야만 하며, 그렇지 않으면 동상에 걸리게 된다. 또한 드라이아이스는 기체 이산화탄소를 충분히 발생시키기 때문에 밀폐된 장소에서는 산소부족에 따른 질식의 원인이 되기도 한다. 이산화탄소의 몇 가지 물리적 성질의 결합은 소화제로서의 효과를 만들어 낸다(제4장의 5).

8.4 시안화수소

시안화수소는 실온에서 무색의 기체이며, 그 화학식은 HCN이다. 그것은 불안정한 물질이지만 종종 염화수소를 안정제로 첨가한다. 시안화수소의 아주 적은 양은 자연계에서 아몬드 및 복숭아, 살구 및 매실에서도 찾을 수 있다. 어떤 사람에게는 전혀 느껴지지 않지만 아몬드의 악취는 통상 시안화수소 때문이다. 시안화수소의 물리적 성질은 표 8.4에 주어져 있다.

표 8.4 시안화수소의 물리적 성질

응고점	−14℃
끓는점	26℃
20℃에서의 비중	1.20
증기 비중	0.93
폭발하한계	6%
폭발상한계	41%
자연발화온도	538℃
액체의 인화점	18℃

시안화수소는 물과 어떠한 비율로도 섞인다. 그 수용액을 시안화수소산이라 부른다. 상업적으로 시안화수소산은 청산이라는 이름으로 불린다. 액체 시안화수소와 시안화수소산은 A급 독물로 수송된다. 그 양쪽 모두 특히 선박, 창고, 온실 및 오렌지 밭 등의 병충해를 없애기 위한 훈증제로 이용되며, 또한 화학공법에 있어서 어떤 종의 플라스틱, 예를 들어 폴리메틸메타크릴산 또는 폴리아크릴로니트릴 등의 합성에 이용된다.

시안화수소는 일부 화재에서 발생하지만 일반적으로 그것은 소량이다. 시안화수소는 주로 특수한 플라스틱이(예를 들어, 위에서 논한 두 종류 외) 고온에서 분해한 경우에 생성된다. 그것은 또 견과 양모가 높은 온도에 노출된 경우에도 생성된다. 시안화수소는 공기와 섞일 경우 가연성이 높기 때문에 불길 근처에 노출되는 것은 좋지 않다. 시안화수소는 공기 중에서 5.6~40%의 농도일 때 자색의 불꽃을 내고 탄다. 시안화수소의 독성은 특히 강한데, 표 8.5에 나타내었다.

표 8.5 시안화수소의 독성

HCN의 농도(ppm)	증 상
0.2~5.0	악취를 느끼는 한계
10	허용한계
18~36	수시간 후에 일어나는 미약한 증상(두통)
45~54	30분~1시간은 특별히 곤란을 느끼지 않고 견딜 수 있다.
100	1시간 이내에 사망
110~135	30분~1시간으로 치명적
181	10분 후에 사망
280	순간적으로 사망한다.

이 기체, 액체 및 시안화물인 염류는 기체의 흡입 또는 피부로부터의 흡수에 의해 독작용을 나타낸다. 시안화수소의 TLV는 피부에서 흡입된 경우에는 10 ppm이다. 그것보다도 낮은 농도에서 그것은 마취제 작용을 한다. 만약 구조작업 등에서처럼 시안화수소를 포함한 공기 중에서 어느 정도의 시간을 보내야 하는 경우에는 피부를 통한 시안화수소의 흡수를 고려하지 않으면 안 된다(그림 8.4). 이 같은 경우, 고무 방호물과 산소호흡장치를 이용하는 것이 중요하다. 시안화수소가 혈액 안에 존재하면 혈액이 산소를 조직에 운반하는 것을 방해한다. 이것은 세포호흡 및 에너지의 생산을 위해서 신체가 필요로 하는 효소－시토크롬옥시다아제의 작용을 방해하는 것에 따른다.

시안화수소를 흡입하면 거의 순간적으로 무의지 상태가 된다. 시안화수소 흡입의 희생자는 신속히 의사가 있는 곳으로 보내지 않으며 안 된다. 시안화물 중독의 신경 내의 처치로 키트를 이용할 수 있지만, 그것은 의사에 의한 경우에 한한다. 본 장에서 강조되고 있는 것은 시안화수소에 관해서지만, 시안화물인 염류도 그 중독작용을 고려해 같은 취급을 해야만 한다.

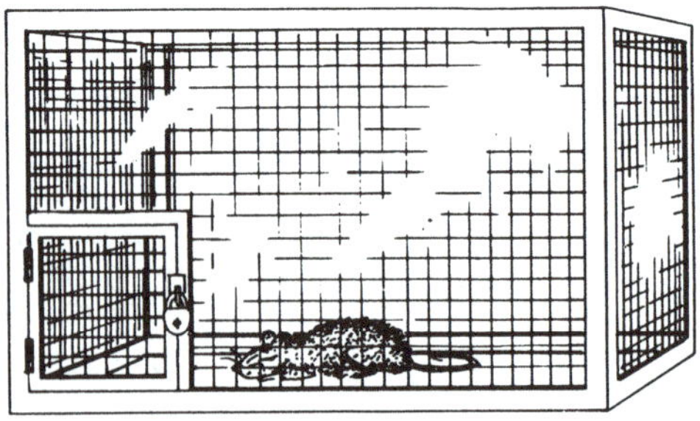

그림 8.4 시안화수소와 시안화물인 염류는 호흡작용으로 흡입하는 것과 피부를 통해 흡입되는 것에 의해 독성을 나타낸다. 생쥐는 미리 철장 밑에 뿌려둔 소량의 시안화 나트륨 위를 걷는 것만으로 30분 이내에 사망한다.

몇 개의 금속 시안화물은 시장에서 알맹이 및 얇게 자른 조각상태로 여러 가지 용도로 사용되고 있고, 쥐잡기용 독물에서 금속의 착화합물을 만드는 약품까지 그 용도는 넓다. 이 금속착염은 전기도금 및 야금 등에 이용된다. 시안화물류는 통상 B급 독물로 수송된다. 그 혼합물이 시안화수소를 생성하기 때문이다. 예를 들어, 시안화나트륨을 염산과 섞으면 다음의 화학반응이 일어난다.

$$NaCN + HCl \rightarrow NaCl + HCN$$

이 반응은 예전부터 가스실에서 죽음을 부르기 위해서 시안화수소를 발생시키는데 이용되었다.

8.5 황화수소와 이산화황

화재에 관련된 이 두 가지 가스, 황화수소(H_2S)와 이산화황(SO_2)은 황화합물이다. 황을 포함한 화합물은 석탄 천연가스 및 원유의 공통된 성분이다. 이들 물질이 연소할 때에 황을 포함한 화합물은 이산화황으로 산화된다. 몇몇 동물성의 물질도 황을 포함한 화합물을 하나 또는 그 이상의 분자 단위로 가지고 있다. 이 같은 2가지 단위 물질은 시스테인과 시스틴으로서 그 구조는 아래의 식과 같다.

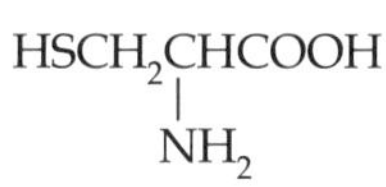

시스테인

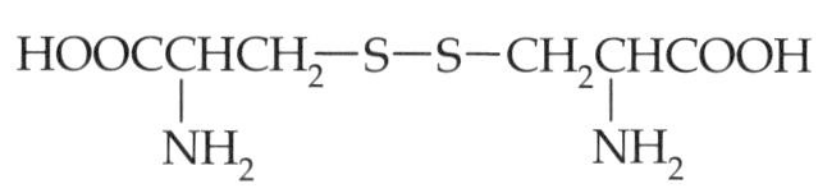

시스틴

이 두 가지 단위물질은 양쪽 다 비교적 복잡하지만 양쪽 모두 황이 존재하는 것을 아는 것이 중요하다. 이들 물질은 양모, 모발, 근육, 혈액, 피부, 동물의 가죽 및 그 밖의 같은 생물학적 근원을 가진 물질에 존재한다. 가황한 고무를 포함해 몇 개의 천연 및 합성 고분자화합물에는 그 분자구조 안에 황을 포함하고 있다. 이 같은 물질이 강한 열원에 노출되면 분해하여 황화수소 또는 이산화황 또는 이들 가스의 혼합물을 생성한다. 이들 물질을 포함한 폐기된 유기물류는 결국 이들 가스로 분해하는 것이다. 처리되지 않은 오수는 황화수소의 농도가 높다. 음료수, 특히 그 수원이 천연광천인 경우에는 그 안에 황화수소가 검출되는 것이 특이한 일이 아니다. 황화수소의 소량이 위로 섭취되는 것을 위험성이 있다 라고 인정하지 않는다. 어떤 경우에 따르면, 이 같은 황이 포함된 물은 의료효과가 있다 라고 주장되고 있다.

황화수소와 이산화황 또한 어떤 물질 간의 화학반응 결과로 생성된다. **강한 산이 금속 황화물 및 아황산염과 작용하면 황화수소와 이산화황을 각각 발생한다.** 이 작용을 설명하는 전형적인 화학반응식은 다음과 같다.

$$FeS + 2HCl \rightarrow FeCl_2 + H_2S$$

$$Na_2SO_3 + 2HCl \rightarrow 2NaCl + H_2O + SO_2$$

각각의 가스는 상업상 중요하고, 그것은 액체로 운반된다. 황화수소와 이산화황은 각각 가연성 가스 및 불연성 압축가스로 분류된다. 황화수소는 주로 화학공업과 금속공업에 이용되고 있으며, 이산화황은 펄프공업과 제지공업, 설탕의 정제 및 건조과일의 처리에서 표백제로 이용된다. 그 기화열로 보아 이상적인 냉각제로 사용이 가능하나, 시판 냉동기류에는 거의 이용되고 있지 않다. 이산화황은 대기오염의 원인이 되는 물질이고, 그것은 로스앤젤레스에서의 대기오염규제에서 최초로 규제된 물질의 하나였다. 다행히 황화수소는 공업에서 대기 중에 대량으로 방출되는 일은 없다.

황화수소는 물과 닮은 구조를 가진 황화합물이다. 그 물리적 성질은 표 8.6에 주어져 있다. 그것은 부패한 달걀의 악취를 가지고 있으며, 시안화수소에 뒤떨어지지 않는 독성을 가지고 있다. 황화수소의 TLV는 10 ppm이며, 600 ppm(0.06%)의 농도는 30분 이내에 치사적 효과를 준다. 황화수소를 포함하고 있는 공기 안에서 호흡을 계속하면 현기증과 두통을 일으킨다. 황화수소를 1회 깊게 들이마시면, 그것은 순간적인 죽음을 불러온다. 황화수소는 후각을 마비시키는 것으로 알려져 있다.

표 8.6 황화수소의 물리적 성질

끓는점	−60℃
응고점	−83℃
20℃에서의 비중	1.539
증기 비중(공기를 1로 한다)	1.2
자연발화온도	260℃
폭발하한계	4.3%
폭발상한계	46%
융해열	0.568 kcal/mol
기화열	4.463 kcal/mol

따라서 황화수소의 치사량이 알지 못하는 사이에 흡입될 가능성이 있다. 황화수소는 시안화수소와 같은 효소의 방해제로 작용하는 독물이다. 황화수소는 공기 중의 농도가 4.3~46% 사이일 때는 작은 푸른 불꽃을 내고 연소하며, 이산화황과 물이 된다. 그 화학반응식은 다음과 같다.

$$2H_2S + 3O_2 \rightarrow 2H_2O + 2SO_2$$

이산화황은 황이 연소할 때의 전형적인 자극성 악취를 가지고 있다. 그 물리적 성질은 표 8.7에 주어져 있다. 이 가스는 액체로 탱크차, 드럼통 및 고압용기로 수송된다. 이산화황의 TLV는 5 ppm이다. 이산화황에 노출된 사람은 목이 막히고 기침이 나며, 눈과 목에 염증을 일으킨다. 이산화황 50 ppm에 노출되면 거의 순간적으로 사망한다.

표 8.7 이산화황의 물리적 성질

끓는점	−10℃
응고점	−76℃
20℃에서의 비중	2.93
증기 비중(공기를 1로 한다)	2.3
융해열	1.77 kcal/mol
기화열	5.96 kcal/mol

이산화황은 호흡기 계통에 가장 큰 영향을 끼친다. 기침, 가슴의 통증, 그리고 기관의 수축이 이산화황을 흡입한 경우에 즉각 일어나는 증상이다. 이산화황은 또 부식성 물질로서 위험성을 가지고 있다. 많은 석회석, 대리석 및 금속 구조물은 대기 중의 이산화황의 부식작용에 의해 위험을 받는다.

이산화황 또는 황화수소 어느 쪽에라도 노출된 사람은 신속히 신선한 공기 속으로 이동하거나 산소흡입을 하지 않으면 안 된다. 만약 눈에 들어갔다고 생각될 경우에는 물로 반복해서 씻지 않으면 안 되며, 반드시 의사의 처치를 받아야만 한다.

8.6 이황화탄소

이황화탄소는 비교적 무거운 무색의 액체이다. 그 분자식은 CS_2이다. 순수한 이황화탄소는 방향을 가지고 있다. 그렇지만, 시판되는 이황화탄소는 일반적으로 불순해서 그 제조과정에서 생성된 황화수소가 용해되어 있기 때문에 그 악취가 남아 있다. 이황화탄소는 공업적으로는 메탄과 황증기의 촉매반응에 의해 만들어진다. 그 화학반응식은 다음과 같다.

$$CH_4 + 4S \rightarrow CS_2 + 2H_2S$$

이황화탄소는 독특한 용제이고 황, 인, 고무 및 섬유류를 용해시킬 수 있는 소수성 물질 중 하나이다. 그렇지만 이황화탄소의 대부분은 레이온, 셀로판 및 사염화탄소의 제조에 이용된다.

이황화탄소는 특히 위험한 물질로 분류되는데, 그것은 고도로 발화를 일으키기 쉬운 몇 개의 물리적 성질을 가지고 있기 때문이다(표 8.8). 또한 그것은 매우 낮은 인화점을 가지고 있다.

표 8.8 이황화탄소의 물리적 성질	
끓는점	46℃
응고점	−112℃
비중	1.26
증기 비중(공기를 1로 한다)	2.6
인화점	−30℃
자연발화온도	100℃
폭발하한계	1%
폭발상한계	44%
TLV	20(피부)

이황화탄소의 증기는 공기 중에서 인화하고, 그 폭발범위는 비교적 넓다. 그 증기는 고온의 스팀라지에타 또는 전구의 표면열로도 착화하는 것으로 알려져 있다. 다행히 연소열은 상당히 낮다. 그것에 반해 연소한 경우에는 다음 연소반응식에서 표현된 것처럼 유독한 이산화황과 일산화탄소를 대량으로 생성한다.

$$2CS_2 + 5O_2 \rightarrow 4SO_2 + 2CO$$

이황화탄소에 관한 화재는 거품제, 불활성가스 또는 드라이 케미칼로 소화하는 것이 가장 좋다. 이황화탄소는 물에 녹지 않으며, 물보다도 무겁다. 따라서 만약 물이 그 유기용제의 전체를 덮어버릴 만큼 공급될 수 있으면 이황화탄소의 타고 있는 불을 소화하는데 효과적이다. 1949년에 일어났던 유명한 네덜란드의 터널화재를 불러일으켰던 화재는 이황화탄소에 의한 사고였다. 이황화탄소 55갤런짜리 드럼 80개가 쌓아져 있는 1대의 트럭이 화재의 원인이 되었고, 이 화재는 터널을 거의 다 파괴하였다. 이 사고로 죽은 사람은 없었지만, 소방사 여러 명이 중상을 입었다.

이황화탄소의 증기를 흡입하면 마취작용을 일으키기도 하지만, 독극물이기도 하다. 그것은 중추신경에 영구적인 장해를 준다. 이 액체에 피부가 노출되는 것도 여전히 위험하다.

8.7 질소산화물류

질소에는 6개의 산화물이 존재한다. 곧 N_2O(아산화질소 또는 일산화이질소), NO(산화질소), N_2O_3(삼산화이질소), NO_2(이산화질소), N_2O_4(사산화이질소), N_2O_5(오산화이질소)이다. 질소의 삼산화물 및 오산화물은 상업적으로 중요성을 가지지 않는다. 질소의 몇 가지 대표적인 산화물의 물리적 성질은 표 8.9에 주어져 있다.

표 8.9 산화질소류의 물리적 성질

	아산화질소	산화질소	이산화질소
끓는점	−88.49℃	−153℃	20℃
응고점	−102.4℃	−164.4℃	−11℃
비중	1.978	1.34	1.49
기체비중 (공기=1)	1.53	1.04	1.16

산화질소, 이산화질소 및 사산화이질소는 화재로 발생하는 가스이다. 그들은 통상 얼마간의 질소를 포함한 유기화합물이 연소하거나 또는 질산이 금속에 작용한 경우에 함께 발생한다(제6장). 상업적으로 이용되고 있는 전형적인 질소 유기화합물은 폴리우레탄폴리머(제11장)이다. 산화질소와 이산화질소도 여전히 대기오염의 중요한 오염물질이고, 액체연료의 연소에서 발생한다.

아산화질소는 악취가 나는 자극성 없는 무색의 기체이다. 그것은 질산암모늄을 열분해시키면 얻을 수 있다. 그 화학반응은 폭발적으로 일어나는 물질이며, 화학반응은 다음 식에 표시한 것과 같다.

$$NH_4NO_3 \rightarrow N_2O + 2H_2O$$

질산암모늄의 분해로 수반되는 파괴적 성질은 제11장에 자세하게 설명하겠다. 아산화질소는 상업적으로 불연성 압축가스의 형태로 이용된다. 그것은 일반적으로 마취제, 특히 치과에서 마취제로 이용된다. 이 물질은 통상 실기가스 혹은 웃음가스(들이마시면 웃음이 나오는 기체)로 알려져 있다. 통상 산소결핍증을 방지하기 위해서 80% 아산화질소와 20%의 산소와의 혼합 물질이 환자에게 공급된다.

아산화질소는 또 대기 중에 비교적 일정농도, 0.2 ppm으로 존재하고 있다. 아산화질소는 훌륭한 산화제로, 그 자신은 불연성이지만 많은 물질의 연소를 도와준다. 물과 함께 아산화질소를 사용하면 화재에 대해 효과적인 소화제로 이용되지만, 질식소화에는 효과가 없다.

산화질소는 무색의 기체이다. 그것은 공기 중에서 자연히 산화되어 이산화질소가 되지만 그 산화는 상당히 완만히 진행하기 때문에 산화질소는 일반적으로 불연성이라 생각되고 있다. 그 산화반응식은 다음과 같다.

$$2NO + O_2 \rightarrow 2NO_2$$

산화질소는 유독하다. 산화질소의 TLV는 25 ppm이다. 이 농도는 질소를 포함한 물질의 화재에서는 손쉽게 초과한다. 일산화탄소와 같이 산화질소도 화학적으로 헤모글로빈과 결합하여 메테모글로빈(NOHb)을 생성하기 때문에 유독하고, 따라서 체내에서의 산소수송을 방해한다. 그 화학반응식은 다음과 같다.

$$Hb + NO \rightarrow NOHb$$

산화질소는 화재의 경우에 발생하는 가스라고 하기보다는 상업적으로 압축가스로 이용되고 있다. 이산화질소는 또 훌륭한 산화제이다. 그것은 산소와 똑같이 연소를 지지하며, 특히 연소하는 물질이 점화에 앞서 강하게 뜨거워진 경우에 두드러진다. 따라서 화재로 산화질소가 봄베에서 누설되는 경우에는 보통의 질식소화제로는 소화되지 않는다. 그렇지만, 물은 산화질소에 관한 화재에서 일반적으로 효과가 있다.

이산화질소는 적갈색의 기체이다. 그것은 50℃에서 2분자가 중합하여 사산화이질소가 된다. 이 중합에서는 이산화질소의 2분자가 사산화이질소의 1분자가 되도록 화학결합을 일으킨다. 이산화질소의 중합은 다음 식과 같다.

$$2NO_2 \rightarrow N_2O_4$$

이산화질소는 산화질소보다도 독성이 상당히 강하다. 이산화질소의 TLV는 겨우 5 ppm이다. 흡입하면 이산화질소는 중요한 폐조직에 영향을 끼쳐, 폐에 출혈을 일으키는 것이 보통이다. 이산화질소 중독의 외적징후는 그저 호흡이 짧아질 뿐이지만, 이차적 장해로 폐렴이 일어날 가능성이 있다. 이산화질소와 사산화이질소는 상업적으로는 평형혼합물로 이용된다. 이 혼합물은 액화가스이고, A급 독물로 분류되고 있다. 또한 **불연성이지만 강한 산화제이다.** 고온의 인목탄 및 황은 이산화질소 안에서는 산소의 안에서와 마찬가지로 거의 똑같이 연소한다.

이산화질소에 의해 지지되고 있는 화재를 소화하는 데에는 일반적으로 물이 효과적이다.

8.8 암모니아

암모니아는 무색의 알칼리성 기체로 극도의 자극성 악취를 가지고 있으며, 그 화학식은 NH_3이다. 암모니아의 물리적 성질을 표 8.10에 기재했다. 연금술시대에 암모니아는 동물의 발굽과 뼈를 달굴 때 만들어졌다.

표 8.10 암모니아의 물리적 성질	
끓는점	−33℃
응고점	−78℃
비중	0.771
증기 비중(공기를 1로 한다)	0.596
자연발화온도	651℃
폭발하한계	16%
폭발상한계	25%

암모니아는 석탄의 건류생산물의 하나이며, 또 암모늄이온을 포함한 많은 화합물의 열분해의 산물이기도 하다. 많은 암모늄화합물이 폭넓게 공업적으로 이용되고 있기 때문에 그들 물질이 화재에 둘러싸인 경우에는 대량의 암모니아가 발생하는 것에 주의하는 것이 중요하다. 예로, 황산암모늄이 가열되면 그 열분해생성물은 암모니아, 이산화황, 질소 및 물이다.

$$3(NH_4)_2SO_4 \rightarrow 4NH_3 + N_2 + 3SO_2 + 6H_2O$$

암모니아는 또 어떤 종의 질소를 포함한 플라스틱의 열분해에서도 생성된다. 그렇지만 질소를 포함한 플라스틱은 일반적으로 분해하면 암모니아보다도 질소산화물류가 훨씬 많이 생성된다.

암모니아는 화재에 관한 가스이지만, 그것은 다른 연소생성물 또는 열분해생성물만큼 위험하지는 않다. 또한 가연성이지만 그 발화가능성은 오히려 낮다. 표 8.10에서 알 수 있는 것처럼, 그 연소범위는 비교적 좁고, 순수한 산소 안에서는 약한 노란색 불꽃을 일으키며 탄다. 그 산화에 관한 화학반응식은 다음과 같다.

$$4NH_3 + 3O_2 \rightarrow 2N_2 + 6H_2O$$

공업적으로 암모니아는 주로 Habor법에 의해 만들어지며, 그 반응은 다음과 같다.

$$N_2 + 3H_2 \rightarrow 2NH_3$$

암모니아는 주로 비료의 제조 또는 비료로 직접 사용된다. 암모니아는 통상 대기압에 가까운 압력으로 2만 톤 크기의 탱크 안에 액상으로 저장된다. 이 액화가스는 3기압 이내 압력으로 봄베에 넣어져 시판되고 있으며, 암모니아 봄베는 불연성 압축가스라는 표식이 붙여진다. 또 그 봄베에는 70℃와 100℃ 사이에서 용융하는 휴즈마개가 설치되며 일정 이상 압력에서 열리는 안전막을 장비한다.

암모니아는 중등 정도의 독성을 가졌으며 TLV는 50ppm이다. 암모니아를 흡입한 경우 그 영향은 이산화황의 경우와 비슷하다. 눈, 피부 및 점막류는 특히 자극과 염증을 일으키기 쉽고, 암모니아의 농도가 높을 경우에는 질식과 사망을 불러일으킨다. 암모니아는 또 호흡자극제로도 사용한다.

암모니아는 물에 상당히 잘 녹으며, 그 수용액은 수산화암모늄(NH_4OH)이나 암모니아수라 칭해지는데, 그 화학반응식은 다음과 같다.

$$NH_3 + H_2O \rightarrow NH_4OH$$

수산화암모늄은 수산화나트륨 또는 수산화칼륨과 비교하면 약알칼리성이다. 그것은 산을 중화하지만 일반적으로 대부분의 금속과는 반응하지 않는다. 하지만 진한 물질은 피부에 화상을 일으킨다. 수산화암모늄에 관한 일반적인 위험성은 그 증기의 경우와 같으며, 진한 수산화암모늄은 상당한 증기압을 나타내고, 따라서 호흡기에 우선 장해를 일으킨다. 국내 암모니아 관련사고는 1989년 11월 7일 인천시 남구 주안동 (주) ○○기공에서 발생한 것으로 안전공간 없이 과충전 된 암모니아 50 kg 용기가 외부 열영향에 의해 액팽창으로 급격한 압력상승을 일으켜 파열됨으로써 1명이 사망, 3명이 부상하였다.

8.9 유독한 무거운 원소류

무거운 원소의 염류 중에서 아주 적은 양일지라도 인류생존에 있어서는 필요불가결한 물질이 있다. 그렇지만, 그러한 물질 중 일부는 독성화합물로 인체에 있어서 특별히 위험할 수 있으며, 대표적인 물질이 비소, 납 및 수은염류이다. 상당히 유독하여 소량을 섭취해도 뇌장해를 일으키며 죽음에 이르게 한다.

무거운 원소류의 몇 가지는 특별히 유독하다. 거의 무취로 맛이 없는 **삼산화이비소**(As_2O_3)의 형태로 비소는 중세기를 통틀어 범죄적인 살인에 이용됐다. 인체조직 안에 있는 비소를 검출하는 화학적 방법으로 살인자들의 사용을 감소시키기는 했지만, 비소화합물은 여전히 많은 치명적인 중독의 원인이다. 비소중독은 주로 일상생활에 필요한 과일과 야채류를 재배하는 장소에서 일어난다. 분무된 살충제가 과일에 남아 있는 것만으로, 특히 어린아이들에게는 위험을 준다. 비소 화합물은 일반적으로 제초제와 살충제 성분으로 사용된다. 아비산구리, 비소나트륨 및 비산염의 혼합물인 파리글린은 약 1세기에 걸쳐 곤충 및 쥐류의 해를 막기 위해서 이용되어 왔다. 비소의 거의 대부분의 염류는 B급의 독물로 분류되어 있다.

삼산화이비소의 치사량은 평균 어른의 경우 약 0.1 g이며, 그것보다 적응 양이라도 비소 화합물을 섭취하면 거세게, 그리고 불치의 간장장해를 일으킨다. 비소는 체내에 비산칼슘의 형태로 축적한다. 비소를 마시면 피부에 색소가 얼룩을 만들지만, 그것이 일반적인 것은 아니다. 비소를 섭취한 후 몇 년이 지나면 침착된 색소가 퍼지면서 피부암으로 발전하는 경우가 있다.

납중독도 여전히 위험하다. 그것은 다른 모든 화학약제보다도 어린이의 사망원인이 되기 쉽다. 특히 어린이들이 납화합물을 포함한 오래되어 벗겨진 페인트와 회반죽 등을 먹기도 하는 흑인거주지역 등에서 일어나기 쉽다. 탄산납 또는 백납은 대부분의 페인트 성분이다. 크롬옐로라 불리는 크롬산납과 연단이라 불리는 사염화납도 여전히 페인트류 성분이다. 자동차의 배기는 산화납에 많다. 고대 로마인조차도 우연히 납에 중독되어 있었다. 그 같은 경우는 납의 수도관 또는 포도주를 넣는 납 저장용기 등의 사용이 서서히 체내에 치명적인 납 축적을 낳게 했다.

연기와 증기에 의한 납중독은 가솔린 안의 사에틸납으로부터 직접 일어난다. 가솔린으로 손을 씻는 것은 여러 가지 견지에서 안전성을 소홀히 한 조치이다. 특히 그것이 습관적으로 행해지면 위험하다. 사에틸납은 손쉽게 피부를 통해 흡수되고, 축적된다. 사에틸납이 피부를 통해 흡수되는 것에 대한 TLV는 겨우 0.075 mg/m^3이다. 극히 소수의 예외를 빼고 납 화합물은 B급의 독물로 분류된다.

납중독의 주요한 증상은 복통, 치근의 검은 반점, 안면창백, 허탈감, 변비 및 손과 전박부 마비이다. 일반적으로 경련이 일어나지만 특히 어린이의 경우에 일어나기 쉽다. 납중독은 생명을 건진 희생자에게도 심한 영구적인 신경계 계통 장해를 불러일으킨다.

한편, **수은중독**[18]은 역사적으로 납과 비소 염류 중독보다 잘 알려져 있지는 않으나, 수은염류에 의한 중독의 유래는 고대에서부터 찾아볼 수 있다. 그렇지만 수은염류가 하천과 물의 오염물질로 중독을 일으키는 것이 알려지게 된 것은 극히 최근의 일이다. 수은화합물은 생선체내에 잔류해 그것을 먹은 인류로 옮겨진다. 공업폐기물에서의 수은중독은 1953년 일본의 미나마타에서 처음 발견됐다. 이 미나마타병은 미나마타만 근처에 있는 화학공장에서 배출되는 수은폐약을 추적하는 과정에서 알려지게 되었다.

18) 기원전 210년 중국의 진시황은 서불이라는 도사에게 불로불사의 약을 만들도록 명령했으나, 서불이라는 도사가 만들어준 불로불사약에는 수은이 들어 있었는데, 결국 진시황은 수은중독으로 사망하게 된다.

수은화합물은 플라스틱류를 만드는 촉매로 이용되고 메틸수은염(CH_3-Hg^+)의 형태로 배출되고 있다. 몸조직 내에 20 ppm을 넘는 농도로 수은이 농축된 만 내의 물고기와 조개류를 섭취함으로써 약 900명의 사람들이 이 병에 걸렸다. 물속의 어떤 미생물은 그 화학적인 근원이 무엇이든 관계없이 수은염류를 메틸화하는 능력이 있는 것이 널리 알려져 있다. 곧 메틸기($-CH_3$)가 화학적으로 수은원자와 결합하는 것이다. 메틸기가 첨가된 수은화합물은 특히 유독하고 손쉽게 동물조직, 예를 들면 물고기에 흡수되기 때문이다. 유기수은화합물의 TLV는 피부를 통해 흡수되는 경우가 거의 0.011 mg/m^3이다.

몇 가지 수은화합물이 널리 공업에 이용되고 있다. 황산제2수은은 아세트알데히드, 염화비닐 및 초산비닐을 만드는 경우의 촉매로 이용되고 있다. 승홍이란 이름으로 알려져 있는 염화 제2수은은 병원의 여러 가지 용기류, 접시, 변기를 소독하는데 이용되는데, 병원에서의 부주의로 수은 중독이 종종 일어나고 있다. 모든 수은화합물은 B급 독물로 수송되며, 금속수은도 여전히 유독하다. 상온에서 액체이기 때문에 그것은 다른 대부분의 금속과 비교해 상당한 증기압을 가지고 있고, 그 액체수은의 TLV는 피부를 통해 흡수되는 경우 겨우 0.1 ppm이다.

수은중독의 증상은 가벼운 위경련 증상부터 구역질을 동반하는 심한 통증까지 여러 가지 범위에 걸쳐 있다. 보행실조, 언어장해 등이 관찰된다.

중금속류는 대부분 독성을 나타내는데, 특히 황에 대한 화학결합력이 강하다. 제8장의 5에 논한 것처럼 황은 시스테인과 시스틴 같은 화합물의 하나의 성분이고, 그들 화합물은 단백질과 효소 같은 생물체의 더 큰 고분자 부분을 형성하고 있다.

화학적으로 체내의 성분 황과 결합할 수 있는 중금속류는 효소며 단백질의 작용을 전면적으로 변화시킨다. 여기서 단백질과 효소의 분자구조가 변화하게 되면서 그 중독자는 사망하는 것이다.

8.10 유기살충제류

살충제류는 곤충, 세균류, 쥐류 및 식물류를 사멸시키는데 이용된다. 무기살충제류도 여전히 농업에 필요하며, 대부분의 살충제류가 유기화합물로 되어 있다. 특히 살충제류는 유해한 곤충을 사멸시키는 것을 목적으로 만들어지지만, 이들 물질은 똑같이 인간에 대해서도 두드러진 독성을 나타낸다. 살충제류가 어쩌다 과실에 의해 넘치거나 새거나 하면 직접 인체로 들어가면서 살충, 제초작업에 종사하는 사람들에게 재해를 가져온다.

화학적으로 유기살충제류는 그 물질 분자구조에 근거하여 4개의 그룹으로 분류된다. 곧 유기염소화합물, 유기인화합물, 칼바메이트 및 요소유도체이다. 유기염소계 살충제류는 복잡한 탄화수소의 염소화합물이다. 수소 원자의 몇 개가 화학적으로 염소 원자와 치환되어 있는 형태이다.

예를 들어, 살충제인 알드린은 $C_{12}H_8Cl_6$이란 화학식을 가지고 있다. 각 성분원자는 각각 다음처럼 연결되어 있다.

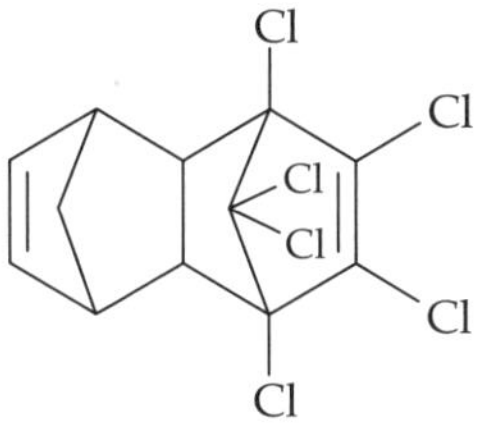

알드린

이 분자의 독성원인이 되는 부분은 탄소와 염소의 결합(－C－Cl)으로 유기염소화합물은 신경계통의 세포에 작용하는 것으로 생각된다. 그 중독작용의 전체 메커니즘은 아직 알려져 있지 않다. 유기염소 화합물은 농장에서 사용된 후 몇 년간 그 환경에 잔류한다. 그리고 그 식물을 소비한 동물의 지방조직 안에 농축된다. 환경문제로 가장 대표적인 유기살충제인 DDT는 시장에서 배제되게 되었다.

유기인 화합물은 인 원자를 탄화수소의 구조 내에 포함하고 있다. 황의 원자도 통상 인과 함께 살충제 효과에 상당히 공헌하고 있다. 살충제의 하나인 파라티온은 다음 실험식 $(C_2H_5O)PSOC_6H_4NO_2$을 가지고 있다. 그 구조에서의 원자 분포상태는 다음과 같다.

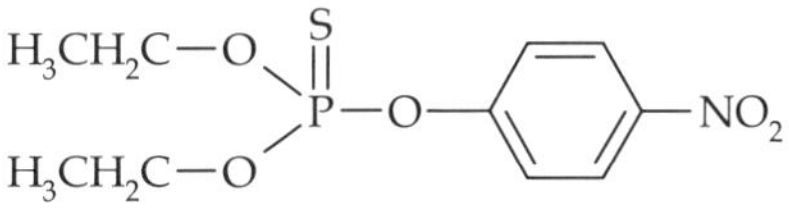

파라티온

유기인 화합물의 독성은 아래의 결합구조에서 생긴다.

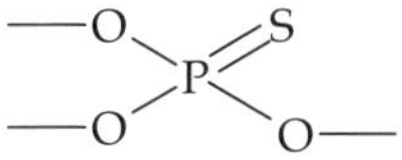

유기인

유기인의 화합물은 그들이 아세틸코인에스테라아제(ACHE)라 불리는 중요한 효소의 활성을 무효화하기 때문에, 인체에 극도로 유독하다.

칼바메이트류는 유기산인 칼바민산의 유도체이다.

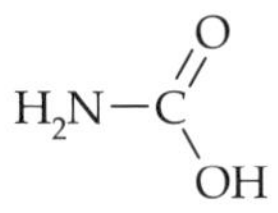

칼바민산

살충제의 하나인 칼비어는 칼바민산의 유도체로 그 중의 수소 원자 하나가 메틸기에 의해 치환되고 다른 수소 원자는 나프틸기 한 분자에 의해 치환되어 있다. 그 분자구조는 다음에 나타낸 물질이다.

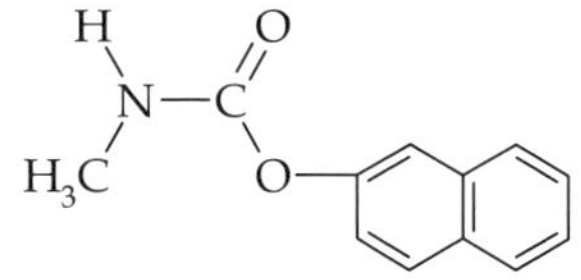

칼비어

칼바메이트의 독성은 칼바메이트기때문이다. 아미노기($-NH_2$)와 카르복실기($-COOH$)를 포함한 화합물은 아미노산이라 이름 붙여져 있다. 칼바민산은 아미노산의 하나의 예이며, 적어도 26종류의 아미노산이 단백질의 구조에 필요한 물질로 알려져 있다. 칼바민산에 의해 체내에서의 아미노산 구조의 균형이 뒤집히게 되면 병과 죽음의 원인이 된다.

요소계 살충제는 유기화합물 요소의 유도체이다. 요소의 구조는 다음과 같다.

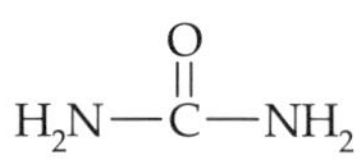

요소

이들 수소 원자의 하나 또는 여러 개를 다른 원자로 치환시키면 농약으로 사용이 가능하다. 요소계 농약의 대부분은 제초제로 이용되는데, 예를 들면, 리누론이란 제초제는 다음과 같은 구조를 가지고 있다.

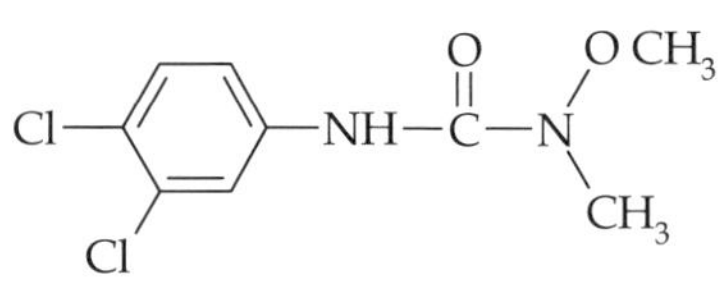

리누론

많은 종류의 농약이 시장에 나돌고 있고, 표 8.11은 그 중에서도 특히 일반적으로 이용되고 있는 것의 몇 개를 표기하고 있다. 그들 각각이 생물학적으로 독특한 방법으로 작용하며 B급 독물로 분류되고 있다.

어떤 종류의 농약이라도 농약에 관한 화재를 진압하기 위해서는 자동호흡장치가 달린

표 8.11 몇 개의 일반적인 농약의 특성

농약	화학상 분류	LD_{50}
알드린	유기염소제	40
칼비루	카바나이트	500
클로리덴	유기염소제	100
DDT	유기염소제	200
디아지논	유기인제	80
델드린	유기염소제	50
린덴	유기염소제	100
말라치온	유기인제	1000
메타키시크롬	유기염소제	6000
파라티온	유기인제	8

장비를 이용하지 않으면 안 된다. 농약이 연소하는 곳에서 발생하는 연기나 증기를 흡입하면 손쉽게 뇌장해 또는 죽음까지 부를 수 있다. 또 이들 농약의 대부분은 피부를 통해 몸에 흡수되는 물질이기 때문에 고무장화, 고무장갑, 고무모자 및 의복을 포함한 완전한 방호의를 이용하는 것이 좋다. 농약에 의한 일반적인 중독증상은 다음과 같다. 시각이 몽롱해지고 두통, 구역질, 타액흐름 및 강한 빛을 받은 경우에 눈의 동공이 축소하는 과정의 결여 등이다. 독물에 의해 쓰러진 사람들의 응급처치시에 특별한 사전의 주의가 필요하다. 예를 들면, 입에서 입으로의 인공호흡은 농약의 입자가 피해자에게서 구조자에게로 이동할 우려가 있다.

농약화재에서 발생하는 연기나 가스를 직접 접촉할 수 있는 모든 가능성을 피하는 것이 필요하다. 따라서, 이 같은 화재는 바람을 등지거나 또는 그것과 직각방향에서 공격해야만 한다. 직접주수를 하는 것보다도 분무상의 물을 뿌리는 것이 유리하다. 이유는 안개는 유독한 분진이 말아 오르는 것을 감소시키기 때문이다. 화재가 진압되면 그것에 계속해 물에 의한 세정은 최소한도로 멈추고 소다재로 중화하고 톱밥이나 점토를 이용해 흡수시켜야만 한다. 오염된 잔해는 허용된 지역에 폐기해야만 한다. 만약 필요하면 흐른 물을 일시적인 저장조로 인도하고, 그리고 그것이 그 지역의 하수나 수로로 흘러들어가는 것을 막기 위해서 제방이 있는 수로를 만들어야 한다.

8.11 독성물질로부터의 방호

호흡을 보호하기 위해서는 몇 개의 장치가 이용되고 있지만 어느 것에나 어떤 종류의 제한이 수반되어 있다. 적당한 장치를 선택하는 것은 타고 있는 물질의 성질, 농도, 그리고 물리적인 형태 등 많은 요소에 의해 결정되지만 긴급행동에 의한 긴장 상태에서는 확실히 결정하는 것이 어렵다. 일반적으로는 유독가스를 수반하는 재해에는 어떠한 타입의 장치보다도 자동 호흡장치가 선택되는 것이 적당하다 라고 생각되고 있으며, 자동호흡장치는 소방관을 대기로부터 완전히 독립시키도록 설계되어 있다. 그것에는 3개의 독자적인 형태가 있고, 각각 정해진 시간 안에 이용하도록 설계되어 있는데, 그 세 가지 형태는 아래와 같다.

1. 순환압축산소

이 타입은 산소를 고압 봄베에서 적당한 관을 통해 호흡용 주머니로 받아들여, 그것을 사용자의 호흡 마스크 또는 호흡 마우스피스로 접속하도록 되어 있다. 내뱉어진 숨은 이산화탄소를 흡수하는 흡입관 안을 통과해 순환하도록 되어 있다.

2. 압축공기 또는 산소를 직접 이용하는 타입

압축공기 또는 산소가 직접 필요에 따라 호흡 마스크로 공급된다. 곧 사용자는 그 호흡속도에 의한 양만 흡입하도록 되어 있다. 내뱉어진 숨은 직접 대기 중으로 배기되고 순환하는 일은 없다.

3. 자동발생식 산소순환형

사용자의 내뱉은 숨 속에 존재하는 수분과 이산화탄소는 관 안에 들어 있는 초과산화칼륨에 의해 흡수된다. 수분과 초과산화칼륨의 화학 작용에 의해 산소가 발생하여 그 산소는 호흡을 위해 호흡주머니에 들어가고 내뱉어진 숨은 순환을 반복한다. 이 타입에 관한 화학반응식은 다음과 같다.

$$2KO_2 + H_2O \rightarrow H_2O_2 + K_2O + O_2$$

$$2H_2O_2 \rightarrow 2H_2O + O_2$$

$$K_2O + CO_2 \rightarrow K_2CO_3$$

초과산화칼륨은 고도로 반응성이 강한 물질인 것을 기억해야만 한다(제7장의 1). 따라서 이 물질이 들어 있는 관의 처분과 취급은 그 관의 제조자의 지침에 따라 정확히 행해야만 한다. 마지막으로 시안화수소 같이 여러 개의 기체도 여전히 피부를 통해 흡수되고 중독을 일으키는 것을 기억해야만 한다. 또 이 종류의 물질에 노출되는 소방대원, 구급대원 모두가 유독가스를 통과시키지 않는 물질로 된 완전한 전신형 의복을 착용하는 것이 절대적으로 필요하다.

연습문제

8.1 탄소가 불완전연소하면 일산화탄소가 생성한다. 이러한 일산화탄소가 인체에 어떻게 치명적인지 설명하시오.

8.2 탄소의 화재에 물이 서서히 주입되는 경우 매우 위험하다. 그 이유를 화학반응식으로 설명하시오.

8.3 TLV의 정의를 설명하시오.

8.4 황화수소의 실험실적 제조방법을 설명하시오.

8.5 질소산화물에는 여러 가지가 있으나, 그 중에서 치과의 마취용으로 사용하며 호흡하면 웃음이 나오는 기체는 무엇인가?

8.6 과거에 자동차의 안티녹킹제로 사용되었으나 인체위험성이 너무 중대해서 현재 사용하지 않는 금속유기화합물은 무엇인가?

8.7 농약의 화재에 적합한 소화제는 무엇인가?

8.8 유해물질의 독성에 노출 시 손상을 입지 않는 농도표시인 TLV(Threshold Limit Values)에 대하여 설명하시오. (소방기술사 65회)

8.9 LC_{50}은 유해가스를 1시간 동안 쥐에 흡입 시켰을 때 50%가 사망하는 농도를 나타내는데 LC_{50}의 원어는? (소방기술사 68회)

8.10 화재 시 발생하는 CO, CO_2, 가스 및 O_2, 연기의 위험한계(허용치)를 기술하시오. (소방기술사 38회)

8.11 연소 중 CO가스의 발생과정을 설명하고, 이 가스가 인체에서 작용과 미치는 영향에 대하여 기술하시오. (소방기술사 38회)

8.12 화재 시 연기특성에 대하여 설명하시오. (소방기술사 55회)

8.13 화재생성물 중 화재가스, 불꽃, 열에 대하여 설명하라. (소방기술사 57회)

8.14 주요 치사원인인 연소가스 중 일산화탄소(CO), 이산화탄소(CO_2), 황화수소(H_2S), 이산화황(SO_2)의 위험성에 대하여 설명하시오. (소방기술사 62회)

8.15 건물화재 시 연기는 액체미립계와 고체미립계가 있는데 다음 사항에 대하여 설명하시오. (소방기술사 67회)

(1) 생성과정
(2) 연기종류
(3) 연기특성

8.16 연소생성물과 유해성에 대하여 논하시오. (소방기술사 74회)

8.17 파라핀계 탄화수소의 일반적인 연소성에 대해 설명하시오. (위험물기능장 36회)

8.18 이황화탄소는 순수한 것은 (　　)한 액체이고, 불순물에 의해 (　　)색을 띠고, 점화 시는 (　　)색의 불길과 (　　)과 (　　)로 분해하고, (　　)온도는 4류 위험물 중 가장 낮다. (위험물기능장 37회)

8.19 유해위험물질(화재폭발 및 독성)은 유해가스 위험정도를 판단하기 위하여 독성지수를 적용한다. 대표적인 지수인 TWA 및 STEL에 대하여 각각 기술하시오. (소방기술사 88회)

제 9 장

산화 · 환원 현상

앞의 여러 장에서 논한 상당히 많은 화학반응은 산화·환원반응으로 분류할 수 있다. 그들 반응의 대부분은 어느 정도의 위험을 경고하는 물질이지만, 그 요점을 간단히 선별해서 정리해 보면 다음과 같다.

1. 목탄과 황은 각각 산화제와 섞은 경우에는 자연발화할 위험성이 있다.
2. 유독한 염소 가스는 농염산을 몇 개의 산화제와 섞을 때 발생한다.
3. 공기 중의 수분은 염류형의 수소화물에서 가연성 수소가스를 발생시킨다.
4. 불소는 대부분 접촉하는 대개의 물질과 반응하며, 통상 그 결과로 큰 화재가 일어난다.

산화제와 환원제의 반응만으로 파괴적인 사고가 발생할 가능성이 있기 때문에 화재, 폭발, 인명손실의 견지에서 안전에 주의하는 것이 중요하다. 소방요원은 이들 물질의 화재 시에는 생명과 재산의 위험을 생각해 그 성질을 잘 알아두는 것이 중요하다.

9.1 서론

산화와 환원의 주요한 성질은 이미 제4장의 2에 소개해 두었다. 일반적 의미로는 산화·환원은 전자가 하나의 원자로부터 다른 원자로 이동하는 반응이라 할 수 있다. 그 전자를 방출한 원자는 「산화되었다」라고 표현된다. 전자를 받아들인 원자는 「환원됐다」라고 표현된다. 전자를 받아들인 물질을 산화제, 전자를 잃은 물질을 환원제라 부른다. 산화·환원반응에 있어서는 전자가 이동하는 것이기 때문에 산화된 원자 및 환원된 원자의 원자가는 그것에 따라 변화하지 않으면 안 된다.

만약 그 원자가 다원자의 양이온 또는 음이온의 일부였던 경우에는, 그 원자가는 산화수로 결정된다. 예를 들어, 염소산 음이온 ClO_3^-는 −1의 원자가를 갖게 된다. 한편, 염소산칼륨($KClO_3$)의 경우 Cl의 산화수는 칼륨과 산소원가가 각각 +1 및 −2인 것을 생각하면 염소산 음이온 안의 염소원자에는 +5라는 산화수를 줄 수 있다. +와 −수의 합이 0이기 때문이다.

$$\begin{array}{ccc} K & Cl & O_3 \\ +1 & +5 & (-2\times 3=-6) \end{array}$$

다원자 이온 안의 원자의 산화수를 결정하는 데는 다음의 몇 가지 법칙을 알아야 한다.

1. 홑원소 물질을 구성하는 원자의 산화수는 0이다.

예) H_2에서 H, Cu에서 Cu, N_2에서 N, Fe에서 Fe, P_4에서 P, 그리고 C에서 C의 산화수는 0이다.

2. 단원자 이온의 산화수는 그 이온의 전하와 같다.

예) Cu^{2+} : +2, Cl^- : −1, Fe^{3+} : +3

3. 수소 화합물에서 수소 원자의 산화수는 +1이다.

예) HCl, NH_3, CH_4에서 H의 산화수는 +1이다.

<예외> 금속의 수소 화합물에서 H의 산화수는 −1이다.
LiH, NaH, MgH_2, CaH_2, BeH_2, $LiAlH_4$에서 H의 산화수는 −1이다.

4. 산소 화합물에서 산소 원자의 산화수는 −2이다.

예) H_2O, MgO, CO_2에서 O의 산화수는 −2이다.

<예외> a. 과산화물 H_2O_2, Na_2O_2, BaO_2에서 O의 산화수는 −1이다.
b. OF_2에서 F가 전기 음성도가 크기 때문에 O의 산화수는 +2이다.

5. 화합물을 이루고 있는 각 원자들의 산화수의 총합은 0이다.

(+ 산화수 총합) + (−산화수 총합) = 0

※ 일정한 산화수를 갖는 원자 1족 : +1, 2족 : +2, F : −1, H : +1, O : −2

예) $CO_2 \rightarrow C+2\times(-2)=0$, C : +4

$Al_2O_3 \rightarrow 2\times Al+3\times(-2)=0$, Al : +3

$H_2SO_4 \rightarrow 2\times(+1)+S+4\times(-2)=0$, S : +6

$K_2Cr_2O_7 \rightarrow 2\times(+1)+2\times Cr+7\times(-2)=0$, Cr : +6

6. 다원자 이온을 구성하는 원자들의 산화수의 총합은 그 이온의 전하수와 같다.

예) $SO_4^{2-} \rightarrow S+4\times(-2)=-2$, S : +6

$C_2O_4^{2-} \rightarrow 2\times C+4\times(-2)=-2$, C : +3

산화수는 이들 법칙 안에서 다음과 같이 정의된다. 그 분자를 구성하는 모든 단위원자의 원자가의 산술적 합계를 하기 위해서 하나의 원자로 분배되는 외관상의 원자가는 0과 다름없다. 산화수의 결정방법을 설명하는 다른 예는 표 9.1에 기재되어 있다.

한편, 다른 물질을 산화시키는 물질을 산화제라 하며, 다른 물질을 환원시키는 물질을 환원제라고 한다. 산화제란 자신은 환원되기 쉬운 물질이며, 환원제는 자신이 산화하기 쉬운 물질이다. 예를 들어,

환원

$$2HNO_3 + 3H_2S \rightarrow 2NO + 3S + 4H_2O$$

산화

의 관계에서 산화제는 HNO_3, 환원제는 H_2S이다.

표 9.1 산화수 예

원소	산화수	대표적인 화합물
F	−1	HF
O	−2	SO_2
	−1	H_2O_2
N	−3	NH_3
	−2	N_2H_4
	−1	NH_2OH
	+1	N_2O
	+2	NO
	+3	HNO_2
	+4	NO_2
	+5	HNO_3
Cl	−1	HCl
	+1	HClO
	+3	$HClO_2$
	+5	$HClO_3$
	+7	$HClO_4$
S	−2	H_2S
	+4	H_2SO_3
	+6	H_2SO_4
P	−3	AlP
	+3	H_3PO_3
	+5	H_3PO_4

몇 개의 보통 비금속은 훌륭한 산화제이다. 불소, 산소, 염소 및 황은 산화제인 비금속 원소의 예이다. 이들 비금속의 환원을 묘사하는 방정식은 다음과 같다.

$$F_2 + 2e^- \rightarrow 2F^-$$

$$O_2 + 4e^- \rightarrow 2O^{2-}$$

$$Cl_2 + 2e^- \rightarrow 2Cl^-$$

$$S + 2e^- \rightarrow S^{2-}$$

이들 방정식은 그들 4개의 원소의 화학적 반응성을 가리키고 있다. 곧, 불소는 불화물이 되고 산소는 산화물이 되고, 염소는 염화물이 되고, 황은 황화물이 된다. 비교적 큰 산화수를 가진 원소를 포함한 화합물도 여전히 훌륭한 산화제이다. 하나의 예는 염소산칼륨이다. 염소산 음이온 안의 염소의 산화수는 앞에 나타낸 것처럼 +5이다. 이 값이 그 대표적인 원자가인 −1보다도 큰 것은 중요한 의미를 가진다. 염소산염이 환원될 때는, 그들은 다음 방정식이 가리키는 것처럼 염화물이 된다.

$$ClO_3^- + 6H^+ + 6e^- \rightarrow Cl^- + 3H_2O$$

이와 같은 산화·환원방정식은 다음의 단계에 따라 구해질 수 있다.

1. 산화되거나 환원되는 원소의 산화수를 표기한다.
2. 반응을 산화와 환원을 포함하는 두 개의 반쪽 반응으로 나눈다.
3. 각 반쪽반응에 대해, 산화되거나 환원된 원자의 수를 맞춘다.
4. 각 반쪽반응의 한쪽에 전자를 더해 산화수의 변화를 맞춘다.
5. 산소 원자의 수는 각 반쪽반응의 한쪽에 H_2O를 더해 맞춘다.
6. 수소 원자의 수는 각 반쪽반응의 한쪽에 H^+를 더해 맞춘다.
7. 각 반쪽반응에 따른 반쪽반응에 있는 전자의 수를 곱하므로, 전체 반응에서는 전자수가 상쇄되게 한다. 그런 다음 두 반쪽반응을 더하고, 최소의 정수계수가 되게 식을 간단히 한다.

다음의 예제로부터 이온전자법에 의해 산화환원방정식을 완결하는 방법을 살펴보고자 한다.

다음 식을 H^+를 써서 계수를 맞추어라.

$$\underset{+2}{Fe^{2+}} + \underset{+7}{MnO_4^-} \rightleftharpoons \underset{+3}{Fe^{3+}} + \underset{+2}{Mn^{2+}}$$

앞의 단계를 이 예제에 적용시켜 보자.

1. **산화수 표기** : 위 식의 각 화학종에 Fe와 Mn의 산화수가 나타나 있다.
2. **두 반쪽반응**으로 나눈다.

산화 반쪽반응 : $\underset{+2}{Fe^{2+}} \rightleftharpoons \underset{+3}{Fe^{3+}}$

환원 반쪽반응 : $\underset{+7}{MnO_4^{2-}} \rightleftharpoons \underset{+2}{Mn^{2+}}$

3. **산화 또는 환원된 원자의 수를 맞춘다.** 반응의 양쪽에 Fe와 Mn이 각각 한 개씩 있으므로 이미 맞추어진 상태이다.
4. **전자수 맞추기** : 각 산화상태의 변화를 맞추기 위해 전자를 더한다.

$$Fe^{2+} \rightleftharpoons Fe^{3+} + e^-$$

$$MnO_4{}^- + 5e \rightleftharpoons Mn^{2+}$$

두 번째 경우 Mn이 +7에서 +2의 상태가 되기 위해 왼쪽에 $5e^-$가 필요하다.

5. **산소 원자수 맞추기** : Fe 반쪽반응에는 산소 원자가 없다. Mn 반쪽반응의 왼쪽에 4개의 산소 원자가 있으므로 오른쪽에 4분자의 H_2O를 더한다.

$$MnO_4^- + 5e^- \rightleftharpoons Mn^{2+} + 4H_2O$$

6. **수소 원자수 맞추기** : Fe식은 이미 계수가 맞추어졌다. Mn식은 왼쪽에 $8H^+$를 더한다.

$$MnO_4^- + 5e^- + 8H^+ \rightleftharpoons Mn^{2+} + 4H_2O$$

이 때 각 반쪽반응은 완전히 계수가 맞아야 한다(전하의 양이나 원자의 수가 양쪽에서 같아야 한다).

7. **곱해서 더하기** : Fe 반응식에서 5를 곱하고, Mn 반응식에 1을 곱해 더한다.

$$5Fe^{2+} \rightleftharpoons 5Fe^{3+} + 5e^-$$

$$MnO_4^- + 5e^- + 8H^+ \rightleftharpoons Mn^{2+} + 4H_2O$$

$$5Fe^{2+} + MnO_4^- + 8H^+ \rightleftharpoons 5Fe^{3+} + Mn^{2+} + 4H_2O$$

방정식 좌우의 총전하수를 구하여 검사한다.

$$\begin{aligned} \text{좌측총전하수} &= \text{우측총전하수} \\ 5\times(+2)+(-1)+8\times(+1) &= 5\times(+3)+(+2) \\ +17 &= +17 \end{aligned}$$

한편, 염기성 용액에서 일어나는 산화·환원반응에 대한 반쪽반응법의 이용은 다음의 예제에서 살펴본다.

염기성 용액에서 과망간산 이온(MnO_4^-)에 의한 옥소화 이온(I^-)의 산화로부터 옥소(I_2)와 이산화망간(Ⅳ)(MnO_2)이 생긴다. 이 반응을 나타내는 균형이온방정식을 적어라.

골격 반응식을 나타내면

$$MnO_4^- + I^- \rightarrow MnO_2 + I_2$$

두 반쪽반응을 쓰면

$$\text{산화 : } \overset{-1}{I^-} \rightarrow \overset{0}{I_2}$$

$$\text{환원 : } \overset{+7}{MnO_4^-} \rightarrow \overset{+4}{MnO_2}$$

산화 반쪽반응에서 I 원자의 균형을 맞추어 적으면

$$2I^- \rightarrow I_2$$

환원 반쪽반응에서 O 원자의 균형을 맞추기 위해 오른쪽에 H_2O 두 분자를 더한다.

$$MnO_4^- \rightarrow MnO_2 + 2H_2O$$

H 원자의 균형을 맞추기 위해 왼쪽에 4개의 H^+ 이온을 더한다.

$$MnO_4^- + 4H^+ \rightarrow MnO_2 + 2H_2O$$

염기성 용액에서 반응이 일어나기 때문에, 반응식 양쪽에 4개의 OH^- 이온을 각각 더한다.

$$MnO_4^- + 4H^+ + 4OH^- \rightarrow MnO_2 + 2H_2O + 4OH^-$$

왼쪽에서 H^+와 OH^- 이온이 결합하여 물이 된다.

$$MnO_4^- + 4H_2O \rightarrow MnO_2 + 2H_2O + 4OH^-$$

양쪽에서 물 두 분자를 제거하면, 다음과 같다.

$$MnO_4^- + 2H_2O \rightarrow MnO_2 + 4OH^-$$

원자들의 균형이 모두 맞추어졌으므로 이제 두 반쪽반응의 전하의 균형을 맞추면 된다.

$$2I^- \rightarrow I_2 + 2e^- \quad \text{(산화 반쪽반응)}$$

$$MnO_4^- + 2H_2O + 3e^- \rightarrow MnO_2 + 4OH^- \quad \text{(환원 반쪽반응)}$$

전자수를 같게 하기 위해 산화 반쪽반응식에 3을 곱하고, 환원 반쪽반응식에 2를 곱한다.

$$6I^- \rightarrow 3I_2 + 6e^-$$

$$2MnO_4^- + 4H_2O + 6e^- \rightarrow 2MnO_2 + 8OH^-$$

두 반쪽반응식을 합한다.

$$6I^- + 2MnO_4^- + 4H_2O + 6e^- \rightarrow 3I_2 + 2MnO_2 + 8OH^- + 6e^-$$

위 식의 양쪽에서 전자를 지워버린다. 그러면, 위 반응에 대한 균형 이온 방정식은 다음과 같다.

$$6I^- + 2MnO_4^- + 4H_2O \rightarrow 3I_2 + 2MnO_2 + 8OH^-$$

양쪽의 전체전하는 -8이고, 양쪽의 원자수는 같다.

비교적 높은 산화상태에 있는 원소를 포함한 산화제의 몇 개의 예는 표 9.2에 주어져 있다.

표 9.2 일반적인 산화제

산화제	산화수가 변하는 원소	산화수		이온방정식
		반응물	생성물	
Na_2O_2	O	-1	-2	$Na_2O_2 + 2H_2O + 2e^- \rightarrow 2Na+ + 4OH^-$
NaClO	Cl	$+1$	-1	$ClO^- + 2H^+ + 2e^- \rightarrow Cl^- + H_2O$
$NaClO_3$	Cl	$+5$	-1	$ClO_3^- + 6H^+ + 6e^- \rightarrow Cl^- + 3H_2O$
HNO_3 (conc.)	N	$+5$	$+4$	$NO_3^- + 2H^+ + e^- \rightarrow NO_2 + H_2O$
HNO_3 (dil.)	N	$+5$	$+2$	$NO_3^- + 4H^+ + 3e^- \rightarrow NO + 2H_2O$
$K_2S_2O_8$	S	$+7$	$+6$	$S_2O_8^{2-} + 2e^- \rightarrow 2SO_4^{2-}$

화학적으로 활발한 금속은 훌륭한 환원제이다. 그 예는 금속나트륨, 마그네슘 및 아연이다. 그들 금속의 산화를 설명하는 방정식은 다음과 같다.

$$Na - e^- \rightarrow Na^+$$

$$Mg - 2e^- \rightarrow Mg^{2+}$$

$$Zn - 2e^- \rightarrow Zn^{2+}$$

화학반응을 통해 활성을 가진 금속은 그들의 이온형태를 갖는다. 수소도 여전히 환원제로 반응 시에 그것은 수소 양이온이 된다. 그 화학반응식은 다음과 같다.

$$H_2 - 2e^- \rightarrow 2H^+$$

그 산화수가 비교적 작은 원소를 포함한 화합물은 좋은 환원제이다. 예를 들어, 황화수소는 H_2S 안의 황원자의 -2라는 산화수가 비교적 보다 큰 값으로 손쉽게 변할 수가 있기 때문에 좋은 환원제이다. 강한 산화제로 황화물은 황산염이 된다. 황산 이온 안의 황원자의 산화수는 $+6$이다. 그것에 관한 화학반응식은 다음과 같다.

$$S^{2-} + 4H_2O - 8e^- \rightarrow SO_4^{2-} + 8H^+$$

일반적으로 금속은 산화제보다는 좋은 환원제이다. 이유는 그들은 전자를 잃어서 양이온을 만들기 쉽기 때문이다. 반대로 비금속은 환원제인 것보다는 좋은 산화제이다. 이유는 그들은 전자를 받아들여 음이온을 형성하기 쉽기 때문이다.

산화와 환원은 독립해서 논하게 되지만, 그들은 동시에 일어나는 것을 기억하길 바란다. 어떤 물질은 다른 물질이 전자를 얻을 때까지는 그 전자의 어느 수를 잃는 일은 없다. 따라서 산화제와 환원제는 그들이 적당한 물질과 혼합될 때까지는 화학적으로 안정하다. 산화되거나 환원되거나 하는 원소는 일반적으로 다원자양이온 또는 음이온의 분자구조의 일부이다. 이 같은 경우 중요한 것은 이온현상이다. 예를 들어, 아황산염과 염소산염과의 화학반응식은 다음과 같이 나타난다.

$$ClO_3^- + 3SO_3^{2-} \rightarrow 3SO_4^{2-} + Cl^-$$

이 방정식은 각각 음이온에 수반되는 양이온은 전체적으로 이들 현상에 무관계인 것을 확실히 가리키고 있다. 따라서 다음 반응은 마찬가지로 쉽게 일어난다.

$$KClO_3 + 3NaSO_3 \rightarrow 3NaSO_4 + KCl$$

$$NaClO_3 + 3ZnSO_3 \rightarrow 3ZnSO_4 + NaCl$$

환원성을 갖는 것은 아황산 음이온이고, 산화성을 가지고 있는 것은 염소산 음이온이다. 그 외의 모든 금속염소산염은 그것과 결합되어 있는 금속의 특수성과는 무관계로 본질적으로 전형적이고 독특한 위험성을 가지고 있다. 금속아황산염도 마찬가지이다.

산과 염기는 똑같이 산화제와 그 산화력에 관해 각각 강한 정도를 달리 한다. 산화력은 반응조건과 반응형식에 따라 조금 변할 수 있으나, 그 산화력은 대충 표 9.3처럼 배열을 만들 수 있다. 표 중의 산화제의 순위 열로 산화력이 감소해가는 방향으로 배열되어 있다. 어느 물질도 그 아래의 물질보다는 산화제로서 강력하다.

산화반응에 반드시 산소가 관계한다고 할 수 없음을 기억해 주길 바란다. 금속 니켈이 염화 제1주석용액에 더해질 때는 다음과 같은 화학반응이 일어난다.

$$Ni + SnCl_2 \rightarrow NiCl_2 + Sn$$

니켈은 원자마다 2개의 전자를 잃고서 Ni^{2+}이온을 만든다. 제1주석이온 Sn^{2+}는 2개의 전자를 받아들여 금속 주석이 된다. 그러나 산소는 반응에서는 어디에도 관여해 있지 않다.

이것에 반해, 산화제의 대부분의 물질은 실제로 그 화학구조 안에 산소를 포함하고 있는 것에 주의하는 것이 중요하다. 이 사실은 표 9.3에 열거된 것을 하나하나 조사해 보면 손쉽게 확인할 수 있다. 산소를 포함한 산화제는 일반적으로 산소를 포함하지 않는 물질에 비해 위험성이 크다. 즉, 산화제의 경우 그 산소를 방출해 유기물질의 연소를 자극하므로 보다 주의해야 한다.

표 9.3 산화제의 세기 비교

물질	
불소	↑ 산화력 증가
오존	
과산화수소	
차아염소산	
금속의 염소산염	
이산화납	
금속의 과망간산염	
금속의 중크롬산염	
질산(진한)	
염소	
황산(진한)	
산소	
금속옥소화물	
불소	
제2철염류	
옥소	
황	
제2주석염류	

9.2 산화제류의 위험성

모든 산화제는 본래 그들이 위험물질로 분류되어야 하는 몇 가지 공통성격을 지니고 있다. 산화제는 상당히 다른 종류의 물질과 화학적으로 반응하지만 그들 물질의 대부분은 일상생활에 흔히 존재하는 세정제, 윤활제, 그리스, 유류 등이다. 대부분의 산화·환원 반응에서는 상당한 양의 열이 발생하며, 이 열은 주위 물질에 흡수될 가능성이 있다. 그것은 종종 연소에 의해 발생하는 열의 세기와 비슷하며, 그 때문에 가연성 물질의 연소를 개시시키기에 충분하다. 산화제에 의한 아주 조금의 오염조차 황목탄, 테르펜 등과 같은 물질의 발화원인이 된다. 이미 분자구조 안에 산소를 포함하고 있는 산화제는 본래 열에 대해 불안정하고, 일반적으로 분자내 산소를 방출하면서 분해한다. 이 산소의 공급을 받은 공기는 주위의 가연성 물질의 발화를 강력하게 할 수 있다. 따라서 **산화제류가 본래의 화학적 의미로는 연소를 일으키는 것이 불가능해도 그들은 산소를 방출함으로써 본질적으로 화재를 확대시킬 수 있다.**

다행히 산화제가 관계하는 화재를 소화하는 데는 대량의 물을 붓는 것이 도움된다(하지만 과산화물은 예외이다). 물은 연소하고 있는 물질로부터 열을 빼앗아 없애는 것과 동시에 산화제의 화학적인 활성을 잃을 만큼 희석하기 때문이다.

1979년 8월 14일 인천 대동보세창고에서 법규를 무시한 화공약품의 혼합적재와 무관심, 그리고 환풍시설이 전혀 되지 않는 「밀폐창고」에 산화성 물질인 아염소산나트륨과 질산나트륨, 또 아크릴산과 케톤류(과산화메틸에틸케톤 2백 48톤)가 서로 뒤섞여 쌓여 있다가 연료제공 물질인 인화성 물질과 산소공급원으로서의 산화성 물질이 혼재하였는데, 무더운 날씨로 열이 발생하여 자연발화한 사례가 있다(실제로 그 당시 창고 내부온도는 슬레이트 지붕의 복사열로 인해 40도 이상의 온도에 달했던 것으로 보고되고 있다). 이 사고로 인해 부상 130명, 재산피해 15억원을 냈다.

9.3 과산화수소와 금속과산화물

상업적으로 중요한 과산화물 중에서 가장 일반적인 물질은 과산화수소이다. 그 화학식은 H_2O_2이며, 순수 과산화수소와 그 수용액은 생리적 성질이 물과 닮았고, 거의 물처럼 유동한다. 공업적으로는 황산 수용액을 전기적으로 분해하여 산화시킴으로써 퍼옥시이황산($H_2S_2O_8$)으로 변화하고, 계속해서 가수분해하여 제조하면 대량의 과산화수소를 얻을 수 있는데, 화학반응식은 다음과 같다.

$$2H_2SO_4 \rightarrow H_2S_2O_8 + H_2$$

$$2H_2O + H_2S_2O_8 \rightarrow 2H_2SO_4 + H_2O_2$$

제조된 혼합물을 증류하면, 유출액에는 약 30%의 과산화수소가 포함된다. 특별한 기술을 사용해 99%의 H_2O_2 수용액을 얻을 수 있지만 위험하기 때문에 사용되는 경우가 제한된다.

공업적으로 과산화수소는 여러 가지 용도를 가지고 있다. 목면, 양모, 보릿짚, 피혁, 젤라틴 및 각종 왁스나 기름의 표백은 과산화수소의 주요한 용도의 하나이다. 또한 이와 같은 표백작용은 통상 순백의 제품을 만들어 낼 때 이용된다. 특히 과산화수소는 무기 및 유기 과산화물류나 일부 종류의 유기 합성에 이용되는 중요한 시약류를 만드는 원료가 되는 화합물이다. 황산제1철과 과산화수소의 용액은 펜톤시약이라 불리고 유기화합물인 아크릴로니트릴을 고분자화하는데 촉매로 이용된다. 일반인이 과산화수소로 가장 일반적으로 이용하는 것은 약한 소독약이다.

상업적으로는 과산화수소는 알루미늄 드럼통, 탱크로리 및 알루미늄의 큰 탱크차에 넣어 운반된다. 통상 시장에서 이용되는 과산화수소의 세기는 5, 27.5, 30 및 50%의 수용액이다. 소독약으로 사용되는 과산화수소는 3%의 수용액이다.

과산화수소는 본래 불안정한 물질이며, 과산화수소가 자연스럽게 분해되면 기체산소가 발생하는데, 이때의 화학반응식은 다음과 같다.

$$2H_2O_2 \rightarrow 2H_2O + O_2$$

다행히 농도 30% 이하의 과산화수소의 수용액에서 물질의 분해는 일반적으로 상당히 천천히 일어나기 때문에 분해의 증거는 그다지 확실히는 볼 수 없다. 그렇지만, 과산화수소 30% 이상의 농축 용액은 자연분해를 일으켜 격렬하게 폭발할 수 있으므로 매우 위험하다. 이 경우 **과산화수소 용액에는 피로인산나트륨($Na_4P_2O_7$)과 같은 화합물을 소량 더해줌으로써 분해에 대한 안정제로 작용하게 한다.** 과산화수소는 안정제가 존재해도 여전히 분해는 계속되지만 그 속도는 훨씬 느리며, 이때 안정제는 부촉매로 작용한다. 과산화수소가 철, 강철, 납 또는 구리 같은 금속으로 오염되면 거센 분해를 일으킨다. 특히 촉매활성을 가진 금속이면 극히 소량만 존재해도 분해된다.

과산화수소가 144℃로 뜨거워지면 거센 분해를 일으키는데, 과산화수소가 산소의 발생원이라는 사실을 경솔하게 취급해서는 안 된다. **과산화수소 50%를 넘는 농도의 용액은 특별한 착화원 없이 가연성 물질을 발화시키며, 30%를 넘는 농도에서 과산화수소는 가장 강**

한 산화제의 하나가 된다. 그것보다도 강한 산화력을 가진 물질은 겨우 오존과 불소와 그 밖의 한두 개 정도밖에 없다. 과산화수소가 산화제로 관여하는 반응은 급속으로 진행해 상당한 열을 발생하며, 대부분의 유기화합물은 과산화수소와 접촉하면 불꽃이 되어 타오른다.

과산화수소는 인체에도 심각한 장해를 준다. 그 위험성은 과산화수소 용액이 진해질수록 증대한다. 특히 과산화수소가 30%를 넘는 농도의 물질은 거세게 피부를 부식하며, 만약 그것이 눈에 들어가면 실명한다.

몇 개의 과산류와 그 염류는 상업적으로 이용되고 있고, 그들 화합물은 종종 과산화수소와 같은 정도의 화학적인 반응성을 나타낸다. 과산화수소류는 과산화수소와 다른 적당한 물질로부터 합성된다. 과산화 화합물의 몇 개의 예는 다음과 같다.

$$H_2O_2 + SO_3 \rightarrow 2H_2SO_5 \text{ (퍼옥시1황산, 카로산)}$$

$$H_2O_2 + 2SO_3 \rightarrow 2H_2S_2O_8 \text{ (퍼옥시2황산)}$$

$$2H_2O_2 + P_2O_5 + H_2O \rightarrow 2H_3PO_5 \text{ (퍼옥시인산)}$$

$$\underset{\text{퍼옥시산}}{(CH_3CO)_2O} + H_2O_2 \rightarrow \underset{\text{과아세트산}}{CH_3COO_2H} + CH_3COOH$$

염기로 중화된 때는 과산에 상당하는 염이 생성된다. 과산류의 가장 일반적인 염류는 퍼옥시2황산의 염이다. 수산화암모늄으로 중화하면 퍼옥시2황산암모늄을 생성한다.

$$2NH_4OH + H_2S_2O_8 \rightarrow (NH_4)_2S_2O_8 + 2H_2O$$

과산화수소와 마찬가지로 각 종류의 과산류와 그 염류는 강력한 산화제이다.

마지막으로 금속과산화물(제7장의 5)은 물과 반응하는 화합물인 것을 기억해야만 한다. 금속과산화물에 물을 더하면 그 결과로 산소를 발생한다. 금속과산화물도 역시 강력한 산화제이다. 그들이 가연물과 접촉한 경우에 확실히 화재가 발생하며, 특히 약간의 습기가 있게 되면 화재를 일으키기가 훨씬 쉽다. 무기과산화물류에 관계하는 작은 화재는 소다재 또는 모래로 소화할 수 있지만, 큰 불이 나면 대량의 물을 이용해 끄는 것이 가장 좋다. 과산화물이 젖으면 산소가 발생하지만 대량의 물은 모든 불을 일시에 꺼버리며, 산소를 대기 중에 발산시켜 버린다. 무기과산화물이 상당한 위험성을 가지는 것은 확실하지만, 그 위험성은 유기과산화물의 강력한 파괴력에 비하면 그 정도 거세지는 않다. 유기과산화물의 위험성은 제10장에서 논하기로 한다.

9.4 차아염소산, 아염소산염, 염소산염 및 과염소산염

강력한 산화제인 금속 옥시 염소화물염에는 4가지 물질이 존재한다. 이 4가지 염류와 그것에 관한 산은 다음과 같다.

$HClO$	차아염소산	$NaClO$	차아염소산나트륨
$HClO_2$	아염소산	$NaClO_2$	아염소산나트륨
$HClO_3$	염소산	$NaClO_3$	염소산나트륨
$HClO_4$	과염소산	$NaClO_4$	과염소산나트륨

이들 화합물 각각의 염소 원자의 산화수는 위에서부터 +1, +3, +5, +7이다. 관련된 화합물로 염소 원자 대신에 다른 할로겐 원자가 들어 있는 화합물은 언제나 안정하다고는 할 수 없다. 그 중 불소는 + 산화수를 가지고 있지 않다고 생각되어지며, 또 +7의 산화상태에 있는 취소를 포함한 화합물은 알려져 있지 않다. 옥시염소염류 이외에는 단지 취소산염만이 할로겐 원자를 포함한 보통의 산화제로 위험성이 있을 뿐이다.

차아염소산, 아염소산 및 염소산은 수용액만이 알려져 있다. 차아염소산과 아염소산은 약한 산이지만, 염소산과 과염소산은 강산이다. 과염소산은 일반적으로 과산 중에서 가장 강한 물질로 취급됐다(제6장의 5). 이 4개의 산은 모두 강력한 산화제이지만 그 산화력의 세기는 각각 다르다.

차아염소산은 시판되고 있는 표백제나 소독제 안의 활성성분이다. 가정의 세탁에 이용되는 표백제는 3~5%의 차아염소산나트륨 수용액으로 되어 있으며, 이 물질이 대기 중의 이산화탄소와 반응해 차아염소산을 생성하고, 그것이 광화학적으로 분해해 산소를 발생하면서 표백작용을 하는 것이다. 이와 같은 표백작용에 관한 화학반응식은 다음과 같다.

$$2NaClO + H_2O + CO_2 \rightarrow Na_2CO_3 + 2HClO$$

$$2NaClO \rightarrow 2HClO + O_2$$

차아염소산나트륨은 여전히 상수도, 하수도, 수영장 및 우사 등의 소독제 및 탈취제로 이용되며, 부엌용·세탁용 표백제의 주성분으로 녹 제거 제품에도 사용되고 있다. 차아염소산나트륨은 살균력이 강해 수영장의 소독이나 수돗물의 소독에도 쓰인다. 그만큼 독성이 강하다고 말할 수 있다. 또 산성세제와 섞으면 맹독의 염소 가스를 발생시키는 무서움도 있다. 염소 가스는 1차 대전 당시에 독가스 병기로서 쓰인 사실이 있다. 그리고 도쿠

시마현에서 주부가 녹 닦는 세제와 산성세제를 같이 사용해 염소 가스가 발생, 사망한 사건이 발생했다. 그 후 차아염소산나트륨이 들어가 있는 제품에는 「섞으면 위험」이라고 커다란 표시를 했다. 차아염소산나트륨은 살균제로서 식품첨가물로 지정되어 있다. 국내 식품공전상 차아염소산나트륨 및 이를 함유하는 참깨에 사용하여서는 안 된다.

고체 표백분의 하나의 형태는 소석회 $Ca(OH)_2$와 염소를 반응시켜 얻을 수 있는 염류의 혼합물로, 그 생성하는 화학반응은 다음과 같다.

$$3Ca(OH)_2 + 2Cl_2 \rightarrow Ca(OCl)_2 \cdot H_2O + CaCl_2 \cdot Ca(OH)_2 \cdot H_2O$$

이러한 형태의 표백제는 오늘날에 다른 고체 표백제와 비교해 시장에서 사용되는 일이 드문데, 그것은 유효염소량이 낮고 축축해진 경우 분해하기 쉽기 때문이다. 그 위험성 때문에 그 물질을 수송할 때는 특히 중요하다. 표백분을 넣은 드럼통은 표백분의 분해로 생기는 내부 압력에 의해 종종 파열하기 때문이다.

위의 반응은 공업적으로 1몰의 염소가 1몰의 석회와 작용하도록 조절할 수도 있다. 그 생성물 $CaOCl_2$는 고체 표백분의 또 하나의 형태이며, 이 반응은 다음과 같다.

$$Ca(OH)_2 + Cl_2 \rightarrow Ca(OCl)Cl + H_2O$$

이 물질은 염소화석회라 이름 붙여져 있고, 본래의 차아염소산칼슘은 아니다. 그렇지만 물에 녹이면 다음 식에 가리키는 것처럼 진짜 차아염소산이 생성된다.

$$2Ca(OCl_2)_2 \rightarrow CaCl_2 + Ca(OCl)_2$$

이 두 표백분 모두 화재를 만나면 위험하다. 그들은 열에 불안정하고 발열하면서 산소를 분해한다.

$$2Ca(OCl)_2 \cdot H_2O \rightarrow 2CaCl_2 + 2H_2O + 2O_2$$

$$Ca(OCl)_2 \rightarrow CaCl_2 + O_2$$

고체 표백제로 존재하는 제3의 형태는 차아염소산칼슘 $Ca(OCl)_2$으로, 이것도 여전히 음료수의 소독에 이용되고 있는 활성 높은 성분이다. 이것은 또 가정용품 및 도시의 수영장의 살균에 많이 사용되는 물질로, 이러한 목적으로 차아염소산칼슘은 70%의 높은 농도로 이용되고 있고, 그 남은 성분은 여러 가지 불활성 물질로 구성되어 있다. 차아염소산칼슘은 상업적으로 H. T. H.(하이테스트 하이포크로나이트)의 이름으로 알려져 있다. 이 형태의 고체가 인기있는 이유는 유효 염소가 99.2%나 존재하기 때문이다. 유효염소는 산을 더한 경우에 발생하는 염소의 양을 말하고, 99.2%의 유효염소라는 것은 그 상품이 액체 염소의 99.2의 효과가 있는 것을 의미한다. 보통 표백분은 유효염소가 겨우 35%이다. H.

T. H.는 산화성 물질로서 통상 무수염으로 팔린다.

고체 및 액체 표백제의 모든 형태의 물질을 망라해 차아염소산류는 강한 산화제이다. 차아염소산이 환원되면 그 반응 생성물은 비교적 반응성 없는 염화물이 되며, 그 환원은 다음 식에 의한다.

$$ClO^- + 2H^+ + 2e^- \rightarrow Cl^- + H_2O$$

차아염소산은 유기화합물과 반응하면 종종 자연발화해 불꽃이 되어 타오르는 것 같은 혼합물을 생성하며, 물이 소량 존재하면 산화가 가속된다. 차아염소산칼슘의 제조업자는 사용자에게 염소화된 약품을 물에 넣어 사용하는데 앞서 다른 수영장용 약품류, 예를 들어 살균제나 제초제 같은 물질과 섞으면 안 된다고 경고하고 있다. 이들 물질은 유기약품이고 차아염소산칼슘과 혼합되면 손쉽게 폭발해 타기 시작할 가능성이 있기 때문이다. 또 차아염소산칼슘은 염산과 섞지 않도록 주의하지 않으면 안 된다. 앞에도 말한 것처럼 염산은 수영장의 산성을 조절하기 위해서 이용되고 있다. 농염산과 차아염소산을 부주의로 섞게 되면 염소를 발생시키는데, 그 화학반응식은 다음과 같다.

$$Ca(OCl)_2 + 4HCl \rightarrow CaCl_2 + 2H_2O + 2Cl_2$$

차아염소산염 용액은 산화성 물질로 취급된다.

아염소산염도 여전히 표백제로 중요한 물질이다. 아염소산나트륨은 시판 재료의 80%로 이용되고 있고, 약 125%의 유효염소량을 가진다. 이것은 고체염류 및 수용액, 두 가지의 형태로 시중에 판매되고 있다. 고체는 산화성 물질이라는 표식을 붙여 수송되지만 액체용액은 부식성 물질로 표식을 붙이고 있다. 그렇지만 아염소산나트륨의 부식성은 만약 그 금속이 고운 가루로 되어 있을 때에는 폭발을 불러일으킨다. 아염소산나트륨의 부식반응의 예는 다음과 같다.

$$4Al + 3NaClO_2 \rightarrow 2Al_2O_3 + 3NaCl$$

$$2Mg + NaClO_2 \rightarrow 2MgO + NaCl$$

아염소산염도 황과 섞으면 폭발적으로 반응하며, 그 화학반응식은 다음과 같다.

$$2NaClO_2 + 3S \rightarrow Cl_2 + 2SO_2 + Na_2S$$

고무단에 첨가된 황조차 아염소산나트륨으로 비비면 딱딱해지며 폭발한다.

고체 아염소산나트륨은 비교적 낮은 온도(117~220℃)에서도 분해하며, 우선적으로 염소산나트륨과 염화나트륨을 생성하고, 높은 온도에서는 산소의 방출이 일어난다. 그 열분해는 비교적 복잡하고 확실한 3개의 중간단계를 통해 진행하며 그 화학반응은 다음의 반응식으로 정리된다.

$$3NaClO_2 \rightarrow 2NaClO_3 + NaCl$$

$$4NaClO_3 \rightarrow 3NaClO_4 + NaCl$$

$$NaClO_4 \rightarrow NaCl + 2O_2$$

염소산염도 여전히 시장에서 중요한 화합물이고, 그것은 일반적으로 훌륭한 산화제로서 훌륭히 이용되고 있으며, 또한 불꽃, 흑색 화약 및 조명탄 등의 성분이기도 하다. 그들은 충격과 마찰에 대해 상당히 민감하고, 따라서 상당히 손쉽게 발화를 일으킨다. 유기물이 염소산염과 혼합되면 폭발을 일으킨다. 환원 시에 염소산염은 염화물을 생성한다.

$$ClO_3 + 6H^+ + 6e^- \rightarrow Cl^- + 3H_2O$$

앞의 여러 장에서 주지했던 것처럼 염소산염은 진한 염산과 반응해 염소를 생성한다(제5장의 3). 염소산염은 진한 황산과 반응하면 불안정한 이산화염소를 생성한다. 목탄과 황은 염소산염과 혼합되면 자연발화를 일으키며, 화학반응식은 다음과 같다.

$$3C + 2KClO_3 \rightarrow 2KCl + 3CO_2$$

$$3S + 2KClO_3 \rightarrow 2KCl + 3SO_2$$

염소산염과 미세한 가루상태의 금속과의 혼합물에 점화가 되면 그 혼합물은 폭발을 일으킨다. 알루미늄과 염소산칼륨의 화학반응식은 다음과 같다.

$$2Al + KClO_3 \rightarrow Al_2O_3 + KCl$$

모든 염소산염류는 산화성 물질이란 표식을 붙이고 수송된다. 과염소산염류도 상업적으로 중요한 화합물이다. 그것은 일반적으로 차아염소산염, 아염소산염 및 염소산염에 비교하면 훨씬 안정성이 있다고 보고 있다. 그것의 화학적 반응성은 실온에서는 더욱 더 느려서 다른 옥시 염소산염에 비해 보다 안전하게 사용되고 있다. 저장 또는 수송에 대해서도 위험성은 적지만 고온의 과염소산염류는 산화제로서 전형적인 거동을 보인다. 환원 시에 과염소산은 염화물을 만든다.

$$ClO_4^- + 8H^+ + 8e^- \rightarrow Cl^- + 4H_2O$$

과염소산염류는 유기화합물과 반응해 발화를 일으킨다. 목탄 또는 황과 혼합하면 과염소산염은 자연발화를 일으키게 되는데, 그 화학반응식은 다음과 같다.

$$KClO_4 + 2C \rightarrow KCl + 2CO_2$$

$$KClO_4 + 2S \rightarrow KCl + 2SO_2$$

마지막으로 진한 과염소산은 부식성산(제6장의 5) 및 산화제 모두에서 위험성 물질인 것을 기억해야 한다. 과염소산은 부식성 물질로 수송이 가능하지만 이것에 대해 모든 다른 과염소산화물은 산화성 물질이라는 표시가 필요하다.

9.5 암모늄 화합물류

암모늄 염류가 뜨거워진 경우, 열분해하여 통상 암모니아를 생성한다. 모든 암모늄 화합물은 167℃ 이하의 온도에서도 뜨거워진 경우는 분해를 일으키며, 이에 대한 전형적인 반응은 염화암모늄을 가열한 경우이다.

$$NH_4Cl \xrightarrow{\triangle} NH_3 + HCl$$

그렇지만 암모늄염의 음이온이 강한 산화제인 경우에는 상대 화합물은 열에 의해 격렬한 반응을 일으킨다. 그 결과로 생긴 분해는 종종 폭발적인데, 그것은 중간 정도의 쇼크에 의해서도 일어나기 쉽다. 이들 물질이 열에 노출된 경우에 일어나는 반응의 전형적인 예를 표 9.4에 기재했다. 이들 화합물의 금속염류는 극기 조금의 자극으로도 폭발 또는 폭굉을 일으킬 수 있고, 특히 그 물질이 환원성을 갖는 불순물을 포함하고 있는 경우에 두드러진다.

표 9.4 위험성을 가진 암모늄염류

산화제	열분해에 동반되는 반응
취소산암모늄	$2NH_4BrO_3 \rightarrow 2NH_4Br + 3O_2$
염소산암모늄	$2NH_4ClO_3 \rightarrow 2NH_4Cl + 3O_2$
중크롬산암모늄	$(NH_4)_2Cr_2O_7 \rightarrow Cr_2O_3 + 4H_2O + N_2$
질산암모늄	$NH_4NO_3 \rightarrow N_2O + 2H_2O$
아질산암모늄	$NH_4NO_2 \rightarrow N_2 + 2H_2O$
과염소산암모늄	$2NH_4ClO_4 \rightarrow N_2 + Cl_2 + 4H_2O + 2O_2$
과망간산암모늄	$2NH_4MnO_4 \rightarrow N_2 + 2MnO + 4H_2O + O_2$
퍼옥시이황산암모늄	$3(NH_4)_2S_2O_8 \rightarrow 4NH_3 + N_2 + 6SO_2 + 6H_2O + 3O_2$

산화제인 질산암모늄(NH_4NO_3)이 원인이 되어 생긴 최대의 폭발사고는 다음과 같다.

1947년 프랑스의 화물선 그랜드캠프호가 텍사스주 텍스스시의 항구에 들어갔는데, 그 배의 화물인 2,500톤의 비료용 질산암모늄과 다른 종류의 적하물이 화재를 일으켰다. 비료용 질산암모늄은 응고하는 것을 방지하기 위해서 처음부터 유기물질인 파라핀 왁스로 피복되어 있고, 습기를 흡수하는 것을 방지하기 위해 아스팔트를 스며들게 한 종이봉지에 채워 넣어져 있었다. 그랜드캠프호의 선상에서 일어났던 화재의 정확한 원인은 알려져 있지 않지만, 물로 소화하려는 시도는 행해지지 않았다. 오히려 선창을 닫고 화재를 그 배에 설비된 증기발생 방식에 의해 질식시키는 시도가 행해졌다. 열에 노출되면 질산암모늄은 아산화질소와 물로 분해된다. 앞에서도 기술한 것처럼(제8장의 6) 아산화질소는 뛰어난 산화제이기 때문에 연소를 지지한다. 따라서, 그랜드캠프호의 선창이 닫히더라도 종이봉투와 왁스와 배의 구조재료는 연소할 수 있고, 공기가 존재하지 않아도 적하물은 계속 연소할 수 있었던 것이다. 그리고 결국 이러한 조치는 내부의 압력을 상승시켜 선창 입구의 문을 날려버리게 하는 것이 됐다. 폭발현장에 있던 사람은 거의 모두 사망했다. 그랜드캠프호에서 날아온 파편이 흩날려서 다수의 2차적인 화재를 불러일으켰는데 그 중에는 황과 그 위에 대량의 질산암모늄을 운반하고 있던 근처의 선박「하이플라이어호」위에 쌓여있던 화물을 발화시켰다.「그랜드캠프호」의 폭발 후 16시간 정도 경과하고「하이플라이어호」도 폭발했다. 질산암모늄이 황을 산화시켜 제2의 폭발을 불러일으킨 것이 분명하다. 이들 2개의 물질에 관계하는 화학반응식은 다음과 같은 것이었다고 생각된다.

$$2S + 8NH_4NO_3 \rightarrow 2SO_2 + 2NO_2 + 16H_2O + 7N_2$$

이 폭발결과로 약 600명의 사람들이 사망하고 그 밖의 3,500명이 부상을 당했다. 재산피해는 전시에 하나의 도시전체가 폭격을 받았던 경우와 유사했다. 그 재산의 손실은 1947년 3,300만 달러로 추정되고 있다. 이 재해는 유기물과 산화제와의 혼합물이 열을 받아 폭발적으로 반응한다는 것을 단적으로 보여주는 증거이다. 이 화재를 어떻게 해서 억제할 수 있을까라는 올바른 지식이 없었던 것이 이 대재해의 원인이 되었다.

질산암모늄은 열에 노출되면 다수의 화학물질로 분해된다. 비교적 낮은 온도에서는 질산염으로 분해해 아산화질소와 물이 된다. 동시에 다소의 암모니아와 질산으로의 분해도 일어난다. 그렇지만, 온도가 상승하면 다른 분해생성물이 훨씬 중요한 의미를 갖는다. 고온에 노출된 때 질산암모늄은 여러 가지 형태의 분해를 일으킨다. 질산암모늄이 높은 온도에서 열분해를 일으키는 경우에 발생하는 가능한 반응의 형태는 다음과 같다.

$$NH_4NO_3 \rightarrow N_2O + 2H_2O$$

$$NH_4NO_3 \rightarrow HNO_3 + NH_3$$

$$3NH_4NO_3 \rightarrow 2N_2 + N_2O_3 + 6H_2O$$

$$4NH_4NO_3 \rightarrow 3N_2 + 2NO_2 + 8H_2O$$

$$5NH_4NO_3 \rightarrow 2HNO_3 + 4N_2 + 9H_2O$$

「그랜드캠프호」의 선창 내에서는 이상의 각각의 반응이 일어났다고 생각된다. 마지막으로 질산암모늄의 큰 퇴적물이 극단적으로 높은 온도까지 급속으로 가열되었다 하면 그것은 폭발적으로 그 구성성분으로 분해된다. 이 최후의 형태의 폭발을 표현하는 화학반응은 다음 식으로 표현된다.

$$2NH_4NO_3 \rightarrow 2N_2 + 4H_2O + O_2$$

유기물질 외에 질산암모늄은 금속의 분말, 목탄, 황, 그 밖의 물질과 폭발적으로 반응한다. 질산암모늄과 황의 화학반응은 「하이플라이어호」의 선상 폭발에서 주의했던 대로이다. 질산암모늄과 결합되면 어떤 종류의 금속은 점화에 의해 폭발을 일으킨다. 이 같은 금속의 전형적인 물질은 마그네슘과 납이며 그들 반응은 다음과 같다.

$$2NH_4NO_3 + Mg \rightarrow Mg(NO_2)_2 + 2H_2 + N_2 + 2H_2O$$

$$2NH_4NO_3 + 4Pb \rightarrow 2NH_3 + N_2 + Pb_3O_4 + Pb_3O_4 + PbO + H_2O$$

상업적인 질산암모늄의 중요한 용도는 비료이다. 1947년 이후 파라핀 왁스는 공기 중의 수증기를 흡수하지 않게 하기 위한 보호재료로 이용할 수 없게 되었으며, 그 대신에 몇 개의 불연성 물질이 대용품으로 이용되고 있다. 인산염은 종종 질산암모늄과 섞여져서 무수인조비료의 형태로 이용되고 있다. 비료용 질산암모늄 모두 산화성 물질로 표식을 붙여 수송한다. 질산암모늄은 특수 폭발물로 이용되기 때문에 거의 순수 물질로 이용되고 있다. 암모니아 다이너마이트라고 불리고 있는 폭약은 약 32%의 질산암모늄과 화학적으로 반응하는 성분을 함께 해서 만들어지고 있다. 이들 폭약은 그 폭발력이 보통의 다이너마이트에 필적하지만 그들은 니트로글리세린을 조금밖에 포함하고 있지 않다. 또 다른 사례로서 2004년 4월 22일 평안북도 용천군 용천역에서 질산암모늄을 실은 화물차량과 유조차량의 교체 과정 중에 두 차량이 충돌하면서 전주를 넘어뜨렸고, 이 과정에서 끊긴 전선에서 발생한 불똥이 유조차량으로 튀어 발생한 불꽃이 열차에 옮겨 붙어 대규모 폭발사고가 발생하였다.

전술한 바와 같이 질산암모늄은 비료와 폭발물 제조에 들어가는 물질로서 상온에서 고체일 때는 안정된 상태를 유지하지만 흡습성이 좋아 경유 같은 가연성 물질을 빨아들이거나 밀폐용기 속에서 강한 충격을 받으면 폭발하게 되는데, 이 때문에 비료폭탄으로도 불린다. 사건당시 열차끼리의 충돌도 있었고, 유조차량이 근처에 있었으므로 화재가 발생하면서 주위의 온도상승 등으로 질산암모늄이 폭발하기 매우 쉬웠던 것으로 생각된다. 또한 폭발하면서 날아간 질산암모늄의 파편들은 그랜드캠프호와 마찬가지로 다른 장소의 2차적 화재를 일으켰다.

9.6 크롬을 포함한 산화제

크롬 원자는 4가지 타입의 화합물 중에서 +6가의 산화상태로 보통 존재한다. 금속 크롬산염, 금속의 중크롬산염, 삼산화크롬 및 염화 크로밀이 그 예이다. 금속의 크롬산염(CrO_4^{2-})과 중크롬산염($Cr_2O_7^{2-}$)은 금속의 양이온과 각각의 음이온과의 화합물로, 결합되어 있는 양이온은 무색인데, 그 금속의 크롬산염은 황색, 중크롬산염은 오렌지색을 띤다. 결합되어 있는 양이온이 무색인데 그들은 오렌지색의 염류이다. 크롬산과 중크롬산의 염은 각각의 염에 산 또는 염기를 적당히 섞으면 서로 만들어낼 수 있다. 이 변화를 설명하는 화학반응식은 다음과 같다.

$$K_2Cr_2O_7 + 2KOH \rightarrow 2K_2CrO_4 + H_2O$$

$$2K_2CrO_4 + 2HCl \rightarrow K_2Cr_2O_7 + H_2O + 2KCl$$

중크롬산염은 강한 산화제로, 특히 그들이 산성의 매체 안에 있을 때는 두드러진다. 환원되면 중크롬산염의 녹색의 Cr^{3+} 이온을 포함한 화합물을 생성하며, 그 반응은 다음 식에 의해 표시된다.

$$Cr_2O_7^{2-} + 14H^+ + 6e^- \rightarrow 2Cr^{3+} + 7H_2O$$

산화제의 전형적인 물질인 중크롬산염류는 열에 노출되면 산소를 방출한다. 중크롬산칼륨의 열분해는 다음 식으로 표현한다.

$$4K_2Cr_2O_7 \rightarrow 2Cr_2O_3 + 4K_2CrO_4 + 3O_2$$

중크롬산염 용액에서 물이 증발하면, 그저 삼산화크롬(CrO_3)만이 붉은 고체로 남을 뿐이다. 삼산화크롬은 크롬산무수물로 알려져 있다. 이 화합물은 상업적으로는 중크롬산칼륨의 포화용액에 농황산을 첨가하여 제조되며, 그 반응은 다음 식에 의해 나타낸다.

$$K_2Cr_2O_7 + 2H_2SO_4 \rightarrow 2KHSO_4 + H_2O + 2CrO_3$$

삼산화크롬은 고체 물질로 판매되고, 또 물과 황산을 포함한 검붉은 액체 형태로도 판매된다. 어느 쪽 형태라도 상업적으로는 크롬산이란 이름으로 알려져 있지만, 그것이 화학적으로는 H_2CrO_4 또는 $H_2Cr_2O_7$와 같은 의미는 아니다. 크롬산은 부식성 물질로서 공업적으로는 금속과 유리표면을 도금하거나, 은경을 붙이거나 하기 전에 세정하는데 이용되고 있다.

염화크로밀(CrO_2Cl_2)은 붉은 액체로 중크롬산칼륨의 포화용액에 농염산과 황산의 혼합물을 더하는 섞음으로써 생성된다. 화학반응은 다음 반응식과 같다.

$$K_2Cr_2O_7 + H_2SO_4 + 4HCl \rightarrow 2CrO_2Cl_2 + K_2SO_4 + 3H_2O$$

염화크로밀도 역시 부식성 물질로서 공업적으로 크롬산과 같은 목적으로 이용되고 있다. **중크롬산암모늄**은 특별한 주의를 필요로 하는 강산화제인 암모늄염류이다. 열에 노출된 경우에는 다음 식에 나타난 것 같은 분해를 한다.

$$(NH_4)_2Cr_2O_7 \rightarrow Cr_2O_3 + 4H_2O + N_2$$

또한 중크롬산암모늄은 가연성 고체로서 그것 자신이 연소하지 않지만, 암모늄 양이온을 포함하는 산화제와 같은 반응을 하는 전형적 물질이다. 중크롬산 암모늄의 열분해는 화산의 분화와 유사하다. 그 분해가 개시되면 분해는 점점 강도를 증대해 그 물질이 갑자기 폭발하는 것 같은 양상을 나타낸다.

9.7 과망간산 염류

망간 원자는 과망간산 음이온(MnO_4^-) 안에서는 +7의 산화상태로 있다 라고 추정되고 있다. 이 음이온을 포함한 화합물은 그것과 결부되어 있는 양이온이 무색이라도 강한 자색을 나타낸다.

과망간산칼륨의 엷은 용액은 박테리아나 곰팡이가 원인이 되는 피부염을 고치는데 이용되고 있다. 진한용액은 통상, 공업적으로 공장의 용액류나 폐기물 등에서 좋지 않은 물질을 제거하는 목적으로 사용되고 있다. 대부분의 공장에서 흘러나오는 가스류는 금속의 과망간산염을 사용함으로써 제거되거나 감소될 수 한다. 과망간산칼륨 용액은 또 망간합금의 보호피복을 생성하는데 사용되는데 금속을 부식으로부터 지키는 목적으로 이용되고 있다. 과망간산염류는 강한 산화제이다. 산 용액에서는 그들은 +2의 산화상태로 환원되는데, 그 화학반응은 다음 식과 같다.

$$MnO_4^- + 8H^+ + 5e^- \rightarrow Mn^{2+} + 4H_2O$$

중성 또는 염기성 용액에서는 과망간산염은 이산화망간으로 환원된다. 이 반응은 다음 식에 의해 표현된다.

$$MnO_4^- + 4H^+ + 3e^- \rightarrow MnO_2 + 2H_2O$$

열에 노출되면 금속의 과망간산염은 산소를 방출한다. 이 현상에 관한 화학반응식은 다음과 같다.

$$2KMnO_4 \rightarrow K_2MnO_4 + MnO_2 + O_2 \quad (T < 200℃)$$

$$4KMnO_4 \rightarrow 2K_2MnO_3 + 2MnO_2 + 3O_2 \quad (T > 200℃)$$

이는 산화제의 열분해의 전형적인 반응인 것을 기억해야 한다. 분해에 의해 발생하는 산소는 화재의 확대를 돕는다. 과망간산암모늄(NH_4MnO_4)은 강한 산화제의 암모늄염류이다. 열에 노출되면 폭발적으로 분해하며 그 화학반응식은 다음과 같다.

$$2NH_4MnO_4 \rightarrow N_2 + 2MnO + 4H_2O + O_2$$

모든 과망간산염류는 산화제로의 표식을 붙여 수송된다.

9.8 질산염과 아질산염

질소를 포함한 중요한 두 가지 산화성 물질은 금속의 질산염과 금속의 아질산염이다. 그들 음이온의 화학식은 NO_3^-와 NO_2^-이다. 질산염은 아질산염보다도 강한 산화제이다.

HNO_3	질산	$NaNO_3$	질산나트륨
HNO_2	아질산	$NaNO_2$	아질산나트륨

질산은 그 화학적 특성이 이전에 배운 것처럼(제6장의 3) 강산이며, 또한 강력한 산화제이다. 질산염류는 특별히 중요한 공업용 화합물이며 거의 그들의 전부는 물에 녹고 그 때문에 합성화학반응의 출발재료로도 유용하다.

질산염류와 유기물과의 혼합물에 점화되면, 폭발할 가능성이 크다. 대부분의 전형적인 산화제와 같고, 질산염류도 가열하면 분해한다. 그 분해반응은 금속성질에 의존하지만, 각각의 질산염은 열을 받으면 산소를 방출한다. 활성금속의 질산염은 가열되면 아질산염으로 분해되는데, 그 반응은 다음과 같다.

$$2NaNO_3 \rightarrow 2NaNO_2 + O_2$$

귀금속류의 질산염은, 뜨거워지면 분해하고 금속과 이산화질소와 산소를 생성한다. 다음 반응식은 질산은의 열분해의 경우이다.

$$2AgNO_3 \rightarrow 2Ag + 2NO_2 + O_2$$

이것에 반해 다른 중금속 질산염은 가열되면 금속의 산화물, 이산화질소 및 산소를 만든다. 다음 반응식은 질산납의 열분해를 표현한 것이다.

$$2Pb(NO_3)_2 \rightarrow 2PbO + 4NO_2 + O_2$$

질산나트륨, 질산납 및 질산은은 산화성 물질로 수송된다. 아질산은 불안정한 약한 산이다. 그것은 실온 근처에서 분해하고 이산화질소, 산화질소 및 물로 분해한다. 그 화학반응은 다음 반응식으로 표현된다.

$$2HNO_2 \rightarrow NO_2 + NO + H_2O$$

아질산염은 일반적으로 금속의 질산염보다도 열에 대해 안정적이다. 그렇지만 금속 아질산염과 유기화합물과의 혼합물은 점화하면 폭발을 일으키기 쉽다. 아질산염은 어떤 화학약품은 산화하고 또 다른 물질은 환원하지만, 그들의 반응은 일반적으로 위험성은 없다고 보여진다. 아질산나트륨과 아질산칼륨은 산화성 물질이란 표식을 붙여서 수송된다. 가장 위험한 무기아질산염은 아질산암모늄(NH_4NO_2)이다. 아질산암모늄은 열에 노출되면 통상 폭발하며, 그 반응식은 다음과 같다.

$$NH_4NO_2 \rightarrow N_2 + 2H_2O$$

금속 아질산염과 암모늄염류가 혼합되면, 그 혼합물은 통상 자연히 폭발을 일으킨다. 아질산염류는 일반적으로 질산염류와 같은 방식으로 취급되어야만 한다.

9.9 히드라진

히드라진(N_2H_4)은 외관이 물과 유사한 무색의 액체이고, 암모니아의 악취를 가지고 있다. 그 분자구조는 다음과 같이 표현된다.

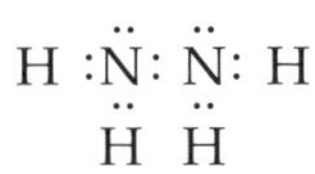

또는

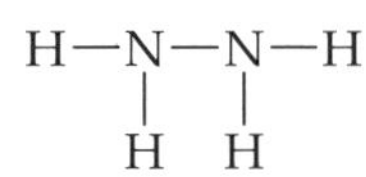

이 화합물은 공업적으로 액체 암모니아와 차아염소산나트륨과의 화학반응에 의해 만들어지고, 화학반응은 다음과 같다.

$$2NH_3 + NaOCl \rightarrow N_2H_4 + NaCl + H_2O$$

히드라진은 무수의 액체와 히드라진을 64, 54.5 및 35% 각각 포함한 용액으로 판매되고 있다. 히드라진과 그 용액은 부식성 물질로 표식을 부착하여 수송되며 히드라진 용액의 현저한 산성이 부식성의 원인이다.

무수의 히드라진은 높은 에너지를 발산하는 로켓연료로 잘 알려져 있지만, 그것은 또 어떤 종류의 폭약이나 섬유제품을 만드는데도 이용된다. 이것은 몇 개의 의약품 제조원료 이기도 하고, 또 보일러용 물의 처리, 금속도금 및 납땜용의 특별 용융제를 만드는 데도 이용된다. 히드라진은 강력한 환원제로 특별한 위험성을 가지고 있다. 이 물질은 모두 일반적인 산화제와 접촉해 반응을 일으키며, 금속 산화물조차도 히드라진과는 격렬하게 반응을 일으킨다. 그 반응은 어느 것이나 통상 폭발적인데, 2개의 물질이 접촉하여 거센 폭발을 일으키는 혼합물을 하이파고릭 혼합물이라 부른다. 히드라진과 과산화수소는 하이파고릭 혼합물을 생성하는 하나의 예이고, 그 폭발반응은 다음과 같다.

$$N_2H_4 + 2H_2O_2 \rightarrow 4H_2O + N_2$$

히드라진은 폭약제조에 이용되는 활발한 산화제로 전형적인 하이파고릭 물질이다. 히드라진은 본래 불안정한 물질이지만, 그 분해과정은 상온에서 완만하다. 구리, 철 같은 특수 금속은 히드라진의 분해 촉매로 알려져 있다. 고온으로 뜨거워지면, 히드라진은 다음의 반응으로 분해한다.

$$2N_2H_4 \rightarrow 2NH_3 + N_2 + H_2$$

공기와 혼합하면, 히드라진 증기는 폭발적으로 타오르며, 그 산화는 다음 식과 같다.

$$N_2H_4 + O_2 \rightarrow N_2 + 2H_2O$$

히드라진에 관한 화재는 히드라진이 반응하지 않게 될 정도의 대량의 물을 주수함으로써 소화할 수 있다. 히드라진은 특수한 화학적 반응성뿐 아니라 피부를 통해서도 흡수되는 독극물이다. 또한 히드라진이 피부를 통해 흡수되는 것에 대한 TLV가 겨우 1 ppm이며, 보통의 산류와 부가화합물의 염류를 만든다. 히드라진의 히드로(hydro) 염화물($N_2H_4 \cdot HCl$)은 흰색고체이고, 액체 히드라진 보다는 훨씬 취급하기 쉽다. 히드라진의 염류의 반응은 일반적으로 히드라진 자체보다도 훨씬 빠르게 진행한다. 히드라진과 그 염류 외에 여러 가지 히드라진의 유도체인 유기물도 사용되고 있다. 이 물질의 유도체류는 수소 원자 하나 또는 그 이상이 유기원자단으로 치환된 화합물로 되어 있다. 예를 들면, 비대칭적인 디메틸히드라진은 같은 질소 원자에 결합되어 있는 2개의 수소 원자가 메틸기에 의해 치환된 화합물이다. 그 화학식은 $(CH_3)_2NNH_2$이다. 이 화합물은 액체산소와 함께 제미니 및 아폴로 달로켓의 추진제로 이용되었다. 디메틸히드라진은 가연성 액체의 표식을 붙여 수송된다.

실험 9-1. 과망간산칼륨에 의한 글리세린의 산화

1. 목 적

과망간산칼륨과 글리세린의 산화·환원반응 시 많은 열과 화염이 발생되는 것으로 1류+4류 혼촉 위험성을 숙지한다.

2. 기구 및 시약

증발접시
스포이드
약 수저
과망간산칼륨($KMnO_4$)
글리세린[$C_3H_5(OH)_3$]

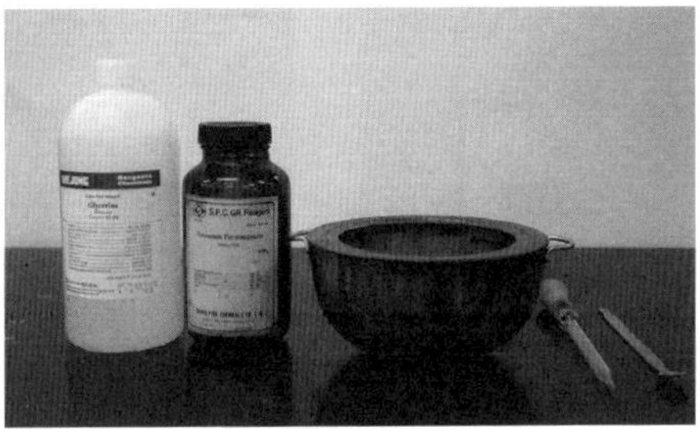

그림 1 실험 준비물

3. 원 리

① 과망간산칼륨과 글리세린이 반응하면 불꽃과 증발 접시에 무리가 갈 정도의 높은 열이 발생한다.

$$14KMnO_4(s) + 4C_3H_5(OH)_3(l) \rightarrow 7K_2CO_3(s) + 7Mn_2O_3(s) + 5CO_2(g) + 16H_2O$$

② 이 실험에서 $KMnO_4$는 산화제이다. 반응식에서 알 수 있듯이 KMnO4가 환원되었기 때문에 산화제라고 한다.

③ 산화·환원반응
전자가 이동하여 산화와 환원을 동시에 일으키는 반응을 말한다. 환원과정에서 얻은 전자는 산화과정에서 잃은 전자와 같아야 한다. 금속이 산과 같은 전해질 용액에 녹으면 물질 사이에 전자를 주고받는 반응이 일어난다. 이때 어떤 원자나 이온이 전자를 잃고 산화하면 전자를 얻어 환원되는 다른 원자나 이온이 있기 때문에 산화와 환원은 항상 같이 이루어진다.

4. 실험방법

① 과립상의 과망간산칼륨 10～15 g을 증발 접시의 중앙에 놓는다.
② 과망간산칼륨의 윗부분에 열 방울 정도의 글리세린을 첨가한다.
③ 이 반응은 15～20초 후에 일어나게 되며 불꽃과 높은 열이 발생하게 되므로 뒤로 물러서서 안전하게 관찰한다.
④ 반응을 관찰한 후 물과 반응하고 남은 고체 찌꺼기를 용해시켜 여과한다.

그림 2 과망간산칼륨에 글리세린을 적가

그림 3 수초 후 발화모습

그림 4 연소 후 찌꺼기

5. 관계지식

1) 과망간산칼륨($KMnO_4$)

비중 2.703이고 가열하면 200℃에서 산소를 내고 $KMnO_4$와 MnO_2로 되고, 나아가서 Mn_2O_3으로 변한다. 물에 대한 용해도는 6.34 g/100 g(20℃)이다. 아세톤, 알코올에 녹으며 진한 수용액을 센 알칼리성으로 하면 망간산염이 되어서 초록색으로 변하고, 산소를 발생한다. 산화제 분석(과망간산 적가 등), 유기합성, 소독살균용, 표백 등의 용도로 쓰인다.

2) 글리세린($C_3H_5(OH)_3$)

대표적인 3가 알코올로서 단맛이 있고, 끈기가 있으며, 무색인 흡습성의 액체이다. 녹는점 17℃, 끓는점 290℃, 비중 1.265이다.

제 목	과망간산칼륨에 의한 글리세린의 산화		
실 험 조		제 출 자	
실험일자		제출일자	

1. 이 실험은 산화·환원반응인가? 그렇다면 산화제는 무엇인가?

2. 과망간산칼륨 입자의 크기는 이 실험에 영향을 끼치는가?

3. 이 실험의 화학 반응식을 써라.

4. 생성되는 기체는 무엇인가?

【고 찰】

【참고문헌】

실험 9-2. 무기과산화물류의 위험성

1. 목 적

위험물안전관리법상 제1류 위험물(산화성 고체)로 분류하고 있는 무기과산화물류 중 과산화나트륨(Na_2O_2)이 마찰에 의해서 다른 가연물에 발화원이 될 수 있는 실험으로 그 위험성에 대해 알아본다. 이와 같이 제1류 위험물은 불연성으로 스스로 발화는 불가능하나 열, 마찰, 충격, 타격 등으로 다량의 산소가스(O_2) 발생과 동시에 발열반응을 동반하므로 다른 가연물의 발화원이 될 수 있다.

2. 기구 및 시약

과산화나트륨(Na_2O_2)
약 수저
휴지
방열복
불연장갑
보안경

그림 1 실험 준비물

3. 실험방법

① 건조 상태의 휴지를 준비한다.
② 휴지위에 과산화나트륨(Na_2O_2)을 0.5 g 준비한다.
③ 불연장갑을 이용하여 양손을 마찰한다.
(이때 반드시 방열복과 불연장갑을 착용한 상태에서 실험에 임하도록 한다.)
④ 화염이 발생하는 현상을 관찰한다.
(이때 불티가 튀는 경우도 있으므로 주의해야 한다.)

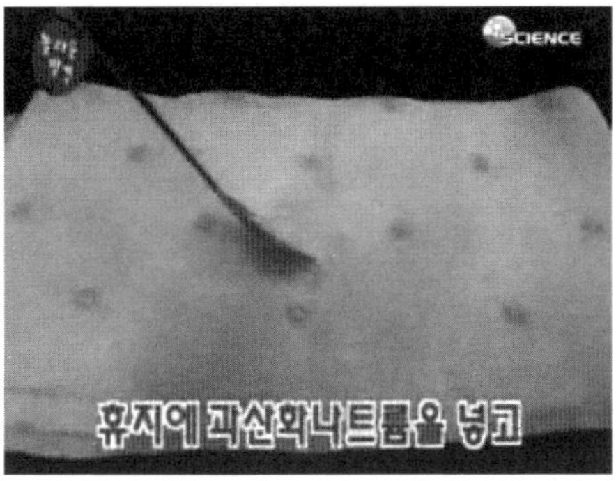

그림 2 건조상태의 휴지 위에 과산화나트륨(Na_2O_2) 0.5 g을 준비한다.

그림 3 불연장갑을 이용하여 양손을 마찰한다. (이때 반드시 방열복과 불연장갑을 착용한 상태에서 실험에 임하도록 한다.)

그림 4 화염이 발생하는 현상을 관찰한다. (이때 불티가 튀는 경우도 있으므로 주의해야 한다.)

제 목	무기과산화물류의 위험성		
실 험 조		제 출 자	
실험일자		제출일자	

1. 실험 1)에서 생성되는 기체는 무엇인가?

2. 실험 2)에서 휴지에 발화가 일어나는 이유는 무엇인가?

3. 실험 2)에서 건조상태의 휴지와 물을 소량 적신 휴지의 차이는 무엇인가?

【고 찰】

【참고문헌】

실험 9-3. 염소산염류의 혼촉 위험성

1. 목 적

위험물안전관리법상 제1류 위험물로 분류하고 있는 염소산염류 중 염소산칼륨이 가연물의 존재 하에 황산과 혼합되면 발화하는 실험을 통해 그 위험성에 대해 알아본다.

2. 기구 및 시약

막자사발, 연소시험기
약 수저
스포이드
염소산칼륨($KClO_3$)
진한 황산(conc-H_2SO_4)
설탕

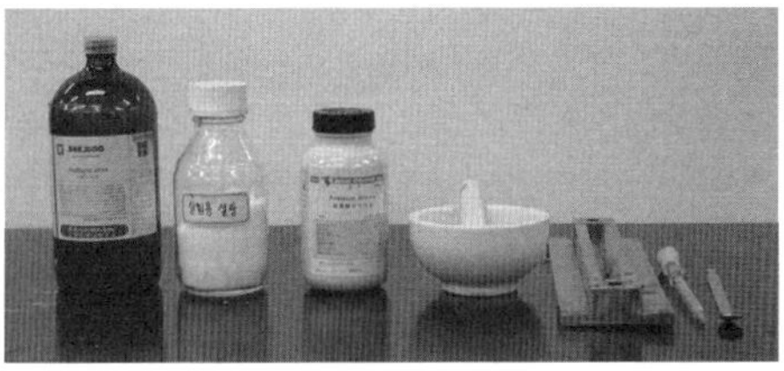

그림 1 실험 준비물

3. 실험방법

① $KClO_3$ 10 g, 설탕 10 g을 준비한다.
② 두 가지 성분을 따로따로 막자사발에 갈아 고운가루로 만든다.
③ 분쇄한 $KClO_3$와 설탕을 잘 섞은 다음 숟가락으로 연소시험기에 놓는다.
이때 줄이 중간에서 끊이지 않아야 한다.
④ 스포이드를 이용하여 한쪽 끝에 황산을 2~3방울 떨어뜨린다.
이때 떨어지는 황산의 반응으로 인한 불꽃과 파편에 주의해야 한다.
⑤ 연소되는 형태를 관찰한다.

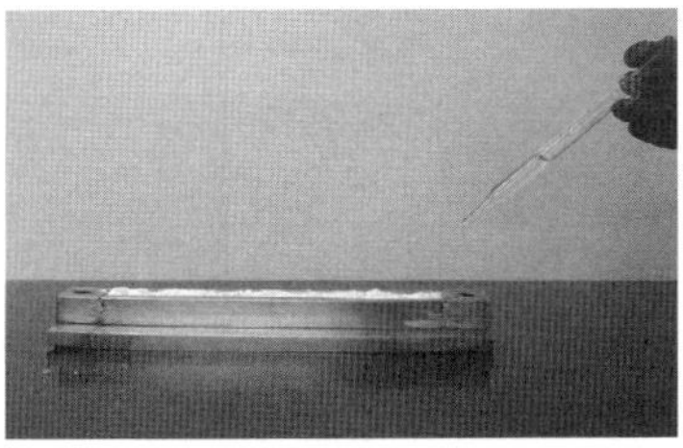

그림 2 실험장치

그림 3 발화모습

그림 4 발화 후 모습

제 목	염소산염류의 혼촉 위험성		
실 험 조		제 출 자	
실험일자		제출일자	

1. 이 실험에서 발화원인은 무엇인가?

2. 이와 비슷한 반응을 하는 것은 무엇인가?

【고 찰】

【참고문헌】

실험 9-4. 염소산염류의 열분해 시 위험성

1. 목 적

위험물안전관리법상 제1류 위험물로 분류하고 있는 염소산염류 중 염소산칼륨을 이산화망간의 존재하에 가열하면 이 염소산칼륨이 열분해하여 산소를 발생시킨다. 실험을 통해 산화성 고체로 분류되는 제1류 위험물의 전형적인 위험성에 대해 알아본다.

2. 기구 및 시약

염소산칼륨($KClO_3$)
이산화망간(MnO_2)
황
시험관
집기병(250 mL)
수조
샬레
알코올램프
약 수저

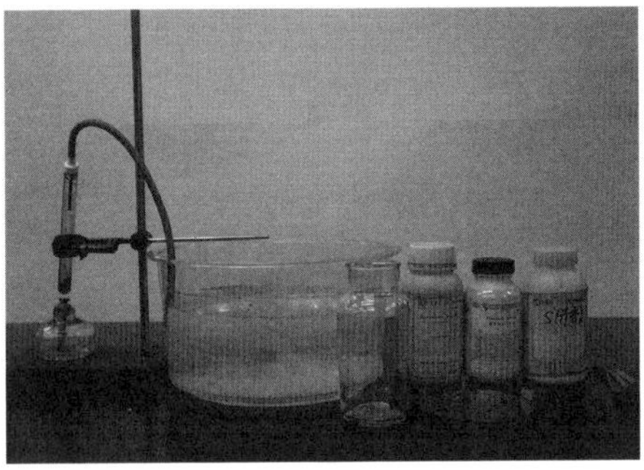

그림 1 실험 준비물

3. 원 리

염소산칼륨은 화학식 $KClO_3$, 녹는점 368℃, 비중 2.326(39℃)이다. 가열하면 400℃에서 분해하여 과염소산칼륨과 염화칼륨이 된다.

$$4KClO_3 \rightarrow 3KClO_4 + KCl$$

더 가열하면 산소를 방출하고 전부 염화칼륨이 된다. 이 반응은 이산화망간 MnO_2와 같은 금속산화물을 가하면 촉진되어 70℃에서 산소를 발생하기 시작하므로, 실험실 등에서 산소를 얻기 위해 이용된다.

단, 유기물·황·탄소 등이 혼입되면 폭발하므로 주의해야 한다. 흡습성은 없다. 물에 녹고, 알코올에도 소량 녹는다. 중성 및 알칼리성 용액에서는 산화작용이 없으나, 산성 용액에서는 강한 산화제가 된다.

염화칼륨 수용액을 뜨거울 때 전기분해하여 만든다. 산화제로서 성냥·연화·폭약 등의 원료가 되고, 표백제·염료·의약품 등의 제조에도 사용된다. 장기간 보존한 것은 아염소산칼륨을 함유하여, 건조 상태에서는 유기물·인·황 등 가연성 물질과 접촉하기만 해도 폭발한다.

마찰·충격 등에 예민하여, 폭발사고를 잘 일으키며, 진한 황산·진한 질산과 접촉해도 잘 폭발한다. 혼합폭약으로 쓰이기도 하며, 극약이다. 빛이 차단되는 밀폐된 용기에 보관한다.

4. 실험방법

① 약 1.5 g의 $KClO_3$와 1 g의 MnO_2를 준비한다.
② 앞서 준비한 두 시약을 잘 혼합하여 시험관에 넣는다.
③ 집기병에 물을 가득 채우고 샬레를 이용하여 수저에 넣는다.
④ 산소포집장치를 꾸미고 알코올램프를 가열한다.
⑤ 산소가 발생하기 시작하면 집기병에 포집한다.
⑥ 산소 발생이 끝나면 집기병을 샬레로 덮고 실험대 위에 꺼낸다.
⑦ 연소숟가락을 이용하여 황가루를 소량 담고 알코올램프로 점화한다.
⑧ 산소를 포집한 집기병에 수저를 넣어본다.
⑨ 불꽃변화를 관찰한다.

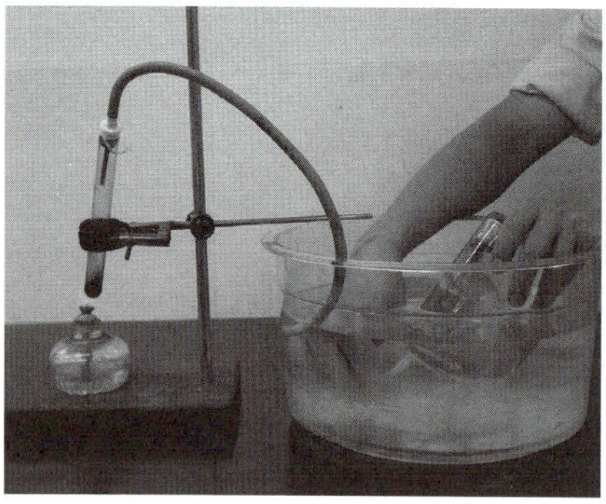
그림 2 기체 포집 장치

그림 3 황의 연소

그림 4 집기병 속에서의 황의 연소

제 목	염소산염류의 열분해 시 위험성		
실 험 조		제 출 자	
실험일자		제출일자	

1. 실험과 같이 기체를 포집하는 방법을 무엇이라 하는가?

2. 이 실험에서 이산화망간(MnO_2)가 사용된 이유는 무엇인가?

3. 이산화망간(MnO_2)의 역할을 하는 물질을 통칭하여 무엇이라 하는가?

4. 불꽃이 일어나는 이유는 무엇인가?

【고　　찰】

【참고문헌】

실험 9-5. 크롬산염류의 혼촉 위험성

1. 목 적

위험물안전관리법상 제1류 위험물로 분류되고 있는 크롬산염류 중 삼산화크롬이 가연물 존재 하에 제4류 위험물인 알코올과 혼촉되면 발화하는 실험을 통해 그 위험성에 대해 알아본다.

2. 기구 및 시약

샬레
약수저
스포이드
삼산화크롬(CrO_3)
목분
메틸알코올

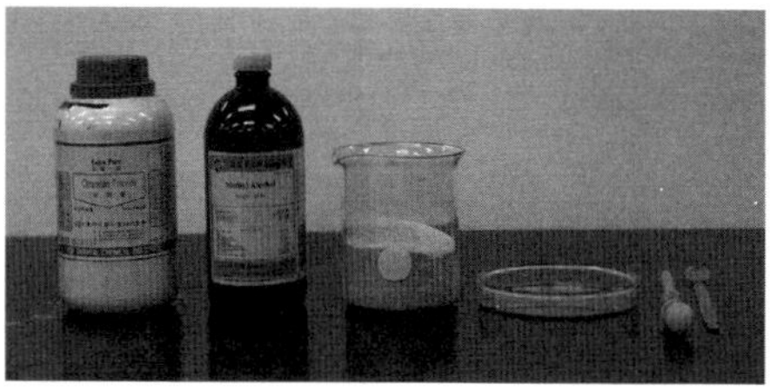

그림 1 실험 준비물

3. 실험방법

① 샬레에 목분 1.5 g을 준비한다.
② 스포이드를 이용하여 목분 위에 메틸알코올 5 mL로 적신다.
③ CrO_3 1.5 g을 약 수저로 떨어뜨린다. (CrO_3가 닿자마자 발화하므로 주의를 요한다.)
④ 발화원인을 생각해보고 또 이외에 이러한 변화가 있는지 관찰하자.

그림 2 알코올이 섞인 목분에 삼산화크롬(CrO_3) 혼촉

그림 3 발화 상태

그림 4 소화 후 상태

제　　목	크롬산염류의 혼촉 위험성		
실 험 조		제 출 자	
실험일자		제출일자	

1. 이 실험에서 발화원인은 무엇인가?

2. 이 실험과 비슷한 반응을 하는 것은 무엇인가?

【고　　찰】

【참고문헌】

실험 9-6. 산화성 물질의 시험

1. 목 적

본 실험에서는 산화성 물질 중 무수2크롬산 암모늄의 경우에 대한 위험성을 실습을 통해 익히고자 한다.

2. 기구 및 시약

산화성 물질 시험용 성형기(폭 : 14 mm, 길이 : 250 mm)
톱밥
digital balance
막자사발
무비카메라
stop watch
$(NH_4)_2Cr_2O_7$
$NaNO_3$
$NaClO_3$

3. 원 리

산화성 물질은 산소를 쉽게 유리시키므로 다른 물질의 연소를 도와주는 역할을 하는데, 산화성 물질과 유기과산화물로 나누어진다. 유기과산화물은 산화성을 갖으면서 가연성이 있어 자기 스스로 급속히 연소하지만, 산화성 물질은 자신은 가연성이 없지만 산소를 발생시킴에 따라 다른 물질의 연소를 일으키게 하거나 도와주는 역할을 하는 물질이다.

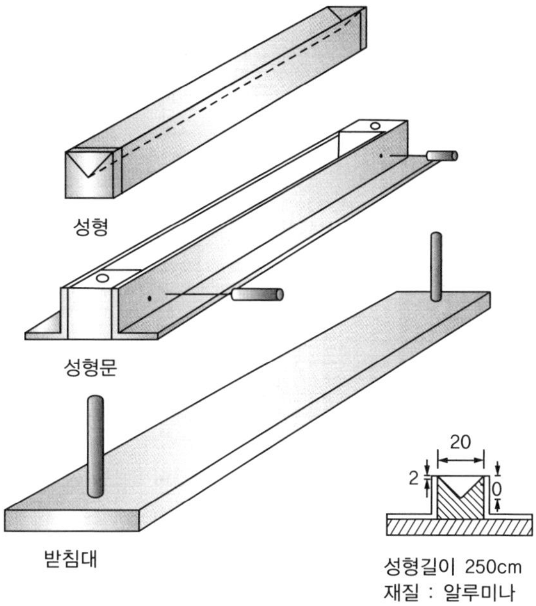

그림 1 산화성 물질 시험용 성형기

4. 실험방법

① $(NH_4)_2Cr_2O_7$을 65℃로 8시간 건조하여 데시케이터에 보관한다.
② 가연물로 톱밥을 105℃에서 4시간 건조하여 데시케이터에서 방냉시킨 것을 사용한다.
③ 이들의 혼합비율을 10~90 wt%의 범위에서 10 wt% 간격으로 변화시켜 충분히 혼합시켜 시료를 만든다.
④ 성형틀 위에 시료를 조금씩 채워 넣는다.
⑤ 성형과 성형틀을 20 cm 높이에서 받침대 표면상에 떨어뜨린다.
⑥ binder scrabber에 의해 얇은 sheet로 혼합물의 표면을 수평하게 만든다.
⑦ 성형체를 성형틀에서 떼어내고 혼합물의 면이 수평이 될 때까지 롤러로 수평방향으로 이동시킨다.
⑧ 성형상에 불연성이고 비전도성인 판을 놓고 상하를 거꾸로 바꿔 성형체를 분리한다.
⑨ 이 퇴적한 시료를 될 수 있는 한 바람이 없는 장소에서 그림 2에서와 같이 시료의 한쪽에 불을 15초 이내 동안 접촉시킨다.
⑩ 반응하는 부분이 120 mm 진행된 때부터 다시 100 mm 반응이 진행될 때까지의 시간을 측정한다. 이때, 시간의 측정은 보통 stop watch로 행하고, 만약 화염의 이동속도가 매우 빠르면 16 mm 무비카메라로 촬영하는 등의 방법도 고려한다.
⑪ 시험을 처음 행할 때에는 위험하지 않은 시료를 사용하고 충분히 숙달된 후에 순차적으로 위험도가 높은 물질을 시험하는 것이 좋다.

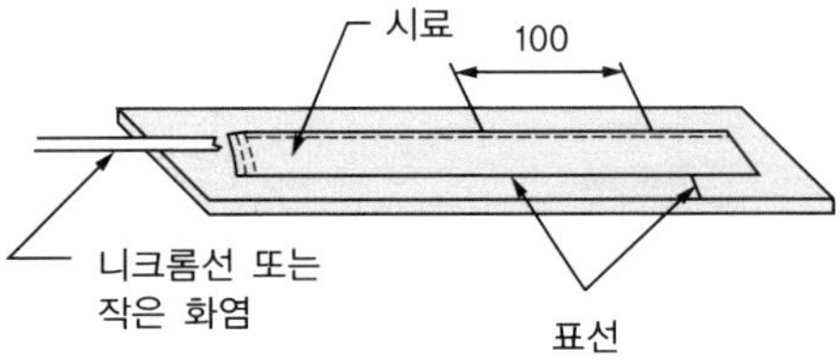

그림 2 산화성 물질의 시험 상황

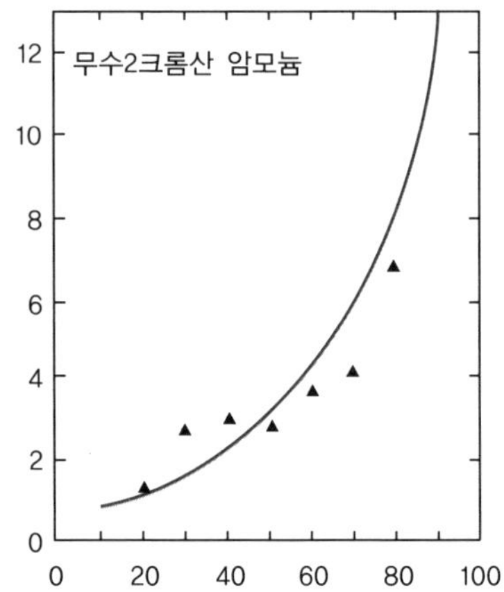

그림 3 산화성 물질의 연소속도 측정결과
(무수2크롬산 암모늄)

5. 관계지식 : 산화성 고체(위험물안전관리법상 제1류 위험물)

(1) 일반성질

① 불연성이며(유기과산화물은 제외) 강산화제이고, 단독으로 연소하지 않고 다른 물질을 산화시킨다.
② 반응성이 풍부하며 충격, 가열, 마찰 등에 의해 분해하여 산소를 방출하여 분해 또는 폭발한다.
③ 조해성이 있으며, 분해 시 발생한 산소 원자는 친화력이 크다.

(2) 소화 방법

① 위험물 자체의 분해에 의해 방출된 산소가 가연물의 연소를 돕기 때문에 연소 정도가 심하고 열분해가 더욱 활발해 짐으로 우선 제1류 위험물의 분해를 막기 위해 물로 냉각시켜서 분해온도 이하로 온도를 낮추고 연소를 막는다.
② 자체 화재 시 질식소화는 효과가 없음으로 주의의 가연물에 대량 주수하여 연소를 막도록 한다.
③ 알칼리금속의 과산화물은 금수성이므로 제3류 위험물에 준해서 소화하여야 한다.
④ 질산염류 화재 시에는 유독가스가 발생하므로 주의를 요한다.
⑤ 무기과산화물류는 물과 반응하여 발열하므로 건조사로 피복 소화한다.

제 목	산화성 물질의 시험		
실 험 조		제 출 자	
실험일자		제출일자	

【실험과정】

【결과 및 고찰】

【참고문헌】

실험 9-7. 낙구식 감도시험

1. 목 적

위험물안전관리법상의 제1류 위험물은 충격에 의해 분해되어 산소를 발생하며, 이때 가연물이 혼합되어 있으면, 이 두 물질의 혼합물은 충격에 매우 민감하게 반응하여 폭발을 유발할 수 있다. 이러한 특징을 기폭특성이라 하며, 본 시험에서는 제1류 위험물과 가연성 물질(분말)의 혼합물이 충격에 어느 정도 민감한가를 측정함으로써 제1류 위험물의 위험성을 조사해 보고자한다.

2. 기구 및 시약

낙구식 감도시험기
표준망체(14mesh, 50mesh, 80mesh, 100mesh)
데시케이터
염소산칼륨
질산칼륨
적린

3. 원 리

제1류 위험물인 산화성 고체는 충격, 타격, 마찰 등에 약간의 기계적 점화에너지에 의해서 반응이 개시되어 연쇄적으로 확대, 진행하는 한편 다른 화학물질(촉매)과의 접촉에 의해 분해가 촉진되어 산소를 다량 발생하는 지연성 물질이다. 따라서 가연성 물질과 산화성 고체가 혼합된 경우, 공기 중에서보다 연소가 빠르게 진행되고 착화온도가 낮아지며, 최소 점화에너지도 감소한다. 한편 이러한 산화성 고체는 단독으로도 분해, 폭발하는 물질(예 : NH_4NO_3, NH_4ClO_3)도 있으나 가연물과 혼합된 상태에서 가열, 충격, 마찰 등에 의해 폭발을 일으킬 수 있으며, 이 특성을 기폭특성이라 한다.

4. 실험방법

(1) 염소산칼륨에 대한 시험방법

① 철제 굴림대 위에 적린 2 mg을 올리고, 그 위에 염소산칼륨을 2 mg을 올린다.
② 시료위에 같은 형태의 철제 굴림대를 올린다.
③ 약 7 mm(∅)의 쇠공(약 1.48 g)을 10 cm의 높이(낙고)에서 위쪽의 철제 굴림대 위로 떨어뜨려서 시료에 타격을 가해 폭발 여부를 관찰한다.
④ 폭발하면 높이를 낮추고, 폭발하지 않는 경우는 높이(낙고)를 올려서 연속 40회 이상 반복하여 쇠공을 떨어뜨려서 50% 폭점을 구한다.
⑤ 낙고의 대수치의 차는 0.1로 하고, 시험 결과로 얻어지는 낙고의 대수치 표준 편차는 0.5배에서 2.0배 범위내로 해야 한다.

그림 1 낙구식 감도시험장치

(2) 질산칼륨에 대한 시험방법

① 철제 굴림대 위에 적린 5 mg을 올리고, 그 위에 질산칼륨 5 mg을 올린다.
② 위쪽의 철제 굴림대는 사용하지 않는다.
③ 이하의 방법은 염소산칼륨과 동일하다.

5. 관계지식

(1) 제1류 위험물질의 분류 및 지정수량

품명 및 품목	지정수량	품명 및 품목	지정수량
아염소산염류	50 kg	질산염류	300 kg
염소산염류	50 kg	요오드산염류	300 kg
과염소산염류	50 kg	과망간산염류	300 kg
무기과산화물류	50 kg	중크롬산염류	300 kg
브롬산염류	100 kg		

(2) 제1류 위험물의 일반적인 성질

① 강력한 산화제이며, 분해하여 다량의 산소를 방출하므로 산화성 고체라 한다.
② 자신은 불연성이며, 다른 물질의 연소를 돕는 지연성 물질이다.
③ 모두 무기화합물이며, 대체로 무색의 결정이나 백색의 분말이다.
④ 분해하여 산소를 방출함으로써 산소의 체적이 크게 증가한다(약 1000배 이상.)
⑤ 분해 방출되는 산소가 원자상태의 발생기산소이므로 산화력이 특히 강력함.
⑥ 비중이 1보다 크며 조해성이 크고 수용액상태에서도 산화성을 갖는다.
⑦ 무기과산화물류는 물과 반응하여 발열하면서 산소를 발생한다.

(3) 위험성

① 가열하거나 제6류 위험물과 혼합되면 산화성이 증대되며, 특히 가연물과 혼촉되는 겨우 화염의 온도가 상승, 연소속도 증가, 착화온도 감소, 연소범위 확대, 최소점화에너지의 감소 등으로 인해 위험성이 크게 증가한다.
② 단독으로 분해 폭발하는 물질(예 : NH_4NO_3, NH_4ClO_3)도 있으나 가연물과 혼촉하는 경우 가열, 충격 등에 의해 심하게 연소하거나 폭발할 수 있다.
③ 제1류 위험물은 피부나 금속 등에 대한 부식성이 있고, 증기 등을 흡입하는 경우 유독성이 있으므로 취급 시 매우 주의를 요한다.
④ 무기과산화물은 물과 반응하여 발열하면서 산소를 발생하므로 금수성 물질이며, 황린과 접촉하여 폭발하고, KCN 등과 혼촉 시 폭발과 동시에 유독성 가스를 다량 발생시키므로 유의해야 한다.

(4) 진압대책

① 무기과산화물류를 제외하고는 산소의 분해방지를 위해 주수에 의한 냉각소화가 가장 유효하다.
② 초기화재나 소량의 화재의 경우에는 분말, CO_2, 할론, 포에 의한 질식소화도 효과가 있으나 대형화재의 경우에는 질식소화는 효과가 없으며 다량의 물에 의한 냉각소화가 가장 좋다.
③ 무기과산화물류는 금수성 위험물질이므로 건조분말 소화약제를 이용한 질식소화가 가장 효과적이다.

제　　목	낙구식 감도시험		
실 험 조		제 출 자	
실험일자		제출일자	

【실험과정】

【결과 및 고찰】

【참고문헌】

실험 9-8. 압력용기시험

1. 목 적

시료를 압력용기에서 가열하여 규정의 오리피스관을 사용해서 50% 이상의 확률로 파열판이 파열되는가를 조사함으로써 고체 또는 액체물질의 가열분해의 격심한 정도를 판단하여 위험성을 조사해 보고자 한다.

2. 기구 및 시약

압력용기시험기
알루미늄 호일
질산요소
2,4-dinitrotoluene
니트로셀룰로오스

그림 1 압력용기 시험장치

3. 원 리

제5류 위험물은 자기반응성 물질로서 외부로부터 산소의 공급 없이도 가열, 충격 등에 의해 발열분해를 일으켜 급속한 가스의 발생이나 연소폭발을 일으키는 물질이다. 이것은 비교적 저온에서 열분해를 하는 것이 많은 불안정한 물질이다. 반응성 물질이란 자기 스스로 또는 다른 물질과 반응에 의해 화재, 폭발을 일으킬 가능성이 매우 높은 물질을 말한다. 이러한 자기반응성 물질을 가열하여 얼마나 빠르게 분해 폭발을 일으키는가를 조사함으로써 위험성의 정도를 알아볼 수 있다.

4. 실험방법

① 전기로를 승온속도 40±5℃/min으로 설정한다.
(실험이 끝날 때까지 바꾸지 않는다.)
② 9.0 mm 직경의 오리피스를 장착한다.
③ 시료 5 g을 시료용기에 넣고, 압력용기 바닥부분의 중앙에 위치하게 한다.
④ 시료용기 상단에 파열판을 부착한다.
⑤ 파열판의 상부에 물을 채운다.
⑥ 압력용기를 전기로에 넣고, 파열판이 파열할 때까지 시료용기의 온도가 400℃가 될 때까지 가열한다.
⑦ ③~⑥까지의 조작을 10번 반복한다.
⑧ 10회 측정 중 5회 이상 파열하지 않으면 오리피스의 직경이 작은 것으로 교체하여 동일한 조작을 반복한다.
⑨ 10회 측정 중 폭발이 5회를 초과하면 오리피스의 직경이 큰 것으로 교체하여 ③~⑦의 조작을 반복한다.
⑩ 50% 이상으로 파열판이 파열되는 오리피스의 직경을 구한다.

5. 관계지식

(1) 제5류 위험물질의 분류 및 지정수량

품명 및 품목	지정수량	품명 및 품목	지정수량
유기과산화물류	10 kg	니트로소화합물류	200 kg
질산에스테르류	10 kg	아조화합물류	200 kg
셀룰로이드류	100 kg	디아조화합물류	200 kg
니트로화합물류	100 kg	히드라진 유도체류	200 kg

(2) 제5류 위험물의 일반적인 성질

① 가연성 물질로서 그 자체가 산소를 다량 함유하고 있기 때문에 내부연소를 일으키는 자기반응성 물질이다.
② 연소속도가 매우 빠르며 폭발적이다.
③ 장시간 저장 시 산화, 분해 반응이 발생하여 자연발화의 위험이 있다.
④ 히드라진 유도체 이외의 모든 물질은 유기화합물이며, 일부품목은 액체이고 대부분의 고체이다.
⑤ 대부분 물에는 녹지 않으며, 물과의 반응성도 없다.

(3) 위험성

① 외부의 산소가 없어도 분자 자체가 갖는 산소로 연소를 일으킬 수 있는 자기반응성 물질이므로 연소속도가 대단히 빠르다.
② 아조화합물류, 디아조화합물류, 히드라진 유도체는 고농도로 농축되어 있는 경우 충격에 민감하고 단독으로 연소 시 폭발의 위험이 매우 크다.
③ 유기질소화합물의 경우 장기간 보관 시 분해, 산화 등에 의해 자연발화의 위험이 있다.
④ 니트로화합물의 경우 니트로기가 많을수록 가열, 충격 등에 민감하고 발화 폭발의 위험성이 증가한다.

(4) 진압대책

① 자기반응성이 있는 물질이므로 질식소화가 효과가 없다.
② 다량의 물에 의한 주수소화가 가장 이상적인 방법이다.
③ 화재 시 연소생성가스가 대량 발생하며, 유독성 가스를 많이 함유하므로 보호장구를 반드시 착용하고 진화작업을 수행해야 한다.
④ 화재 시 폭발의 위험성이 대단히 높으므로 충분한 안전거리를 유지해야 한다.

제　　목	압력용기시험		
실 험 조		제 출 자	
실험일자		제출일자	

【실험과정】

【결과 및 고찰】

【참고문헌】

연습문제

9.1 산화와 환원을 설명하시오.

9.2 다원자 이온에서 원자의 산화수를 결정하는 방법을 순서대로 설명하시오.

9.3 다음 화합물 중에서 밑줄 친 원소의 산화수는 얼마인가?

(1) $H_2\underline{O}_2$　　(2) $H\underline{Cl}O_2$　　(3) $H\underline{Cl}O_4$

(4) $H\underline{N}O_3$　　(5) $H_3\underline{P}O_4$　　(6) $H_2\underline{S}O_4$

(7) $K\underline{Mn}O_4$　　(8) $\underline{Mn}O_2$　　(9) $\underline{Cl}O_2^-$

(10) $\underline{Pb}(OH)_3^-$　　(11) $H\underline{As}O_3^{2-}$

9.4 산화제와 환원제를 설명하시오.

9.5 다음의 반응에서 산화수를 이용하여 산화된 원자와 환원된 원자를 찾고 산화제와 환원제를 쓰시오.

$$SO_2 + 2H_2S \rightarrow 2H_2O + 3S$$

9.6 이온전자법을 이용하여 다음의 산화·환원반응식을 완결하시오.

(1) $Cu + NO_3^- \rightarrow Cu^{2+} + NO$ (산성 용액)

(2) $Zn + NO_3^- \rightarrow Zn(OH)_4^{2-} + NH_3$ (염기성 용액)

9.7 과산화수소가 위험물안전관리법상 위험물에 포함되는 농도는 얼마인가?

9.8 질산암모늄과 황의 혼합물은 외부 충격에 의해 폭발한다. 이때의 화학반응식을 쓰시오.

9.9 $CaOCl_2$(염소화석회)는 표백제로 이용된다. 이것이 물에 용해되면 차아염소산(HClO)을 생성한다. 차아염소산이 화재에 노출되면 매우 위험하다. 그 이유를 쓰시오.

9.10 과염소산염류는 유기화합물과 반응해 발화한다. 그 화학반응식을 쓰시오.

9.11 히드라진은 과산화수소와 혼합하면 폭발한다. 그 반응식을 쓰시오.

9.12 과산화수소 안정제 2가지를 써라. (위험물기능장 37회)

9.13 H_2SO_4에서 S의 산화수는 얼마인가? (위험물기능장 34회, 41회)

9.14 $HClO_2$에서 Cl의 산화수는? (위험물기능장 35회)

9.15 아염소산나트륨의 위험성에 대해 상술하시오. (위험물기능장 37회)

9.16 염소산칼륨을 가열하면 발생하는 가스는? (위험물기능장 38회)

9.17 40%의 산소와 60%의 질소로 구성되어 있는 기체 혼합물의 평균분자량은 몇 g/mol인가? (위험물기능장 40회)

9.18 3.65 kg의 염화수소 중에는 HCl 분자가 몇 개 있는가? (위험물기능장 42회)

9.19 H_2O_2와 혼합해서는 안 되는 물질 3가지를 적으시오. (위험물기능장 33회)

9.20 과망간산칼륨은 흑자색의 결정이다. 결정의 구조를 쓰시오. (위험물기능장 38회)

9.21 과망간산칼륨의 열분해 반응식, 묽은 황산과의 반응식, 염산과의 반응식을 적으시오. (위험물기능장 43회)

9.22 $KClO_4$의 분해식을 써라. (위험물기능장 32회)

9.23 비중이 2.1이고, 물이나 글리세린에 잘 녹으며, 흑색화약으로 사용되는 위험물에 대해 물음에 답하라. (위험물기능장 32회)
(1) 물질명
(2) 화학식
(3) 분해반응식

9.24 과산화칼륨이 아세트산과의 반응식을 써라. (위험물기능장 제55회)

9.25 ANFO 폭약 제조 시 사용하는 질산암모늄 화학식 및 완전열분해식을 쓰시오? (위험물기능장 제53회)

9.26 ANFO 폭약의 원료로 사용되는 물질에 대한 각 물음에 답하시오. (위험물기능장 제54회)
(1) 제1류 위험물에 해당하는 물질의 단독 완전 분해폭발반응식
(2) 제4류 위험물에 해당하는 물질의 지정수량과 위험등급

9.27 제1류 위험물 중 분자량 78, 비중 2.8인 물질에 대해 알맞게 답하시오. (위험물기능장 제53회)
(1) CO_2와의 반응식
(2) 물과의 반응식

9.28 과산화수소(H_2O_2)는 수용액 농도 36 wt%(비중 약 1.137) 이상이 위험물에 속한다. 과산화수소는 양모, 펄프, 종이, 식품, 유지 등의 표백제(농도 30%), 산화제, 방부제(농도 3%), 살균제(농도 3%), 소독제(농도 3%) 등의 다양한 용도로 사용된다. 따라서 과산화수소(H_2O_2)에 대하여 다음을 설명하시오. (소방기술사 제102회)
(1) 위험성
(2) 저장 및 취급 방법
(3) 소화 방법

제 10 장

유기화합물

지구상에 존재하는 물질들은 크게 유기화합물과 무기화합물로 구분되며, 탄소와 수소를 포함하는 물질을 탄화수소화합물 또는 유기화합물이라 하고 그 이외의 모든 화합물을 무기화합물이라 한다. 유기화합물(organic compound)에서 "organic = 생명의"라는 의미로 유생물(有生物)을 의미하며, 무기화합물(inorganic compound)에서 "inorganic = 생명이 없는" 의미로 무생물(無生物)을 의미한다. 이러한 유기화합물은 수백만 종이 지구상에 존재하며 직접 세정용이나, 에너지원, 자동차의 연료 등으로 이용되며 합성공업에 응용되어 일상용품으로 제조되어 이용된다. 즉, 의복용 합성섬유, 페인트, 플라스틱류, 합성염료, 의약품, 합성고무 및 그 밖의 유기제품들이 있다.

유기화합물이 다른 물질에 비해 그 종류가 다양하다는 것 외에도 열원에 의해 연소 또는 화재시 쉽게 연소하며 유독한 가스(CO, CO_2, NO_x, SO_x) 등을 다량 방출하므로 소방직에 종사하는 사람에게 직접적인 부담을 주고 있기 때문에 유기화학에 대한 기초지식이 매우 중요하게 사용되고 있다. 따라서 본장에서는 가장 기초가 되는 유기화학에 대해 논하고 복잡한 구조를 갖는 고분자물질(수지, 플라스틱, 섬유, 고무)은 다음의 11장에서 언급하며, 특히 폭발의 위험성이 큰 폭약류는 12장에서 취급하고자 한다.

10.1 유기화합물의 분류

유기화합물은 종류가 매우 많고 다양해서 분류하는 방법은 쉽지는 않지만 통상적인 분류방법은 크게 결합형태, 관능기의 종류, 조성과 성질에 따라 3가지로 분류한다.

(1) 탄화수소화합물의 조성과 성질에 따른 분류

탄화수소화합물의 조성이나 특별한 성질에 따라 다음과 같이 구분된다.

- 탄화수소
  - 지방족 탄화수소
    - 포화 탄화수소
      - 사슬모양(알칸) : alkane, paraffin계
      - 고리모양(시클로알칸) : cycloalkane
    - 불포화 탄화수소
      - 알켄 : alkene, olefin계
      - 알킨 : alkyne, acetylene계
  - 방향족 탄화수소

탄소와 탄소 사이에 단일결합만으로 연결된 형태 중 사슬모양인 경우를 총칭해서 alkane이라 명하며 일반식은 C_nH_{2n+2}로 표현되는데, 고리형태를 갖는 단일결합성 포화탄화수소는 Cyclo alkane이라 명명하고 일반식은 이중결합 1개를 갖는 alkene과 동일하게 C_nH_{2n}이라 표현한다.

불포화탄화수소는 여러 가지 형태가 있으나 대표적으로 이중결합 포함한 alkene(일반식, C_nH_{2n})과 삼중결합 갖는 alkyne(일반식 C_nH_{2n-2})으로 구별한다. 그러나 벤젠을 포함하는 물질도 불포화탄화수소이나, 벤젠을 갖는 경우 독특한 특성을 갖기 때문에 별도로 방향족 탄화수소라 명명한다.

(2) 결합형태에 따른 분류

- 유기화합물
  - 지방족
    - 포화탄화수소 : 탄소간 단일결합
    - 불포화탄화수소 : 탄소간 이중 혹은 삼중결합
  - 고리화합물
    - 탄소고리화합물
      - 지방족고리화합물
      - 방향족고리화합물(벤젠 포함)
    - 이원소고리화합물 —— 고리 내 탄소 이외의 원소 포함

(예; 피리딘 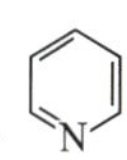)

(3) 관능기에 의한 분류

화합물을 구성하는 원소나 이온 중에서 그 물질의 특성을 결정하는 원자단을 유기화합물에 있어서 치환기 또는 관능기라 하며, 이 관능기에 따라 유기화합물의 특성이나 명명법이 뚜렷이 구별된다. 표 10.1에 대표적인 유기화합물의 관능기를 표시하였다.

표 10.1 주요한 유기화합물의 관능기(치환기)

화합물	관능기	주요한 명명규칙	예
R − X*	− X	할로겐화물로 또는 탄화수소의 유도체로 명명한다.	$CH_3CH(Br)CH_3$ 아이소취소화프로판 또는 2-브로모프로판
R − OH 알코올	− OH 히드록시기	알코올로 또는 연결 뒤에 이를 붙여서 명명한다.	$CH_3CH_2CH_2CH_2OH$ 부틸알코올 또는 1-부탄올
R − O − R' 에테르	− O −	R과 R'로 명명한다.	C_2H_5-O-C_2H_5 디에틸에테르 CH_3-O-C_2H_5 에틸메틸에테르
R − COOH 산	− COOH 카르복실기	보통 일반적인 이름에 따라 명명한다.	HCOOH 개미산 CH_3COOH 아세트산 CH_3CH_2COOH 프로피온산
R − CHO 알데히드	− CHO	알데히드 또는 연결 끝에 al을 더해서 명명한다.	CH_3CH_2CHO 프로피온알데히드 또는 프로판올
R−C(=O)−R' 케톤	−C(=O)− 카르보닐기	케톤으로 또는 연결 끝에 on을 붙여서 명명한다.	$CH_3C(=O)CH_2CH_2CH_3$ 메틸프로필케톤 또는 2-펜타논
R − NH_2 아민	− NH_2 아미노기	아민으로 또는 아미노알칸으로 명명한다.	$CH_3CH(NH_2)CH_3$ 이소프로필아민 또는 2-아미노프로판
R − NO_2 니트로알칸	− NO_2 니트로기	니트로알칸으로 명명한다.	$CH_3CH_2CH_2NO_2$ 1-니트로프로판
R−C(=O)−NH_2 아미드	− $CONH_2$	화합물이 가수분해해서 생기는 산의 아미드로 명명한다.	CH_3CONH_2 아세트아미드
R−C(=O)−OR' 에스테르	−C(=O)−O−	산의 염으로 명명한다.	$CH_3COOC_2H_5$ 아세트산에틸
R − SO_3H 설폰산	− SO_3H	설폰산으로 명명한다.	$SO_3H-CH(CH_3)_2$ 이소프로필설폰산
R − O − O − R' 유기과산화물	− O − O −	과산화물로 명명한다.	$(H_3C)_3C$-O-O-$C(CH_3)_3$ 과산화 디-*tert*-부틸

10.2 포화탄화수소(alkane, Paraffin계, C_nH_{2n+2})

일반식 C_nH_{2n+2}로 표현되는 포화탄화수소는 탄소와 탄소가 사슬형태 단일결합으로 결합되어 있는 모든 형태의 유기화합물의 총칭으로 alkane계 탄화수소 또는 '친화력이 빈약하다'는 뜻의 라틴어 prum affinis에서 paraffin계 탄화수소라고도 한다. 이들 물질은 포화탄화수소로서 다른 분자들과의 화학적 친화력이 적으며 가장 간단한 형태는 메탄(CH_4)으로 구조식은 다음과 같다.

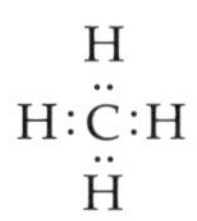

또는

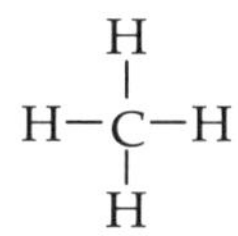

이 메탄은 천연가스의 주성분이며 또한 가정용 도시가스의 주성분이기도 하다.

유기화합물에 있어서 전자는 수소 원자와 탄소 원자가 서로 공유하는 고유결합의 형태를 취하며 탄소 원자는 8개의 전자에 둘러싸인다. 이러한 원리를 팔우설(octet rule)이라 하며 유기화합물 대부분은 이 팔우설에 따른다(제3장 2절).

한편 앞서 언급한 바와 같이 유기화합물이 대단히 많은 종류의 물질을 형성하는 이유도 이러한 탄소의 결합형태가 독특하여 유기물을 구성하는 탄소의 개수와 배열의 차이에 따라 서로 다른 거동을 하기 때문이다. 유기화합물은 종류가 대단히 많기 때문에 이름을 전부 외우는 것은 매우 어려운 일이다. 따라서 IUPAC에서 이러한 복잡한 물질에 대한 통일된 명명법을 다음과 같이 규정하였다.

① 가장 긴 탄소 사슬을 모체로 하여 그 탄소수에 해당하는 희랍어 숫자의 어미에 접미사 -ane를 붙인다.
② 모체 탄소 원자에 번호를 할당한다.
③ 가지를 갖는 경우 치환체의 위치는 모체탄소의 번호에 의해 결정한다.
④ 치환체는 알파벳 순서로 가장 긴 탄소사슬의 alkane명 앞에 붙인다.
이때 숫자 사이에는 ','를, 숫자와 문자 사이에는 '-'를 표기한다.
⑤ 치환체의 번호는 합이 최소가 되게 명명한다.
⑥ 치환체의 명명순서는 알파벳 순서로 한다.
⑦ 동일한 치환체가 여러 개 있는 경우에는 치환체의 개수를 희랍어 접두어로 표기한다.
⑧ 할로겐 치환기는 어미 인(ine)을 오(-o)로 명명한다.
: F(fluoro), Cl(chloro), Br(bromo), I(iodo)

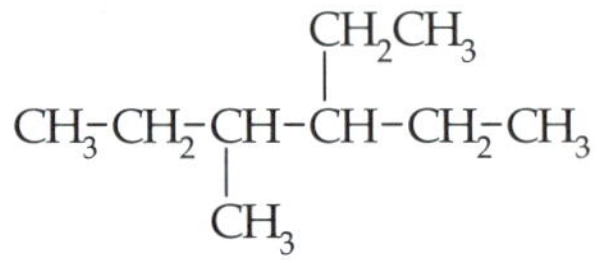

3-ethyl-4-methyl hexane

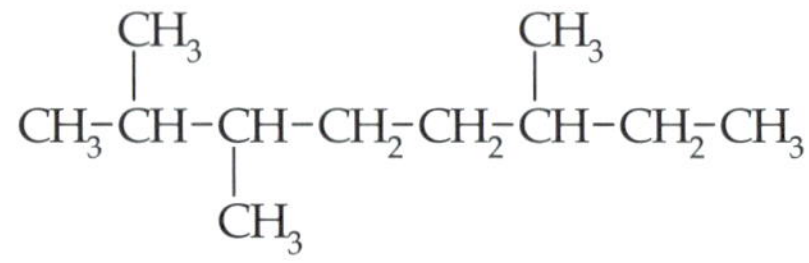

2,3,6-trimethyl octane

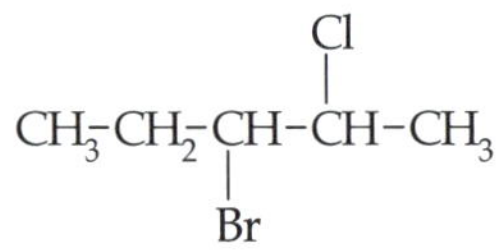

3-bromo-2-chloro pentane

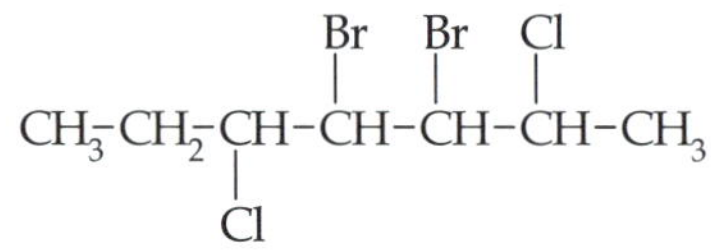

3,4-dibromo-2,5-dichloro heptane

희랍어 숫자와 대표적인 알칸족 화합물의 종류와 물리적 성질을 표 10.2와 10.3에 표시하였고 그림 10.1은 곧은 사슬알칸의 물리적 성질을 비교한 것이다. 그림에 나타난 것과 같이 탄소수 4개까지는 상온에서 기체상태이며 탄소 수가 증가함에 따라 대부분의 물리적 특성치가 증가함을 알 수 있다. 이러한 규칙성으로 인해 알칸의 경우 기본적인 물질의 특성치를 알면 유사한 알칸의 물리적 특성치인 끓는점, 어는점, 밀도 등의 예측이 가능하다.

표 10.2 수를 나타내는 접두어

수	1	2	3	4	5	6	7	8	9	10
수 표시	mono	di	tri	tetra	penta	hexa	hepta	octa	nona	deca
물질명 표시	metha	etha	propa	buta	penta	hexa	hepta	octa	nona	deca

표 10.3 알칸(C_nH_{2n+2})의 물리적 성질

탄소수	명 칭	분자식	녹는점(℃)	끓는점(℃)	비 중	이성체수
1	Methane	CH_4	−182.5	−164.0	0.5547	1
2	Ethane	C_2H_6	−183.3	−88.6	0.509	1
3	Propane	C_3H_8	−189.7	−42.1	0.5005	1
4	Butane	C_4H_{10}	−138.3	−0.5	0.5788	2
5	Pentane	C_5H_{12}	−129.7	36.1	0.6262	3
6	Hexane	C_6H_{14}	−95.0	68.9	0.6603	5
7	Heptane	C_7H_{16}	−90.6	98.4	0.6837	9
8	Octane	C_8H_{18}	−56.8	125.7	0.7025	18
9	Nonane	C_9H_{20}	−51.0	150.8	0.7176	35
10	Decane	$C_{10}H_{22}$	−29.7	174.1	0.7300	75
20	Eicosane	$C_{20}H_{42}$	36.8	343.0	0.7886	366,319
30	Triacontane	$C_{30}H_{62}$	65.8	450.0	0.8097	
4	2-Methylpropane		−159.4	−11.7	0.579	
5	2-Methylbutane		−159.9	27.85	0.6201	
5	2,2-Dimethylpropane		−16.5	9.5	0.6135	
8	Isooctane		−107.4	99.3	0.6919	

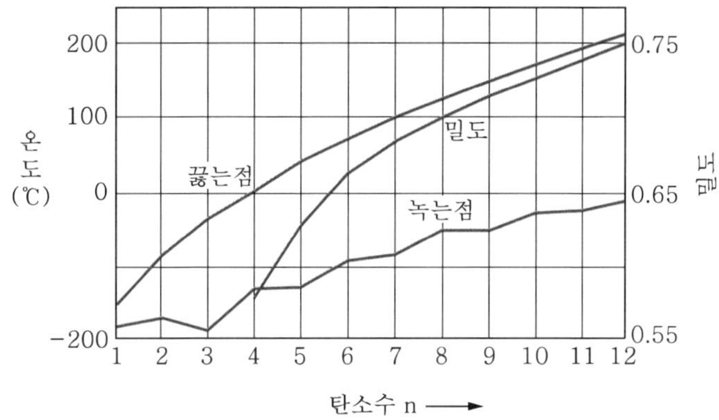

그림 10.1 곧은 사슬 알칸의 물리적 성질의 비교

여기에서 한 가지 주의해야 할 것은 IUPAC에서 사용하는 명명법 이외에 관용적으로 사용되는 유기화합물의 명명이다. 이러한 명칭은 관례적으로 사용되던 물질명으로서 관용명이라 하며, 자주 사용되기 때문에 반드시 암기해야 하므로 몇 가지 대표적인 것을 다음에 나타내었다.

CH_4	C_2H_6	C_3H_8	C_4H_{10}
메탄	에탄	프로판	부탄

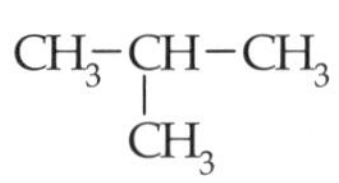

iso-butane
(2-methyl propane)

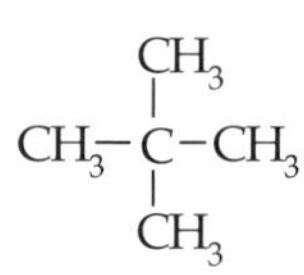

neo-pentane
(2,2-dimethyl propane)

여기서 *iso*−는 가지의 한쪽 끝 탄소에 methyl기가 2개 존재한다는 뜻이며 *neo*−는 가지의 끝 탄소에 3개의 methyl기를 포함한다는 의미이다.

한편 alkane에서 수소가 1개 제거된 형태를 알킬기라 하며 기호로는 'R'로 표기한다. 이때 알킬기의 명명은 수소가 한 개 제거되기 전의 alkane명의 접미사 −ane을 −yl로 바꾸어 주면 된다. 표 10.4는 주요 알킬기를 나타낸 것이다.

표 10.4 주요 알킬기

알킬기	구 조	
메틸(methyl)	CH_3-	
에틸(ethyl)	CH_3-CH_2-	
n-프로필(*n*-propyl)	$CH_3-CH_2-CH_2-$	
n-부틸(*n*-butyl)	$CH_3-CH_2-CH_2-CH_2-$	
이소부틸(isobutyl)	CH_3 $CH-CH_2-$ CH_3	일차
n-펜틸(*n*-pentyl) 또는 아밀	$CH_3-CH_2-CH_2-CH_2-CH_2-$	
아이소펜틸(아이소아밀)	CH_3 $CH-CH_2-CH_2-$ CH_3	
네오펜틸(neo-pentyl)	CH_3 CH_3-C-CH_2- CH_3	
이소프로필(isopropyl)	CH_3 $CH-$ CH_3	이차
sec-부틸(*sec*-butyl)	CH_2CH_3 $CH-$ CH_3	
t-부틸(*t*-butyl)	CH_3 CH_3-C- CH_3	삼차
t-펜틸(*t*-pentyl)	CH_3 CH_3CH_2-C- CH_3	

또한 포화탄화수소 중 고리형태를 갖는 고리알칸화합물의 명칭은 탄소의 개수가 동일한 포화 알칸명 앞에 고리를 의미하는 Cyclo라는 접두어만 붙여주면 된다. 이때 치환체가 있는 경우는 위치번호가 가장 낮은 쪽으로 명명하며, 유도체명은 Cycloalkane의 접미사 −ane를 −yl로 해서 명명한다.

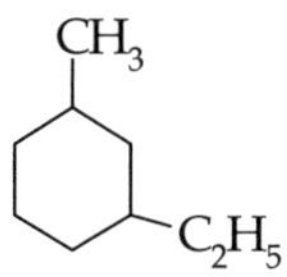

1-ethyl-3-methyl cyclohexane

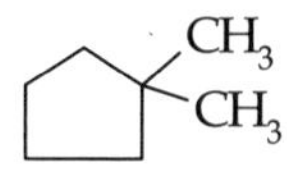

1,1-dimethyl cyclopentane

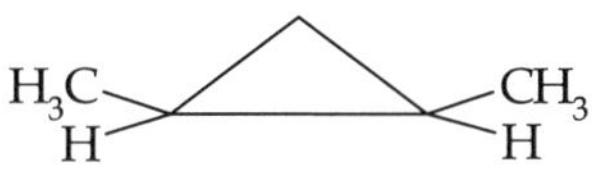

cis-1,2-dimethyl cyclopropane

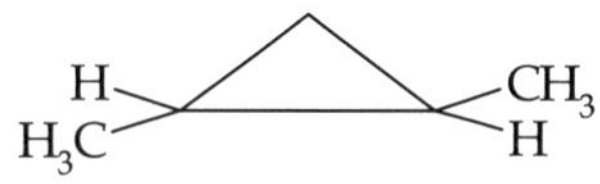

trans-1,2-dimethyl cyclopropane

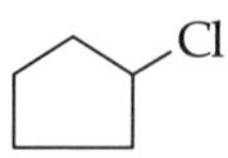

cyclopentyl chloride

IUPAC (chloro cyclopentane)

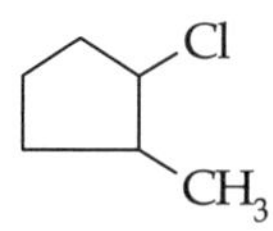

2-methyl-cyclopentyl chloride

(1-chloro-2-methyl cyclopentane)

알칸은 석유나 천연가스가 주요자원이며, 대부분의 알칸은 석유를 분별 증류하여 얻는다. 그러나 순수한 고급알칸을 제조하기 위해서는 합성을 하기도 한다. 이러한 알칸의 합성반응에는 다음과 같은 것이 있다.

(1) Grignard 반응

할로겐화 알킬과 마그네슘을 무수에테르 용매 중에서 반응시켜 Grignard 시약을 얻고, 이를 H_2O, ROH, C_2H_2, $RCOOH$ 등 양성자를 낼 수 있는 물질과 반응시켜 염기성 마그네슘염과 더불어 알킬계 탄화수소를 얻는다.

$$RX \xrightarrow{Mg} R-MgX \xrightarrow{HO-H} RH + Mg(OH)X$$

Grignard 시약 X = Cl, Br, I

$$CH_3CH_2CH_2CH_2I \xrightarrow[\text{무수에테르}]{Mg} CH_3CH_2CH_2CH_2-MgI$$

$$\xrightarrow{H_2O} CH_3CH_2CH_2CH_3 + Mg(OH)I$$

Grignard 시약은 Victor Grignard에 의해 발견되었고, 유기합성에서 매우 중요한 시약이다.

(2) Wurtz 반응

이 반응은 반응물질과 작용하지 않는 용매(에테르나 1,4-dioxane) 중에서 할로겐화 알킬을 금속나트륨과 반응시키는 것이다.

$$2RX + 2Na \xrightarrow[\text{1,4-dioxane}]{\text{에터 or}} R-R + 2NaX$$

$$2CH_3 + 2Na \longrightarrow CH_3-CH_3 + 2NaX$$

이때 생성된 알칸은 대칭형태이며 반응물질인 할로겐화 알킬의 탄소수의 2배가 된다.

(3) 할로겐화 알킬의 환원

할로겐 화합물을 여러 가지 환원제로 환원한 후 할로겐을 수소로 치환하면 같은 탄소수를 가진 알칸을 생성한다.

$$CH_3(CH_2)_5CH_2Br \xrightarrow[\text{무수에터(or THF)}]{LiAlH_4} CH_3(CH_2)_5CH_3 + HBr$$

또한, 백금, 팔라듐, 니켈 등의 금속 촉매 하에서의 수소화 반응을 통해서도 알칸의 제조가 가능하다.

$$CH_3CH_2CH_2Cl \xrightarrow[\text{촉매}]{H_2} CH_3CH_2CH_3 + HCl$$

한편 알칸은 비교적 반응성이 낮다. 따라서 탄소간의 단일결합이나 탄소-수소간의 결합은 실온에서 황산과 같은 강산, 과망간산칼륨과 같은 강한 산화제, 수소화 알루미늄리튬($LiAlH_4$)과 같은 환원제 등과 반응하지 않는다. 그리고 알칸의 화학반응은 대부분 치환 반응을 하며 동족렬의 화합물은 화학적 성질이 유사하여 한 가지 물질의 반응으로부터 유사한 물질이 반응을 쉽게 일어날 수 있다.

대표적인 알칸의 화학 반응으로서 산화반응은 다음과 같다.

알칸이 과량의 산소 존재 하에서 연소하여 물과 이산화탄소를 생성한다. 이때 다량의 열을 발생하므로 연료로 이용된다. 한편 이러한 화학반응은 유기화합물의 실험식을 결정하는데 매우 중요한 반응식이다.

$$CH_4(g) + 2O_2(g) \rightarrow CO_2(g) + 2H_2O(g) + 192\,kcal/mol$$

$$C_2H_6(g) + \frac{7}{2}O_2(g) \rightarrow 2CO_2(g) + 3H_2O(g) + 341.3\,kcal/mol$$

이러한 산화반응은 메커니즘은 명확히 밝혀지지 않았으나 자유라디칼의 연쇄반응으로 알려져 있다. 따라서 현대에 와서 연소에 관한 3요소에 점화원, 가연물, 지연물과 더불어 연쇄반응이 포함되는데 이러한 연쇄반응은 소방에 종사하는 사람들에게 관심의 대상이 되며 할론 소화약제는 연쇄반응을 억제하는 효과를 갖는 소화제이다.

한편 산소가 부족한 경우에는 부분산화(또는 불완전연소)가 발생하여 일산화탄소나 탄소가 발생한다.

$$2CH_4 + 3O_2 \rightarrow 2CO + 4H_2O$$

$$CH_4 + O_2 \rightarrow C + 2H_2O$$

(4) 알칸의 물리적 성질

알칸은 비극성(nonpolar)으로 비점(b.p : 끓는점)과 융점(m.p : 녹는점)이 극성 화합물에 비하여 낮다. 예를 들면, 메탄(분자량 : 16)은 물(분자량 : 18)과 거의 같은 질량인데, 메탄의 끓는점은 -161.5℃로 물의 끓는점 100℃와는 큰 차이가 있다.

표 10.3에서와 같이 사슬모양 알칸은 분자량이 커짐에 따라 끓는점, 녹는점 및 밀도가 증가한다. 실온에서 탄소수가 적은 C_1의 메탄에서 C_4의 부탄까지는 기체이고, C_5에서 C_{17}까지는 액체이며, 탄소수가 많은 C_{18} 이상은 고체이다. 액상의 탄화수소의 비중은 물보다 가볍고 물 표면에 뜬다.

물에 대한 용해도(solubility)는 비극성 때문에 대단히 낮고 가장 높은 메탄인 경우에는 물 100 mL 중에 0.00025 g 밖에 용해되지 않는다. 등유나 가솔린이 물로 혼합되지 않고 기름방울로 물 위에 뜨는 것을 알 수 있다.

알칸은 물에는 불용이지만 비극성인 알칸, 알켄, 벤젠 등의 탄화수소에는 잘 용해하고 사염화탄소(CCl_4), 클로로포름($CHCl_3$), 염화메틸렌(CH_2Cl_2) 등의 염소계 유기화합물에도 잘 녹는다. "비슷한 것끼리는 잘 녹는다"라고 하는 일반법칙이 잘 맞으며, 이것은 극성에 관계되고 있다.

극성이 높은 물에는 알코올 및 아민 등의 극성이 있는 화합물이나 또는 이온성이 강한 화합물(carboxylate $RCOO^- - Na^+$ 및 아미노산 $RCH(NH_3)COO$ 등)이 용해된다.

알칸이 비극성인 이유는 공유결합을 이루고 있는 탄소-탄소 원자 사이에 전자가 균등하게 분포되어 있기 때문이다. 또한 탄소 - 수소 사이에 있어서도 전기음성도의 차이가 작고, 전자가 균등하게 분포되어 있으며, 비극성 결합을 이루고 있다.

10.3 불포화탄화수소 I ; 알켄

지방족 불포화탄화수소 중에서 분자 내에 탄소간 이중결합을 포함하는 화합물을 알켄(C_nH_{2n}, $n \geq 2$)이라 하며, 에틸렌계 또는 olefine계라고도 한다. 알칸보다 수소가 두 개 적으며 할로겐, 산, 산화제 등과 다양하고 선택적인 첨가반응을 한다.

IUPAC 규칙에 의한 알켄의 명명법은 이중결합을 포함한 가장 긴 탄소사슬을 모체로 하고 같은 수의 탄소를 갖는 알칸명의 접미사 −ane를 −ene으로 바꾸어 명명한다. 이때 이중결합의 위치는 이중결합 첫 번째 탄소의 번호가 최소가 되도록 사슬에 번호를 붙인다.

$CH_3CH_2CH_2CH_2CH{=}CH_2$

hexene

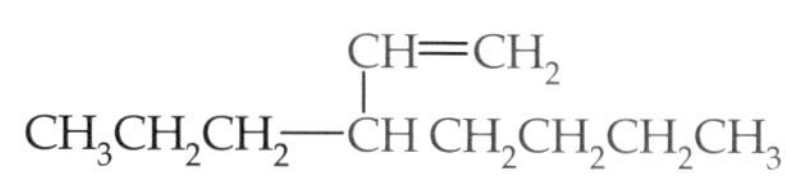

3-n-propyl-1-heptene

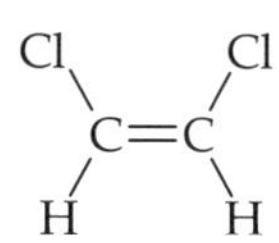

cis-1,2-dichloroethene

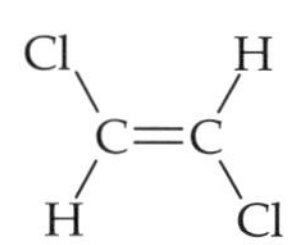

trans-1,2-dichloroethene

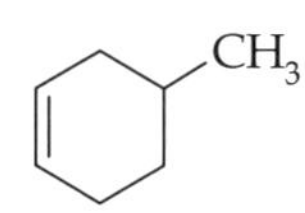

4-methyl-1-cyclohexene

표 10.5는 대표적인 알켄의 구조, 명명 및 물리적 성질을 나타낸 것이다.

알켄의 관용명은 주로 알칸명의 접미사 −ane를 −ylene로 붙여서 명명한다.

$H_2C{=}CH_2$

ethylene

$H_3C{-}HC{=}CH_2$

propylene

한편 알켄의 수소 하나가 제거된 형태의 치환체 명칭은 접미사 −ene를 −enyl로 바꾸어 명명하는 것이 IUPAC에 의한 방법이며, 유기화학에서 대단히 중요한 에틸렌과 프로필렌에서 유도된 치환기의 명칭은 관용명으로 vinyl, allyl로 더욱 많이 사용된다.

$H_2C{=}CH{-}$

vinyl (ethenyl)

$H_3C{-}HC{=}CH{-}$

allyl (propenyl)

한편 알켄의 화학반응은 알칸과는 상당히 다르다. 알칸의 경우 대부분의 화학반응이 치환반응인 반면에 알켄은 대부분 이중결합을 끊고 새로운 원소가 도입되는 첨가 반응을 한다. 치환반응의 경우 촉매를 필요로 하거나 고온의 반응온도를 필요로 하나, 첨가반응

표 10.5 알켄(C_nH_{2n}, n≥2)의 성질			
명 칭	구조식	bp (℃)	mp (℃)
에텐(ethene)	$CH_2=CH_2$	−104	−169
프로펜(propene)	$CH_2=CHCH_3$	−48	−185
뷰텐 (butene)	$CH_2=CHCH_2CH_3$	−6	−185
펜텐 (pentene)	$CH_2=CH(CH_2)_2CH_3$	30	−165
헥센 (hexene)	$CH_2=CH(CH_2)_3CH_3$	64	−140
헵텐 (heptene)	$CH_2=CH(CH_2)_4CH_3$	94	−119
옥텐 (octene)	$CH_2=CH(CH_2)_5CH_3$	121	−102
노넨 (nonene)	$CH_2=CH(CH_2)_6CH_3$	147	−81
데센 (decene)	$CH_2=CH(CH_2)_7CH_3$	171	−66
시클로펜텐(cyclopentene)	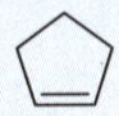	44	−135
시클로헥센(cyclohexene)	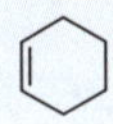	83	−104

은 낮은 온도에서 대단히 빠른 속도로 진행된다. 대표적인 알칸의 화학반응 중 산화반응은 다음과 같다.

(1) 수소 첨가

알켄을 수소와 반응시키면 이중결합을 끊고 그 위치에 수소가 첨가되어 포화탄화수소인 알칸이 된다(cis 첨가반응). 이 반응은 Pt와 같은 금속의 촉매가 반드시 필요하다.

$$H_2C{=}CH_2 + H_2 \longrightarrow H_3C{-}CH_3$$

$$CH_3CH_2CH{=}CH_2 + H_2 \longrightarrow H_3CCH_2CH_2{-}CH_3$$

$$CH_3CH{=}CHCH_3 + H_2 \longrightarrow CH_3CH_2{-}CH_2CH_3 \quad \text{cis-addition}$$

(2) 할로겐화 반응

알켄과 할로겐 원소를 혼합하여 반응시키면 할로겐이 서로 반대방향으로 첨가되는 trans 첨가반응을 한다.

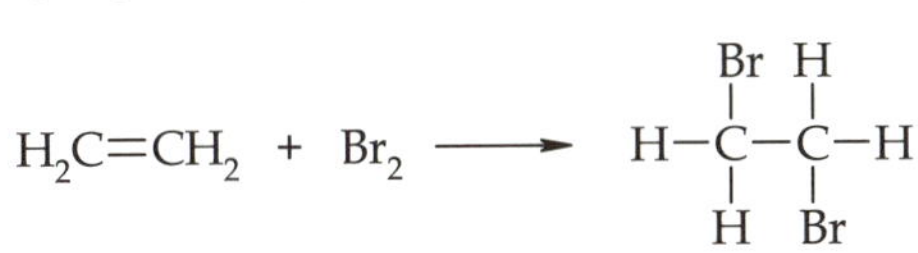

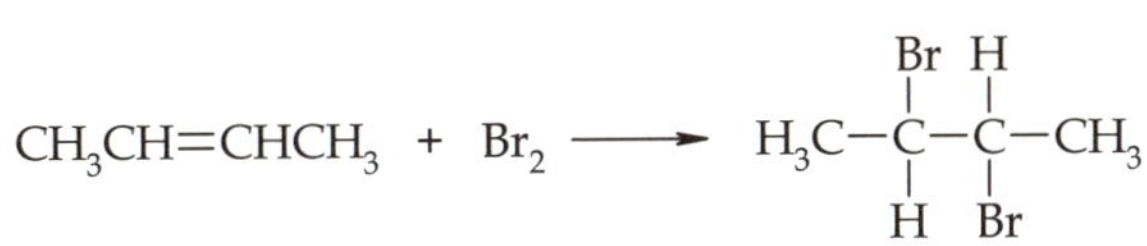

(3) 할로겐화수소의 첨가반응

알켄에 할로겐화수소를 첨가하는 경우 알켄의 종류에 따라 하나 또는 두 개의 생성물을 얻는다. 즉, 에텐과 같은 대칭성 알켄에 할로겐화수소가 첨가되는 경우에는 한 가지의 생성물이 생성되나 프로펜과 같이 비대칭성 알켄에 할로겐화수소가 첨가되는 경우에는 두 가지 생성물이 생성된다.

$$H_2C{=}CH_2 + HCl \longrightarrow CH_3CH_2Cl$$

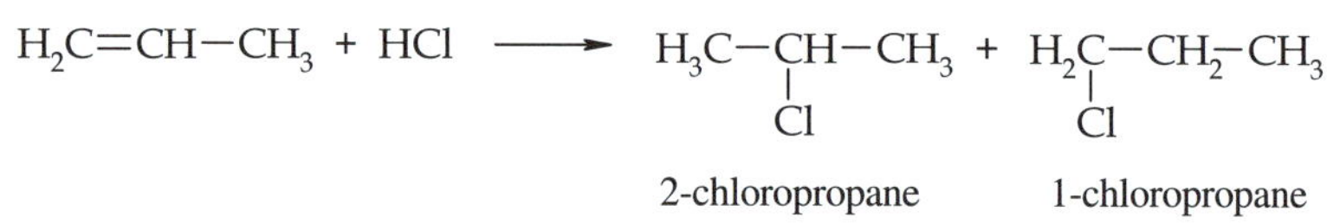

이때 주생성물은 2-chloropropane이며, 이러한 비대칭 알켄에 할로겐화수소와 같은 비대칭 첨가 시약을 반응시키는 경우에는 마르코우니코프 법칙에 따라 비대칭 시약이 첨가된다. 즉, 비대칭 알켄에 비대칭시약(할로겐화수소, H_2O 등)이 첨가될 때 양성자는 수소를 많이 가진 이중결합 탄소에 첨가된다.

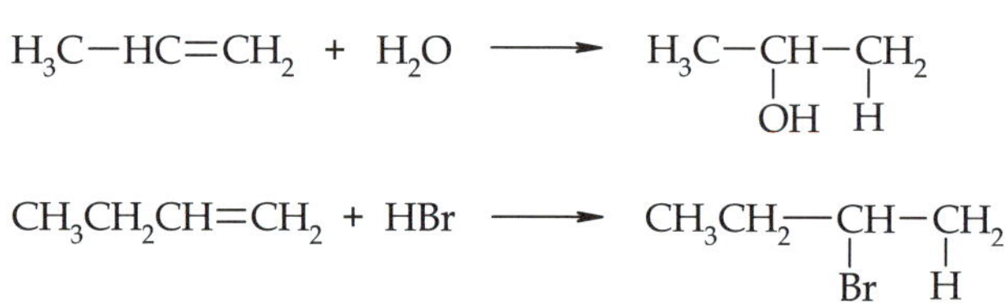

(4) 산화반응

알켄에 과망간산칼륨의 묽은 수용액이나 알칼리성 용액을 작용시키면 이중결합 탄소에 수산기가 결합한 글리콜이 생성된다. 이 반응은 과망간산칼륨의 보라색이 환원되어 갈색인 이산화망간으로 되는 것으로 확인할 수 있다.

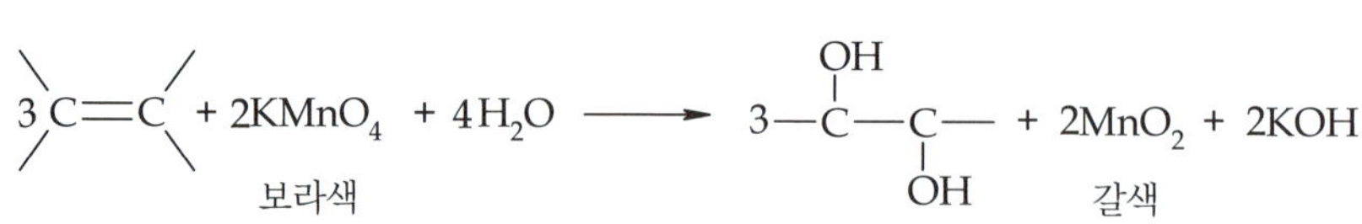

이 반응은 포화탄화수소와 불포화탄화수소를 구별하는 시험으로 널리 이용되며 이를 Beayer 시험법이라 한다. 이때 산화력이 강한 과망간산칼륨의 산성용액을 작용시키면 중간 생성물인 글리콜이 파괴되고 이중결합이 파괴되어 다음과 같은 산화물이 생성된다.

$$RCH=CHR \xrightarrow{4(O)} RCOOH+RCOOH$$

$$RCH=CH_2 \xrightarrow{(O)} RCOOH+CO_2+H_2O$$

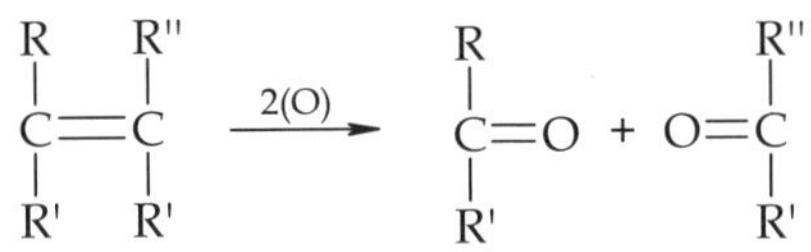

10.4 불포화탄화수소 II ; 알킨

알킨은 탄소 원자간에 삼중결합을 가진 불포화탄화수소이다. 여기서 가장 간단한 알킨은 에틴이며 이는 보통 아세틸렌이라고도 한다. 공업적인 규모의 유기합성에서 중요한 원료 물질이다. 이 계열의 화합물은 아세틸렌계라고도 한다. C_nH_{2n-2}의 일반식을 갖으며, 알킨의 일반적 성질은 알켄과 유사하나 몇 가지 특이한 성질을 갖는다.

IUPAC에서 정한 알킨의 명명법은 삼중결합을 갖는 가장 긴 탄소사슬을 모체로 하여 같은 수의 탄소를 갖는 알칸명의 접미사 −ane를 −yne으로 바꾸어 붙인다.

$CH_3C{\equiv}CCH_2CH_3$
2-pentyne

$CH_3CH_2CH_2C{\equiv}CCH_2CH_3$
3-heptyne

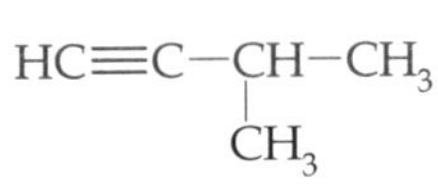

3-methyl-1-butyne

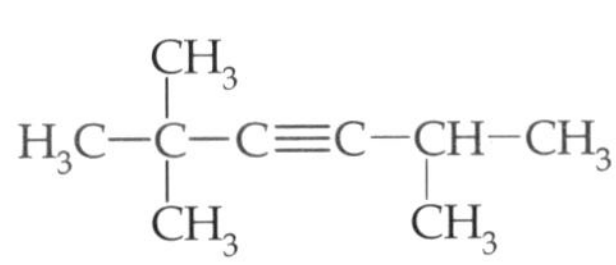

2,2,5-trimethyl-3-hexyne

치환기명은 접미사 −yne를 −ynyl로 바꾸어 붙인다.

$CH_3C{\equiv}CCH_2-$
butynyl

$HC{\equiv}CCH_2-$
propynyl

한편, 알킨의 관용명은 저급의 알킨에 많이 사용되며, 아세틸렌의 치환체로 명명한다.

$HC\equiv CH$	$CH_3C\equiv CH$	$CH_3C\equiv CCH_3$
acetylene	methyl acetylene	dimethyl acetylene
$H_2C=CH-C\equiv CH$	$HC\equiv C-C\equiv CH$	
vinylacetylene	diacetylene	

알킨의 화학반응은 삼중결합의 불포화성으로 인해 알켄과 유사한 점이 많다. 이러한 알킨의 대표적인 화학반응은 다음과 같다.

(1) 첨가반응

알켄에 첨가되는 시약은 모두 알킨에도 첨가되는데, 수소첨가의 경우는 특수한 촉매를 사용하는 경우 알켄에서 정지시킬 수 있으며, 이는 cis형, trans형 두 가지 알켄의 제조에 이용된다.

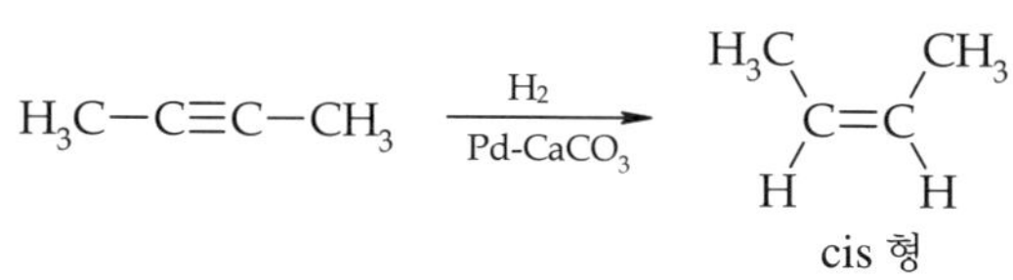

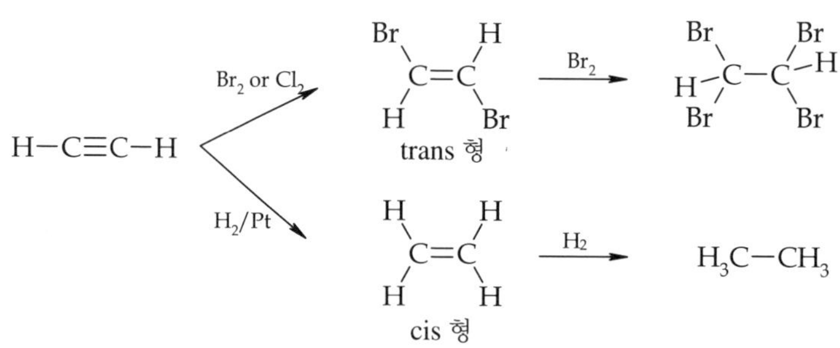

한편 비대칭 시약을 첨가하는 경우에는 알켄에서와 같이 Markownikoff의 법칙에 따른다.

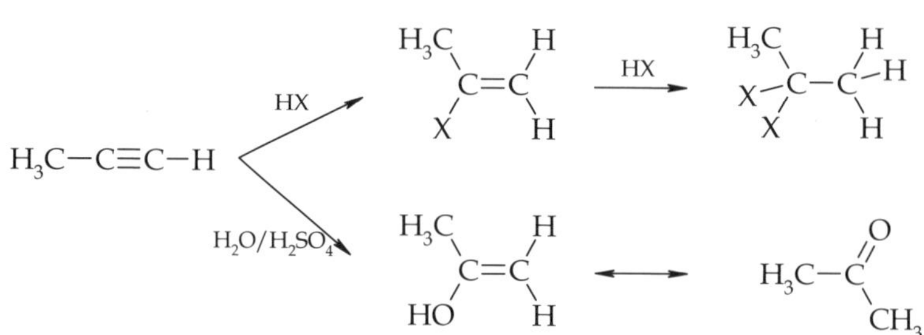

상기 반응 중에서 수화반응(물 첨가반응)은 엔올형(propen-2-ol)과 케톤형(2-propanone)이 평형상태를 이루고 있으며 이와 같은 현상을 토오토메리현상이라고 한다.

한편 아세틸렌($CH \equiv CH$, 에타인) 첨가 반응에서 특정한 산은 1몰만 반응시키고 쉽게 정지할 수 있다. 이 반응의 생성물이 비닐화합물이며 공업적으로 매우 유용한 물질이다.

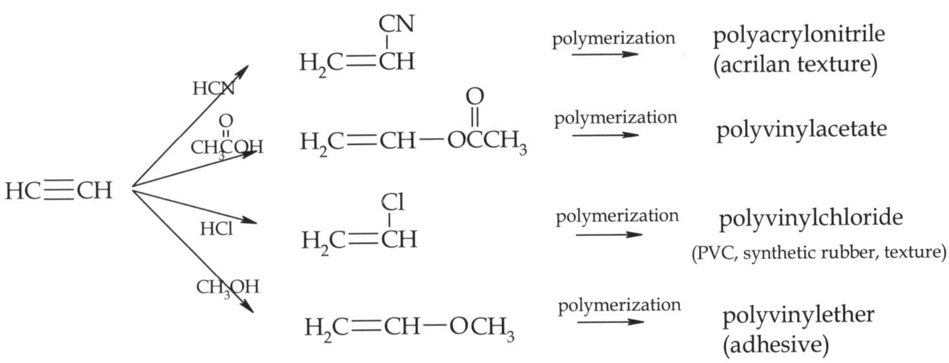

(2) 산화반응

알킨의 산화반응은 알켄보다 대단히 느리다.

$$R - C \equiv C - CH_3 \xrightarrow[\text{가열}]{KMnO_4} RCOOH + CH_3COOH$$

$$CH_3 - C \equiv C - CH_3 \xrightarrow[\text{가열}]{KMnO_4} 2CH_3COOH$$

$$CH_3 - C \equiv C - CH_2CH_3 \xrightarrow[H_2O]{O_3} CH_3COOH + CH_3CH_2COOH$$

10.5 방향족 탄화수소

방향족 탄화수소란 벤젠핵을 포함하는 모든 화합물을 말하며 유기공업화학에서는 대단히 중요한 물질이다. 벤젠은 탄소가 6개 포함되어 있으며 각각의 탄소는 단일결합과 이중결합이 교대로 존재하고 있는 것처럼 묘사되어 있으나 실제로는 단일이나 이중결합이 아닌 6개가 동일한 결합인 공명구조를 갖는 물질이다. 그 구조에 있어서 육각형의 꼭짓점에 6개의 탄소는 각각 1개의 탄소를 포함한다. 표 10.6은 대표적인 방향족 탄화수소의 구조와 물리적 성질을 나타내고 있다.

표 10.6 방향족 탄화수소의 물리적 성질	벤젠	톨루엔	*p*-자일렌	나프탈렌
응고점	5.4℃	−95℃	13℃	80℃
끓는점	80℃	111℃	138℃	210℃
비중	0.88	0.87	0.86	1.15
기체비중(공기=1)	2.8	3.1	−	4.42
인화점	−11℃	4.4℃	27℃	79℃
자연발화온도	562℃	536℃	529℃	526℃
증기압	100mm	36.7mm	10mm	1mm
폭발하한계	1.4%	1.4%	1.1%	0.9%
폭발상한계	8.0%	6.7%	7.0%	5.9%
TLV	25 ppm	200ppm	100ppm	10ppm

벤젠은 주로 스티렌, 석탄산, 용해제, 염료, 폭약, 살충제 등의 원료로 이용되며, 무색의 휘발성 액체이기 때문에 불꽃, 충격 등에 의해 화염과 함께 폭발을 일으킬 수 있는 위험물이다. 또한 벤젠은 TLV가 25 ppm으로 유출로 인해 사람이 벤젠의 악취를 느낄 경우 이미 TLV를 초과한 것이므로 중독 및 사망으로 인명피해를 더욱 초래하게 된다. 지난 2005년 11월 13일 오후 1시 40분경 중국 동북지방인 지린성 지린시 소재의 벤젠공장에서 폭발사고가 있었으며, 이로 인한 가장 큰 문제는 쑹화강으로 유출된 벤젠이었다. 쑹화강을 식수원으로 쓰고 있는 도시에서는 수도 공급이 중단되었고 일부 도시에서는 식수 파동이 일어났으며, 오염으로 인한 피해는 장기적으로는 중국뿐만 아니라 인접한 우리나라와 러시아에도 영향을 줄 수 있다.

벤젠 핵내 6개의 수소 원자 중 어느 것 하나가 메틸기로 치환되면 그 화합물은 톨루엔이라 불리는 형태의 물질이 된다. 그 구조는 다음과 같다.

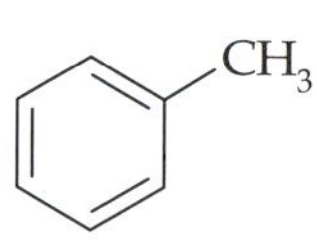

톨루엔은 또 톨루올이라고도 불린다. 그것은 좋은 향기를 가진 무색의 액체로 물리적 성질은 벤젠과 유사하다. 그렇지만, 톨루엔은 벤젠보다도 무겁고 휘발성은 낮다. 톨루엔의 중요한 용도의 하나는 폭약인 TNT(제12장) 제조원료이다[19]. 또 그것은 항공 가솔린, 락카용제, 아스피린, 사카린, 식물포장제 및 폴리우레탄 등을 제조하는데 이용된다.

19) $C_6H_5CH_3 + 3\,HNO_3 \xrightarrow[\text{니트로화}]{c-H_2SO_4}$ 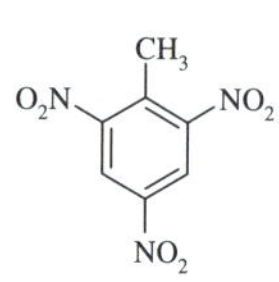 $+ 3H_2O$

한편, 이 같은 폭약의 제조원료인 톨루엔 저장탱크가 어처구니없게도 주택 한 가운데 위치하고 있다가 폭발로 이어진 국내사고가 있어서 소개하고자 한다. 1979년 6월 3일 서울 영등포구 당산동 주택가에 위치한 화공약품 저장창고 회사에서 유조차 운전기사가 지하탱크에 톨루엔을 옮겨 붓고 있던 중 불길이 새어나온 톨루엔 가스에 인화되면서 순식간에 폭발했다. 불은 「쾅」하는 폭음과 함께 불기둥이 마치 핵폭발이라도 일어난 듯 백여 미터 이내의 하수구와 맨홀 20여 곳에서 연쇄적으로 폭발, 인근 주민 1천여 명이 대피했으며, 검은 연기가 시야를 가려 주민들은 공포에 떨기도 했다. 톨루엔 80드럼이 폭발한 이 사건은 위험한 화공약품 저장창고가 주택가에 자리한데다 「옮겨달라」는 주민들 진정에 귀 기울이지 않은 행정당국, 휘발성이 강하고 발화점이 낮은 화공약품을 취급하는 종사원들의 안전의식 부족 등이 뒤엉켜 일어난 사고였다.

벤젠 핵 내에 2개의 수소 원자가 2개의 메틸기로 치환되면, 두 개의 메틸기는 3개의 서로 다른 배치를 취할 수 있다. 그것은 구조이성체의 또 하나의 경우이다. 제1의 메틸기 위치에 대해 제2의 메틸기 위치를 나타내는데 접두어 ortho(1,2), meta(1,3) 및 para(1,4)(*o*, *m* 및 *p*)가 이용되고 있다. 여기서, 제일 처음의 메틸기에 대해 제2메틸기가 결합하는 경우 ortho는 2개소, meta는 2개소, 그리고 para 위치는 1개소이다.

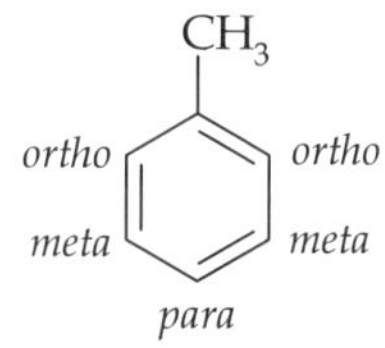

벤젠의 3개의 디메틸유도체는 화학적으로 독특한 물질이고, 그들은 오르쏘자일렌, 메타자일렌 및 파라자일렌이라 명명되고 있다. 이들의 이성체 혼합물을 자일렌이라 부른다. 다른 명명방식은 벤젠핵 6개의 탄소 원자에 1에서 6까지의 번호를 붙이는 방식이 있다. 그것에 의하면, 오르쏘자일렌은 1,2-디메틸벤젠, 메타자일렌은 1,3-디메틸벤젠, 그리고 파라자일렌은 1,4-디메틸벤젠으로 명명된다. 이들 세 화합물의 분자구조는 아래와 같다.

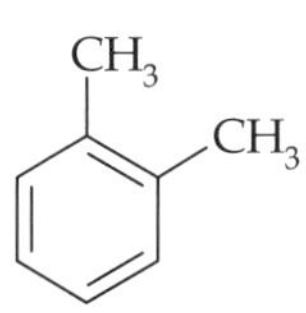

***o*–자일렌**

인화점 32℃
발화점 463.9℃
1.0~6.0%

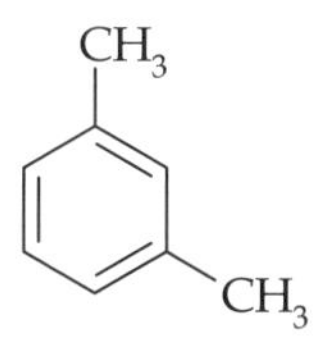

***m*–자일렌**

인화점 25℃
발화점 527.8℃
1.1~7.0%

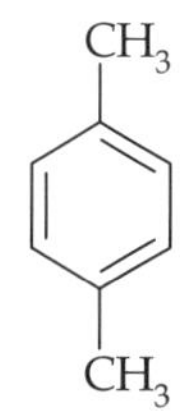

***p*–자일렌**

인화점 25℃
발화점 528.9℃
1.1~7.0%

이 세 개의 자일렌은 외관은 톨루엔 및 벤젠과 유사하나 이 중 어느 것보다도 무겁고 인화성은 낮다. 순수 자일렌은 25℃ 이하의 인화점을 갖는다. 따라서, 인화성 액체로는 분류되지 않는다. 자일렌의 중요한 용도는 합성수지, 비타민제, 염료, 의약품, 페인트, 용제, 플라스틱류 및 원조 외의 제품이다. 분리된 각각의 이성체는 종종 특별한 물질의 합성원료로 필요하다. 예를 들면, 파라자일렌은 합성섬유와 필름제조에 특히 유용하다.

벤젠, 톨루엔 및 자일렌의 증기는 유독하다. 그들 3개의 화합물 각각의 TLV(8.2 참고)는 25, 200 및 100 ppm이다. 벤젠의 25 ppm이란 값은 악취에 의해 검출될 수 있는 농도보다도 훨씬 낮다. 만약 벤젠의 악취가 검지되면 그 농도는 대개 TLV의 3배 이상이다. TLV를 조금 넘은 농도에 노출되어 있어도 마취작용을 불러일으킨다. 보다 높은 농도에서 벤젠은 인체에 대해 혈액독으로 작용하는 특히 유해한 독극물이 된다. 벤젠은 골수에 장해를 주고, 그 때문에 혈액세포 생성을 방해한다. 이 장해는 비가역적이다. 그 증상은 백혈병의 경우와 유사하다. 벤젠이 가정에서 여러 가지 제품의 용제로 이용되었으나, 그 독성으로 인해 거의 쓰이지 않게 되었다. 일반적으로 벤젠을 대신하여 이용되는 연료는 톨루엔이고, 그것은 벤젠에 비해 상당히 독성은 약하고 또 훨씬 휘발성이 적다. 메틸기로 치환된 벤젠 외에 보통으로 이용되는 방향족의 탄화수소에는 몇 개의 다환식 화합물이 포함되어 잇다. 이 같은 화합물의 가장 대표적인 물질은 나프탈렌이다. 나프탈렌 분자구조는 2개의 벤젠핵을 접착한 형태를 하고 있다.

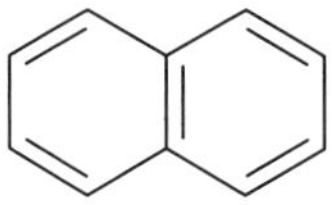

나프탈렌은 중요한 공업약품이다. 그것은 1세기 이상에 걸쳐서 방충제로 이용되어 왔으며, 염료공업에서 중요한 역할을 하는 화학약품류 제조에 사용된다. 나프탈렌은 백색으로 거의 무색에 가까운 고체이고, 상온에서는 서서히 승화한다. 나프탈렌은 손쉽게 승화하기 때문에 밀폐된 장소에서는 인화 농도까지 이를 수 있다. 다행히 그 연소범위는 극히 작다.

방향족의 탄화수소류 화재는 B급 화재로 분류되며, 그들 소화에는 이산화탄소를 이용하는 것이 가장 유효하다.

10.6 유기화합물의 위험성

유기화합물은 여러 가지의 일반적인 위험성과 결부되어 있다. 앞에 논한 것처럼 유기화합물의 대부분은 가연성이다. 유기화합물은 대부분 무기물질보다도 비교적 낮은 온도에서 용융하거나 비등한다. 그들은 손쉽게 실온에서 기화하며 비교적 낮은 비열과 착화온도가 낮은 것이 특징이었다. 이러한 물리적 성질 때문에 유기화합물이 연소하기 쉽다.

유기화합물의 증기와 공기와의 혼합물의 착화는 일반적으로 상당히 작은 불꽃 또는 모터의 브러시에서 생기는 것 같은 작은 스파크로도 일어날 수 있다. 연소에 수반되는 열은 통상, 상당히 크고, 가까이에 있는 물질은 착화온도까지 가열되어 불꽃을 일으키고 폭발하는 것도 있다. 예를 들면 메탄, 에탄 및 프로판은 연소 시에 각각 213, 368 및 526 kcal/mol의 열을 발생한다. 이 현상이 탄화수소가 우수한 연료가 되는 이유이다. 그 과잉으로 방사되는 열은 연소를 촉진하여 화재를 급속으로 퍼지게 하는 원인이 된다.

비교적 탄소수가 높은 유기화합물은 충분한 공기 공급이 있어도 상당히 많은 그을음을 내며 연소하는 경향을 가지고 있다.

방향족 탄화수소류는 분자당 5개 또는 그 이하의 탄소 원자를 갖는 지방족 탄화수소에 비교해서 훨씬 많은 그을음을 수반하고 탄다. 연소중의 탄화수소의 불꽃은 노란색이다. 산소를 포함한 유기화합물, 예를 들면 알코올, 에테르, 케톤, 알데히드 및 에스테르 등은 깨끗한 푸른 불꽃을 내고 탄다. 한편, 산소부족으로 발생하는 유기화합물의 불완전 연소는 항상 일산화탄소의 생성을 동반한다.

대부분의 유기화합물은 무기화합물에 비해 열에 대해 훨씬 불안정하다. 공기가 존재하지 않는 용기 안에 밀폐되어 있어도 유기화합물은 화재와 같은 열에 노출되면, 탄화해 열분해하는 성질을 가지고 있다. 일반적으로 유기화합물의 분자구조단에 하나 또는 그 이상의 할로겐 원자가 존재하면 그 안정성과 연소에 대한 불활성을 증가시킨다. 일부 할로겐화된 탄화수소는 연소하나 일반적으로는 할로겐화 되지 않은 유사화합물보다 연소가 어렵다. 탄화수소가 완전히 염소화된 유도체, 예를 들면 사염화탄소 같은 화합물은 불연성이다.

대부분의 유기화합물은 비극성을 갖기 때문에 극성용매인 물에는 녹지 않으며, 물보다 비중이 작아서 화재의 소화제로 물을 이용하는 것은 종종 타고 있는 유기물질의 불을 끄는데 효과를 보지 못하고 화재를 확산시키는 위험이 있다. 유기화합물의 화재는 A급 또는 B급의 화재로 분류된다. A급의 화재에는 유기화합물인 섬유소계 재료의 화재를 포함한다. 이들 화재는 물로 소화할 수 있다. B급의 화재는 그 밖의 대부분의 유기화합물의 연소에 관한 것이다. 이러한 화재는 이산화탄소, 거품제 또는 할론 중 하나를 이용해 소화를 행해야 한다.

유기화합물은 또 손쉽게 산화제와 반응하는 경향이 있다. 단, 포화알칸류와 유기산류는 과산화수소나 중크롬산칼륨 같은 산화제에 의해 손쉽게 산화되는 일은 없다. 산화제와 유기화합물과의 혼합물은 통상 자연발화 가능성을 가진다. 자연발화성과 피산화성 외에 유기화합물은 여러 가지 다른 화학약품과 어느 정도 완만히 반응하는 경향이 있다. 유기반응은 공유결합이 깨지면서 새로운 화합물을 생성한다. 그것에 비교하면, 무기반응은 급속으로 일어나는데 그것은 반응이 일반적으로 이온 사이에 일어나기 때문이다.

유기화합물이 휘발하기 쉬운 경우에 그 화합물의 증기는 인체에 위험한 독성을 갖는다. 그들 화합물은 생명과정에 관련된 물질과 분자구조가 닮은 점이 있다. 따라서, 어떤 유기화합물을 생명계 안에 넣는 것은 세포의 기능에 어떤 변화를 일으키겠지 라고 추측하는 것은 잘못된 것이 아니다. 유기화합물의 독작용은 각각 상당히 다르다. 많은 유기화합물은 흡입하면 마취제로 작용한다. 시클로프로판, 에틸렌, 염화에틸 및 디에틸에테르는 일반적으로 의료용 마취제로 이용된다. 개미산이나 아세트산 같은 유기화합물은 자극제이다. 그 밖에도 여러 가지 유독한 물질이 있다.

10.7 석유공업의 생산물

석유는 탄소 원자 하나부터 60개까지의 탄화수소의 혼합물이다. 석유와 천연가스는 상당히 많은 종류의 탄화수소로 구성되어 있다. 석유의 정제는 증류 또는 높은 온도에서 열분해를 일으키게 하는 크래킹이라고 하는 과정에서 그 성분을 분리시키는 작업을 통해 이루어진다. 석유 증류의 중요한 생산물은 가솔린을 시작으로 하는 연료 유류, 제트연료, 윤활유, 아스팔트 및 각종 석유화학제품이다. 각종 연료의 물리적 성질을 표 10.7에 표기했다.

원유는 갈색에서 검정색까지 불투명한 색상을 가진 점성을 띈 인화성 액체이며, 땅속 깊은 곳에서 채굴한 정제되지 않은 천연 그대로의 탄화수소 혼합물이며, 황화합물, 질소산화물, 금속염류 등 불순물이 혼합되어 있다. 원유에는 3개의 큰 성분화합물이 있다. 곧 알칸류, 시클로알칸류 및 각종의 환상 비환상 구조를 가진 탄화수소류의 혼합물이다. 미국의 펜실베이니아 유정의 석유는 주로 알칸류를 포함하고 있지만, 서부해안의 석유는 알칸류와 함께 큰 비율로 나프텐을 포함하고 있다. 여러 종류의 분리과정에서 얻어진 액체생성물은 각각 혼합되어 액체연료로 만들어진다.

표 10.7 연료유의 물리적 성질

	원유(Crude oil)	가솔린	등유	중유	제트연료(JP-6)
끓는점	−1~565	40~200℃	170~300℃		121℃
비중	1 이하	0.8	0.81	< 1	0.8
기체비중	1 이상	3.0~4.0	4.5		1
인화점	20℃ 이하	−43℃	38~66℃	54℃	38℃
자연발화온도	400℃ 이상	280~456℃	229℃	263℃	224℃
폭발의 하한계	0.6%	1.4%	0.7%		0.6%
폭발의 상한계	15%	7.6%	5%		3.7%

가솔린은 그 분자 내에 5~9개의 탄소 원자를 가진 탄화수소의 혼합물이다. 가솔린은 상온에서 손쉽게 휘발하고 낮은 장소로 모이는 경향을 가진다. 그 끓는점은 대략 40~200 ℃이다. **등유는 탄소수 9~18개의 탄화수소의 혼합물**로서 가솔린에서 검출되는 탄화수소보다 무거운 탄화수소의 혼합물이고, 가솔린에 비교하면 훨씬 휘발성이 낮다. 등유의 끓는점 범위는 170~300℃이다. **디젤유는 탄소수 10~20개의 탄화수소의 혼합물**인 무거운 연료이고, 증발하는 온도는 한층 더 높다. 석유의 무거운 쪽 유분에는 종종 산소, 질소 및 황 등이 포함되어 있다.

보통 신나라고 부르는 시너(thinner)는 도장을 할 때 도료(페인트)의 점성도를 낮추기 위해 사용하는 희석제로서 시중에 유통되고 있는 대부분의 시너는 그 성분이 일정하지 않으며, 인화점 역시 정확히 알기 어렵지만 대략 21℃ 미만일 것으로 추측되고 있다.

다수의 화학약품이 석유공업에서 직접 또는 석유공업에서 행해지는 여러 가지 과정을 통해 제조되어 진다. 알칸과 알켄이 결합되는데 이용되는 알킬레이션(알킬화)이라 불리는 방법은 석유공업으로 개발된 프로세스의 하나의 예이다. 이소옥탄은 자동차 연료의 주요한 성분이고, 다음 예에서 가리키는 것처럼 알킬화 반응에 의해 생성된다.

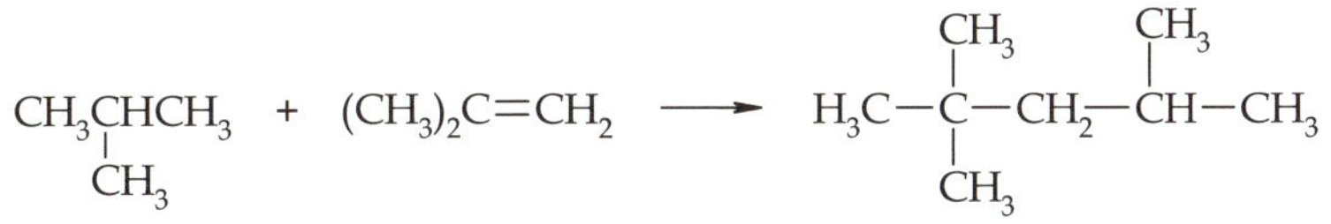

이소부탄 부텐 이소옥탄

이소옥탄의 정확한 학명은 2,2,4-트리메틸펜탄이며, 가연성 액체로 표시해 수송된다.

연료공업에서는 이소옥탄은 **옥탄값**[20] 100으로 지정된다. 그것은 초기의 연구에서 시험된 다수의 탄화수소 중에서 이소옥탄이 최고의 안티녹킹성 연료로의 성능을 나타냈기 때문

20) $\text{옥탄가} = \dfrac{\text{이소옥탄}}{\text{이소옥탄} + \text{노르말헵탄}} \times 100$

이다. 한편, 안티녹킹성이 가장 빈약한 헵탄은 옥탄값 0의 기준으로 지정됐다. 이들 두 물질은 모든 다른 가솔린에 대해 어떤 옥탄값을 할당하는 하나의 표준물질로 지정되었다.

한편 석유류, 즉 탄화수소계열 액체위험물의 화재위험성과 관련하여 나타나는 특기할 만한 현상으로 보일오버(Boil-over), 슬롭오버(Slop-over) 및 후로스오버(Froth-over)란 것이 있다. 이 중 보일오버는 중질유의 탱크에서 장시간 조용히 연소하다가 탱크바닥에 물과 기름의 에멀젼이 섞여있을 때 탱크 내의 잔존기름이 갑자기 분출하는 현상이며, 슬롭오버는 연소하고 있는 유류의 고온표면에 물이 분무될 때 기름표면에서 화재가 발생하는 현상이고, 후로스오버는 탱크속의 물이 점성을 가진 뜨거운 기름의 표면 아래에서 끓을 때 기름이 넘쳐흐르는 현상이다. 증기운 폭발(Unconfined Vapor Cloud Explosion, UVCE)은 대기 중에 대량의 가연성 가스나 인화성 액체가 유출되어 그것으로부터 발생되는 증기가 대기중의 공기와 혼합하여 폭발성인 증기운(vapor cloud)을 형성하고, 이 때 착화원에 의해 화구(fire ball) 형태로 착화 폭발하는 형태를 말한다.

10.8 보통의 기체탄화수소

천연가스 및 인공가스의 화학은 본래 메탄의 화학이다. 인공적인 가스는 석유 크래킹 또는 석탄 건류로 만들어지지만, 천연가스는 석유 또는 다른 지하 자원에서 만들어진다. 천연가스 내의 메탄의 농도는 50~97%이다. 오크라호마, 루이지애나 및 텍사스 가스유전에서 얻을 수 있는 천연가스는 통상 수십 기압의 압력으로 압축되어 파이프라인을 통해 북부의 각 주의 수요자에게 보내진다.

메탄은 무취, 무색, 무미의 기체로 극히 소량이 물에 녹는다. 메탄은 상온상압에서는 액화할 수 없다. 그 경계치는 −82.5℃와 45.8기압이다. 메탄은 기체 그대로 또는 액화가스로 수송된다. 어느 쪽의 경우라도 적색의 가연성 압축가스의 표식을 붙여야 한다. 메탄은 반짝임이 약한 불꽃을 내고 손쉽게 연소한다. 앞에서도 열거한 것처럼 메탄은 213 kcal/mol의 높은 연소열을 발생하는 점에서 가열용 연료로 꼭 알맞은 가스이다. 가연성 외에 메탄과 관련된 위험한 화학반응은 단 하나, 할로겐화 반응 뿐이다.

메탄과 염소의 혼합물은 태양빛에도 폭발을 일으킨다. 불소와 혼합하면 메탄은 어두운 장소에서도 폭발을 일으킨다. 재미있는 일은 메탄은 무독하다는 것이다. 그러나 메탄을 흡입하면 폐에서 산소를 몰아내버리는 작용을 하기 때문에 질식제의 역할을 한다. 따라서 메탄의 분위기에서는 생명에 대한 위협은 질식만이고, 본래의 독성에 의한 것은 아니다.

표 10.8 간단한 탄화수소류의 물리적 성질					
	메탄	에탄	프로판	부탄	이소부탄
끓는점	−161℃	−89℃	−45℃	−0.5℃	−12℃
녹는점	−183℃	−183℃	−187℃	−138℃	−160℃
비중	0.42	0.57	0.58	0.60	0.56
기체비중(공기 = 1)	0.6	1.04	1.56	2.04	2.01
인화점	−	−	−104℃	−60℃	−
자연발화온도	537℃	515℃	468℃	405℃	462℃
폭발하한계	5%	3%	2.2%	1.90%	1.8%
폭발상한계	15%	12.5%	9.5%	8.5%	8.4%

에탄도 천연가스 성분이고 통상 ~10%의 범위로 포함된다. 프로판과 부탄도 여전히 포함되어 있지만 그 농도는 훨씬 낮다. 이들 탄화수소류의 물리적 성질은 표 10.8에 메탄과 비교해 개재되어 있다. 상온에서는 기체이지만 프로판과 부탄은 적당한 압력을 받으면 손쉽게 액화할 수 있기 때문에 강철용기에 충전되어 이용된다.

LP가스라 불리고 있는 액화석유 가스는 **대체로 부탄과 프로판으로 되어 있다.** 그것은 가열용, 요리용 및 자동차 연료로 이용되고 그 밖에 여러 가지 활동을 한다. 이 가스는 액체로 저장되고 또 수송되기 때문에 상당히 편리하다. LP가스는 수송 이외의 경우는 각종의 형태와 크기의 거대한 탱크에 저장된다. 이런 저장용기에는 액체와 액체의 기화에 의해 생기는 가스 2개 층이 포함되어 있다. 기체가 들어 있는 공간은 내압이 높아진 경우에는 배출기구가 붙어 있지만, 본래의 위험한 성질을 잠재하고 있다. LP가스 저장에는 수평형, 구형 및 원추형 탱크가 통상 이용된다.

LP가스는 강철 봄베에 담아 운반되고 또 파이프라인, 철도 탱크차, 하이웨이 탱크로리 또는 수송선에 의해 운반된다. LP가스에 관한 사고는 특히 중대한 결과를 낳는다. 이 액체는 600 : 1의 팽창비로 급속하게 기화한다. 그 폭발은 어떠한 경우에도 긴급을 요하는 결과를 부르고, 거대한 규모의 등급 B화재를 불러일으킨다. LP가스의 작은 누설은 종종 공기 중에 흰 수증기가 나오는 것으로 검출할 수 있지만, 그것은 대기 중의 수증기가 응축하는 결과 생기는 물질이다. 누설된 가스가 타지 않은 경우에는 증기에 고속의 물 분사를 하여 대기 중으로 확산시켜 버려야 한다. LP가스의 작은 저장소에 화재가 발생한 경우에는 거품제를 이용하면 일시적으로 인화를 막을 수 있는데, 그것은 거품이 LP가스 위를 덮어버림으로써 의해 가스가 공기와 접촉하는 것을 막기 때문이다. 연료에 불이 붙은 경우 거품제가 화재를 급속으로 끌 수 있는 만큼의 충분한 양이라면, 다른 소화제에 비해서 훨씬 훌륭한 효과를 나타낸다. 물은 저장탱크를 냉각하는 것과 소화에 직면한 사람을 불로부터 지키기 위해서만 이용된다. LP가스의 화재를 효과적으로 제어하는 가장 중요한 단 하나의 방법은 그 누설을 멈추게 하는 것이다. 가스가 용기로부터 새어나오고 있는 상황에서는 화재 발생이 반복되는 것을 방지하는데 도움되는 것은 아무 것도 없다.

지난 2015년 1월 18일 충남 천안시 소재의 부탄 가스 제조공장에서 발생한 화재로 8개 동 16,000 m^2가 전소돼 소방서 추산 약 20억여 원의 재산피해가 발생하였다. 다행히 휴일이라 인명피해는 없었지만, 부탄 가스의 경우 프로판보다 화력이 강해 1980년대 이후 휴대용 연료로 널리 사용되기 시작하였다. 부탄 가스는 밀도가 공기보다 낮아 한번 누출되면 공기 밑에 낮게 깔려 쌓이는데다 쉽게 인화돼 폭발하는 특성이 있다. 보통 220 g으로 포장된 부탄 가스 캔은 화재에 노출되면 캠 내부 압력이 높아지면서 4~5 m 높이의 화염을 내뿜으며 폭발하며, 특히 폭발과 함께 용기 파편이 흩어지면서 다른 가연물에로 연쇄 폭발을 일으킬 수 있다.

알켄족, 즉 올레핀류의 최초의 물질인 **에틸렌**은 무색의 기체로 독특한 악취를 가지고 있다. 그 화학식은 C_2H_4이다. 에틸렌은 석유공업에서 각종 석유정제물의 열분해에 의해 대량으로 제조된다. 그 연소범위는 공기 중에서 4~22%이며, 연소 시에는 밝은 불꽃을 낸다. 에틸렌은 50기압 이상으로 압축하면 13℃에서 액화한다. 에틸렌은 압축가스 또는 저온의 액체로 판매되고 있다. 에틸렌을 수송하는 경우는 모두 적색의 가연성 압축가스 라벨을 붙일 필요가 있다.

에틸렌은 각종 폭넓은 용도를 가진다는 점에서도 다른 어떤 탄화수소류보다도 훨씬 중요한 물질이다. 그것의 유도체인 에틸알코올, 에틸렌글리콜(부동액), 산화에틸렌, 스티렌 및 염화비닐은 플라스틱공업에서 대단히 중요한 물질이다. 에틸렌은 또 용접용으로 이용되고 그 외에 마취제 및 설익은 과일을 숙성시키기 위한 약품으로 이용된다.

파라핀 탄화수소의 알칸류와 비교해서 에틸렌은 화학적으로 극도로 높은 반응성을 가지고 있다. 연소뿐만 아니고 할로겐류, 약산 및 강산 또 강력한 산화제와 급속히 반응한다. 사람이 흡입하면 에틸렌은 낮은 농도에서도 질식작용을 불러일으키고 결국은 마비에 이르게 된다. 만약, 사람이 에틸렌을 흡입하여 의식을 잃은 경우에는 그 사람을 신선한 공기 중으로 옮겨서 인공호흡을 하지 않으면 안 된다.

상업적 견지에서 가장 중요한 알킨류는 **아세틸렌** C_2H_2이다. 과거에 있어서 아세틸렌은 탄화칼슘의 가수분해에 의해 대량으로 생산되었으나 현재는 메탄의 분해에 의해서 제조되고 있으며 그 화학반응은 다음식과 같다.

$$2CH_4 \rightarrow C_2H_2 + 3H_2$$

아세틸렌은 강철용기에 넣어 가연성 압축가스 표시를 붙여 수송된다.

아세틸렌은 무색의 기체로 순수물질은 에테르와 유사한 악취를 가지고 있다. 그렇지만, 카바이드의 가수분해로 얻어진 아세틸렌은 통상 불순물로 혼입된 인화수소로 인해 마늘과 같은 악취를 가지고 있다. 아세틸렌은 밝게 빛나고 그을음 많은 불꽃을 내며 손쉽게 연소한다. 아세틸렌의 공기 중에서 연소범위는 2.5~81%로 어느 가스보다도 두드러지게 넓다.

아세틸렌이 산소-아세틸렌 불꽃으로서 연료나 용접용으로 이용되는 것은 잘 알려져 있다. 순수 아세틸렌을 산소 가스로 연소시키면, 3300℃에 달하는 고온을 얻을 수 있다. 아세틸렌 연소열은 312.4 kcal/mol이다. 산소 아세틸렌의 고온 불꽃은 강철용접과 절단 금속피복작업 및 그 외의 여러 가지 목적에 이용된다. 용접에 아세틸렌을 이용하는 경우 극히 고온이므로 대단히 위험하다. 강철을 충분히 녹일 수 있는 높은 온도를 동반하는 용접의 위험성에 대해 충분히 훈련을 받고 있는 용접공은 극히 드물다. 따라서 산소 아세틸렌 용접불꽃은 큰 화재의 원인이 되고 있다. 부주의한 용접작업은 화재의 가장 보편적인 원인의 하나가 되고 있다.

아세틸렌은 용접에 이용되는 것 외에 다수의 유기화합물의 제조에 이용되고 있는데, 제조화합물인 아세트알데히드로부터는 아세트산과 아세톤이 합성되고, 염화비닐과 초산비닐로부터는 플라스틱이나 합성수지류가 제조되고, 비닐아세틸렌은 합성고무의 네오프렌 원료가 되고, 또 이염화아세틸렌 및 사염화아세틸렌은 두 개 모두 보통의 용제로 사용된다.

타기 쉽다 라는 것 외에 아세틸렌은 또 하나의 위험성을 가지고 있다. 아세틸렌은 본래 상온에서도 불안정하다. 아세틸렌은 1기압보다도 높은 압력을 받으면 폭발을 일으킨다. 폭발 가능성을 억제하기 위해서 아세틸렌은 통상 아세톤에 용해되어 있는데, 아세톤 용액에서 아세틸렌은 안정적이다. 용적 1의 아세톤은 상압에서 즉, 상부가 개방된(처음부터 개방되어 있든, 화재로 인하여 상부가 파열되어 개방되어 있든) 상태에서는 용적 25의 아세틸렌을 용해할 수 있고, 12압력하에서는 300용적의 아세틸렌을 녹일 수 있다. 이 용액은 부식토 또는 그 외의 충전재－다공성 물질을 채운 철 봄베로 수송된다. 아세톤에 녹은 아세틸렌 용액은 겨우 20기압에서도 압축될 수 있다. 여기에 반해 산소 같은 안정적인 가스는 고압용기 속에 150기압의 압력으로 충전되어 있다.

아세틸렌은 독성이 없다. 그러나, 높은 농도에서는 질식작용을 불러일으킨다. 40% 또는 그 이상의 아세틸렌과 산소를 혼합한 물질이 마취제로 이용되고 있지만 아세틸렌 분해가 일어날 가능성이 있기 때문에 그 방법은 행해지지 않는다. 「탄화칼슘의 가수분해로 만들어진 아세틸렌이 상당양의 포스핀(PH_3)을 포함하고 있다」라는 것은 기억해 둘 필요가 있다. 포스핀은 공기 중에 겨우 0.3 ppm의 농도로 존재해도 위험하다고 알려져 있다.

10.9 여러 가지 유기용제

유기화합물 사이의 화학반응은 목적으로 하는 생성물 외에 많은 부산물을 종종 생성한다. 게다가 반응물질이 완전히 소비되는 것은 드물다. 시판제품은 공업적인 합성과정에서 목적으로 하는 물질을 적당한 용매를 이용함으로써 부반응 생성물이나 반응물질로부터 분리하는 것인데, 용제로 이용되는 액체는 지금까지의 의미의 화학반응을 행하지 않고 그 혼합물중의 한 종류 또는 몇 개의 물질을 용해할 수 있는 물질이다. 거의 모든 공업적 제조과정에서 한 종류 또는 몇 종류의 용제가 제품의 분리 또는 정제를 위해 이용되고 있다.

많은 시판제품이 용액으로 이용되고 있다. 아교, 유성페인트 및 그 밖의 제품은 실제로 특정한 용매에 녹인 용액이다. 그들 용매는 녹아 있는 물질보다도 위험성이 강한 것도 종종 있다. 여러 가지 용매는 또 직접 세정용 액체로 이용되는데 그것은 많은 유기액체가 지방이나 그것과 유사한 유기물의 더러움을 용해할 수 있기 때문이다. 여러 유기용매의 물리적 및 화학적 성질은 이 장의 첫 부분에서 열거했다.

10.10 연소재의 4요소

고전적인 화재의 3요소는 화재가 소화되는 기구를 설명하는데 대체로 적합하였다. 그렇지만, 특정한 종류의 재료의 연소는 그 3개의 요소로 정확히 설명하지 못한다. 예를 들면 수소는 염소와 혼합한 채 몇 년간 저장해도 어두운 곳에서는 반응을 하지 않는다. 이는 태양빛에 노출되지 않는 한은 이들의 화학반응이 일어나지 않기 때문이다. 똑같이 수소와 산소의 혼합가스는 스파크로 점화되기까지는 반응하지 않는 것처럼 생각된다. 액체 연료도 산소와 접촉하고 있어도 연소를 일으키는 일 없이 긴 세월 존재해 있을 수 있다. 그 외에 액체연료는 종종 그 연소를 유지하는데 충분한 산소를 포함하고 있지 않다고 생각되어지는 분위기 속에서 계속 연소하는 경우가 있다. 이들 예의 각각에 숨어져 있는 비밀은 프리라디칼의 생성에 의해 설명된다. 어떤 연료가 에너지원에 접할 때에 그것은 증발할 뿐 아니라 그 물질의 성분인 분자가 열분해를 일으키고 곧 연소가 일어나기 전에 훨씬 단순한 분자로 분해하는 경향을 가리키는 것이다. 종종 그들 분자 안에 있는 원자간의 공유결합이 파괴된다. 이같이 해서 프리라디칼 즉 유리기가 생성된다. 이 같은 유리기는 연소의 중간 물질로 생각할 수 있다. 그것은 고도로 활성이 강한 화학물질이기 때문에 다른 원자단이나 분자와 반응하면서 연소가 확산된다.

연소반응에서의 반응기구의 단계는 꽤 복잡하다. 예로 메탄의 연소를 생각해 보는 것이 좋겠다. 열에 노출되면 메탄은 일련의 유리기의 생성과 소모를 포함한 반응을 일으킨다. 그 반응기구의 각 단계는 앞 단계에 생성한 물질에 의존하기 때문에 그것을 연쇄반응이라 부른다. 그 연소는 메탄이 에너지를 흡수해 2개의 유리기를 만들어내는 것에서부터 시작된다.

$$CH_4 \rightarrow CH_3\cdot + H\cdot$$

이 반응에 의해 생성된 수소 원자는 특별히 큰 에너지를 갖는다. 일단 그것이 이루어지면 그것은 분자상의 산소와 반응해 산소 원자와 유리수산기를 생성한다.

$$2H\cdot + 2O_2 \rightarrow 2OH\cdot + 2O\cdot$$

이들 물질의 각각은 상당히 큰 에너지를 갖고 있기 때문에 반응을 분기, 전파시키는 능력을 갖는다. 반응이 연쇄적으로 퍼져가는 그 적당한 단계는 다음에 가리키는 것과 같다.

$$CH_4 + \cdot OH \rightarrow CH_3\cdot + H_2O$$

$$CH_3\cdot + O_2 \rightarrow HCHO + \cdot OH$$

$$HCHO + \cdot OH \rightarrow HCO\cdot + H_2O$$

$$HCO\cdot \rightarrow H\cdot + CO$$

$$CO + \cdot OH \rightarrow CO_2 + H\cdot$$

$$2\cdot OH \rightarrow H_2O + O\cdot$$

$$2O\cdot \rightarrow O_2$$

산소의 주요한 활동은 이 반응기구의 제2단계에 있는 것에 주의해야 한다. 이 단계에서 연소를 지지하는 중요한 유리기가 생성된다. 남은 반응의 세 단계는 산소의 엷은 분위기 속에서도 일어날 수 있다. 액체연료의 연소를 설명하는 데는 유리기의 역할이 중요한데 연소에서의 유리기의 산화를 설명하기 위해 연소의 3요소에 또 하나의 요소가 필요함을 말해준다. 그림 10.2는 모든 연소과정에서의 연쇄반응에 참여하는 새로운 측면을 포함한 연소의 4요소를 가리키고 있다.

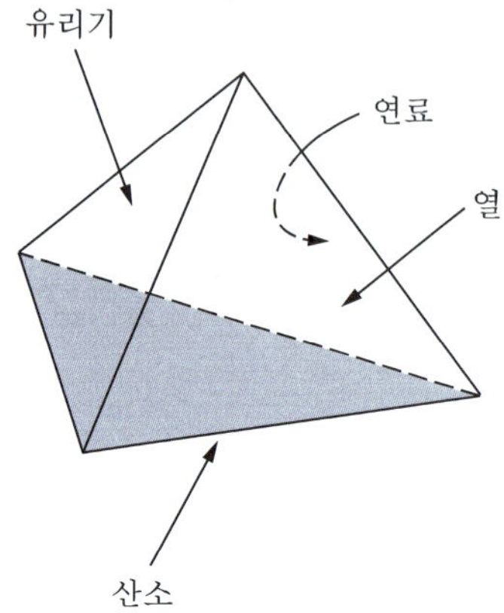

그림 10.2 연소의 4요소

이 연소의 4요소에는 화재를 소화하는데 연구해야만 하는 4번째의 영역이 포함되어 있다. 유리기에 의해 지지되는 연소를 억제하는 가장 확실한 방법은 이들의 활발한 중간물질의 농도를 낮추기 위한 방법을 찾아내는 것이다. 몇 개의 소화제는 이 같은 기능을 하고 있다. 할론류는 유리기 생성을 방해함으로써 소화제로 유용하다. 취소(브롬)를 포함한 소화제는 특히 유리기를 제거하는 효과를 갖는다. 열에 노출되어지면 그들의 취소의 유리기를 생성하고, 그것이 연료와 작용해 취화수소를 만들어낸다. 이 물질이 수소와 히드록실(hydroxyl) 유리기의 농도를 감소시킨다. 예를 들면, 할론 1301은 트리플루오로브로모메탄이다. 높은 온도에 노출되면 탄소와 취소의 결합이 끊어지고 취소의 유리기가 생성된다.

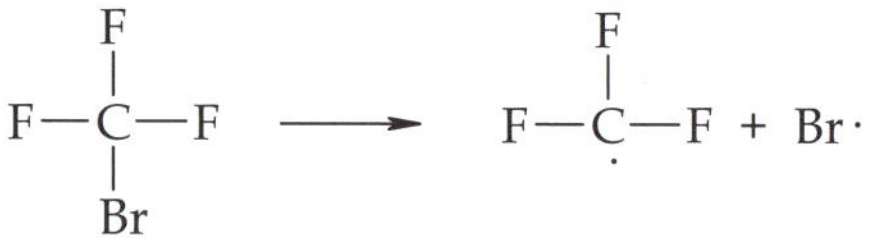

취소의 유리기는 연소의 여러 가지 단계에서 생성한 유리기와 결합한다. 그 연료를 R−H로 표현하면 그것에 상당하는 단계는 다음과 같이 표현 가능하다.

$$R-H+Br\cdot \rightarrow R\cdot + HBr$$

$$HBr+H\cdot \rightarrow H_2+Br\cdot$$

$$HBr+\cdot OH \rightarrow H_2O+Br\cdot$$

이 같은 반응에 의해 만들어지게 된 취소 유리기는 다시 연료와 결합되어 더욱 더 많은 취화수소를 생성하고, 그 결과로 활성을 갖는 수소, 산소 및 수산기의 유리기가 반응계 안에서 제거되어 반응성이 보다 적은 분자로 변한다.

부촉매인 취소 라디칼은 화재현장의 활성화된 가연물질의 활성이 없어질 때까지 계속적인 부촉매 소화작용을 진행하게 된다. 하지만 취소 라디칼은 화재가 소멸된 이후에도 대기 중에 잔재하여 대기 중의 활성 물질인 오존과 반응하여 오존층을 파괴하는 것이며 반응식은 다음과 같다.

$$Br\cdot + O_3 \rightarrow BrO + O_2$$

$$BrO + O_3 \rightarrow Br\cdot + 2O_2$$

대기 중에 생성된 취소 라디칼은 오존을 파괴하여 산화브롬(BrO)을 형성하고 생성된 산화브롬 또한 다시 오존을 파괴하면서 발생한 취소 라디칼로 인하여 오존층 파괴 반응이 지속적으로 발생하기 때문에 치명적이면서도 반영구적인 오존층 파괴가 진행된다고 할 수 있다.

할론류만이 유리기의 생성을 막는 유일한 소화제는 아니다. 드라이케미칼의 화재에 대한 소화 효과를 설명하는데 이 연소의 4요소 중 4번째 영역이 도움이 될 것이다. 예를 들면, 인산이수소암모늄은 열을 흡수하면 흡열반응에 의해 암모니아를 생성한다.

$$NH_4H_2PO_4 \rightarrow NH_3 + H_3PO_4$$

$$2H_3PO_4 \rightarrow P_2O_5 + 3H_2O$$

냉각효과 외에 암모니아는 수산유리기를 보충할 수 있는 것으로 알려져 있다. 다른 드라이케미칼류도 똑같이 유리기 생성을 감소시킨다. 알칼리금속의 탄산수소염은 뜨겁게 되면 이산화탄소와 물로 분해된다. 이렇게 해서 발생한 이산화탄소 중 일부는 불을 질식시키는데 유용하지만 탄산수소나트륨의 건조된 분말이 소화제로서의 주요한 반응은 드라이케미칼의 열분해로 생성된 나트륨 또는 칼륨의 원자에 의한 촉매효과 반응이다. 이것에 관한 화학반응은 다음과 같다.

$$Na\cdot + \cdot OH \rightarrow NaOH$$

$$NaOH + \cdot H \rightarrow Na\cdot + H_2O$$

이 같이 탄산수소화물은 본질적으로 전체반응기구의 최종단계를 증가시키는 소화제로서 유용하다.

$$H\cdot + \cdot OH \rightarrow H_2O$$

건조된 염화나트륨의 소화효과도 이것과 같은 이유에 의한 것이다.

실험 10-1. 유기화합물의 작용기 실험

1. 목　적

유기화합물의 작용기라면 화합물의 종류, 계열 및 성질을 나타내는 원자 및 원자단은 물론 넓은 뜻에서 불포화기도 포함된다.

즉, 알켄이라면 $>C=C<$, 알코올이면 $-OH$, 알데히드(aldehyde)이면 $-\overset{\overset{\displaystyle O}{\|}}{C}H$ 등의 작용기(functional group)를 갖고 있는 화합물들을 분류하여 말하는 것이다.
이들 작용기를 화학적으로 물리적으로 확인함으로써 그 화합물의 소속이나 계열을 추정함으로써 작용기만으로도 위험물질들의 성상을 식별할 수 있는 능력을 기르고자 한다.

2. 기구 및 시약

시험관, 눈금실린더, 스포이드, 삼각플라스크,
적외선분광기(spectrometer), 수조

시클로헥센, 브롬, 사염화탄소,
과망간산칼륨, 질산은, 수산화나트륨, 암모니아수, 벤즈알데히드, 아세톤, 2,4-디니트로페닐히드라진, 진한 황산, 에탄올, 브로모에탄, 브로모벤젠

3. 원리 ; 몇 가지 중요한 작용기의 확인법

(1) 불포화 화합물(알켄과 알킨)

이 화합물들은 실온에서 Br_2를 쉽게 첨가시키므로 브롬의 색깔이 없어짐을 관찰할 수 있다. 또한 이들에 과망간산염의 수용액을 가하면 과망간산 이온을 환원시켜 보라색을 없애며 망간의 산화물이 만들어진다.

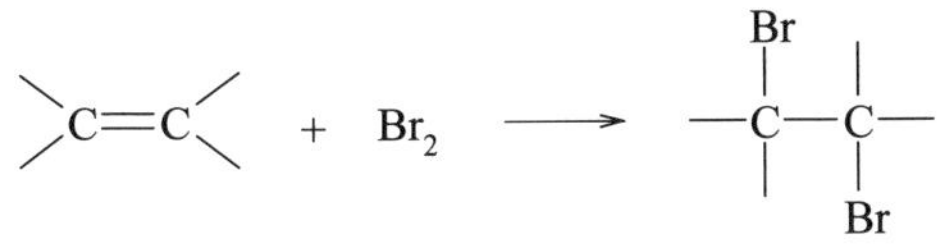

$$3R_2C=CR_2 + 2MnO_4^- + 4H_2O \rightarrow 3R_2C(OH)-CR_2(OH) + MnO_2 + 2OH^-$$

(2) 알코올

알코올은 알콕시화칼륨 및 이황화탄소와 반응하여 노란색의 알킬디치오탄산칼륨(potassium alkyl dithiocarbonate)을 형성한다.

$$ROH + KOH \rightarrow ROH + H_2O$$

알콕시화칼륨

$$ROK + CS_2 \rightarrow RO-C(=S)-SK$$

알킬디치오탄산칼륨

일차, 이차 및 삼차 알코올의 확인은 Lucas시험법에 의하며, 자세한 방법은 유기화학 및 유기화학분석에 관한 책을 참조하기 바란다.

(3) 알데히드와 케톤

대부분의 알데히드와 케톤은 카르보닐기(carbonyl group)와 축합할 수 있는 시약에 대하여 비슷하게 작용한다.

그 중 2,4-디니트로페닐히드라진(2,4-dinitrophenyl hydrazine ; 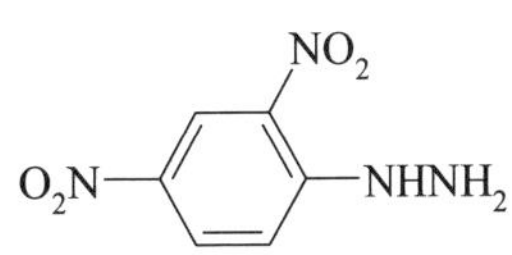)은 특히 카르보닐 화합물과 쉽게 반응하여 노란색 또는 주황색의 침전을 형성한다.

$$R_2C=O + H_2NNC_6H_5(NO_2)_2 \rightarrow R_2C=NNHC_6H_5(NO_2)_2 + H_2O$$

$$RCH=O + H_2NNHC_6H_5(NO_2)_2 \rightarrow RCH=NNHC_6H_5(NO_2)_2 + H_2O$$

알데히드는 Tollen시약과 반응하여 은을 석출시키나, 케톤은 그렇지 못하므로 알데히드와 케톤을 구별하는데 쓰인다.

$$RCH=O + \underset{\text{Tollen 시약}}{2Ag(NH_3)_2OH} \rightarrow 2Ag\downarrow + RCONH_4 + H_2O + 3NH_3$$

(4) 할로겐화 알킬

플루오린 화합물 몇 가지를 제외하고는 알코올성 질산은과 반응시키면 할로겐화 알킬(alkyl halide)은 할로겐화은의 침전을 형성한다.

$$RX + AgNO_3 \rightarrow AgX\downarrow + RONO_2$$

유기화합물의 작용기는 위에서 예를 든 이외에도 그 종류가 매우 많고 그것들을 확인하는데 화학적인 방법 이외에 분광학적 방법(spectroscopic method)이 많이 쓰이고 있다. 그 중에서도 적외선분광법(Infrared Spectroscopy; IR), 자외선분광법(Ultraviolet Spectroscopy; UV) 및 핵자기 공명분광법(Nuclear Magnetic Resonance Spectroscopy; NMR)이 가장 중요하며 적외선분광법은 특히 중요하다. 이는 유기화합물의 작용기가 적외선 영역(보통 파장수 400~4,000 cm^{-1})중 특수한 파장의 광을 흡수하는 원리를 이용하는 방법이다. 그림 1은 벤조산메틸(methyl benzoate)의 적외선스펙트럼(spectrum)이며, 몇 가지 대표 적인 작용기가 흡광하는 위치를 표 1에 실었다.

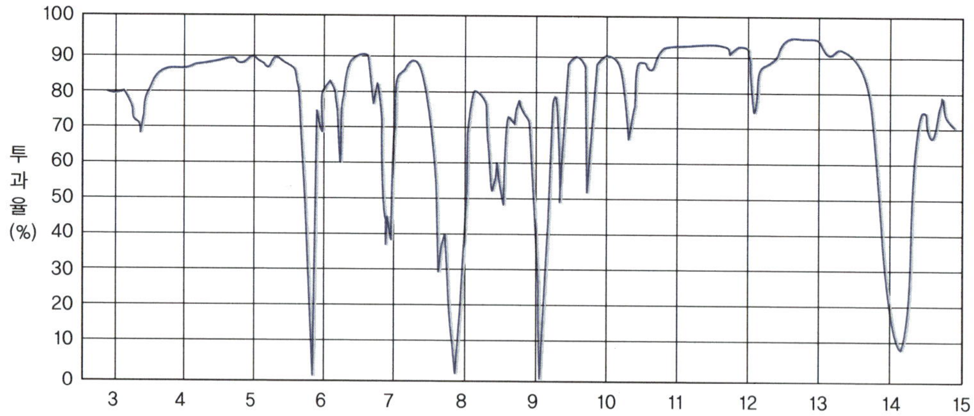

그림 1 벤조산메틸의 적외선스펙트럼

표 1. 적외선 흡수영역

작용기		파동수(cm^{-1})	파 장(μ)
OH	(유리된 것)	3640~3580	2.74~2.79
	(수소결합)	3550~3210	2.82~3.12
	산	2700~2500	3.70~4.00
NH	아 민	3400 근처	2.94 근처
CH	알 케 인	2960~2850	3.37~3.50
	알 켄	3095~3010	3.23~3.32
	알 카 인	3300	3.03
	방 향 족	3030 근처	3.30 근처
C≡C	알 카 인	2260~2140	4.42~4.76
C=C	알 켄	1680~1620	5.96~6.16
	방 향 족	1600과 1500 근처	6.25와 6.66 근처
C=O	알데히드	1740~1720	5.75~5.81
	케 톤	1725~1675	5.79~5.97
	산	1725~1700	5.79~5.87
	에 스 터	1750~1720	5.71~5.86

4. 실험방법

(1) 탄소 이중결합의 확인

깨끗이 씻어 말린 시험관 2개에 시클로헥센 1 mL씩을 넣어라. 첫 시험관에는 3% 브롬이 녹아있는 사염화탄소 용액을 2～3방울, 둘째에는 0.5% $KMnO_4$ 수용액 1～2 mL를 넣고 가볍게 시험관을 흔들어 색깔의 변화를 관찰하여라.

(2) 카르보닐기의 확인

① 2,4-디니트로페닐하이드라존의 형성

삼각플라스크(25 mL들이)를 사용하여 2,4-디니트로페닐히드라진 0.2 g을 진한 황산 1 mL에 녹인다. 용액을 저으면서 물 1 mL와 에탄올(95%) 5 mL를 가하고 세게 흔들어 준다. 이 용액을 깨끗이 닦은 두 시험관에 나누고, 한 시험관에는 아세톤 1～2방울을 녹인 에탄올 용액 2 mL를 또한 시험관에는 벤즈알데히드 0.1 g을 에탄올 2 mL에 녹인 용액을 가한다. 시험관을 세게 흔들고 침전이 생기는가를 관찰하여라. 침전이 생기지 않으면 실온에 시험관을 15분간 방치하고 변화를 관찰하여라.

② Tollen 시약에 의한 알데히드와 케톤의 구별

삼각플라스크에 질산은 수용액(5%) 4 mL를 넣고 10% NaOH 수용액 2방울을 가한다. 묽은 암모니아 수용액(약 2%)을 산화은의 침전이 모두 녹을 때까지 가한다(예민한 시약을 만들려면 암모니아 용액을 과량으로 넣지 말아라. 이 시약은 실험 직전에 만들어 사용하여야 하며 용액을 방치해 두었다가 사용하는 것은 피하여야 한다. 왜?). 위에서 만든 시약을 두 시험관에 나누어 옮기고 각각의 시험관에 벤즈알데히드와 아세톤을 약 0.1 g씩 넣는다. 시험관을 흔들어 준 다음 10분간 실온에서 방치해 둔다. 이 때까지 반응이 일어나지 않으면 약 35℃로 유지되고 있는 물에 시험관을 담가 5분간 두고 그 변화를 관찰하여라.

(3) 할로겐화물의 확인

질산은 0.1 g을 95% 에탄올 5 mL에 녹이고 두 시험관에 나누어 옮긴다. 한 시험관에는 브로모에탄올, 다른 시험관에는 브로모벤젠을 각각 0.1 g씩 가한다. 5분 이내에 침전이 생기는가를 본다. 침전이 생기지 않으면 용액이 끓기 시작할 때까지 가열하고 침전의 형성을 관찰한다.

(4) 적외선분광법에 의한 작용기의 확인

위의 (1)~(3)에서 화학적으로 그 작용기를 확인한 화합물들의 적외선스펙트럼을 얻어 가 작용기가 어느 위치에서 흡수띠를 보여 주는지 말하여라. 적외선스펙트럼은 실험 지도교수의 지시에 따라 얻어야 한다.

(5) 알코올의 확인 실험

고체 수산화칼륨 0.2 g을 건조한 시험관에서 1 mL의 알코올에 녹인다. 잘 녹지 않으면 가열하고 휘발성이 큰 알코올의 경우는 환류냉각장치를 단다. 시험관을 냉각하고 에테르 1 mL를 가한다. 이황화탄소(독성이 있고 인화성이 강하므로 취급 시 주의를 요한다.) 옅은 노란색의 침전이 생길 때까지 1방울씩 가하다. 이황화탄소를 1 mL까지 가해도 침전이 생기지 않으면 딴 알코올로 동일한 실험을 반복하여라.

5. 관계지식 : Tollens 시약

매우 깨끗한 시험관에 Tollens 시약 3～4 mL를 취하고, 시료 2방울(고체이면 0.05 g)을 가한다. 은거울이 생기는가를 관찰한다. 이때 실온에서 은거울이 생기지 않으면 약 35℃의 물에 시험관을 넣어 수분간 가온한다. 알데히드는 은거울이 생기나 케톤은 이 반응이 없다. 이 시험을 ① 포름알데히드, ② 아세톤에 대하여 행한다.

Tollens 시약의 조제법

깨끗한 시험관에 3%-$AgNO_3$ 용액 5 mL를 취하고 묽은 NaOH(10%) 한두 방울을 가한 후 묽은 NH_4OH(약 2%)를 흔들면서 적하하여 흑갈색의 Ag_2O가 생성되었다가 바로 용해할 때 적하를 중지한다. 이때 NH_4OH는 과잉으로 가하지 않도록 주의해야 한다. 과잉으로 들어가면 민감한 시약이 되지 못한다.

※ 이 시약은 사용직전에 깨끗이 조제해야 한다. 이 용액을 방치하면 분해되고 매우 폭발성이 높은 침전물이 생기므로 저장해서는 안 된다.

제 목	유기화합물의 작용기 실험		
실 험 조		제 출 자	
실험일자		제출일자	

【실험과정】

【결과 및 고찰】

【참고문헌】

실험 10-2. 발화점 측정

1. 목 적

공기 중에서 가연성 물질을 가열하는 경우 화염, 불꽃 등의 점화원의 접촉 없이 연소가 일어날 때의 액체의 최저온도를 발화점이라 한다. 본 실험에서는 액체 석유제품의 발화온도의 측정원리를 습득하고 고체 시료의 발화속도를 측정함으로써 그 위험성을 비교해 보고자 한다.

2. 기구 및 시약

발화점 측정장치
stop watch
가스버너
철판
알코올램프
삼발이
황가루
숯가루
톱밥
에틸에테르

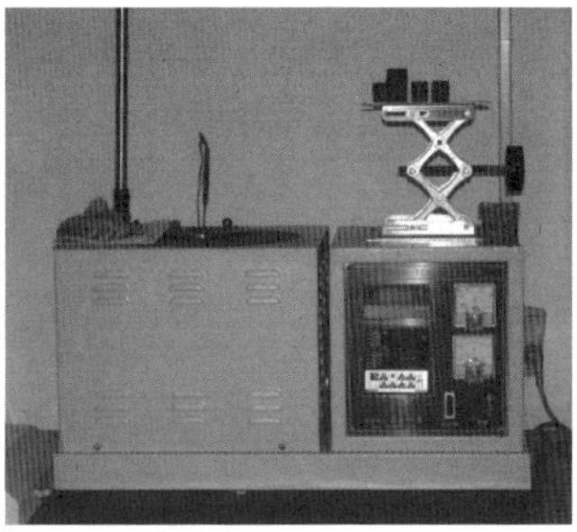

그림 1 ASTM식 발화온도 측정장치

3. 원 리

발화온도란 착화원이 없이는 물질이 발화하는 온도를 말하며 화학적으로는 열의 발생속도와 확산속도가 평형을 나타내는 온도로 정의된다. 그러나 이 발화온도는 물질의 형태, 측정조건, 물질의 량, 가열방법 등에 따라 다르다. 따라서 발화온도를 플랜트의 설계나 안정성 평가에 응용하기 위해서는 측정조건과 플랜트의 설계나 안전성 평가에 응용하기 위해서는 측정조건과 플랜트의 운영방식의 차이를 고려해야만 하며 대표적인 발화점 측정방법은 다음과 같다.

① 고체 시료의 발화점 측정방법 : 승온시험관법, Group법
② 액체 시료의 발화점 측정방법 : 도가니법, ASTM법, 예열법
③ 기체 시료의 발화점 측정방법 : 충격파법, 예열법

발화온도의 측정은 일반적으로 대기압 하에서 행한다.

4. 실험방법

본 실험에서는 액체 석유제품의 발화온도의 측정에 이용되는 ASTM법에 의한 발화온도의 측정과 고체시료의 상대적인 발화속도를 측정해보고자 한다.

(1) ASTM법에 의한 액체의 발화온도 측정

① 삼각플라스크의 온도를 소정의 온도에 맞춘다.
② 시료 0.07 mL를 주사기로 플라스크에 주입하고 동시에 stop watch를 이용하여 발화할 때까지의 시간을 기록한다.
③ 약 5분이 경과해도 발화가 일어나지 않으면 금속 파이프 등을 이용하여 플라스크 내부의 기체를 모두 제거한다.
④ 온도를 25℃ 정도 상승시킨다.
⑤ ②의 방법을 반복하여 발화하는가를 관찰하고 발화가 일어나면 시간을 기록한다.
⑥ 발화가 일어나면 플라스크의 잔류성분을 제거하고 온도를 2～3℃ 낮추고 같은 실험을 반복한다.
⑦ 시료량을 0.1 mL로 늘려 같은 실험을 반복하고 최저발화온도가 낮아지면 시료량을 0.02～0.03 mL 정도씩 늘려가면서 최저 발화온도가 나타날 때까지 실험을 반복한다. 반대로 0.1 mL의 경우가 0.07 mL보다 높은 발화온도를 나타내면 시료량을 0.05, 0.03 mL를 취하여 각각 같은 방법으로 실험을 행한다.
⑧ 시료량, 발화온도, 발화에 요하는 시간의 관계를 graph로 나타낸다.

(2) 고체시료의 발화속도 비교

① 그림 2와 같은 장치를 한다.
② 철판위에 황, 숯, 톱밥의 동심원상에 같은 간격을 유지하게 한다.
③ 알코올램프로 철판을 가열하면서 발화에 요하는 시간을 측정한다.
④ 가장 빨리 발화하는 것은 무엇이며, 얼마의 시간이 소요되는가?

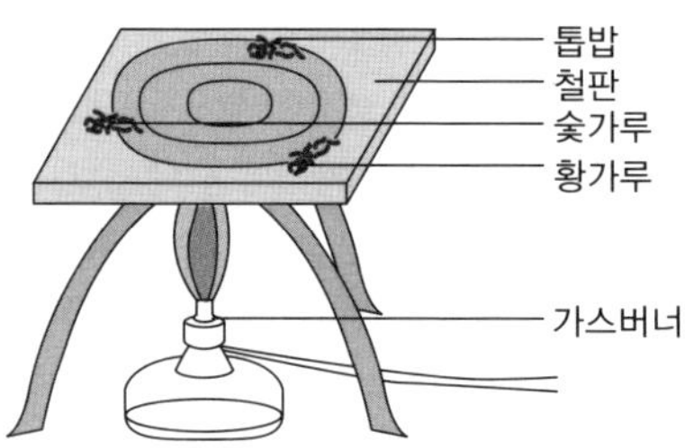

그림 2 고체시료의 발화속도 비교

제 목	발화점 측정		
실 험 조		제 출 자	
실험일자		제출일자	

【실험과정】

【결과 및 고찰】

【참고문헌】

실험 10-3. 가솔린, 등유 등의 연소실험

1. 목 적

위험물안전관리법상 제4류 위험물(인화성 액체) 중 제1석유류에 속하는 가솔린과 제2석유류에 속하는 등유에 대한 연소실험을 통해 그 위험성을 알아본다.

2. 실험재료

가솔린, 등유, 경유, 파이어 건(Fire Gun), 비커(500 mL) 4개, 샬레, 담뱃불, 성냥불

3. 실험방법

① 500 mL 비커에 각각 가솔린, 등유, 경유를 약 20 mL씩 분취하여 준비한다.
② 먼저 상층부에 파이어 건(Fire Gun)을 이용하여 연소반응을 확인하고 샬레를 이용하여 질식소화한다.
③ 성냥불을 이용하여 각 물질별로 연소반응 실험을 한다.
④ 각각의 물질별로 가연성 유증기를 발생하는 상층부에서 담배를 피워본다.
⑤ 각각의 물질별로 타고 있는 담뱃불 꽁초를 투입한다.

1. 가솔린 & 등유(Fire Gun)

2. 가솔린 & 등유(성냥)

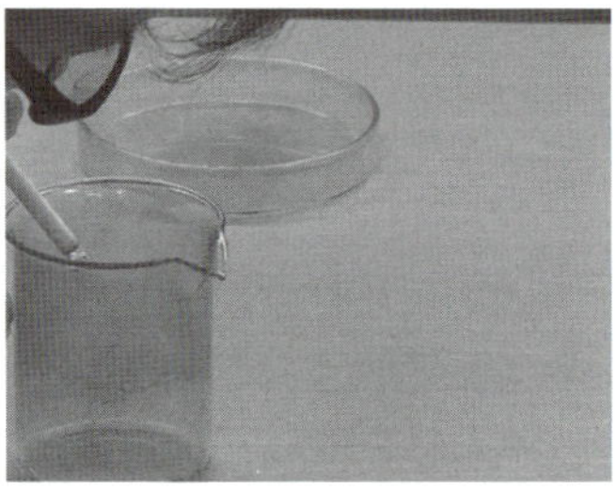

3. 가솔린 유증기(담뱃불)

4. 가솔린이 담긴 비커(담뱃불)

제　　목	가솔린, 등유 등의 연소실험		
실 험 조		제 출 자	
실험일자		제출일자	

【실험과정】

【결과 및 고찰】

【참고문헌】

실험 10-4. 요오드값의 측정

1. 목 적

제4류 위험물 중 동식물유(지정수량 : 10,000 L)의 불포화도의 척도가 되는 요오드값을 측정함으로써 요오드값의 올바른 이해와 유지의 종류에 따른 요오드값의 차이를 조사해 보고자 한다.

2. 기구 및 시약

중탕냄비, 1 L flask
KI(요오드화칼륨), ICl(염화요오드), I_2(요오드)
N/10-$Na_2S_2O_3$ 용액, $K_2Cr_2O_7$(중크롬산칼륨), CCl_4(사염화탄소)
전분, 빙초산, Olive油, 우지, 낙화생유

3. 원 리

(1) 위험물안전관리법상 동식물유의 정의

위험물안전관리법상 1기압(760 mmHg)과 상온상태(20℃)에서 액체로 되는 동식물로서 불연성 용기에 수납 밀전되고 저장되어 있는 것 이외의 것.

(2) 요오드값

유지 100 g에 흡수된 ICl의 양을 요오드의 g의 수로 표시한 값을 그 유지의 요오드값이라 한다. 불포화지방산 및 그 에스테르는 할로겐과 반응하여 그 불포화결합에 할로겐이 첨가하여 포화화합물이 된다. 할로겐 흡수량은 불포화도에 비례한다. 즉 1분자의 올레산, 리놀렌산은 각각 2, 4, 6원자의 할로겐을 첨가하여 포화할로겐 화합물이 된다. 천연 유지는 단일화합물이 아니기 때문에 그것의 할로겐 흡수량으로부터 전체로서의 불포화도를 알 수 있고, 따라서 그 성분 지방산에 대해서도 대략적으로 추측할 수 있다. 할로겐 중에서 Cl은 첨가반응이외에 치환반응도 일으키고, Br은 취급하기 불편하며, I는 첨가반응이 너무 느리고 또 불안정하기 때문에 일반적으로 일염화요오드(ICl)가 사용되고 지방산, 유지 등의 일염화요오드 흡수량을 요오드로 환산하여 이것을 요오드값이라 부른다.

표 1. 대표적인 유지의 요오드값

유 지 명	요오드값	유 지 명	요오드값
아마인유	175~201	낙화생유	86~99
동 유	155~162	올리브유	77~91
임 자 유	193~203	마 자 유	84~85
대 마 유	145~166	우 지	55~57
옥수수유	115~128	돈 지	69~75
면 실 유	104~116	경 유	116~128
호 마 유	103~115	간 유	138~167
대 두 유	121~124	어 유	180~187

(3) 식물유의 분류

식물유는 요오드값의 크기에 따라 건성유(drying oil), 반건성유(semi-drying oil) 및 불건성유(non-drying oil)로 크게 나뉜다.

건성유는 공기 중에 방치해 두면 엷은 층을 형성하며 고화하여 건조막으로 되는 것이고, 불건성유는 오랜 시간을 경과해도 건조하지 않는 종류이며, 반건성유는 양자의 중간에 해당되는 것으로 건조에는 장시일을 요하나 가열하면 비교적 단시일에 건조하는 기름이다. 이들의 명확한 한계를 지우기는 어려우나 건조성은 대체적으로 기름의 불포화도(이중결합 혹은 삼중결합의 수)에 비례하므로 요오드값(iodine value)에 의해서 분류함이 정확하다.

건 성 유 ·········· 요오드값 130 이상
반건성유 ·········· 요오드값 100 ~ 130
불건성유 ·········· 요오드값 100 이하

이상으로 보아 기름을 구성하고 있는 지방산 중에 이중결합 혹은 삼중결합의 수가 많을수록 건조성이 빠른 건성유가 될 수 있음을 알 수 있다. 예로서 피마자유(caster oil)는 주성분이 리시놀레산(ricinoleic acid)의 에스테르이며, 이 리시놀레산은 이중결합 1개와 OH기 1개를 가진 지방산이다. 이 산을 화학적 방법으로 탈수하여 (1개의 OH와 이웃한 탄소에 있는 H로부터 H_2O가 떨어짐) 이중결합을 하나 더 생기게 하면 전체적으로 이중결합의 수는 2개가 되며 벌써 건성유에 속하게 되는 것이다.

1) 건성유

기름을 엷은 층으로 하여 공기 중에 방치하면 산화중합하여 점착성을 잃고 탄성이 있는 건조피막을 형성하는 것으로, 주성분은 리놀레산(linolenic acid, 이중결합 3개)과 리놀레산(linoleic acid, 이중결합 2개)의 글리세리드(glyceride)로 되어있다. 이 건성유는 페인트, 니스(varnish), 리놀륨(linoleum), 유포, 유지, 인쇄잉크 등의 중요한 원료이며, 기타 식용, 연질비누의 제조에도 사용된다. 이에 속하는 중요한 기름은 다음과 같다.

lineseed oil(아마인유)	wood oil or tung oil(동유)
hempseed oil(대마유)	perilla oil(임자유)
walnut(호마유)	

2) 반건성유

이에 속하는 기름은 엷은 유층으로 했을 때 오랜 시간을 경과해서 건조하는 것으로 요오드값은 100~130 정도이며, 리놀레산은 글리세리드가 주성분이고 그 외에 상당량의 올레산 및 소량의 포화지방산의 글리세리드도 함유되어 있으나 건성유의 특유성분인 리놀레산은 극히 소량밖에 함유되어 있지 않다. 식용 외 공업용으로는 그다지 용도가 넓지 않으며, 요오드값이 큰 것은 건성유에, 작은 것은 불건성유에 혼합해서 많이 사용되고 있다. 이에 속하는 주요기름은 다음과 같다.

cotton seed oil(면실유)	soy bean oil(대두유)
com oil(옥수수기름)	rape seed oil(채종유)

3) 불건성유

불건성유는 공기 중에 오랜 시일 방치해도 건조하지 않기 때문에 두발용 및 윤활용으로 사용되며, 냄새가 거의 없어 식용유로 중요할 뿐만 아니라, 방모유 및 비누원료로서 아주 적합하다 요오드값은 100 이하이며, 주로 올레산으로 구성되어 있다. 이에 속하는 주요기름은 다음과 같다.

olive oil(올리브유)	almond oil(편비유)
castor oil(피마자유)	tea seed oil(채유)
peanut oil(낙화생유)	

4. 실험방법

① 시료를 500~800 mL 플라스크 중에 정확히 평량하여 분취한다.
② CCl_4 10 mL를 가해서 용해시킨 후, ICl 용액 25 mL를 가하고 몇 번 조용히 흔든 다음 어두운 곳에 방치한다. 방치시간은 요오드값이 100 이하의 것은 30분, 반건성유는 1시간, 건성유는 2~6시간을 표준으로 한다.
③ 여기에 KI 용액 10~15 mL와 물 400 mL를 가하고, N/10-$Na_2S_2O_3$ 용액으로 적정하여 액이 담황색이 되었을 때 전분용액을 가하고 액이 무색이 되었을 때를 적정 종점으로 한다.
④ 동시에 시료를 가하지 않은 것에 대하여 동일한 조작으로 blank test(바탕시험)를 행한다.
⑤ 바탕실험에 필요한 N/10-$Na_2S_2O_3$ 용액의 mL수(b)와 본 실험에 필요한 N/10-$Na_2S_2O_3$액의 mL수(a)와의 차이가 시료에 흡수된 ICl의 양에 해당하므로 다음 식에서 시료의 요오드값을 계산할 수 있다.

$$요오드값 = \frac{0.2 \times (b-a)}{n \times (시료의\ g수)}$$

예 리놀레산의 요오드값 측정

시료 0.100 g을 취하여 ICl 용액 25 mL를 가하고 2시간 작용시킨 후 과잉의 할로겐을 N/10-$Na_2S_2O_3$ 용액으로 적정한다.

적정에 소요된 N/10-$Na_2S_2O_3$ 용액	35.48 mL
blank test에 소요된 N/10-$Na_2S_2O_3$ 용액	49.80 mL
요오드 0.2 g에 해당하는 N/10-$Na_2S_2O_3$	15.92 mL

$$아이오딘값 = \frac{(49.80-35.48) \times 0.2 \times 100}{0.100 \times 15.92} = 179.9$$

시약조제

① ICl 용액 : ICl 7.9 g과 I_2 8.7 g을 따로따로 가열중탕 해서 빙초산에 용해시키고, 이들을 1 L의 눈금이 있는 플라스크에 넣어서 혼합한 후 빙초산을 추가하여 1 L로 한다.
② N/10-$Na_2S_2O_3$ 용액 : $Na_2S_2O_3$(보통 10 N-$Na_2S_2O_3 \cdot 5H_2O$ 결정) 24 g을 물에 용해시켜 1 L로 묽게 하고, 순수한 $K_2Cr_2O_7$ 또는 순수한 요오드의 적당량을 적정하여 요오드 0.2 g에 해당하는 mL수(n)를 측정해 둔다.

③ CCl_4 : 유지의 용제로 사용한다. $K_2Cr_2O_7$ 또는 conc-H_2SO_4와 함께 흔들어도 착색하지 않아야 한다.
④ 전분액 : 전분 또는 가용성 전분 1 g을 물 100 mL에 끓여서 제조한다.
⑤ KI 용액 : KI 10 g을 물 100 mL에 용해시켜 제조한다.
⑥ 시료 : 대개 다음 범위로 취한다. 고체지방 0.8~1.0 g, 불건성유 0.3~0.4 g, 반건성유 0.2~0.3 g, 건성유 0.15~0.18 g

5. 관계지식

(1) 동식물유의 일반성질

① 포화, 불포화 탄화수소로 구성되어 있고, 순수한 것은 무색, 무취이나 불순물이 함유된 것은 미황색이나 적갈색으로 착색되어 있다.
② 인화점이 높으므로 상온에서는 인화되기 어려우나 가열되어 인화점 이상 달하면 위험성은 석유류와 비슷하다.
③ 대체로 인화점은 250~350℃이나 개자유는 46℃이므로 주의해야 한다.
④ 건성유를 걸레 등 섬유에 배어 있는 상태로 대기 중에 방치해 두면 자연발화가 일어나는데 그것은 분자 속에 불포화 결합이 공기 중의 산소에 의하여 산화중합을 일으킬 때 발생한 산화열이 축적하기 때문이다.

(2) 저장 및 취급시의 주의사항

① 액체 누설에 주의하고 화기접근에 금지한다.
② 인화점 이상으로 가열하지 않도록 주의한다.
③ 차고, 통풍이 잘되는 곳에 저장한다.
④ 화기 및 점화원으로부터 멀리 저장한다.
⑤ 건성유는 섬유류에 스며들지 않도록 한다.

(3) 소화 방법

초기 소화에는 CO_2, 분말, 할론 등의 소화약제가 모두 유효하며, 화재의 규모에 따라 물분무 소화도 가능하다. 그러나 대량의 화재에는 물에 의한 냉각소화는 유효하지 않으며 다량의 포에 의한 질식소화가 가장 적절하며 물은 연소확대 방지에 매우 효과적이다.

제　　목	요오드값의 측정		
실 험 조		제 출 자	
실험일자		제출일자	

【실험과정】

【결과 및 고찰】

【참고문헌】

실험 10-5. 유증기 연소 실험

1. 목 적

위험물안전관리법상 제4류 위험물로 분류하고 있는 인화성 액체인 휘발유의 유증기 체류 시 연소 실험을 통해 그 위험성에 대해 알아본다.

2. 기구 및 시약

휘발유, 비커, 샬레, 파이어 건(fire gun)

3. 실험방법

① 두 개의 비커를 준비한다.
② 하나의 비커에 휘발유를 담은 후 다른 비커로 옮겨 담는다.
③ 휘발유를 담았던 빈 비커에 파이어 건으로 점화한다.
④ 유증기에 불이 붙는 과정을 관찰한다.

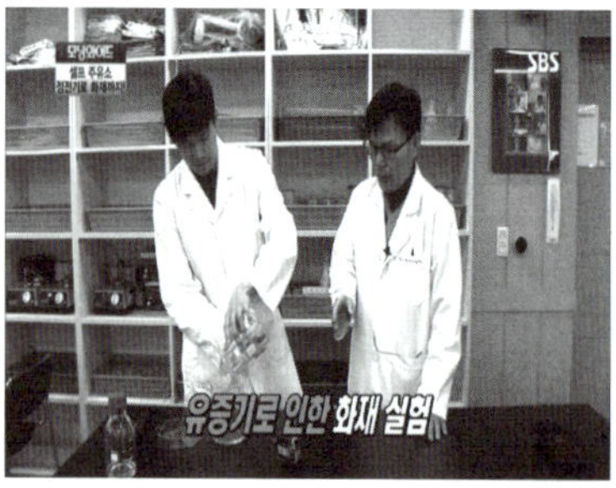

1. 두 개의 비커를 준비한 후 하나의 비커에 휘발유를 담은 후 다른 비커로 옮겨 담는다.

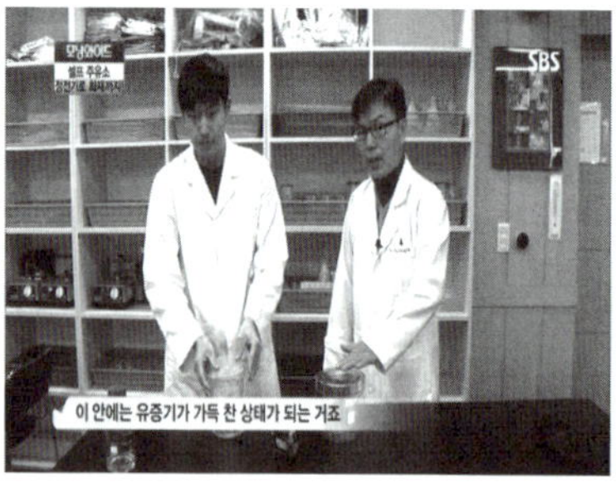

2. 휘발유를 담았던 빈 비커에 파이어 건으로 점화한다.

3. 유증기에 불이 붙는 과정을 관찰한다.

제 목	유증기 연소 실험		
실 험 조		제 출 자	
실험일자		제출일자	

【실험과정】

【결과 및 고찰】

【참고문헌】

실험 10-6. 유증기 폭발 실험

1. 목 적

위험물안전관리법상 제4류 위험물로 분류하고 있는 인화성 액체인 아세톤의 유증기를 제6류 위험물인 과산화수소에서 발생한 산소가스와 혼합시켜 거품 안에 체류시켜 놓고 점화원을 가했을 때 폭발하는 실험을 통해 유증기 체류 시 그 위험성 대해 알아본다.

2. 기구 및 시약

메스실린더, 비커, 파이어 건(fire gun), 약수저
아세톤, 과산화수소, 요오드화칼륨, 퐁퐁

3. 실험방법

① 비커에 아세톤, 과산화수소, 퐁퐁을 혼합한 후 잘 섞어준다.
② 혼합된 시료를 메스실린더에 옮겨 담은 후 요오드화칼륨을 넣어준다.
③ 발생된 거품에 파이어 건으로 점화한다.
④ 아세톤 유증기와 산소 가스가 혼합한 거품이 폭발하는 과정을 관찰한다.
(폭발을 동반하므로 안전장비를 착용한 후 주의하여 실험한다.)

1. 비커에 준비된 혼합시료를 메스실린더에 옮겨 담는다.

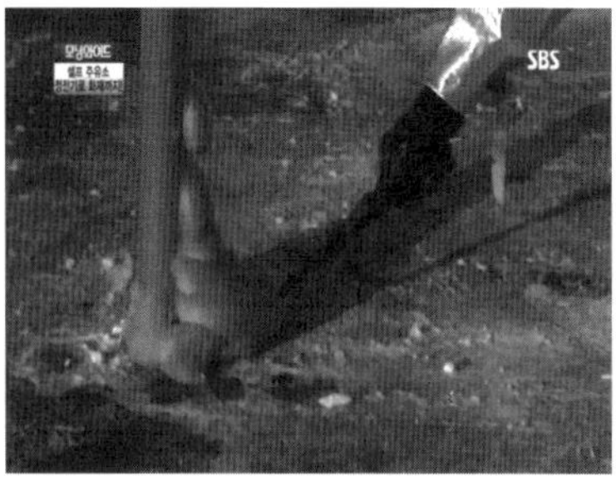

2. 메스실린더에 요오드화칼륨을 넣어 거품을 발생시킨다.

3. 발생된 거품에 파이어 건으로 점화하여 폭발하는 과정을 관찰한다.

제 목	유증기 폭발 실험		
실 험 조		제 출 자	
실험일자		제출일자	

【실험과정】

【결과 및 고찰】

【참고문헌】

연습문제

10.1 다음 화합물의 구조식을 쓰라.

(1) 3-methyl pentane
(2) 2,3-dimethyl butane
(3) 2,2,3-trimethyl butane
(4) 2-chloro-3-methyl pentane
(5) 2-chloro-1,3-butadiene
(6) 2-bromopropane
(7) 1-bromocyclobutene
(8) 1,1,3,3-tetrachloropropane
(9) 1,2-dibromocyclobutene
(10) 1,4-dichlorocyclohexane
(11) 3-hexene
(12) cyclobutene
(13) 1,3-dibromo-2-butene
(14) 3-methyl-1-pentyne
(15) 1,4-hexadiene
(16) vinyl bromide
(17) 4-methyl cyclohexene
(18) 2,3-dibromo-1,3-cyclopentadiene
(19) 2,4-dimethyl-2-pentene
(20) 2-hexyne
(21) 2-bromo-1,1-dimethyl cyclopropane
(22) 1,3,5-tribromobenzene
(23) *m*-chlorotoluene
(24) *o*-diethyl benzene
(25) isopropyl benzene
(26) benzyl bromide
(27) *p*-chlorophenol
(28) 2,3-diphenyl butane
(29) *p*-bromostyrene
(30) 2-chloro-4-ethyl-3,5-dinitrotoluene
(31) *m*-chlorobenzenesulfonic acid
(32) *p*-bromobenzoic acid
(33) 2,4,6-trimethyl aniline

10.2 다음 화합물에 대해서 구조식을 쓰고 IUPAC법으로 명명하라.

(1) $CH_3(CH_2)_3CH_3$
(2) $CH_3CH(CH_3)CH_2CH_3$
(3) $CH_3CH_2C(CH_3)_2CH_2CH_3$
(4) $CH_3(CH_2)_2C(CH_3)_3$
(5) $CH_3CH_2CHBrCH_3$
(6) $CH_3CCl_2CBr_3$
(7) $(CH_3CH_2)_4C$
(8) CH_2ClCH_2Br
(9) $CH_2BrCH(CH_3)CH(CH_3)_2$
(10) $CH_3(CH_2)_5CH_3$
(11) $ClCH=CHCH_3$
(12) $(CH_3)_2C=C(CH_3)_2$
(13) $CH_2=C(CH_3)CH=CH_2$
(14) $CH_2=C(Cl)CH_3$

(15) 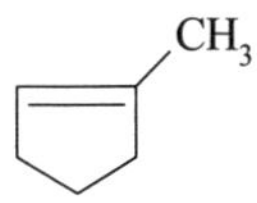

(16) 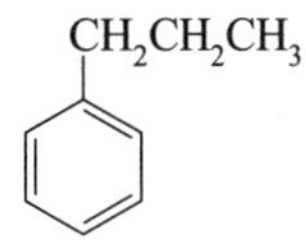

(17) 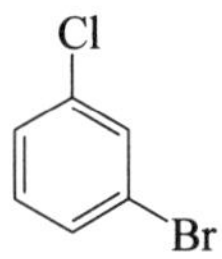

(18) 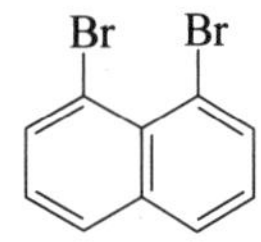

(19) 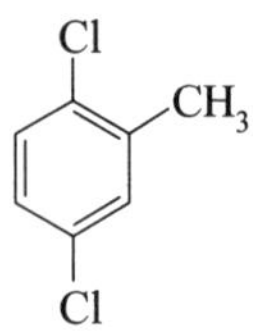

(20) 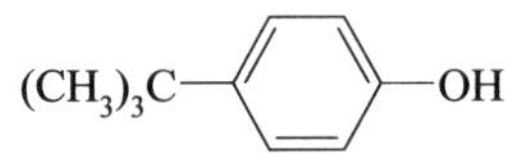

(21) 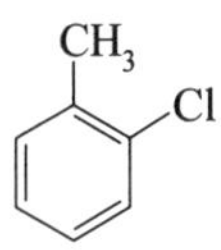

(22) 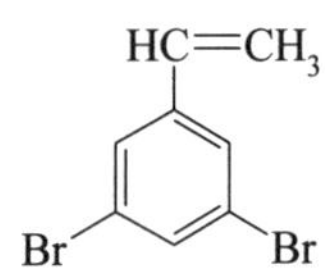

10.3 다음 열거한 각 화합물의 구조식을 쓰고, 그 이름이 틀린 이유를 설명하고, 정확한 이름을 말하라.

(1) 1-methyl pentane
(2) 2-ethyl butane
(3) 2,3-dichloropropane
(4) 1,4-dimethyl cyclobutane
(5) 1,1,3-trimethyl propane
(6) 3-bromo-2-methyl propane
(7) 3-butene
(8) 3-pentyne
(9) 2-ethyl-1-propene
(10) 2-methyl cyclopentene
(11) 3-methyl-1,3-butadiene
(12) 1-methyl-2-butene
(13) 4-methyl pentane
(14) 4,5-dimethyl hexane

10.4 다음의 치환기 명칭을 쓰시오.

(1) $-X$
(2) $-OH$
(3) $-O-$
(4) $-COOH$
(5) 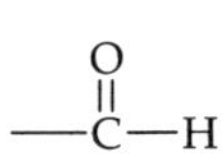
(6) 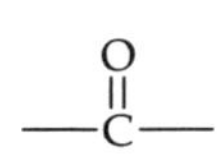
(7) $-NH_2$
(8) $-NO_2$

10.5 헥산(C_6H_{14})의 이성질체 구조식을 모두 그리고, 각각 IUPAC법으로 명명하시오.

10.6 유기화합물의 가장 대표적인 위험성을 쓰시오.

10.7 삼중결합을 갖는 아세틸렌은 구리를 함유한 용기 중에는 보관할 수 없다. 그 이유는?

10.8 알칸의 제조방법을 3가지만 쓰시오.

10.9 연소의 4요소를 쓰고, 각각을 간단히 설명하시오.

10.10 다음 유기화합물의 명칭과 구조식을 기술하시오. (소방기술사 83회)

(1) C_7H_{16}

(2) C_2H_4

10.11 제5류 위험물 중 유기과산화물의 특성, 저장 시 주의 사항 및 안전한 취급방법에 대해 쓰시오. (소방기술사 76회)

10.12 유기화합물의 위험성에 대하여 쓰시오. (소방기술사 75회)

10.13 벤젠에서 수소 1 개를 메틸기 1개로 치환된 물질의 구조식을 나타내고 물질명, 품명, 지정수량을 쓰시오. (위험물기능장 42회)

10.14 할론 1301의 연쇄반응으로 인한 부촉매 소화효과를 화학반응식을 써서 설명하시오. (소방기술사 38회)

10.15 화재 4면체 중 연쇄반응을 설명하라. (소방기술사 57회)

10.16 자동차 가솔린에 첨가하여 옥탄값을 높이는데 사용하는 MTBE에 대한 명명법과 구조식을 써라. (위험물기능장 33회)

10.17 옥탄값의 정의 및 구하는 방법을 쓰고 옥탄값과 연소효율과의 관계를 설명하시오. (위험물기능장 42회)

10.18 BTX의 명칭과 화학식은? (위험물기능장 45회)

10.19 제4류 위험물인 특수인화물류 중 착화점이 가장 낮은 품질명을 쓰고, 이 물질 100 g을 연소시켰을 때 완전연소반응식과 발생하는 가스의 총 부피를 구하라. (위험물기능장 33회)

10.20 휘발유의 위험도를 구하라. (위험물기능장 33회)

10.21 자동차용 가솔린에 첨가하여 옥탄값을 높이는데 사용하는 MTBE에 대한 명칭과 구조식을 써라. (위험물기능장 34회)

10.22 제4류 위험물로써 무색투명한 휘발성 액체로 물에 녹지 않고, 에테르, 벤젠의 유기용제에 녹으며 인화점 4℃, 분자량이 92인 물질에 대해 다음 사항을 써라. (위험물기능장 41회)

(1) 구조식

(2) 증기 비중

(3) 이 물질과 진한 황산과 진한 질산을 혼합하여 니트로화제를 만들면 생성되는 물질은?

10.23 담황색 결정을 가진 폭발성 고체로 보관 중 다갈색으로 변색되는 위험물의 구조식 및 분해반응식을 써라. (위험물기능장 50회)

10.24 요오드값, 건성유, 반건성유, 불건성유를 정의하고 동식물성 유지의 자연발화 과정에 대하여 설명하시오. (소방기술사 82회)

10.25 중질유 탱크화재 시 발생하는 Boil Over, Slop Over, Froth Over에 대해 설명하시오. (소방기술사 87회)

10.26 아세트알데히드 및 이황화탄소 위험도를 구하시오? (위험물기능장 제53회)

10.27 다음 위험물의 화학식을 써라. (위험물기능장 제54회)

(1) 무색투명액체로서 제4류 위험물

(2) 비수용성이며 위험등급Ⅲ으로 지정수량 1,000 L

(3) DDT의 원료

(4) 비중 1.1, 증기 비중 3.9

(5) 벤젠을 염화철 촉매 하에서 염소와 반응시켜 제조

10.28 자일렌 이성질체의 종류 3가지를 쓰고 구조식을 그리시오. (위험물기능장 제57회)

제 11 장

탄화수소유도체와 고분자화합물

탄화수소화합물은 그 종류가 대단히 많으며, 특히 치환기의 종류에 따라 그 특성이 뚜렷이 구별된다. 본 장에서는 치환기의 종류에 따른 물리·화학적 특성과 각 치환기에 따른 명명법, 그리고 간단한 화학반응에 대해서 언급하고자 한다. 또한 탄화수소를 중합하거나 천연상태로 존재하는 고분자화합물 각각의 반응, 용도, 위험성 등에 대해서도 알아보고자 한다.

11.1 알코올류

알코올류는 수산기(−OH)를 포함하는 물질로서 탄화수소명의 어미에 −ol을 붙이거나 탄화수소의 치환기명 뒤에 알코올을 붙여 명명한다. 일반적으로 가장 널리 사용되는 알코올은 메탄올, 에탄올, 이소프로판올, 페놀의 4가지이며, 그 구조는 다음과 같다.

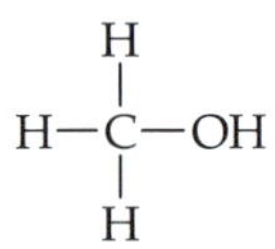

메탄올
(메틸알코올)

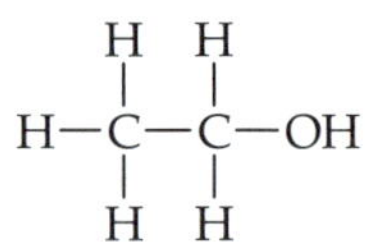

에탄올
(에틸알코올)

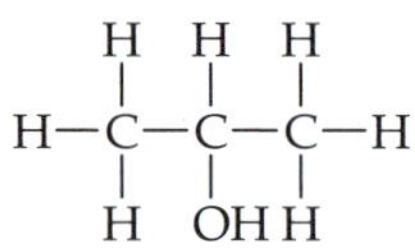

이소프로판올
(이소프로필알코올)

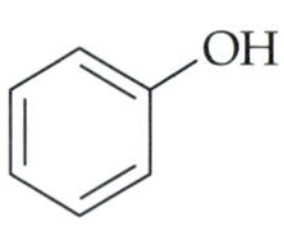

페놀
(페닐알코올, 석탄산)

이러한 대표적인 알코올의 물리적 성질은 표 11.1과 같다.

메틸알코올은 일반적으로는 목정(우드알코올)으로 알려져 있는데, 그것은 옛날부터 다년에 걸쳐서 목초액이 그 주요한 원료였기 때문이다. 오늘날에는 그것은 적당한 촉매 존

표 11.1 일반 알코올류의 물리적 성질

	메틸알코올	에틸알코올	이소프로필알코올	석탄산(페놀)
끓는점	65℃	79℃	82℃	181℃
녹는점	−98℃	−114℃	−89℃	40℃
비중	0.79	0.79	0.79	1.07
기체비중(공기=1)	1.11	1.59	2.07	3.24
인화점	11℃	13℃	12℃	79℃
자연발화온도	464℃	423℃	399℃	715℃
폭발하한계	6%	3.3%	2.3%	1.5%
폭발상한계	36.5%	19%	12.7%	−
TLV	200 ppm	1.000 ppm	400 ppm	5(피부) ppm

재 하에서 고온, 고압으로 일산화탄소를 수소화하여 합성되고 있으며, 그 화학반응은 다음 식으로 나타낸다.

$$CO + 2H_2 \rightarrow CH_3OH$$

메틸알코올은 무색의 액체로 완전히 물과 혼합된다. 그것은 상온에서 상당한 증기압을 가지며, 비교적 낮은 인화점을 갖는다. 메틸알코올의 증기와 공기와의 혼합물은 매우 작은 스파크에 의해서도 점화된다. 메틸알코올은 상업적으로는 유기물질용제로 이용되지만 포름알데히드 제조나 특수염료제조에도 이용된다.

메틸알코올은 마시면 유독하다. 30 mL 정도의 소량이라도 죽음을 부르고, 그것보다도 적은 양으로도 맹인이 되는 경우도 있다. 메틸알코올의 인체에 대한 독작용은 알코올의 신진대사로 생기는 중간 화합물인 개미산이 원인이다. 그것이 혈액 안으로 흡수되면, 혈액의 산성이 너무 크게 되어 뇌에 대한 혈액의 흐름이 감소한다. 메틸알코올이 눈의 망막세포에 선택적으로 장해를 주는 정확한 원인은 아직 알려져 있지 않다.

에틸알코올은 포도주, 맥주 그 외 여러 가지 주류의 알코올이다. 또 곡물 알코올로도 알려져 있는데 그것은 곡물 같은 탄수화물의 효모에 의한 발효에 의해 얻을 수 있기 때문이다. 맥주나 위스키는 직접 여러 가지 곡물을 발효시켜 만들어진다. 에틸알코올은 5%의 물을 섞은 물질인데, 그 끓는점은 80℃이다. 5%의 물은 직접 증류에 의해 제거할 수 없지만 벤젠 같은 물질을 첨가하여 증류하면 제거할 수 있다. 100%의 에틸알코올을 절대 알코올이라 부른다. 알코올 용액의 농도는 종종 프루프라는 값으로 표현된다. 용량 %는 프루프의 절반이다. 절대 알코올은 200프루프, 95% 알코올은 대개 190프루프이다. 90% 정도의 알코올은 다음 반응에 의해 제조된다.

$$H_2C = CH_2 + H_2O \rightarrow CH_3CH_2OH$$

공업적인 용제로 이용할 때는 메틸알코올, 피리딘 또는 항공 가솔린 같은 물질을 첨가하여 마실 수는 없는 에틸알코올로 만드는데, 그것을 변성 알코올이라 부르고 있다.

에틸알코올은 또 고체 형태로도 이용된다. 고체형 알코올은 알코올을 가열해 높은 온도에서 비누 또는 유사물질을 소량 가한 변성 알코올이다. 냉각되면, 혼합물은 겔이 된다. 소규모로 사용되지만, 그 방법에 의해 에틸알코올을 간단한 고체 연료로 이용할 수 있다.

에틸알코올도 무색의 액체로 그 성질은 메틸알코올과 매우 유사하다. 특히 에틸알코올의 인화점과 증기압은 메틸알코올과 유사하다. 따라서, 에틸알코올은 메틸알코올과 같이 손쉽게 연소한다. 알코올이 연소할 때의 특징은 그을음을 발생하는 일없이 청백색 불꽃을 내고 탄다는 것이다. 3개 또는 그 이하 탄소 원자를 가진 알코올은 다른 유기화합물에 거의 없는 하나의 특성을 가지고 있다. 그것은 그 알코올들이 물에 무한으로 녹는다는 것이

그림 11.1 평균성인의 혈액중의 에틸알코올 농도의 영향

다. 따라서, 단순한 알코올류의 불을 끄는 데에는 물이 효과적이다. 이 방법은 알코올의 가연성 증기가 공기와 적당한 연소범위를 이룰 수 없도록 물로 희석하는 것이다. 공업적으로 에틸알코올은 여러 가지 의약품, 용제로 이용되는데, 향료, 방향족의 추출물 등이다. 그것은 또 락카, 바니스(varnish) 등의 제품에도 이용된다. 에틸알코올과 물의 50% 혼합물은 −50℃에서도 얼지 않기 때문에 자동차 라지에타의 부동액으로 이용될 수 있다.

에틸알코올은 그 소비가 대단히 과잉되거나 여러 가지 작용이 한 번에 일어나지 않는 한은 독물이라고는 간주되지 않는다. 그렇지만 에틸알코올이 최면제, 진정제 또는 마취제와 결합되면 혼수 및 죽음을 부를 수도 있다. 과잉된 양을 사용하면 에틸알코올은 독작용을 불러일으킨다. 인체에서 에틸알코올은 중추신경계의 기능저하제로 작용한다. 습관적인 사용은 중대한 간장장해를 일으킬 가능성이 있다.

이소프로필알코올은 피부를 매끈매끈하게 하는 알코올로 알려져 있어 스킨, 로션에 이용되며, 그 외에 아세톤이나 아세톤 유도체를 제조하는 원료로 이용된다. 이소프로필알코올도 여전히 인화성이지만 일반적으로는 메틸 또는 에틸알코올보다는 착화가 어렵다. 이소프로필알코올의 인화점은 12℃이지만 다른 간단한 알코올보다 휘발성은 높지 않다. 한편 이소프로필알코올은 독성이 매우 강하여 복용하면 유독하다.

한편 앞서 언급한 포화 1가 알코올과 프로판올, 부탄올, 아밀알코올을 포함한, 즉 탄소수가 3 이하인 포화 1가 알코올과 변성알코올은 농도가 60% 이상인 것이 국내의 경우 위험물안전관리법상 4류 위험물인 알코올류라 하여 규제한다.

알코올은 여러 가지 화학반응으로 위험하나 특히 알칼리금속과 반응 시 수소를 발생하는 위험이 있으며, 삼산화크롬의 경우 에탄올과 반응하여 폭발을 일으킨다.

$$2CH_3OH + 2Na \rightarrow \underset{\text{sodium methoxide}}{2CH_3ONa} + H_2$$

$$2R-OH + 2M \rightarrow \underset{\text{metal alkoxide}}{2R-OM} + H_2 \quad (\text{M : Li, Na, K 등의 알칼리금속})$$

방향족 알코올로 가장 대표적인 것은 페놀(석탄산)은 영어로는 칼보닉액시드라 불리지만, 탄산음료에 이용되는 무해탄산과 혼동해서는 안 된다. 페놀은 흰색결정성 고체로 빛에 노출되면 검은 빛을 띤 적색으로 변색된다. 페놀은 소량의 물에 녹이면 액체가 되지만 상온에서는 물 100 g당 9.3% 정도 용해할 뿐이다.

페놀은 중요한 공업약품 중 하나로, 다수의 의약품류를 얻을 수 있다. 그 주요한 용도는 합성수지의 제조이다. 그것은 또 일반적으로 방부제로도 이용된다. 물 850에 대한 페놀 1의 비율 용액은 박테리아의 증식을 방지한다. 페놀과 유사한 물질은 일반적으로 치약이나 스프레이 성분으로 이용되고 있다.

진한 페놀은 인체조직에 심한 염증을 불러일으킨다. 페놀은 설령 희석된 형태여도 피부를 통해 흡수된다. 피부에 부착하면 페놀은 꽤 강한 산으로 작용하고 피부를 태우고 조직을 백화시킨다. 만약 페놀이 상당히 긴 시간 피부에 흡착되어 있으면 일부분의 조직에 심각한 부식이 발생한다. 또한 페놀은 독극물이다. 페놀을 마시면 그것이 피부에 흡착된 경우와 똑같이 조직을 파괴한다. 이러한 독성은 페놀이 단백질을 분리해 응고시키는 활동을 하기 때문이다.

11.2 유기과산화물

퍼옥시기 －O－O－를 포함하고 있는 유기과산화물은 무기과산화물보다도 훨씬 큰 위험성을 가지고 있다. 그들은 과산화수소와 적당한 유기화합물 사이의 화학반응에 의해 합성된다. 퍼옥시화합물은 연간 몇 천 톤 제조되고 있다. 대부분의 퍼옥시화합물은 중합반응을 개시시키는데 이용되고 있고, 그것은 플라스틱 공업에서 없어서는 안 될 물질이다.

유기히드로 과산화물 및 과산화물류는 과산화수소(H_2O_2)의 유도체로 간주될 수 있고, 그들은 과산화수소의 수소 원자 하나 또는 두 개를 알킬기 또는 아릴기로 치환한 물질이다. 표 10.1에 나타낸 것처럼 히드로(hydro) 과산화물은 H－O－O－R의 일반식을 갖고, 유기과산화물은 R－O－O－R의 일반식을 가지고 있다. R과 R′는 각각 특정 알킬기 또는 아릴기[21]를 가리킨다. 이들 화합물 및 퍼옥시기를 포함한 다른 화합물은 상업적으로는 액체 및 고체로 이용되고 있지만, 그들 대부분은 통상 물 또는 유기용제에 녹여서 그 농도를 묽게 해서 이용하고 있다.

이는 퍼옥시기를 포함한 화합물은 극단적으로 위험하며, 대부분이 본질적으로 불안정하기 때문이다. 이 형태 화합물의 대부분은 마찰, 가열 및 충격에 대해 상당히 민감해서

21) 방향족 탄화수소에서 H 원자 1개를 제거한 작용기

그들은 희석하지 않으면 사용할 수 없다. 이러한 불안정성 때문에 퍼옥시화합물은 중대한 화재 또는 폭발의 재해를 불러일으킬 가능성을 가진다. 무기과산화물은 그 분자구조 내부에 반응하기 쉬운 활성산소를 가지고 있고, 그 때문에 공기가 존재하지 않아도 연소 및 폭발을 일으키는 것이 가능하다. 유기과산화물류의 본질적인 불안정성을 경시한 채 취급해서는 안 된다. 1962년에는 4명의 소방관이 유기과산화물 화재를 진압하다가 결국 19톤의 과산화물이 폭발해 사망했다. 그 외에도 유기과산화물 폭발에 관한 사고로 더욱 더 파괴적인 재해를 낳은 예가 몇 개나 있다.

퍼옥시화합물이 트럭 또는 철도로 수송되기 전에 민감도 시험 몇 개를 엄격히 실시한다. 이 테스트에는 다음의 여러 성질, 곧 인화점, 연소속도, 열분해, 열안정성, 브라스팅그 캡을 이용하는 폭발시험, 납 블록 위에서의 폭발성, 충격시험, 부식시험 및 용기테스트 등의 항목이 포함되어 있다. 이들 시험결과에 따라 DOT는 퍼옥시화합물을 적당한 용액으로 희석하고 특별포장을 한 후에만 수송을 허가하고 있다. 퍼옥시화합물 수송에는 산화제 또는 유기과산화물의 특별 라벨을 붙일 필요가 있다. 유기과산화물의 특별 라벨은 황색 바탕에 검은 녹색을 사용하는데, 유기과산화물이란 문자를 검은 문자로 그리도록 되어 있다.

유기과산화물과 그것에 유사한 화합물의 독특한 불안정성을 이해하기 위해서는 퍼옥시기의 안에 존재하는 전자결합 상태를 더욱 더 상세히 조사할 필요가 있다. 하나의 산소 원자는 또 하나의 산소 원자 또는 탄소 원자와 그 전자를 서로 나누어 가지는, 곧 공유결합을 만들 수 있는 6개의 전자를 가지고 있다. 대표적인 과산화물인 **과산화메틸의 공유결합구조**는 손쉽게 확인할 수 있다.

$$\begin{array}{ccccccccc} & & \mathrm{H} & & & & \mathrm{H} & & \\ \mathrm{H} & : & \ddot{\underset{..}{\mathrm{C}}} & : & \ddot{\underset{..}{\mathrm{O}}} & : & \ddot{\underset{..}{\mathrm{O}}} & : & \ddot{\underset{..}{\mathrm{C}}} & : & \mathrm{H} \\ & & \mathrm{H} & & & & \mathrm{H} & & \end{array}$$

모든 유기과산화물은 R－O : O－R′이란 분자구조를 갖는다. 산소 원자 사이에 있는 2개의 점으로 나타내진 결합은 비교적 약한 결합에 속한다. 유기과산화물과 그 밖의 퍼옥시화합물의 불안정성의 원인이 되는 것은 그 결합이 약하기 때문이다.

충격, 열 또는 마찰 등을 받으면 퍼옥시화합물은 다음 식에서 나타난 것처럼 O－O 결합이 분해한다.

$$\mathrm{R-O:O-R'} \rightarrow \mathrm{R-O\cdot} + \mathrm{R'-O\cdot}$$

퍼옥시기의 분리에 의해 생긴 2개의 종류는 결합이 끊어졌다 라는 것을 의미하는 단독전자를 포함하고 있다. 그들 물질의 각각을 유리기(프리 라디칼)라 부른다. 유리기의 전형적인 성질은 불안정성, 현저한 반응성 및 순간적으로 존재한다 라고 하는 것이다. 라디칼은 다른 라디칼이나 분자와 반응해 새로운 분자 또는 라디칼을 형성한다. 프리 라디칼의 파괴가 그 생성을 유지할 수 없을 경우에 그 물질은 통상 폭발한다.

퍼옥시화합물은 또 건강에 유해하다고 간주되고 있지만, 그들의 독성에 관해 충분히 그 성질이 밝혀져 있는 물질은 거의 없다. 그들 대부분은 자극성이고, 특히 눈, 목 등 점막에 자극을 준다.

물은 스프레이나 거품의 형태로 고체의 퍼옥시화합물의 소화에 이용할 수가 있다. 유기용제에 녹아 있는 퍼옥시화합물의 경우에는 이산화탄소 또는 할론류 중의 하나가 가장 좋은 소화제가 된다. 퍼옥시화합물에 관한 많은 화재의 원인은 용제의 인화에 의한 경우가 많다. 어느 경우라도 불길을 끄는 데에는 안전한 거리를 두고 하는 것이 가장 좋다. 또 그 밖의 방법에 따라 무인모니터를 사용하는 것이 바람직하다. 퍼옥시화합물이 열에 노출된 경우에는 즉시 폭발이 일어난다 라는 것을 마음에 새겨두는 것이 중요하다. 퍼옥시화합물을 취급이 필요하게 된 경우에는 그들 물질을 저온으로 유지하고 직사일광으로부터 멀리 하고, 또 열원이나 충격의 원인으로부터도 주의해야 한다. 누출된 시료는 불연성 재료에 흡수해서 폐기해야만 한다.

퍼옥시화합물은 몇 백 종류나 있지만, 우리들이 통상 정하는 것은 그리 많지 않다. 퍼옥시화합물의 성질을 대표하는 물질은 다음과 같다. **과산화벤조일**은 백색의 입상물질로 상온에서 안정하며 100℃ 부근에서 격렬하게 분해한다. 그 분자구조는 아래에 기술한 바와 같다.

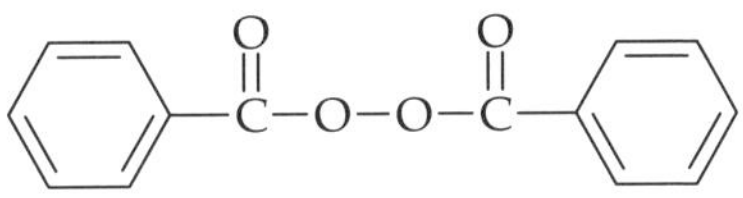

어느 퍼옥시화합물과 비교해도 과산화벤조일의 제조량이 가장 많다. 그것은 건조한 분말로 수송되거나 30% 이상의 물을 포함한 풀과 같은 형태로 수송된다. 과산화벤조일은 스티렌 같은 비닐형의 분자 중합개시제로 이용된다. 또 그것은 소맥분을 표백하는 데도 이용된다. 과산화벤조일은 많은 사고의 원인이 되어오고 있다. 과잉한 온도에 노출되거나 급속도로 뜨겁게 하거나 하면 과산화벤조일은 폭발을 일으키기 쉽고, 그 자연발화온도는 80℃이다.

과아세트산은 수송이 허가되어 있는 유일한 유기 "과산"이다. 그 분자구조는 다음과 같다.

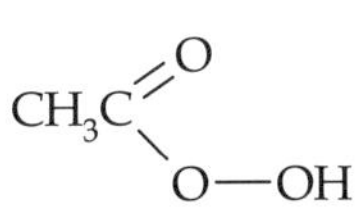

그것은 또 아세틸히드로퍼옥사이드로도 불리고 있다. 이 화합물은 농도가 40% 넘지 않는 정도로 아세트산에 용해했을 때만 수송이 허가되어 있다. 과아세트산은 살균제, 곰팡이 방지제 및 피임약 등과 같은 몇 개의 유기화합물의 합성에 이용된다. 그것은 110℃에서 폭발한다.

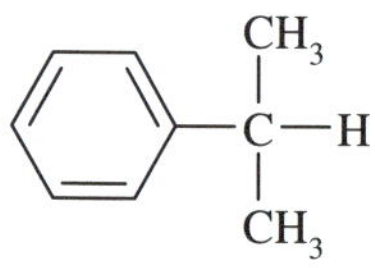

큐멘

큐멘($(CH_3)_2CHC_6H_5$)의 히드로퍼옥사이드는 액체로서 인화점은 36℃이며, 공기 중에 노출시 유기과산화물을 생성한다. 큐멘은 일찍이 플라스틱 공업에서 이용되고 있었지만, 오늘날에는 특히 석탄산 제조에 대부분 이용되고 있다. 산용액 중에서 큐멘히드로퍼옥사이드는 아세톤과 석탄산으로 분해한다. 따라서 이 물질의 수송시 큐멘히드로퍼옥사이드를 약 70% 알코올 또는 케톤에 용해하는 것이 요구된다.

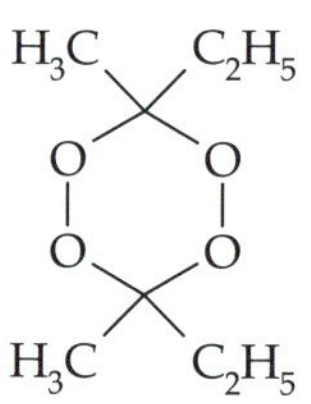

과산화에틸메틸케톤

과산화에틸메틸케톤은 무색의 투명한 기름상 액체이며, 인화점이 58℃로 80~100℃에서 격렬하게 분해한다. 이 물질은 여러 가지의 분자구조를 가지는 것이 가능하다. 이 물질은 극단적으로 충격에 대해 민감하기 때문에, 적당한 용제로 용해해 그 농도는 60%를 넘지 않도록 해야 한다. 과산화에틸메틸케톤은 비닐 및 에스테르 형 두 개의 분자 중합개시제로 이용된다.

11.3 에테르

에테르는 2개의 탄화수소기 사이에 하나의 산소 원자가 가교결합으로 존재하고 있는 유기화합물의 부류이다. 그들의 일반적인 분자구조는 $R-O-R'$이고, R과 R'는 양쪽 다 알킬기 또는 아릴기이다. 에테르는 알코올의 이성체이므로 물 또는 알코올과 구조적인 연관성은 있으나, 산소 원자에 붙어 있는 유기원자단의 종류에 따라 성질이 매우 크게 변화한다. 이러한 에테르는 산소 양단에 붙어 있는 알킬기가 같은 단순에테르와 다른 혼성에테르로 대별된다.

$CH_3CH_2-O-CH_2CH_3$	$CH_3-O-CH_2CH_3$
단순에테르	혼성에테르

IUPAC의 규칙에서는 탄소수가 많은 기의 탄화수소를 기본으로 하고 alkoxy group (RO −)으로 명명한다.

$CH_3-O-CH_2CH_3$
methoxy ethane

$CH_3CH_2CH_2-O-CH_2CH_3$
ethoxy propane

그러나 실제로는 이러한 IUPAC명 보다 관용명이 널리 쓰이며, 보통 단순에테르는 탄화수소명 앞에 “di”를 붙이고, 다음에 에테르를 붙이며, 혼성인 경우에는 탄화수소가 적은 것, 그 다음 탄화수소가 많은 것을 연속하여 명명한 후 ether를 붙인다.

$H_3C-O-CH_3$
dimethyl ether

$CH_3CH_2-O-CH_2CH_3$
diethyl ether

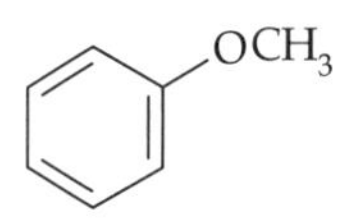
methyl phenyl ether

지방족에테르는 고도로 휘발성이 있고, 극단적으로 인화성이 높다. 그들은 일반적으로 끓는점이 낮고, 인화점이 낮은 액체이고, 특히 분자 내의 탄화원자수가 작은 경우에는 끓는점과 인화점은 낮아진다. 에테르 증기는 비교적 무겁다. 보통의 공업적으로 이용되는 에테르는 모두 인화성 액체이다. 인화성 특성 외에도 에테르는 여전히 공기 중의 산소와 반응하여 불안정한 유기과산화물을 생성하는 경향을 갖기 때문에 기본적으로 위험성을 가진 물질이다. 과산화물을 생성하는 반응은 빛에 의해 촉진된다. 따라서 안전 측면에서 에테르는 보통 금속성 깡통 또는 검은 유리병에 저장된다. 또한 에테르는 상당히 손쉽게 증발하기 때문에 유기과산화물은 농축되어 폭발위험성이 증대되기 쉽다.

다음의 에테르는 특별히 위험한 물질로 잘 알려져 있는데, 그들은 유기과산화물을 생성할 가능성이 농후해서 폭발을 일으키기 쉽기 때문이다.

$C_2H_5-O-C_2H_5$
에틸에테르(디에틸에테르)

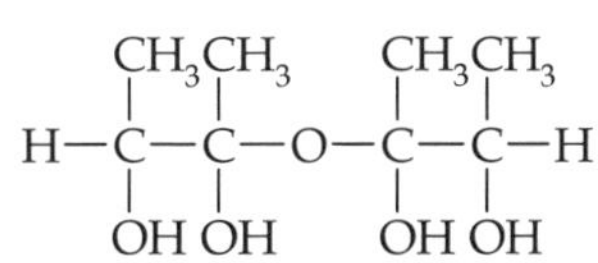
에틸렌글리콜 디메틸에테르

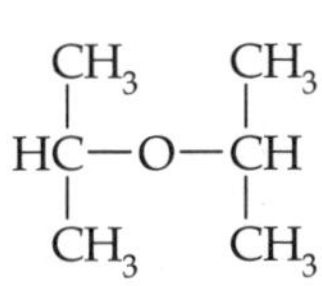
이소프로필에테르

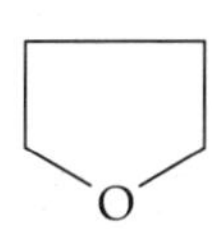
테트라히드로퓨란

에테르의 제조공업은 통상 그 제품 라벨에 폭발위험성에 관한 주의사항을 적고 있다. 가장 보통의 에테르는 에틸에테르이다. 그 분자구조는 $H_5C_2-O-C_2H_5$이다. 에틸에테르의 물리적 성질은 표 11.2에 표기되어 있다.

표 11.2 에틸에테르의 물리적 성질

끓는점	34℃
녹는점	−123℃
비중	0.71
공기비중 (공기=1)	2.55
인화점	−40℃
자연발화온도	180℃
폭발의 하한계	1.85%
폭발의 상한계	48%
TLV	400 ppm

에틸에테르는 물에 조금 녹을 뿐이다. 용적 1의 에테르는 용적 12의 물에 용해한다. 에틸에테르의 상당량이 공업적으로 용제로 이용되고 있지만, 마취제로 더욱 잘 알려져 있다. 에테르는 1800년대 중반경부터 마취제로 이용되고 있으며, 현재도 병원이나 진료소에서 이 목적으로 이용된다.

에틸에테르는 비교적 폭넓은 농도범위로 공기 속에서 연소하며, 그 연소범위는 1.85~48%이다. 에테르의 화재는 가솔린 화재보다도 훨씬 소화가 어렵다고 생각된다. 왜냐하면 에틸에테르의 증기는 공기보다 2.5배 무겁다. 이같이 무거운 증기는 바닥을 따라 흐르게

그림 11.2 디에틸에테르의 증기(증기 비중=2.5)는 공기보다 무겁다. 그것은 다음과 같은 실험에 의해 설명할 수 있다. 그림과 같은 홈틀을 준비해 그것을 벽돌에 걸치고, 그 아랫단의 근처에 불붙은 양초를 둔다. 홈틀의 꼭대기 근처에 디에틸에테르를 묻힌 수건 조각을 놓는다. 증기는 홈틀 안으로 흘러내려 점화된다. 불길은 증기의 발생원까지 타올라간다.

되어 있어 계단 밑까지도 흘러간다. 만약 그것이 착화원에 도달하면 불은 상당히 먼 거리로부터 새어나온 장소까지 확대될 것이다. 에테르는 물에 별로 잘 녹지 않기 때문에 에테르의 화재 시 소화제로 물을 이용하는 것은 상당히 제한된다. 물은 오히려 타지 않는 에테르 용기를 냉각하는데 이용된다. 에테르의 화재에는 이산화탄소, 할론류 또는 드라이케미칼을 이용하는 것이 소화에 가장 적당하다.

11.4 알데히드와 케톤

알데히드와 케톤은 모두 카르보닐기 >C=O를 작용기로서 포함하는 물질이므로 카르보닐 화합물이라고도 한다. 카르보닐기에 하나를 수소 원자, 다른 하나를 탄화수소기를 갖는 경우 알데히드라 한다(단, 수소를 두 개 갖는 경우는 포름알데히드라 한다). 한편, 두 개 모두 탄화수소기를 갖는 경우에는 케톤이라 한다.

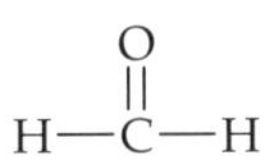
포름알데히드

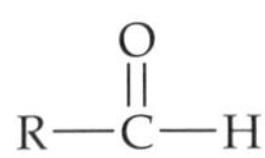
지방족알데히드

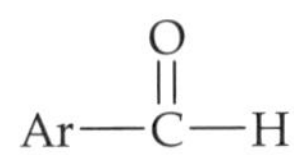
방향족알데히드

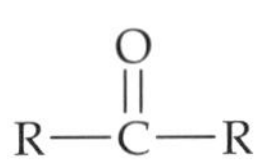
지방족케톤

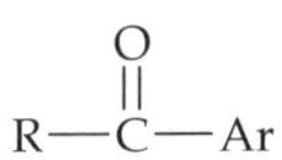
혼합형케톤

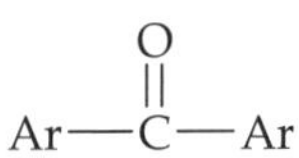
방향족케톤

IUPAC에 의한 알데히드의 명명방법은 탄소수에 해당하는 알칸명의 어미에서 −e를 −al로 바꾸어 명명하며, 케톤의 경우에는 탄화수소기의 어미에서 −e를 −one로 바꾸고 카르보닐기의 위치번호를 명명한다.

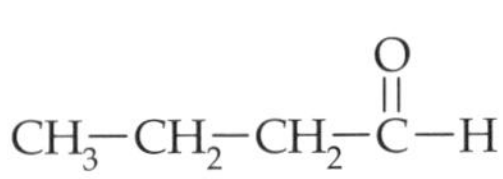
butanal

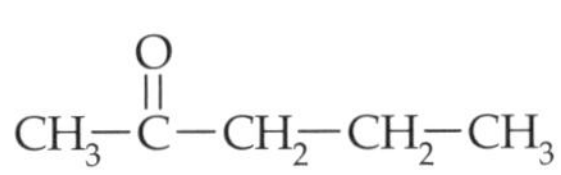
2-pentanone

간단한 알데히드는 그것이 산화해서 생기는 산의 이름과 관계있는 관용명으로 알려져 있다. 예를 들면, 포름알데히드는 산화되면 포름산이 되고, 아세트알데히드는 산화해서 아세트산을 생성한다. 케톤의 경우 관용명은 카르보닐기에 결합된 두 개의 탄화수소기를 간단한 순으로 명명하고, 끝에 케톤을 붙인다. 두 개의 탄화수소기가 동일한 경우에는 치환기명 앞에 디(di)를 붙이고 케톤을 붙인다.

표 11.3에 간단한 알데히드와 그로부터 유도되는 산, 그리고 케톤의 이름과 구조식을 표시하였다. 한편, 표 11.4와 표 11.5는 간단한 알데히드와 케톤의 물리적 성질을 표시하였다.

알데히드와 케톤은 크게 3종류가 있다. 즉 산화반응, 탄소 - 산소 이중결합의 첨가반응, 카르보닐 화합물의 산성도에 의한 염기촉매 하에서의 반응이다. 각각의 반응을 간략하게 알아보면 다음과 같다.

표 11.3 몇 가지 알데히드와 케톤의 명명법

산	알데히드	케 톤
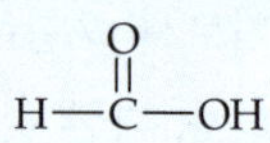 formic acid	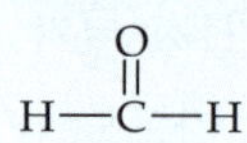 formaldehyde (methanal)	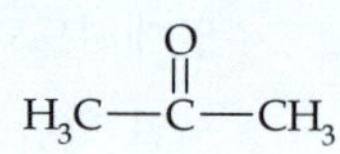 dimethyl ketone (2-propanone : acetone)
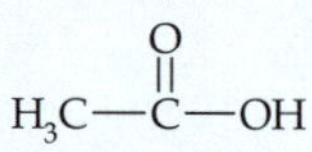 acetic acid	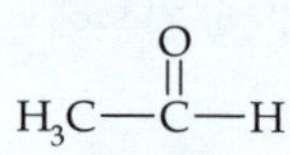 acetaldehyde (ethanal)	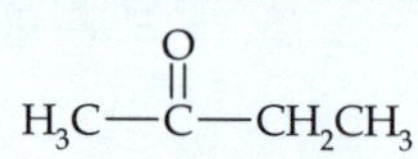 methyl ethyl ketone (2-butanone)
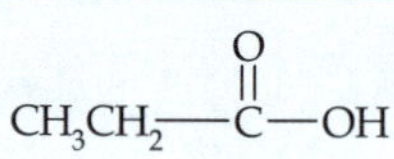 propionic acid	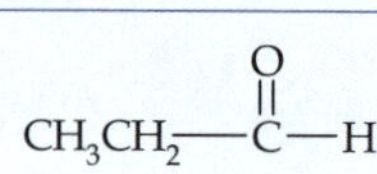 propionaldehyde (propanal)	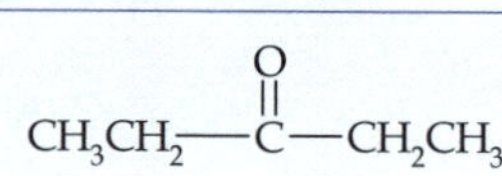 diethyl ketone (3-pentanone)
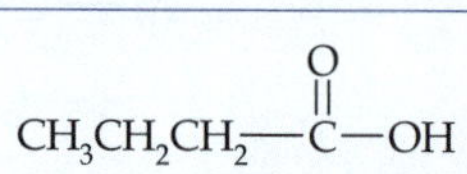 butyric acid	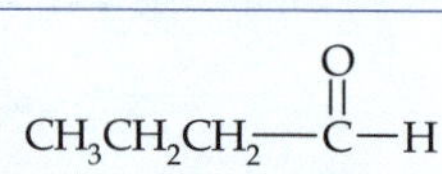 butyraldehyde (butanol)	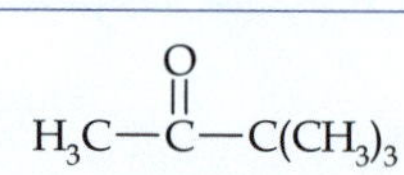 methyl-*t*-butyl ketone (3,3-dimethyl-2-butanone)
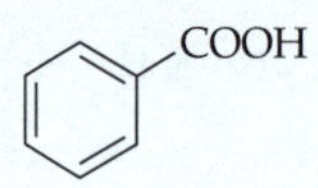 benzoic acid	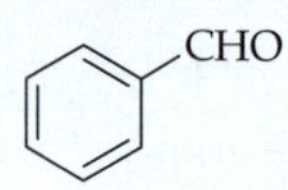 benzaldehyde	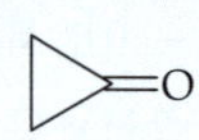 cyclopropanone
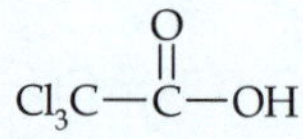 trichloro acetic acid	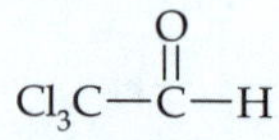 trichloro acetaldehyde (chloral)	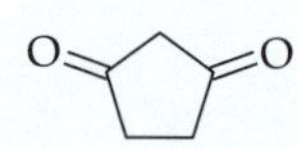 1,3-cyclopentadione
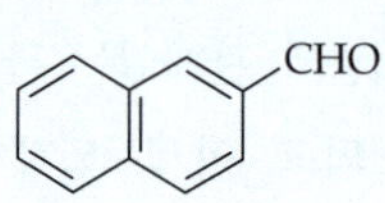 β-naphthaldehyde		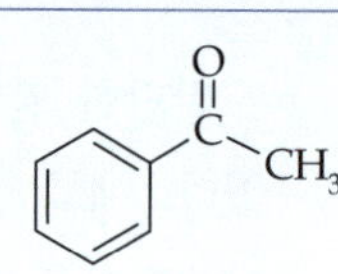 methyl phenyl ketone (acetophenone)

표 11.4 알데히드의 물리적 성질

명 칭	화학식	녹는점℃	끓는점℃	비중
formaldehyde	CH_2O	−92	−21	0.815
acetaldehyde	CH_3CHO	−123	20.8	0.781
chloral	CCl_3CHO	−57.5	97.8	1.512
glyoxal	O=CH-HC=O	15	50.4	1.14
propionaldehyde	CH_3CH_2CHO	−81	48.8	0.807
n-butyraldehyde	$CH_3CH_2CH_2CHO$	−97	74.7	0.817
isobutyraldehyde	$(CH_3)_2CHCHO$	−66	61	0.797
n-valeraldehyde	$CH_3CH_2CH_2CH_2CHO$	−92	103.7	0.819
isovaleraldehyde	$(CH_3)_2CHCH_2CHO$	−51	92.5	0.803
n-caproaldehyde	$CH_3(CH_2)_4CHO$		129	0.834
n-heptaldehyde(enanthol)	$CH_3(CH_2)_5CHO$	−45	155	0.850
stearaldehyde	$CH_3(CH_2)_{16}CHO$	38		0.841
acrolein	CH_2=CHCHO	−88	52.5	0.859
crotonaldehyde	CH_3CH=CHCHO	−76.5	104	1.046
benzaldehyde	C_6H_5CHO	−56	179	
fufural	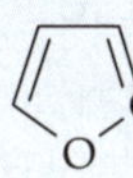 CCHO	−31	162	1.156

표 11.5 케톤의 물리적 성질

명 칭	화학식	녹는점℃	끓는점℃	비중
acetone	CH_3COCH_3	−95	56.1	0.7915
methyl ethyl ketone	$CH_3COCH_2CH_3$	−85	79.6	0.805
methyl *n*-propyl ketone	$CH_3CH_2CH_2COCH_3$	−77.8	20.1	0.812
diethyl ketone	$CH_3CH_2COCH_2CH_3$	−42.0	101.7	0.814
methyl *n*-butyl ketone	$CH_3CH_2CH_2CH_2COCH_3$	−56.9	127.2	0.830
ethyl *n*-propyl ketone	$CH_3CH_2CH_2COCH_2CH_3$		124	0.818
methyl t-butyl ketone (pinacolone)	$CH_3COC(CH_3)_3$	−52.5	106.3	0.811
di-*n*-propyl ketone	$(CH_3CH_2CH_2)_2CO$	−34	144.2	0.821
diisopropyl ketone	$[(CH_3)_2CH]_2CO$		125	0.806
diisobutyl ketone	$[(CH_3)_2CHCH_2]_2CO$		166	0.833
di-*n*-amyl ketone	$(n\text{-}C_5H_{11})_2CO$	14.6	228	0.826

(1) 산화반응

알데히드와 케톤은 산화제와 서로 다르게 반응한다. 알데히드는 간단하게 산화하여 카르복실산을 생성하는데, 이 반응은 알칼리성에서 더욱 잘 진행된다.

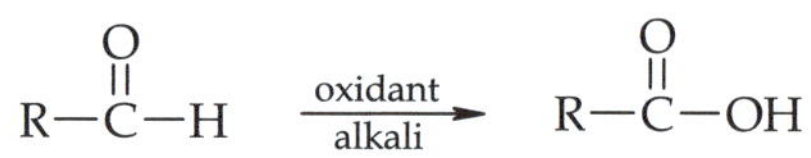

그러나 케톤은 탄소 원자에 결합된 수소 원자가 없으므로 강한 산화 조건에서만 산화가 진행되며 산화가 진행되면 카르보닐기의 한 쪽 탄소사슬이 끊어진다.

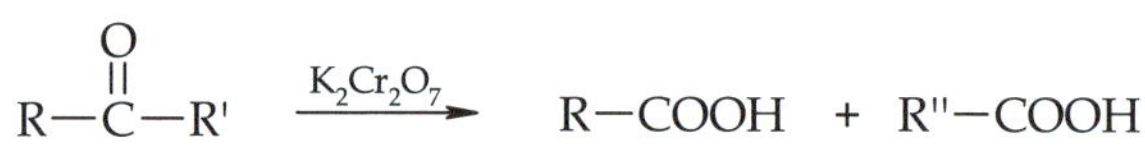

(탄소-탄소결합 중 한 개가 끊어진다)

여기서 R″은 R′보다 탄소 원자가 1개 작은 탄화수소기이다.

한편, 알데히드와 케톤을 구별하거나 검출하는 방법은 몇 가지가 있으며, 이는 두 화합물이 상기에서 언급한 바와 같이 산화되는 정도가 다른 것을 이용하는 것이다.

첫째 방법은 Tollens 시험으로서 은-암모니아의 착이온이 실온에서 알데히드에 의해 환원되어 금속은을 유리시키는 반응을 이용하는 방법으로, 이 반응은 1882년 Tollens가 암모니아성 질산은 용액(Tollens 시약)에 알데히드를 첨가하여 금속은을 유리병에 석출시켜 은경을 제조하는 것을 발견함으로써 알려졌으며, 이 방법을 은경시험이라고도 한다. 이는 보온병을 만드는데 널리 사용되는 방법이다.

한편, 케톤은 Tollens 시약과 반응하지 않는다.

두 번째 방법은 Fehling 시약의 환원법이다. Fehling 시약은 수산화나트륨을 가한 주석산 칼륨나트륨용액과 황산구리용액을 동일한 양으로 섞은 용액은 진한 청색이나 알데히드를 첨가하면 Cu^{2+}가 환원되어 Cu_2O의 붉은색 침전이 생성된다. 이 시험법은 혈액 중의 글루코오스 검출에 사용된다.

(2) 첨가반응

무기산 촉매하에서 알데히드에 알코올이 첨가되면, 알데히드의 작용기탄소에 2개의 알콕시기가 결합된 화합물이 생성되는데, 이를 아세탈(acetal)이라 부르며, 작용기 탄소에 수산기와 알콕시가 결합된 중간 생성물을 헤미아세탈(hemiacetal)이라 부르며, 이 화합물은 아세탈로 변환된다.

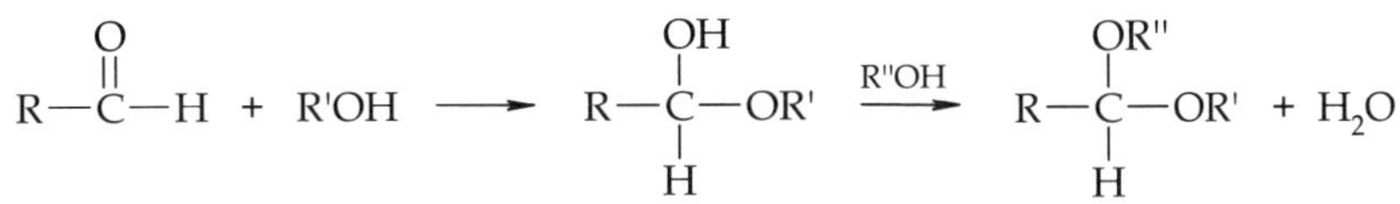

케톤의 경우도 알데히드와 유사하게 알코올과 반응하여 케탈(ketal)을 생성한다.

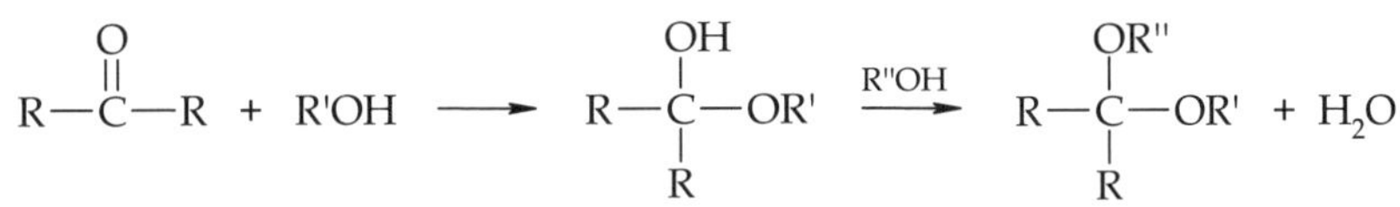

한편, 알데히드나 케톤을 Grignard 시약과 반응시키면 여러 가지 형태의 알코올이 생성된다. 즉, 포름알데히드는 1차 알코올을 생성하고, 다른 알데히드는 2차 알코올을 생성하며, 케톤의 경우에는 3차 알코올을 생성한다.

$$HCHO + RMgX \xrightarrow{H_3O^+} RCH_2OH$$ (1차 알코올)

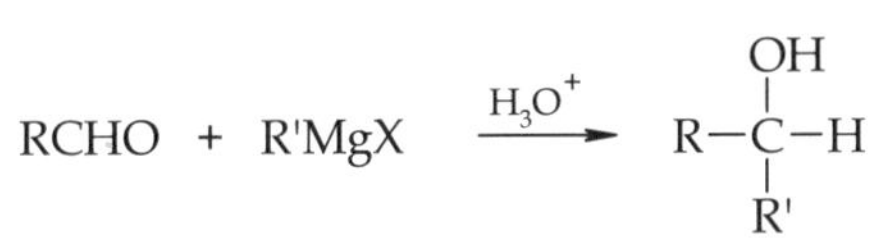

(2차 알코올)

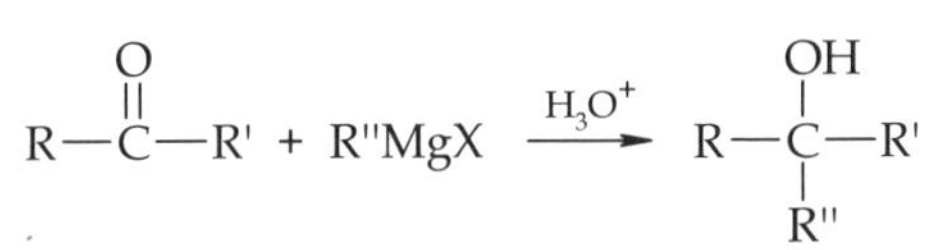

(3차 알코올)

(3) 염기 존재 하에서의 반응

카르보닐기의 α-탄소에 수소 원자가 없는 알데히드, 즉 포름알데히드, 벤조알데히드, 트리메틸아세트알데히드의 독특한 반응으로 진한 알칼리 용액 중에서 산화·환원이 동시에 일어나서 알코올과 산으로 변화한다. (Cannizaro 반응)

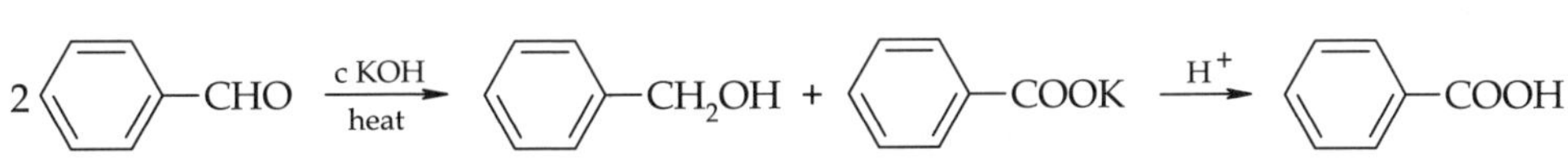

벤조알데히드 벤질알코올 벤조산칼륨 벤조산

한편, 페닐에틸 케톤 등 몇 가지 케톤 화합물은 염기 존재 하에서 할로겐 원소와 반응하여 할로포름을 생성한다.

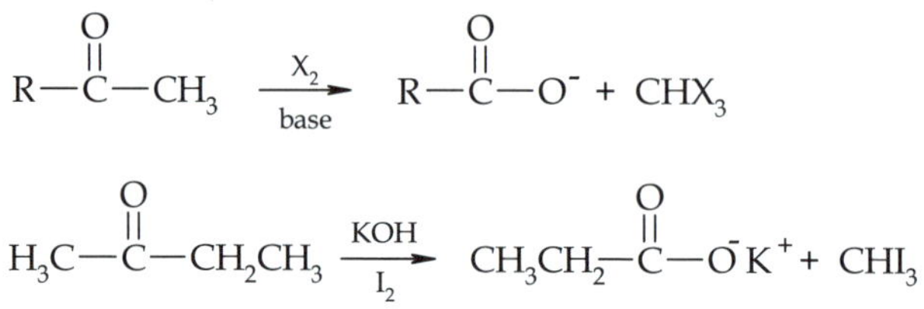

11.5 카르복실산과 그 유도체

카르복실산이란 카르복실기($-\overset{O}{\overset{\|}{C}}-OH$)를 가진 화합물을 말한다. 카르복실산은 분자 중에 들어 있는 카르복실기의 수에 따라 모노카르복실산, 디카르복실산 등으로 구별하며, 카르복실기에 들어 있는 탄화수소가 지방족인 경우 지방산이라 하는데, 가장 흔한 지방산은 팔미트산, 스테아르산, 올레산, 리놀레산이다.

카르복실산의 유도체는 대체로 카르복실기의 수산기(OH)가 어떠한 원소에 치환되었는가에 따라 구별되며, 대표적인 카르복실산의 유도체는 표 11.6에 나타내었다.

표 11.6 카르복실산의 유도체

화학식	명칭	
$R-\overset{O}{\overset{\|}{C}}-OH$	카르복실산	carboxylic acid
$R-\overset{O}{\overset{\|}{C}}-X$	산할로겐화물	acid halide
$R-\overset{O}{\overset{\|}{C}}-NH_2$	아미드	amide
$R-\overset{O}{\overset{\|}{C}}-OR'$	에스테르	ester
$R-\overset{O}{\overset{\|}{C}}-O-\overset{O}{\overset{\|}{C}}-R'$	산무수물	anhydride
$R-\overset{O}{\overset{\|}{C}}-NH-\overset{O}{\overset{\|}{C}}-R'$	이미드	imide

이러한 카르복실산의 IUPAC명은 해당 지방족 탄화수소에 어미 －e를 －oic로 바꾸고, 끝에 acid를 붙여서 명명하며, 치환기의 위치는 카르복실의 탄소로부터 번호를 붙이거나 카르복실산 탄소 다음 탄소부터 희랍문자(α, β, γ, δ …) 등을 써서 사용하기도 한다.

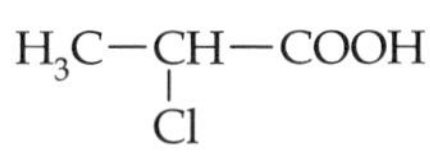

2-chloro propionic acid
(α-chloro propionic acid)

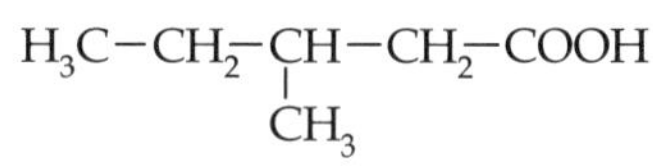

3-methyl pentanoic acid
(β-methyl pentanoic acid)

지방족(디카르복실산)의 경우에는 주로 관용명으로 알려져 있으나 IUPAC명에서는 접미어 －dioic acid를 붙여서 부른다. 몇 가지 대표적인 카르복실산의 관용명과 IUPAC명은 다음에 나타낸 것이 대표적이며, 대표적인 지방족(디카르복실산)은 표 11.7에 나타내었다.

표 11.7 지방족 디카르복실산

화학식	관용명	IUPAC명
HOOC-COOH	oxalic acid	ethandioic acid
HOOC-CH_2-COOH	malonic acid	propandioic acid
HOOC-CH_2CH_2-COOH	succinic acid	butandioic acid
HOOC-$CH_2CH_2CH_2$-COOH	glutanic acid	pentandioic acid
HOOC-$CH_2CH_2CH_2CH_2$-COOH	adipic acid	hexandioic acid

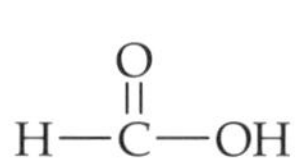

formic acid
(methanoic acid ; IUPAC))

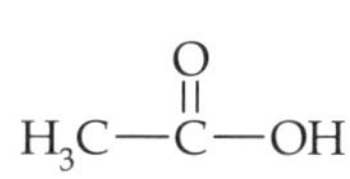

acetic acid
(ethanoic acid)

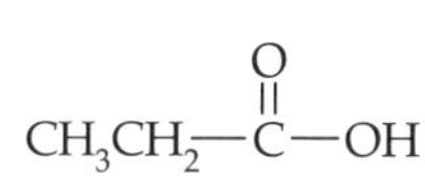

propionic acid
(propanoic acid)

$CH_3(CH_2)_2COOH$

n-butylic acid
(butanoic acid)

$CH_3(CH_2)_3COOH$

n-valeric acid
(pentanoic acid)

$CH_3(CH_2)_4COOH$

caproic acid
(hexanoic acid)

$CH_3(CH_2)_6COOH$

caprylic acid
(octanoic acid)

$CH_3(CH_2)_8COOH$

capric acid
(decanoic acid)

$CH_3(CH_2)_{10}COOH$

lauric acid
(dodecanoic acid)

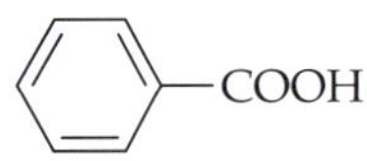

benzoic acid

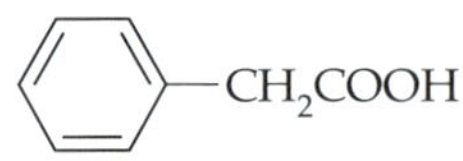

phenyl acetic acid

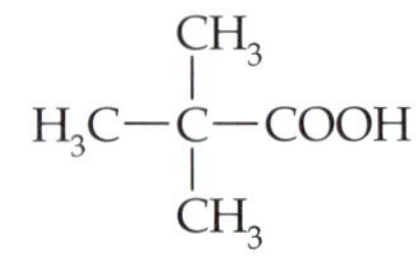

trimethyl acetic acid
(2,2-dimethyl propanoic acid)

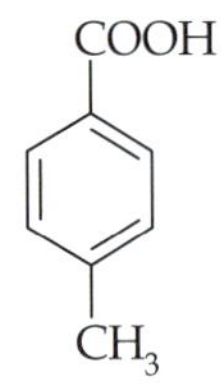

p-toluic acid

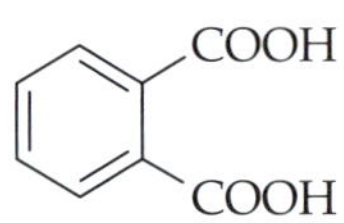

phthalic acid

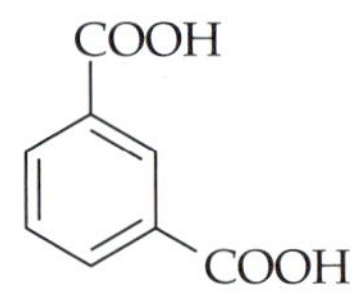

isophthalic acid

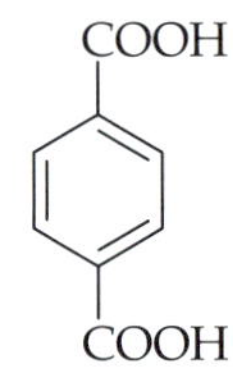

terephthalic acid

한편, 카르복실산은 다양한 화학반응을 하며, 그 결과 생성물로서 앞서 언급한 여러 가지 유도체가 얻어진다. 카르복실산의 유도체는 카르복실산의 수산기가 다른 작용기로 치환된 형태로 다음과 같은 것들이 있다.

(1) 카르복실산염

카르복실산은 염기 또는 탄산염과 반응하여 염을 생성한다. 또한 알칼리금속이나 알칼리토금속과도 반응하여 염과 수소를 발생한다.

$$RCOOH + NaOH \rightarrow RCOONa + H_2O$$

$$RCOOH + Na \rightarrow RCOONa + 1/2H_2$$

$$2RCOOH + Ca \rightarrow (RCOO)_2Ca + H_2$$

이 반응에서 고급지방산의 알칼리금속염을 일반적으로 비누(soap)라고 하며, 나트륨염을 소오다 비누라 한다. 알칼리금속 이외의 금속염은 금속 비누라고 하며, 물에는 불용성이나 유지 또는 광유에 잘 녹는다. 이러한 현상을 이용하여 비누가 세척을 하는 효과를 나타내는 것이다.

(2) 산무수물

카르복실산 두 분자가 특정조건에서 탈수되어 생성된 화합물을 산무수물이라 한다.

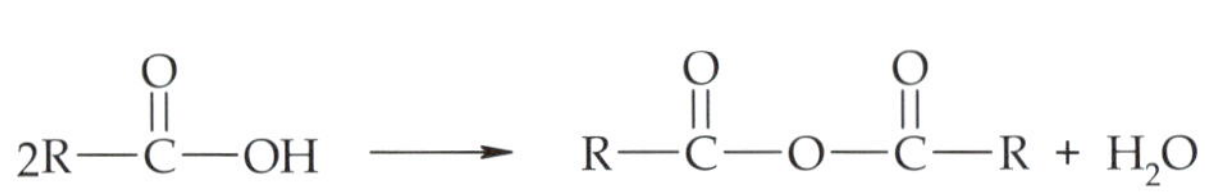

이러한 산무수물의 IUPAC에 의한 명명법은 acid를 anhydride로 바꾸어 붙인다. 2개의 탄화수소기가 다른 경우에는 탄소수가 적은 탄화수소기를 먼저 명명한다.

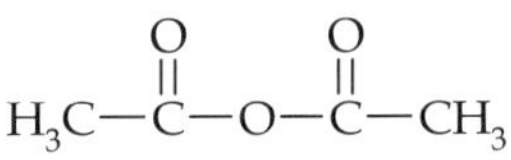

acetic anhydride

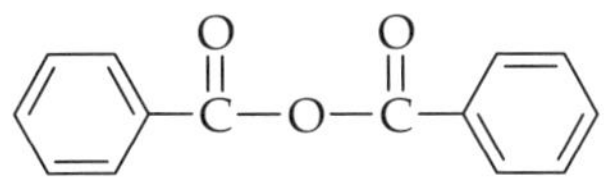

benzoic anhydride

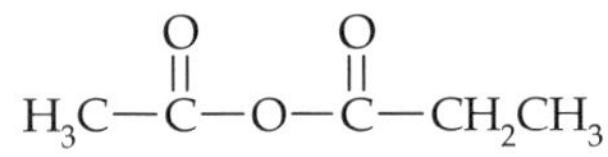

acetic propionic anhydride

이 산무수물 중에서 공업적으로는 아세트산 무수물이 가장 널리 사용되며, 산무수물은 물, 알코올, 암모니아와 반응하여 각각 산, 에스테르, 아미드를 생성한다.

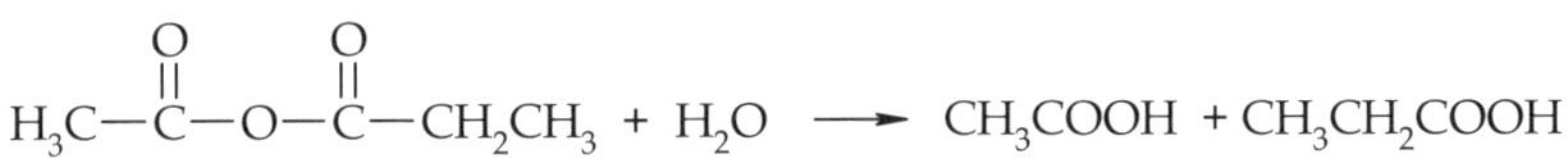

acetic acid propionic acid

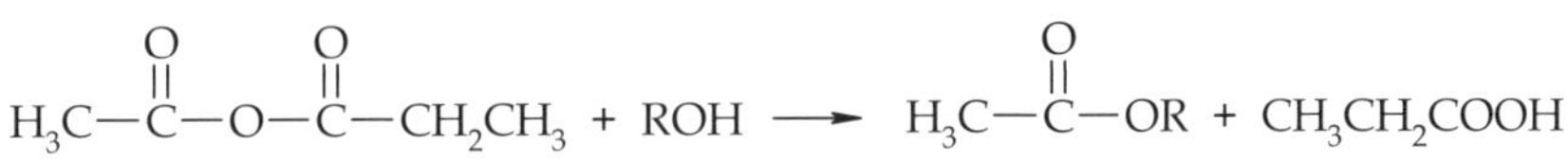

alkyl acetate propionic acid

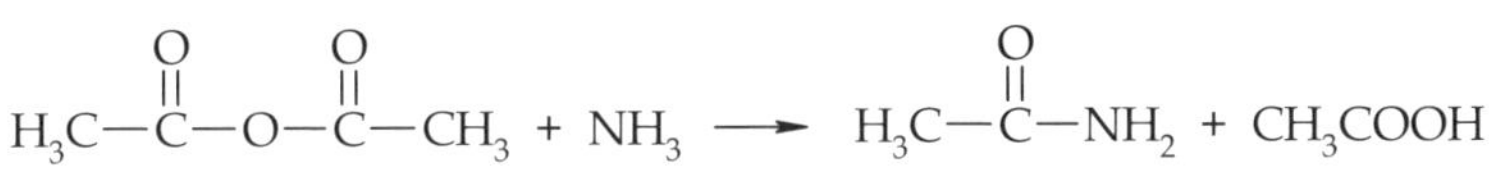

methyl amide acetic acid

(3) 에스테르

에스테르란 카르복실산과 알코올이 반응하여 물 1분자가 탈수되고 생성되는 화합물이다.

Fisher Esterification

$$RCOOH + R'OH \longrightarrow RCOOR' + H_2O$$

$$CH_3COOH + CH_3CH_2OH \longrightarrow CH_3COOCH_2CH_3 + H_2O$$

이러한 에스테르의 IUPAC명은 알코올에서 온 탄화수소기를 먼저 명명하고, 산의 －ic acid를 －ate로 바꾸어 명명한다.

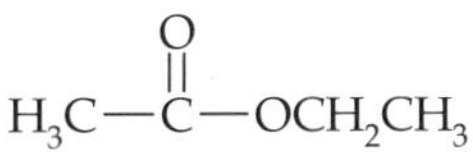

ethyl acetate

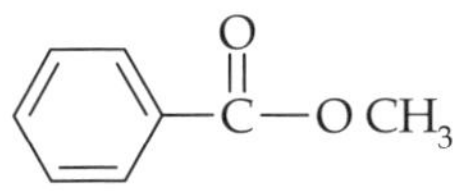

methyl benzoate

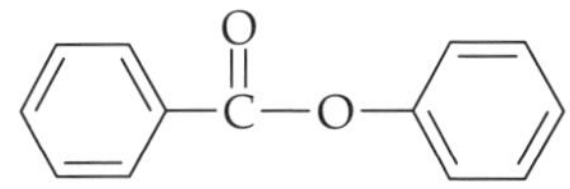

phenyl benzoate

한편, 에스테르는 산 존재 하에서 가수분해하여 카르복실산이 되며, 과량의 물을 사용하는 경우 반응이 정반응으로 진행된다. 이 반응은 에스테르 생성반응의 역반응이다.

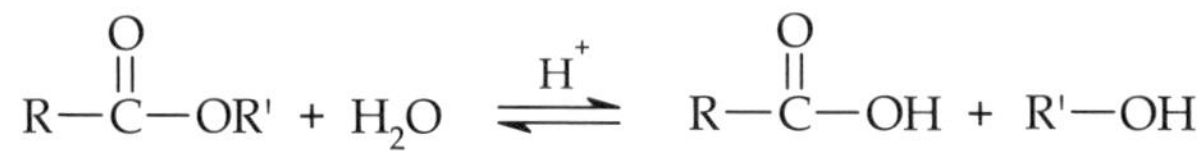

그러나 이 가수분해 반응을 알칼리 촉매 하에서 진행시키면 카르복실산염을 생성하며, 이 반응은 가역반응이 아니며 **비누화 반응**[22]이라고도 한다.

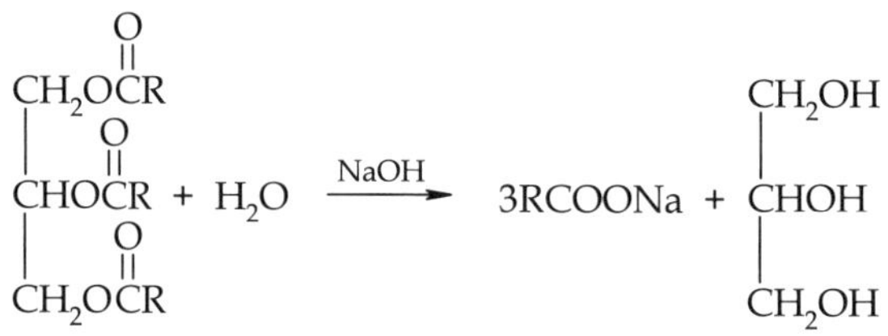

(4) 산 아미드

카르복실기의 수산기가 아미노기($-NH_2$)로 치환된 형태로 질소에 붙어 있는 치환기의 수에 따라 1차(1°), 2차(2°), 3차(3°) 아미드라 한다.

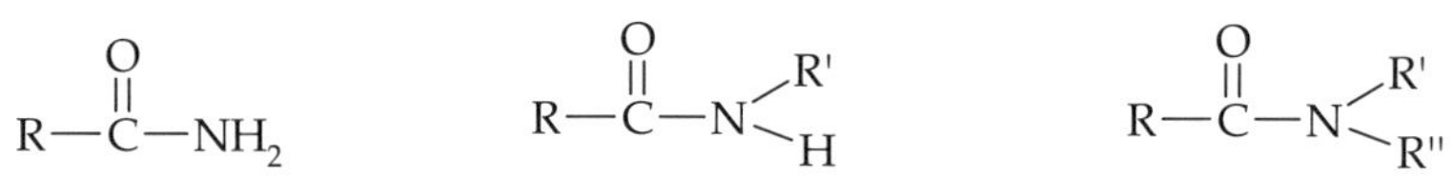

1° 아미드　　2° 아미드　　3° 아미드

아미드 화합물의 IUPAC명은 산 이름에서 어미 －oic acid를 －amide로 바꾸어 명명한다.

acetic acid (ethanoic acid)　→　acetamide (ethanamide)

propanoic acid　→　propanamide

---

22) 비누의 유래 : 비누를 뜻하는 'soap'는 종교 제의가 행해지던 고대 로마의 사포산(Mount Sapo)에서 유래되었다. 비가 오면 사포산에 쌓인 희생제물(동물)의 기름과 나무를 태운 재가 섞여 내려가면서 세척기능이 뛰어난 물질이 만들어졌다. 이를 사포(sapo)로 부른 것이 오늘날 비누(soap)가 된 것이다.

한편, 질소에 붙은 치환기는 치환기 이름 앞에 대문자 N을 써서 나타낸다.

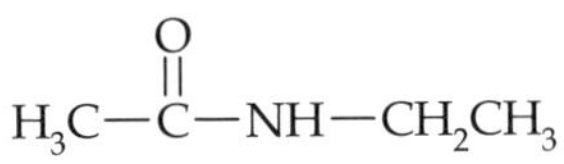
N-ethylacetamide

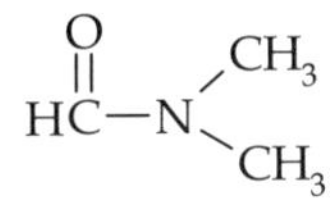
N,N-dimethyl formamide

그리고 질소에 카르보닐기 (R$\overset{O}{\overset{\parallel}{C}}$—) 가 2개 붙어 있는 화합물을 이미드(imide)라 한다.

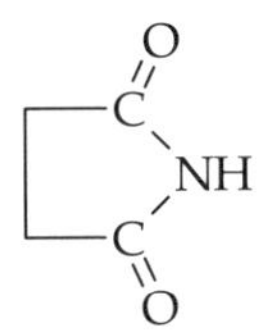
succinimide

11.6 중합

폴리머는 단량체라 불리는 작은 단위가 다수 반복해서 결합되어 형성된, 비교적 큰 분자이다. 접두어의 폴리(poly)는 다수라는 것을 의미한다. 따라서 폴리머라 하면 그것은 다수의 단위가 결합되어 만들어진 화합물이란 뜻이 된다. 폴리머를 만들어내는 단순한 분자를 모노머라 부른다. 어떤 물질이 중합하는 경우, 그 폴리머는 처음의 모노머와 같은 퍼센트의 원소조성을 가지고 있지만, 분자량은 모노머에 비교하면 대단히 크다. 폴리머의 분자량은 100,000~200,000과 같이 높은 값을 가지고 있다.

스티렌은 중합을 행하는 물질의 하나의 예이다. 그 중합반응은 다음 식으로 표현된다.

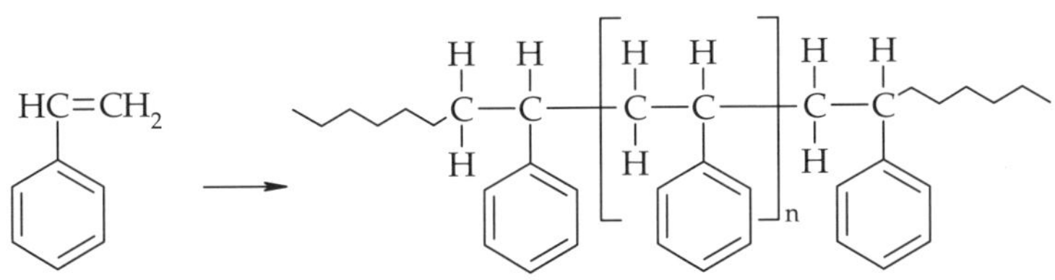
스티렌 폴리스티렌

화살표의 왼쪽 화합물이 모노머인 스티렌이다. 화살표 오른쪽 화합물은 중합체 폴리머인 폴리스티렌이다. [ ]안의 폴리스티렌 부분은 몇 번이라도 반복되는 것을 의미한다. ︿︿︿ 기호는 연속적인 반복을 가리킨다. 전형적인 물질의 n값은 수백 또는 수천까지 된다. 공업적인 중합반응에서 모노머는 그들에게 개시제가 더해지는 것에 의해 중합을 행한다. 개시제는 통상 유기금속화합물 또는 유기과산화물들 중의 하나이다. 이들 물질은 열이나 빛에 노출되면 유리기(radical)를 생성한다. 모노머 분자에 둘러싸인 유리기는 중합을 개시시키거나 인도해 간다. 유리기는 중립분자와 반응하고, 모노머의 공급이 없어질 때까지 새로운 라디칼을 만들어낸다. 스티렌의 중합은 과산화벤조일로부터의 유리기에 의해 개시되는 것이며, 반응식은 다음과 같다.

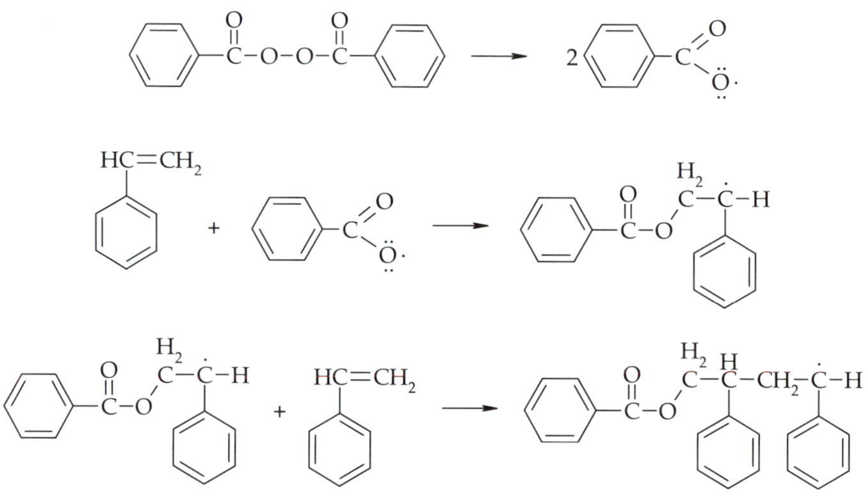

이 방식에 따라서 반응은 폴리스티렌의 긴 사슬이 생성될 때까지 계속된다. 폴리스티렌은 상업적으로는 단열재료, 전기의 절연체, 그 밖의 여러 가지 용도에 이용된다. 표 11.8은 다른 보통의 폴리머 몇 개를 나타낸다.

1종류의 분자만이 아닌, 그 이상의 몇 개의 분자가 중합하는 경우가 있다. 이러한 형태의 반응을 공중합이라 부른다. 예를 들면, 포름알데히드와 석탄산의 공중합은 베이클라이트를 생성한다. 이것에 관한 공중합반응은 다음 반응식으로 표현된다.

표 11.8 몇몇 폴리머의 성질

폴리머	모노머	결합단위	일반적인 용도
폴리에틸렌	$H_2C{=}CH_2$	$-CH_2-CH_2-$	플라스틱
폴리이소부틸렌	$H_2C{=}C(CH_3)_2$	$-H_2C-C(CH_3)_2-$	고무
네오프렌	$H_2C{=}C(Cl)-HC{=}CH_2$	$-H_2C-C(Cl){=}CH-CH_2-$	고무
폴리메타크릴산메틸	$H_2C{=}C(CH_3)-C(=O)-O-CH_3$	$-H_2C-C(CH_3)(C(=O)-O-CH_3)-$	플라스틱
폴리초산비닐	$H_2C{=}C(H)-O-C(=O)-CH_3$	$-H_2C-C(H)(-)-O-C(=O)-CH_3$	섬유

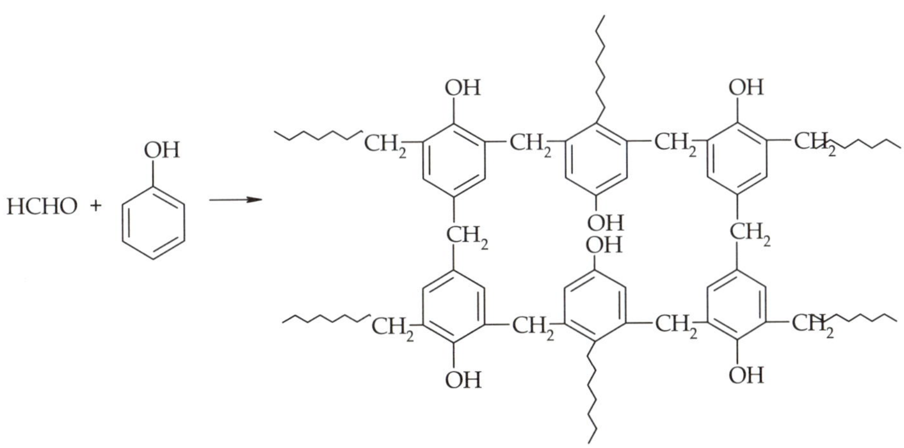

베이클라이트(Bakellite)는 화학약품에 의한 부식에 견디는 각종 재료를 만드는데 이용된다. 그 생성물은 목재의 접착제, 보호피복, 테이블판, 가구의 판 종류 및 숫돌의 호일에까지도 이용되고 있다.

11.7 유기폴리머의 연소

일반적으로 폴리머는 유기화합물이다. 따라서 그것은 높은 온도에 노출되면 연소한다. 그 연소는 다음과 같은 형태로 일어난다. (1) 폴리머는 용융된 후 연소한다. (2) 폴리머 표면은 탄화하는 경향을 가진다. 그리고 (3) 폴리머 연소의 경우에는 대량의 연기, 일산화탄소 및 그 외 유독성의 연소생성가스를 생성한다.

폴리머의 연소에 대해서는 광범위한 연구가 행해지고 있다. 연소과정에서 폴리머가 가열에 의해 간단한 화학물질로 열분해하는 것이 인정되기 때문이다. 폴리머가 열분해하는 경우에는 분해생성물인 간단한 화합물이 연소한다. 폴리머의 열분해는 복잡한 현상이다. 다수의 간단한 분자가 폴리머의 거대하고 복잡한 분자로부터 생성되면 그 물질의 표면으로 확산해가고, 산소와 혼합해 발화한다. 이들 생성물이 그 위에 열분해를 계속해 불완전연소를 하는 경우, 다공질의 탄화된 잔존물질이 동시에 침적한다. 분해생성물의 대부분은 숯이 된 잔존물질의 표면에 흡착되어 잔류하지만, 그 밖의 물질은 연기입자에 흡착된다.

플라스틱 재료의 화재에 의해 만들어진 분해생성물의 화학분석은 매우 복잡한데, 그것은 상당히 다수의 생성물과 만나기 때문에, 일련의 유독가스가 상당량 생성된다. 표 11.9는 마루에 깔려 있던 여러 가지 재료의 연소에 의해 만들어진 몇 개의 유독가스의 농도를 기재하고 있다.

표 11.9 고분자 바닥재료의 열분해에 의한 연소생성물의 농도 (ppm)

재료	CO	CO_2	O_2	HCN	NO_2	HCl
아크릴카펫	1,100	33.300	15,000	100	1	0
양모카펫	19,000	180,000	50,000	10,250	0	0
아크릴판	1,300	15,000	–	85	0.3	0
PVC 타일	1,500	NR*	NR	0	0	100
적견재	13,600	93,000	100,000	35	10	0ct

NR : 결과 없음

어떤 유기폴리머가 열분해 또는 연소를 일으킨 경우에도 치사농도의 일산화탄소를 만든다. 시안화수소와 질소의 산화물도 질소를 포함한 폴리머류가 열에 노출된 경우에 여러 가지 형태로 발생된다. 염화수소는 폴리염화비닐의 열분해로 생성한다. 이들의 일반적인 화재에 의한 생성가스 외에 저분자량 유기화합물 등 여러 가지 물질도 만든다. 아크롤레인, 포름알데히드, 아세트알데히드, 부틸알데히드는 플라스틱 재료의 열분해 또는 연소로 만들어진 연기 속에서 일반적으로 발견되는 저분자량 화합물의 예이다. 아크롤레인

$CH_2 = CHCHO$는 그 TLV가 겨우 0.1 ppm인 최루성 유독가스이다. 따라서, 그것은 소방관이나 화재희생자가 알지 못하게 노출되는, 극도로 유독한 열분해 생성물이다. 목재, 등유 및 목면이 타는 사이에 발생하는 아크롤레인과 그 밖의 유독한 알데히드류의 농도가 표 11.10에 나타나 있다. 이 표에서 알 수 있듯이 다른 연소물질에서 생기는 연기는 전혀 다른 효과를 인체에 줄 가능성이 있다. 목재의 연기는 폐장해와 죽음을 가져오는 것이 알려져 있지만, 이에 반해 석유연소에서 생기는 연기는 이 같은 어느 쪽의 작용도 발생시키지 않는다. 목재와 등유의 연소생성물을 비교해 보면, 일산화탄소에 더해서 알데히드가 여전히 타고 있는 목재에 의한 연기중독의 원인이 되는 것을 알 수 있다. 폴리머의 연소에 의해 연기가 생기는 메커니즘은 별로 잘 이해되어 있지 않다. 단량체 물질이 방향족성의 물질인 경우에는 지방족의 경우보다도 많은 연기를 생성한다. 연소 시 폴리스티렌은 폴리에틸렌보다도 훨씬 많은 그을음을 생성한다. 아세틸렌은 종종 알킬기나 아릴기를 포함하고 있는 폴리머의 열분해로 생성된다.

유기폴리머류는 통상 일반화재에서 경험할 수 있는 고온에서 용융된다. 타고 있는 플라스틱이 녹은 액체는 타고 있는 양초의 액체와 대단히 유사하다. 용융된 재료의 액체는 연소장소에서 직접 열을 제거하는 냉각효과를 준다. 그렇지만 타고 있는 플라스틱의 액체는 연소면의 확대를 초래한다(그림 11.3).

표 11.10 몇몇 일반적 재료의 연기분석 (ppm)

유독한 화합물	목재	등유	목면
아크롤레인	50	1	60
포름알데히드	80	10	70
아세트알데히드	200	60	120
부틸알데히드	100	1	120

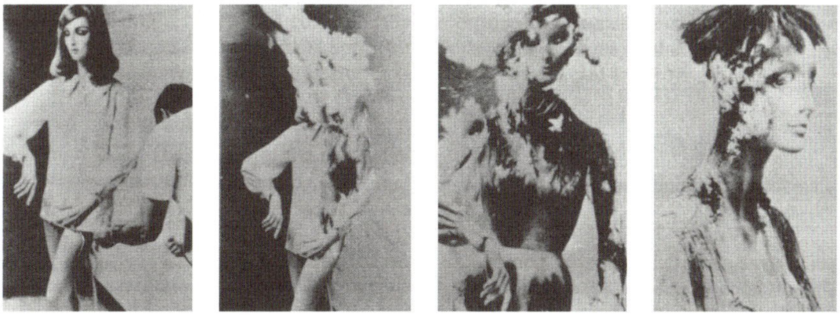

그림 11.3 어떤 종류의 합성섬유에 불길이 얼마나 빠르게 퍼지는가를 가리킨 연속사진으로 점화 후 30초, 60초 및 90초의 상태이다.

한편, 그림 11.4는 1994년 6월 1일 오후 4시경 서울 영등포구 대림 3동에 위치한 (주) 내셔널 플라스틱 공장화재 현장으로, 대표적인 유기폴리머 사고사례이다. 이로 인해 공장 1층 제품창고에서 불이 나 1천여 평의 3층 건물이 전소됐다.

그림 11.4 (주)내셔널 플라스틱 화재현장. 까만 연기가 온 하늘에 덮인 모습이, 마치 핵폭탄이 폭발한 모습과도 같았다.

몇 개의 질소, 인, 할로겐, 안티모니 및 칼륨의 화합물은 폴리머의 발화를 지연시킨다. 이들 화합물은 플라스틱의 구조와 결합되어 종종 용융하기 쉬운 생성물을 만들어내는데, 그것이 녹아서 타고 있는 장소로부터 흘러가 버리기 때문에 폴리머의 발화를 지연시킬 수 있다. 이들 난연처리를 가한 플라스틱은 처리되지 않은 재료보다도 불에 대한 저항성이 높아지지만, 그 재료가 열에 노출되는 경우 화재 억제제가 통상 연기량을 증가시키는 결과가 된다. 폴리머 재료의 불에 대한 완전성을 개량하는 목적으로 다수의 연구가 행해지고 있지만, 착화원에 노출된 경우에 연기를 발생하지 않는 시판 플라스틱은 거의 없다.

11.8 셀룰로오스와 그 유도체

목재에서 리그닝이라 불리는 접합제를 추출하고 남는 주요한 물질은 셀룰로오스이다(그림 11-5). 그것은 모든 식물의 세포막의 주요한 구조물로 이용되고 있는 자연의 가장 중요한 폴리머이다. 목재의 약 50%는 셀룰로오스이며, 목면은 거의 순수 셀룰로오스이다. 셀룰로오스의 화학식은 $(C_6H_{10}O_5)_n$이고, n은 5,000 정도이다. 셀룰로오스의 분자구조는 다음과 같다.

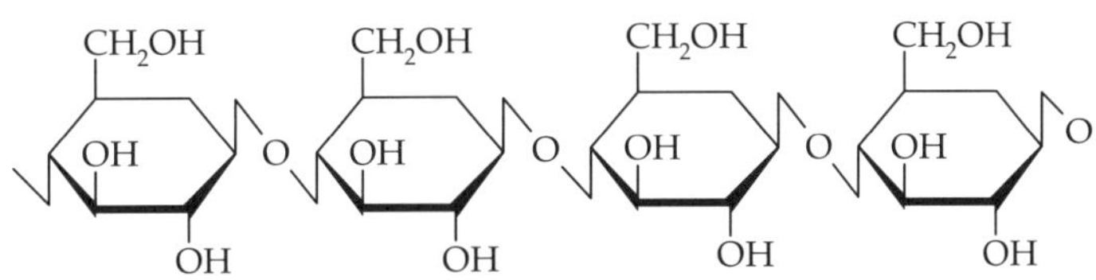

각각의 셀룰로오스의 단위는 3개의 수산기를 가지고 있다. 셀룰로오스는 종이, 목재, 목면의 섬유 및 셀룰로오스 플라스틱 공업의 원재료이다. 그것은 다른 어떤 폴리머보다도 대량으로 이용되고 있다.

복사열 또는 대류열에 노출되면 모든 셀룰로오스계의 고체는 타지만, 그것들이 용융되는 일은 없다. 셀룰로오스계 재료의 화재는 어느 것이나 등급 A의 화재에 속하고 그것은 물로 소화할 수 있다. 고체 셀룰로오스 재료는 열분해를 일으키고 목탄과 여러 가지 분해 생성물로 분해된다. 그들 생성물이 증발을 계속해서 그들의 기체가 대기의 산소와 섞이면 일반적인 불꽃을 만들어낸 다. 셀룰로오스의 열분해는 매우 복잡하다. 셀룰로오스의

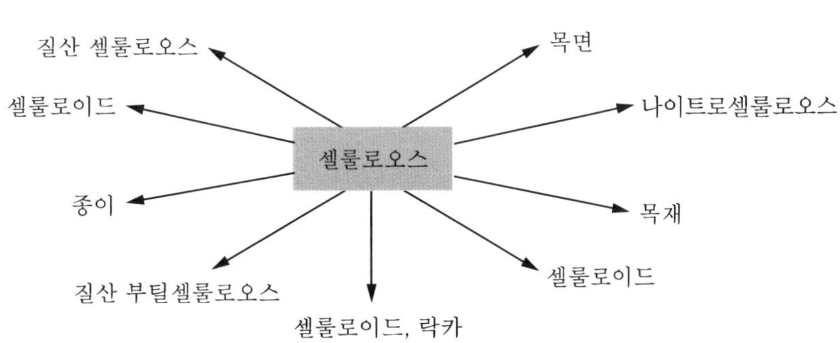

그림 11.5 셀룰로오스는 식물의 세포막을 형성하는 천연폴리머이다. 종이, 보르종이, 목재, 목면 등은 셀룰로오스의 재료이다. 셀룰로오스에서는 많은 유용한 재료, 셀로판, 질산셀룰로오스, 셀룰로이드, 니트로셀룰로오스 등이 만들어진다. 이들은 모두 가연성으로 니트로셀룰로오스는 등급 A의 폭발물이다.

화재로 인해 생긴 연기에서 발견되는 분해생성물의 분석으로 약 200종류의 다른 화합물의 존재를 확인할 수 있다. 이 생성물 수는 셀룰로오스의 열분해가 고도로 복잡한 기구를 통해서 진행되는 것을 나타내고 있다. 제1차 연소단계를 통한 열분해에서는 휘발성 레포그류코산을 생성하고, 그것은 계속해서 2차적 분해를 일으키고, 각종 인화성 물질을 만들어낸다. 레포그류코산의 분자구조는 다음과 같다.

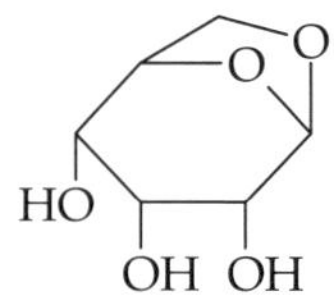

인과 붕소를 목면섬유의 화재억제제로 첨가하면 수분제거반응을 일으키는데, 이 때 반응이 흡열이다. 흡열반응에 의해 연소하고 있는 부분이 냉각되어 적당한 양의 레포그류코산의 발생이 일어나지 않게 되고, 또 셀룰로오스 표면에 목탄이 생성된다. 이 목탄의 생성은 불꽃이 생기는 것을 억제할 수 있다.

산과의 반응을 통해 다수의 셀룰로오스의 유도체를 생성하는 것이 가능하다. 이들 유도체는 주로 에스테르이다. 처음에 만들어진 셀룰로오스의 에스테르는 질산셀룰로오스였다. 목면을 질산화 황산의 혼합물로 처리하면 수산기의 일부 또는 전부가 아세트산화물로 변화한다. 여분의 산을 제거한 후 생성물을 건조시킨다. 그것은 목면과 상당히 유사한 물리적인 외관을 가지고 있지만, 셀룰로오스의 성질은 두드러지게 변화되어 있다.

수산기의 거의 모든 것이 질산화합물로 전환되면 니트로셀룰로오스 또는 질화면으로 알려지는 물질이 된다. 완전히 질산화된 셀룰로오스의 분자구조는 다음과 같다.

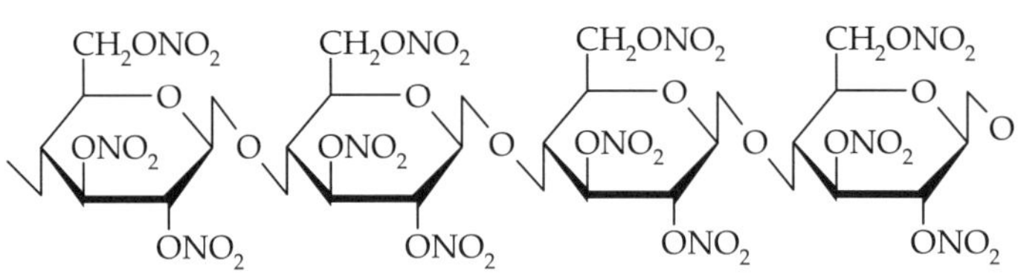

질화면[23], 곧 약면약[24]은 고도의 인화성과 폭발성을 갖는다. 그것은 아세톤 및 그 외 몇 개의 유기용제에 용해한다. 20%의 알코올로 적신 경우에 니트로셀룰로오스는 인화성 액체로 취급된다.

아세톤 및 알코올 같은 유기용제 안에서 니트로셀룰로오스는 겔이 된다. 니트로셀룰로

23) 질화면 : nitrocellous

24) 약면약 : 솜을 질산과 황산의 혼합액 속에 담가 질산의 작용을 약하게 만든 질산셀룰로오스

오스는 그 용제를 휘발시키면 여러 가지 형태의 물질로 성형할 수 있다. 니트로셀룰로오스를 포함하고 있는 총포의 화약은 이 방법으로 만들어진다. 무연화약은 초산셀룰로오스와 니트로글리세린의 혼합물이다. 그것은 B급 폭약으로 수송된다.

피로키시린 또는 약면약이라 불리는 셀룰로오스 제품은 셀룰로오스 수산기의 약 2/3만 에스테르화하는 조건으로 질산화해 만들어진 물질이다. 약면약의 플라스틱은 사진의 필름, 락카, 페인트, 그 밖의 여러 곳에 이용된다.

공업적 규모로 만들어진 최초의 셀룰로오스계의 플라스틱은 셀룰로이드이고, 셀룰로이드는 약면약과 장뇌(camphor)와 알코올로 만들어진다. 셀룰로이드는 뜨거운 경우에 가소성을 가지고, 냉각되면 깨지기 쉽고 딱딱하게 된다. 그러나 이 반응은 가역적이고 셀룰로이드는 80℃와 90℃ 사이에서 연화하기 시작한다. 원래 셀룰로이드는 고도의 인화성을 가지고 있다. 셀룰로이드로 물을 들인 옷을 입은 사람은 담배를 피워서는 안 된다. 그렇지만 무기질을 첨가하면 셀룰로이드의 연소성은 약해진다.

콜로디온은 약면약을 에테르와 알코올에 녹인 용액이다. 그것은 상처나 화상에 바르면 용매가 증발하여 얇은 보호막을 생성한다. 그것에 의해 공기와 접촉하지 않도록 밀봉할 수 있다. 콜로디온은 그 용제의 성질 때문에 손쉽게 연소한다. 용제의 인화점은 0.5℃ 정도이며, 현대 락카페인트의 선구자적 역할을 하였다.

니트로셀룰로오스는 니트로화 정도, 즉 수산기의 니트로화 정도에 따라 생성물의 특성이 결정되며, 만들어지는 각종 재료는 인화성이 매우 크다. 그것은 거대분자의 복잡한 구조 속에서 질소원자를 포함하고 있기 때문에, 연소되면 유독한 산화질소를 생성한다. 미국에서 플라스틱 재료의 화재가 낳은 재해로 주목을 모았던 최초의 사건은 1929년의 클리브란드 병원의 화재이다. 이 병원에는 고도로 가연성인 니트로셀룰로오스로 만들어진 X선 필름이 저장되어 있었는데, 그것이 인화되어 125명의 사망자를 냈다. 그 사인을 조사한 결과, 사망자의 대부분은 불길의 접촉으로 사망한 것이 아닌 일산화탄소와 질소의 산화물을 흡입했던 것이 밝혀졌다.

니트로셀룰로오스는 손쉽게 연소하므로 그 대체 물질로 초산셀룰로오스를 이용하게 되었다. 아세트산셀룰로오스 또는 아세테이트는 질산을 이용하는 대신에 아세트산과 초산무수물의 혼합물을 이용하여 질화면의 경우와 같은 방법으로 합성된다. 아세트산셀룰로오스는 폭발물은 아니지만 연소는 한다. 잘 알려져 있는 아세테이트 섬유는 아세트산셀룰로오스로 만든 재료로 짜여진 것이다. 레이온 또는 인조견사라는 이름은 원래 아세트산셀룰로오스로 만들어진 실에 대해 주어지는 이름이다. 인견은 목면에 이어서 가장 넓게 이용되고 있는 섬유이다. 그것은 의류, 깔개류, 커튼 및 장식용 섬유에 이용되고 있다. 그것은 연소점에서는 니트로셀룰로오스보다 우수해져 있다 라고 말할 수 있지만, 인견제품은 뜨거워진 다리미로도 손쉽게 연소한다. 이것과 비교하면 목면은, 열에 대해서 훨씬 저항성이 크다. 레이온으로 이용되는 것 외에 아세트산셀룰로오스는 자동차의 핸들, 단추류, 안전유리, 안경, 비행기의 날개 및 불연성의 영화필름에 이용되고 있다.

또 하나의 셀룰로오스계의 플라스틱은 아세트산부틸셀룰로오스이다. 그 이름이 가리키는 대로 히드록시기가 아세트산기로, 그리고 아세트산기가 부틸기와 결합한 것이다. 이 셀룰로오스에스테르의 혼합물은 아세트산셀룰로오스보다도 섬유가 된 경우에 훨씬 부드럽다. 정해진 비율로 다른 플라스틱과 섞게 되면, 그것은 화학약품의 침식에 대해 상당히 저항성 있는 딱딱한 물질이 된다. 이 물질은 통상 건물외벽의 마무리 재료로 이용되고 있다.

11.9 폴리비닐계의 폴리머

폴리비닐계의 폴리머류는 비닐기 $CH_2 = CH -$를 포함하고 있다. 셀룰로오스의 유도체와는 다르게 폴리비닐고분자 화합물은 완전한 합성물질로 자연의 형태로 대량으로 얻어지는 것이 아니고, 모노머에서 만들어진다.

많은 비닐폴리머류는 통상 모노머의 탄소와 탄소의 이중결합을 이용하여 만들어진다. 비닐폴리머류는 에틸렌으로 합성하는 것은 아니지만 폴리에틸렌 유도체로 간주한다. 예를 들면, 폴리스티렌은 폴리에틸렌의 수소 원자 몇 개가 벤젠핵으로 치환된 유도체이다. 상업적 견지에서라면 폴리에틸렌과 폴리염화비닐은 가장 잘 알려진 폴리비닐폴리머이다. 다음의 여러 반응은 각각의 모노머의 중합에 의해 얻을 수 있다.

폴리비닐폴리머는 통상 열가소성 물질이다. 즉, 그들은 뜨거워지면 연화하기 때문에 그것을 저온에서 경화시키면서 재료를 성형할 수 있다. 이 성질은 상업적으로 중요하다. 가정용으로도 공업용으로도 가치 있는 다수 물질을, 단지 플라스틱을 녹여서 원하는 형태의 틀에 붓고 그것을 방치해 굳히는 것에 의해 만들어지는 것이다. 이 방법에 의해 일상생활용품이 파이프로부터 섬유에 이르기까지 여러 가지로 만들어지고 있는 것이다. 화재를 만나면 열가소성 물질은 어떤 종류라도 매우 위험하다. 폴리스티렌, 폴리에틸렌 및 폴리프로필렌은 각각 90℃, 85℃ 및 120℃에서 연화하기 시작한다. 처음에 논한 것처럼 녹은 플라스틱은 그것이 늘어져 흐를 때에 직접 타고 있는 부분으로부터 열을 빼앗는 성질이 있지만, 이러한 유동성은 화재를 확대하는 역할도 하는 것이다. 폴리비닐계 화재의 위험성을 분류하기 위해서 다수의 연구가 행해져 왔다. 폴리에틸렌, 폴리프로필렌, 폴리스티렌 및 폴리염화비닐은 그 위험한 현상에 관해 다른 어느 폴리머보다도 훨씬 자세하게 연구가 행해지고 있다. 표 11.11은 이들 4개의 재료에 관한 연구결과를 나타낸 것이다.

열에 노출되면 각종 폴리비닐계 폴리머류는 전혀 다른 거동을 보인다. 그들이 열분해를 하는 경우에 각 폴리머는 각각 완전히 다른 강도로 화재를 일으킨다. 폴리염화비닐은 일반적으로 화재위험이 가장 적은 물질로 간주되고 있다. 고온에 노출되면 폴리염화비닐은 다량의 염화수소를 발생하고, 그것은 화재진압제로 작용한다. 그렇지만, 염화수소는 점막에 거센 파괴적인 장해를 불러일으킨다. 염소화된 폴리머에서 나오는 연기 입자는 기체염화수소를 운반할 수 있다.

표 11.11 몇몇 폴리비닐폴리머의 물리적 성질

유독한 화합물	폴리에틸렌	폴리프로필렌	폴리스티렌	폴리염화비닐
녹는점	116~177℃	141~154℃	90℃	–
최대기화가 일어나는 온도	470~522℃	471~481℃	328~451℃	–
열분해가 시작되는 온도	453~480℃	361~447℃	421~450℃	263~476℃
연소열(cal/g)	10,008~11,176	11,112	9.480~10,425	9,952

그을음과 물방울에 침적된 염화수소는 인체 기도의 점막을 통과해 통상 그곳에 부착하지만, 또 기도를 통해 폐에 도달할 수 있다. 일단 폐 안에 들어가면, 염화수소는 폐렴증을 불러일으키고, 종종 생명을 위협하는 상태를 낳을 가능성이 있다. 염화수소의 이 같은 독물학적 성질은 화재의 진압을 매우 어렵게 한다.

폴리비닐계 폴리머 물질은 가열하면 상당량의 모노머를 생성한다. 이 사실은 폴리스티렌의 경우에 특히 현저하며 동시에 메탄, 에탄, 에틸렌, 벤젠, 톨루엔 및 에틸벤젠도 생성한다. 적당한 조건하에서 폴리스티렌의 열분해로 생긴 스티렌은 거의 양적으로도 유용한 정도이다. 폴리스티렌은 일반적으로 폴리비닐계 폴리머 중 가장 큰 화재재해를 불러일으키는 물질을 간주되는데, 폴리스티렌 화재로 발생하는 연기는 독성을 띠는 물질을 포함한다.

거대한 분자구조 안에 질소를 포함한 폴리머는 열분해를 일으키는 경우에 유독한 질소화합물 가스를 방출하는 것으로 잘 알려져 있다. 그들 가스는 암모니아, 시안화수소 및 질소산화물이다. 폴리아크릴로니트릴은 질소를 포함한 폴리비닐계의 폴리머이다. 그것은 오늘날 일반화 된 아크릴계 섬유의 몇 개 중에서 최초로 완성된 플라스틱이다. 섬유로 이용되면 폴리아크릴로니트릴은 일광에 대해 현저한 저항력을 가지며, 급속도로 건조하고 또 세척이 손쉽다. 폴리아크릴로니트릴이 열에 노출된 경우 210℃ 이하에서는 열분해 생성물로 암모니아가 발생한다. 이 온도를 넘으면 열분해는 상당량의 시안화수소를 생성한다.

에틸렌 폴리에틸렌

프로필렌 폴리프로필렌

염화비닐 폴리염화비닐

아세트산비닐 폴리비닐아세테이트

메틸아크릴레이트 폴리메틸아크릴레이트

아크릴로니트릴
(시안화비닐)

폴리아크릴로니트릴

폴리아크릴로니트릴과 함께 현재 이용되고 있는 다른 아크릴계의 폴리머는 몇 개가 더 존재한다. 또한 폴리비닐 중 아크릴계의 폴리머는 아크릴산과 메타크릴산의 에스테르에서 만들어진다. 또 아크릴로니트릴로부터 제조되는 아크릴산과 메타크릴산의 메틸에스테르는 다음과 같은 분자구조를 가지고 있다.

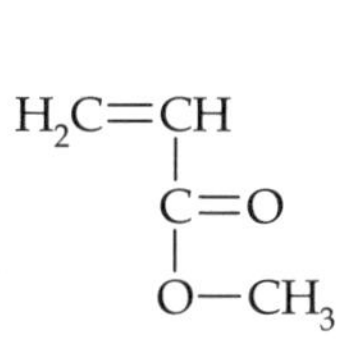

메틸아크릴

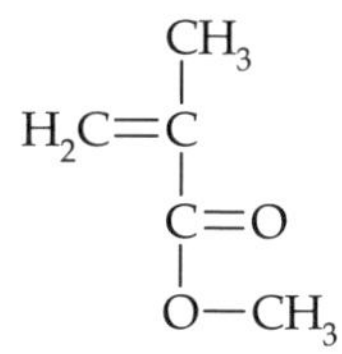

메틸메타크릴레이트

이들 물질은 각각 다음과 같은 반응으로 중합한다.

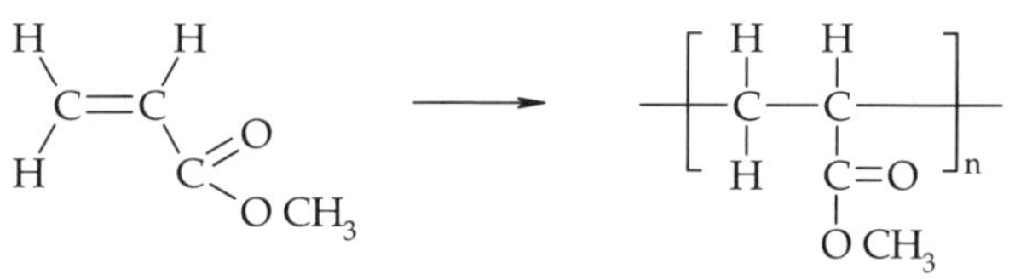

메틸아크릴레이트 폴리메틸아크릴레이트

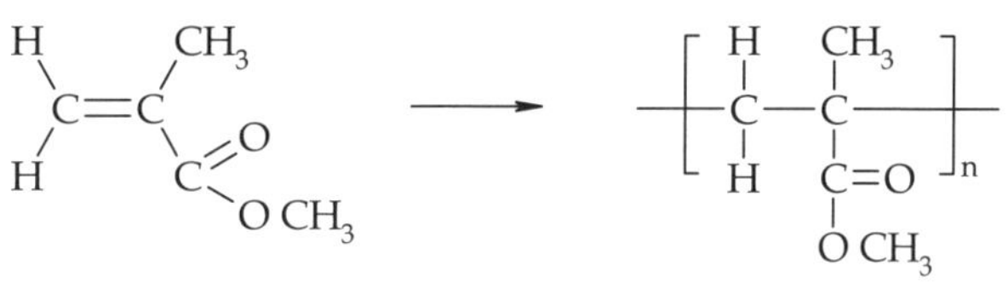

메틸메타크릴레이트 폴리메틸메타크릴레이트

폴리메타크릴산메틸은 상당히 폭넓게 이용되는 플라스틱으로 시장에서 플랙시글라스 또는 유기유리로 알려져 있다. 그것은 투명한 플라스틱이지만 투명한 것, 반투명한 것 도는 불투명한 재료로 제조할 수 있다. 그것은 아주 파괴되기 어렵기 때문에 바람막이유리, 창문유리 및 강도와 투명성이 동시에 필요한 곳의 제품에 이용된다.

폴리메타크릴산메틸은 약 160℃에서 열분해를 일으키고, 모노머의 메타크릴산메틸을 생성한다. 일단 생성되면 이 모노머는 용융한 폴리머의 방울을 동반하면서 손쉽게 연소한다.

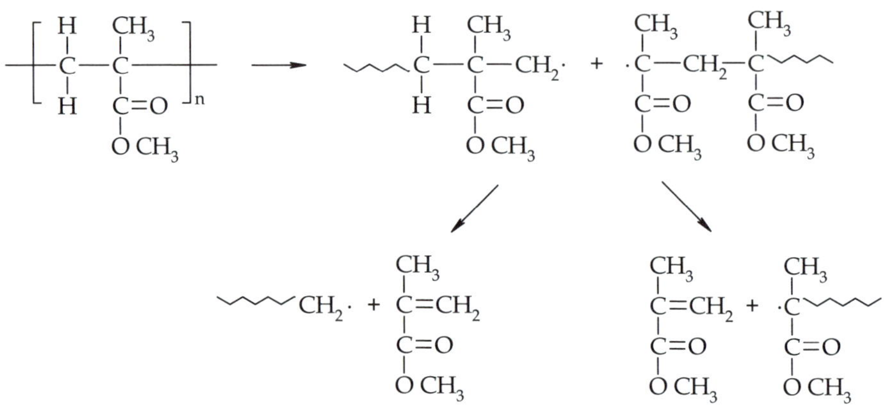

각종 비닐모노머는 종종 공중합혼합물의 구성성분으로 다음 반응은 비닐모노머의 전형적인 공중합반응을 가리킨 것이다.

염화비닐 염화비닐리덴 사 런

염화비닐 아크릴니트릴 다이넬

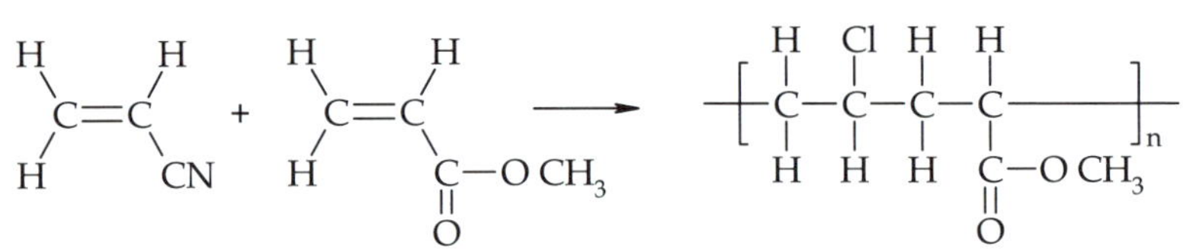

아크릴니트릴 아크릴산메틸 아크리런

이들 생성물의 각각은 중요한 물질이다. 사런은 판자, 관, 막대기 섬유, 그 외의 형태를 넣어 성형된 물품 등의 형태로 이용된다. 아크리런은 카펫이나 테이블 표면 등의 재료의 성분이다. 이들 화합물의 화학조성을 아는 일은 중요하다. 사런과 다이넬의 열분해는 염화수소를 생성하며, 다이넬과 아크리런의 열분해에서는 시안화수소가 생성된다.

비닐폴리머의 타기 쉬운 성질, 연소생성물, 열분해 생성물의 독성과 더불어 그들 모노머가 가진 위험한 성질도 주의해야만 한다. 유기폴리머의 모노머는 모두 인화성 물질이다. 그들은 어느 것이나 화재 및 폭발사고를 일으킨다. 그렇지만 다른 플라스틱류에 비해 염화비닐은 훨씬 많은 사고를 불러일으키고 있고, 그것은 그 모노머가 비교적 대량으로 수송되는 것에 의한 것이다. 염화비닐에 관한 최악의 사고 중 하나는 뉴욕의 서쪽에 있는 바타비아 근처에서 일어났다. 열차가 탈선해 30,000갤런 이상의 염화비닐을 운반하고 있는 탱크차가 폭발을 일으킨 것이다. 그 폭발은 탈선 직후에 발생했다. 연소에 의해 발생한 막대한 열이 타고 있는 염화비닐 옆의 탱크차를 폭발시킨 것이다.

LA에서 아세트산비닐에 관한 화재가 일어난 것은 1대의 탱크로리가 아세트산비닐이 보관된 30,000갤런의 저장탱크로 통하는 파이프를 절단하면서 발생했다. 파이프가 절단되면서 용제가 넣어져 있는 쪽의 몇 개의 탱크도 폭발하게 됐다. 결과적으로 화학약품을 담고 있는 21기의 탱크가 한 번의 화재로 인해 파괴되고, 그것은 LA 역사상 최악의 화학화재가 되고 있다.

이들 사고의 각각이 대량의 모노머에 관한 화재로 소방관들에게 악몽의 하나로 강조되고 있다.

실제로 폴리머 제조에서 모노머 재료는 일반적으로 소량의 개시제를 첨가하면 자연스럽게 중합이 일어나는 물질이다. 그렇지만 몇 개의 모노머는 특히 자발적인 중합이 일어나기 쉬운데, 즉 개시제로 다른 화학물질을 첨가하지 않고서도 중합이 일어날 수 있음을 뜻한다. 모노머 재료는 매우 작은 면적에 가해진 열이나 빛이 전체 탱크에 들어 있는 모노머의 자기중합반응의 방아쇠가 될 수 있는 것이다. 모노머 종류에 따라서는 다른 종류의 모노머보다도 훨씬 급속한 자연자기중합을 일으킬 위험을 가지고 있다. 예를 들면, 아세트산비닐과 염화비닐리덴은 에틸렌에 비교하면 훨씬 손쉽게 자연중합을 일으키므로 수송을 허가하기 전에 모노머에 억제제를 이용할 것을 요구하고 있다. 억제제란 중합반응의 속도를 늦추거나 또는 정지시키는 물질을 말한다. 일반적으로 억제제의 양은 존재하고 있는 모노머의 양에 비교해서 상당히 적다. 이런 억제제는 생성되는 유리기와 결합함으로써 중합과정을 막는 물질이다.

모노머의 독성학적 여러 성질은 일반적으로 그것으로부터 제조된 폴리머의 분해생성물과도 관계가 있다. 몇 개의 일반적인 모노머의 허용치 TLV의 값이 표 11.12에 기재되어 있다.

어떤 농도가 되면 스티렌, 에틸렌 및 염화비닐은 열분해를 일으켜 유독한 포스겐을 생성하고, 또 암 발생 원인이 되는 것으로도 알려져 있다.

표 11.12 몇몇 모노머의 허용량	
모노머	TLV (ppm)
아크롤레인	0.1
아크릴로니트릴	20
1,3-부타디엔	1,000
클로로프렌	25
아크릴산에틸	25(피부)
산화에틸렌	50
아크릴산메틸	10(피부)
스티렌	100
염화비닐	500
염화비닐리덴	5

11.10 폴리아세탈, 폴리에틸 및 폴리에스테르

몇 개의 알데히드, 에테르 및 에스테르는 적당한 조건하에서 탄소와 산소의 결합을 반복하고 있는 폴리머를 생성한다. 그들의 중합반응은 통상 간단한 중합기구에 의해 일어난다. 즉, 가열되면 모노머 분자는 서로 중·축합해 폴리머의 큰 분자가 된다. 그들에 관련된 폴리머는 가연성이기 때문에 열에 노출되면 상당량의 일산화탄소를 생성하는 성질이 있으며, 모노머 재료에 관한 위험성도 여전히 주의하지 않으면 안 된다.

분자량이 작은 알데히드류는 손쉽게 중합을 일으킨다. 이것은 포름알데히드라 불리는 가장 간단한 알데히드 중합에 의해 설명할 수 있다. 상온에서는 기체이지만, 포름알데히드는 5~12% 메틸알코올을 더한 40% 수용액의 형태로도 이용되고 있다. 이 용액은 포르말린이라 불리고 소독약, 살균제 및 방부제로 널리 이용되고 있다. 포름알데히드 수용액은 종종 파라포름알데히드를 침전한다. 이 물질은 백색의 고체 중합물로 훈증제로 이용되고 이다. 포름알데히드 중합반응은 다음과 같다.

$$\mathrm{HCHO} \longrightarrow \mathrm{HO}\left[\mathrm{CH_2{-}O}\right]_n\mathrm{H}$$

파라포름알데히드는 열에 노출되면 포름알데히드와 물로 분해된다. 파라포름알데히드를 무수 아세트산으로 처리하면 녹는점이 높은 열가소성을 가진 델린이라 불리는 고체를 생성한다. 그 분자구조는 다음과 같다.

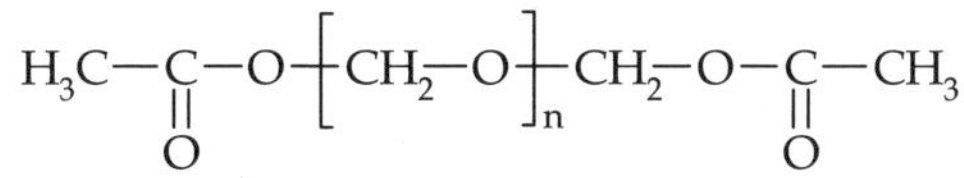

엘린은 폴리아세탈이라 불리는데, 그것은 그 구조가 아세탈이라 불리는 유기화합물과 유사하기 때문이다. 아세탈의 일반적인 분자구조는 아래와 같으며 엘린은 단지 그 단위 그룹만이 아세탈의 일반식에 적합하다 (R'은 수소 원자, R은 메틸에스테르기 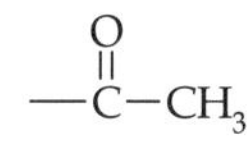 이다).

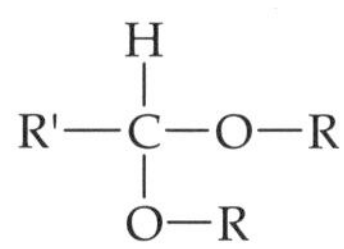

포름알데히드는 어떤 종류의 물질과 공중합체 몇 개를 생성한다. 그 공중합체는 통상 단순한 폴리머보다도 열에 대해서 보다 안정적이다. 포름알데히드와 석탄산과의 공중합체는 옛날부터 베이크라이트 제조에 이용되어 왔다. 포름알데히드는 요소 $CO(NH_2)_2$와도 중합하며, 또 산화에틸렌 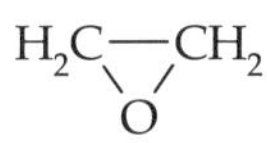 과도 공중합을 일으킨다. 이들 반응식은 다음 식으로 나타낸다.

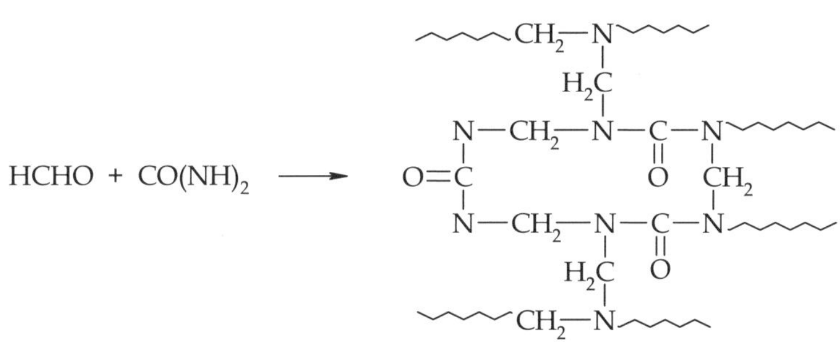

포름알데히드에서 만들어진 플라스틱은 가연성이다. 그들은 가열하면 포름알데히드가 분해생성물의 하나로 생성되는 것이 일반적이다. 포름알데히드의 치사량은 포름알데히드 플라스틱의 어떤 종류의 열분해에서도 손쉽게 발생하는데, 그것은 포름알데히드의 TLV가 겨우 5 ppm이기 때문이다. 요소포름알데히드 공중합체도 여전히 열분해를 일으키고, 상당량의 유독한 질소산화물을 생성한다.

알칼리성의 조건하에서 산화에틸렌은 자체 중합을 일으킨다. 산화에틸렌은 환상에테르로, 훈증제가 직접적으로 살충제로 이용되지만 동시에 고분자 및 저분자의 여러 제품의 제조를 위한 반응물질로도 이용되고 있다. 산화에틸렌은 상당히 휘발하기 쉬운 액체이고 또 압축가스로 취급된다. 그것은 인화성 액체로 수송된다.

산화에틸렌이 중합을 일으키면 폴리산화에틸렌을 생성한다.

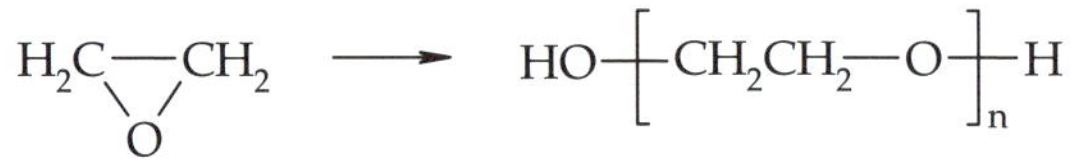

폴리산화에틸렌은 폴리머사슬의 반복하는 부분에 에테르형의 결합을 포함한 폴리에테르의 한가지 예이다. 폴리에테르는 물과 완전히 혼합하여 얻을 수 있는데, 그것은 폴리머로서는 특이한 성질이라 할 수 있다. 폴리산화에틸렌은 수용성 포장용 필름을 만드는데 이용된다.

폴리아세틸과 폴리에테르 외에 중합사슬의 고리에 탄소와 산소의 결합이 반복되는 형태는 폴리에스테르에도 존재한다. 간단한 에스테르류는 유기물이 알코올과 반응하여 생성되는 화학물질이다. 예를 들면, 아세트산메틸로 알려진 에스테르는 아세트산이 메틸알코올과 반응했을 때 생성된다. 그 화학반응은 다음과 같다.

$$CH_3OH + CH_3COOH \longrightarrow CH_3COOCH_3 + H_2O$$

폴리에스테르는 에스테르 사슬이 반복되는 화합물로, 상업적으로 중요한 에스테르는 디카르복실산과 글리콜의 공중합체이다. 글리콜은 2개의 수산기를 가지는 알코올이고, 디카르복실산은 2개의 카르복실기를 포함한다.

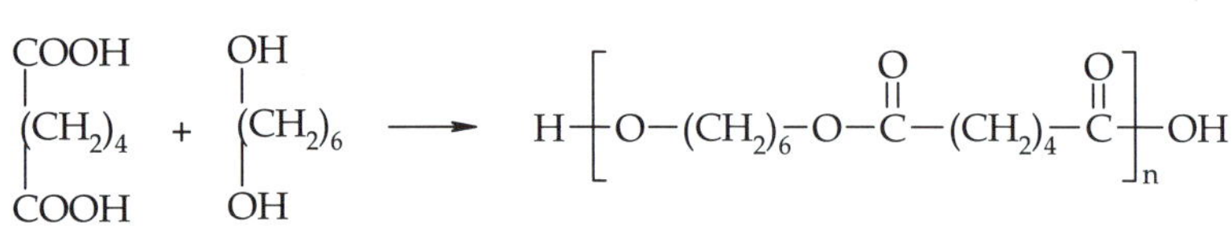

아디핀산 헥사메틸렌글리콜

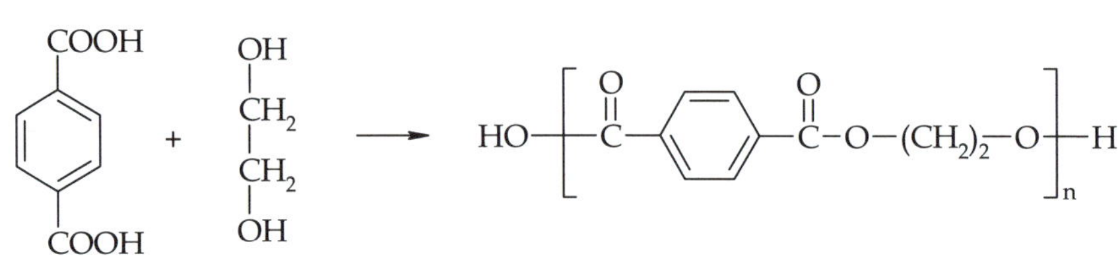

테레프탈산 에틸렌글리콜

폴리에틸렌테레프탈레이트는 미국에서는 디크론이란 상품명으로 알려지고, 영국에서는 테리렌, 일본에서는 테플론이란 상품명으로 불린다. 디크론 섬유는 커튼, 테이블보, 그 밖의 가정가구 등에 사용되는 섬유제품이다. 그것은 부드럽게 되거나 접혀지거나 하는 것에 대해 저항이 강한 중합체이다. 소화용 호스는 자주 이 폴리머로 만들어지고 있다.

11.11 폴리아미드와 폴리우레탄

간단한 아미드류는 아민과 산과의 화학반응식에 의해 만들어지는 유기화합물이다. 예를 들어, 에틸아민과 초산이 화학적으로 작용하면 *N*-에틸아세트아미드를 생성한다.

$$C_2H_5NH_2 + CH_3COOH \longrightarrow C_2H_5N(H)(COCH_3) + H_2O$$

에틸아민　　초산　　*N*-에틸아세트아미드

폴리아미드류는 디아민류와 디카르복실산 사이의 화학반응에 의해 같은 형태로 생성된다.

나일론의 가장 일반적인 용도가 양말인 것은 의의가 없지만, 나일론은 여전히 브라시모나 판자, 관, 봉 및 각종 모양을 달리한 물건으로 만들어져 이용되고 있다. 그것은 가장 강하고 가장 높은 강도를 가진, 그리고 가장 유연한 폴리머의 하나이다. 그 외에 나일론은 쉽게 연소되지 않는다. 나일론의 양말은 그 분해생성물로 분해할 때, 줄어드는 것처럼 보인다. 나일론의 연소는 일반적으로 대부분의 다른 폴리머의 연소와 같이 현저한 불꽃을 동반하는 일은 없다. 나일론으로 만들어진 성형된 물건은 발화시키는 것이 어렵다. 만약 담배 같은 열원이 나일론 섬유 위에 놓여졌다 라고 하면 통상 그 직물에 구멍을 내는 형태로 타며, 발화는 그 장소에 한정되어 진다. 나일론은 질소를 포함한 폴리머와 함께 탈 때는 유독한 질소 산화물이 발생한다.

우레탄류는 이소시아네이트와 알코올로 간단하게 만들 수 있는데, 예를 들면, 벤질이소시아네이트와 에틸알코올이 반응하면 그 생성물은 우레탄이 된다.

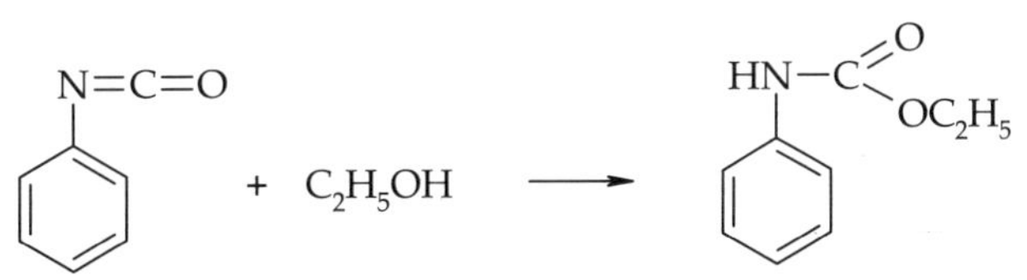

벤질이소시아네이트　　우레탄

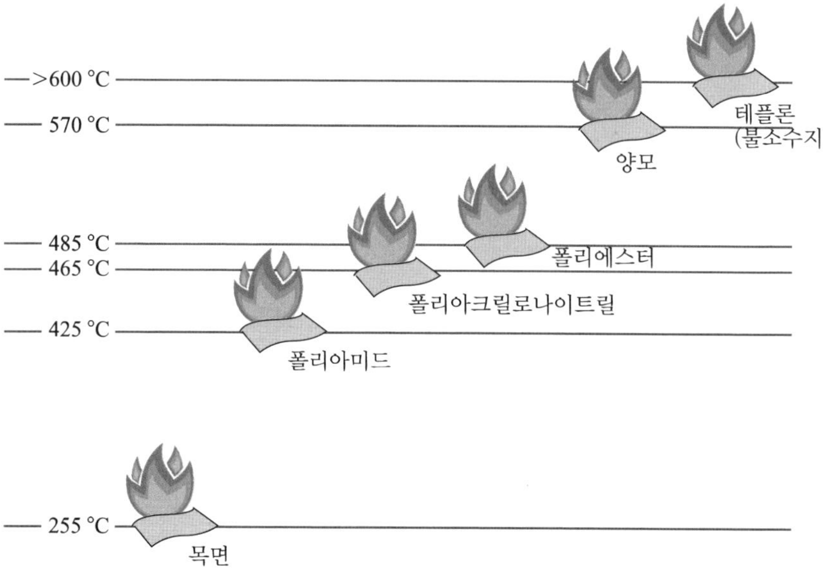

그림 11.6 몇 개의 일반적인 섬유제품은(자연발화를 일으키는 최저 온도)는 종종 보통의 다리미로도 착화 온도에 이른다.

폴리우레탄류는 글리콜과 디이소시아네이트로부터 합성된다. 다음의 방정식은 폴리우레탄 폴리머의 전형적인 물질을 생성하는 상태를 가리키고 있다.

$$HO-(CH_2)_4-OH + O{=}C{=}N-(CH_2)_6-N{=}C{=}O \longrightarrow \left[-O-(CH_2)_4-O-\overset{O}{\overset{\|}{C}}-\overset{H}{\overset{|}{N}}-(CH_2)_6-\overset{H}{\overset{|}{N}}-\overset{O}{\overset{\|}{C}}-\right]_n$$

테트라메틸렌글리콜　헥사메틸렌디이소시아네이트　폴리우레탄

폴리우레탄은 딱딱한 플라스틱과 유동적인 플라스틱 모두에 이용된다. 딱딱한 발포 폴리우레탄은 열이나 음을 차단하는 재료, 그 밖의 여러 빌딩의 구조재료로 이용된다. 이 같은 거품 폴리우레탄은 직접 콘크리트 위에 분무할 수 있기 때문에 편리하며 응용범위가 넓다. 부드럽고 유동성 있는 발포 폴리우레탄은 침대나 가구의 쿠션 및 카펫 안에 넣는 충전물로 이용되고 있다. 자동차 시트의 쿠션은 종종 폴리우레탄으로 만들어진다.

폴리우레탄 제조업자는 제품이 불연성 또는 자기소화성이라고 주장해 왔지만, 몇 개의 폴리우레탄에 관한 큰 화재가 발생하였다. 오늘날에는 일반적으로 폴리우레탄은 그 사용방법에 따라서 화재의 위험성을 나타내는 것이 인정되고 있으며 그것은 폴리우레탄이 불에 노출되거나 과도한 열과 산소를 만나거나 한 경우이다(예를 들면 용접 및 절단용의 토오치램프 등이 원인). 폴리우레탄 제품은 일반적으로 다음과 같은 경고의 라벨을 붙여서 판매되고 있다. 빌딩 내부에 사용하는 경우는 화재에 위험하다. 건축구조물에 사용되는 경우, 단지 외측의 외장, 또는 적당한 재료로 만들어진 벽의 내부에 갇힌 경우에만 사용한다. 발포 폴리우레탄이 난방의 덕트, 또는 온도상승을 예측하는 것 같은 장소에 사용되는 경우에는 미리 주의가 필요하다.

폴리우레탄은 연소를 일으키는 것 외에 화재 시에 대량의 열, 연기, 유독·연소성 가스, 그것도 산화질소를 포함한 가스를 발생하는 전형적인 플라스틱이다. 폴리우레탄의 화재로부터 발생하는 연기는 통상 적색인데, 그것은 연소하는 동안에 생성하는 산화질소의 양이 극히 많기 때문이다. 발포 폴리우레탄은 상당량의 열을 흡수하고 보존 유지할 수 있다. 이러한 성질덕택에 그것을 열의 절연체로 유용하게 사용할 수 있다. 그렇지만 흡수된 열은 폴리우레탄이 불길이 되어 폭발적으로 타기 시작하는 원인을 만든다. 따라서 폴리우레탄 화재를 끌 경우는 완전한 소화를 확인하는 것이 중요하다.

지난 1999년 6월 30일 씨랜드 청소년수련원 화재에서는 유치원생 19명이 사망하였으며, 그 뒤 넉 달 만에 인현동 호프집 화재로 55명의 청소년이 불에 타거나 연기에 질식해 숨졌다.

두 참사 모두 유독가스를 내뿜는 장식물이 희생을 키운 원인으로 똑같이 꼽혔다. 씨랜드 참사 때도 화재에 취약하고 유독가스를 발생시키는 스티로폼과 우레탄이 내장된 샌드위치 패널 때문에 피해가 컸는데 인현동 호프집 화재에서도 노래방과 호프집의 내장재와 집기, 계단 장식물 등이 대부분 인화성이 강한 우레탄 등 합성수지 재질이 쓰인 것으로 드러났다.

11.12 디엔 중합체(고무)

고무는 가장 중요한 천연 폴리머의 하나이다. 천연고무의 주요한 자원은 고무나무이다. 고무나무는 원래가 브라질의 식물이었지만 그 후 극동의 여러 나라에서 일반적으로 재배되게 되었다. 천연 고무는 라텍스라 불리는 고무의 수액 안에 존재한다. 이 수액은 백색의 밀크 같은 액체로 구조가 $(C_5H_8)_n$으로 표시되는 탄화수소를 약 30~35% 포함하고 있다. 라텍스 성분 이외의 나머지는 물이다.

강한 열로 뜨겁게 하면 천연고무는 모노머인 이소프렌, 또는 좀 더 정확히 말하면 2-메틸-1,3-부타디엔으로 분해한다. 이 모노머는 디엔의 하나이고 그것은 탄소 원자 사이에 2조의 이중결합을 포함한 불포화유기화합물이다. 천연고무의 열분해를 설명하는 화학반응은 다음과 같다.

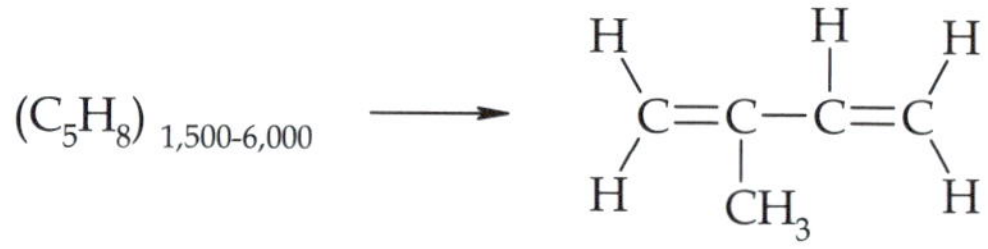

천연고무 이소프렌

이소프렌은 천연고무의 주성분이지만 석유 생성물로부터도 합성할 수 있다. 그것은 투명한 인화성 액체로, 인화점이 −54℃로 매우 낮다. 이소프렌은 자발적으로 중합하는 성질이 있기 때문에, 수송에 앞서 중합 억제제를 더하지 않으면 안 된다. 이소프렌은 인화성 액체로 수송된다. 그것은 각종 합성고무를 제조하는 데에 이용된다.

천연고무는 따뜻한 기후에서는 오히려 끈기를 가지게 된다. 이것에 비해 가황고무는 비교적 넓은 온도범위에서 딱딱한 상태를 유지할 수 있다. 가황고무는 원료 고무에 황을 더해서 가열한 것이다. 화학적으로 황 원자는 폴리이소프렌의 연결고리간의 다리 역할을 한다. 가황고무 분자구조는 아래와 같다.

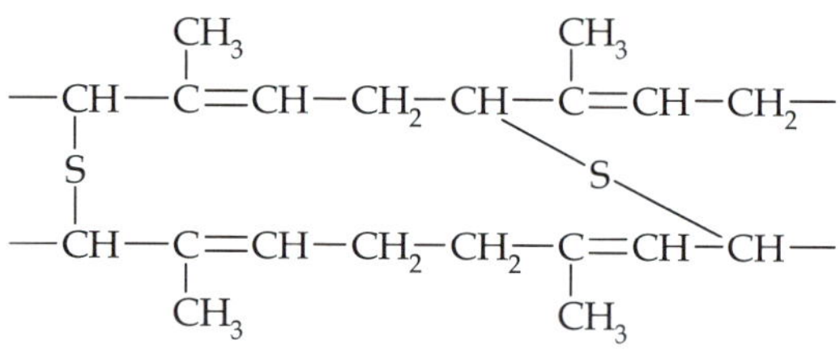

카본도 고무의 강도를 높이기 위해서 더해진다.

고무는 동시에 탄성, 기밀성, 내수성 및 긴 수명을 갖는 유일한 천연 또는 합성 폴리머이다. 다른 폴리머는 이들 성질의 하나나 두 개를 가지고 있지만, 그 4개 모두를 소유하는 일은 없다. 이 같은 성질은 자동차의 타이어 등과 같은 특수제품에 필요 불가결한 물질이다. 다른 폴리머를 타이어 재료로 이용하는 실험은 전부 실패했다. 가황 고무는 타서 상당량의 일산화탄소, 이산화황 및 황화수소를 생성한다. 그러므로 대량의 고무타이어 화재를 진압하려는 경우에는 산소호흡 보호장치를 이용하는 것이 필요하다.

모노머인 이소프렌에서 천연고무의 분자구조를 재합성 하려는 합성화학자의 실험은 몇 년 사이 실패를 계속했다. 자연계에서 만들어진 고무는 탄소와 탄소의 이중결합에 있어서 모든 메틸기가 하나의 방향으로 늘어서 있다. 화학자들은 폴리이소프렌을 만들어냈지만, 그러나 여러 종류의 메틸기는 탄소와 탄소의 이중결합에 관해 모든 방향으로 무질서하게 배열되어 버린다. 하지만, 특수 지글라낫타 촉매가 개발되어서 화학자들은 자연히 생성된 구조와 같은 형태의 합성고무를 개발하는데 성공했다. 아직 소규모밖에 이용할 수 없고 비교적 고가이지만, 많은 나라들이 이소프렌 외에 부타디엔 및 그들의 유도체로 중합을 시도하고 있다.

부타디엔 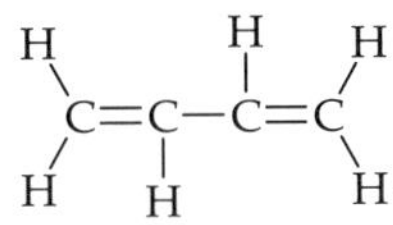 은 손쉽게 자기중합을 하는 물질이다. 그것은 억제제를 더해서 인화성 압축가스로 수송된다. 억제제를 더하지 않은 부타디엔은 수송하는 것이 인정되지 않는다.

부나고무(부나 이름의 "부"는 부타디엔을 의미하고, "나"는 나트륨의 의미이다)는 부타디엔에 사용해서 만든다. 부나 S는 부타디엔과 스티렌의 공중합체(SBR ; Styrene Butadiene Rubber)이다. 이 공중합체는 중요한 다목적 고무이다. 그것은 타이어, 구두, 쿠션의 발포고무, 카펫의 깔개 등에 이용된다. 부나 N이라 불리는 고무는 부타디엔과 아크릴로니트릴의 공중합체이다. 그것은 177℃ 이상의 높은 온도에서 견디는 독특한 성질을 가지고 있다. 합성고무의 다른 형태의 물질은 훨씬 낮은 온도에서도 용융하고 또는 연소한다. 예를 들면, 거품을 넣은 고무는 의복의 건조기 또는 전기모포의 열에도 발화할 가능성이 있다. 부나 N 고무도 여전히 의료용으로 유용하다.

네오프렌합성고무의 모노머는 클로로프렌, 즉 2-클로로-1,3-부타디엔이다. 그 클로로프렌의 분자구조는 다음과 같다.

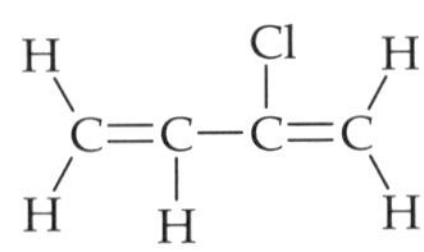

클로로프렌은 산화아연으로 가황하면 네오프렌고무가 된다. 에테르형의 산소 가교결합이 네오프렌의 연결고리를 가로지르고 있는 상태가 다음의 구조에 나타나 있다.

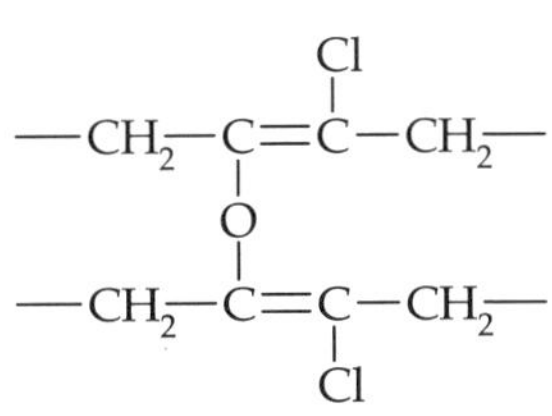

네오프렌은 가솔린에 대해 화학적인 저항성을 나타내지만 천연고무는 저항성이 없다. 따라서, 네오프렌은 가스탱크의 호스 같은 용매의 접촉에 견디는 재료를 요구하는 제품에 이용된다.

11.13 테르펜유

테르펜유는 소나무에서 나오는 송진액 성분이다. 테르펜유를 얻는 현대의 방법은 소나무 줄기를 열분해 시키는 것이다. 송진액을 증유하면 테르펜유라 불리는 황색의 액이 유출된다. 시판되는 테르펜이라 이름 붙여져 있는 제품은 이 유출액이다. 세계의 테르펜 공급의 절반 이상은 미국으로부터 나온다. 테르펜유는 테르펜이라 불리는 몇 개의 탄화수소의 혼합물이다. 그들은 $C_{10}H_{16}$이란 실험식을 가지고 있다. 그 주요한 화학성분은 α-피넨이다. α-피넨 분자구조는 다음과 같다.

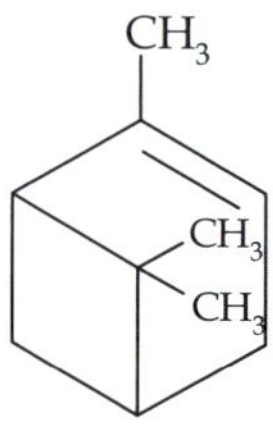

α-피넨

테르펜유는 용제로 잘 알려져 있고, 페인트나 니스의 신나로 널리 이용되고 있다(표 11.13). 테르펜유는 고무를 용해하고, 그 밖의 고무질의 용제로도 이용되기 때문에 셀룰로이드 제품이나 여러 가지 다른 플라스틱류의 제조에 이용되고 있다. α-피넨은 중요한 약용화합물인 장뇌원료이다. 테르펜유의 정제된 형태의 물질은 테르펜정유라 불리며, 그것은 염좌나 타박상의 외용약으로 이용되는, 바르는 약 성분이다.

테르펜유는 자연발화해서 많은 화재를 불러일으키고 있다. 테르펜유의 증기와 부분산화가 누더기 조각 내에 열을 축적시킨다. 테르펜유 화재는 다른 B급 화재의 경우와 같은 방법으로 소화된다.

표 11.13 테르펜유의 물리적 성질

끓는점	30.7~45℃
비중	0.87
증기 비중(공기=1)	4.6
인화점	35~39℃
자연발화온도	253℃
폭발하한계	0.8
폭발상한계	–
TLV	100 ppm

실험 11-1. 알코올류의 소화실험

1. 목 적

제4류 위험물 중 알코올류의 연소특성에 대한 실험을 통해 위험성 및 소화 방법에 대해 숙지한다.

2. 기구 및 시약

비커(beaker), 100 mL
스포이드
뷰렛
메탄올
에탄올
아세톤

그림 1 실험 준비물

3. 실험방법

① 100 mL 비커에 스포이드를 이용하여 메탄올을 10 mL 정도 넣는다.
② 50 mL 뷰렛에 물을 넣는다.
③ 비커를 뷰렛에 갖다놓고 연소한다.
④ 뷰렛을 이용하여 천천히 물을 떨어뜨린다.
⑤ 물을 어느 정도 첨가하였을 때의 소화여부를 관찰하고 또 다른 알코올(에탄올, 프로판올 …)도 똑같은 방법으로 연소하여 점화속도를 확인하고 소화여부를 비교하여 관찰한다.

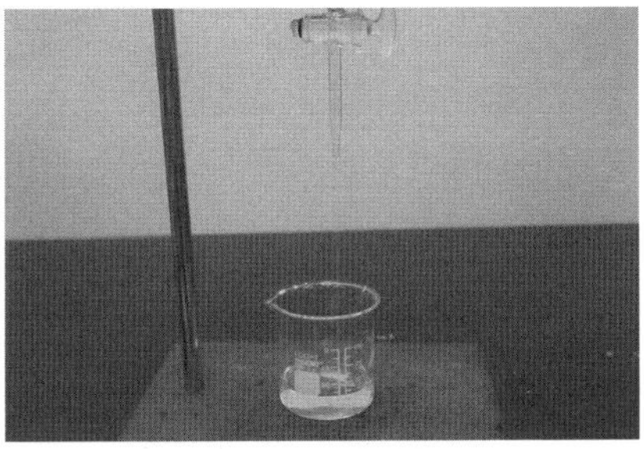

그림 2 실험 장치

그림 3 물을 적가하여 소화

제 목	알코올류의 소화실험		
실 험 조		제 출 자	
실험일자		제출일자	

1. 위 실험에서 사용된 소화 방법은 무엇인가?

2. 알코올은 무슨 물질인가?

3. 알코올류의 지정수량은 몇 L인가?

4. 제4류 위험물 중 주수소화가 가능한 위험물은 무엇인가?

【고 찰】

【참고문헌】

실험 11-2. 벤젠 및 이황화탄소의 소화실험

1. 목 적

제4류 위험물 중 벤젠 및 이황화탄소의 연소특성에 대한 실험을 통해 위험성 및 소화 방법에 대해 숙지한다.

2. 기구 및 시약

비커(beaker), 3,000 mL
파이어 건(Fire Gun)
드럼통
벤젠
이황화탄소
물

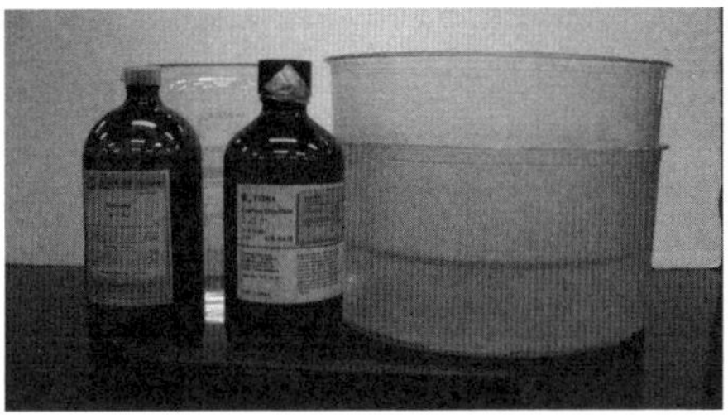

그림 1 실험 준비물

3. 실험방법

① 드럼통 안에 벤젠을 일정량 넣는다.
② 파이어 건을 이용하여 연소시킨다.
③ 드럼통 안에 이황화탄소를 일정량 넣는다.
④ 파이어 건을 이용하여 연소시킨다.
⑤ 드럼통 안에 있는 벤젠과 이황화탄소에 물을 적가하여 소화할 때 소화여부를 비교하여 관찰한다 (그림 2 참조).

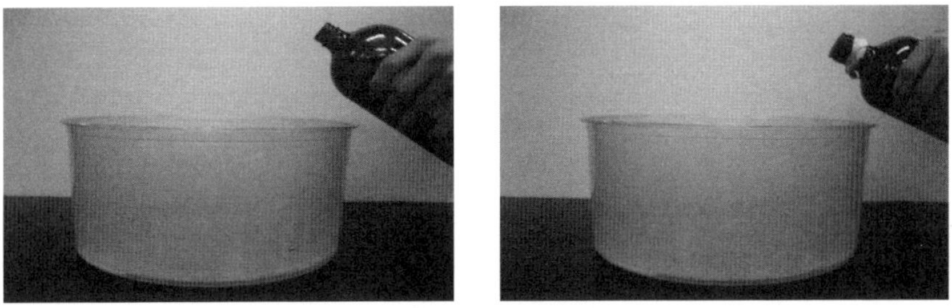

그림 2 실험 장치

제 목	벤젠 및 이황화탄소의 소화실험		
실 험 조		제 출 자	
실험일자		제출일자	

1. 벤젠 및 이황화탄소 연소 시 물을 이용하여 소화시킬 수 없는 위험물은 무엇인가?

2. 그렇다면 물을 이용하여 소화를 시킬 수 없다면 그 이유는 무엇인가?

3. 위 실험에서 사용된 소화 방법은 무엇인가?

【고 찰】

【참고문헌】

실험 11-3. 디에틸에테르의 위험성

1. 목 적

제4류 위험물 중 디에틸에테르의 연소실험을 통해 증기 비중이 공기보다 무거운 경우 낮은 곳에 증기가 체류함으로써 그로 인한 위험성을 알아본다.

2. 기구 및 시약

양초, 홈틀
파이어 건(Fire Gun)
스포이드
수건 조각
벽돌
철판
디에틸에테르

그림 1 실험 준비물

3. 실험방법

① 바닥에 철판을 깔고, 홈틀을 벽돌에 고정시킨다.
② 홈틀의 아랫단 근처에 양초를 둔다.
③ 홈틀의 상부에 디에틸에테르로 포화된 수건 조각을 놓는다.
④ 파이어 건을 이용하여 양초에 불을 붙인다.
⑤ 일정 시간이 경과하면 디에틸에테르의 증기는 홈틀 안을 흘러내려 점화되고, 불길은 증기의 발생원까지 타올라온다.

그림 2 실험 장치

그림 3 디에틸에테르의 발화

제 목	디에틸에테르의 위험성		
실 험 조		제 출 자	
실험일자		제출일자	

1. 디에틸에테르가 발화된 원인은 무엇인가?

2. 디에틸에테르의 화재 시 사용되는 소화제는 무엇인가?

【고 찰】

【참고문헌】

실험 11-4. 알코올의 반응

1. 목 적

위험물안전관리법상 알코올류는 제4류 위험물로서 지정수량 200 L이며, 탄소수 1에서 3 이하인 포화 1가 알코올을 말하며(퓨젤유와 변성 알코올도 포함한다.) 알코올 수용액의 농도가 60vol% 이상인 것을 말한다. 수산기가 붙는 탄소가 다른 탄소 몇 개와 결합하고 있는가에 따라 1차, 2차, 3차 알코올로 나누는데 이에 따른 알코올의 성질을 조사하고자 한다.

2. 기구 및 시약

시험관, 코르크마개, 알코올램프, 스탠드

$KI\text{-}I_2$ 용액(물 80 mL에 KI 20 g과 I_2 10 g을 녹인 용액)
NaOH 수용액(10~20%), 초산, c-H_2SO_4(진한 황산)
금속나트륨
1% - $K_2Cr_2O_7$ 용액
Lucas 시약(진한 염산 42 g을 냉각시키면서 무수 $ZnCl_2$ 54.4 g을 녹인 용액)
무수알코올, 에틸알코올, *n*-부틸알코올, *sec*-부틸알코올, *tert*-부틸알코올
이소프로필알코올

3. 원 리

① 1차 알코올 중에서 요오드포름 반응에 陽性이 나타나는 것은 에탄올뿐이고, 2차 알코올 중에서 요오드포름 반응에 양성인 것은 산화되어 메틸케톤을 생성하는 것이 전부이며, 3차 알코올 중에서 요오드포름 반응에 양성인 것은 하나도 없다. 메탄올과 에탄올을 실험실에서 간단히 구별하는 방법은 메탄올은 요오드포름 반응에 陰性이나 에탄올은 양성이므로 쉽게 알아낼 수 있다.
할로포름(fluoroform, chloroform, bromoform, iodoform) 반응 중에서 특히 요오드포름 반응이 많이 이용되는 이유는 요오드포름은 황색침전으로 석출되고 향기를 가졌으므로 쉽게 알아낼 수 있기 때문이다.

② 알코올과 有機酸을 소량의 산(H_2SO_4, HCl 등) 촉매의 존재 하에서 가열하면 에스테르가 생성된다. 에스테르는 일반적으로 좋은 향기를 가지고 있다.

③ 무수메탄올이나 무수에탄올에 금속나트륨을 소량 가하면 즉시 수소를 발생하고 각각 sodium methoxide와 sodium ethoxide를 생성한다.

④ 1차 알코올을 산화하면 알데히드를 거쳐 산을 생성하며, 2차 알코올은 케톤을 생성하나 3차 알코올은 산화를 받지 않는다. 메틸알코올을 산화하면 포름알데히드, 개미산을 거쳐 carbonic acid(불안정)가 되었다가 H_2O와 CO_2로 분해되어 버린다.

⑤ 1차, 2차, 3차 알코올을 구별하는 방법으로 염소화반응이 있다. 즉, 각 알코올에 진한 염산이나 Lucas 시약(진한 염산 + 무수 $ZnCl_2$)을 작용시켜 염화물의 생성여부로써 알코올의 형태를 알게 된다. 즉 1차 알코올에 Lucas 시약을 작용시켜도 염화물을 생성하지 않으나, 2차 및 3차 알코올은 Lucas 시약과 반응하여 염화물을 생성하며, 3차 알코올은 2차 알코올보다 반응성이 더 빠르다. 이것으로 어떤 알코올에 Lucas 시약을 작용시켜 염화물이 생성하면 2차 알코올 아니면 3차 알코올임을 알 수 있다.

다음 2차 알코올과 3차 알코올 중에서 이들을 구별하는 방법으로 진한 염산을 작용시킨다. 반응성이 큰 3차 알코올은 진한 염산의 작용으로 염화물을 생성하나 2차 알코올은 생성하지 않는다. 1차 알코올은 염산과 반응하지 않음(반응성의 크기는 1차<2차<3차 알코올의 순서임). 3차 알코올은 Lucas 시약과 즉시 반응하게 되는데 이때 반응은 용액이 먼저 흐렸다가 차차 시약에 잘 녹지 않는 염화 알킬이 생성하게 되면서 명백한 층이 생기기 때문에 쉽게 알 수 있다. 2차 알코올은 5분 이내에 흐리기 시작하고 시간이 경과함에 따라 차차 층이 생긴다.

1차 알코올은 상온에서 반응하지 않고 3차 알코올이 불순물로 소량 들어 있을 때는 흐리기 만하고 층으로까지 나누어지지 않기 때문에 어느 정도 2차, 3차 알코올을 함유하는가도 알아낼 수 있다. 特記할 것은 알릴알코올($CH_2=CHCH_2OH$)은 1차 알코올이나 비교적 안정한 카보늄 이온(carbocation)의 생성으로 인해서 Lucas 시험에 양성이다.

4. 실험방법

(1) 요오드포름 시험

시험관에 시료 약 1 mL를 취하고 물 2~3 mL를 가한 후 KI-I_2 용액(물 80 mL에 KI 20 g과 I_2 10 g을 녹인 용액) 4~5 mL를 가한다. 다음 여기에 I_2의 갈색이 없어지고 액이 담황색을 띌 때까지 NaOH 수용액(10~20%)을 한 방울씩 가한다. 요오드포름의 황색침전이 생기는지 관찰한다(주의 1). 만일 이때 요오드포름의 황색침전이 생기지 않으면 60℃로 2분간 가열한 후 냉각시켜 보고 그래도 생기지 않으면 그 시료는 요오드포름 반응에 음성인 것이다.

이 시험의 시료는 메틸알코올, 에틸알코올, *n*-부틸알코올, sec-부틸알코올, 이소프로필알코올을 사용하고 그 결과를 기록한다.

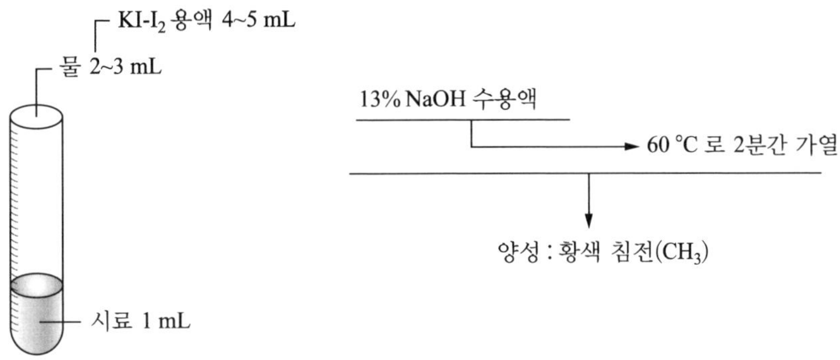

NaOH 수용액 %농도 구하는 방법

$$\%\text{농도} = \frac{m(\text{용질의 무게})}{W(\text{용액의 무게})} \times 100 = \frac{15}{115} \times 100 \fallingdotseq 13\%\ \text{농도}$$

NaOH 10 mL, 물 100 mL

CH_3OH —KI-I_2, NaOH→ 반응하지 않음(음성)

CH_3CH_2OH —KI-I_2, NaOH→ CHI_3 황색침전(양성)

$CH_3CH_2CH_2CH_2OH$ —KI-I_2, NaOH→ 반응하지 않음(음성)

$CH_3CH_2CHCH_3$ (OH) —KI-I_2, NaOH→ (양성)

CH_3CHCH_3 (OH) —KI-I_2, NaOH→ (양성)

양성반응

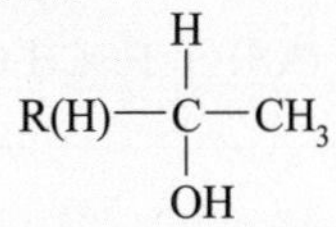

(2) 에스테르화 시험

> 시험관에 시료 1 mL와 초산 1 mL를 혼합한 후 진한 황산 0.5 mL를 가한다. 잘 흔들어서 완전히 혼합한 후 가열한다. 가온이 끝나면 여기에 물 3 mL를 가하고 주의하면서 증기의 냄새를 시험한다. 이 시험의 시료는 에틸알코올, *n*-부틸알코올, sec-부틸알코올을 사용한다.

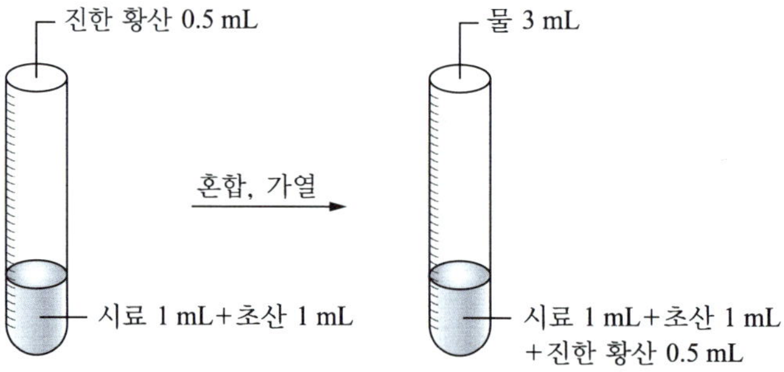

CH_3CH_2OH	→	좋은 향기
$CH_3CH_2CH_2OH$	→	좋은 향기
$CH_3CH_2CH(OH)CH_3$	→	좋은 향기

$$CH_3\overset{O}{\overset{\|}{C}}OH + HOCH_2CH_3 \xrightarrow{H_2O,\ Heat} CH_3\overset{O}{\overset{\|}{C}}OCH_2CH_3 + H_2O$$

ester 생성

$$CH_3\overset{O}{\overset{\|}{C}}OH + HOCH_2CH_2CH_3 \xrightarrow{H_2O,\ Heat} CH_3\overset{O}{\overset{\|}{C}}OCH_2CH_2CH_3 + H_2O$$

ester 생성

(3) 금속나트륨과의 반응

> 무수알코올 3 mL를 건조한 시험관에 취하고, 광택이 있는 금속나트륨의 작은 조각을 넣고 관찰한다 (주의 2).

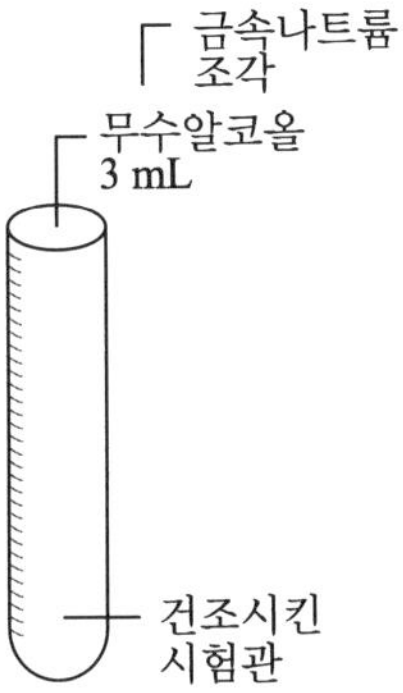

$$CH_3OH + Na \longrightarrow CH_3O^- Na^+ + \frac{1}{2}H_2\uparrow$$

$$CH_3CH_2OH + Na \longrightarrow CH_3CH_2O^- Na^+ + \frac{1}{2}H_2\uparrow$$

※ R기의 크기가 커지면 반응성의 격렬도가 커짐

$$(CH_3)_3COH + K \longrightarrow (CH_3)_3CO^- K^+ + \frac{1}{2}H_2\uparrow$$

(4) 산화시험

> 1% - $K_2Cr_2O_7$ 용액 5 mL에 진한 황산 한 방울을 가하고 흔들어서 완전히 혼합한 후 시료 두 방울을 가하고 서서히 가온한다. 냄새와 색변화를 관찰한다.
> 이 시험을 에틸알코올, *sec*-부틸알코올, *tert*-부틸알코올에 대하여 행한다.

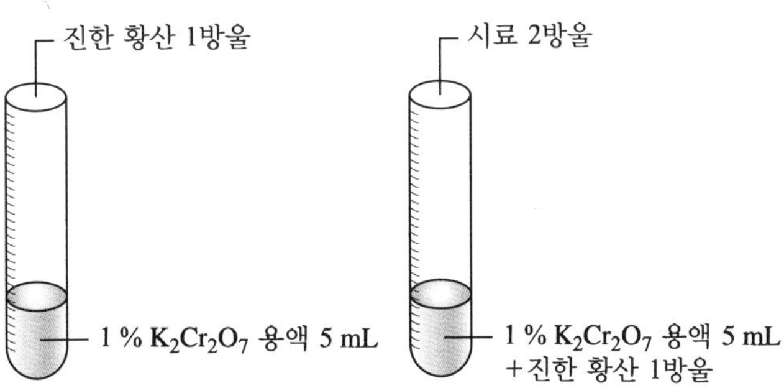

$$CH_3CH_2OH \xrightarrow{K_2Cr_2O_7} CH_3CHO + H_2O$$

$$(H_3C)_2CHOH \xrightarrow{K_2Cr_2O_7} (H_3C)_2C{=}O + H_2O$$

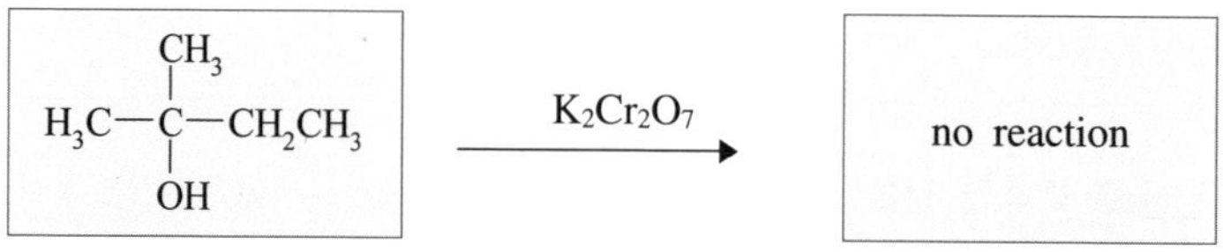

(5) Lucas 시험

시험관에 시료를 1 mL 취하고 26~27℃에서 Lucas 시약(진한 염산 42 g에다 냉각시키면서 무수 $ZnCl_2$ 54.4 g을 녹인 용액) 10 mL를 가한다. 코르크 마개로 시험관을 막고 혼합물을 흔든 후 정치시켜두면 염화 알킬이 생성되는데, 이때 염화 알킬의 생성에 소요된 시간을 기록한다. 이 때 염화 알킬의 생성은 용액이 흐려지거나 또는 서로 混和되지 않는 층의 생성으로 알 수 있다. (※ 진한 염산 42 g은 염산의 비중으로 질량수를 나누어서 구한다.)

$$\text{염산의 부피} = \frac{42\ \text{g}}{1.18} = 35.6\ \text{mL}$$

이 시험을 에틸알코올, *n*-부틸알코올, sec-부틸알코올, *tert*-부틸알코올, 알릴알코올에 대해 행한다.

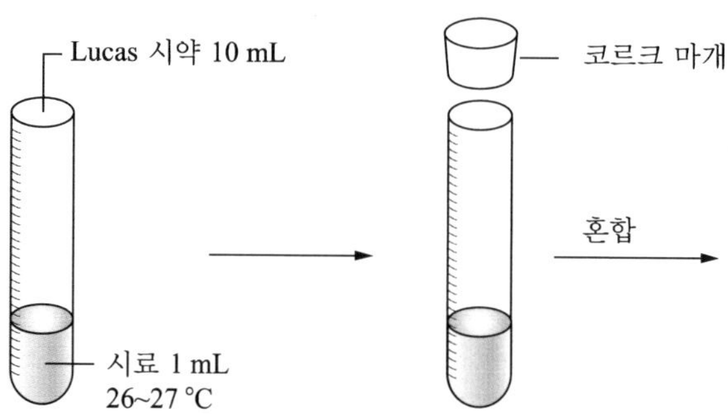

$$R_3COH + HCl \xrightarrow{ZnCl_2} R_3CCl \quad \text{혼탁}$$

$$R_2CHOH + HCl \xrightarrow{ZnCl_2} R_2CHCl \quad \text{점차}$$

$$RCH_2OH + HCl \xrightarrow{ZnCl_2} \text{no reaction}$$

※ 알코올의 반응성 : 3차>2차>1차

(예외) 알릴알코올($CH_2=CHCH_2OH$)은 1차 알코올이나

비교적 안정한 카보늄 이온의 생성으로 인해서 Lucas 시험에 양성.

(6) 염산과의 반응

시험관에 시료 1 mL를 취하고 진한 염산 6 mL를 가한다. 마개를 하고 혼합물을 잘 흔든 후 정치 시켜둔다. 처음 2분 동안을 주의 깊게 변화를 관찰한다. Lucas 시험에서와 같은 변화로 염화 알킬의 생성을 알 수 있으며 이때 염화 알킬이 생성되는 데 소요된 시간을 기록한다.

① 요오드포름 반응의 결과는 침전 결정을 여과하여 분리하고 완전히 건조 시킨 후 녹는점을 측정해 보면 더욱 확실하나 외관과 냄새로서도 충분하다.
② 금속나트륨은 직접 손으로 취급해서는 안 되며 절대로 다량을 사용하지 않도록 한다. 이 실험에 사용할 양은 팥(小豆) 알 크기 정도이며, 그 이상은 사용하지 말 것. 쓰고 남은 것은 실험준비실에 반납하든지, 땅을 파서 묻어버리든지 또는 알코올 폐액 같은데 집어넣어 소실시켜 버림이 안전하다.

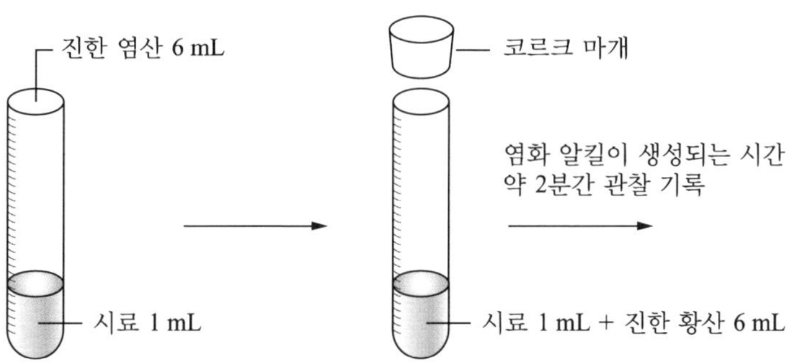

$$R_3COH + HCl \xrightarrow{HCl} R_3CCl$$

$$R_2CHOH + HCl \xrightarrow{HCl} \text{no reaction}$$

제 목	알코올의 반응		
실 험 조		제 출 자	
실험일자		제출일자	

【실험과정】

【결과 및 고찰】

TEST NAME	Conclusion	비 고
요오드포름 시험		
에스테르화 시험		
금속나트륨과 반응		
산화 시험		
Lucas 시험		
염산과의 반응		

【참고문헌】

연습문제

11.1 탄화수소 중 수산기를 포함하는 물질을 알코올이라 한다. 소방법상 알코올류를 정의하시오.

11.2 다음 화합물의 구조식을 적으시오.

(1) 3-pentanol
(2) 1-propen-3-ol
(3) 1-phenyl ethanol
(4) 5-chloro cycloheptanol
(5) $(CH_3)_2CHCHO$
(6) $CH_2=CHCHO$
(7) CH_3COCH_3
(8) $CH_3COC(CH_3)_3$
(9) isobutylic acid
(10) methyl propionate

11.3 다음 고분자 화합물의 단량체(monomer)를 화학식으로 표현하시오.

(1) 폴리에틸렌
(2) 폴리염화비닐
(3) 폴리포름알데히드
(4) 폴리아크릴로니트릴

11.4 다음을 설명하시오.

(1) 비누화 반응
(2) 에스테르화 반응
(3) 산 무수물
(4) 아미드
(5) 헤미아세탈
(6) 헤미케탈
(7) 은거울 반응

11.5 니트로셀룰로오스는 질화면이라고 하며, 질소의 농도에 따라 약면약과 강면약으로 분류된다. 각각의 질화도는 얼마인가?

11.6 디엔화합물이란 무엇인가?

11.7 가황고무란 어떠한 고무이며, 특징은 무엇인가?

11.8 알데히드와 케톤의 구별 방법을 설명하시오.

11.9 최근 고분자 물질에 의한 화재가 문제시 되고 있다. 건축물에 사용되는 고분자 물질은 열경화성, 열가소성으로 분류된다. 이를 간단히 설명하고, 목재와 고분자 물질의 연소성상에 대하여 아는 바를 기술하시오. (소방기술사 34회)

11.10 PVC는 일상생활에서 산업시설에서 그리고 각종 기계기구 및 전선 등에서 거의 빠짐없이 사용되는 필수 물질이면서도 화재 시 연소성이 높고, 위해한 연소생성물이 발생되는 취약성이 있다. PVC 연소생성물의 위험성에 대하여 상술하라. (소방기술사 30회)

11.11 1차 알코올 산화 시 생성물과 2차 알코올 산화 시 생성물을 쓰시오. (위험물기능장 37회)

11.12 플라스틱 등 합성 고분자물의 연소특성에 대하여 설명하시오. (소방기술사 31회)

11.13 다음 위험물의 화재 위험특성과 소화대책에 대하여 설명하시오. (소방기술사 34회)

(1) VCM(Vinyl Chloride Monomer)

(2) SM(Styrene Monomer)

11.14 플라스틱의 연소구조와 난연화방법에 대하여 쓰시오. (소방기술사 63회)

11.15 카르복실기(−CO−)와 아세트알데히드 검출방법에 대해 쓰시오. (위험물기능장 33회)

제 12 장

화 약 류

폭발성 물질은 몇 세기 동안 2개의 목적으로 이용되어 왔다. 그들은 전시에는 도시를 파괴하고, 배를 침몰시키고, 적을 살상하는데 이용된다. 평상시에 화약류는 광석채굴, 유정의 굴착, 산을 관통해서 터널을 뚫고, 정지작업을 하며, 지하의 암석층을 느슨하게 하는 것 등 인류에게 도움이 된다. 폭발물류는 또 스포츠의 목적에 이용되는 화학 성분이기도 하다. 이런 이용분야는 일반 방화관계자가 접하게 되는 재해현장과는 전혀 다른 것처럼 생각될 것이다. 그렇지만 화약류는 다른 위험물과 같이 저장되고 생산자로부터 소비자로 수송되는 점에서 소방관계자가 우연히 만나기 쉬운 물질이라 말할 수 있다.

화약류는 또한 소화작업에 사용하는 설비에도 이용된다. 화약사용은 통상 유전, 삼림 또는 도시 등의 특별한 형태의 화재와 싸우는 경우에 한하고 있다. 폭발은 그것에 의해서 화재, 그 자체의 파괴를 행하는데 유용하기 때문에, 그것은 화재가 더욱 확대되는 것을 막는데 도움이 된다.

화약에 관한 사고의 대다수는 방지할 수 있는 것이다. 그렇지만 이것은 사용자가 화약류의 수송, 저장, 취급 등의 안전한 수단을 완전하게 알고 있는 경우에만 달성할 수 있다. 소방요원이 폭발현장에 투입되는 시기는 화약의 제조자로부터의 지시 또는 경고가 확실히 행해져 있는 경우에, 또는 폭발 후에 화재가 일어난 경우이다.

12.1 화약류의 성질과 분류

화약류란 갑자기 상당히 급속한 화학변화가 일어나고, 동시에 대량의 열과 가스발생을 수반하는 화합물 또는 이러한 화합물의 혼합물이다. 발생되는 가스는 일반적으로 단순한 물질로서 일산화탄소, 이산화탄소, 질소, 수증기 및 산소이다. 발생하는 열은 상당히 급속한 가스의 팽창을 불러일으키고, 주위의 매체에 극도로 높은 압력을 준다. 예를 들어, 니트로글리세린은 폭발해 수증기, 질소, 이산화탄소 및 산소를 3,000℃의 온도에서 발생시킨다.

$$4\begin{array}{l} CH_2ONO_2 \\ | \\ CHONO_2 \\ | \\ CH_2ONO_2 \end{array} \longrightarrow 12CO_2 + 10H_2O + 6N_2 + O_2$$

니트로글리세린의 폭발로 생성되는 기체는 약 1,200배로 부피 팽창을 하며, 이 때 온도상승에 의해 거의 1,000배의 체적으로 팽창한다. 이 팽창에 의해 생기는 압력이 폭발의 원인이다. 엄밀히 말하면 화약류는 소리의 속도를 넘는 속도로 부피가 팽창하는 물질이라고 생각할 수 있다. 폭발은 항상 심한 충격과 그것에 의해 생기는 폭음을 동반한다.

습관적으로 화약류는 그것이 폭발하는 경우의 속도와 민감성에 의해 2개의 등급으로 나누어진다. 곧, 폭약 또는 **폭굉성**[25]의 폭약 및 화약 또는 **폭연성**[26] 화약이다. 폭약류는 극히 급속한 화약변화를 일으키며, 저폭약은 그 몇 배나 느리게 변화하지만, 일반적으로 안정성이 낮다. 폭약에 있어서는 폭발속도는 초속 6 km 정도의 고속이지만, 화약에 있어서는 겨우 초속 300 m 정도이다. 그러나 이것이 화약이 위험성이 적다라는 것을 의미하는 것은 아니다. 이 분류방식은 위험성을 나타내는 절대적인 방법은 아니다. 왜냐하면 어느 쪽의 등급에 속하는 물질이라도 실제로 입자의 알맹이 상태에 의해 그 성질이 정해지기 때문이다. 예를 들면, 무연화약은 화약의 전형적인 물질로 분류되고 있다. 그렇지만 그것이 입상으로 만들어지면 TNT와 같은 폭약과 같은 폭발결과를 가져오는 물질이 된다.

폭약류는 다시 두 종류로 나눌 수 있다. 즉, 1차 폭약과 2차 폭약이다. 1차 폭약은 그들이 극단적으로 짧은 시간에 폭발의 충격파를 발생시키는 물질이다. 그들은 열, 충격 및 마찰에 대해 극단적으로 민감하다. 대표적인 **1차 폭약**은 아지화연과 뇌산수은이다. 이것에 비해 2차 폭약은 폭발을 일으키는 조건에 이르는데 전폭약을 필요로 하는 물질이다. 그들은 열, 충격, 마찰에 대해 비교적 둔감하고 통상 소량의 경우에는 폭발하지 않고 단지 연소를 하는 것이다. 전형적 **2차 폭약**은 테트릴, PETN 및 시클로나이트이다. 1차 폭약과 2차 폭약 모두 폭발 시에는 거대한 파괴력과 폭음을 낸다.

폭약은 화학적으로는 다음의 두 가지 형태 중 하나로 분류된다.

한 가지는 분자 내에서 산화환원이 행해지는 화합물이고, 다른 하나는 산화제와 환원제의 혼합물이다. 내부산화·환원화합물은 그 폭약분자구조의 내부에 화학적으로 활발한 원자단을 포함하고 있다. 그 같은 원자단은 익스플로소퍼, 즉 **폭약성 원자단**이라 불린다. 폭약성원자단은 주로 아지드화수소산염, 취소산염, 염소산염, 아염소산염, 요소산염, 질산염, 아질산염, 과염소산염 및 피크린산염 등을 포함한 다수의 유기화합물로 폭발성을 만들어낸다. 이 같은 원자단을 포함한 모든 화합물이 폭발성을 나타낸다는 사실로 폭발성 원자단이라 불리는 것이다. 예를 들면, 모든 아지드화수소산염은 적당히 활성을 주면 폭발을 일으킨다. 내부산화·환원폭약의 다른 예는 니트로글리세린, 피크린산 및 이질산에틸렌글리콜이다. 이들 물질 각각은 몇 개의 니트로기를 포함하고 있고, 니트로기는 그 분자의 나머지 부분을 공격한다. 사용되는 많은 폭약이 니트로기를 포함하고 있지만, 폭발 위험성을 생각하지 못했던 유리 니트로화합물도 다수 존재하고 있다. 표 9.4에 기재되어 있는 각종 암모늄 화합물도 **내부산화·환원폭약의 예**이다.

25) 폭굉(→ 초음속) : 음속보다 빠른 경우
26) 폭연(→ 아음속) : 음속보다 느린 경우

2개 또는 그 이상의 물질의 혼합물의 경우에도 폭발을 불러일으킬 수 있다(**혼촉폭발물**). 예를 들면, 흑색 화약은 목탄, 황 및 질산칼륨의 혼합물이다. 적당한 비율로 화합물을 혼합하여 점화하면 폭발하는 물질이다.

폭약은 또 폭탄 안의 폭발에 대한 특별한 기능에 따라서도 분류된다. 그림 12.1은 폭탄의 구조를 나타낸 것이며, 그 내부의 6개의 부분도 각각의 목적에 따라서 다음과 같이 설명할 수 있다.

1. 점화용 뇌관 : 통상 캡 또는 튜브 안에 밀폐되고, 격침의 충격 등에 의해 손쉽게 연소를 일으키는 물질이다. 폭탄의 경우에 뇌관은 일반적으로 염소산칼륨과 손쉽게 연소를 일으키는 물질과의 혼합물이 이용된다.
2. 점화약 (이그나이터, igniter) : 손쉽게 폭발하지만 양이 적은 경우에는 쉽게 폭발을 일으키지 않는 물질이다. 폭탄 내부의 점화약은 거의 언제나 흑색화약이 이용되고 있다. 그것은 점화용 뇌관의 발화에 의해 생기는 화재에 의해 연소를 일으킨다.
3. 발사약 (프로펠란트, propellant) : 특별한 조건하에서 상당한 파괴력을 보일 수 있는 무연화약 같은 물질이다. 그렇지만 폭탄 내부에서의 발사약은 점화약에 의한 열에 의해 비교적 작은 폭발을 불러일으켜 그 힘으로 탄구를 날리는 데에 사용된다.
4. 신관 (fuze, 기폭장치, 도화선) : 날카로운 타격을 받은 경우에 그것에 의해 생기는 충격으로 폭발하는 물질이다 폭탄의 경우 신관은 탄구가 목표에 접촉했을 때 생기는 힘으로 폭발한다.
5. 전폭약 (부스타) : 신관의 작용에 의해 폭발을 불러일으키는 물질이다. 폭발하기 쉬운 것에서 폭발하기 어려운 것으로 차차 폭발을 전달하는 물질이다.
6. 작약 : 상당한 국부적인 파손에 의해 순간적인 폭발을 불러일으킬 수 있는 물질이다. 폭탄의 경우에는 작약이 주요한 폭발작용을 만들어내어 명중한 지역의 실제적인 파괴를 불러일으킨다.

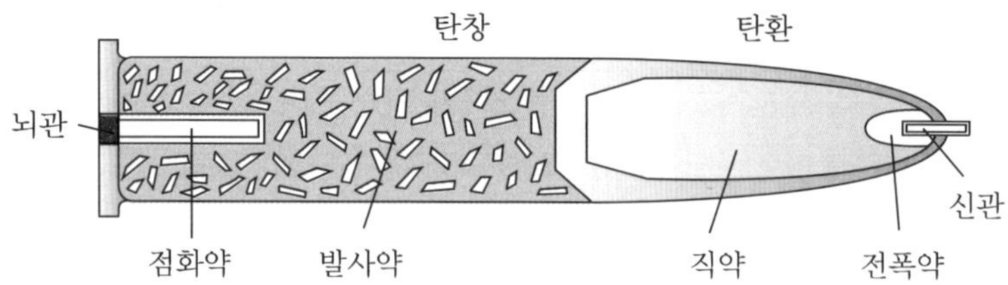

그림 12.1 폭탄의 그림으로 각각의 부분을 가리키고 있다. 폭약류는 이들 성분의 하나 또는 몇 개로 분류할 수 있다.

점화용 뇌관의 발화로부터 작약폭발까지 연쇄적으로 일어나는 현상을 폭발의 연쇄라 부른다. 폭발연쇄의 각각의 부분은 작약 폭발의 효과로 적당한 결과를 주는 물질이 아니면 안 된다. 점화약과 발사약에 이용되는 화약은 저폭약류이다. 신관, 전폭약 및 작약의 폭발물은 고폭약이다. 폭탄의 모든 형태가 여기에서 논한 6개의 성분 각각을 포함하는 것은 아니지만, 그들은 모두 폭탄설계에 이용되는 물질로 보일 수 있다. 예를 들면, 라이플약형은 그저 뇌관과 발사약을 포함할 뿐이다. 탄환은 일반적으로 무구금속의 덩어리로 내부에 폭약을 포함하고 있지 않다. 왜냐하면 신관은 높은 고도에서 폭탄이 낙하했을 때에 생기는 힘으로 폭발할 수 있기 때문이다. 그 뒤에 폭파작업에는 발사약은 필요없다. 폭파장치 내부에는 고폭약이 충전되어 있으며, 그것은 통상 전폭약에 의해 폭발한다. 이 같은 폭발장치는 수백m 길이의 전선이 접속되어, 그것은 안전거리에서 프란자형의 스위치로 조작된다.

12.2 니트로글리세린

순수한 니트로글리세린은 외관은 물과 유사한 무거운 기름상 액체이다. 그렇지만 시판 제품은 일반적으로 노란색을 띠고 있다. 그 주요한 성질은 표 12.1에 기재하였다.

표 12.1 니트로글리세린의 물리적 성질

비중	1.59
녹는점	13.2℃
폭발속도	7.8km/s
감도	극히 높다(거의 1차 폭약에 가깝다)

니트로글리세린은 충격에 대해 극단적으로 민감하다. 약간의 타격, 낙하 또는 딱딱한 물체 표면에 부딪히거나 하면 폭발을 일으킨다. 이러한 이유로 니트로글리세린이 폭약으로 공업적으로 이용되는 일은 드물다. 니트로글리세린의 폭발은 같은 양의 흑색 화약의 약 3배나 강한 폭발력을 나타내며, 25배 정도의 폭발속도를 나타낸다.

니트로글리세린은 엄밀히는 니트로화합물은 아니다. 오히려 그것은 글리세린의 에스테르이다. 그 정확한 화학명은 삼질산글리세린이다. 그것은 글리세린과 질산과 발연황산의 제어된 화학반응에 의해 합성된다. 이 경우 황산은 촉매로 작용한다.

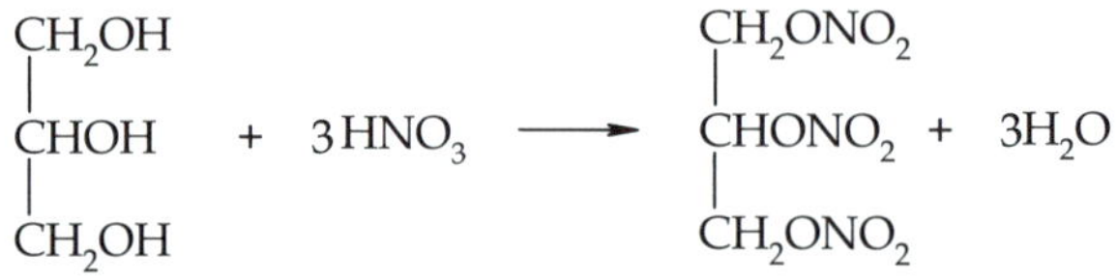

글리세린 니트로글리세린

니트로글리세린은 약 177℃로 가열되면 자연히 폭발을 일으킨다. 폭발 원인이 되는 $-NO_2$기가 분자의 다른 부분을 공격하는 것이다. 공기층의 수분과 반응하면 니트로글리세린은 합성반응과 역반응에 의해 가수분해를 일으키고, 질산을 생성하는 경향을 나타낸다. 이 질산화 니트로글리세린 혼합물은 특별히 위험하다. 따라서 오래된 니트로글리세린이 자연용해하는 것에 주의해야 한다. 또한 니트로글리세린은 매우 유독하다. 그것은 작은 정맥, 모세관 및 관상동맥의 확장을 불러일으키며, 심한 두통, 안면홍조 및 혈압저하를 일으킨다. 그렇지만 그것은 또 심장 및 특별 혈액순환장해를 치료하는 의약에 이용할 수 있다. 이 목적에 사용되기 위해 니트로글리세린은 알코올 같은 용제에 용해되며, 그것은 니트로글리세린 스피리트라 불리고 있다. 니트로글리세린 스피리트는 10%를 넘는 니트로글리세린을 혼합해서는 안 되며, 그것은 이 약을 포함한 정제를 만드는데 이용된다. 그것은 인화성 액체로 취급된다. 감도를 저하시킨 니트로글리세린은 A급 폭약으로 수송하는 것이 인정된다.

12.3 다이너마이트

니트로글리세린은 규조토 같은 다공성 물질에 흡수된 경우에는 훨씬 더 안정하다. 이 물질은 다이너마이트로 알려져 있다. 그것은 알프레드, 노벨(1833～1896, 스웨덴 스톡홀름)에 의해 1867년에 발견되었다. 다이너마이트의 제조로 얻어진 재산으로 노벨은 세계에서 유명한 노벨상을 설립하는데 남겼다.

다이너마이트는 니트로글리세린 또는 니트로글리콜 물질이 6% 이상 포함된 폭약을 두루 일컫는 말로 니트로글리세린보다도 상당히 낮은 위험도로 수송되고 사용할 수 있다. 이 흡수제는 통상 목재펄프, 톱밥, 소맥분, 전분 및 그 유사물질로 그것에 질산나트륨 또는 질산암모늄 같은 산화제가 더해져 있다.

이질산에틸렌글리콜($O_2NO-CH_2-CH_2-ONO_2$)도 또한 부동제로 더해져 있다. 산화제로 질산암모늄이 더해진 다이너마이트는 암모니아 다이너마이트라 불린다(제9장의 5). 질산나트륨이 더해진 경우에는 스트레이트다이너마이트라 불린다. 또 세미젤라틴다이너마이트라는 종류가 있고, 그것은 니트로글리세린을 굳히기 위한 젤라틴제로 니트로셀룰로오스를 포함하고 있지만 딱딱한 겔을 만들 정도로 충분하지 않다. 다이너마이트의 이들 3가지 형태의 물질의 성질이 표 12.2에 나타나 있다.

다이너마이트는 통상 파라핀 종이의 카트리지에 충전되어 있고, 그 크기는 7~8인치의 직경과 길이 4~40인치의 것 등 여러 가지이다. 봉 상태의 다이너마이트의 가장 보통 크기의 것은 대개 1 1/2~8인치로, 무게는 대개 1/2파운드이다. 이 방식으로 새롭게 만들어진 다이너마이트는 취급이 상당히 안전해 졌으며, 그것을 폭발시키는 데는 뇌관을 필요로 한다. 다이너마이트는 이 안전한 형태 때문에 상업적인 폭약으로 가장 널리 이용되게 되었다. 그렇지만 니트로글리세린과 다이너마이트 폭약은 같은 활성이 강한 성분을 포함하고 있다는 것을 인식하는 것이 중요하다. 따라서 다이너마이트는 같은 양의 니트로글리세린과 같은 폭발 효과를 만들어낸다. 오래된 다이너마이트는 완전히 안전하다고 말할 수 없는데, 그 이유는 주성분인 니트로글리세린이 가수분해되기 때문이다.

수송 목적에서 다이너마이트는 A급 폭약으로 간주되고 있다. 공업에서 다이너마이트는 슬러리폭약포 같은, 보다 안전한 폭약에 의해 대체되고 있다. 다이너마이트와 다르게 카트리지에 넣어진 슬러리폭약은 니트로글리세린을 포함하지 않기 때문에 다이너마이트보다 폭발사고를 일으키는 일이 훨씬 적다.

표 12.2 다이너마이트의 물리적 성질

	스트레이트 다이너마이트	암모니아 다이너마이트	젤라틴 다이너마이트
비중	1.3	0.8~1.2	1.3~1.6
화학조성	품질에 의해 20~60%의 니트로글리세린과 질산나트륨, 탄소질물질, 제산제 및 수분을 포함	품질에 의해 20~60%의 니트로글리세린과 질산암모늄, 탄소질물질, 유화제산제 및 수분을 포함	품질에 따라 20~90%의 니트로글리세린이 니트로셀룰로오스 안에서 젤라틴화해 있다.
폭발속도(km/s)	4~6	0.8~1.2	0.75~1.1
감도	높다	높다	높다

12.4 트리니트로톨루엔

트리니트로톨루엔(TNT)은 가치가 높은 폭약이다. 그것은 1902년에 독일에서 발명되었다. 순수한 물질은 청녹색의 고체이지만, 시장에 있는 TNT는 통상 암갈색을 하고 있다. TNT는 톨루엔의 질산화에 의해 만들어진다. 이 반응은 촉매로 황산을 이용한다.

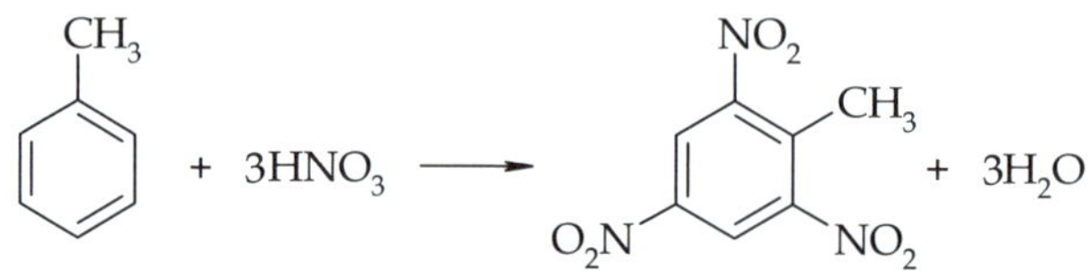

화학적으로는 톨루엔에 붙어 있는 3개의 니트로기가 TNT의 급속한 폭발 시에 빠른 산소 공급원이 된다. 트리니트로톨루엔의 물리적 성질을 표 12.3에 기재하고 있다.

표 12.3 트리니트로톨루엔의 물리적 성질	
밀도(g/cm^3)	1.59(녹여 틀에 부은 경우) 1.45(압착한 경우) 1.8 (입상의 경우)
폭발속도(km/s)	5.1~6.9
TLV	1.5 ppm(피부)
녹는점	81℃
감도	낮다
폭발을 일으키는 온도	470℃

TNT는 제1차 및 제2차 세계대전 중에 군용폭약으로 대규모로 사용되었다. 그것은 또 평화 시에도 광산이나 공사 등의 목적에 상당히 이용되고 있다. TNT는 화약류 중에서도 가장 감도가 낮은 폭약이다. 니트로글리세린과 다르게 그것은, 공기 중의 수분을 접해도 가수분해 되는 일이 없고, 이 점에서 니트로글리세린보다 훨씬 안정적으로 간주되고 있다. 그 외에 저장한 후에도 몇 년간이나 자연분해 될 우려가 없다. 고체물질은 폭발 우려가 거의 없이 수증기로 용융할 수 있다. 액체의 경우에는 손쉽게 다른 폭약과 혼합하여 특별한 모양으로 만들어 틀에 넣을 수 있다. 예를 들면, 질산암모늄 80과 TNT 20의 혼합물은 아마톨이라 불리는 폭약이다. 그것은 넓게 군용 및 공업폭약으로 이용되고 있다. TNT는 불꽃으로 점화되면 그저 연소한다. 그것은 일시에 상당량이 연소되지 않는 한은 폭발을 일으키지 않는다. 이 안전성이 상업폭약으로 실용성을 가진 이유 중 하나이다.

물로 적셔지지 않은 것은 A급 폭약으로 수송된다. 젖어있는 TNT는 인화성 고체로 수송하는 것은 허가되지만 그 양은 1파운드를 넘지 않도록 제한을 받는다. TNT는 수송 시에 가장 안전한 폭약의 하나이다.

12.5 시클로나이트

시클로나이트는 강력한 2차 폭약이고, 그것은 상업적으로는 RDX 및 헤키소겐이라는 이름으로 알려져 있다. 화학적으로는 시클로트리메틸렌 트리나이트라민 또는 헥사히드로 1,3,5-트리니트로-*sec*-트리아진이라 불린다. 그것은 다음과 같은 비교적 복잡한 화학반응에 의해 합성된다.

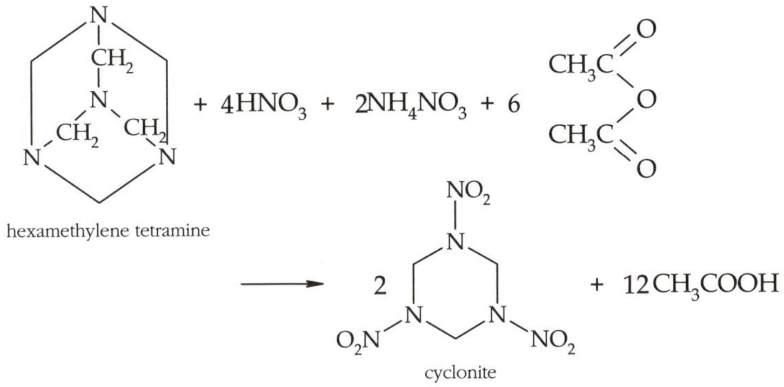

표 12.4 시클로나이트의 물리적 성질	
밀도(g/cm^3)	1.2 (거친 상태) 1.6 (압착)
폭발속도(km/s)	6.8~8.0
녹는점	높다
감도	202℃
폭발을 일으키는 온도	197℃

시클로나이트의 물리적 성질은 표 12.4에 주어져 있다. 시클로나이트는 상당히 민감하므로 분해를 일으키기 쉽지만, 그것을 밀랍과 섞으면 높은 온도에 노출되어도 열에 안정하게 된다. 밀랍이 억제제로 작용되기 때문이다. 시클로나이트와 밀랍과의 여러 가지 비율의 혼합물이 제2차 세계대전에서 폭탄의 작약으로 널리 이용되었다. 91%의 시클로나이트와 9%의 밀랍혼합물을 컴포지션 A라 부른다. 폭발하는 속도의 관점에서부터 실용적인 폭약의 최고 물질이다. 1톤 폭탄에 충전된 시클로나이트는 약 1/4 밀리세컨드에 폭발한다. 이 높은 폭발속도가 거대한 폭발력의 원인이다. 시클로나이트는 더욱 더 강력한 폭약을 만들어내기 위해서 용융한 TNT에 용해된다. 60%의 시클로나이트와 40%의 TNT 및 1%의 밀랍으로 컴포지션 B가 만들어진다. 그것은 폭탄의 작약 컴포지션 A를 크게 바꾸고 있다.

시클로나이트는 잘 알려져 있는 플라스틱 폭약의 주요한 성분이다. 플라스틱 폭약은 시클로나이트의 폭발력 그대로이지만, 충격이나 마찰에 비교적 둔감하다. 그것은 퍼티(putty) 같은 형으로 바꿀 수 있고, 직접 파괴하려고 하는 목적물에 접착할 수 있다. 플라스틱 폭약의 주요한 결점은 추운 경우에 저항력이 약하게 되는 것이다.

시클로나이트를 포함한 각종 폭약은 A급 폭약으로 표식을 붙여서 수송된다.

12.6 테트릴

테트릴은 노란색의 2차 폭약이다. 그 화학명은 2,4,6-트리니트로페닐에틸리드라민으로 알려져 있다. 그것은 2,4-디니트로클로로벤젠과 메틸아민을 반응시킨 후 계속해서 질산화함으로써 만들 수 있다.

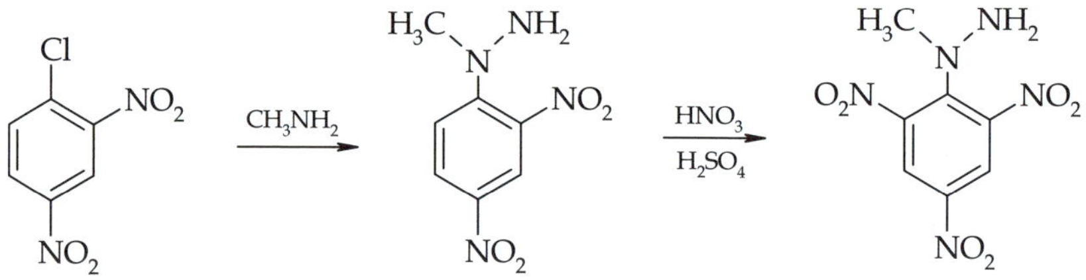

2,4-디니트로클로로벤젠 테트릴

테트릴의 물리적 성질은 표 12.5에 기재되어 있다. 테트릴은 미국육군에 의해 포병용 폭탄의 기폭약으로 이용되는 표준 폭약이다. 그것은 충격과 마찰에 대해 극도로 민감하고, 대개 7,500 m/s의 속도로 폭발한다. 용융한 TNT 및 소량의 석묵과 혼합되면 테트릴은 작약으로 이용할 수 있다. 이 형태의 물질은 테트리톨이란 이름으로 알려져 있다. 테트릴과 그 혼합 폭약은 규제된 양에 한해 A급의 폭약으로 수송하는 것이 허가되고 있다.

표 12.5 테트릴의 물리적 성질

밀도(g/cm^3)	1.45 (압착)
폭발속도(km/s)	7.0
감도	높다
녹는점	130℃
폭발을 일으키는 온도	260℃

12.7 PETN

PETN(페팅이라 발음한다)은 화학적으로는 사질산펜타에리스리톨로 알려져 있다. 그것은 펜타에리스리톨의 수산기의 질산화에 의해 만들어진다.

PETN은 폭탄의 기폭약으로 종종 이용되는 백색의 2차 폭약이다. 그 물리적 성질은 표 12.6에 기재되어 있다. 그것은 거의 시클로나이트와 같은 정도로 강력하다. PETN의 주요한 용도는 폭파용 도폭선이다.

표 12.6 PETN의 물리적 성질

밀도 (g/cm^3)	1.6 (압착)
폭발속도(km/s)	7.92
감도	높다
폭발을 일으키는 온도	210℃

12.8 피크린산

피크린산의 일반명은 트리니트로페놀이다. 그것은 석탄산(페놀)과 질산의 작용으로 화학적으로 만들어진다.

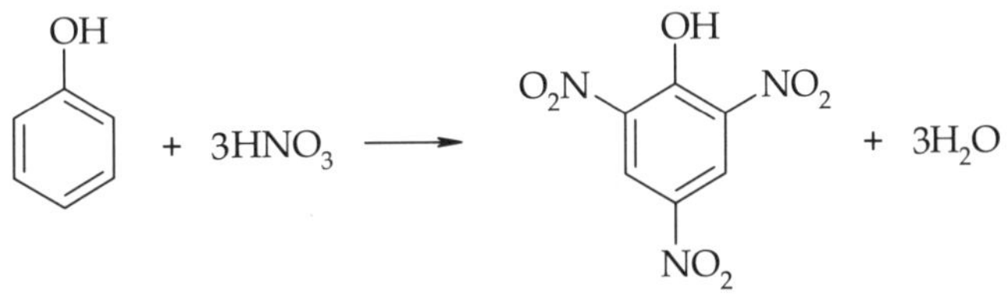

피크린산은 상온에서 노란색의 고체이며, 비교적 유독하고 부식성을 가지기 때문에 대부분은 다른 폭약에 의해 대체되고 있다. 따라서 그 중요성은 한정되어 있다. 건조한 피크린산은 A급 폭발물로 수송이 허가되고 있다. 축축한 피크린산은 10% 이상의 물을 포함하고 있으며, 25파운드를 넘는 양의 물에 적신 피크린산은 A급 폭약의 표식을 붙이는 것으로 되어 있다.

12.9 일차폭약

부스타 또는 작약의 발화를 일으키기 위해 충격파를 만들어내는 기폭약 및 신관으로는 3개의 폭약 중 하나가 종종 이용되고 있다. 그들 3개는 뇌산수은, 납아지드 및 스티프닌산 납이다. 이들의 물리적 성질은 표 12.7에 기재되어 있다. 뇌산수은 $Hg(CNO_2)$는 질산수은과 에틸알코올 및 농질산 사이의 화학반응으로 얻을 수 있지만, 이 반응은 전부 이해되고 있다고는 할 수 없다. 그것은 접시형, 관형 등 여러 가지 형태의 내관 안에 넣어서 이용되며, 여전히 기폭약으로 이용되고, 다른 폭약의 분해를 유도하는 역할을 한다.

표 12.7 몇몇 1차 폭약의 성질

	밀도(g/cm^3)	폭발하는 온도	폭발속도(km/s)
뇌산수은	3.6	180℃	4.7
아지드화납	4.0	350℃	5.1
스티프닌산 납	2.5	267℃	4.8

아지드화납은 $Pb(N_3)_2$이다. 그것은 뇌관에 이용되는 가장 보통의 1차 폭약이고, 통상 스티프닌산염과 혼합되고 있다. 그것은 아지드화나트륨[27]과 아세트산납 용액의 사이의 화학반응으로 만들어진다.

$$2NaN_3 + Pb(C_2H_3O_2)_2 \rightarrow Pb(N_3)_2 + 2NaC_2H_3O_2$$

스티프닌산 납은 화학명은 트리니트로레졸신납이다. 그것은 트리니트로레졸시놀과 아세트산납의 화학반응으로 얻을 수 있다.

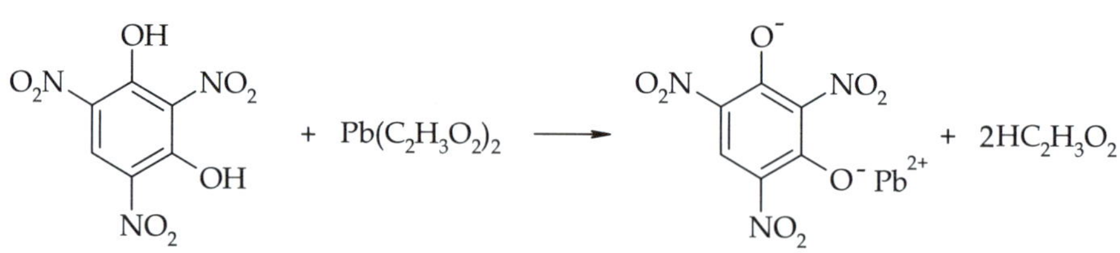

트리니트로레졸시놀　　　　스티프닌산 납

27) 에어백을 순간적으로 부풀리는데 사용되는 물질로서 **아지드화나트륨**이 사용된다. 자동차가 강하게 충돌하면 센서가 충돌을 인지하여 전류를 흐르게 하며, 전류는 불꽃을 일으켜 NaN_3을 분해하여 많은 양의 질소기체를 발생시킨다. 발생된 질소기체는 에어백 속으로 들어가 에어백을 부풀게 한다.
$2NaN_3(s) \rightarrow 2Na(s) + N_2(g)$

납스티프네이트도 1차 폭약이고, 그것은 통상 납아지드를 발화시키는데 이용된다. 스티프닌산 납은 매우 민감해서 불꽃이나 정전기에도 발화한다.

이들 3개의 1차 폭약 각각은 폭발적 분해에 극히 민감하고, 그들은 물에 적시거나 둔감처리를 하지 않으면 수송을 허가받지 못한다. 젖은 폭약류는 A급 폭약으로 분류된다. 건조해 있는 경우에는 그들은 금지폭약이 된다.

12.10 수제폭발물

폭발장치를 만드는 방법을 충분히 알고 있는 사람들이 어느 정도인가를 알기는 어렵다. 군대에서는 몇 천 명의 사람이 지뢰나 폭탄을 이용하는 기술훈련을 받고 있다. 더욱더 몇 백 인의 사람이 직접 훈련없이 그 지식을 가지고 있다. 화학의 기초적 과정을 배운 학생은 누구나 손쉽게 구입할 수 있는 약품류를 이용해 살상용 장치를 만들 수 있다. 테러리스트나 파괴활동을 하는 사람들이 종종 수제폭탄을 사회에 대한 무기로 이용해 사람들의 생명을 뺏고, 공포나 패닉을 불러일으키는 범죄를 행하고 있다.

살상능력을 가진 도구를 만드는 방법은 실제로는 아주 많이 존재하지만, 그 중 어느 것이나 2개의 본질적인 화학성분, 즉 연료와 산화제를 포함하고 있다. 실제로는 고도의 가연성 물질이면 어느 것이라도 이 연료로 충분히 쓸모 있지만, 일반적으로는 이용하기 쉬운 점에서 가솔린이 이용되고 있다. 취소산염, 염소산염, 질산염 등이 산화제로 이용되고 있다. 밀폐해 적당히 발화시키면 가장 조잡한 즉석 폭발물이라도 상당한 파괴를 일으킬 수 있다. 대부분 보통의 수제폭탄 타입은 다음 종류의 하나로 해결된다.

1. 유지소이탄 : 유지와 가솔린 혼합물인 나팜은 지방산인 알루미늄 비누류의 혼합으로 젤 상태가 된다. 이 폭탄은 통상 금속나트륨 또는 노란 인으로 착화된다. 투하되면 젤 상태의 가솔린이 넓은 범위에 접촉한 거의 모든 물건에 부착해 거세게 연소한다. 이 젤 연료의 불꽃은 물로는 거의 꺼지지 않는다.
2. 금속소이탄 : 마그네슘과 알루미늄 같은 분말금속의 혼합물이다. 그들은 일반적으로 발화시키는 것은 훨씬 어렵지만, 유지소이탄보다도 훨씬 높은 온도를 발생한다. 금속소이탄의 폭발로 생긴 화재는 대량의 물을 사용하지 않으면 안 되는데, 그것은 그 성분 금속이 높은 온도에서는 물과 반응하기 때문이다.
3. 유지금속소이탄 : 석유계 연료와 분말금속의 혼합물이다.

대부분의 수제폭약은 이들 3종류의 하나에 들어갈 수 있다지만, 다수의 위험물의 조합이 즉석 폭약 장치에 사용될 수 있다. 즉 노란 인, 이황화탄소, 미분탄, 철의 톱밥, 흑색화약, 사진의 필름용 분말, 탄화칼슘, 황 등이다. 가장 보통의 수제장치는 모로트프카르텔이다. 이 장치는 제2차 세계대전 중에 소련에 의해 이용됐던 보통 소이탄이다. 모로나프텔의 간단한 구조는 가솔린과 황산의 2 : 1 혼합물을 채운 병이다. 염소산칼륨 용액과 설탕에 담근 흡취지나 천 조각이 병 주위에 감아져 있고, 병이 딱딱한 물체에 부딪혀 깨진 경우에 연료에 착화하는 역할을 한다.

수제폭탄의 불을 끄는 데는 충분한 양이 있으면 물이 일반적으로 유효하다. 그 경우 폭탄 성분이 물과 반응하는 물질이 아닌 것을 확인하는 주의가 다소 필요하다. 그 위에 더욱 불꽃이 커지면 곧 폭발한 장소를 주의 깊게 조사해 노란 인, 카바이드, 그 외 주위 물질에 불이 붙을 가능성이 있거나 자연히 연소를 시작하거나 할 것 같은 물질의 존재를 주의 깊게 조사하지 않으면 안 된다. 가능하다면 언제라도 폭탄 부품을 회수하고, 그 폭탄 종류를 확인해야만 할 것이다.

12.11 기체폭발

엄밀히 말해 가스폭발은 니트로글리세린, PETN 또는 TNT 같은 물질의 폭발과는 다르다. 수소와 산소 혼합물은 겨우 1,830 m/s 속도에서 폭발하지만, PETN은 7,600 m/s 속도에서 폭발한다. 앞에 설명한 것처럼 폭발물은 열 메커니즘에 의해 폭발한다. 결국 폭발에 의해 발생한 가스가 급속으로 팽창하는 원인이 되는 것은 온도구배이다. 그렇지만 가스폭발은 열에 의해 폭발하는 것으로는 보이지 않는다. 오히려 폭발 원인은 반응기구 안에 존재하는 분기연쇄반응에 연결되어 있다.

수소와 산소 혼합물은 몇 단계의 연속적 반응에 의해 폭발한다고 생각되며, 제1단계는 2가지 반응성을 가진 화학물질, 즉 수소 원자와 HO_2 유리기의 생성에 관한 물질이고, 그것은 다음 식으로 표현된다.

$$H_2 + O_2 \rightarrow \cdot HO_2 + H \cdot$$

수소 원자는 새로운 유리기를 생성하기 위하여 또 다른 반응을 한다. 즉, 산소와 반응하여 수산유리기와 하나의 산소 원자를 생성하는 것이다.

$$H \cdot + O_2 \rightarrow \cdot OH + O \cdot$$

이와 같이 라디칼 파괴가 새로운 라디칼 생성을 억제할 수 없을 때, 그 혼합물은 통상적으로 폭발한다. 확산해 가는 단계에서 생성하는 유리기는 몇 개의 방법으로 파괴될 가능성을 가진다.

$$H_2 + HO_2\cdot \rightarrow \cdot OH + H_2O$$

$$\cdot OH + H_2 \rightarrow H_2O + \cdot H$$

$$O_2 + H\cdot \rightarrow H + O\cdot$$

$$H_2 + O\cdot \rightarrow \cdot OH + H\cdot$$

수소, 산소 및 수산 유리기 등은 새로운 라디칼 증대에 기여하지만, $HO_2\cdot$는 그 확대에 대한 중요성이 적지 않게 보인다. 유리기 증대는 라디칼과 라디칼의 결합에 의해 또는 유리라디칼과 용기 벽과의 충돌에 의해 중지된다. 수소와 수산유리기와의 결합이 일어나면 직접 생성물을 가져오는 것이 된다.

$$H\cdot + \cdot OH \rightarrow H_2O$$

연료와 산소혼합물을 통한 유리기의 증가확산은 발생하는 압력에 의존한다. 상당히 낮은 압력 하에서 그 라디칼은 급속도로 용기 벽의 장소까지 확산해가서 그 표면에 충돌하여 소멸한다. 이 같은 조건하에서는 유리기가 생성되는 속도는 거의 그들이 파괴되는 속도와 같다. 이 같은 라디칼 증가와 감소가 계속되는 한, 그 반응은 순조롭게 진행해서 폭발은 관찰되지 않는다. 그렇지만 상당히 높은 압력 하에서는 라디칼 확산속도는 상당히 낮춰져 그 파괴되는 속도는 저하한다. 이 압력과 온도가 폭발하한계를 나타내는 것이다.

한층 더 높은 압력이 되면, 3가지 반응물질 사이의 충격은 한층 더 빈도를 높인다. 수소/산소 시스템에서의 이러한 형태의 반응은 다음과 같다.

$$H\cdot + 2O\cdot + M \rightarrow HO_2\cdot + M$$

M은 산소, 수소 또는 반응혼합물과 무관한 가스라고 생각해도 좋다. $HO_2\cdot$는 다른 반응성 중간체와 관련하는 연쇄반응의 확산에서 크게 작용하지 않기 때문에 라디칼 생성과 파괴 사이에 하나의 균형을 만들며, 그 혼합물은 폭발을 일으키지 않는다. 이 압력과 온도가 폭발상한계로 인정된다. 폭발상한계 위에서 제3의 한계에 도달할 때까지 폭발은 일어나지 않으나, 이 한계를 넘으면 시스템은 다시금 폭발을 일으키기 쉽게 된다. 이 범위에서는 연쇄반응이 분기를 일으키는 단계로, 파괴된 충돌은 라디칼의 생성보다도 우세하다.

수소와 산소 혼합물의 폭발로 물이 생기는 반응은, 많은 기체 폭발의 전형적인 것이다. 압력과 온도의 3가지 한계는 수소와 산소의 2 : 1 혼합물에 대해 그림 12.2에 나타나 있다.

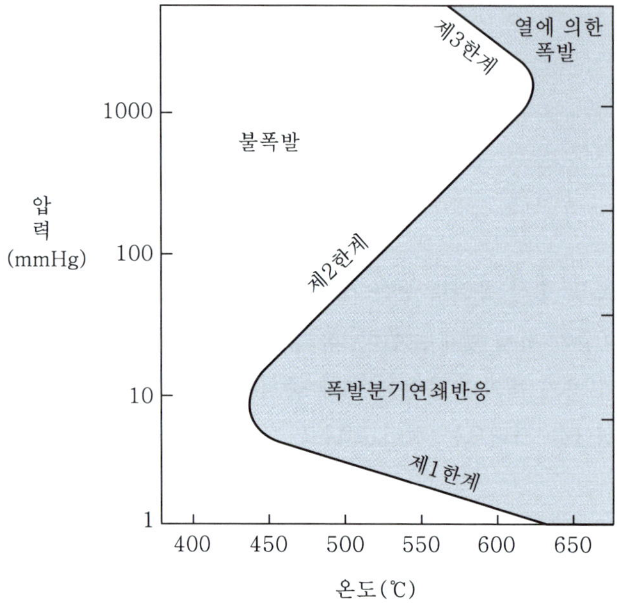

그림 12.2 수소, 산소 2 : 1 혼합물에서의 온도와 압력의 관계

400℃ 이하에서는 압력이 생각지 못한 값으로 증가하지 않으면 폭발은 일어나지 않는다. 그렇지만 500℃에서는 폭발하한계는 약 1.5 mmHg에 달한다. 이 한계를 넘으면 스파크가 생겨 혼합물은 폭발한다. 그렇지만 같은 온도에서 반응은 폭발상한계인 50 mmHg에서 제3의 한계인 약 200 mmHg 지점까지 순조롭게 진행한다. 제3한계를 넘으면 폭발은 다시 격렬해진다.

실험 12-1. 흑색화약의 제조

1. 목 적

흑색화약의 제조 원리를 이해하고, 실험을 통해 제1류 위험물 중 질산염류에 속하는 KNO_3의 성질 및 그에 따른 조작 기능을 숙달한다.

2. 기구 및 시약

코르크마개
붓, 막자사발
철판
시험관
질산칼륨
황
숯

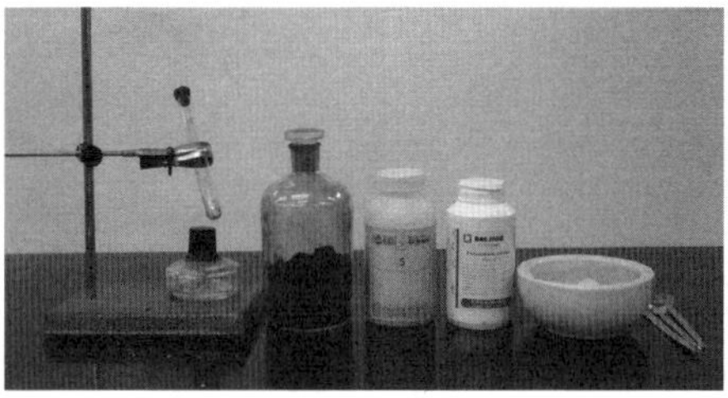

그림 1 실험 준비물

3. 실험방법

① 질산칼륨(75%) 2 g, 황(10%), 0.3 g 및 숯(15%) 0.4 g을 준비한다.
② 이 세 가지 성분을 따로따로 막자사발에서 갈아 고운가루를 만든다.
③ 분쇄한 질산칼륨, 황, 숯을 붓으로 잘 섞어서 흑색화약을 제조한다.
④ 시험관에 0.5 g의 흑색화약을 넣고 코르크마개를 막는다.
⑤ 시험관을 알코올램프로부터 20 cm 가량 띄우고 램프에 불을 붙여 가열을 시작한다.
⑥ 어떠한 변화가 있는지 관찰한다.

그림 2 실험 장치

그림 3 흑색화약의 가열실험

제 목	흑색화약의 제조		
실 험 조		제 출 자	
실험일자		제출일자	

1. 가열을 시작하고 몇 초 후에 코르크 마개가 튀어나가면서 폭발하는가?

2. 이 실험이 제5류 위험물 실험에 사용된 이유는 무엇인가?

【고 찰】

【참고문헌】

실험 12-2. 화약폭발 실험

1. 목 적

위험물안전관리법상 제2류 위험물로 분류하고 있는 가연성 고체인 적린과 제1류 위험물인 염소산칼륨의 혼촉 시 충격에 의한 폭발 실험을 통해 그 위험성에 대해 알아본다.

2. 기구 및 시약

철판, 망치, 약수저, 알루미늄 호일, 방열복
적린, 염소산칼륨

3. 실험방법

① 알루미늄을 가로 0.5 cm, 세로 0.5 cm 정도로 자른다.
② 0.03 g 적린과 0.03 g 염소산칼륨을 1 : 1의 비율로 알루미늄 호일 위에 놓는다.
③ 호일을 조심히 작게 접은 다음 철판 위 또는 콘크리트바닥 위에 놓고 망치로 충격을 준다.
(접을 때의 마찰로 인해 혼촉 발화할 수 있으므로 주의해야 한다.)
④ 화염을 동반한 폭발음이 상당하므로 주의해야 한다.

1. 0.03 g 적린과 0.03 g 염소산칼륨을 1 : 1의 비율로 알루미늄 호일 위에 놓는다.

2. 호일을 조심히 작게 접은 다음 철판 위 또는 콘크리트바닥 위에 준비한다.

3. 보호장비를 착용한 후 망치로 충격을 준 후 폭발하는 과정을 관찰한다.

제 목	화약폭발 실험		
실 험 조		제 출 자	
실험일자		제출일자	

【실험과정】

【결과 및 고찰】

【참고문헌】

연습문제

12.1 화약류란 어떠한 물질을 말하는지 간단히 설명하시오.

12.2 폭약류는 1차와 2차 폭약 2가지로 구별된다. 1차 폭약과 2차 폭약의 차이와 각각의 대표적인 폭약을 2가지씩만 예를 들어 간단히 설명하시오.

12.3 위험물안전관리법상 위험물 중에 폭발성 물질은 니트로기를 포함하는 물질이다. 위험물안전관리법상 니트로화합물의 정의를 설명하고, 니트로화합물의 예를 3가지만 쓰시오.

12.4 니트로글리세린은 폭발력이 대단히 강한 물질이다. 이 니트로글리세린의 제조방법을 반응식으로 설명하시오.

12.5 제5류 위험물인 니트로화합물의 지정수량은 얼마이며, 니트로화합물 중에서 강력한 폭약으로서 폭발력의 표준이 되는 물질은 무엇인가?

12.6 니트로셀룰로오스 저장 시 넣어주는 것은? (위험물기능장 35회)

12.7 분자량 227, 비중 1.6, 니트로글리세린 500 g이 부피 320 mL 용기에서 폭발해서 이때 폭발온도가 1000도라면, 폭발 당시 압력은? (위험물기능장 35회)

12.8 피크린산의 구조식을 적으시오. (위험물기능장 35회, 41회)

12.9 $C_6H_2CH_3(NO_2)_3$의 물질에 대한 물음에 답하시오. (위험물기능장 41회)

(1) 물질명 : (2) 유별 :

(3) 품명 : (4) 지정수량 :

(5) 착화온도 :

12.10 니트로글리세린의 분해반응식을 적으시오. (위험물기능장 33회)

12.11 TNT의 구조식과 분해반응식을 쓰시오. (위험물기능장 35회)

12.12 TNT의 제법과 분해 반응식을 써라. (위험물기능장 48회)

12.13 흑색화약의 주성분으로 다음 물음에 답하시오. (위험물기능장 제55회)

(1) 물질명 (2) 분해반응식

(3) 흑색화약에서의 역할

12.14 니트로글리콜에 대해 다음 물음에 알맞게 답하시오. (위험물기능장 제55회)

(1) 구조식 (2) 공업용 색상

(3) 비중 (4) 질소함유량

(5) 풍속

12.15 규조토에 흡수시켜 다이너마이트를 제조하는 제5류 위험물에 대한 각 물음에 답하시오. (위험물기능장 제54회)

(1) 품명 (2) 화학식

(3) 분해반응식

12.16 TNT에 대하여 다음 물음에 알맞게 답하시오. (위험물기능장 제56회)

(1) 유별 (2) 품명

(3) 지정수량

12.17 니트로글리세린 구조식 및 분해 시 생성물을 적으시오. (위험물기능장 제56회)

12.18 자기반응성 물질의 시험방법 및 판정기준을 위험물안전관리에 관한 세부기준을 근거로 설명하시오. (소방기술사 제101회)

부 록

부록 1. 위험물 및 지정수량

(위험물안전관리법 시행령 제2조 및 제3조 관련 별표 1)

위험물			지정수량
유별	성질	품명	
제1류	산화성 고체	1. 아염소산염류	50 kg
		2. 염소산염류	50 kg
		3. 과염소산염류	50 kg
		4. 무기과산화물	50 kg
		5. 브롬산염류	300 kg
		6. 질산염류	300 kg
		7. 요오드산염류	300 kg
		8. 과망간산염류	1,000 kg
		9. 중크롬산염류	1,000 kg
		10. 그 밖에 행정안전부령으로 정하는 것 11. 제1호 내지 제10호의 1에 해당하는 어느 하나 이상을 함유한 것	50 kg, 300 kg 또는 1,000 kg
제2류	가연성 고체	1. 황화린	100 kg
		2. 적린	100 kg
		3. 유황	100 kg
		4. 철분	500 kg
		5. 금속분	500 kg
		6. 마그네슘	500 kg
		7. 그 밖에 행정안전부령으로 정하는 것 8. 제1호 내지 제7호의 1에 해당하는 어느 하나 이상을 함유한 것	100 kg 또는 500 kg
		9. 인화성 고체	1,000 kg
제3류	자연발화성물질 및 금수성 물질	1. 칼륨	10 kg
		2. 나트륨	10 kg
		3. 알킬알루미늄	10 kg
		4. 알킬리튬	10 kg
		5. 황린	20 kg
		6. 알칼리금속(칼륨 및 나트륨을 제외한다) 및 알칼리토금속	50 kg
		7. 유기금속화합물(알킬알루미늄 및 알킬리튬을 제외한다)	50 kg
		8. 금속의 수소화물	300 kg
		9. 금속의 인화물	300 kg
		10. 칼슘 또는 알루미늄의 탄화물	300 kg
		11. 그 밖에 행정안전부령으로 정하는 것 12. 제1호 내지 제11호의 1에 해당하는 어느 하나 이상을 함유한 것	10 kg, 20 kg, 50 kg 또는 300 kg

<table>
<tr><td rowspan="10">제4류</td><td rowspan="10">인화성 액체</td><td colspan="2">1. 특수인화물</td><td>50 L</td></tr>
<tr><td rowspan="2">2. 제1석유류</td><td>비수용성 액체</td><td>200 L</td></tr>
<tr><td>수용성 액체</td><td>400 L</td></tr>
<tr><td colspan="2">3. 알코올류</td><td>400 L</td></tr>
<tr><td rowspan="2">4. 제2석유류</td><td>비수용성 액체</td><td>1,000 L</td></tr>
<tr><td>수용성 액체</td><td>2,000 L</td></tr>
<tr><td rowspan="2">5. 제3석유류</td><td>비수용성 액체</td><td>2,000 L</td></tr>
<tr><td>수용성 액체</td><td>4,000 L</td></tr>
<tr><td colspan="2">6. 제4석유류</td><td>6,000 L</td></tr>
<tr><td colspan="2">7. 동식물유류</td><td>10,000 L</td></tr>
<tr><td rowspan="10">제5류</td><td rowspan="10">자기반응성물질</td><td colspan="2">1. 유기과산화물</td><td>10 kg</td></tr>
<tr><td colspan="2">2. 질산에스테르류</td><td>10 kg</td></tr>
<tr><td colspan="2">3. 니트로화합물</td><td>200 kg</td></tr>
<tr><td colspan="2">4. 니트로소화합물</td><td>200 kg</td></tr>
<tr><td colspan="2">5. 아조화합물</td><td>200 kg</td></tr>
<tr><td colspan="2">6. 디아조화합물</td><td>200 kg</td></tr>
<tr><td colspan="2">7. 히드라진 유도체</td><td>200 kg</td></tr>
<tr><td colspan="2">8. 히드록실아민</td><td>100 kg</td></tr>
<tr><td colspan="2">9. 히드록실아민염류</td><td>100 kg</td></tr>
<tr><td colspan="2">10. 그 밖에 행정안전부령으로 정하는 것
11. 제1호 내지 제10호의 1에 해당하는 어느 하나 이상을 함유한 것</td><td>10 kg, 100 kg
또는 200 kg</td></tr>
<tr><td rowspan="5">제6류</td><td rowspan="5">산화성 액체</td><td colspan="2">1. 과염소산</td><td>300 kg</td></tr>
<tr><td colspan="2">2. 과산화수소</td><td>300 kg</td></tr>
<tr><td colspan="2">3. 질산</td><td>300 kg</td></tr>
<tr><td colspan="2">4. 그 밖에 행정안전부령으로 정하는 것</td><td>300 kg</td></tr>
<tr><td colspan="2">5. 제1호 내지 제4호의 1에 해당하는 어느 하나 이상을 함유한 것</td><td>300 kg</td></tr>
</table>

비고

1. "산화성 고체"라 함은 고체[액체(1기압 및 섭씨 20도에서 액상인 것 또는 섭씨 20도 초과 섭씨 40도 이하에서 액상인 것을 말한다. 이하 같다) 또는 기체(1기압 및 섭씨 20도에서 기상인 것을 말한다) 외의 것을 말한다. 이하 같다]로서 산화력의 잠재적인 위험성 또는 충격에 대한 민감성을 판단하기 위하여 소방청장이 정하여 고시(이하 "고시"라 한다)하는 시험에서 고시로 정하는 성질과 상태를 나타내는 것을 말한다. 이 경우 "액상"이라 함은 수직으로 된 시험관(안지름 30밀리미터, 높이 120밀리미터의 원통형 유리관을 말한다)에 시료를 55밀리미터까지 채운 다음 해당 시험관을 수평으로 하였을 때 시료액면의 선단이 30밀리미터를 이동하는 데 걸리는 시간이 90초 이내에 있는 것을 말한다.
2. "가연성 고체"라 함은 고체로서 화염에 의한 발화의 위험성 또는 인화의 위험성을 판단하기 위하여 고시로 정하는 시험에서 고시로 정하는 성질과 상태를 나타내는 것을 말한다.
3. 유황은 순도가 60중량퍼센트 이상인 것을 말한다. 이 경우 순도측정에 있어서 불순물은 활석 등 불연성 물질과 수분에 한한다.
4. "철분"이라 함은 철의 분말로서 53마이크로미터의 표준체를 통과하는 것이 50중량퍼센트 미만인 것은 제외한다.
5. "금속분"이라 함은 알칼리금속·알칼리토류금속·철 및 마그네슘외의 금속의 분말을 말하고, 구리분·니켈분 및 150마이크로미터의 체를 통과하는 것이 50중량퍼센트 미만인 것은 제외한다.
6. 마그네슘 및 제2류 제8호의 물품 중 마그네슘을 함유한 것에 있어서는 다음의 1에 해당하는 것은 제외한다.
   가. 2밀리미터의 체를 통과하지 아니하는 덩어리상태의 것
   나. 직경 2밀리미터 이상의 막대모양의 것
7. 황화린·적린·유황 및 철분은 제2호의 규정에 의한 성상이 있는 것으로 본다.
8. "인화성 고체"라 함은 고형알코올, 그 밖에 1기압에서 인화점이 섭씨 40도 미만인 고체를 말한다.
9. "자연발화성 물질 및 금수성 물질"이라 함은 고체 또는 액체로서 공기 중에서 발화의 위험성이 있거나 물과 접촉하여 발화하거나 가연성 가스를 발생하는 위험성이 있는 것을 말한다.
10. 칼륨·나트륨·알킬알루미늄·알킬리튬 및 황린은 제9호의 규정에 의한 성상이 있는 것으로 본다.

11. "인화성 액체"라 함은 액체(제3석유류, 제4석유류 및 동식물유류의 경우 1기압과 섭씨 20도에서 액체인 것만 해당한다)로서 인화의 위험성이 있는 것을 말한다. 다만, 다음 각 목의 어느 하나에 해당하는 것을 법 제20조 제1항의 중요기준과 세부기준에 따른 운반용기를 사용하여 운반하거나 저장(진열 및 판매를 포함한다)하는 경우는 제외한다.
   가. 「화장품법」 제2조 제1호에 따른 화장품 중 인화성 액체를 포함하고 있는 것
   나. 「약사법」 제2조 제4호에 따른 의약품 중 인화성 액체를 포함하고 있는 것
   다. 「약사법」 제2조 제7호에 따른 의약외품(알코올류에 해당하는 것은 제외한다) 중 수용성인 인화성 액체를 50부피퍼센트 이하로 포함하고 있는 것
   라. 「의료기기법」에 따른 체외진단용 의료기기 중 인화성 액체를 포함하고 있는 것
   마. 「생활화학제품 및 살생물제의 안전관리에 관한 법률」 제3조 제4호에 따른 안전확인대상생활화학제품(알코올류에 해당하는 것은 제외한다) 중 수용성인 인화성 액체를 50부피퍼센트 이하로 포함하고 있는 것
12. "특수인화물"이라 함은 이황화탄소, 디에틸에테르, 그 밖에 1기압에서 발화점이 섭씨 100도 이하인 것 또는 인화점이 섭씨 영하 20도 이하이고 비점이 섭씨 40도 이하인 것을 말한다.
13. "제1석유류"라 함은 아세톤, 휘발유, 그 밖에 1기압에서 인화점이 섭씨 21도 미만인 것을 말한다.
14. "알코올류"라 함은 1분자를 구성하는 탄소원자의 수가 1개부터 3개까지인 포화1가 알코올(변성알코올을 포함한다)을 말한다. 다만, 다음의 1에 해당하는 것은 제외한다.
   가. 1분자를 구성하는 탄소원자의 수가 1개 내지 3개의 포화1가 알코올의 함유량이 60중량퍼센트 미만인 수용액
   나. 가연성 액체량이 60중량퍼센트 미만이고 인화점 및 연소점(태그개방식 인화점측정기에 의한 연소점을 말한다. 이하 같다)이 에틸알코올 60중량퍼센트 수용액의 인화점 및 연소점을 초과하는 것
15. "제2석유류"라 함은 등유, 경유, 그 밖에 1기압에서 인화점이 섭씨 21도 이상 70도 미만인 것을 말한다. 다만, 도료류, 그 밖의 물품에 있어서 가연성 액체량이 40중량퍼센트 이하이면서 인화점이 섭씨 40도 이상인 동시에 연소점이 섭씨 60도 이상인 것은 제외한다.
16. "제3석유류"라 함은 중유, 크레오소트유, 그 밖에 1기압에서 인화점이 섭씨 70도 이상 섭씨 200도 미만인 것을 말한다. 다만, 도료류, 그 밖의 물품은 가연성 액체량이 40중량퍼센트 이하인 것은 제외한다.
17. "제4석유류"라 함은 기어유, 실린더유, 그 밖에 1기압에서 인화점이 섭씨 200도 이상 섭씨 250도 미만의 것을 말한다. 다만 도료류, 그 밖의 물품은 가연성 액체량이 40중량퍼센트 이하인 것은 제외한다.
18. "동식물유류"라 함은 동물의 지육 등 또는 식물의 종자나 과육으로부터 추출한 것으로서 1기압에서 인화점이 섭씨 250도 미만인 것을 말한다. 다만, 법 제20조 제1항의 규정에 의하여 행정안전부령으로 정하는 용기기준과 수납·저장기준에 따라 수납되어 저장·보관되고 용기의 외부에 물품의 통칭명, 수량 및 화기엄금(화기엄금과 동일한 의미를 갖는 표시를 포함한다)의 표시가 있는 경우를 제외한다.
19. "자기반응성 물질"이라 함은 고체 또는 액체로서 폭발의 위험성 또는 가열분해의 격렬함을 판단하기 위하여 고시로 정하는 시험에서 고시로 정하는 성질과 상태를 나타내는 것을 말한다.
20. 제5류 제11호의 물품에 있어서는 유기과산화물을 함유하는 것 중에서 불활성 고체를 함유하는 것으로서 다음의 1에 해당하는 것은 제외한다.
   가. 과산화벤조일의 함유량이 35.5중량퍼센트 미만인 것으로서 전분가루, 황산칼슘2수화물 또는 인산1수소칼슘2수화물과의 혼합물
   나. 비스(4클로로벤조일)퍼옥사이드의 함유량이 30중량퍼센트 미만인 것으로서 불활성 고체와의 혼합물
   다. 과산화지크밀의 함유량이 40중량퍼센트 미만인 것으로서 불활성 고체와의 혼합물
   라. 1·4비스(2-터셔리부틸퍼옥시이소프로필)벤젠의 함유량이 40중량퍼센트 미만인 것으로서 불활성 고체와의 혼합물
   마. 시크로헥사놀퍼옥사이드의 함유량이 30중량퍼센트 미만인 것으로서 불활성 고체와의 혼합물
21. "산화성 액체"라 함은 액체로서 산화력의 잠재적인 위험성을 판단하기 위하여 고시로 정하는 시험에서 고시로 정하는 성질과 상태를 나타내는 것을 말한다.
22. 과산화수소는 그 농도가 36중량퍼센트 이상인 것에 한하며, 제21호의 성상이 있는 것으로 본다.
23. 질산은 그 비중이 1.49 이상인 것에 한하며, 제21호의 성상이 있는 것으로 본다.
24. 위 표의 성질란에 규정된 성상을 2가지 이상 포함하는 물품(이하 이 호에서 "복수성상물품"이라 한다)이 속하는 품명은 다음의 1에 의한다.
   가. 복수성상물품이 산화성 고체의 성상 및 가연성 고체의 성상을 가지는 경우 : 제2류 제8호의 규정에 의한 품명
   나. 복수성상물품이 산화성 고체의 성상 및 자기반응성 물질의 성상을 가지는 경우 : 제5류 제11호의 규정에 의한 품명
   다. 복수성상물품이 가연성 고체의 성상과 자연발화성 물질의 성상 및 금수성 물질의 성상을 가지는 경우 : 제3류 제12호의 규정에 의한 품명
   라. 복수성상물품이 자연발화성 물질의 성상, 금수성 물질의 성상 및 인화성 액체의 성상을 가지는 경우 : 제3류 제12호의 규정에 의한 품명
   마. 복수성상물품이 인화성 액체의 성상 및 자기반응성 물질의 성상을 가지는 경우 : 제5류 제11호의 규정에 의한 품명
25. 위 표의 지정수량란에 정하는 수량이 복수로 있는 품명에 있어서는 해당 품명이 속하는 유(類)의 품명 가운데 위험성의 정도가 가장 유사한 품명의 지정수량란에 정하는 수량과 같은 수량을 해당 품명의 지정수량으로 한다. 이 경우 위험물의 위험성을 실험·비교하기 위한 기준은 고시로 정할 수 있다.
26. 동 표에 의한 위험물의 판정 또는 지정수량의 결정에 필요한 실험은 「국가표준기본법」에 의한 공인시험기관, 한국소방산업기술원, 중앙소방학교 또는 소방청장이 지정하는 기관에서 실시할 수 있다.

부록 2. 위험물의 종류와 성상

[1] 제1류 위험물 – 산화성 고체

성 질	위험등급	품 명	대표 품목	지정 수량
산화성 고체	I	1. 아염소산염류 2. 염소산염류 3. 과염소산염류 4. 무기과산화물류	$NaClO_2$, $KClO_2$ $NaClO_3$, $KClO_3$, NH_4ClO_3 $NaClO_4$, $KClO_4$, NH_4ClO_4 K_2O_2, Na_2O_2, MgO_2	50kg
	II	5. 브롬산염류 6. 질산염류 7. 요오드산염류	$KBrO_3$ KNO_3, $NaNO_3$, NH_4NO_3 KIO_3	300kg
	III	8. 과망간산염류 9. 중크롬산염류	$KMnO_4$ $K_2Cr_2O_7$	1,000kg
	I ~III	10. 그 밖에 행정안전부령이 정하는 것 ① 과요오드산염류 ② 과요오드산 ③ 크롬, 납 또는 요오드의 산화물 ④ 아질산염류 ⑤ 차아염소산염류 ⑥ 염소화이소시아눌산 ⑦ 퍼옥소이황산염류 ⑧ 퍼옥소붕산염류 11. 1~10호의 하나 이상을 함유한 것	 KIO_4 HIO_4 CrO_3 $NaNO_2$ LiClO OCNClONClCONCl $K_2S_2O_8$ $NaBO_3$	50kg, 300kg 또는 1,000kg

1 공통 성질, 저장 및 취급 시 유의 사항, 예방 대책 및 소화 방법

(1) 일반 성질 및 위험성

① 대부분 무색 결정 또는 백색 분말로서 비중이 1보다 크다.

② 대부분 물에 잘 녹으며, 분해하여 산소 방출한다.

③ 일반적으로 다른 가연물의 연소를 돕는 지연성 물질(자체는 불연성)이며 강산화제이다.

④ 조연성 물질로 반응성이 풍부하여 열, 충격, 마찰 또는 분해를 촉진하는 약품과의 접촉으로 인해 폭발할 위험이 있다.

⑤ 착화 온도(발화점)가 낮으며 폭발 위험성이 있다.

⑥ 모두 무기 화합물이다.

⑦ 유독성과 부식성이 있다.

(2) 저장 및 취급 시 유의 사항

① 대부분 조해성을 가지므로 습기 등에 주의하며 밀폐하여 저장할 것
② 취급 시 용기 등의 파손에 의한 위험물의 누설에 주의할 것
③ 가열, 충격, 마찰 등을 피하고 분해를 촉진하는 약품류 및 가연물과의 접촉을 피할 것
④ 열원과 산화되기 쉬운 물질 및 화재 위험이 있는 곳을 멀리할 것
⑤ 통풍이 잘 되는 차가운 곳에 저장할 것
⑥ 환원제 또는 다른 유의 위험물(제2, 3, 4, 5류)과 접촉 등을 엄금한다.
⑦ 알칼리금속의 과산화물을 저장 시에는 다른 1류 위험물과 분리된 장소에 저장 가연물 및 유기물 등과 같이 있을 경우에 충격 또는 마찰 시 폭발할 위험이 있기 때문에 주의한다.

(3) 예방 대책

① 가열 금지, 화기 엄금, 직사광선을 차단한다.
② 충격, 타격, 마찰 등을 피하여야 한다.
③ 용기의 가열, 누출, 파손 전도를 방지한다.
④ 분해 촉매, 이물질과의 접촉을 금지한다.
⑤ 강산류와는 어떠한 경우에도 접촉을 방지한다.
⑥ 조해성 물질은 방습하며, 용기는 밀전한다.

(4) 소화 방법

① 원칙적으로 제1류 위험물은 산화성고체로서 불연성물질이므로 소화방법이 있을 수 없다. 다만, 가연물의 성질에 따라 아래와 같은 소화방법이 있을 수 있다.
② 산화제의 분해 온도를 낮추기 위하여 물을 주수하는 냉각 소화가 효과적이다.
③ 무기 과산화물 중 알칼리금속의 과산화물은 물과 급격히 발열 반응을 하므로 건조사에 의한 피복 소화를 실시한다.(단, 주수 소화는 절대엄금)
④ 소화 작업 시 공기 호흡기, 보안경, 방호의 등 보호 장구를 착용한다.
⑤ 소화 약제는 무기 과산화물류를 제외하고는 냉각 소화가 유효(다량의 주수)
⑥ 연소 시 방출되는 산소로 인하여 가연성이 커지고 격렬한 연소 현상이 발생하므로 충분한 안전거리 확보 후 소화 작업을 실시한다.

2 위험물의 종류와 지정 수량

(1) 아염소산염류 – 지정 수량 50 kg

아염소산 $HClO_2$의 수소 H가 금속 또는 다른 양이온으로 치환된 화합물을 아염소산염이라 하고, 이들 염을 총칭하여 아염소산염류라 한다. 가열, 충격, 마찰에 의해 분해하여 산소를 방출하기 쉽고, 가연물과 혼합되어 있는 것은 특히 위험성이 높아 경우에 따라서는 폭발적으로 반응하는 것이 있다. 일반적으로는 물에 잘 녹는다.

① $NaClO_2$(아염소산나트륨)

㉠ 무색 또는 백색의 결정성 분말로 조해성이 있으며 무수염은 안정하며, 물에 잘 녹는다.

㉡ 산과 접촉 시 이산화염소(ClO_2) 가스 발생

$$2NaClO_2 + 2HCl \rightarrow 2NaCl + 2ClO_2 + H_2O_2$$

㉢ 저장 및 취급 방법: 건조한 냉암소에 저장, 습기에 주의하여 용기는 밀봉

㉣ 소화 방법 : 화재 시 초기에는 포, 분말도 유효하나, 기타의 경우 다량의 물로 냉각 소화

㉤ 용도 : 폭약의 기폭제로 이용

② $KClO_2$(아염소산칼륨)

㉠ 백색의 침상 결정 또는 결정성 분말로 조해성이 있다.

㉡ 가열하면 160℃에서 산소를 발생하며 열, 일광 및 충격으로 폭발의 위험이 있다.

㉢ 황린, 유황, 황 화합물, 목탄분과 혼합한 것은 발화 폭발의 위험이 있다.

(2) 염소산염류 – 지정 수량 50 kg

염소산($HClO_3$)의 수소 H가 금속 또는 다른 양이온으로 치환된 화합물을 염소산염이라 하고, 이러한 염을 총칭하여 염소산염류라 한다. 가열, 충격, 강산의 첨가에 의해 단독으로 폭발하는 것도 있으나, 유황, 목탄, 마그네슘분, 알루미늄분, 유기 물질 등의 산화되기 쉬운 물질과 혼합되어 있을 때는 특히 위험하여 급격한 연소 또는 폭발을 일으킨다. 또한, 염소산칼륨은 낙구식 타격 감도 시험에서 표준 물질의 하나이다.

① $KClO_3$(염소산칼륨)

㉠ 무색의 결정 또는 백색 분말. 찬물, 알코올에는 잘 녹지 않고, 온수, 글리세린 등에는 잘 녹는다.

㉡ 약 400℃ 부근에서 열분해되기 시작하여 540~560℃에서 과염소산칼륨($KClO_4$)을 생성하고 다시 분해하여 염화칼륨(KCl)과 산소(O_2)를 방출한다.

열분해 반응식 : $2KClO_3 \rightarrow 2KCl + 3O_2$

$$2KClO_3 \rightarrow KCl + KClO_4 + O_2$$

$$KClO_4 \rightarrow KCl + 2O_2 \quad (\text{at } 540\text{~}560℃)$$

㉢ 저장 및 취급 방법 : 환기가 잘 되는 차가운 곳에 저장할 것

㉣ 소화 방법 : 다량의 물에 의한 주수 소화

② $NaClO_3$(염소산나트륨)

㉠ 무색무취의 입방정계 주상 결정. 조해성, 흡습성이 있고 물, 알코올, 글리세린, 에테르 등에 잘 녹는다.

㉡ 흡습성이 좋으며 강한 산화제로서 철제 용기를 부식시킴

㉢ 산과 반응이나 분해 반응으로 독성이 있으며 폭발성이 강한 이산화염소(ClO_2)를 발생

$$2NaClO_3 + 2HCl \rightarrow 2NaCl + 2ClO_2 + H_2O_2$$

㉣ 저장 및 취급 방법 : 조해성이 크므로 습기에 주의하고 환기가 잘 되는 냉암소에 보관
㉤ 소화 방법 : 다량의 물에 의한 주수 소화

③ NH_4ClO_3(염소산암모늄)

㉠ 일반적 성질
· 분자량 101, 비중(20℃) 1.8, 분해 온도 100℃
· 조해성과 금속의 부식성, 폭발성이 크며, 수용액은 산성
㉡ 위험성 : 폭발기(NH_4^+)와 산화기(ClO_3^-)가 결합되었기 때문에 폭발성이 큼
㉢ 저장, 취급 방법 및 소화 방법 : 염소산칼륨($KClO_3$)에 준함

(3) 과염소산염류 – 지정 수량 50 kg

과염소산 $HClO_4$의 수소 H가 금속 또는 다른 양이온으로 치환된 화합물을 과염소산염이라 하고, 이들 염을 총칭하여 과염소산염류라 한다. 상온에서는 염소산염류보다 안정하나 가열, 충격 등에 의해 분해한다. 인, 유황, 목탄 분말 기타 가연물과 혼합되어 있는 경우에는 급격하게 연소하고, 경우에 따라서는 폭발한다. 또한, 과염소산칼륨은 연소 시험 및 대량 연소 시험에 있어 표준 물질로 되어 있다.

① $KClO_4$(과염소산칼륨)

㉠ 무색무취의 결정 또는 백색 분말로 불연성이지만 강한 산화제. 물에 약간 녹으며, 알코올이나 에테르 등에는 녹지 않음
㉡ 약 400℃에서 열분해하기 시작하여 약 610℃에서 완전 분해되어 염화칼륨과 산소를 방출하며 이산화망간 존재 시 분해 온도가 낮아짐

$$KClO_4 \rightarrow KCl + 2O_2$$

㉢ 진한 황산과 접촉하면 폭발성 가스를 생성하고 튀는 듯이 폭발할 위험이 있음
㉣ 소화방법 : 화재 시 초기에는 포, 분말도 유효하나, 기타의 경우 다량의 물로 냉각 소화한다.

② $NaClO_4$(과염소산나트륨)

㉠ 무색무취의 결정 또는 백색 분말로 조해성이 있는 불연성인 산화제. 물, 알코올, 아세톤에 잘 녹으나 에테르에는 녹지 않음
㉡ 130℃ 이상에서 분해하여 산소를 발생하고 촉매(MnO_2)의 존재 하에서 분해가 촉진된다.
㉢ 히드라진, 가연성 분말, 비소, 유기물 등의 가연물과 혼합된 경우 착화에 의해 급격히 연소를 일으키며 충격, 마찰 등에 의해 폭발

③ NH_4ClO_4(과염소산암모늄)

㉠ 무색무취의 결정 또는 백색 분말로 조해성이 있는 불연성인 산화제이다. 물, 알코올, 아세톤에는 잘 녹으나 에테르에는 녹지 않음
㉡ 강산과 접촉하거나 가연물 또는 산화성 물질 등과 혼합 시 폭발의 위험이 있음

$$NH_4ClO_4 + H_2SO_4 \rightarrow NH_4HSO_4 + HClO_4$$

㉢ 상온에서는 비교적 안정하나 약 130℃에서 분해하기 시작하여 약 300℃ 부근에서 급격히 분해하여 폭발

$$2NH_4ClO_4 \rightarrow N_2 + Cl_2 + 2O_2 + 4H_2O$$

(4) 무기 과산화물 - 지정 수량 50 kg

무기 과산화물이란 분자 내에 －O－O－ 결합을 갖는 산화물의 총칭으로, 과산화수소의 수소 분자가 금속으로 치환된 것이 무기 과산화물이다. 또한 단독으로 존재하는 무기 과산화물외에 어떤 물질에 과산화수소가 부가된 형태로 존재하는 과산화수소 부가물도 무기 과산화물에 속한다.

과산화물의 화학적 특징은 그 분자 내에 갖고 있는 －O－O－ 결합에 기인한다. 다시 말하면, 과산화물은 일반적으로 불안정한 물질로서 가열하면 분해하고, 산소를 방출한다. 무기 과산화물은 그 자체가 연소되는 것은 없으나, 유기물 등과 접촉하여 분해하여 산소를 방출하고, 특히 알칼리금속(리튬, 나트륨, 칼륨, 세슘, 루비듐)의 무기 과산화물은 물과 격렬하게 발열 반응하여 분해하고, 다량의 산소를 발생한다. 따라서 소화 작업 시에 주수는 위험하고, 탄산소다, 마른 모래 등으로 덮어 행하나 소화는 대단히 곤란하다. 알칼리토금속(마그네슘, 칼슘, 스트론튬, 바륨)의 무기 과산화물은 알칼리금속의 무기 과산화물에 비해 물과 반응하는 반응성은 낮다.

① K_2O_2(과산화칼륨)

㉠ 순수한 것은 백색이나 보통은 황색의 분말 또는 과립상으로 흡습성, 조해성이 강하다.

㉡ 가열하면 열분해하여 산화칼륨(K_2O)과 산소(O_2)를 발생

$$2K_2O_2 \rightarrow 2K_2O + O_2$$

㉢ 흡습성이 있으므로 물과 접촉하면 발열하며 수산화칼륨(KOH)과 산소(O_2)를 발생

$$2K_2O_2 + 2H_2O \rightarrow 4KOH + O_2$$

㉣ 공기 중의 탄산 가스를 흡수하여 탄산염이 생성

$$2K_2O_2 + CO_2 \rightarrow 2K_2CO_3 + O_2$$

② Na_2O_2(과산화나트륨)

㉠ 가열하면 열분해하여 산화나트륨(Na_2O)과 산소(O_2)를 발생

$$2Na_2O_2 \rightarrow 2Na_2O + O_2$$

㉡ 흡습성이 있으므로 물과 접촉하면 발열 및 수산화나트륨(NaOH)과 산소(O_2)를 발생

$$2Na_2O_2 + 2H_2O \rightarrow 4NaOH + O_2$$

㉢ 공기 중의 탄산 가스(CO_2)를 흡수하여 탄산염이 생성

$$2Na_2O_2 + CO_2 \rightarrow 2Na_2CO_3 + O_2$$

③ MgO_2(과산화마그네슘)

㉠ 물에 녹지 않으며, 산(HCl)에 녹아 과산화수소(H_2O_2)를 발생

$$MgO_2 + 2HCl \rightarrow MgCl_2 + H_2O_2$$

㉡ 습기 또는 물과 반응하여 발열하며, 수산화마그네슘과 산소(O) 발생

$$MgO_2 + H_2O \rightarrow Mg(OH)_2 + [O]$$

(5) 브롬산염류 - 지정 수량 300 kg

브롬산 $HBrO_3$의 수소 H가 금속 또는 다른 양이온과 치환된 화합물을 브롬산염이라 하고, 이들 염의 총칭을 브롬산염류라 한다. 가열, 충격, 마찰에 의해 분해하여 산소를 방출하기 쉽고 또한, 가연물과 혼합한 상태는 격렬하게 연소한다. 또한 브롬산칼륨은 연소 시험에서 표준 물질의 하나로 되어 있다.

① $KBrO_3$(브롬산칼륨)

㉠ 물에는 잘 녹으나 알코올에는 잘 안 녹으며, 가열하면 산소를 방출

$$2KBrO_3 \rightarrow 2KBr + 3O_2$$

㉡ 분진을 흡입하면 구토나 위 장애가 발생할 수 있으며, 메타헤모글로빈증을 일으킴

② $NaBrO_3$(브롬산나트륨)

강한 산화력이 있고 고온에서 분해하여 산소를 방출

(6) 질산염류 - 지정 수량 300 kg

질산 HNO_3의 수소가 금속 또는 다른 양이온으로 치환된 화합물을 질산염이라 하고, 이들 염의 총칭을 질산염류라 한다. 일반적으로 흡습성이 있고, 물에 잘 녹는다. 염소산염류, 아염소산염류보다 충격, 가열에 대하여 안정하나, 가연물과 혼합하면 위험하다. 또한 질산칼륨은 낙구식 타격 감도 시험에서 표준 물질로 되어 있다.

① KNO_3(질산칼륨, 질산카리, 초석)

㉠ 무색의 결정 또는 백색 분말로 차가운 자극성의 짠맛이 남

㉡ 강력한 산화제로 가연성 분말, 유기물, 환원성 물질과 혼합 시 가열, 충격으로 폭발하며 흑색 화약(질산칼륨 75% + 유황 10% + 목탄 15%)의 원료로 이용된다.

$$16KNO_3 + 3S + 21C \rightarrow 13CO_2 + 3CO + 8N_2 + 5K_2CO_3 + K_2SO_4 + 2K_2S$$

② $NaNO_3$(질산나트륨, 칠레초석, 질산소다)

㉠ 물이나 글리세린 등에는 잘 녹고 알코올에는 녹지 않는다.

㉡ 약 380℃에서 분해되어 아질산나트륨($NaNO_2$)과 산소(O_2)를 생성한다.

$$2NaNO_3 \rightarrow 2NaNO_2 + O_2$$

③ NH_4NO_3(질산암모늄, 초안, 질안, 질산암몬)

㉠ 조해성과 흡습성이 있고, 물에 녹을 때 열을 대량 흡수하여 한제로 이용된다.(흡열반응)

㉡ 약 220℃에서 가열할 때 분해되어 아산화질소(N_2O)와 수증기(H_2O)를 발생시키고 계속 가열하면 폭발

$$2NH_4NO_3 \rightarrow 2N_2O + 4H_2O$$

㉢ 강력한 산화제로 화약의 재료이며 200℃에서 열분해하여 산화이질소와 물을 생성한다. 특히 AN－FO 폭약은 NH_4NO_3와 경유를 94 %와 6 %로 혼합하여 기폭약으로 사용되며 단독으로도 폭발의 위험이 있다.

㉣ 급격한 가열이나 충격을 주면 단독으로 폭발한다.

$$2NH_4NO_3 \rightarrow 4H_2O + 2N_2 + O_2$$

(7) 요오드산염류－지정 수량 300 kg

요오드산 HIO_3의 수소가 금속 또는 다른 양이온과 치환되어 있는 화합물을 요오드산염이라 하고, 이들 염의 총칭을 요오드산염류라 한다. 일반적으로 상온에서는 염소산염이나 브롬산염에 비해 약간 안정되어 있으나, 가연물과 혼합된 상태에서는 가열, 충격, 마찰에 의해 발화, 폭발의 위험성이 있다.

① KIO_3(요오드산칼륨)

㉠ 무색 또는 광택 나는 무색의 결정성 분말로 수용액은 중성이다.

㉡ 염소산염류나 브롬산염류보다 안정하지만 융점 이상으로 가열하면 분해하여 산소를 발생

② $NaIO_3$(요오드산나트륨)

㉠ 융점 42℃로 백색 결정 또는 백색의 결정성 분말로 수용액은 중성이다.

㉡ 위험성, 저장 및 취급 방법, 소화 방법 : 요오드산칼륨에 준함

(8) 과망간산염류－지정 수량 1,000 kg

과망간산 $HMnO_4$의 수소가 금속 또는 양이온과 치환된 화합물을 과망간산염이라 하고, 이들 염을 총칭하여 과망간산염류라 한다. 공기 중에서는 안정되어 있고, 일반적으로 질산염류보다 위험성은 적으나, 질산염류와 같이 강력한 산화제이다.

① $KMnO_4$(과망간산칼륨)

㉠ 250℃에서 가열하면 과망간산칼륨, 이산화망간, 산소를 발생

$$2KMnO_4 \rightarrow K_2MnO_4 + MnO_2 + O_2$$

㉡ 에테르, 알코올류, [진한 황산＋(가연성 가스, 염화칼륨, 테레빈유, 유기물, 피크린산)]과 혼촉되는 경우 발화하고 폭발의 위험성을 갖는다.

(묽은황산과의 반응식) $4KMnO_4 + 6H_2SO_4 \rightarrow 2K_2SO_4 + 4MnSO_4 + 6H_2O + 5O_2$

(진한황산과의 반응식) $2KMnO_4 + H_2SO_4 \rightarrow K_2SO_4 + 2HMnO_4$

㉢ 망간산화물의 산화성의 크기 : $MnO < Mn_2O_3 < KMnO_2 < Mn_2O_7$

② $NaMnO_4$(과망간산나트륨)

㉠ 가열하면 융점(170℃) 부근에서 분해하여 산소를 발생

㉡ 적린, 유황, 금속분, 유기물과 혼합하면 가열, 충격에 의해 폭발

(9) 중크롬산염류 – 지정 수량 1,000 kg

중크롬산 $H_2Cr_2O_7$의 수소가 금속 또는 다른 양이온으로 치환된 화합물을 중크롬산이라 하고, 이들 염을 총칭하여 중크롬산염류라 한다. 일반적으로 질산염류보다 위험성은 적으나 질산염류와 같이 강력한 산화제이다.

① $K_2Cr_2O_7$(중크롬산칼륨)

㉠ 쓴맛, 금속성 맛, 독성이 있다. 흡습성이 있는 등적색의 결정, 물에는 녹으나 알코올에는 녹지 않음

㉡ 강산화제이며, 500℃에서 분해하여 산소를 발생하며, 가연물과 혼합된 것은 발열, 발화하거나 가열, 충격 등에 의해 폭발할 위험이 있다.

$$4K_2Cr_2O_7 \rightarrow 4K_2CrO_4 + 2Cr_2O_3 + 3O_2$$

② $Na_2Cr_2O_7$(중크롬산나트륨)

㉠ 흡습성과 조해성이 있는 등황색 또는 등적색의 결정. 물에는 녹으나 알코올에는 녹지 않음

㉡ 가열될 경우에는 분해되어 산소를 발생하여 근처에 있는 가연성 물질을 연소시킬 수 있음

③ $(NH_4)_2Cr_2O_7$(중크롬산암모늄)

㉠ 물, 알코올에는 녹지만, 아세톤에는 녹지 않음

㉡ 적색 또는 등적색의 침상 결정으로 융점(185℃) 이상 가열하면 분해한다.

$$(NH_4)_2Cr_2O_7 \rightarrow N_2\uparrow + 4H_2O + Cr_2O_3$$

[2] 제 2류 위험물 – 가연성 고체

성 질	위험 등급	품 명	대표 품목	지정 수량
가연성 고체	Ⅱ	1. 황화린 2. 적린(P) 3. 유황(S)	P_4S_3, P_2S_5, P_4S_7	100kg
	Ⅲ	4. 철분(Fe) 5. 금속분 6. 마그네슘(Mg)	Al, Zn	500kg
		7. 인화성 고체	고형 알코올	1,000kg

1 공통 성질, 저장 및 취급 시 유의 사항, 예방 대책 및 소화 방법

(1) 공통 성질

① 비교적 낮은 온도에서 착화하기 쉬운 가연성 고체로서 이연성, 속연성 물질이다.

② 연소 속도가 매우 빠르고, 연소 시 유독 가스를 발생하며, 연소열이 크고, 연소온도가 높다.

③ 강 환원제로서 비중이 1보다 크며, 인화성 고체를 제외하고 무기 화합물이다.
④ 산화제와 접촉, 마찰로 인하여 착화되면 급격히 연소한다.
⑤ 철분, 마그네슘, 금속분은 물과 산의 접촉 시 발열한다.
⑥ 금속은 양성 원소이므로 산소와의 결합력이 일반적으로 크고, 이온화 경향이 큰 금속일수록 산화되기 쉽다.

(2) 저장, 취급 시 유의 사항

① 점화원을 멀리하고 가열을 피한다.
② 산화제의 접촉을 피한다.
③ 용기 등의 파손으로 위험물이 누출되지 않도록 한다.
④ 금속분(철분, 마그네슘, 금속분 등)은 물이나 산과의 접촉을 피한다.
⑤ 용기는 밀전, 밀봉하여 누설에 주의한다.

(3) 예방 대책

① 화기 엄금, 가열 엄금, 고온체와의 접촉을 피한다.
② 산화제인 제1류 위험물, 제6류 위험물 같은 물질과 혼합, 혼촉을 방지한다.
③ 통풍이 잘 되는 냉암소에 보관, 저장하며, 폐기 시는 소량씩 소각 처리한다.

(4) 소화 방법

① 주수에 의한 냉각 소화
② 철분, 금속분, 마그네슘의 화재에는 건조사 등에 의한 피복 소화 실시

2 위험물의 종류와 지정 수량

(1) 황화린 – 지정 수량 100 kg

① 일반적 성질

성질 \ 종류	P_4S_3(삼황화린)	P_2S_5(오황화린)	P_4S_7(칠황화린)
분자량	220	222	348
색상	황색 결정	담황색 결정	담황색 결정 덩어리
물에 대한 용해성	불용성	조해성, 흡습성	조해성
비중	2.03	2.09	2.19
비점(℃)	407	514	523
융점	172.5	290	310
발생 물질	P_2O_5, SO_2	H_2S, H_3PO_4	H_2S
착화점	약 100℃	142℃	–

㉠ 삼황화린(P_4S_3) : 물, 황산, 염산 등에는 녹지 않고, 질산이나 이황화탄소(CS_2), 알칼리 등에 녹는다.

㉡ 오황화린(P_2S_5) : 알코올이나 이황화탄소(CS_2)에 녹으며, 물이나 알칼리와 반응하면 분해하여 황화수소(H_2S)와 인산(H_3PO_4)으로 된다.

$$P_2S_5 + 8H_2O \rightarrow 5H_2S + 2H_3PO_4$$

㉢ 칠황화린(P_4S_7) : 이황화탄소(CS_2), 물에는 약간 녹으며, 더운 물에서는 급격히 분해하여 황화수소(H_2S)를 발생한다.

② 연소 생성물은 매우 유독하다.

$$P_4S_3 + 8O_2 \rightarrow 2P_2O_5 + 3SO_2$$

$$2P_2S_5 + 15O_2 \rightarrow 2P_2O_5 + 10SO_2$$

(2) 적린(P, 붉은인) – 지정 수량 100 kg

① 조해성이 있으며, 물, 이황화탄소, 에테르, 암모니아 등에는 녹지 않는다. 암적색의 분말로 황린의 동소체이지만 자연 발화의 위험이 없어 안전하며, 독성도 황린에 비하여 약하다. 착화온도 260℃

② 연소하면 황린이나 황화린과 같이 유독성이 심한 백색의 오산화인을 발생하며, 일부 포스핀도 발생한다. $4P + 5O_2 \rightarrow 2P_2O_5$

(3) 유황(S) – 지정 수량 100 kg

유황은 순도가 60 중량퍼센트 미만인 것을 제외한다. 이 경우 순도 측정에 있어서 불순물은 활석 등 불연성 물질과 수분에 한한다.

① 일반적 성질

구 분	단사황(S_8)	사방황(S_8)	고무상황(S_8)
결정형	바늘 모양(침상)	팔면체	무정형
비중	1.95	2.07	–
비등점	445℃	–	–
융점	119℃	113℃	–
착화점	–	–	360℃
물에 대한 용해도	녹지 않음	녹지 않음	녹지 않음

㉠ 황색의 결정 또는 미황색의 분말로서 단사황, 사방황 및 고무상황 등의 동소체가 있다.
[동소체 : 같은 원소로 되어 있으나 구조가 다른 단체]

㉡ 물, 산에는 녹지 않으며 알코올에는 약간 녹고, 이황화탄소(CS_2)에는 잘 녹는다(단, 고무상황은 녹지 않는다).

㉢ 공기 중에서 연소하면 푸른 빛을 내며 아황산가스(SO_2)를 발생

㉣ 고온에서 탄소와 반응하여 이황화탄소(CS_2)를 생성하며, 금속이나 할로겐 원소와 반응하여 황 화합물을 만든다.

② 공기 중에서 연소하면 푸른 빛을 내며 아황산가스를 발생하며 아황산가스는 독성이 있다.

$$S + O_2 \rightarrow SO_2$$

(4) 마그네슘(Mg) - 지정 수량 500 kg

마그네슘 또는 마그네슘을 함유한 것 중 2 밀리미터의 체를 통과하지 아니하는 덩어리는 제외한다.

① 산 및 온수와 반응하여 수소(H_2)를 발생한다.

$$Mg + 2HCl \rightarrow MgCl_2 + H_2$$

$$Mg + 2H_2O \rightarrow Mg(OH)_2 + H_2$$

② CO_2 등 질식성 가스와 접촉시에는 가연성물질인 C와 유독성인 CO 가스를 발생한다.

$$2Mg + CO_2 \rightarrow 2MgO + 2C$$

$$Mg + CO_2 \rightarrow MgO + CO$$

(5) 철분(Fe) - 지정 수량 500 kg

① 철분이라 함은 50mesh(53μm)의 표준체를 통과하는 것이 50 중량퍼센트 이상인 것

② 가열되거나 금속의 온도가 높은 경우 더운물 또는 수증기와 반응하면 수소를 발생하고 경우에 따라 폭발한다. 또한 묽은 산과 반응하여 수소를 발생한다.

$$2Fe + 3H_2O \rightarrow Fe_2O_3 + 3H_2$$

$$Fe + 2HCl \rightarrow 2FeCl_2 + H_2$$

$$2Fe + 6HCl \rightarrow 2FeCl_3 + 3H_2$$

(6) 금속분 - 지정 수량 500 kg

금속분이라 함은 알칼리금속 알칼리토금속 철 및 마그네슘 이외의 금속분을 말하며, 구리 니켈분과 150μm의 체를 통과하는 것이 50 중량퍼센트 미만인 것을 제외한다.

① 알루미늄분(Al)

㉠ 물과 접촉하여 수산화알루미늄과 수소가스가 생성된다.

$$2Al + 6H_2O \rightarrow 2Al(OH)_3 + 3H_2$$

㉡ 알루미늄 분말이 발화하면 다량의 열을 발생하며, 광택 및 흰 연기를 내면서 연소하므로 소화가 곤란하다.

$$4Al + 3O_2 \rightarrow 2Al_2O_3$$

㉢ 대부분의 산과 반응하여 수소를 발생한다(단, 진한 질산 제외).

$$2Al + 6HCl \rightarrow 2AlCl_3 + 3H_2$$

② 아연분(Zn)

㉠ 아연이 산과 반응하면 수소가스를 발생한다.

$$Zn + 2HCl \rightarrow ZnCl_2 + H_2, \quad Zn + H_2SO_4 \rightarrow ZnSO_4 + H_2$$

㉡ 공기 중에서 융점 이상 가열 시 용이하게 연소한다.

$$2Zn + O_2 \rightarrow 2ZnO$$

㉢ 물과 접촉하여 수산화아연과 수소가스를 생성한다.

$$Zn + 2H_2O \rightarrow Zn(OH)_2 + H_2$$

(7) 인화성 고체 - 지정 수량 1,000 kg

인화성 고체라 함은 고형 알코올과 그밖에 1 기압에서 인화점이 40℃ 미만인 고체를 말한다.

[3] 제 3류 위험물 - 자연발화성물질 및 금수성물질

<table>
<tr><th>성 질</th><th>위험등급</th><th>품 명</th><th>대표 품목</th><th>지정수량</th></tr>
<tr><td rowspan="4">자연발화성 물질 및 금수성 물질</td><td>I</td><td>1. 칼륨(K)
2. 나트륨(Na)
3. 알킬알루미늄
4. 알킬리튬
5. 황린(P_4)</td><td>

$(C_2H_5)_3Al$
C_4H_9Li
</td><td>10kg

20kg</td></tr>
<tr><td>II</td><td>6. 알칼리금속류(칼륨 및 나트륨 제외) 및 알칼리토금속
7. 유기 금속 화합물(알킬알루미늄 및 알킬리튬 제외)</td><td>Li, Ca
$Te(C_2H_5)_2$, $Zn(CH_3)_2$</td><td>50kg</td></tr>
<tr><td rowspan="2">III</td><td>8. 금속의 수소화물
9. 금속의 인화물
10. 칼슘 또는 알루미늄의 탄화물</td><td>LiH, NaH
Ca_3P_2, AlP
CaC_2, Al_4C_3</td><td>300kg</td></tr>
<tr><td>11. 그 밖에 행정안전부령이 정하는 것
염소화규소 화합물</td><td>$SiHCl_3$</td><td>300kg</td></tr>
</table>

1 공통 성질, 저장 및 취급 시 유의 사항, 예방 대책 및 소화 방법

(1) 공통 성질

① 대부분 무기물의 고체이며, 알킬알루미늄과 같은 액체도 있다.

② 금수성 물질로서 물과 접촉하면 발열 또는 발화한다.

③ 자연 발화성 물질로서 대기 중에서 공기와 접촉하여 자연 발화하는 경우도 있다.

(2) 저장 및 취급 시 유의 사항

① 물과 접촉하여 가연성 가스를 발생하는 금수성 물질이므로 용기의 파손이나 부식을 방지하고 수분과의 접촉을 피할 것

② 충격, 불티, 화기로부터 격리하고, 강산화제와도 분리하여 저장할 것

③ 보호액 속에 저장하는 경우에는 위험물이 보호액 표면에 노출되지 않도록 주의할 것

④ 다량으로 저장하지 말고 소분하여 저장할 것

(3) 예방 대책

① 용기는 완전히 밀전하고 공기 또는 물과의 접촉을 방지할 것
② 강산화제, 강산류, 기타 약품 등과 접촉에 주의할 것
③ 용기가 가열되지 않도록 하며, 보호액이 들어 있는 것은 용기밖으로 누출하지 않도록 주의할 것
④ 알킬알루미늄, 알킬리튬, 유기 금속 화합물류는 화기를 엄금하며, 용기 내 압력이 상승하지 않도록 주의할 것

(4) 소화 방법

① 건조사, 팽창 질석 및 팽창 진주암 등을 사용한 질식 소화
② 금속 화재용 분말 소화 약제에 의한 질식 소화를 실시한다.
③ 주수 소화는 발화 또는 폭발을 일으키고, 이산화탄소와는 심하게 반응하므로 절대 엄금

2 위험물의 종류와 지정 수량

(1) 금속 칼륨(K) – 지정 수량 10 kg

① 물과 격렬히 반응하여 발열하고 수산화칼륨과 수소를 발생한다. 이때 발생된 열은 점화원의 역할을 한다.

$$2K + 2H_2O \rightarrow 2KOH + H_2$$

② CO_2, CCl_4와 격렬히 반응하여 연소, 폭발의 위험이 있으며, 연소 중에 모래를 뿌리면 규소(Si) 성분과 격렬히 반응한다.

$$4K + 3CO + 2 \rightarrow 2K_2CO_3 + C \text{ (연소·폭발)}$$

$$4K + CCl_4 \rightarrow 4KCl + C \text{ (폭발)}$$

③ 습기나 물에 접촉하지 않도록 보호액(석유, 벤젠, 파라핀 등) 속에 저장할 것

(2) 금속 나트륨(Na) – 지정 수량 10 kg

① 고온으로 공기 중에서 연소시키면 과산화나트륨이 된다.

$$4Na + O_2 \rightarrow 2Na_2O \text{(회백색)}$$

② 물과 격렬히 반응하여 발열하고 수소를 발생하며, 산과는 폭발적으로 반응한다. 수용액은 염기성으로 변하고, 페놀프탈레인과 반응시 붉은색을 나타낸다. 특히 요오드산과 접촉 시 폭발한다.

$$2Na + 2H_2O \rightarrow 2NaOH + H_2$$

(3) 알킬알루미늄(RAl) – 지정 수량 10 kg

알킬알루미늄은 알킬기(Alkyl, R –)와 알루미늄이 결합한 화합물을 말한다. 대표적인 알킬알루미늄(RAl)의 종류는 다음과 같다.

① 트리에틸알루미늄[$(C_2H_5)_3Al$]

㉠ 무색, 투명한 액체로 외관은 등유와 유사한 가연성으로 C_1~C_4는 자연 발화성이 강하다. 공기 중에 노출되어 공기와 접촉하여 백연을 발생하며 연소한다. 단, C_5 이상은 점화하지 않으면 연소하지 않는다.

$$2(C_2H_5)_3Al + 21O_2 \rightarrow 12CO_2 + Al_2O_3 + 15H_2O$$

㉡ 물, 산과 접촉하면 폭발적으로 반응하여 에탄을 형성하고 이때 발열, 폭발에 이른다.

$$(C_2H_5)_3Al + 3H_2O \rightarrow Al(OH)_3 + 3C_2H_6$$

$$(C_2H_5)_3Al + HCl \rightarrow (C_2H_5)_2AlCl + C_2H_6$$

② 트리이소부틸알루미늄[$(iso-C_4H_9)_3Al$]

㉠ 무색, 투명한 가연성 액체로 물과 쉽게 반응한다.

㉡ 공기 중에 노출되면 자연 발화하며, 물, 산화제, 알코올류, 강산과 반응한다.

(4) 알킬리튬(RLi) – 지정 수량 10 kg

알킬리튬은 알킬기에 리튬이 결합된 것을 말하고 일반적으로 RLi로 표기된다.

(5) 황린(P_4, 백린) – 지정 수량 20 kg

① 비중 1.82, 융점 44℃, 비점 280℃, 발화점 34℃, 황색 또는 담황색의 왁스상 가연성 자연 발화성 고체이다. 증기는 공기보다 무거우며, 매우 자극적이며 맹독성 물질이다. 공기를 차단하고 약 260℃로 가열하면 적린이 된다.

② 공기 중에서 연소하여 격렬하게 오산화인의 백색 연기를 내며 연소하고 일부 유독성의 포스핀(PH_3)도 발생하며 환원력이 강하여 산소 농도가 낮은 분위기에서도 연소한다.

$$P_4 + 5O_2 \rightarrow 2P_2O_5$$

③ 자연 발화성이 있어 물 속에 저장하며, 인화수소(PH_3)의 생성을 방지하기 위해 보호액은 약알칼리성 pH 9로 유지하기 위하여 알칼리제(석회 또는 소다회 등)로 pH를 조절한다.

(6) 알칼리금속류(K, Na은 제외) 및 알칼리토금속(Mg은 제외) – 지정 수량 50 kg

① 알칼리금속류 : Li(리튬), Rb(루비늄), Cs(세슘), Fr(프란슘)

② 알칼리토금속 : Ca(칼슘), Be(베릴륨), Sr(스트론튬), Ba(바륨), Ra(라듐)

(7) 유기 금속 화합물류(알킬알루미늄과 알킬리튬은 제외) – 지정 수량 50 kg

알킬기 또는 알릴기 등 탄화수소기에 금속원자가 결합된 화합물이다.

(8) 금속 수소 화합물 – 지정 수량 300 kg

알칼리금속이나 알칼리토금속이 수소와 결합하여 만드는 화합물로서 MH 또는 M_2H 형태의 화합물이다.

① **수소화리튬(LiH)**

물과 실온에서 격렬하게 반응하며 수소를 발생하며 공기 또는 습기, 물과 접촉하여 자연 발화의 위험이 있으며, 400℃에서 리튬과 수소로 분해한다.

$$LiH + H_2O \rightarrow LiOH + H_2$$

② **수소화나트륨(NaH)**

비중은 0.93이고, 분해 온도는 약 800℃로 회백색의 결정 또는 분말이며, 불안정한 가연성 고체로 물과 격렬하게 반응하여 수소를 발생하고 발열하며, 이때 발생한 반응열에 의해 자연 발화

$$NaH + H_2O \rightarrow NaOH + H_2$$

③ **수소화칼슘(CaH_2)**

백색 또는 회백색의 결정 또는 분말이며, 건조 공기 중에 안정하며 환원성이 강하다. 물과 격렬하게 반응하여 수소를 발생하고 발열한다.

$$CaH_2 + 2H_2O \rightarrow Ca(OH)_2 + 2H_2$$

(9) 금속 인화합물 – 지정 수량 300 kg

① **인화석회(Ca_3P_2, 인화칼슘)**

물 또는 약산과 반응하여 가연성이며 독성이 강한 인화수소(PH_3, 포스핀)가스를 발생

$$Ca_3P_2 + 6H_2O \rightarrow 3Ca(OH)_2 + 2PH_3$$

$$Ca_3P_2 + 6HCl \rightarrow 3CaCl_2 + 2PH_3$$

② **인화알루미늄[AlP]**

습기 찬 공기, 물, 스팀과 접촉 시 가연성, 유독성의 포스핀 가스를 발생한다.

$$AlP + 3H_2O \rightarrow Al(OH)_3 + PH_3$$

(10) 칼슘 또는 알루미늄의 탄화물 – 지정 수량 300 kg

칼슘 또는 알루미늄과 탄소와의 화합물로서 CaC_2(탄화칼슘), 탄화알루미늄(Al_4C_3) 등이 있다.

① **탄화칼슘(CaC_2, 카바이드, 탄화석회, 칼슘아세틸레이드)**

㉠ 공기 중에서는 안정하나 350℃ 이상으로 가열시 열을 가하면 산화한다.

$$CaC_2 + 5O_2 \rightarrow 2CaO + 4CO_2$$

㉡ 물과 심하게 반응하여 수산화칼슘과 아세틸렌을 만들며 공기 중 수분과 반응하여도 아세틸렌을 발생한다.

$$CaC_2 + 2H_2O \rightarrow Ca(OH)_2 + C_2H_2$$

② **탄화알루미늄(Al_4C_3)**

㉠ 순수한 것은 백색이나 보통은 황색의 결정이며 건조한 공기 중에서는 안정하나 가열하면 표면에 산화 피막을 만들어 반응이 지속되지 않는다.

㉡ 물과 반응하여 가연성, 폭발성의 메탄 가스를 만들며 밀폐된 실내에서 메탄이 축적되는 경우 인화성 혼합기를 형성하여 2차 폭발의 위험이 있다.

$$Al_4C_3 + 12H_2O \rightarrow 4Al(OH)_3 + 3CH_4$$

[4] 제 4류 위험물 – 인화성 액체

성질	위험등급	품명		품목	지정수량
인화성 액체	I	특수 인화물	비수용성	디에틸에테르, 이황화탄소	50L
			수용성	아세트알데히드, 산화프로필렌	
	II	제1석유류	비수용성	가솔린, 벤젠, 톨루엔, 시클로헥산, 콜로디온, 메틸에틸케톤, 초산메틸, 초산에틸, 의산에틸, 헥산 등	200L
			수용성	아세톤, 피리딘, 아크롤레인, 의산메틸, 시안화수소 등	400L
		알코올류		메틸알코올, 에틸알코올, 프로필알코올, 이소프로필알코올	400L
	III	제2석유류	비수용성	등유, 경유, 스티렌, 자일렌(o−, m−, p−), 클로로벤젠, 장뇌유, 부틸알코올, 알릴알코올, 아밀알코올 등	1,000L
			수용성	포름산, 초산, 히드라진, 아크릴산 등	2,000L
		제3석유류	비수용성	중유, 크레오소트유, 아닐린, 니트로벤젠, 니트로톨루엔 등	2,000L
			수용성	에틸렌글리콜, 글리세린 등	4,000L
		제4석유류		기어유, 실린더유, 윤활유, 가소제	6,000L
		동·식물유류		· 건성유 : 아마인유, 들기름, 동유, 정어리기름, 해바라기유 등 · 반건성유 : 참기름, 옥수수기름, 청어기름, 채종유, 면실유(목화씨유), 콩기름, 쌀겨유 등 · 불건성유 : 올리브유, 피마자유, 야자유, 땅콩기름, 동백유 등	10,000L

※ 석유류 분류기준 : 인화점의 차이

1 공통 성질, 저장 및 취급 시 유의 사항, 예방 대책 및 소화 방법 등

(1) 공통 성질

① 액체는 물보다 가볍고, 대부분 물에 잘 녹지 않는다.

② 상온에서 액체이며 인화하기 쉽다.

③ 대부분의 증기는 공기보다 무겁다.

④ 착화온도(착화점, 발화온도, 발화점)가 낮을수록 위험하다.

⑤ 연소하한이 낮아 증기와 공기가 약간 혼합되어 있어도 연소한다.

(2) 저장 및 취급 시 유의 사항

① 화기 및 점화원으로부터 멀리 저장할 것

② 인화점 이상으로 가열하지 말 것

③ 증기 및 액체의 누설에 주의하여 저장할 것
④ 용기는 밀전하고 통풍이 잘 되는 찬 곳에 저장할 것
⑤ 부도체이므로 정전기 발생에 주의하여 저장, 취급할 것

(3) 예방 대책

① 점화원을 제거한다.
② 폭발성 혼합기의 형성을 방지한다.
③ 누출을 방지한다.
④ 보관 시 탱크 등의 관리를 철저히 한다.

(4) 소화 방법

이산화탄소, 할로겐화물, 분말, 물분무 등으로 질식소화

(5) 화재의 특성

① 유동성 액체이므로 연소속도와 화재의 확대가 빠르다.
② 증발연소하므로 불티가 나지 않는다.
③ 인화점이 낮은 것은 겨울철에도 쉽게 인화한다.
④ 소화 후에도 발화점 이상으로 가열된 물체 등에 의해 재연소 또는 폭발한다.

2 각 론

(1) 특수인화물 – 지정수량 50L

"특수인화물"이라 함은 이황화탄소, 디에틸에테르, 그 밖의 1기압에서 발화점이 100℃ 이하인 것 또는 인화점이 영하 20℃ 이하이고 비점이 40℃ 이하인 것을 말한다.

① 디에틸에테르($C_2H_5OC_2H_5$, 산화에틸, 에테르, 에틸에테르) – 비수용성 액체

분자량	비중	증기비중	끓는점	인화점	발화점	연소범위
74.12	0.72	2.6	34℃	–40℃	180℃	1.9~48%

㉮ 일반적 성질

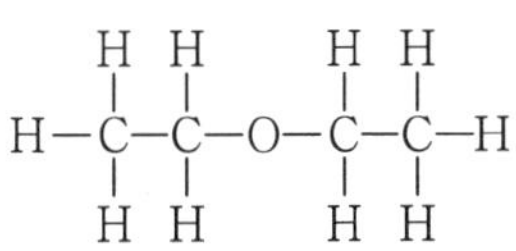

㉠ 인화점, 발화점이 매우 낮고 연소범위가 넓어 인화성, 발화성이 강하다.
㉡ 무색 투명한 유동성 액체로 휘발성이 크며, 에탄올과 나트륨이 반응하면 수소를 발생하지만 에테르는 나트륨과 반응하여 수소를 발생하지 않으므로 구별할 수 있다.
㉢ 물에는 약간 녹고 알코올 등에는 잘 녹고, 증기는 마취성이 있다.

㉣ 전기의 부도체로서 정전기가 발생하기 쉽다.

㉯ 위험성

㉠ 인화점이 낮고 휘발성이 강하다.

㉡ 증기 누출이 용이하며 장기간 저장 시 공기 중에서 산화되어 구조불명의 불안정하고 폭발성의 과산화물을 만드는데 이는 유기과산화물과 같은 위험성을 가지기 때문에 100℃로 가열하거나 충격, 압축으로 폭발한다.

㉢ 증기와 공기의 혼합가스는 발화점이 낮고, 폭발성이 있다.

㉣ 건조과정이나 여과를 할 때 유체마찰에 의해 정전기를 발생, 축적하기 쉽고 소량의 물을 함유하고 있는 경우 이 수분으로 대전되기 쉬우므로 비닐관 등의 절연성 물체 내를 흐르면 정전기를 발생한다. 이 정전기 발생으로 인한 스파크는 에테르 증기의 연소폭발을 일으키는 데 충분하다.

㉤ 강산화제와 접촉 시 격렬하게 반응하고 혼촉발화한다. 특히 $NaClO_3$과 혼합한 것은 습기 또는 햇빛에 의해 발화한다.

㉰ 저장 및 취급 방법

㉠ 직사광선에 분해되어 과산화물을 생성하므로 갈색병을 사용하여 밀전하고 냉암소 등에 보관하며 **용기의 공간용적은 2% 이상**으로 해야 한다.

㉡ 불꽃 등 화기를 멀리하고 통풍이 잘 되는 곳에 저장한다.

㉢ 대량저장 시에는 불활성 가스를 봉입하고, 운반용기의 공간용적으로 10% 이상 여유를 둔다. 또한, **옥외저장탱크 중 압력탱크에 저장하는 경우 40℃ 이하를 유지**해야 한다.

㉣ 점화원을 피해야 하며 특히 정전기를 방지하기 위해 약간의 $CaCl_2$를 넣어 두고, 또한 폭발성의 **과산화물 생성 방지를 위해 40mesh의 구리망**을 넣어둔다.★

㉤ **과산화물의 검출은 10% 요오드화칼륨(KI) 용액과의 황색반응**으로 확인한다.★

㉱ 소화방법 : 소규모 화재 시는 물분무, CO_2, 건조분말도 유효하나, 대형 화재의 경우는 다량의 알코올포 방사에 의한 질식소화가 적당하다.

㉲ 용도 : 유기용제, 무연화약 제조, 시약, 의약, 유기합성 등에 사용

② 이황화탄소(CS_2) - 비수용성 액체

분자량	비중	증기비중	녹는점	끓는점	인화점	발화점	연소범위
76	1.26	2.64	-111℃	34.6℃	-30℃	90℃	1.0~50%

㉮ 일반적 성질

㉠ 제4류 위험물 중 발화점이 가장 낮고 연소범위가 넓으며 증기압(300 mmHg)이 높아 휘발이 높고 인화성, 발화성이 강하다.

㉡ 순수한 것은 무색 투명하고 클로로포름과 같은 약한 향기가 있는 액체지만 통상 불순물이 있기 때문에 황색을 띠며 불쾌한 냄새가 난다.

ⓒ 물보다 무겁고 물에 녹지 않으나, 알코올, 에테르, 벤젠 등에는 잘 녹으며, 유지, 수지 등의 용제로 사용된다.

ⓔ 독성이 있어 피부에 장시간 접촉하거나 증기흡입 시 인체에 유해하다.

㉯ 위험성

ⓐ 휘발하기 쉽고 발화점이 낮아 백열등, 난방기구 등의 열에 의해 발화하며, 점화하면 청색을 내고 연소하는데 연소생성물 중 SO_2는 유독성이 강하다.★★

$$CS_2 + 3O_2 \rightarrow CO_2 + 2SO_2$$

ⓑ 증기는 공기와 혼합하여 인화폭발의 위험이 있으며 나트륨 같은 알칼리금속류와 접촉하면 발화 또는 폭발한다.

ⓒ 고온의 물과 반응하면 이산화탄소와 황화수소를 발생한다.

$$CS_2 + 2H_2O \rightarrow CO_2 + 2H_2S$$

㉰ 저장 및 취급 방법

ⓐ 착화온도가 낮으므로 화기를 멀리하고, 직사광선을 피해 통풍이 잘 되는 냉암소에 저장한다.

ⓑ 밀봉, 밀전하여 액체나 증기의 누설을 방지한다.

ⓒ 물보다 무겁고 물에 녹기 어렵기 때문에 **가연성 증기의 발생을 억제하기 위하여 물(수조) 속에 저장한다**.★

㉱ 소화방법 : 화재 확대위험이 없거나 고정된 탱크나 밀폐용기 중의 화재인 경우 표면에 조심스럽게 주수하여 물을 채워 피복소화할 수 있다. 또한 초기소화 시 CO_2, 분말, 할론이 유효하나, 대형 화재의 경우는 다량의 포방사에 의한 질식소화가 적당하다.

㉲ 용도 : 유기용제, 고무가황촉진제, 살충제 등

③ 아세트알데히드(CH_3CHO, 알데히드, 초산알데히드) – 수용성 액체

분자량	비중	증기비중	녹는점	끓는점	인화점	발화점	연소범위
44	0.78	1.53	−121℃	21℃	−40℃	175℃	4.1~57%

㉮ 일반적 성질

ⓐ 발화점은 175℃로 매우 낮고 연소범위는 넓으나 증기압이 750 mmHg로 높아 휘발이 잘 되고, 인화성, 발화성이 강하며 수용액상태에서도 인화의 위험이 있다.

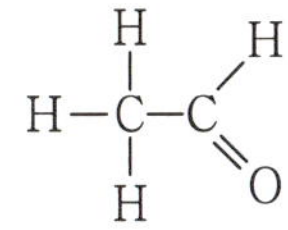

ⓑ 무색이며, 고농도의 것은 자극성 냄새가 나며 저농도의 것은 과일향 같은 것이 나는 휘발성이 강한 액체로서 물, 에탄올, 에테르에 잘 녹고, 고무를 녹인다.

ⓒ **환원성이 커서 은거울반응을 하며**, I_2와 NaOH를 넣고 가열하는 경우 황색의 요오드포름(CH_3I) 침전이 생기는 **요오드포름반응**을 한다.★

$$CH_3CHO + 3I_2 + 4NaOH \rightarrow HCOONa + 3NaI + CH_3I + 3H_2O$$

㉣ 진한황산과 접촉에 의해 격렬히 중합반응을 일으켜 발열한다.

㉤ 산화 시 초산, 환원 시 에탄올이 생성된다.

$2CH_3CHO + O_2 \rightarrow 2CH_3COOH$ (산화작용)

$CH_3CHO + H_2 \rightarrow C_2H_5OH$ (환원작용)

㉥ 제조방법

ⓐ 에틸렌의 직접 산화법 : 에틸렌을 염화구리 또는 염화팔라듐의 촉매하에서 산화반응시켜 제조한다.

$2C_2H_4 + O_2 \rightarrow 2CH_3CHO$

ⓑ 에틸알코올의 직접 산화법 : 에틸알코올을 이산화망간 촉매하에서 산화시켜 제조한다.

$2C_2H_5OH + O_2 \rightarrow 2CH_3CHO + 2H_2O$

ⓒ 아세틸렌의 수화법 : 아세틸렌과 물을 수은 촉매하에서 수화시켜 제조한다.

$C_2H_2 + H_2O \rightarrow CH_3CHO$

㉯ 위험성

㉠ 구리, 수은, 마그네슘, 은 및 그 합금으로 된 취급설비는 아세트알데히드와 반응에 의해 이들 간에 중합반응을 일으켜 구조불명의 폭발성 물질을 생성한다.

㉡ 강산화제와 접촉 시 격렬히 반응하여 혼촉발화의 위험이 있고 가압하에서 공기와 접촉 시 폭발성의 과산화물을 생성한다.

㉢ 자극성이 강해 증기 및 액체는 인체에 유해하다.

㉰ 저장 및 취급 방법

㉠ 공기와의 접촉 시 폭발성의 과산화물이 생성된다.

㉡ 산의 존재하에서는 격심한 중합반응을 하기 때문에 접촉을 피하도록 한다.

㉢ 옥외저장탱크에는 냉각장치 또는 보냉장치, 그리고 연소성 혼합기체의 생성에 의한 폭발을 방지하기 위한 불활성의 기체를 봉입하는 장치를 설치해야 한다.

㉣ 이동저장탱크는 불활성의 기체를 봉입할 수 있는 구조로 해야 한다.

㉤ 자극성이 강하므로 증기의 발생이나 흡입을 피하도록 한다.

㉱ 소화방법 : 수용성이므로 소화 시 분무상의 물을 대량 주수하여 희석소화하고 소량의 경우는 CO_2, 할론, 분말, 물분무도 유효하며, 경우에 따라서는 다량의 포를 사용한다.

㉲ 용도 : 플라스틱, 합성고무의 원료, 곰팡이 방지제, 사진현상용, 용제 등에 이용

④ 산화프로필렌(CH_3CHOCH_2, 프로필렌옥사이드) – 수용성 액체

분자량	비중	증기비중	끓는점	인화점	발화점	연소범위
58	0.82	2.0	35℃	−37℃	449℃	2.8~37%

㉮ 일반적 성질

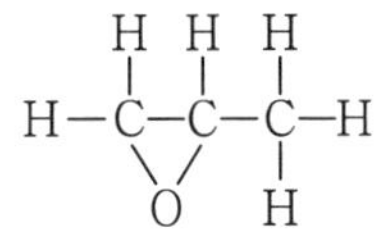

㉠ 증기는 공기와 혼합하여 작은 점화원에 의해 인화폭발의 위험이 있으며 연소속도가 빠르다.

㉡ 에테르 냄새를 가진 무색의 휘발성이 강한 액체이다.

㉢ 반응성이 풍부하며 물 또는 유기용제(벤젠, 에테르, 알코올 등)에 잘 녹는다.

㉣ 산 및 알칼리와 중합반응을 한다.

㉯ 위험성

㉠ 수용액 상태에서도 인화의 위험이 있으며, 밀폐용기를 가열하면 심하게 폭발하고 공기 중에서 폭발적으로 분해할 위험이 있다.

㉡ 증기는 눈, 점막 등을 자극하며 흡입 시 폐부종 등을 일으키고, 액체가 피부와 접촉할 때에는 동상과 같은 증상이 나타난다.

㉢ 반응성이 풍부하여 구리, 마그네슘, 수은, 은 및 그 합금 또는 산, 염기, 염화제이철 등과 접촉에 의해 폭발성 혼합물인 아세틸라이트를 생성한다.

㉣ 증기압이 매우 높으므로(20℃에서 45.5 mmHg) 상온에서 쉽게 위험농도에 도달된다.

㉤ 강산화제와 접촉 시 격렬히 반응하여 혼촉발화의 위험이 있다.

㉰ 저장 및 취급 방법, 소화방법 : 아세트알데히드에 준한다.

㉱ 용도 : 용제, 안료, 살균제 등의 제조

⑤ 기타

㉮ 이소프렌 : 인화점 −54℃, 착화점 220℃, 연소범위 2~9%

㉯ 이소펜탄 : 인화점 −51℃

(2) 제1석유류

"제1석유류"라 함은 아세톤, 휘발유, 그 밖의 1기압에서 인화점이 21℃ 미만인 것을 말한다.

– 지정수량 : 비수용성 액체 200L

① 가솔린(C_5~C_9, 휘발유)

액비중	증기비중	끓는점	인화점	발화점	연소범위
0.65~0.8	3~4	32~220℃	−43℃	300℃	1.2~7.6%

㉮ 일반적 성질

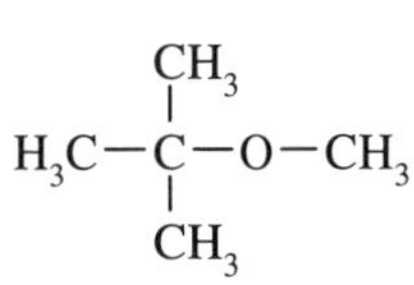

㉠ 다양한 연료로 이용되며 작은 점화원이나 정전기 스파크로 인화가 용이하다.

㉡ 무색 투명한 액상 유분으로 주성분은 C_5~C_9의 포화, 불포화 탄화수소이며, 비전도성으로 정전기를 발생 축적시키므로 대

전하기 쉽다.

㉢ 물에는 녹지 않으나 유기용제에는 잘 녹으며, 고무, 수지, 유지 등을 잘 용해시킨다.

㉣ 노킹현상 발생을 방지하기 위하여 첨가제 MTBE (Methyl tertiary butyl ether)를 넣어 옥탄가를 높이며, 착색한다. 1992년 12월까지는 사에틸납[$(C_2H_5)_4Pb$)]으로 첨가제를 사용했지만 1993년 1월부터는 현재의 MTBE [$(CH_3)_3COCH_3$]를 사용하여 무연휘발유를 제조한다.

ⓐ 공업용(무색), 자동차용(오렌지색), 항공기용(청색 또는 붉은 오렌지색)

ⓑ 옥탄가 $= \frac{\text{이소옥탄(vol\%)}}{\text{이소옥탄(vol\%)} + \text{노르말헵탄(vol\%)}} \times 100$

- 옥탄가란 이소옥탄을 100, 노르말헵탄을 0으로 하여 가솔린의 성능을 측정하는 기준값을 의미한다.
- 일반적으로 옥탄가가 높으면 노킹현상이 억제되어 자동차 연료로서 연소효율이 높아진다.

㉤ 증기는 공기와 혼합하여 연소범위를 형성하고 낮은 곳에 체류하여 먼 곳에서도 인화가 쉽다.

㉯ 위험성

㉠ 제1류 위험물과 같은 강산화제와 혼합하거나, [휘발유+강산화제]에 강산류를 혼합하면 혼촉발화한다.

㉡ 휘발, 인화하기 쉽고 증기는 공기보다 3~4배 정도 무거워 누설 시 낮은 곳에 체류되어 연소를 확대시킬 수 있으며, 비전도성이므로 정전기 발생에 의한 인화의 위험이 있다.

㉢ 황 불순물에 의해 연소 시 유독한 아황산(SO_2)가스를 발생시키며, 고온에 의해 질소산화물을 생성시킨다.

㉰ 저장 및 취급 방법

㉠ 화기엄금, 불꽃, 불티접촉 방지, 가열 금지, 직사광선을 차단하고 증기의 누설이나 액체의 누출을 방지하고 환기가 잘 되는 냉암소에 저장한다.

㉡ 정전기의 발생 및 축적을 방지하고 방폭조치를 해야 한다.

㉢ 온도상승에 의한 체적팽창을 감안하여 밀폐용기는 저장 시 약 10% 정도의 여유공간을 둔다.

㉱ 소화방법 : 초기화재 시 또는 소규모 화재인 경우 포, CO_2, 건조분말, 할론소화약제에 의한 질식소화를 하며, 다량인 경우 냉각주수는 불가하며 포에 의한 질식소화가 적절하고, 대형 화재의 경우 유증기폭발의 우려가 있으므로 주의해야 한다.

㉲ 용도 : 자동차 및 항공기의 연료, 공업용 용제, 희석제 등

② 벤젠(C_6H_6)

분자량	비중	증기비중	녹는점	끓는점	인화점	발화점	연소범위
78	0.9	2.8	7℃	79℃	−11℃	498℃	1.4~8.0%

㉮ 일반적 성질

㉠ 80.1℃에서 끓고 5.5℃에서 응고되며, 겨울철에는 응고된 상태에서도 연소가 가능하다.

㉡ 무색 투명하며 독특한 냄새를 가진 휘발성이 강한 액체로 위험성이 강하며 인화가 쉽고 다량의 흑연을 발생하고 뜨거운 열을 내며 연소한다. 연소 시 이산화탄소와 물이 생성된다.

$$2C_6H_6 + 15O_2 \rightarrow 12CO_2 + 6H_2O$$

㉢ 물에는 녹지 않으나 알코올, 에테르 등 유기용제에는 잘 녹으며 유지, 수지, 고무 등을 용해시킨다.

㉣ 증기는 공기와 혼합하여 연소범위를 형성하고 낮은 곳에 체류하며 이때 점화원에 의해 불이 일시에 역화할 위험이 있다.

㉯ 위험성

㉠ 증기는 마취성이고 독성이 강하여 2% 이상 고농도의 증기를 5~10분간 흡입 시에는 치명적이고, 저농도(100ppm)의 증기도 장기간 흡입 시에는 만성중독이 일어난다.

㉡ 제1류 위험물과 같은 강산화제와 반응하여 혼촉발화의 위험이 있다.

㉰ 저장 및 취급 방법

㉠ 화기엄금, 불꽃, 불티접촉 방지, 가열 금지, 직사광선을 차단하고 증기의 누설이나 액체의 누출을 방지하며 환기가 잘 되는 냉암소에 보관한다.

㉡ 저장취급 중 정전기의 발생 및 축적을 방지하고 방폭조치를 해야 한다.

㉢ 온도상승에 의한 체적팽창을 감안하여 밀폐용기는 저장시 약 10% 정도의 여유공간을 둔다.

㉱ 소화방법 : 물분무, 알코올형 포, CO_2, 건조분말에 의한 질식소화를 하며, 불이 난 용기는 물분무로 집중냉각한다. 파이프라인의 화재인 경우 CO_2, 분말에 의해 소화한다.

㉲ 용도 : 합성원료, 농약(BHC), 용제 등에 이용

③ 톨루엔($C_6H_5CH_3$)

분자량	액비중	증기비중	녹는점	끓는점	인화점	발화점	연소범위
92	0.871	3.14	−93℃	110℃	4℃	480℃	1.27~7.0%

㉮ 일반적 성질

㉠ 벤젠보다 독성이 약하며 휘발성이 강하여 인화가 용이하며 연소할 때 자극성, 유독성 가스를 발생한다.

㉡ 무색 투명하며 벤젠향과 같은 독특한 냄새를 가진 액체로 진한질산과 진한황산을 반응시키면 니트로화하여 TNT의 제조에 이용된다.

㉢ 증기는 공기와 혼합하여 연소범위를 형성하고 낮은 곳에 체류하며 이때 점화원에 의해 인화, 폭발한다.

㉣ 물에는 녹지 않으나 유기용제 및 수지, 유지, 고무를 녹이며 벤젠보다 휘발하기 어려우며, 강산화제에 의해 산화하여 벤조산(C_6H_5COOH, 안식향산)이 된다.

㉯ 위험성

㉠ 연소 시 자극성, 유독성 가스를 발생하며, 고농도의 이산화질소 또는 삼불화취소와 혼합 시 폭발한다.

㉡ 제1류 위험물, 제6류 위험물, 사염화탄소, 염산 등과 격렬히 반응하여 혼촉발화의 위험이 있다.

㉢ 1몰의 톨루엔과 3몰의 질산을 황산촉매하에 반응시키면 니트로화에 의해 TNT가 만들어진다.★★

$C_6H_5CH_3 + 3HNO_3 \xrightarrow[\text{니트로화}]{c-H_2SO_4}$ 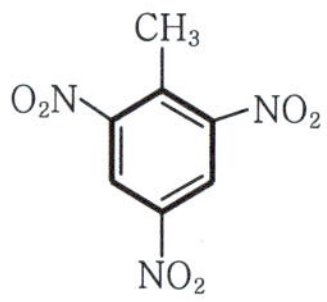 $+ H_2O$

T.N.T.

㉰ 저장 및 취급 방법 : 벤젠에 준한다.

㉱ 소화방법 : 포, CO_2, 건조분말에 의해 일시에 소화한다. 소규모의 화재인 경우는 물분무에 의해 소화가 가능하다. 기타의 경우 직접 화염에 주수하지 말고 주수는 용기냉각과 화재확대 방지에 주력한다.

㉲ 용도 : 잉크, 합성 원료, 용제 등

④ 시클로헥산(C_6H_{12})

분자량	증기비중	녹는점	끓는점	인화점	발화점	연소범위
84.2	2.9	6℃	82℃	−18℃	245℃	1.3~8.0%

㉮ 일반적 성질

㉠ 무색, 석유와 같은 자극성 냄새를 가진 휘발성이 강한 액체이다.

㉡ 물에 녹지 않고 광범위하게 유기화합물을 녹인다.

㉯ 위험성

㉠ 증기는 공기와 혼합하여 폭발성 가스를 형성하여 인화, 폭발의 위험이 있으며 연소 시 역화의 위험이 있다.

㉡ 가열에 의해 발열발화하며, 산화제와 혼촉 시 발열발화한다.

㉰ 소화방법 : 초기화재 시 분말, CO_2, 알코올형 포가 유효하며, 대형화재인 경우 알코올형 포로 일시 소화하고 무인 방수포를 이용하는 것이 좋다.

㉱ 용도 : 용제

⑤ 콜로디온

질소 함유율 11~12%의 낮은 질화도의 질화면을 에탄올과 에테르 3 : 1 비율의 용제에 녹인 것

㉮ 일반적 성질

㉠ 무색 또는 끈기 있는 미황색 액체로 인화점은 −18℃, 질소의 양, 용해량, 용제, 혼합률에 따라 다소 성질이 달라진다.

㉡ 에탄올, 에테르 용제는 휘발성이 매우 크고 가연성 증기를 쉽게 발생하기 때문에 콜로디온은 인화가 용이하다.

㉯ 위험성 : 용제가 증발하여 질화면만 남으면 제5류 위험물과 같이 격렬하게 분해, 연소 폭발의 위험이 있다.

㉰ 저장 및 취급 방법 : 화기엄금, 가열 금지, 직사광선을 피하고 외부 요인에 의한 용제의 증발을 막고 저장하며 저장용기의 누설 및 밀폐로 액체의 누설을 방지한다.

㉱ 소화방법 : 소화 시 직접 주수는 효과가 없고 물분무는 외벽의 냉각에 이용하며, 대규모 화재 시는 다량의 알코올포로 질식소화한다.

㉲ 용도 : 필름 제조, 질화면 도료, 접착제 제조 등

⑥ 메틸에틸케톤(MEK, $CH_3COC_2H_5$)

분자량	액비중	증기비중	녹는점	끓는점	인화점	발화점	연소범위
72	0.806	2.44	−80℃	80℃	−7℃	505℃	1.8~10%

㉮ 일반적 성질

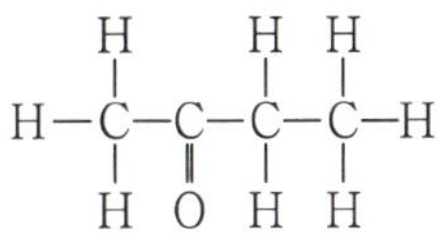

㉠ 아세톤과 유사한 냄새를 가지는 무색의 휘발성 액체로 유기용제로 이용된다. **화학적으로 수용성이지만 위험물안전관리에 관한 세부기준 판정기준으로는 비수용성 위험물로 분류된다.**

㉡ 열에 비교적 안정하나 500℃ 이상에서 열분해된다.

㉢ 부탄, 부텐유분에 황산을 반응한 후 가수분해하여 얻은 부탄올을 탈수소하여 만든다.

㉣ 공기 중에서 연소 시 물과 이산화탄소가 생성된다.

$$2CH_3COC_2H_5 + 11O_2 \rightarrow 8CO_2 + 8H_2O$$

㉯ 위험성

㉠ 비점, 인화점이 낮아 인화에 대한 위험성이 크며, 증기비중이 높아 낮은 곳에 체류하므로 인화의 위험성이 증가한다.

㉡ 탈지작용이 있으므로 피부에 접촉하지 않도록 주의한다.

㉢ 다량의 증기를 흡입하면 마취성이 있으며 구토증세가 발생한다.

㉰ 저장 및 취급 방법

㉠ 화기 등을 멀리하고 직사광선을 피하며, 통풍이 잘 되는 찬 곳에 저장한다.

㉡ 용기는 갈색병을 사용하여 밀전하고, 저장 시에는 용기 내부에 10% 이상의 여유 공간을 둔다.

㉱ 소화방법 : 분무주수, CO_2, 알코올포 소화약제

㉮ 용도 : 용제, 인쇄잉크, 가황촉진제 등

⑦ 초산메틸(CH_3COOCH_3)

액비중	증기비중	녹는점	끓는점	인화점	발화점	연소범위
0.93	2.6	−98℃	58℃	−10℃	502℃	3.1~16%

㉮ 일반적 성질
- ㉠ 무색 액체로 휘발성, 마취성이 있다.
- ㉡ 물에 잘 녹으며 수지, 유지를 잘 녹인다.
- ㉢ 피부에 닿으면 탈지작용이 있다.

㉯ 위험성
- ㉠ 수용액이지만 위험물안전관리 세부기준의 수용성 액체 판정기준에 의해 비수용성 위험물로 분류된다.
- ㉡ 초산에스테르류 중 수용성이 가장 크다.
- ㉢ 니트로셀룰로오스 용제, 향료, 페인트, 유지추출제, 래커, 시너 등으로 쓰인다.

⑧ 초산에틸($CH_3COOC_2H_5$, 아세트산에틸)

분자량	액비중	증기비중	녹는점	끓는점	인화점	발화점	연소범위
88	0.9	3.05	−84℃	77.5℃	−3℃	429℃	2.2~11.5%

㉮ 일반적 성질
- ㉠ 과일향을 갖는 무색 투명한 인화성 액체로 물에는 약간 녹고, 유기용제에 잘 녹는다.
- ㉡ 가수분해하여 초산과 에틸알코올로 된다.

$$CH_3COOC_2H_5 + H_2O \rightleftarrows CH_3COOH + C_2H_5OH$$

- ㉢ 유기물, 수지, 초산 섬유소 등을 잘 녹인다.

㉯ 위험성
- ㉠ 수용액 상태에서도 인화의 위험이 있다.
- ㉡ 증기는 공기보다 무거워 낮은 곳으로 흐르며, 공기와 혼합하여 인화폭발의 위험이 있다.
- ㉢ 강산화제와 혼촉 시 발열발화하며, 연소 시 유독성 가스를 생성한다.

㉰ 저장 및 취급 방법
- ㉠ 화기 등을 멀리하고 통풍이 잘 되는 찬 곳에 저장한다.
- ㉡ 증기누출에 주의하고 전기설비의 방폭조치를 한다.
- ㉢ 강산, 산화제 등과의 혼합을 방지하고 누출에 주의한다.

㉱ 소화방법 : 분무주수, CO_2, 알코올포 소화약제

㉲ 용도 : 향료의 원료, 도료 등

⑨ 의산메틸($HCOOC_2H_5$)

분자량	비중	증기비중	녹는점	끓는점	인화점	발화점	연소범위
74.1	0.9	2.55	−80℃	54℃	−19℃	440℃	2.7~16.5%

㉮ 일반적 성질

㉠ 무색 액체로 물, 글리세린, 유기용제에 잘 녹는다.

㉡ 에틸알코올과 의산을 진한황산하에 가열하여 만든다.

㉯ 위험성

㉠ 증기는 공기와 혼합하여 인화 폭발의 위험이 있다.

㉡ 산화성 물질과 혼촉에 의해 발열발화의 위험이 있다.

㉢ 물에 녹지만 위험물 안전관리 세부기준의 수용성 액체 판정기준에 의해 비수용성 위험물로 분류된다.

㉰ 소화방법 : 초기화재 시 물, CO_2, 분말, 할론이 효과적이며 대형화재의 경우 다량의 물로 일시에 소화한다. 포는 소화효과가 없다.

㉱ 용도 : 각종 과실 및 음료용 향료의 원료, 훈증제

⑩ 아크릴로니트릴($CH_2=CHCN$)

분자량	액비중	증기비중	녹는점	끓는점	인화점	발화점	연소범위
53	0.81	1.8	−83℃	77℃	−5℃	481℃	3.0~17.0%

㉮ 일반적 성질

아세틸렌을 $CuCl_2-NH_4Cl$의 염산 산성용액에서 시안화수소와 반응시켜 만든다.

㉯ 위험성

㉠ 증기는 공기보다 무겁고 공기와 혼합하여 아주 작은 점화원에 의해 인화, 폭발의 위험성이 높고, 낮은 곳에 체류하여 흐른다.

㉡ 강산화제와의 혼촉에 의해 발열하거나 발화한다.

㉰ 저장 및 취급 방법 : 증기발생 억제, 화염, 불꽃, 화기엄금, 가열 금지, 직사광선 차단, 용기는 차고 건조하여 환기가 잘 되는 안전한 곳에 저장한다.

㉱ 소화방법 : 초기소화는 물분무, 분말, 이산화탄소, 알코올형 포가 유효하나 대형화재인 경우는 알코올형포로 일시에 소화한다.

㉲ 용도 : 아크릴계 합성수지의 원료, 합성고무의 원료

- 지정수량 : 수용성 액체 400 L

⑪ 아세톤(CH_3COCH_3, 디메틸케톤, 2-프로파논)

분자량	비중	증기비중	녹는점	끓는점	인화점	발화점	연소범위
58	0.79	2.01	-94℃	56℃	-18.5℃	465℃	2.5~12.8%

㉮ 일반적 성질

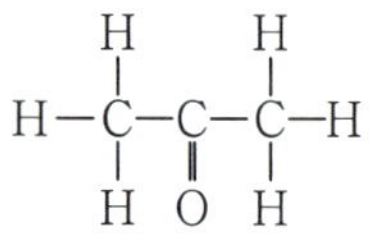

㉠ 휘발이 쉽고 상온에서 인화성 증기를 발생하며 적은 점화원에도 쉽게 인화한다.

㉡ 무색, 자극성의 휘발성, 유동성, 가연성 액체로, 보관 중 황색으로 변질되며 백광을 쪼이면 분해한다.

㉢ 물과 유기용제에 잘 녹고, 요오드포름반응을 한다. I_2와 NaOH를 넣고 60~80℃로 가열하면, 황색의 요오드포름(CH_3I) 침전이 생긴다.

$$CH_3COCH_3 + 3I_2 + 4NaOH \rightarrow CH_3COONa + 3NaI + CH_3I + 3H_2O$$

㉣ 증기는 공기와 혼합하여 연소범위를 형성하고 낮은 곳에 체류한다.

㉯ 위험성

㉠ 제1류 위험물이나 제6류 위험물과 혼촉 시 발화 가능성이 매우 높고 과염소산니트릴, 과염소산니트로실 등의 과염소산염류와 혼촉 시 발화 또는 폭발의 위험이 있다.

㉡ 10%의 수용액 상태에서도 인화의 위험이 있으며 햇빛 또는 공기와 접촉하면 폭발성의 과산화물을 만든다.

㉢ 독성은 없으나 피부에 닿으면 탈지작용을 하고 장시간 흡입 시 구토가 일어난다.

㉰ 저장 및 취급 방법

㉠ 저장은 직사광선을 피하고 밀폐용기나 탱크 중에 한다.

㉡ 낮은 온도의 유지와 통풍, 환기가 잘 되는 곳에 저장하며 일부 사용 시는 반드시 밀전하고 빈 용기도 밀전해야 한다.

㉢ 증기의 누설 시 모든 점화원을 제거하고 물분무로 증기를 제거한다. 액체의 누출 시는 모래 또는 불연성 흡수제로 흡수하여 제거한다. 또한 취급소 내의 전기설비는 방폭조치하고 정전기의 발생 및 축적을 방지해야 한다.

㉱ 소화방법 : 알코올형 포, CO_2, 건조분말에 의해 질식소화하며, 기타의 경우 다량의 알코올형 포를 사용한다. 특히 수용성 석유류이므로 대량주수하거나 물분무에 의해 희석소화가 가능하다.

㉲ 용도 : 용제, 도료 등에 이용

⑫ 피리딘(C_5H_5N)

분자량	액비중	증기비중	끓는점	인화점	발화점	연소범위
79	0.98	2.7	115.4℃	16℃	482℃	1.8~12.4%

㉮ 일반적 성질 : 순수한 것은 무색이나, 불순물을 포함하면 황색 또는 갈색을 띤 알칼리성 액체이다.

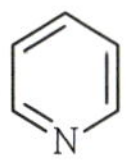

㉯ 위험성
㉠ 증기는 공기와 혼합하여 인화폭발의 위험이 있으며, 수용액 상태에서도 인화성이 있다.
㉡ 용기 가열 시 파열하며, 연소 시 유독성 가스를 발생한다.(질소산화물, CO 등)
㉢ 강산류, 산화제와 혼합 시 가열, 충격 등에 의해 발열 발화한다.

㉰ 저장 및 취급 방법
㉠ 화기 등을 멀리하고 통풍이 잘 되는 찬 곳에 저장한다.
㉡ 독성이 있으므로 취급 시에는 액체를 접촉시키거나 증기를 흡입하지 않도록 주의한다.
㉢ 강산, 산화제 등과의 혼합을 방지하고 누출에 주의한다.
㉣ 증기 누출에 주의하고 전기설비의 방폭조치를 한다.

㉱ 소화방법 : 초기화재에는 분무주수, CO_2, 알코올포 소화약제, 건조분말 등을 사용하여 질식소화하고 그 밖의 경우에는 알코올형 포로 소화한다.
㉲ 용도 : 용제, 유기합성의 원료 등

⑬ 아크롤레인($CH_2=CHCHO$, 아크릴알데히드, 2-프로펜알)

분자량	액비중	증기비중	끓는점	인화점	발화점	연소범위
56	0.83	1.9	53℃	-29℃	220℃	2.8~31%

㉮ 일반적 성질
㉠ 무색 투명하며 불쾌한 자극성의 인화성 액체이다.
㉡ 물, 에테르, 알코올에 잘 용해한다.
㉢ 상온, 상압하에서 산소와 반응하여 쉽게 아크릴산이 된다.
㉣ 장기보존 시 암모니아와 반응하여 수지형의 고체가 된다.

㉯ 위험성
㉠ 휘발성이 강하고 인화가 쉬우며, 연소 시 역화의 위험이 있고, 점화원에 의해 폭발위험이 높다.
㉡ 산화제, 과산화물, 강산, 알칼리, 직사광선 등에 의해 중합반응을 하며 발열한다.
㉢ 밀폐된 저장용기가 가열되면 심하게 파열하며, 폭발할 수도 있다.

㉰ 저장 및 취급 방법
㉠ 화기 등을 멀리하고 통풍이 잘 되는 찬 곳에 저장한다.
㉡ 공기와의 접촉을 방지하고 저장용기의 상부에 불활성 가스를 봉입한다.
㉢ 산화제, 과산화물, 강산, 강알칼리류와 철저히 격리한다.

㉱ 소화방법 : 초기화재에는 분무주수, CO_2, 알코올포 소화약제, 건조분말 등을 사용하여 질식소화하고, 그 밖의 경우에는 알코올형 포로 소화한다.

㉮ 용도 : 글리세린의 원료, 향료, 염료, 약품합성 원료 등

⑭ 의산메틸($HCOOCH_3$, 포름산메틸)

분자량	비중	증기비중	녹는점	끓는점	인화점	발화점	연소범위
60	0.97	2.07	−100℃	32℃	−19℃	449℃	5~23%

㉮ 일반적 성질 : 달콤한 향이 나는 무색의 휘발성 액체로 물 및 유기용제 등에 잘 녹는다.

㉯ 위험성

㉠ 인화 및 휘발의 위험성이 크다.

㉡ 습기, 알칼리 등과의 접촉을 방지한다.

㉢ 쉽게 가수분해하여 포름산과 맹독성의 메탄올이 생성된다.

$$HCOOCH_3 + H_2O \rightarrow HCOOH + CH_3OH$$

㉰ 저장 및 취급 방법 : 통풍이 잘 되는 곳에 밀봉하여 저장하고, 방폭조치를 한다.

㉱ 소화방법 : 건조분말, 알코올 포, 이산화탄소가 유효하며, 충분한 안전거리를 확보한다.

㉲ 용도 : 향료, 용제, 유기합성 원료 등

⑮ 시안화수소(HCN, 청산)

분자량	비중	증기비중	끓는점	인화점	발화점	연소범위
27	0.69	0.94	26℃	−17℃	538℃	5.6~40%

㉮ 일반적 성질

독특한 자극성의 냄새가 나는 무색의 액체(상온에서)이다. 물, 알코올에 잘 녹으며 수용액은 약산성이다.

㉯ 위험성

㉠ 맹독성 물질이며, 휘발성이 높아 인화위험도 매우 높다. 증기는 공기보다 약간 가벼우며 연소하면 푸른 불꽃을 내면서 탄다.

㉡ 순수한 것은 저온에서 안정하나 소량의 수분 또는 알칼리가 혼입되면 불안정하게 되어 중합폭발할 위험이 있다.

㉢ 매우 불안정하여 장기간 저장하면 암갈색의 폭발성 물질로 변한다.

㉰ 저장 및 취급 방법

㉠ 직사광선 차단, 용기는 차고 건조하며 통풍과 환기가 잘 되는 안전한 곳에 저장한다.

㉡ 안정제로 철분 또는 황산 등의 무기산을 소량 넣어 준다.

㉱ 소화방법 : 초기화재 시는 알코올형 포, 건조분말, 이산화탄소가 유효하다.

㉲ 용도 : 염료, 향료, 의약, 농약, 야금, 기타 유기합성 원료

⑯ **기타 – 비수용성**

㉮ 원유(Crude oil) : 인화점 20℃ 이하, 발화점 400℃ 이상, 연소범위 0.6~15vol%

㉯ 시너(thinner) : 인화점 21℃ 미만, 휘발성이 강하며 상온에서 증기를 다량 발생하므로 공기와 약간만 혼합하여도 연소폭발이 일어나기 쉽다.

⑰ **기타 – 수용성**

㉮ 아세토니트릴(CH_3CN) : 인화점 20℃, 발화점 524℃, 연소범위 3~16vol%

(3) 알코올류(R – OH)

– 지정수량 400L, 수용성 액체

"알코올류"라 함은 1분자를 구성하는 탄소원자의 수가 1개부터 3개까지인 포화 1가 알코올(변성알코올을 포함한다)을 말한다. 다만, 다음의 어느 하나에 해당하는 것은 제외한다.

- 1분자를 구성하는 탄소원자의 수가 1개 내지 3개의 포화 1가 알코올의 함유량이 60중량퍼센트 미만인 수용액
- 가연성 액체량이 60중량퍼센트 미만이고 인화점 및 연소점(태그개방식 인화점측정기에 의한 연소점을 말한다. 이하 같다)이 에틸알코올 60중량퍼센트 수용액의 인화점 및 연소점을 초과하는 것

① **메틸알코올(CH_3OH, 메탄올)**

분자량	비중	증기비중	녹는점	끓는점	인화점	발화점	연소범위
32	0.79	1.1	– 97.8℃	64℃	11℃	464℃	6.0~36%

㉮ 일반적 성질

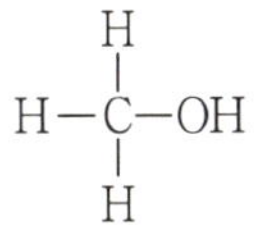

㉠ 연소범위가 넓어서 용기 내 인화의 위험이 있으며 용기를 파열할 수도 있다.

㉡ 무색 투명하며 인화가 쉬우며 연소는 완전연소를 하므로 불꽃이 잘 보이지 않는다.

$$2CH_3OH + 3O_2 \rightarrow 2CO_2 + 4H_2O$$

㉢ 물에는 잘 녹고, 유기용매 등에는 농도에 따라 녹는 정도가 다르며, 수지 등을 잘 용해시킨다.

㉣ 백금(Pt), 산화구리(CuO) 존재하의 공기 속에서 산화되면 포름알데히드(HCHO)가 되며, 최종적으로 포름산(HCOOH)이 된다. ★★

$$CH_3OH \xrightarrow[-H_2]{} HCHO \xrightarrow[+O]{} HCOOH$$

㉯ 위험성

㉠ 수용액 농도가 높을수록 인화점이 낮아져 더욱 위험해지며 $KMnO_4$, CrO_3, $HClO_4$와 접촉하면 폭발하고 고농도의 과산화수소와 혼합한 것은 충격에 의해 폭발한다.

㉡ Na, K 등 알칼리금속과 반응하여 인화성이 강한 수소를 발생한다.

$$2Na + 2CH_3OH \rightarrow 2CH_3ONa + H_2$$

㉢ 독성이 강하여 먹으면 실명하거나 사망에 이른다. (30mL의 양으로도 치명적!)

㉰ 저장 및 취급 방법

㉠ 화기 등을 멀리하고 액체의 온도가 인화점 이상으로 올라가지 않도록 한다.

㉡ 밀봉, 밀전하며 통풍이 잘 되는 냉암소 등에 저장하고 취급소 내 방폭조치를 해야 한다.

㉱ 소화방법 : 초기화재 시 알코올형 포, CO_2, 건조분말, 할론이 유효하며, 대규모의 화재인 경우는 알코올형 포로 소화하고 소규모 화재 시는 다량의 물로 희석소화한다.

㉲ 용도 : 용제, 의약, 염료, 포르말린의 원료 등

② 에틸알코올(C_2H_5OH, 에탄올)

분자량	비중	증기비중	끓는점	인화점	발화점	연소범위
46	0.789	1.59	80℃	13℃	363℃	4.3~19%

㉮ 일반적 성질

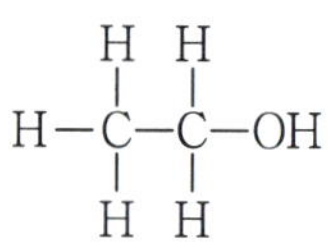

㉠ 연소범위가 넓어서 용기 내 인화의 위험이 있으며 용기를 파열할 수도 있다.

㉡ 당밀, 고구마, 감자 등을 원료로 하는 발효방법으로 제조한다.

㉢ 무색 투명하며 인화가 쉬우며 공기 중에서 쉽게 산화한다. 또한 연소는 완전연소를 하므로 불꽃이 잘 보이지 않으며 그을음이 거의 없다.

$$C_2H_5OH + 3O_2 \rightarrow 2CO_2 + 3H_2O$$

㉣ 물에는 잘 녹고, 유기용매 등에는 농도에 따라 녹는 정도가 다르며, 수지 등을 잘 용해시킨다.

㉤ **산화되면 아세트알데히드(CH_3CHO)가 되며, 최종적으로 초산(CH_3COOH)이 된다.** ★★

$$C_2H_5OH \xrightarrow[-H_2]{} CH_3CHO \xrightarrow[+O]{} CH_3COOH$$

㉥ 에틸렌을 물과 합성하여 제조한다.

$$C_2H_4 + H_2O \xrightarrow[300℃,\ 70kg/cm^2]{\text{인산}} C_2H_5OH$$

㉦ 에틸알코올은 요오드포름반응을 한다. 수산화칼륨과 요오드를 가하여 요오드포름의 황색침전이 생성되는 반응을 한다.

$$C_2H_5OH + 6KOH + 4I_2 \rightarrow CHI_3 + 5KI + HCOOK + 5H_2O$$

㉧ 140℃에서 진한황산과 반응해서 디에틸에테르를 생성한다.

$$2C_2H_5OH \xrightarrow{c-H_2SO_4} C_2H_5OC_2H_5 + H_2O$$

㉯ 위험성

㉠ 연소 시 불꽃이 잘 보이지 않으므로 화상의 위험이 있다.

㉡ 인화점(13℃) 이상으로 올라가면 폭발성 혼합가스가 생성되어 밀폐된 상태에서 폭발한다.

㉢ 수용액 농도가 높을수록 인화점이 낮아져 더욱 위험해지며 $KMnO_4$, CrO_3, $HClO_4$와 접촉하면 발화하고, [에틸알코올＋산화제＋강산]은 혼촉발화한다.

㉣ Na, K 등 알칼리금속과 반응하여 인화성이 강한 수소를 발생한다.

$$2Na + 2C_2H_5OH \rightarrow 2C_2H_5ONa + H_2$$

㉰ 저장 및 취급 방법, 소화방법 : 메틸알코올에 준한다.

㉱ 용도 : 용제, 음료, 화장품, 소독제, 세척제, 알칼로이드의 추출, 생물 표본 보존제 등

③ 프로필알코올[$CH_3(CH_2)_2OH$]

분자량	비중	증기비중	끓는점	인화점	발화점	연소범위
60	0.80	2.07	97℃	15℃	371℃	2.1~13.5%

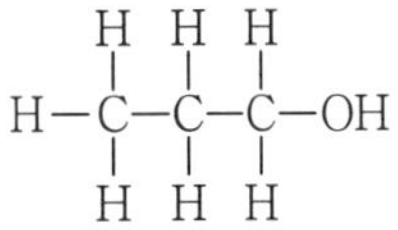

㉮ 일반적 성질

㉠ 무색 투명하며 안정한 화합물이다.

㉡ 물, 에테르, 아세톤 등 유기용매에 녹으며 유지, 수지 등을 녹인다.

㉯ 위험성, 저장 및 취급 방법, 소화방법 : 메탄올에 준한다.

④ 이소프로필알코올[$(CH_3)_2CHOH$]

분자량	비중	증기비중	녹는점	끓는점	인화점	발화점	연소범위
60	0.78	2.07	－89.5℃	83℃	12℃	398.9℃	2.0~12%

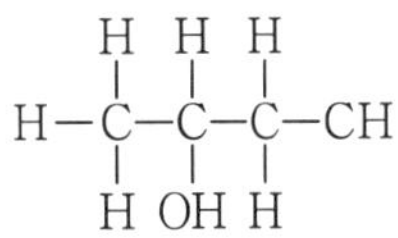

㉮ 일반적 성질

㉠ 무색 투명하며 물, 에테르, 아세톤에 녹으며 유지, 수지 등 많은 유기화합물을 녹인다.

㉡ 산화하면 알데히드(C_2H_5CHO)를 거쳐 산(C_2H_5COOH)이 된다.

㉯ 위험성, 저장 및 취급 방법, 소화방법 : 메탄올에 준한다.

⑤ 변성알코올

에틸알코올에 메틸알코올, 가솔린, 피리딘을 소량 첨가하여 공업용으로 사용하고, 음료로는 사용하지 못하는 알코올을 말한다.

(4) 제2석유류

"제2석유류"라 함은 등유, 경유, 그 밖에 1기압에서 인화점이 21℃ 이상 70℃ 미만인 것을 말한다. 다만, 도료류, 그 밖의 물품에 있어서 가연성 액체량이 40중량퍼센트 이하이면서 인화점이 40℃ 이상인 동시에 연소점이 60℃ 이상인 것은 제외한다.

- 지정수량 : 비수용성 액체 1,000L

① 등유(케로신)

비중	증기비중	녹는점	끓는점	인화점	발화점	연소범위
0.8	4~5	-46℃	156~300℃	39℃ 이상	210℃	0.7~5.0%

㉮ 일반적 성질

㉠ 탄소수가 C_9~C_{18}이 되는 포화, 불포화 탄화수소의 혼합물이다.

㉡ 물에는 불용이며 여러 가지 유기용제와 잘 섞이고 유지, 수지 등을 잘 녹인다.

㉢ 무색 또는 담황색의 액체이며 형광성이 있다.

㉯ 위험성

㉠ 상온에서는 인화의 위험이 적으나, 가열하면 용기가 폭발하며 증기는 공기와 혼합하여 염소산염류 등의 제1류 위험물과 제6류 위험물이 혼촉되면 발화한다.

㉡ 화재진압 후에도 액온이 높아 가연성 증기를 발생하여 재발화의 위험이 있으며, 분무상이나 종이 등에 배어 있는 경우 위험성이 증가된다. 또한 정전기에 유의해야 한다.

㉰ 저장 및 취급 방법

㉠ 강산화제, 강산류, 다공성 물질 등의 접촉을 방지하고 방폭조치한 장소에서 취급한다.

㉡ 화기를 피하고, 용기는 통풍이 잘 되는 냉암소에 저장한다.

㉱ 소화방법 : 초기화재 시는 포, 분말, CO_2, 할론이 유효하며, 기타의 경우 다량의 포에 의한 질식소화한다. 소규모 화재 시는 물분무도 유효하다.

㉲ 용도 : 연료, 살충제의 용제 등

② 경유(디젤)

비중	증기비중	끓는점	인화점	발화점	연소범위
0.82~0.85	4~5	150~375℃	41℃ 이상	257℃	0.6~7.5%

㉮ 일반적 성질

㉠ 탄소수가 C_{10}~C_{20}인 포화, 불포화 탄화수소의 혼합물이다.

㉡ 다갈색 또는 담황색 기름이며, 원유의 증류 시 등유와 중유 사이에서 유출되는 유분이다.

㉢ 물에는 불용이며 여러 가지 유기용제와 잘 섞이고 유지, 수지 등을 잘 녹인다.

㉯ 위험성, 저장 및 취급 방법, 소화방법 : 등유에 준한다.

㉰ 용도 : 디젤기관의 연료, 보일러의 연료

③ 스티렌($C_6H_5CH=CH_2$, 비닐벤젠, 페닐에틸렌)

분자량	비중	증기비중	끓는점	인화점	발화점	연소범위
104	0.91	3.6	146℃	32℃	490℃	1.1~6.1%

㉮ 일반적 성질

㉠ 독특한 냄새가 나는 무색 투명한 액체로서 물에는 녹지 않으나 유기용제 등에 잘 녹는다.

㉡ 빛, 가열 또는 과산화물에 의해 중합되어 중합체인 폴리스티렌수지를 만든다.

㉯ 위험성

㉠ 실온에서 인화의 위험이 있으며, 화재 시 폭발성 유기과산화물이 생성된다.

㉡ 산화제, 과산화물과 같은 중합촉매에 의해 중합이 촉진되므로 주의한다.

㉢ 강산성 물질과의 혼촉 시 발열발화한다.

㉰ 저장 및 취급 방법 : 중합방지제를 첨가하고, 기타는 등유에 준한다.

㉱ 소화방법 : 등유에 준한다.

㉲ 용도 : 폴리스티렌수지, 합성고무, ABS수지, 이온교환수지, 합성수지 및 도료의 원료 등

④ 자일렌[$C_6H_4(CH_3)_2$, 크실렌]

벤젠핵에 메틸기($-CH_3$) 2개가 결합한 물질

㉮ 일반적 성질

㉠ 무색 투명하고, 단맛이 있으며, 방향성이 있다.

㉡ 3가지 이성질체가 있다.

명칭	ortho－자일렌	meta－자일렌	para－자일렌
비중	0.88	0.86	0.86
녹는점	－25℃	－48℃	13℃
끓는점	144.4℃	139.1℃	138.4℃
인화점	32℃	25℃	25℃
발화점	106.2℃	－	－
연소범위	1.0~6.0%	1.0~6.0%	1.1~7.0%
구조식	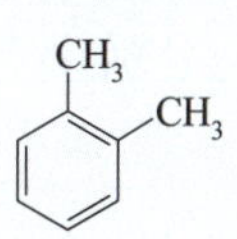	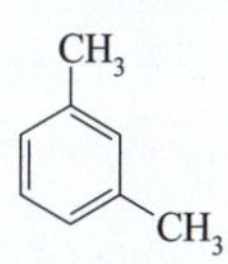	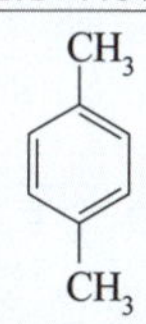

㉢ 혼합 크실렌은 단순증류 방법으로는 비점이 비슷하기 때문에 분리해 낼 수 없다.

㉯ 위험성

㉠ 염소산염류, 질산염류, 질산 등과 반응하여 혼촉발화 폭발의 위험이 높다.

㉡ 연소 시 자극적인 유독가스를 발생한다.

㉰ 저장 및 취급 방법, 소화방법 : 벤젠에 준한다.

㉱ 용도 : 용제, 도료, 시너, 합성섬유 등

⑤ 클로로벤젠(C_6H_5Cl, 염화페닐)

분자량	비중	증기비중	녹는점	끓는점	인화점	발화점	연소범위
112.5	1.11	3.9	−45℃	132℃	27℃	638℃	1.3~7.1%

㉮ 일반적 성질
㉠ 마취성이 있고 석유와 비슷한 냄새를 가진 무색의 액체이다.
㉡ 물에는 녹지 않으나 유기용제 등에는 잘 녹고 천연수지, 고무, 유지 등을 잘 녹인다.
㉢ 벤젠을 염화철 촉매하에서 염소와 반응하여 만든다.

㉯ 위험성 : 마취성이 있고 독성이 있으나 벤젠보다 약하다.
㉰ 저장 및 취급 방법, 소화방법 : 등유에 준한다.
㉱ 용도 : 용제, 염료, 향료, DDT의 원료, 유기합성의 원료 등

⑥ 장뇌유($C_{10}H_{16}O$, 캠플유)

㉮ 일반적 성질
㉠ 주성분은 장뇌($C_{10}H_{16}O$)로서 엷은 황색의 액체이며, 유출온도에 따라 백색유, 적색유, 감색유로 분류한다.
㉡ 물에는 녹지 않으나 알코올, 에테르, 벤젠 등 유기용제에 잘 녹는다.

㉯ 위험성, 저장 및 취급 방법, 소화방법 : 등유에 준한다.
㉰ 용도 : 백색유(방부제, 테레빈유의 대용 등), 적유(비누의 향료 등), 감색유(선광유 등)

⑦ 부틸알코올(butyl alcohol, C_4H_9OH)

분자량	비중	증기비중	녹는점	끓는점	인화점	발화점	연소범위
74.12	0.8	2.6	−90℃	117℃	35℃	343℃	1.4~11.2%

㉮ 일반적 성질
㉠ 포도주와 비슷한 냄새가 나는 무색 투명한 액체이다.
㉡ 화학적으로는 알코올류에 해당하지만, 위험물안전관리법상 알코올류에는 해당하지 않는다.

㉯ 위험성
㉠ 증기는 공기와 혼합하여 폭발성 가스로 되어 인화폭발의 위험이 있다.
㉡ 가열에 의해 발열, 발화하며 연소 시 자극성, 유독성 가스를 발생한다.
㉢ 산화제와 혼합된 것은 가열, 충격, 마찰에 의해 발열, 발화한다.
㉣ 금속제 용기는 화재 시 발생한 열에 의해 폭발한다.

㉰ 저장·취급
㉠ 가열 금지, 화기엄금, 직사광선 차단, 용기는 차고 건조하며 환기가 잘 되는 곳에 저장한다.
㉡ 증기의 누설 및 액체의 누출 방지를 위하여 용기를 완전히 밀폐한다.

ⓒ 취급소 내 정전기의 발생 및 축적을 방지한다.
ⓔ 알칼리금속류, 산화제, 강산류와의 접촉을 방지한다.

㉣ 소화방법 : 물, 분말, CO_2, 할론, 알코올형 포가 유효하며 대량 연소하는 경우는 물분무 알코올형 포에 의해 일시에 소화하여야 한다.
㉤ 안정제, 가소제(DBP)의 제조원료, 의약품의 원료, 알코올 정제용, 과실향

⑧ 알릴알코올(allyl alcohol, $CH_2=CHCH_2OH$)

분자량	비중	증기비중	녹는점	끓는점	인화점	발화점	연소범위
58.1	0.85	2.0	−129℃	98℃	22℃	37℃	2.5~18.0%

㉮ 일반적 성질
㉠ 자극성이 겨자 같은 냄새가 나는 무색의 액체이다.
㉡ 물보다 가볍고 물과 잘 혼합한다.

㉯ 위험성
㉠ 증기는 공기보다 무겁고 낮은 곳으로 흐르며, 점화원에 의해 쉽게 인화, 폭발하고, 연소 시 역화위험이 있다.
㉡ 연소할 때는 자극성, 유독성의 연소생성물을 만든다.

㉰ 저장·취급
㉠ 화기엄금, 차고 건조하며 통풍과 환기가 잘 되는 곳에 저장한다.
㉡ 강산화제, 과산화물류와의 접촉을 방지한다.

㉱ 소화방법 : 초기소화는 물분무, 건조분말, 알코올형 포, CO_2가 유효하며, 기타의 경우는 다량의 알코올형 포를 사용한다. 직접주수는 효과가 없다.
㉲ 용도 : 합성수지 제조원료, 의약, 향료

⑨ 아밀알코올(amyl alcohol) ($C_5H_{11}OH$)

분자량	비중	증기비중	녹는점	끓는점	인화점	발화점	연소범위
88.15	0.8	3.0	−78℃	138℃	33℃	300℃	1.2~10.0%

㉮ 일반적 성질
불쾌한 냄새가 나는 무색의 투명한 액체이다. 물, 알코올, 에테르에 녹는다.
㉯ 위험성, 저장 및 취급 방법, 소화방법들은 부틸알코올에 준한다.

⑩ 큐멘($(CH_3)_2CHC_6H_5$)

분자량	비중	증기비중	끓는점	인화점	발화점	연소범위
120.19	0.86	4.1	152℃	31℃	424℃	0.9~6.5%

㉮ 일반적 성질

㉠ 방향성 냄새가 나는 무색의 액체이다.

㉡ 물에는 녹지 않으며, 알코올, 에테르, 벤젠 등에 녹는다.

㉯ 위험성

㉠ 연소 시 자극성, 유독성의 가스를 발생한다.

㉡ 산화성 물질과 반응하며 질산, 황산과 반응하여 열을 방출한다.

㉢ 공기 중에 노출되면 유기과산화물을 생성한다.

㉰ 저장 및 취급 방법 : 용기는 차고 건조하며 환기가 잘 되는 곳에 저장하며, 산화성 물질, 질산, 황산 등의 강산류와의 접촉을 방지한다.

- 지정수량 : 수용성 액체 2,000L

⑪ 포름산(HCOOH, 개미산, 의산)

분자량	비중	증기비중	녹는점	끓는점	인화점	발화점	연소범위
46	1.22	1.59	8.5℃	108℃	55℃	540℃	18~51%

㉮ 일반적 성질

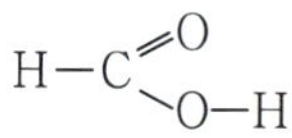

㉠ 무색 투명한 액체로 물, 에테르, 알코올 등과 잘 혼합한다.

㉡ 강한 자극성 냄새가 있고 강한 산성, 신맛이 난다.

㉯ 위험성

㉠ 피부에 닿으면 수포상의 화상을 일으키고, 진한증기를 흡입하는 경우에는 점막을 자극하는 염증을 일으킨다.

㉡ 고농도 포름산은 휘발하여 연소가 용이하며, 연소 시 자극성, 유독성 가스를 생성한다.

㉢ 진한황산에 탈수하여 일산화탄소를 생성한다.

$$HCOOH \xrightarrow{c-H_2SO_4} H_2O + CO$$

㉣ 알칼리금속과 반응하여 수소를 발생하고, 알칼리, 과산화물, 크롬산 등과 반응한다.

㉰ 저장 및 취급 방법 : 용기는 내산성 용기를 사용하고, 밀봉하여 냉암소에 보관한다. 산화성 물질, 강산, 강알칼리류, 과산화물 등과 격리한다.

㉱ 소화방법 : 알코올포, 분무상의 주수 또는 다량의 물에 의한 희석소화를 한다.

㉲ 용도 : 용제, 염색 조제, 에폭시 가소용, 살충제, 향료, 도금 등

⑫ 초산(CH_3COOH, 아세트산, 빙초산, 에탄산)

분자량	비중	증기비중	녹는점	끓는점	인화점	발화점	연소범위
60	1.05	2.07	16.2℃	118℃	40℃	465℃	5.4~16%

㉮ 일반적 성질

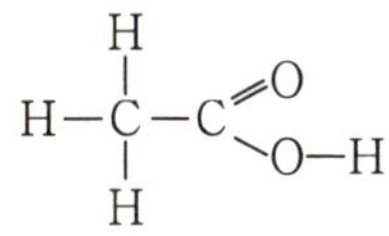

㉠ 강한 자극성의 냄새와 신맛을 가진 무색 투명한 액체이며, 겨울에는 고화한다.

㉡ 연소 시 파란 불꽃을 내면서 탄다.

$$CH_3COOH + 2O_2 \rightarrow 2CO_2 + 2H_2O$$

㉢ 알루미늄 이외의 금속과 작용하여 수용성인 염을 생성한다.

㉣ 묽은 용액은 부식성이 강하나, 진한 용액은 부식성이 없다.

㉤ 많은 금속을 강하게 부식시키고, 금속과 반응하여 수소를 발생한다.

$$Zn + 2CH_3COOH \rightarrow (CH_3COO)_2Zn + H_2$$

㉯ 위험성

㉠ 피부에 닿으면 화상을 입게 되고 진한증기를 흡입 시에는 점막을 자극하는 염증을 일으킨다.

㉡ 상온에서서는 인화의 위험이 적으나, 고농도의 것은 증기와 더불어 공기와 쉽게 혼합하여 폭발성의 가스를 만든다.

㉢ 많은 금속을 부식시키고 금속과 반응하여 수소를 발생하고, Na_2O_2, HNO_3 등 강산화성 물질과 혼촉하면 발화 폭발한다.

㉰ 저장 및 취급 방법, 소화방법 : 포름산에 준한다.

㉱ 용도 : 초산비닐, 초산에스테르, 아세톤, 소독제, 염료 등의 제조원료 등

⑬ 히드라진(N_2H_4)

분자량	증기비중	녹는점	끓는점	인화점	발화점	연소범위
32	1.01	2℃	113.5℃	38℃	270℃	4.7~100%

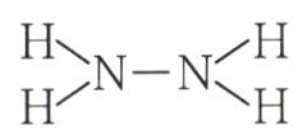

㉮ 외형은 물과 같으나 무색의 가연성 고체로 원래 불안정한 물질이나 상온에서는 분해가 완만하다. 이때 Cu, Fe은 분해촉매로 작용한다.

㉯ 열에 불안정하여 공기 중에서 가열하면 약 180℃에서 암모니아, 질소를 발생한다. 밀폐용기를 가열하면 심하게 파열한다.

$$2N_2H_4 \rightarrow 2NH_3 + N_2 + H_2$$

㉰ 환원성 금속산화물인 CuO, CaO, HgO, BaO와 접촉할 때 불꽃이 발생하면서 분해하고 혼촉발화한다. 화염접촉 시 강산화제와 접촉하면 폭발한다.

㉱ 강산, 강산화성 물질과 혼합 시 위험성이 현저히 증가하고 H_2O_2와 고농도의 히드라진이 혼촉하면 심하게 발열반응을 일으키고 혼촉발화한다.

$$2H_2O_2 + N_2H_4 \rightarrow 4H_2O + N_2$$

㉲ 히드라진 증기와 공기가 혼합하면 폭발적으로 연소한다.

㉳ 저장 시 화기, 가열, 직사광선을 차단하고 통풍이 잘 되는 안전한 곳에 보관한다.

㉴ 누출 시 다량의 물로 세척하고 $Ca(OCl)_2$ 중화제로 중화하며 수용액 35% 이상이면 인화점이

형성되지 않으므로 저장, 취급 시 물을 이용하여 안전을 기한다.

㉮ 초기소화에는 분말, CO_2가 유효하며 포 사용 시는 다량 사용한다. 경우에 따라서는 안개상의 물분무와 다량의 물로 희석 냉각소화한다.

㉯ 로켓, 항공기, 연료 환원제로 사용한다.

⑭ **아크릴산($CH_2=CHCOOH$)**

분자량	비중	끓는점	인화점	발화점	연소범위
72	1.05	139℃	46℃	438℃	2.4~8%

㉮ 일반적 성질

무색, 초산과 같은 냄새가 나며, 겨울에는 고화한다.

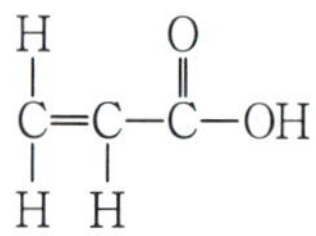

㉯ 위험성

㉠ 증기는 공기와 혼합할 때는 인화, 폭발의 위험이 있다.

㉡ 강산화제와 혼촉하거나 여기에 가열, 충격, 마찰에 의해 발열하거나 발화한다.

㉢ 중합반응을 일으킬 때 증기압이 상승하여 폭발위험이 높다.

㉣ 중합반응은 강산화제, 과산화물, 햇빛, 고온에서 일어나기 쉽다.

㉤ 200℃ 이상 가열하면 CO, CO_2 및 증기를 발생하며, 강산, 강알칼리와 접촉 시 심하게 반응한다.

㉰ 저장 및 취급 방법 : 가열, 화기를 금하고 냉암소에 보관하며, 알칼리류, 강산화제, 강산류와 격리한다.

㉱ 소화방법 : 초기화재 시는 알코올형 포, 분말, CO_2, 물이 유효하며, 그 밖의 경우 다량의 알코올형 포를 집중방사로 일시에 소화한다.

㉲ 용도 : 에스테르의 원료, 섬유 개질제 등

(5) 제3석유류

"제3 석유류"라 함은 중유, 크레오소트유, 그 밖에 1기압에서 인화점이 70℃ 이상 200℃ 미만인 것을 말한다. 다만, 도료류, 그 밖의 물품은 가연성 액체량이 40중량퍼센트 이하인 것은 제외한다.

- 지정수량 : 비수용성 액체 2,000L

① **중유**(heavy oil)

비중	끓는점	인화점	발화점	연소범위
0.92~1.0	200℃ 이상	70℃ 이상	400℃ 이상	1.0~5.0%

㉮ 일반적 성질

㉠ 원유의 성분 중 비점이 300~350℃ 이상인 갈색 또는 암갈색의 액체, 직류중유와 분해중유로 나눌 수 있다.

ⓐ 직류중유(디젤기관의 연료용) : 원유를 300~350℃에서 추출한 유분 또는 이에 경유를 혼합한 것으로 포화탄화수소가 많으므로 점도가 낮고 분무성이 좋으며 착화가 잘 된다.

ⓑ 분해중유(보일러의 연료용) : 중유 또는 경유를 열분해하여 가솔린을 제조한 잔유에 이 계통의 분해 경유를 혼합한 것으로 불포화탄화수소가 많아 분무성도 좋지 않아 탄화수소가 불안정하게 형성된다.

㉡ 등급은 동점도(점도/밀도) 차에 따라 A중유, B중유, C중유로 구분하며, 벙커C유는 C중유에 속한다.

㉯ 위험성

㉠ 석유냄새가 나는 갈색 또는 암갈색의 끈적끈적한 액체로 상온에서는 인화위험성이 없으나 가열하면 제1 석유류와 같은 위험성이 있으며, 가열에 의해 용기가 폭발하고 연소할 때 CO 등의 유독성 가스와 다량의 흑연을 생성한다.

㉡ 분해중유는 불포화탄화수소이므로 산화중합하기 쉽고, 액체의 누설은 자연발화의 위험이 있다.

㉢ 강산화제와 혼합하면 발화위험이 생성된다. 또한 대형 탱크의 화재가 발생하면 보일오버(boil over) 또는 슬롭오버(slop over) 현상을 초래한다.

ⓐ 슬롭오버(slop over) 현상 : 포말 및 수분이 함유된 물질의 소화는 시간이 지연되면 수분이 비등 증발하여 포가 파괴되어 화재면의 액체가 포말과 함께 혼합되어 넘쳐흐르는 현상

ⓑ 보일오버(boil over) 현상 : 원유나 중질유와 같은 성분을 가진 유류탱크 화재 시 탱크 바닥에 물 등이 뜨거운 열유층(heat layer)의 온도에 의해서 물이 수증기로 변하면서 부피팽창에 의해서 유류가 갑작스런 탱크 외부로 넘어 흐르는 현상

㉰ 저장 및 취급 방법

㉠ 가열, 화기를 금하고 냉암소에 보관하며, 중유가 들어 있는 용기나 탱크에 직접 용접 시 공간의 저비점의 유증기 폭발을 일으킬 수 있으므로 주의해야 한다.

㉡ 강산화제, 강산류와 격리하며, 누출로 인해 다공성 가연물에 스며들지 않게 한다.

㉱ 소화방법 : 소규모 화재 시는 마른모래, 물분무 소화도 유효하나 초기화재 시는 포, CO_2, 할론, 분말이 유효하며, 주수는 연소 방지 및 탱크의 외벽을 냉각하는 데 사용하고, 대형 탱크 화재 시는 슬롭오버 또는 보일오버 현상을 방지하는 데 주력한다.

㉲ 용도 : 디젤기관 또는 보일러의 연료, 금속 정련용 등

② 크레오소트유(타르유, 액체 피치유, 콜타르크레오소트유)

비중	끓는점	인화점	발화점
1.02~1.03	194~400℃	74℃	336℃

㉮ 일반적 성질 : 콜타르를 230~300℃에서 증류할 때 주성분으로 혼합물로 얻으며, 나프탈렌, 안트라센을 포함하고 자극성의 타르냄새가 나는 황갈색의 액체로 목재 방부제로 사용한다.

㉯ 위험성, 저장 및 취급 방법, 소화방법 : 중유에 준한다.

㉰ 용도 : 카본블랙의 제조, 목재의 방부제, 살충제, 도료 등

③ 아닐린($C_6H_5NH_2$, 페닐아민, 아미노벤젠, 아닐린오일)

분자량	비중	증기비중	녹는점	끓는점	인화점	발화점	연소범위
93.13	1.02	3.2	−6℃	184℃	70℃	615℃	1.3~11%

㉮ 일반적 성질
- ㉠ 무색 또는 담황색의 기름상 액체로 공기 중에서 적갈색으로 변색한다.
- ㉡ 알칼리금속 또는 알칼리토금속과 반응하여 수소와 아닐리드를 생성한다.

㉯ 위험성
- ㉠ 인화점(70℃)이 높아 상온에서는 안정하나 가열 시 위험성이 증가하며 증기는 공기와 혼합할 때 인화, 폭발의 위험이 있다.
- ㉡ 강산화제, 황산과 같은 강산류와 접촉 시 격렬하게 반응한다.

㉰ 저장 및 취급 방법 : 가열, 화기, 직사광선을 피하고, 냉암소에 보관하며, 증기방출을 억제하고 방출된 증기는 배출한다.

㉱ 소화방법 : 화재 시는 분말, 물분무, CO_2가 유효하며, 대형 화재 시는 알코올형 포로 일시에 소화한다.

㉲ 용도 : 염료, 고무유화 촉진제, 의약품, 유기합성, 살균제, 페인트, 향료 등의 원료

④ 니트로벤젠($C_6H_5NO_2$, 니트로벤졸)

분자량	비중	녹는점	끓는점	인화점	발화점	연소범위
123.1	1.2	5℃	211℃	88℃	482℃	1.8~40%

㉮ 일반적 성질
- ㉠ 물에 녹지 않으며 유기용제에 잘 녹는 특유한 냄새를 지닌 담황색 또는 갈색의 액체이다.
- ㉡ 벤젠을 진한황산과 진한질산을 사용하여 니트로화시켜 제조한다.
- ㉢ 산이나 알칼리에는 안정하나 금속촉매에 의해 염산과 반응하면 환원되어 아닐린이 생성된다.

㉯ 위험성
- ㉠ 상온에서는 안정하나 가열하면 비점 부근에서 인화위험이 있다.
- ㉡ 가열하면 용기가 심하게 폭발한다.
- ㉢ 연소 시 유독성 가스가 발생하며, 산화제와 혼촉 시 발열발화한다.

㉰ 저장 및 취급 방법, 소화방법 : 아닐린에 준한다.

㉱ 용도 : 연료, 향료, 독가스(아담사이드의 원료), 산화제, 용제 등

⑤ 니트로톨루엔 [nitro toluene, $NO_2(C_6H_4)CH_3$]

㉮ 일반적 성질

㉠ 방향성 냄새가 나는 황색의 액체이며, 물에 잘 녹지 않는다.

㉡

구분	분자량	비중	증기비중	녹는점	끓는점	인화점	발화점	연소범위
o−nitro toluene	137.1	1.16	4.72	−10℃	222℃	106℃	305℃	2.2%~
m−nitro toluene				14℃	231℃	102℃	−	1.6%~
p−nitro toluene				54℃	238℃	106℃	390℃	1.6%~

p-nitro toluene은 20℃에서 고체상태이므로 제3석유류에서 제외된다.

㉢ 알코올, 에테르, 벤젠 등 유기용제에 잘 녹는다.

㉯ 위험성

㉠ 상온에서의 연소위험성은 없으나 가열하면 위험하다.

㉡ 연소 시 질소산화물을 포함한 자극성, 유독성의 가스를 발생한다.

㉢ 강산화제, 환원제 강산류, 알칼리 등 여러 물질과 광범위하게 반응한다.

㉰ 저장·취급

㉠ 가열 금지, 화기엄금, 용기는 차고 건조하며 환기가 잘 되는 곳에 저장한다.

㉡ 강산화제, 환원제, 강산류, 알칼리, 기타의 화학물질과의 접촉을 방지한다.

㉱ 소화방법 : 초기소화는 건조분말, CO_2, 물분무로 질식소화한다. 기타의 경우는 물분무, 포, 알코올형 포를 사용하며, 급격히 직사주수하면 비산한다. 용기의 외벽은 물분무로 냉각시킨다. 연소생성물 및 유증기를 피하고 바람을 등지고 분사해야 하며 공기호흡기 등의 안전장구를 착용한다.

㉲ 용도 : 염료, 유기합성, 톨루이딘 및 디니트로톨루엔의 중간체

⑥ 아세트시안히드린[$(CH_3)_2C(OH)CN$]

분자량	증기비중	녹는점	끓는점	인화점	발화점	연소범위
85.1	2.9	−19℃	120℃	74℃	698℃	2.2~20%

㉮ 일반적 성질 : 무색 또는 미황색의 액체로 매우 유독하고 착화가 용이하며, 가열이나 강알칼리에 의해 아세톤과 시안화수소를 발생한다.

㉯ 위험성 : 강산화제와 혼합하면 인화, 폭발의 위험이 있으며, 강산류, 환원성 물질과 접촉 시 반응을 일으킨다.

㉰ 저장 및 취급 방법 : 저장 시 가열, 화기, 직사광선을 피하고, 냉암소에 보관하며, 증기방출을 억제하고 방출된 증기는 배출한다.

㉱ 소화방법 : 초기 또는 소규모 화재 시는 분말, 물분무, CO_2, 알코올형 포 소화도 유효하나 대형 화재 시는 물분무, 알코올형 포로 일시에 소화한다.

㉲ 용도 : 합성화학 원료, 살충제, 메타아크릴수지의 원료

⑦ 염화벤조일(C_6H_5COCl)

분자량	비중	증기비중	녹는점	끓는점	인화점	발화점	연소범위
140.6	1.21	4.88	−1℃	74℃	72℃	197.3℃	2.5~27%

㉮ 자극성 냄새가 나는 무색의 액체로 물에는 분해되고 에테르에 녹는다.

㉯ 위험성 : 산화성 물질과 혼합 시 폭발할 우려가 있다.

− 지정수량 : 수용성 액체 4,000L

⑧ 에틸렌글리콜($C_2H_4(OH)_2$, 글리콜, 1,2−에탄디올)

분자량	비중	녹는점	끓는점	인화점	발화점	연소범위
62.1	1.1	−13℃	198℃	120℃	398℃	3.2~15.3%

㉮ 일반적 성질

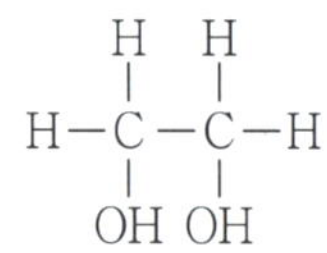

㉠ 무색무취의 단맛이 나고 흡습성이 있는 끈끈한 액체로서 **2가 알코올**이다.

㉡ 물, 알코올, 에테르, 글리세린 등에는 잘 녹고 사염화탄소, 이황화탄소, 클로로포름에는 녹지 않는다.

㉢ 독성이 있으며, 무기산 및 유기산과 반응하여 에스테르를 생성한다.

㉯ 위험성

㉠ 산화제와 혼합한 것은 가열, 충격, 마찰 등에 의해 발열발화한다.

㉡ 제1류 위험물과 가연성 유황, 적린 등이 혼합된 상태에서 에틸렌글리콜이 첨가되면 발화한다.

㉰ 저장 및 취급 방법, 소화방법 : 중유에 준한다.

㉱ 용도 : 부동액, 유기합성, 부동다이너마이트, 계면활성제의 제조원료, 건조방지제 등

⑨ 글리세린($C_3H_5(OH)_3$)

분자량	비중	증기비중	녹는점	끓는점	인화점	발화점
92	1.26	3.1	20℃	182℃	160℃	370℃

㉮ 일반적 성질

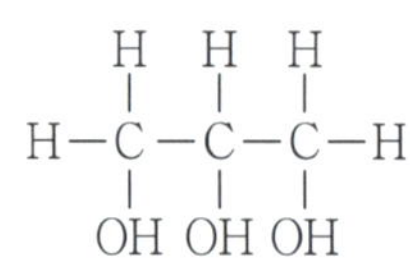

㉠ 물보다 무겁고 단맛이 나는 무색 액체로서, **3가의 알코올**이다.

㉡ 물, 알코올, 에테르에 잘 녹으며 벤젠, 클로로포름 등에는 녹지 않는다.

㉯ 위험성 : 비점 부근에서 인화의 위험이 있으며 기타 위험성은 에틸렌글리콜에 준한다.

㉰ 저장 및 취급 방법 : 에틸렌글리콜에 준한다.

㉱ 소화방법 : 초기화재에는 CO_2, 포, 분말이 유효하며, 소규모 화재 시 다량의 물로 냉각소화한다. 기타의 경우 알코올형 포로 소화한다.

㉲ 용도 : 용제, 윤활제, 투명비누, 화장품 등

(6) 제4석유류 – 지정수량 6,000L

"제4석유류"라 함은 기어유, 실린더유, 그 밖에 1기압에서 인화점이 200℃ 이상 250℃ 미만인 것을 말한다. 다만, 도료류, 그 밖의 물품은 가연성 액체량이 40중량퍼센트 이하인 것은 제외한다.

① 기어유(gear oil)

㉮ 기계, 자동차 등에 이용한다.

㉯ 비중 0.90 인화점 230℃ 유동점 −12℃, 수분 0.2%

② 실린더유(cylinder oil)

㉮ 각종 증기기관의 실린더에 사용된다.

㉯ 비중 0.90, 인화점 250℃, 유동점 −10℃, 수분 0.5%

③ 윤활유 : 기계에서 마찰을 많이 받는 부분을 적게 하기 위해 사용하는 기름

종류	용도
기계유	윤활유 중 가장 많이 사용, 마찰부위에 쓰이는 외부 윤활용 오일이다. 인화점 200~300℃, 계절에 따라 적당한 점도, 인화점을 주어 여러 종류가 있다.
실린더유	각종 증기기관의 실린더에 사용, 인화점 230~370℃, 과열 수증기를 사용하는 경우 인화점 280℃가 적당하다.
모빌유	항공발전기, 자동차엔진, 디젤엔진, 가스엔진에 사용
엔진오일	기관차, 증기기관, 가스엔진 등의 외부 윤활유로 사용
컴프레서오일	에어컴프레서에 사용, 공기와의 접촉 시 산화중합 및 연소위험성이 적어야 한다.

④ 가소제 : 성형 가공을 용이하게 하기 위해 제품의 유연성과 내한성 등의 성능을 부여해 주는 물질로, 다음 표에 간단히 몇 가지만을 나타내었다.

물질명	비중	녹는점(℃)	끓는점(℃)	인화점(℃)	용도
아디핀산디이소데실	0.92	−18~43	349	219	가소제
세바신산디부틸	0.94	−12	345	202	가소제
세바신산디옥틸	0.91	−62	377	215	가소제, 윤활유
인산트리크레실(TCP)	1.13	−33	250	255	가소제
프탈산디옥틸(DOP)	0.98	−50	230	216	가소제, 안정제
프탈산디이소데실(DIOP)	0.97	−37	420	232	전선필름

⑤ 전기절연유 : 변압기 등에 쓰이는 인화점이 200℃ 이상인 광물유

⑥ 절삭유 : 금속재료를 절삭가공할 때 공구와 재료와의 마찰열을 감소시키고 절삭물을 냉각시키기 위해 사용하는 인화점이 200℃ 이상인 기름

⑦ 방청유 : 수분의 침투를 방지하여 철제가 녹슬지 않도록 해 주는 기름

(7) 동 · 식물유류 – 지정수량 10,000L

"동·식물유류"라 함은 동물의 지육 등 또는 식물의 종자나 과육으로부터 추출한 것으로서 1기압에서 인화점이 250℃ 미만인 것을 말한다.

① 종류 : 유지의 불포화도를 나타내는 요오드값에 따라 건성유, 반건성유, 불건성유로 구분한다.

※ **요오드값** : 유지 100g에 부가되는 요오드의 g수, 불포화도가 증가할수록 **요오드값이 증가하며, 자연발화의 위험이 있다.**★★★

㉮ 건성유 : 요오드값이 130 이상인 것
이중결합이 많아 불포화도가 높기 때문에 공기 중에서 산화되어 액 표면에 피막을 만드는 기름
예 아마인유, 들기름, 동유, 정어리기름, 해바라기유 등

㉯ 반건성유 : 요오드값이 100~130인 것
공기 중에서 건성유보다 얇은 피막을 만드는 기름
예 참기름, 옥수수기름, 청어기름, 채종유, 면실유(목화씨유), 콩기름, 쌀겨유 등

㉰ 불건성유 : 요오드값이 100 이하인 것
공기 중에서 피막을 만들지 않는 안정된 기름
예 올리브유, 피마자유, 야자유, 땅콩기름, 동백기름 등

② 위험성
㉮ 인화점 이상에서는 가솔린과 같은 인화의 위험이 있다.
㉯ 화재 시 액온이 상승하여 대형 화재로 발전하기 때문에 소화가 곤란하다.
㉰ 건성유는 헝겊 또는 종이 등에 스며들어 있는 상태로 방치하면 분자 속의 불포화결합이 공기 중의 산소에 의해 산화중합반응을 일으켜 자연발화의 위험이 있다.

③ 저장 및 취급법
㉮ 화기 및 점화원을 멀리할 것
㉯ 증기 및 액체의 누설이 없도록 할 것
㉰ 가열시 인화점 이상 가열하지 말 것

④ 소화방법
㉮ 안개상태의 분무주수
㉯ 탄산가스, 분말, 할로겐화합물 등에 의한 질식소화

[5] 제 5류 위험물 – 자기반응성 물질

성 질	위험등급	품 명	대표 품목	지정수량
자기 반응성 물질	I	1. 유기 과산화물	과산화벤조일, MEKPO	10kg
		2. 질산에스테르류	니트로셀룰로오스, 니트로글리세린, 질산메틸, 질산에틸	10kg
	II	3. 니트로 화합물	TNT, 피크린산, 디니트로벤젠, 디니트로톨루엔	200kg
		4. 니트로소 화합물	파라니트로소벤젠	200kg
		5. 아조 화합물	아조디카르본아미드	200kg
		6. 디아조 화합물	디아조디니트로벤젠	200kg
		7. 히드라진 유도체	디메틸히드라진	200kg
		8. 히드록실아민(NH_2OH)		100kg
		9. 히드록실아민염류	황산히드록실아민	100kg
		10. 그 밖의 행정안전부령이 정하는 것	① 금속의 아지드 화합물 ② 질산 구아니딘	200kg

1 공통 성질, 저장 및 취급 시 유의 사항 및 소화 방법

(1) 공통 성질

① 가연성 물질로서 연소 또는 분해 속도가 매우 빠르다.
② 분자 내 조연성 물질을 함유하여 쉽게 연소를 한다.
③ 가열이나 충격, 마찰 등에 의해 폭발한다.
④ 장시간 공기 중에 방치하면 산화 반응에 의해 열분해하여 자연 발화를 일으키는 경우도 있다.

(2) 저장 및 취급 시 유의 사항

① 가열이나 마찰 또는 충격에 주의한다.
② 화기 및 점화원과 격리하여 냉암소에 보관한다.
③ 저장실은 통풍이 잘 되도록 한다.
④ 관련 시설은 방폭 구조로 하고, 정전기 축적에 의한 스파크가 발생하지 않도록 적절히 접지한다.
⑤ 용기는 밀전, 밀봉하고 운반 용기 및 포장 외부에는 "화기 엄금", "충격주의" 등의 주의 사항을 게시할 것

(3) 소화 방법

① 대량의 물을 주수하여 냉각 소화를 한다.
② 화재 발생 시 사실상 폭발을 일으키므로, 방어 대책을 강구한다.

2 위험물 종류와 지정수량

"자기 반응성 물질"이라 함은 고체 또는 액체로서 폭발의 위험성 또는 가열분해의 격렬함을 판단하기 위하여 고시로 정하는 시험에서 고시로 정하는 성질과 상태를 나타내는 것을 말한다.

(1) 유기 과산화물 – 지정 수량 10 kg

① 벤조일퍼옥사이드($(C_6H_5CO)_2O_2$, 과산화벤조일)

㉠ 무미, 무취의 백색 분말 또는 무색의 결정성 고체로 물에는 잘 녹지 않으나 알코올 등에는 잘 녹음

㉡ 비중 1.33, 융점 103~105℃, 발화 온도 125℃

㉢ 운반 시 30 % 이상의 물을 포함시켜 풀 같은 상태로 수송된다. 저장 시 직사광선, 화기 등 에너지원을 차단하고, 희석제로 희석하여 폭발성을 낮추며 희석제의 증발을 최대한 억제한다.

② 메틸에틸케톤퍼옥사이드($(CH_3COC_2H_5)_2O_2$, MEKPO, 과산화메틸에틸케톤)

㉠ 무색, 투명한 기름상의 액체로 촉매로 쓰이는 것은 대개 가소제로 희석되어 있다.

㉡ 물에는 약간 녹고 알코올, 에테르, 케톤류 등에는 잘 녹는다.

㉢ 인화점 58℃, 융점 –20℃, 발화 온도 205℃

㉣ 저장 및 취급 방법 : 직사 광선, 화기 등 에너지원을 차단하고, 희석제(DMP, DBP를 40%) 첨가로 그 농도가 60% 이상 되지 않게 하며 저장 온도는 30℃ 이하를 유지한다.

③ 디이소프로필퍼옥시디카르보네이트

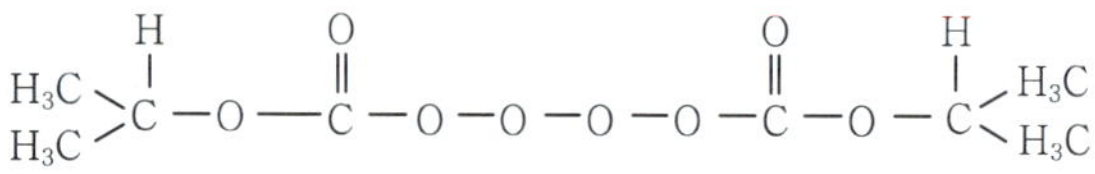

㉠ 순수한 것은 융점이 8~10℃이므로 액체이며 가열, 충격, 마찰에 민감하다.

㉡ 강산류, 알코올류, 아민류, 기타 가연성 물질과 혼합 시 혼촉 발화하거나 발화 위험성이 현저히 증가한다.

㉢ 저장 및 취급 방법 : 희석제로 톨루엔 70% 첨가하고 저장 온도는 영하를 유지한다.

④ 아세틸퍼옥사이드($(CH_3CO)_2O_2$)

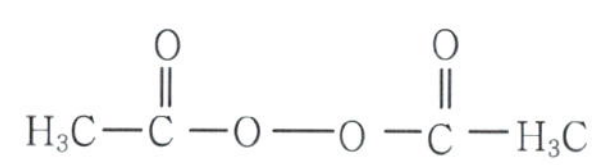

㉠ 인화점 45℃, 발화점 121℃인 가연성 고체로 가열 시 폭발하며 충격 마찰에 의해서 분해

㉡ 희석제 DMF를 75% 첨가시키고 저장 온도는 0~5℃ 유지한다.

(2) 질산에스테르류 – 지정 수량 10 kg

알코올기를 가진 화합물을 질산과 반응시켜 알코올기를 질산기로 치환된 에스테르 화합물을 총칭. 질산메틸, 질산에틸, 니트로셀룰로오스, 니트로글리세린, 니트로글리콜 등이 있다.

$R-OH+HNO_3 \rightarrow R-ONO_2$(질산에스테르)$+H_2O$

① 니트로셀룰로오스($[C_6H_7O_2(ONO_2)_3]n$, 질화면)

㉠ 맛과 냄새가 없으며 물에는 녹지 않고 아세톤, 초산에틸 등에는 잘 녹는다.

㉡ 인화점 13℃, 발화점 160~170℃, 끓는점 83℃, 분해온도 130℃, 비중 1.7

㉢ 130℃에서 서서히 분해하고 180℃에서 격렬하게 연소하며 다량의 CO_2, CO, H_2, N_2, H_2O 가스를 발생한다.

$$R-OH+HNO_3 \rightarrow R-ONO_2 + H_2O$$

$$C_6H_{10}O_5 + 11HNO_3 \rightarrow C_{24}H_{29}O_9(ONO_2)_{11} + 11H_2O$$

$$2C_{24}H_{29}O_9(ONO_2)_{11} \rightarrow 24CO_2 + 24CO + 12H_2O + 11N_2 + 17H_2$$

② 니트로글리세린$[C_3H_5(ONO_2)_3]$

㉠ 다이너마이트, 로켓, 무연 화약의 원료로 순수한 것은 무색 투명하나 공업용 시판품은 담황색이며 점화하면 즉시 연소하고 폭발력이 강하다.

$$4C_3H_5(ONO_2)_3 \rightarrow 12CO_2\uparrow + 10H_2O\uparrow + 6N_2\uparrow + O_2\uparrow$$

㉡ 물에는 거의 녹지 않으나 메탄올, 벤젠, 클로로포름, 아세톤 등에는 녹는다.

㉢ 비중 1.6, 융점 2.8℃, 비점 160℃

㉣ 공기 중 수분과 작용하여 가수 분해하여 질산을 생성하여 질산과 니트로글리세린의 혼합물은 특이한 위험성을 가진다. 따라서 장기간 저장할 경우 자연 발화의 위험이 있다.

$$4C_3H_5(ONO_2)_3 \rightarrow 12CO_2 + 10H_2O + 6N_2 + O_2$$

③ 질산에틸($C_2H_5ONO_2$)

㉠ 무색 투명한 액체로 냄새가 나며 단맛이 난다. 물에는 녹지 않으나 알코올, 에테르 등에 녹는다.

㉡ 비중 1.11, 융점 −112℃, 비점 88℃, 인화점 −10℃

㉢ 인화점(−10℃)이 낮아 인화하기 쉬워 비점 이상으로 가열하거나 아질산(HNO_2)과 접촉시키면 폭발한다.(겨울에도 인화하기 쉬움)

④ 질산메틸(CH_3ONO_2)

㉠ 분자량 약 77, 비중은 1.2(증기비중 2.67), 비점은 66℃

㉡ 무색투명한 액체이며 향긋한 냄새가 있고 단맛

⑤ 니트로글리콜$[(C_2H_4(ONO_2)_2)]$

㉠ 순수한 것은 무색이나, 공업용은 담황색 또는 분홍색의 액체

㉡ 알코올, 아세톤, 벤젠에 잘 녹는다.

⑥ 셀룰로이드

㉠ 발화온도 180℃, 비중 1.4

㉡ 무색 또는 반투명 고체이나 열이나 햇빛에 의해 황색으로 변색

㉢ 습도와 온도가 높을 경우 자연발화의 위험이 있다.

(3) 니트로 화합물 – 지정 수량 200 kg

니트로기(NO_2)가 2 이상인 유기 화합물을 총칭하며 트리니트로톨루엔(TNT), 트리니트로페놀(피크린산) 등이 대표적인 물질이다.

① 트리니트로톨루엔(TNT, $C_6H_2CH_3(NO_2)_3$)

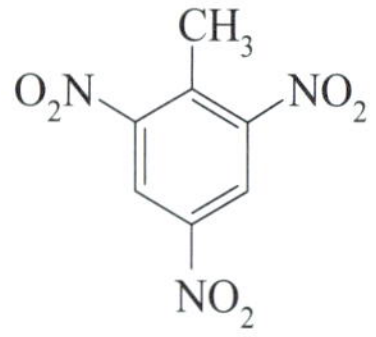

㉠ 순수한 것은 무색 결정이나 담황색의 결정, 직사 광선에 의해 다갈색으로 변하며 중성으로 금속과는 반응이 없으며 장기 저장해도 자연 발화 위험 없이 안정하다.

㉡ 비중 1.66, 융점 81℃, 비점 280℃, 분자량 227, 발화 온도 약 300℃

㉢ 제법 : 1몰의 톨루엔과 3몰의 질산을 황산촉매하에 반응시키면 니트로화에 의해 T.N.T가 만들어진다.

$$C_6H_5CH_3 + 3HNO_3 \xrightarrow[\text{니트로화}]{c.H_2SO_4} \text{T.N.T} + 3H_2O$$

㉣ 폭발분해 반응식 : $2C_6H_2CH_3(NO_2)_3 \rightarrow 12CO + 2C + 3N_2 + 5H_2$

㉤ 운반 시 10%의 물을 넣어 운반하면 안전하다.

② 트리니트로페놀($C_6H_2(NO_2)_3OH$, 피크린산)

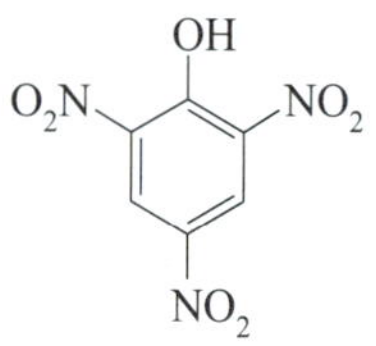

㉠ 순수한 것은 무색이나 보통 공업용은 휘황색의 침전 결정이며 충격, 마찰에 둔감하고 자연 분해하지 않으므로 장기 저장해도 자연 발화 위험 없이 안정하다.

㉡ 찬물에는 거의 녹지 않으나 온수, 알코올, 에테르, 벤젠 등에는 잘 녹는다.

㉢ 비중 1.8, 융점 122.5℃, 인화점 150℃, 비점 255℃, 발화 온도 약 300℃

㉣ 산화되기 쉬운 유기물과 혼합된 것은 충격, 마찰에 의해 폭발한다. 300℃ 이상으로 급격히 가열하면 폭발한다. 폭발온도 3320℃, 폭발속도 약 7,000m/s

$$2C_6H_2(NO_2)_3OH \rightarrow 4CO_2 + 6CO + 3N_2 + 2C + 3H_2$$

㉤ 운반 시 10~20% 물로 습윤하면 안전하다.

(4) 니트로소 화합물– 지정수량 200kg

하나의 벤젠핵에 2 이상의 니트로소기가 결합된 것으로 파라디니트로소벤젠, 디니트로소레조르신, 디니트로소 펜타메틸렌테드라민(DPT) 등이 있다.

① 파라디니트로소 벤젠

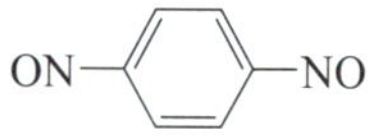

㉠ 황갈색의 분말로 가연물로서 분해가 용이하고 가열 등에 의해 폭발한다.

㉡ 화기, 직사 광선, 가열, 마찰을 피하고 환기가 양호한 찬 곳에 저장한다.

㉢ 다량 저장하지 않고 저장 용기에 파라핀을 첨가하여 안정을 기한다.

㉣ 질식 소화는 효과가 없고 다량의 물로 냉각 소화한다.

② 디니트로소 레조르신

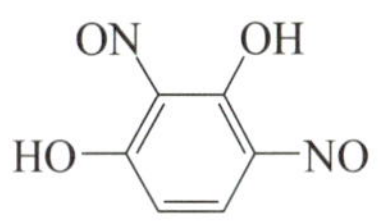

㉠ 흑회색의 결정으로 폭발성이 있으며 약 160℃에서 분해한다.

㉡ 기타 저장, 취급, 위험성, 소화 방법은 파라디니트로소 벤젠에 준한다.

(5) 아조 화합물 – 지정 수량 200 kg

아조 화합물이란 아조기(–N=N–)가 주성분으로 함유된 물질을 말하며 아조디카르본아미드, 아조비스이소부티로니트릴, 아조벤젠, 히드록시아조벤젠, 아미노아조벤젠, 히드라조벤젠 등이 있다.

① 아조디카르본아미드[ADCA]

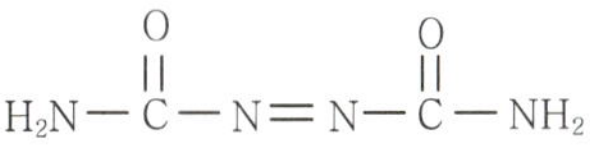

㉠ 담황색 또는 미황색의 미세 분말로 250℃에서 분해하여 N_2, CO, CO_2 가스를 발생하며 발포제 용도로 가열에 의한 발포 공정 시 순수한 것은 폭발적으로 분해할 위험이 있다.

㉡ 건조 상태, 고농도인 것은 고온에서 매우 위험하고 강한 타격에 의해서도 위험하며 유기산과 접촉한 것은 분해 온도가 낮아진다.

② 아조비스이소부티로니트릴[AIBN]

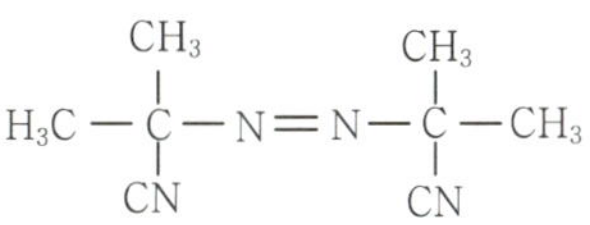

㉠ 백색 결정성 분말로 100℃ 전후에서 분해하여 N_2를 쉽게 발생하며 약간의 유독성 HCN이 발생한다.

㉡ 기타의 특성은 ADCA와 유사하다.

③ 아조벤젠($C_6H_5N=NC_6H_5$)

㉠ 트랜스아조벤젠은 등적색 결정이며, 융점 68℃, 비점 293℃이며, 물에는 잘 녹지 않고 알코올, 에테르 등에는 잘 녹는다.

㉡ 시스형 아조벤젠은 융점 71℃로 불안정하여 실온에서 서서히 트랜스형으로 이성질화 한다.

(6) 디아조 화합물 – 지정 수량 200 kg

디아조 화합물이란 디아조기(–N≡N)를 가진 화합물로서 디아조니트로페놀, 디아조카르복실산에스테르 등이 대표적이다.

① 디아조디니트로페놀[DDNP]

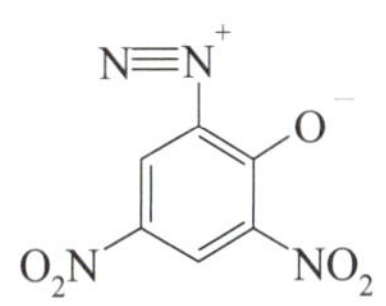

㉠ 빛나는 황색 또는 홍황색의 미세한 무정형 분말 또는 결정으로 매우 예민하여 가열, 충격, 타격 또는 작은 압력에 의해 폭발한다.

㉡ 점화하면 폭발하고 기폭제 중 맹도가 가장 크며 폭발 속도가 6,900 m/s로 기폭제로 사용할 때 이것이 폭발하면 폭약류의 폭약을 유도한다.

㉢ 저장 용기에 물 10% 이상 첨가하여 운반하고 대량 누출 시 누출량의 10배로 10% NaOH 용액으로 처리한다.

② 디아조아세토니트릴[C_2HN_3] N≡N－CHCN

㉠ 담황색 액체로 물에 용해하고 에테르 중에 안정하다.

㉡ 공기 중에서 매우 불안정하며 고농도의 것은 가열, 충격 등에 의해서 폭발한다.

③ 디아조카르복실산 에스테르

㉠ RCH_2COOR' 형태의 에스테르 화합물의 사슬식 카르복실산 에스테르의 $R-\overset{N_2}{\overset{\|}{C}}-COOH$ 디아조 치환체이다.

㉡ 매우 반응성이 강한 사슬식 디아조 화합물이다.

(7) 히드라진 유도체－지정 수량 200 kg

히드라진 및 그 유도체류의 수용액으로서 80용량% 미만은 제외한다. 다만, 40용량% 이상의 수용액은 석유류로 취급하며, 히드라진, 히드라조벤젠, 히드라지드 등이 대표적이다.

(8) 히드록실아민(NH_2OH)－지정 수량 100 kg

① 백색의 침상 결정, 비중 1.204, 융점 33.05℃, 비점 70℃

② 가열 시 폭발의 위험이 있다. 129℃에서 폭발한다.

(9) 히드록실아민염류－지정 수량 100 kg

[6] 제 6류 위험물－산화성 액체

성 질	위험등급	품 명	지정 수량
산화성 액체	I	1. 과염소산($HClO_4$)	300kg
		2. 과산화수소(H_2O_2)	
		3. 질산(HNO_3)	
		4. 그 밖의 행정안전부령이 정하는 것－ 할로겐간화합물(BrF_3, IF_5 등)	

1 공통 성질, 저장 및 취급 시 유의 사항 및 소화 방법

(1) 공통 성질

① 상온에서 액체이고 산화성이 강하다.

② 유독성 증기를 발생하기 쉽다.

③ 불연성이나 다른 가연성 물질을 착화시키기 쉽다.

④ 증기는 부식성이 강하다.

(2) 저장 및 취급 시 유의 사항

① 피부에의 접촉 또는 유독성 증기를 흡입하지 않도록 한다.

② 과산화수소를 제외하고 물과 반응 시 발열하므로 주의한다.

③ 용기는 밀폐 용기를 사용하고, 파손되지 않도록 적절히 보호한다.

④ 가연성 물질과 격리시킨다.

⑤ 소량 누출 시 마른 모래나 흙으로 흡수하고 대량 누출 시 과산화수소는 물로, 나머지는 약알칼리 중화제(소다회, 중탄산나트륨, 소석회 등)로 중화한 후 다량의 물로 씻어 낸다.

(3) 소화 방법

① **원칙적으로 제6류 위험물은 산화성고체로서 불연성물질이므로 소화방법이 있을 수 없다.** 다만, 가연물의 성질에 따라 아래와 같은 소화방법이 있을 수 있다.

② 가연성 물질을 제거한다.

③ 보호의, 보호 장갑, 공기 호흡기 등의 보호 장비를 갖춘다.

④ 소량인 경우 다량의 주수에 의한 희석 소화한다.

⑤ 대량의 경우 마른 모래나 CO_2, 분말 소화 약제를 이용한다.

2 위험물의 종류 및 지정수량

"산화성 액체"라 함은 액체로서 산화력의 잠재력인 위험성을 판단하기 위하여 고시로 정하는 시험에서 고시로 정하는 성질과 상태를 나타내는 것을 말한다.

(1) 과염소산($HClO_4$) – 지정 수량 300 kg

① 일반적 성질

㉠ 무색무취의 유동하기 쉬운 액체이며 흡습성이 대단히 강하고 대단히 불안정한 강산이다. 순수한 것은 분해가 용이하고 격렬한 폭발력을 가진다.

㉡ 순수한 것은 농도가 높으면 모든 유기물과 폭발적으로 반응하고 알코올류와 혼합하면 심한 반응을 일으켜 발화 또는 폭발한다.

㉢ $HClO_4$는 염소산 중에서 가장 강한 산이다.

$$HClO < HClO_2 < HClO_3 < HClO_4$$

㉣ 가열하면 폭발하고 분해하여 유독성의 HCl을 발생한다. $HClO_4 \rightarrow HCl + 2O_2$

㉤ 비중은 3.5, 융점은 −112℃이고, 비점은 130℃이다.

② 위험성

㉠ 92℃ 이상에서는 폭발적으로 분해한다.

㉡ 물과 접촉하면 심하게 반응하여 발열한다.

③ 저장 및 취급 방법

㉠ 가열, 화기, 직사 광선을 차단하며 물, 가연물, 유기물 등과의 접촉을 피하여 보관한다.

㉡ 유리나 도자기 등의 밀폐 용기를 사용하고 누출 시 가연물과 접촉을 피한다.

④ 소화 방법 : 마른모래 또는 분말소화약제를 사용할 수 있다.

(2) 과산화수소(H_2O_2) – 지정 수량 300 kg : 농도가 36wt % 이상인 것

① 일반적 성질

㉠ 순수한 것은 청색을 띠며 점성이 있고 무취, 투명하고 질산과 유사한 냄새가 난다.

㉡ 산화제뿐 아니라 환원제로도 사용된다.

산화제 : $2KI + H_2O_2 \rightarrow 2KOH + I_2$

환원제 : $2KMnO_4 + 3H_2SO_4 + 5H_2O_2 \rightarrow K_2SO_4 + 2MnSO_4 + 8H_2O + 5O_2$

㉢ 알칼리 용액에서는 급격히 분해하나 약산성에서는 분해하기 어렵다. 3%인 수용액을 옥시풀이라 하며 소독약으로 사용. 고농도의 경우 피부에 닿으면 화상(수종)을 입는다.

㉣ 일반 시판품은 30~40%의 수용액으로 분해하기 쉬워 인산(H_3PO_4), 요산($C_5H_4N_4O_3$) 등 안정제를 가하거나 약산성으로 만든다.

㉤ 가열에 의해 산소가 발생한다. $2H_2O_2 \rightarrow 2H_2O + O_2\uparrow$

㉥ 비중 1.462, 융점 -0.89℃

② 위험성

㉠ 강력한 산화제로 분해하여 발생기 산소를 발생하며 농도가 높을수록 불안정하고 온도가 높아지면 분해 속도가 증가하여 비점 이하에서도 폭발한다.

㉡ 농도 60% 이상인 것은 충격에 의해 단독 폭발의 위험이 있으며, 고농도의 것은 알칼리, 금속분, 암모니아, 유기물 등과 접촉 시 가열하거나 충격에 의해 폭발한다.

③ 저장 및 취급 방법

㉠ 유리는 알칼리성으로 분해를 촉진하므로 피하고 가열, 화기, 직사 광선을 차단하며 농도가 높을수록 위험성이 크므로 분해 방지 안정제(인산, 요산 등)를 넣어 발생기 산소의 발생을 억제한다.

㉡ 용기는 밀봉하되 작은 구멍이 뚫린 마개를 사용한다.

㉢ 누출 시는 다량의 물로 희석하고 다량 누출 시는 토사 등으로 막고 다량의 물로 씻는다.

④ 소화 방법 : 화재 시 용기를 이송하고 불가능한 경우 주수 냉각하면서 다량의 물로 냉각 소화한다.

(3) 질산(HNO_3) – 지정 수량 300 kg : 비중이 1.49 이상의 것

① 일반적 성질

㉠ 3대 강산 중 하나로 흡습성이 강하고 자극성 부식성이 강하며 휘발성 발연성이다. 직사 광선에 의해 분해되어 이산화질소(NO_2)를 생성시킨다.

$$4HNO_3 \rightarrow 2H_2O + 4NO_2 \uparrow + O_2$$

㉡ 피부에 닿으면 노란색의 변색이 되는 크산토프로테인 반응(단백질 검출)을 한다.

㉢ 염산과 질산을 3부피와 1부피로 혼합한 용액을 왕수라 하며 이 용액은 금과 백금을 녹이는 유일한 물질로 대단히 강한 혼합산이다.

㉣ 직사 광선으로 일부 분해하여 과산화질소를 만들기 때문에 황색을 나타내며 Ag, Cu, Hg 등은 다른 산과는 반응하지 않으나 질산과 반응하여 질산염과 산화질소를 형성한다.

$$3Cu + 8HNO_3 \rightarrow 3Cu(NO_3)_2 + 2NO + 4H_2O \text{ (묽은 질산)}$$

$$Cu + 4HNO_3 \rightarrow Cu(NO_3)_2 + 2NO_2 + 2H_2O \text{ (진한 질산)}$$

㉤ 비중은 1.49, 융점은 −50℃이며, 비점은 86℃이다.

㉥ 반응성이 큰 금속과 산화물 피막을 형성 내부 보호 → 부동태(Fe, Ni, Al)

㉦ 질산을 가열하면 적갈색의 유독한 갈색증기(NO_2)와 발생기 산소가 발생한다.

$$HNO_3 \rightarrow H_2O + 2NO_2 \uparrow + [O]$$

② 위험성

㉠ 산화력과 부식성이 강해 피부에 닿으면 화상을 입는다.

㉡ 목탄분 등 유기 가연물에 스며들어 서서히 갈색 증기를 발생하며 자연 발화한다.

㉢ 암모니아와 접촉 시 폭발, 비산하며 가연성 물질, 산화성 물질, 유기 용제, 알칼리, 시안화합물 등과 반응 시 심하게 반응한다.

㉣ 물과 접촉하면 심하게 발열하며, 가열시 발생되는 증기(NO_2)는 유독성이다.

③ 저장 및 취급 방법

㉠ 화기, 직사 광선을 피하고 물기와의 접촉을 피하고 냉암소에 보관한다. 소량의 경우 갈색 병에 보관한다.

㉡ 누출 시 톱밥, 금속분, 환원성 물질 등 가연성 물질과 섞이지 않도록 주의하여 중화제(소석회, 소다회 등)로 중화시킨 후 물로 희석한다.

㉢ 소화 방법은 다량의 화재를 제외하고는 일반 화재의 소화 방법과 같다.

④ **소화 방법** : 소규모 화재 시는 다량의 물로 희석하고 다량의 경우 포, 건조사 등으로 소화한다. 뜨거워진 질산에 주수하면 비산하므로 주의한다.

부록 3. 위험물 성상 요약본 (위험물의 지정수량, 게시판)

유별 / 지정수량	1류 산화성 고체	2류 가연성 고체	3류 자연발화성 및 금수성 물질	4류 인화성 액체	5류 자기반응성 물질	6류 산화성 액체
10kg		Ⅰ 등급	Ⅰ 칼륨 나트륨 알킬알루미늄 알킬리튬		Ⅰ 유기과산화물 질산에스테르류	
20kg			Ⅰ 황린			
50kg	Ⅰ 아염소산염류 염소산염류 과염소산염류 무기과산화물		Ⅱ 알칼리금속 및 알칼리토금속 유기금속화합물	Ⅰ 특수인화물 (50L)		
100kg		Ⅱ 황화린 적린 유황			Ⅱ 히드록실아민 히드록실아민염류	
200kg		Ⅱ 등급		Ⅱ 제1석유류 (200~400L) 알코올류 (400L)	Ⅱ 니트로화합물 니트로소화합물 아조화합물 디아조화합물 히드라진유도체류	
300kg	Ⅱ 브롬산염류 요오드산염류 질산염류		Ⅲ 금속의 수소화물 금속의 인화물 칼슘 또는 알루미늄의 탄화물			Ⅰ 과염소산 과산화수소 질산
500kg		Ⅲ 철분 금속분 마그네슘				
1,000kg	Ⅲ 과망간산염류 중크롬산염류	Ⅲ 인화성 고체		Ⅲ 제2석유류 (1,000~2,000L)		
		Ⅲ 등급		Ⅲ 제3석유류 (2,000~4,000L)		
				Ⅲ 제4석유류 (6,000L)		
				Ⅲ 동식물유류 (10,000L)		
공통 주의사항	화기·충격주의 가연물접촉주의	화기주의	(자연발화성) 화기엄금 및 공기접촉엄금	화기엄금	화기엄금 및 충격주의	가연물접촉주의

예외 주의사항	무기과산화물 : 물기엄금	철분, 금속분 마그네슘분 : 물기엄금 인화성 고체 : 화기엄금	(금수성) 물기엄금			
방수성 덮개	무기과산화물	철분, 금속분, 마그네슘	금수성 물질	×	×	×
차광성 덮개	○	×	자연발화성 물질	특수인화물	○	○

위험물 취급소	화기엄금	물기엄금	주유중 엔진정지
위험물	위험물의 품명 위험물의 위험등급 위험물의 화학명 위험물의 수용성 위험물의 수량 게시판 주의사항	위험물 제조소	위험물의 유별 위험물의 품명 취급 최대수량 지정수량 배수 위험물안전관리자

* 한 변의 길이 0.3m 이상, 다른 한 변의 길이 0.6m 이상

1. 액상 : 수직으로 된 시험관(안지름 30밀리미터, 높이 120밀리미터의 원통형 유리관을 말한다)에 시료를 55밀리미터까지 채운 다음 당해 시험관을 수평으로 하였을 때 시료액면의 선단이 30밀리미터를 이동하는 데 걸리는 시간이 90초 이내에 있는 것을 말한다.
2. 유황 : 순도가 **60중량퍼센트 이상**인 것을 말한다. 이 경우 순도측정에 있어서 불순물은 활석 등 불연성 물질과 수분에 한한다.
3. 철분 : 철의 분말로서 **53마이크로미터의 표준체를 통과하는 것이 50중량퍼센트 미만인 것은 제외**한다.
4. 금속분 : 알칼리금속 · 알칼리토류금속 · 철 및 마그네슘 외의 금속의 분말을 말하고, **구리분 · 니켈분** 및 **150마이크로미터의 체를 통과하는 것이 50중량퍼센트 미만인 것은 제외**한다.
5. 마그네슘 및 마그네슘을 함유한 것에 있어서 다음에 해당하는 것은 제외
   ① 2밀리미터의 체를 통과하지 아니하는 덩어리상태의 것
   ② 직경 2밀리미터 이상의 막대모양의 것
6. 인화성 고체 : **고형 알코올**, 그 밖에 1기압에서 인화점이 섭씨 40도 미만인 고체를 말한다.
7. 인화성 액체 : 액체(제3석유류, 제4석유류 및 동 · 식물유류에 있어서는 1기압과 섭씨 20도에서 액상인 것에 한한다)로서 인화의 위험성이 있는 것을 말한다.
8. 특수인화물 : **이황화탄소**, **디에틸에테르**, 그 밖에 1기압에서 **발화점이 섭씨 100도 이하**인 것 또는 **인화점이 섭씨 영하 20도 이하**이고 **비점이 섭씨 40도 이하**인 것을 말한다.
9. 제1석유류 : **아세톤**, **휘발유**, 그 밖에 1기압에서 **인화점이 섭씨 21도 미만**인 것을 말한다.
10. 알코올류 : 1분자를 구성하는 **탄소 원자의 수가 1개부터 3개까지인 포화1가 알코올**(변성 알코올을 포함한다)을 말한다.
11. 제2석유류 : **등유**, **경유**, 그 밖에 1기압에서 **인화점이 섭씨 21도 이상 70도 미만**인 것을 말한다.
12. 제3석유류 : **중유**, **크레오소트유**, 그 밖에 1기압에서 **인화점이 섭씨 70도 이상 섭씨 200도 미만**인 것을 말한다.
13. 제4석유류 : **기어유**, **실린더유**, 그 밖에 1기압에서 **인화점이 섭씨 200도 이상 섭씨 250도 미만**의 것을 말한다.
14. 동 · 식물유류 : 동물의 지육 등 또는 식물의 종자나 과육으로부터 추출한 것으로서 1기압에서 인화점이 섭씨 250도 미만인 것을 말한다.
15. 과산화수소 : 그 농도가 **36중량퍼센트 이상**인 것
16. 질산 : 그 **비중이 1.49 이상**인 것
17. 2가지 이상 포함하는 물품(이하 이 호에서 "복수성상물품"이라 한다) 판단기준
   ① 1류+2류→2류 ② 1류+5류→5류 ③ 2류+3류→3류 ④ 3류+4류→3류 ⑤ 4류+5류→5류

중요 화학반응식

물과의 반응식

(물질 + H_2O → 금속의 수산화물 + 가스)

① 반응물질 중 금속(M)을 찾는다. 금속과 수산기(OH^-)와의 화합물을 생성물로 적는다.

$M^+ + OH^- \rightarrow MOH$

M이 1족 원소(Li, Na, K)인 경우 MOH, M이 2족 원소(Mg, Ca)인 경우 $M(OH)_2$, M이 3족 원소(Al)인 경우 $M(OH)_3$가 된다.

② 제1류 위험물은 수산화금속 + 산소(O_2), 제2류 위험물은 수산화금속 + 수소(H_2), 제3류 위험물은 품목에 따라 생성되는 가스는 H_2, C_2H_2, PH_3, CH_4, C_2H_6 등 다양하게 생성된다.

제1류

(과산화칼륨) $2K_2O_2 + 2H_2O \rightarrow 4KOH + O_2$
(과산화나트륨) $2Na_2O_2 + 2H_2O \rightarrow 4NaOH + O_2$
(과산화마그네슘) $2MgO_2 + 2H_2O \rightarrow 2Mg(OH)_2 + O_2$
(과산화바륨) $2BaO_2 + 2H_2O \rightarrow 2Ba(OH)_2 + O_2$

제2류

(오황화린) $P_2S_5 + 8H_2O \rightarrow 5H_2S + 2H_3PO_4$
(철분) $2Fe + 3H_2O \rightarrow Fe_2O_3 + 3H_2$
(마그네슘) $Mg + 2H_2O \rightarrow Mg(OH)_2 + H_2$
(알루미늄) $2Al + 6H_2O \rightarrow 2Al(OH)_3 + 3H_2$
(아연) $Zn + 2H_2O \rightarrow Zn(OH)_2 + H_2$

제4류

(이황화탄소) $CS_2 + 2H_2O \rightarrow CO_2 + 2H_2S$

제3류

(칼륨) $2K + 2H_2O \rightarrow 2KOH + H_2$
(나트륨) $2Na + 2H_2O \rightarrow 2NaOH + H_2$
(트리에틸알루미늄) $(C_2H_5)_3Al + 3H_2O \rightarrow Al(OH)_3 + 3C_2H_6$
(리튬) $2Li + 2H_2O \rightarrow 2LiOH + H_2$
(칼슘) $Ca + 2H_2O \rightarrow Ca(OH)_2 + H_2$
(수소화리튬) $LiH + H_2O \rightarrow LiOH + H_2$
(수소화나트륨) $NaH + H_2O \rightarrow NaOH + H_2$
(수소화칼슘) $CaH_2 + 2H_2O \rightarrow Ca(OH)_2 + 2H_2$
(탄화칼슘) $CaC_2 + 2H_2O \rightarrow Ca(OH)_2 + C_2H_2$
(인화칼슘) $Ca_3P_2 + 6H_2O \rightarrow 3Ca(OH)_2 + 2PH_3$
(인화알루미늄) $AlP + 3H_2O \rightarrow Al(OH)_3 + PH_3$
(탄화알루미늄) $Al_4C_3 + 12H_2O \rightarrow 4Al(OH)_3 + 3CH_4$

연소반응식

① 반응물 중 산소와의 화합물을 생성물로 적는다.

$C^{|+4|} \;\; O^{|-2|} \rightarrow C_2O_4 \rightarrow CO_2$

$H^{|+1|} \;\; O^{|-2|} \rightarrow H_2O$

$P^{|+5|} \;\; O^{|-2|} \rightarrow P_2O_5$

$Mg^{|+2|} \;\; O^{|-2|} \rightarrow Mg_2O_2 \rightarrow MgO$

$Al^{|+3|} \;\; O^{|-2|} \rightarrow Al_2O_3$

$S^{|+4|} \;\; O^{|-2|} \rightarrow SO_2$

② 예상되는 생성물을 적고나면 화학반응식 개수를 맞춘다.

(삼황화린) $P_4S_3 + 8O_2 \rightarrow 2P_2O_5 + 3SO_2$
(오황화린) $2P_2S_5 + 15O_2 \rightarrow 2P_2O_5 + 10SO_2$
(적린) $4P + 5O_2 \rightarrow 2P_2O_5$
(마그네슘) $2Mg + O_2 \rightarrow 2MgO$
(알루미늄) $4Al + 3O_2 \rightarrow 2Al_2O_3$
} 제2류

(황) $S + O_2 \rightarrow SO_2$

(칼륨) $4K + O_2 \rightarrow 2K_2O$
(트리에틸알루미늄) $2(C_2H_5)_3Al + 21O_2 \rightarrow 12CO_2 + Al_2O_3 + 15H_2O$
} 제3류

(황린) $P_4 + 5O_2 \rightarrow 2P_2O_5$

(에탄올) $C_2H_5OH + 3O_2 \rightarrow 2CO_2 + 3H_2O$
(이황화탄소) $CS_2 + 3O_2 \rightarrow CO_2 + 2SO_2$
(벤젠) $2C_6H_6 + 15O_2 \rightarrow 12CO_2 + 6H_2O$
(톨루엔) $C_6H_5CH_3 + 9O_2 \rightarrow 7CO_2 + 4H_2O$
(아세트산) $CH_3COOH + 2O_2 \rightarrow 2CO_2 + 2H_2O$
(아세톤) $CH_3COCH_3 + 4O_2 \rightarrow 3CO_2 + 3H_2O$
} 제4류

(디에틸에테르) $C_2H_5OC_2H_5 + 6O_2 \rightarrow 4CO_2 + 5H_2O$

열분해반응식

(염소산칼륨) $2KClO_3 \rightarrow 2KCl + 3O_2$
(과산화칼륨) $2K_2O_2 \rightarrow 2K_2O + O_2$
(과산화나트륨) $2Na_2O_2 \rightarrow 2Na_2O + O_2$
(질산암모늄) $2NH_4NO_3 \rightarrow 4H_2O + 2N_2 + O_2$
(질산칼륨) $2KNO_3 \rightarrow 2KNO_2 + O_2$
(과망간산칼륨) $2KMnO_4 \rightarrow K_2MnO_4 + MnO_2 + O_2$
} 제1류

(삼산화크롬) $4CrO_3 \rightarrow 2Cr_2O_3 + 3O_2$
(니트로글리세린) $4C_3H_5(ONO_2)_3 \rightarrow 12CO_2 + 10H_2O + 6N_2 + O_2$

(니트로셀룰로오스) $2C_{24}H_{29}O_9(ONO_2)_{11} \rightarrow 24CO_2 + 24CO + 12H_2O + 11N_2 + 17H_2$
(트리니트로톨루엔) $2C_6H_2CH_3(NO_2)_3 \rightarrow 12CO + 2C + 3N_2 + 5H_2$
(트리니트로페놀) $2C_6H_2(NO_2)_3OH \rightarrow 4CO_2 + 6CO + 3N_2 + 2C + 3H_2$
} 제5류

(과염소산) $HClO_4 \rightarrow HCl + 2O_2$
(과산화수소) $2H_2O_2 \rightarrow 2H_2O + O_2$
(질산) $4HNO_3 \rightarrow 4NO_2 + 2H_2O + O_2$
} 제6류

(제1종 분말소화약제) $2NaHCO_3 \rightarrow Na_2CO_3 + H_2O + CO_2$
(제2종 분말소화약제) $2KHCO_3 \rightarrow K_2CO_3 + H_2O + CO_2$
(제3종 분말소화약제) $NH_4H_2PO_4 \rightarrow NH_3 + H_2O + HPO_3$

기타 반응식

(과산화나트륨+염산) $Na_2O_2 + 2HCl \rightarrow 2NaCl + H_2O_2$
(과산화나트륨+초산) $Na_2O_2 + 2CH_3COOH \rightarrow 2CH_3COONa + H_2O_2$
(과산화나트륨+이산화탄소) $2Na_2O_2 + 2CO_2 \rightarrow 2Na_2CO_3 + O_2$
(철분+염산) $2Fe + 6HCl \rightarrow 2FeCl_3 + 3H_2$, $Fe + 2HCl \rightarrow FeCl_2 + H_2$
(마그네슘+염산) $Mg + 2HCl \rightarrow MgCl_2 + H_2$
(알루미늄+염산) $2Al + 6HCl \rightarrow 2AlCl_3 + 3H_2$
(아연+염산) $Zn + 2HCl \rightarrow ZnCl_2 + H_2$
(칼륨+이산화탄소) $4K + 3CO_2 \rightarrow 2K_2CO_3 + C$
(칼륨+에탄올) $2K + 2C_2H_5OH \rightarrow 2C_2H_5OK + H_2$
(인화칼슘+염산) $Ca_3P_2 + 6HCl \rightarrow 3CaCl_2 + 2PH_3$
(과산화수소+히드라진) $2H_2O_2 + N_2H_4 \rightarrow 4H_2O + N_2$

제1류 위험물(산화성 고체)			
위험등급	품명	품목별 성상	지정수량
Ⅰ	아염소산염류 ($MClO_2$)	**아염소산나트륨($NaClO_2$)** : 산과 접촉 시 이산화염소(ClO_2)가스 발생 $3NaClO_2 + 2HCl \rightarrow 3NaCl + 2ClO_2 + H_2O_2$	50kg
	염소산염류 ($MClO_3$)	**염소산칼륨($KClO_3$)** : 분해온도 400℃, 찬물, 알코올에는 잘 녹지 않고, 온수, 글리세린 등에는 잘 녹는다. $2KClO_3 \rightarrow 2KCl + 3O_2$ $4KClO_3 + 4H_2SO_4 \rightarrow 4KHSO_4 + 4ClO_2 + O_2 + 2H_2O$ **염소산나트륨($NaClO_3$)** : 분해온도 300℃, $2NaClO_3 \rightarrow 2NaCl + 3O_2$ 산과 반응이나 분해반응으로 독성이 있으며 폭발성이 강한 이산화염소(ClO_2)를 발생. $2NaClO_3 + 2HCl \rightarrow 2NaCl + 2ClO_2 + H_2O_2$	50kg
	과염소산염류 ($MClO_4$)	**과염소산칼륨($KClO_4$)** : 분해온도 400℃, 완전분해온도/융점 610℃ $KClO_4 \rightarrow KCl + 2O_2$	50kg
	무기과산화물 (M_2O_2, MO_2)	**과산화나트륨(Na_2O_2)** : 물과 접촉 시 수산화나트륨($NaOH$)과 산소(O_2)를 발생 $2Na_2O_2 + 2H_2O \rightarrow 4NaOH + O_2$ 산과 접촉 시 과산화수소 발생. $Na_2O_2 + 2HCl \rightarrow 2NaCl + H_2O_2$ **과산화칼륨(K_2O_2)** : 물과 접촉 시 수산화칼륨(KOH)과 산소(O_2)를 발생 $2K_2O_2 + 2H_2O \rightarrow 4KOH + O_2$ **과산화바륨(BaO_2)** : $BaO_2 + 2H_2O \rightarrow 2Ba(OH)_2 + O_2$, $BaO_2 + 2HCl \rightarrow BaCl_2 + H_2O_2$ **과산화칼슘(CaO_2)** : $2CaO_2 \rightarrow 2CaO + O_2$, $CaO_2 + 2HCl \rightarrow CaCl_2 + H_2O_2$	50kg
Ⅱ	브롬산염류 ($MBrO_3$)	–	300kg
	질산염류 (MNO_3)	**질산칼륨(KNO_3)** : 흑색화약(질산칼륨 75%+유황 10%+목탄 15%)의 원료로 이용 $16KNO_3 + 3S + 21C \rightarrow 13CO_2 + 3CO + 8N_2 + 5K_2CO_3 + K_2SO_4 + 2K_2S$ **질산나트륨($NaNO_3$)** : 분해온도 약 380℃ $2NaNO_3 \rightarrow 2NaNO_2$(아질산나트륨)$+ O_2$ **질산암모늄(NH_4NO_3)** : 가열 또는 충격으로 폭발. $2NH_4NO_3 \rightarrow 4H_2O + 2N_2 + O_2$ **질산은($AgNO_3$)** : $2AgNO_3 \rightarrow 2Ag + 2NO_2 + O_2$	300kg
	요오드산염류 (MIO_3)	–	300kg
Ⅲ	과망간산염류 ($MMnO_4$)	**과망간산칼륨($KMnO_4$)** : 흑자색 결정 열분해반응식 : $2KMnO_4 \rightarrow K_2MnO_4 + MnO_2 + O_2$	1,000kg
	중크롬산염류 (MCr_2O_7)	**중크롬산칼륨($K_2Cr_2O_7$)** : 등적색	1,000kg
Ⅰ~Ⅲ	그 밖에 행정안전부령이 정하는 것	① **과요오드산염류(KIO_4)** ② **과요오드산(HIO_4)** ③ **크롬, 납 또는 요오드의 산화물(CrO_3)** ④ **아질산염류($NaNO_2$)**	300kg
		⑤ **차아염소산염류($MClO$)**	50kg
		⑥ **염소화이소시아눌산($OCNClONClCONCl$)** ⑦ **퍼옥소이황산염류($K_2S_2O_8$)** ⑧ **퍼옥소붕산염류($NaBO_3$)**	300kg

- **공통성질**
  ① 무색 결정 또는 백색 분말이며, 비중이 1보다 크고 **수용성**인 것이 많다.
  ② **불연성**이며, **산소 다량 함유, 지연성 물질,** 대부분 무기화합물
  ③ 반응성이 풍부하여 열, 타격, 충격, 마찰 및 다른 약품과의 접촉으로 분해하여 많은 산소를 방출하며 다른 가연물의 연소를 돕는다.
- **저장 및 취급 방법**
  ① **조해성이 있으므로 습기에 주의**하며, 용기는 밀폐하고 환기가 잘 되는 찬곳에 저장할 것
  ② 열원이나 산화되기 쉬운 물질과 산 또는 화재 위험이 있는 곳으로부터 멀리할 것
  ③ 용기의 파손에 의한 위험물의 누설에 주의하고, 다른 약품류 및 가연물과의 접촉을 피할 것
- **소화방법** : 불연성 물질이므로 원칙적으로 소화방법은 없으나 가연성 물질의 성질에 따라 주수에 의한 냉각소화 (단, 과산화물은 모래 또는 소다재)

제2류 위험물(가연성 고체)			
위험등급	품명	품목별 성상	지정수량
II	황화린	**삼황화린(P_4S_3)** : 착화점 100℃, 물, 황산, 염산 등에는 녹지 않고, 질산이나 이황화탄소(CS_2), 알칼리 등에 녹는다. $P_4S_3 + 8O_2 \rightarrow 2P_2O_5 + 3SO_2$ **오황화린(P_2S_5)** : 알코올이나 이황화탄소(CS_2)에 녹으며, 물이나 알칼리와 반응하면 분해하여 황화수소(H_2S)와 인산(H_3PO_4)으로 된다. $P_2S_5 + 8H_2O \rightarrow 5H_2S + 2H_3PO_4$ **칠황화린(P_4S_7)** : 이황화탄소(CS_2), 물에는 약간 녹으며, 더운 물에서는 급격히 분해하여 황화수소(H_2S)와 인산(H_3PO_4)을 발생	100kg
	적린(P)	착화점 260℃, 조해성이 있으며, 물, 이황화탄소, 에테르, 암모니아 등에는 녹지 않는다. 연소하면 황린이나 황화린과 같이 유독성이 심한 백색의 오산화인을 발생 $4P + 5O_2 \rightarrow 2P_2O_5$	100kg
	유황(S)	물, 산에는 녹지 않으며 알코올에는 약간 녹고, 이황화탄소(CS_2)에는 잘 녹는다(단, 고무상황은 녹지 않는다). 연소 시 아황산가스를 발생. $S + O_2 \rightarrow SO_2$ 수소와 반응해서 황화수소(달걀 썩는 냄새) 발생. $S + H_2 \rightarrow H_2S$	100kg
III	철분(Fe)	$Fe + 2HCl \rightarrow FeCl_2 + H_2$ $2Fe + 3H_2O \rightarrow Fe_2O_3 + 3H_2$	500kg
	금속분	**알루미늄분(Al)** : 물과 반응하면 수소가스를 발생 $2Al + 6H_2O \rightarrow 2Al(OH)_3 + 3H_2$ **아연분(Zn)** : 아연이 염산과 반응하면 수소가스를 발생 $Zn + 2HCl \rightarrow ZnCl_2 + H_2$	500kg
	마그네슘(Mg)	산 및 온수와 반응하여 수소(H_2)를 발생한다. $Mg + 2HCl \rightarrow MgCl_2 + H_2$, $Mg + 2H_2O \rightarrow Mg(OH)_2 + H_2$ 질소기체 속에서 연소 시 $3Mg + N_2 \rightarrow Mg_3N_2$	500kg
	인화성 고체	락카퍼티, 고무풀, 고형알코올, 메타알데히드, 제삼부틸 알코올	1,000kg

- **공통성질**
  ① **이연성, 속연성 물질**, 산소를 함유하고 있지 않기 때문에 **강력한 환원제**(산소결합 용이), 연소열 크고, 연소온도가 높다.
  ② 유독한 것 또는 연소 시 **유독가스를 발생**하는 것도 있다.
  ③ 철분, 마그네슘, 금속분류는 물과 산의 접촉으로 발열한다.
- **저장 및 취급 방법**
  ① 점화원으로부터 멀리하고 가열을 피할 것
  ② 용기의 파손으로 위험물의 누설에 주의할 것
  ③ 산화제와의 접촉을 피할 것
  ④ 철분, 마그네슘, 금속분류는 산 또는 물과의 접촉을 피할 것
- **소화방법** : 주수에 의한 냉각소화(단, 황화린, 철분, 금속분, 마그네슘의 경우 건조사에 의한 질식소화)
- 유황 : 순도가 60중량퍼센트 이상인 것을 말한다. 이 경우 순도측정에 있어서 불순물은 **활석 등 불연성 물질과 수분**에 한한다.
- 철분 : **철의 분말**로서 53마이크로미터의 표준체를 통과하는 것이 50중량퍼센트 미만인 것은 제외한다.
- 금속분 : 알칼리금속·알칼리토류금속·철 및 마그네슘 외의 금속의 분말을 말하고, 구리분·니켈분 및 150마이크로미터의 체를 통과하는 것이 50중량퍼센트 미만인 것은 제외한다.
- 마그네슘 및 마그네슘을 함유한 것에 있어서는 다음 각 목의 1에 해당하는 것은 제외한다.
  ① 2밀리미터의 체를 통과하지 아니하는 덩어리상태의 것
  ② 직경 2밀리미터 이상의 막대모양의 것
- 인화성 고체 : **고형 알코올**, 그 밖에 1기압에서 인화점이 섭씨 40도 미만인 고체

제3류 위험물(자연발화성 물질 및 금수성 물질)			
위험등급	품명	품목별 성상	지정수량
Ⅰ	**칼륨(K)** 석유 속 저장	$2K+2H_2O \rightarrow 2KOH$(수산화칼륨)$+H_2$ $4K+3CO_2 \rightarrow 2K_2CO_3+C$(연소·폭발), $4K+CCl_4 \rightarrow 4KCl+C$(폭발)	10kg
	나트륨(Na) 석유 속 저장	$2Na+2H_2O \rightarrow 2NaOH$(수산화나트륨)$+H_2$ $2Na+2C_2H_5OH \rightarrow 2C_2H_5ONa+H_2$	10kg
	알킬알루미늄(RAl 또는 RAlX : C_1~C_4) 희석액은 벤젠 또는 톨루엔	$(C_2H_5)_3Al+3H_2O \rightarrow Al(OH)_3$(수산화알루미늄)$+3C_2H_6$(에탄) $(C_2H_5)_3Al+HCl \rightarrow (C_2H_5)_2AlCl+C_2H_6$ $(C_2H_5)_3Al+3CH_3OH \rightarrow Al(CH_3O)_3+3C_2H_6$ $(C_2H_5)_3Al+3Cl_2 \rightarrow AlCl_3+3C_2H_5Cl$	10kg
	알킬리튬 (RLi)	–	10kg
	황린(P_4) 보호액은 물	황색 또는 담황색의 왁스상 가연성, 자연발화성 고체. 마늘냄새. 융점 44℃, 비중 1.82. 증기는 공기보다 무거우며, 자연발화성(발화점 34℃)이 있어 물속에 저장하며, 매우 자극적이고 맹독성 물질 $P_4+5O_2 \rightarrow 2P_2O_5$, 인화수소($PH_3$)의 생성을 방지하기 위해 보호액은 약알칼리성 pH 9로 유지하기 위하여 알칼리제(석회 또는 소다회 등)로 pH 조절	20kg
Ⅱ	**알칼리금속** (K 및 Na 제외) **및** **알칼리토금속류**	$2Li+2H_2O \rightarrow 2LiOH+H_2$ $Ca+2H_2O \rightarrow Ca(OH)_2+H_2$	50kg
	유기금속화합물류 (알킬알루미늄 및 알킬리튬 제외)	대부분 자연발화성이 있으며, 물과 격렬하게 반응 (예외 : 사에틸납[$(C_2H_5)_4Pb$]은 인화점 93℃로 제3석유류(비수용성)에 해당하며 물로 소화 가능. 유연휘발유의 안티녹크제로 이용됨) ※ 무연휘발유 : 납 성분이 없는 휘발유로 연소성을 향상시켜 주기 위해 MTBE가 첨가됨.	50kg
Ⅲ	**금속의 수소화물**	**수소화리튬(LiH)** : 수소화합물 중 안정성이 가장 큼. $LiH+H_2O \rightarrow LiOH+H_2$ **수소화나트륨(NaH)** : 회백색의 결정 또는 분말. $NaH+H_2O \rightarrow NaOH+H_2$ **수소화칼슘(CaH_2)** : 백색 또는 회백색의 결정 또는 분말 $CaH_2+2H_2O \rightarrow Ca(OH)_2+2H_2$	300kg
	금속의 인화물	**인화칼슘(Ca_3P_2)=인화석회** : 적갈색 고체, $Ca_3P_2+6H_2O \rightarrow 3Ca(OH)_2+2PH_3$	300kg
	칼슘 또는 알루미늄의 탄화물류	**탄화칼슘(CaC_2)=카바이드** : $CaC_2+2H_2O \rightarrow Ca(OH)_2+C_2H_2$(습기가 없는 밀폐용기에 저장하고, 용기에는 질소가스 등 불연성 가스를 봉입) 질소와는 약 700℃ 이상에서 질화되어 칼슘시안나이드($CaCN_2$, 석회질소)가 생성된다. $CaC_2+N_2 \rightarrow CaCN_2+C$ **탄화알루미늄(Al_4C_3)** : 황색의 결정. $Al_4C_3+12H_2O \rightarrow 4Al(OH)_3+3CH_4$	300kg
	그 밖에 행정안전부령이 정하는 것	염소화규소화합물	300kg

- **공통성질**
  ① 공기와 접촉하여 **발열, 발화**한다.
  ② 물과 접촉하여 발열 또는 발화하는 물질, 물과 접촉하여 가연성 가스를 발생하는 물질이 있다.
  ③ 황린(자연발화 온도 : 34℃)을 제외한 모든 물질이 물에 대해 위험한 반응을 일으킨다.
- **저장 및 취급 방법**
  ① 용기의 파손 및 부식을 막으며 **공기 또는 수분의 접촉을 방지**할 것
  ② 보호액 속에 위험물을 저장할 경우 위험물이 **보호액 표면에 노출되지 않게 할 것**
  ③ 다량을 저장할 경우는 소분하여 저장하며 화재발생에 대비하여 희석제를 혼합하거나 수분의 침입이 없도록 할 것
  ④ 물과 접촉하여 가연성 가스를 발생하므로 화기로부터 멀리할 것
- **소화방법** : 건조사, 팽창진주암 및 질석으로 질식소화(물, CO_2, 할론소화 일체금지)

※ 불꽃 반응색 : K(보라색), Na(노란색), Li(빨간색), Ca(주황색)

제4류 위험물(인화성 액체)				
위험등급	품명	품목별 성상		지정수량
I	**특수인화물** (1atm에서 발화점이 100℃ 이하인 것 또는 인화점이 −20℃ 이하로서 비점이 40℃ 이하인 것) ※ 「위험물안전관리법」에서는 특수인화물의 비수용성/수용성 구분이 명시되어 있지 않지만, 시험에서는 이를 구분하는 문제가 종종 출제되기 때문에, 특수인화물의 비수용성/수용성 구분을 알아두는 것이 좋다.	비수용성 액체	**디에틸에테르($C_2H_5OC_2H_5$)** : (인)-40℃, (연)1.9~48%, 제4류 위험물 중 인화점이 가장 낮다. 직사광선에 분해되어 과산화물을 생성하므로 갈색병을 사용하여 밀전하고 냉암소 등에 보관하며 용기의 공간용적은 2% 이상으로 해야 한다. 정전기 방지를 위해 $CaCl_2$를 넣어 두고, 폭발성의 과산화물 생성 방지를 위해 40mesh의 구리망을 넣어 둔다. 과산화물의 검출은 10% 요오드화칼륨(KI) 용액과의 반응으로 확인 **이황화탄소(CS_2)** : (인)-30℃, (연)1~50%, 황색, 물보다 무겁고 물에 녹지 않으나, 알코올, 에테르, 벤젠 등에는 잘 녹는다. 가연성 증기의 발생을 억제하기 위하여 물(수조)속에 저장 $CS_2+3O_2 \rightarrow CO_2+2SO_2$, $CS_2+2H_2O \rightarrow CO_2+2H_2S$	50L
		수용성 액체	**아세트알데히드(CH_3CHO)** : (인)-40℃, (연)4.1~57%, 수용성, 은거울, 펠링반응, 구리, 마그네슘, 수은, 은 및 그 합금으로 된 취급설비는 중합반응을 일으켜 구조불명의 폭발성 물질 생성. 불활성 가스 또는 수증기를 봉입하고 냉각장치 등을 이용하여 저장온도를 비점 이하로 유지 **산화프로필렌(CH_3CHOCH_2)** : (인)-37℃, (연)2.8~37%, (비)35℃, 반응성이 풍부하여 구리, 철, 알루미늄, 마그네슘, 수은, 은 및 그 합금과 중합반응을 일으켜 발열하고 용기 내에서 폭발	
		암기법	**디이아산**	
II	**제1석유류** (인화점 21℃ 미만)	비수용성 액체	**가솔린(C_5~C_9)** : (인)-43℃, (발)300℃, (연)1.2~7.6% **벤젠(C_6H_6)** : (인)-11℃, (발)498℃, (연)1.4~8%, 연소반응식 $2C_6H_6+15O_2 \rightarrow 12CO_2+6H_2O$ **톨루엔($C_6H_5CH_3$)** : (인)4℃, (발)480℃, (연)1.27~7%, 진한 질산과 진한 황산을 반응시키면 니트로화하여 TNT의 제조 **시클로헥산** : (인)-18℃, (발)245℃, (연)1.3~8% **콜로디온** : (인)-18℃, 질소 함유율 11~12%의 낮은 질화도의 질화면을 에탄올과 에테르 3 : 1 비율의 용제에 녹인 것 **메틸에틸케톤($CH_3COC_2H_5$)** : (인)-7℃, (연)1.8~10% **초산메틸(CH_3COOCH_3)** : (인)-10℃, (연)3.1~16% **초산에틸($CH_3COOC_2H_5$)** : (인)-3℃, (연)2.2~11.5% **의산에틸($HCOOC_2H_5$)** : (인)-19℃, (연)2.7~16.5% 아크릴로니트릴 : (인)-5℃, (연)3~17%, 헥산 : (인)-22℃	200L
		수용성 액체	**아세톤(CH_3COCH_3)** : (인)-18.5℃, (연)2.5~12.8%, 무색투명, 과산화물 생성(황색), 탈지작용 **피리딘(C_5H_5N)** : (인)16℃ **아크롤레인($CH_2=CHCHO$)** : (인)-29℃, (연)2.8~31%, **의산메틸($HCOOCH_3$)** : (인)-19℃, **시안화수소(HCN)** : (인)-17℃	400L
		암기법	**가벤톨시콜메초초의 / 아피아의시**	
	알코올류 (탄소원자 1~3개까지의 포화1가 알코올)	**메틸알코올(CH_3OH)** : (인)11℃, (발)464℃, (연)6~36%, 1차 산화 시 포름알데히드(HCHO), 최종 포름산(HCOOH), 독성이 강하여 30mL의 양으로도 치명적! **에틸알코올(C_2H_5OH)** : (인)13℃, (발)363℃, (연)4.3~19%, 1차 산화 시 아세트알데히드(CH_3CHO)가 되며, 최종적 초산(CH_3COOH) **프로필알코올(C_3H_7OH)** : (인)15℃, (발)371℃, (연)2.1~13.5% **이소프로필알코올** : (인)12℃, (발)398.9℃, (연)2~12%		400L

※ (인)은 인화점, (발)은 발화점, (연)은 연소범위, (비)는 비점

<table>
<tr><th colspan="5">제4류 위험물(인화성 액체)</th></tr>
<tr><th>위험등급</th><th>품명</th><th colspan="2">품목별 성상</th><th>지정수량</th></tr>
<tr><td rowspan="8">Ⅲ</td><td rowspan="3">제2석유류
(인화점
21~70℃)</td><td>비수용성
액체</td><td>등유(C_9~C_{18}) : (인)39℃ 이상, (발)210℃, (연)0.7~5%
경유(C_{10}~C_{20}) : (인)41℃ 이상, (발)257℃, (연)0.6~7.5%
스티렌($C_6H_5CH=CH_2$) : (인)32℃
o-자일렌 : (인)32℃, m-자일렌, p-자일렌 : (인)25℃
클로로벤젠 : (인)27℃, 장뇌유 : (인)32℃
부틸알코올(C_4H_9OH) : (인)35℃, (발)343℃, (연)1.4~11.2%
알릴알코올($CH_2=CHCH_2OH$) : (인)22℃, 아밀알코올($C_5H_{11}OH$) : (인)33℃,
아니솔 : (인)52℃, 큐멘 : (인)31℃</td><td>1,000L</td></tr>
<tr><td>수용성
액체</td><td>포름산(HCOOH) : (인)55℃
초산(CH_3COOH) : (인)40℃, $CH_3COOH+2O_2 \rightarrow 2CO_2+2H_2O$
히드라진(N_2H_4) : (인)38℃, (연)4.7~100%, 무색의 가연성 고체
아크릴산 : (인)46℃</td><td>2,000L</td></tr>
<tr><td>암기법</td><td colspan="2">등경스자클장부알아 / 포초히아</td></tr>
<tr><td rowspan="3">제3석유류
(인화점
70~200℃)</td><td>비수용성
액체</td><td>중유 : (인)70℃ 이상
크레오소트유 : (인)74℃, 자극성의 타르냄새가 나는 황갈색 액체
아닐린($C_6H_5NH_2$) : (인)70℃, (발)615℃, (연)1.3~11%
니트로벤젠($C_6H_5NO_2$) : (인)88℃, 담황색 또는 갈색의 액체, (발)482℃
니트로톨루엔[$NO_2(C_6H_4)CH_3$] : (인)o-106℃, m-102℃, p-106℃
디클로로에틸렌 : (인)97~102℃</td><td>2,000L</td></tr>
<tr><td>수용성
액체</td><td>에틸렌글리콜[$C_2H_4(OH)_2$] : (인)120℃, 무색무취의 단맛이 나고 흡습성이 있는 끈끈한 액체로서 2가 알코올, 물, 알코올, 에테르, 글리세린 등에는 잘 녹고 사염화탄소, 이황화탄소, 클로로포름에는 녹지 않는다.
글리세린[$C_3H_5(OH)_3$] : (인)160℃, (발)370℃, 물보다 무겁고 단맛이 나는 무색 액체, 3가의 알코올, 물, 알코올, 에테르에 잘 녹으며 벤젠, 클로로포름 등에는 녹지 않는다.
아세트시안히드린 : (인)74℃, 아디포니트릴 : (인)93℃
염화벤조일 : (인)72℃</td><td>4,000L</td></tr>
<tr><td>암기법</td><td colspan="2">중크아니니 / 에글</td></tr>
<tr><td>제4석유류
(인화점 200℃
이상~250℃미만)</td><td colspan="2">기어유 : (인)230℃
실린더유 : (인)250℃</td><td>6,000L</td></tr>
<tr><td>동식물유류
(1atm,
인화점이 250℃
미만인 것)</td><td colspan="2">요오드값 : 유지 100g에 부가되는 요오드의 g수, 불포화도가 증가할수록 요오드값이 증가하며, 자연발화의 위험이 있다.
① 건성유 : 요오드값이 130 이상
이중결합이 많아 불포화도가 높기 때문에 공기 중에서 산화되어 액 표면에 피막을 만드는 기름
예 아마인유, 들기름, 동유, 정어리기름, 해바라기유 등
② 반건성유 : 요오드값이 100~130인 것
공기 중에서 건성유보다 얇은 피막을 만드는 기름
예 참기름, 옥수수기름, 청어기름, 채종유, 면실유(목화씨유), 콩기름, 쌀겨유 등
③ 불건성유 : 요오드값이 100 이하인 것
공기 중에서 피막을 만들지 않는 안정된 기름
예 올리브유, 피마자유, 야자유, 땅콩기름, 동백기름 등</td><td>10,000L</td></tr>
</table>

※ (인)은 인화점, (발)은 발화점, (연)은 연소범위, (비)는 비점

- **공통성질**
  ① 인화되기 매우 쉽다.
  ② 착화온도가 낮은 것은 위험하다.
  ③ 증기는 공기보다 무겁다.
  ④ 물보다 가볍고 물에 녹기 어렵다.
  ⑤ 증기는 공기와 약간 혼합되어도 연소의 우려가 있다.
- **4류 위험물 화재의 특성**
  ① 유동성 액체이므로 연소의 확대가 빠르다.
  ② 증발연소하므로 불티가 나지 않는다.
  ③ 인화성이므로 풍하의 화재에도 인화된다.
- **소화방법** : 질식소화 및 안개상의 주수소화 가능
- 인화성 액체 : 액체(제3석유류, 제4석유류 및 동식물유류에 있어서는 1기압과 섭씨 20도에서 액상인 것에 한한다)로서 인화의 위험성이 있는 것을 말한다.
- 특수인화물 : **이황화탄소, 디에틸에테르,** 그 밖에 1기압에서 발화점이 섭씨 100도 이하인 것 또는 인화점이 섭씨 영하 20도 이하이고 비점이 섭씨 40도 이하인 것을 말한다.
- 제1석유류 : **아세톤, 휘발유,** 그 밖에 1기압에서 **인화점이 섭씨 21도 미만**인 것을 말한다.
- 알코올류 : 1분자를 구성하는 탄소원자의 수가 1개부터 3개까지인 포화1가 알코올(변성 알코올을 포함한다)을 말한다. 다만, 다음 각 목의 1에 해당하는 것은 제외한다.
  ① 1분자를 구성하는 탄소원자의 수가 1개 내지 3개의 포화1가 알코올의 함유량이 60중량퍼센트 미만인 수용액
  ② 가연성 액체량이 60중량퍼센트 미만이고 인화점 및 연소점(태그개방식 인화점측정기에 의한 연소점을 말한다. 이하 같다.)이 에틸알코올 60중량퍼센트 수용액의 인화점 및 연소점을 초과하는 것
- 제2석유류 : **등유, 경유,** 그 밖에 1기압에서 **인화점이 섭씨 21도 이상 70도 미만**인 것을 말한다. 다만, 도료류, 그 밖의 물품에 있어서 가연성 액체량이 40중량퍼센트 이하이면서 인화점이 섭씨 40도 이상인 동시에 연소점이 섭씨 60도 이상인 것은 제외한다.
- 제3석유류 : **중유, 크레오소트유,** 그 밖에 1기압에서 **인화점이 섭씨 70도 이상 섭씨 200도 미만**인 것. 다만, 도료류, 그 밖의 물품은 가연성 액체량이 40중량퍼센트 이하인 것은 제외한다.
- 제4석유류 : **기어유, 실린더유,** 그 밖에 1기압에서 **인화점이 섭씨 200도 이상 섭씨 250도 미만**의 것. 다만, 도료류, 그 밖의 물품은 가연성 액체량이 40중량퍼센트 이하인 것은 제외한다.
- 동·식물유류 : 동물의 지육 등 또는 식물의 종자나 과육으로부터 추출한 것으로서 1기압에서 인화점이 섭씨 250도 미만인 것을 말한다.

※ 인화성 액체의 인화점 시험방법
  ① 인화성 액체의 인화점 측정기준
    ㉠ 측정결과가 0℃ 미만인 경우에는 당해 측정결과를 인화점으로 할 것
    ㉡ 측정결과가 0℃ 이상 80℃ 이하인 경우에는 동점도 측정을 하여 동점도가 $10mm^2/S$ 미만인 경우에는 당해 측정결과를 인화점으로 하고, 동점도가 $10mm^2/S$ 이상인 경우에는 다시 측정할 것
    ㉢ 측정결과가 80℃를 초과하는 경우에는 다시 측정할 것
  ② 인화성 액체 중 수용성 액체란 온도 20℃, 기압 1기압에서 동일한 양의 증류수와 완만하게 혼합하여, 혼합액의 유동이 멈춘 후 당해 혼합액이 균일한 외관을 유지하는 것을 말한다.

제5류 위험물(자기반응성 물질)			
위험등급	품명	품목	지정수량
I	유기과산화물 (-O-O-)	**벤조일퍼옥사이드[$(C_6H_5CO)_2O_2$, 과산화벤조일]** : 무미, 무취의 백색분말. 비활성 희석제(프탈산디메틸, 프탈산디부틸 등)를 첨가하여 폭발성 낮춤. 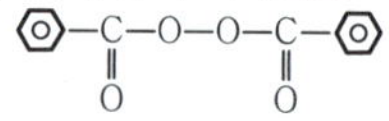 **메틸에틸케톤퍼옥사이드[$(CH_3COC_2H_5)_2O_2$, MEKPO, 과산화메틸에틸케톤]** : 인화점 58℃, 희석제(DMP, DBP를 40%) 첨가로 농도가 60% 이상 되지 않게 하며 저장온도는 30℃ 이하를 유지 **아세틸퍼옥사이드** : 인화점(45℃), 발화점(121℃), 희석제 DMF를 75% 첨가 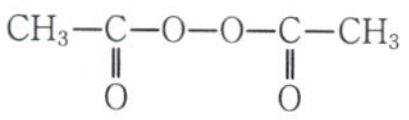	10kg
	질산에스테르류 ($R-ONO_2$)	**니트로셀룰로오스($[C_6H_7O_2(ONO_2)_3]_n$, 질화면)** : 인화점(13℃), 발화점(160~170℃), 분해온도(130℃), 비중(1.7) $2C_{24}H_{29}O_9(ONO_2)_{11} \rightarrow 24CO_2 + 24CO + 12H_2O + 11N_2 + 17H_2$ **니트로글리세린[$C_3H_5(ONO_2)_3$]** : 다이너마이트, 로켓, 무연화약의 원료로 순수한 것은 무색투명하나 공업용 시판품은 담황색, 다공질 물질을 규조토에 흡수시켜 다이너마이트 제조 $4C_3H_5(ONO_2)_3 \rightarrow 12CO_2 + 10H_2O + 6N_2 + O_2$ **질산메틸(CH_3ONO_2)** : 분자량(약 77), 비중[1.2(증기비중 2.65)], 비점(66℃), 무색투명한 액체이며, 향긋한 냄새가 있고 단맛 **질산에틸($C_2H_5ONO_2$)** : 비중(1.11), 융점(-112℃), 비점(88℃), 인화점(-10℃) **니트로글리콜[$C_2H_4(ONO_2)_2$]** : 순수한 것 무색, 공업용은 담황색, 폭발속도 7,800m/s	10kg
II	니트로화합물 ($R-NO_2$)	**트리니트로톨루엔[TNT, $C_6H_2CH_3(NO_2)_3$]** : 순수한 것은 무색 결정이나 담황색의 결정, 직사광선에 의해 다갈색으로 변하며 중성으로 금속과는 반응이 없으며 장기 저장해도 자연발화의 위험 없이 안정하다. 분자량(227), 발화온도(약 300℃), $2C_6H_2CH_3(NO_2)_3 \rightarrow 12CO + 2C + 3N_2 + 5H_2$ **트리니트로 페놀(TNP, 피크르산)** : 순수한 것은 무색이나 보통 공업용은 휘황색의 침전 결정. 폭발온도(3,320℃), 폭발속도(약 7,000m/s) $2C_6H_2OH(NO_2)_3 \rightarrow 6CO + 2C + 3N_2 + 3H_2 + 4CO_2$	200kg
	니트로소화합물	–	
	아조화합물	–	
	디아조화합물	–	
	히드라진 유도체	–	200 kg
	히드록실아민	–	100kg
	히드록실아민염류	–	
	그 밖에 행정안전부령이 정하는 것	① 금속의 아지화합물[NaN_3, $Pb(N_3)_2$] ② 질산구아니딘[$C(NH_2)_3$, NO_3]	200kg

- **공통성질** : 다량의 주수냉각소화. 가연성 물질이며, 내부연소. 폭발적이며, 장시간 저장 시 산화반응이 일어나 열분해되어 자연발화한다.
  ① 자기연소를 일으키며 연소의 속도가 매우 빠르다.
  ② 모두 유기질화물이므로 가열, 충격, 마찰 등으로 인한 폭발의 위험이 있다.
  ③ 시간의 경과에 따라 자연발화의 위험성을 갖는다.
- **저장 및 취급 방법**
  ① 점화원 및 분해를 촉진시키는 물질로부터 멀리할 것
  ② 용기의 파손 및 균열에 주의하며 실온, 습기, 통풍에 주의할 것
  ③ 화재발생 시 소화가 곤란하므로 소분하여 저장할 것
  ④ 용기는 밀전, 밀봉하고 포장 외부에 화기엄금, 충격주의 등 주의사항 표시를 할 것
- **소화방법** : 다량의 냉각주수소화

제6류 위험물(산화성 액체)			
위험등급	품명	품목별 성상	지정수량
I	**과염소산** ($HClO_4$)	무색무취의 유동성 액체. 92℃ 이상에서는 폭발적으로 분해 $HClO_4 \rightarrow HCl + 2O_2$ $HClO < HClO_2 < HClO_3 < HClO_4$	300kg
	과산화수소 (H_2O_2)	순수한 것은 청색을 띠며 점성이 있고 무취, 투명하고 질산과 유사한 냄새, 농도 60% 이상인 것은 충격에 의해 단독폭발의 위험, **분해방지 안정제(인산, 요산 등)**를 넣어 발생기 산소의 발생을 억제한다. 용기는 밀봉하되 작은 구멍이 뚫린 마개를 사용 가열 또는 촉매(KI)에 의해 산소 발생 $2H_2O_2 \rightarrow 2H_2O+O_2$	300kg
	질산 (HNO_3)	직사광선에 의해 분해되어 이산화질소(NO_2)를 생성시킨다. $4HNO_3 \rightarrow 4NO_2 + 2H_2O + O_2$ **크산토프로테인 반응**(피부에 닿으면 노란색), **부동태 반응**(Fe, Ni, Al 등과 반응 시 산화물피막 형성)	300kg
	그 밖에 행정안전부령이 정하는 것	할로젠간화합물(ICl, IBr, BrF_3, BrF_5, IF_5 등)	300kg

- **공통성질** : 물보다 무겁고, 물에 녹기 쉬우며, 불연성 물질이다.
  ① 부식성 및 유독성이 강한 강산화제이다.
  ② 산소를 많이 포함하여 다른 가연물의 연소를 돕는다.
  ③ 비중이 1보다 크며 물에 잘 녹는다.
  ④ 물과 만나면 발열한다.
  ⑤ 가연물 및 분해를 촉진하는 약품과 분해 폭발한다.
- **저장 및 취급 방법**
  ① 저장용기는 내산성일 것
  ② 물, 가연물, 무기물 및 고체의 산화제와의 접촉을 피할 것
  ③ 용기는 밀전 밀봉하여 누설에 주의할 것
- **소화방법** : 불연성 물질이므로 원칙적으로 소화방법이 없으나 가연성 물질에 따라 마른모래나 분말소화약제
- 과산화수소 : 농도 36wt% 이상인 것. 질산의 비중 1.49 이상인 것

※ 황산(H_2SO_4) : 2003년까지는 비중 1.82 이상이면 위험물로 분류하였으나, 현재는 위험물안전관리법상 위험물에 해당하지 않는다.

특수가연물(소방기본법 시행령 제6조)			
품 명	품 목		지정수량
면화류	천연섬유, 인조섬유 등		200 kg
나무껍질 및 대팻밥			400 kg
넝마 및 종이부스러기			1,000 kg
사류	실, 누에고치		1,000 kg
볏짚류	마른 볏짚, 마른 북더기, 볏짚제품, 마른 풀		1,000 kg
가연성 고체류	나프탈렌, 송지, 고체파라핀, 장뇌, 페놀, 파라톨루이딘, 파라포름알데히드, 메타포름알데히드, 크레졸, 크로톤산, 보루네올, 안트라센, 스테아르산		3,000 kg
석탄 및 목탄류	갈탄, 역청탄, 반역청탄, 반무연탄		10,000 kg
가연성 액체류			2 m^3
목재가공품 및 나무부스러기			10 m^3
합성수지류	LDPE(저밀도 폴리에틸렌), HDPE(고밀도 폴리에틸렌), PVC(염화비닐수지), PP(폴리프로필렌)	발포시킨 것	20 m^3
		그 밖의 것	3,000 kg

- 특수가연물은 화재가 발생하면 화재양상이 위험물과는 다르지만 화재가 급속히 확대되며 소화가 곤란한 특징을 가진 것들을 말한다.
- 특수가연물의 공통성질 : 고체 또는 반고체로서 ① 인화점이 낮은 것 ② 인화성 증기를 발생하는 것 ③ 연소 시 용융하여 위험물연소와 다를 바 없는 것 ④ 연소 시 화세가 너무 세어 소화가 곤란한 것
- "면화류"라 함은 불연성 또는 난연성이 아닌 면상 또는 팽이모양의 섬유와 마사원료
- 넝마 및 부스러기는 불연성 또는 난연성이 아닌 것
- "사류"라 함은 불연성 또는 난연성이 아닌 실(실부스러기와 솜털을 포함한다)과 누에고치
- "볏짚류"라 함은 마른볏짚, 마른 북더기와 이들의 제품 및 건초
- "가연성 고체류"라 함은 고체로서 다음 각목의 것
  가. 인화점이 섭씨 40도 이상 100도 미만인 것
  나. 인화점이 섭씨 100도 이상 200도 미만이고, 연소열량이 1 g당 8 kcal 이상인 것
  다. 인화점이 섭씨 200도 이상이고 연소열량이 1 g당 8 kcal 이상인 것으로서 융점이 100도 미만인 것
  라. 1기압과 섭씨 20도 초과 40도 이하에서 액상인 것으로서 인화점이 섭씨 70도 이상 섭씨 200도 미만이거나 나목 또는 다목에 해당하는 것
- 석탄, 목탄류에는 코크스, 석탄가루를 물에 갠 것, 조개탄, 연탄, 석유코크스, 활성탄 및 이와 유사한 것을 포함
- "가연성 액체"라 함은 다음 각 목의 것을 말한다.
  가. 1기압과 섭씨 20도 이하에서 액상인 것으로서 가연성 액체량이 40중량퍼센트 이하이면서 인화점이 섭씨 40도 이상 섭씨 70도 미만이고 연소점이 섭씨 60도 이상인 물품
  나. 1기압과 섭씨 20도에서 액상인 것으로서 가연성 액체량이 40중량퍼센트 이하이고 인화점이 섭씨 70도 이상 섭씨 250도 미만인 물품
  다. 동물의 기름기와 살코기 또는 식물의 씨나 과일의 살로부터 추출한 것
- "합성수지류"라 함은 불연성 또는 난연성이 아닌 고체의 합성수지제품, 합성수지반제품, 원료합성수지 및 합성수지 부스러기(불연성 또는 난연성이 아닌 고무제품, 고무반제품, 원료고무 및 고무부스러기를 포함한다)를 말한다. 다만, 합성수지의 섬유, 옷감, 종이 및 실과 이들의 넝마와 부스러기를 제외한다.

유별을 달리하는 위험물의 혼재 기준

위험물의 구분	제 1 류	제 2 류	제 3 류	제 4 류	제 5 류	제 6 류
제 1 류		×	×	×	×	O
제 2 류	×		×	O	O	×
제 3 류	×	×		O	×	×
제 4 류	×	O	O		O	×
제 5 류	×	O	×	O		×
제 6 류	O	×	×	×	×	

* 혼촉 발화

❶ 제1류 + 제2류

$NaClO_3$	+	S, Al, Mg			⇒	발화
$NaClO_3$	+	S	+	$C_2H_4(OH)_2$	⇒	발화

❷ 제1류 + 제3류

$KBrO_3$	+	Na	⇒	발화
NH_4NO_3	+	Na	⇒	발화

❸ 제1류 + 제4류

$NaClO_4$	+	CS_2, C_6H_6, 에테르	⇒	발화
$KMnO_4$	+	에테르, 알코올류	⇒	발화
$NaClO_3$, CrO_3	+	$C_2H_5OC_2H_5$(에테르)	⇒	혼촉 발화
$NaClO_3$, CrO_3, Na_2O_2	+	CH_3COCH_3(아세톤)	⇒	혼촉 발화

❹ 제 1 류 + 제 5 류

$C_3H_5(ONO_2)_3$ (니트로글리세린)	+	$NaClO_3$	⇒	혼촉 발화

❺ 제 1 류 + 제 6 류

$KClO_3$	+	$HClO_3$			⇒	혼촉 발화
$KMnO_4$	+	H_2SO_4	+	염화칼륨	⇒	발화
$KMnO_4$	+	H_2SO_4	+	유기물	⇒	발화

❻ 제2류 + 제6류

Mg	+	H_2SO_4	→	$MgSO_4$	+	H_2↑	⇒	수소발생
3Fe	+	$4H_2O$	→	Fe_3O_4	+	$4H_2$↑	⇒	수소발생

❼ 제3류 + 제5류

Na	+	$C_3H_5(ONO_2)_3$(니트로글리세린)	⇒	혼촉 발화
K	+	N_2H_4	⇒	혼촉 발화
Na	+	N_2H_4	⇒	혼촉 발화

❽ 제3류 + 제6류

K	+	H_2O_2	⇒	발화

❾ 제5류 + 제6류

$C_3H_5(ONO_2)_3$(니트로글리세린)	+	H_2O_2		
NH	+	HNO_3, H_2SO_4	⇒	혼촉 발화

❿ 혼 합

(1) 제1류 + 제2류 + 제4류

$NaClO_2$	+	S	+	$C_2H_4(OH)_2$	⇒	발화
염소산염류	+	P	+	CS_2	⇒	폭발

(2) 제1류 + 제4류 + 제6류

$NaClO_2$	+	CS_2	+	H_2SO_4	⇒	발화
$Na_2Cr_2O_7$	+	에탄올	+	황산	⇒	발화
$MMnO_4$	+	피크르산	+	H_2SO_4	⇒	발화
$MMnO_4$	+	에탄올	+	H_2SO_4	⇒	발화

부록 4. NCS(국가직무능력표준) : 위험물 운송·운반 관리(수행내용)

수행내용 : 위험물의 성상 및 유해성 정보 수집하기

재료·자료

위험물안전관리법령, 인터넷(국가법령정보센터, 국민안전처 - 국가위험물정보시스템, 화학물질안전관리정보시스템 등), 물질안전보건자료

기기(장비·공구)

필기도구, 컴퓨터, 빔 프로젝트

안전·유의사항

위험물안전관리법 상의 위험물 유별 성상에 근거하여 위험물의 특성 파악 및 실습 시에 발생할 수 있는 안전사고에 주의한다.

수행 순서

1) 위험물안전관리법 및 국가위험물정보시스템에 의해 유별 위험물의 분류 및 성상을 찾아본다.

① 위험물안전관리법에서 정의하고 있는 유별 위험물의 정의를 확인한다.

㉠ 국가법령정보센터(www.law.or.kr)에 접속 > 검색 창에 "위험물안전관리법"을 입력하고 관련법령을 검색 또는 다운로드할 수 있다.

국가법령정보센터 사이트

㉡ 위험물안전관리법령에서 유별 위험물의 분류를 확인한다.
위험물안전관리법 제2조(정의), 동법 시행령 제2조(위험물) 및 별표 1, 동법 시행규칙 제3조(위험물 품명의 지정)를 확인한다.

② 위험물안전관리법에서 정의하고 있는 유별 위험물의 성상을 국민안전처 국가위험물정보시스템을 통해 확인한다.

㉠ 국민안전처 국가위험물정보시스템(www.nema.kr/hazmat/main/main.asp#)에 접속 > 상단 메뉴 '국가위험물 통합검색' 또는 좌측 하단 '국가위험물 통합검색'에서 물질명 또는 위험물분류명으로 검색 > 유별 위험물의 명칭 및 성상을 확인할 수 있다.

㉡ 유별 위험물의 성상을 확인할 수 있다.

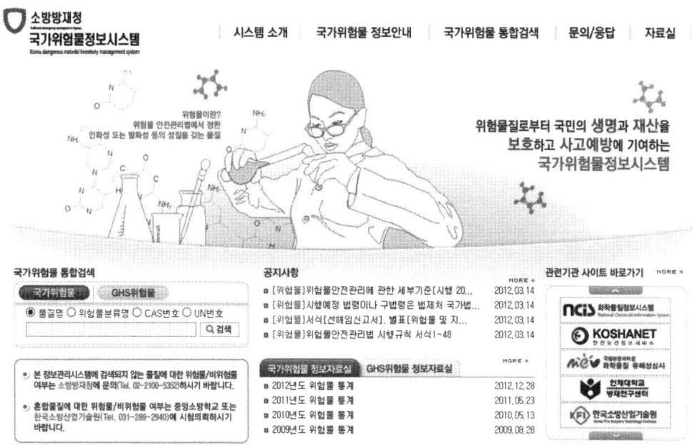

국민안전처 국가위험물정보시스템 화면

2) 유별 위험물의 환경적 유해성 및 인체 유해성에 대한 정보를 찾아 확인해 본다.

① 유별 위험물의 환경적 유해성 및 인체 유해성에 대한 정보를 국민안전처 국가위험물정보시스템(www.nema.kr/hazmat/main/main.asp#)을 통해 확인한다.

㉠ 국민안전처 국가위험물정보시스템(www.nema.kr/hazmat/main/main.asp#)에 접속

㉡ 상단 메뉴 '국가위험물 통합검색' 또는 좌측 하단 '국가위험물 통합검색'에서 물질명 또는 위험물분류명으로 검색

㉢ 선택된 위험물질을 클릭하여 물질의 성상 및 유해성 정보 확인

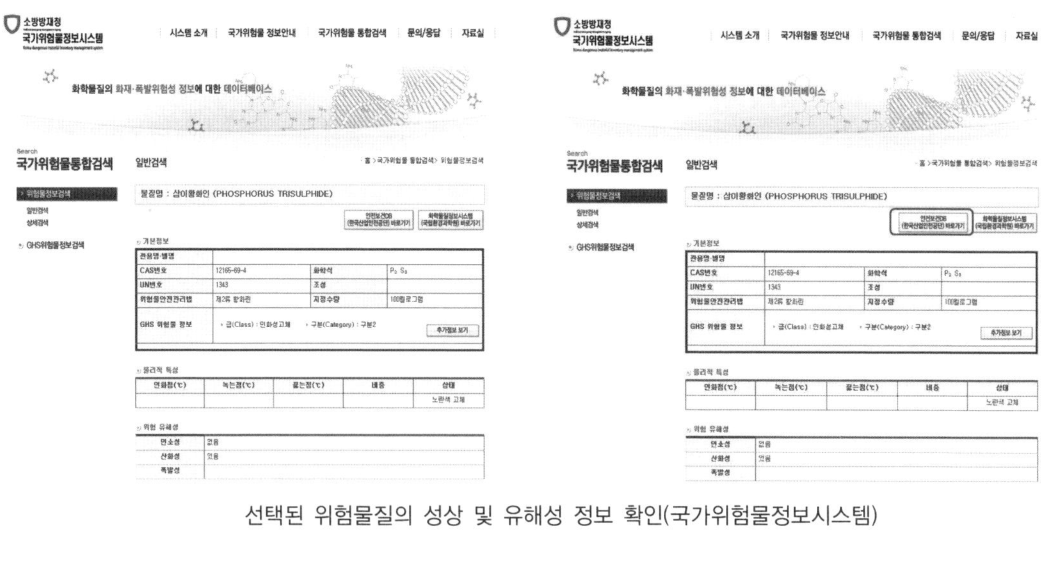

선택된 위험물질의 성상 및 유해성 정보 확인(국가위험물정보시스템)

(a) 검색된 정보 창의 우측에 위치한 안전보건DB에 접속하여 추가적인 유해성 정보를 확인할 수 있다.

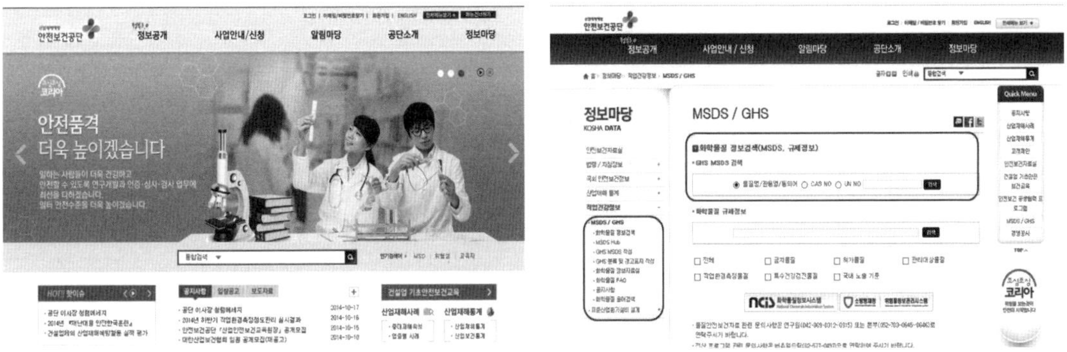

위험물질의 성상 및 유해성 정보 확인(안전보건DB, 한국산업안전공단)

(b) 검색된 정보 창의 우측에 위치한 화학물질정보시스템에 접속하여 추가적인 유해성 정보를 확인할 수 있다.

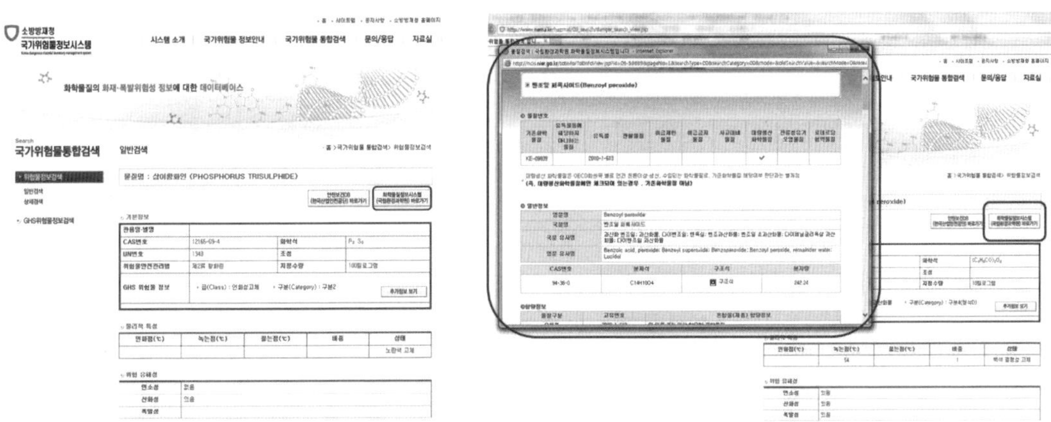

위험물질의 성상 및 유해성 정보 확인(화학물질정보시스템, 국립환경과학원)

② 유해성에 대한 표시사항을 확인해 본다.
표시사항의 내용은 GHS(Globally Harmonized System of classification and labelling of chemicals : 화학물질 분류, 표지에 관한 세계조화시스템)를 따르며 GHS분류에 의한 유별 위험물의 유해성을 확인해 본다.

수행내용 : 유별 위험물의 위험성평가

재료 · 자료

인터넷

기기(장비 · 공구)

필기도구, 컴퓨터

안전 · 유의사항

해당사항 없음

수행 순서

1) 법제처(http://www.law.go.kr) 사이트에 접속한다.

국가법령정보센터 사이트

2) 행정규칙에서 「위험물안전관리에 관한 세부기준」을 검색한다.

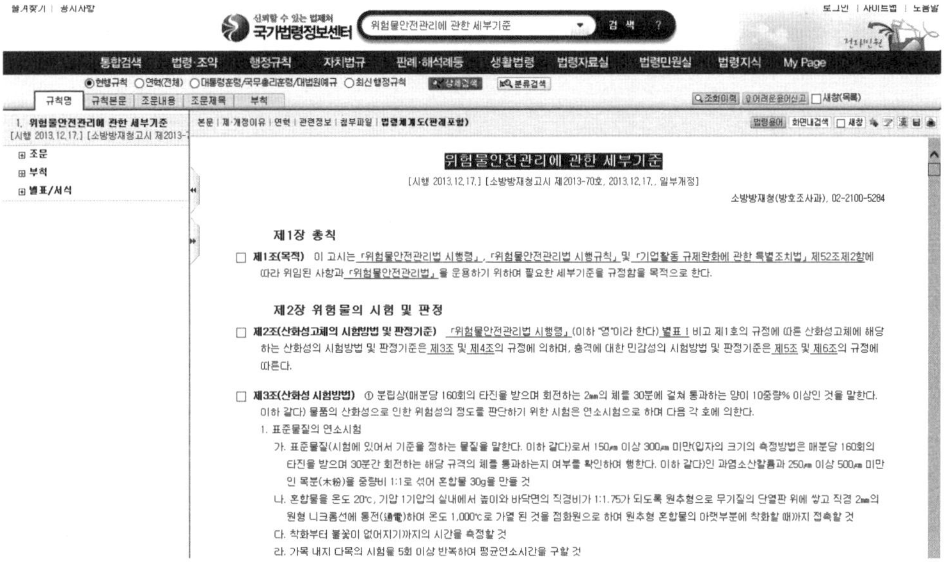

위험물안전관리에 관한 세부기준

3) 유별 위험물의 시험방법 및 판정기준을 확인한다.

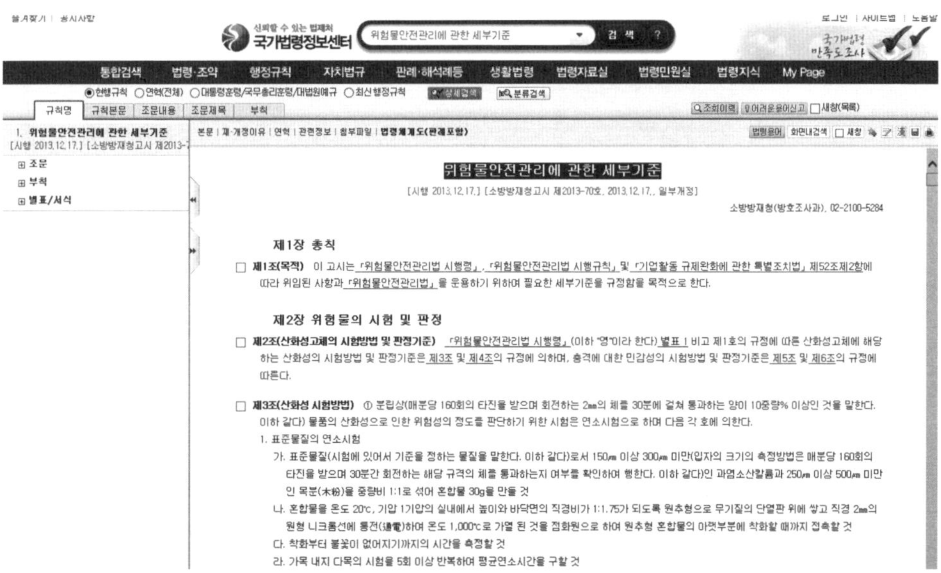

위험물의 시험 및 판정기준 확인

수행내용 : 유별 위험물 저장 및 취급방법 정보 수집하기

재료 · 자료

인터넷, 시약 대장, 물질안전보건자료(MSDS)

기기(장비 · 공구)

컴퓨터, 빔 프로젝트

안전 · 유의사항

해당 위험물질의 물질명이나 CAS 번호 등을 정확히 알고 검색한다.

수행 순서

1) 「국가위험물통합검색」에서 위험물의 유별을 확인한다.

① 한국소방산업기술원(http://www.kfi.or.kr) 사이트에 접속 > 국가위험물통합검색 > 위험물 정보 검색 메뉴를 클릭한다.

② 위험물정보검색창에 위험물의 물질명, 위험물분류명, CAS 번호, UN 번호 중에 하나를 입력하여 위험물을 검색한다.

③ 위험물의 유별 및 지정수량을 확인한다.

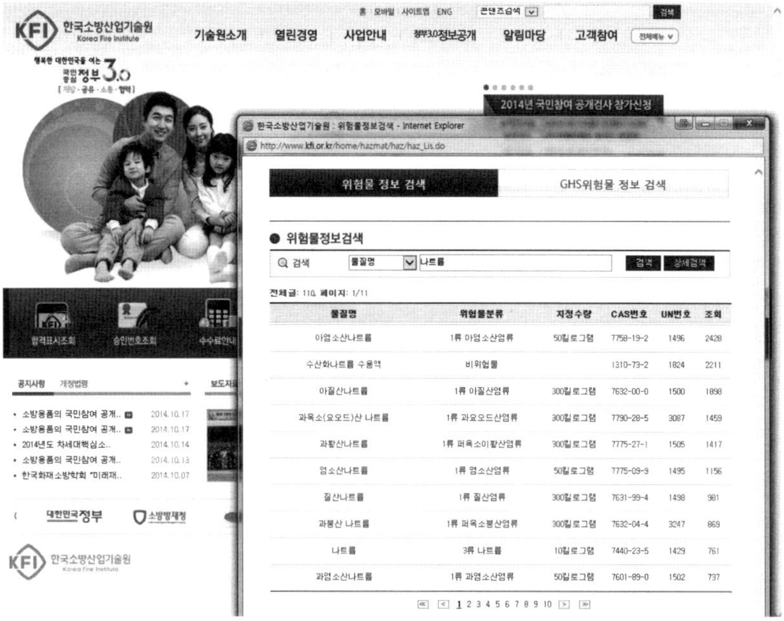

한국소방산업기술원 위험물정보검색

2) 유별 위험물질의 정보를 수집한다.

① 검색하여 분류한 위험물질을 클릭한다.

② 위험물질의 물리적 특성, 위험유해성, 저장·취급 시 유의사항·화재 시 소방활동, 혼재금지물질, 기타 참고사항을 확인한다.

③ 엑셀(Excel)파일로 저장하여 보관한다.

위험물 정보 검색 | GHS위험물 정보 검색

Excel 인쇄

위험물정보검색

물질명 : 나트륨 (Sodium)

기본정보

안전보건 DB (한국산업안전공단) 바로가기 | 화학물질정보시스템 (국립환경과학원) 바로가기

관용명 · 별명	Natrium, Metalic sodium		
CAS 번호	7440-23-5	화학식	Na
UN 번호	1429	조성	
위험물안전관리법	3류 나트륨	지정수량	10킬로그램
GHS 위험물 정보	급(Class) : 물반응성물질, 구분(Category) : 구분1		

물리적 특성

인화점(℃)	녹는점 (℃)	끓는점 (℃)	비중	상태
115.000	97.700	880.000	0.9712	은백색의 무른 고체

위험유해성

연소성	공기중에 가열하면 연소한다.
산화성	
폭발성	물과 강하게 반응하여 다량의 수소를 발생하며 공기와 접촉해 폭발한다.

저장 · 취급시 유의사항

석유와는 반응하지 않으므로 석유에 저장해 공기에 의한 산화를 막는다.

화재시 소방활동

적응 소화약제	모래, 소다회, 식염, 흑연분말, 주수엄금, 사염화탄소나 탄산가스 소화기 사용 엄금
소화활동 요령	안면 보호면, 고무장갑, 고무보호앞치마 착용

위험물질의 저장 및 취급시의 정보 수집

수행 tip

물질명으로 검색하면 유사 위험물질들이 여러 개 검색되므로 CAS 번호를 미리 알고 있으면 빠르고 정확히 검색할 수 있다.

수행내용 : 유별 위험물 안전카드 작성하기

재료 · 자료

위험물안전관리법령, 인터넷(국가법령정보센터, 국민안전처 - 국가위험물정보시스템, 화학물질안전관리정보시스템 등), 물질안전보건자료

기기(장비 · 공구)

필기도구, 컴퓨터, 빔 프로젝트

안전 · 유의사항

위험물안전관리법 상의 위험물 유별 성상에 근거하여 위험물의 특성 파악 및 실습 시에 발생할 수 있는 안전사고에 주의한다.

수행 순서

1) 유별 위험물 품목별로 위험물안전카드를 작성한다.

① 위험물안전관리법에서 위험물안전카드를 한글파일로 다운 받는다.

㉠ 국가법령정보센터(www.law.or.kr)에 접속 > 검색 창에 "위험물안전관리법"을 입력하고 관련법령을 검색 또는 다운로드할 수 있다.

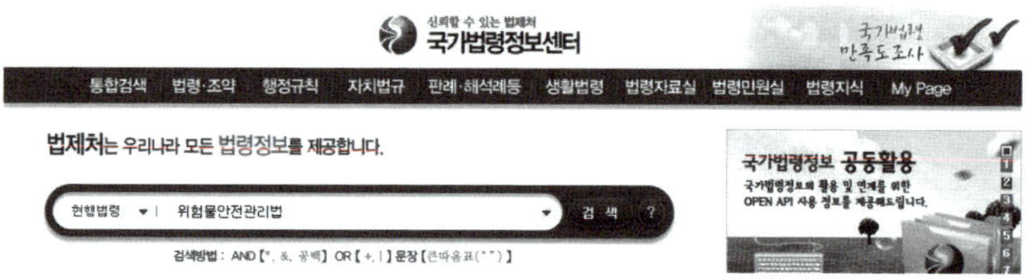

국가법령정보센터 사이트

㉡ 위험물안전관리법 시행규칙 > 별지/서식 > [서식 48] 위험물안전카드를 한글파일로 다운 받는다.

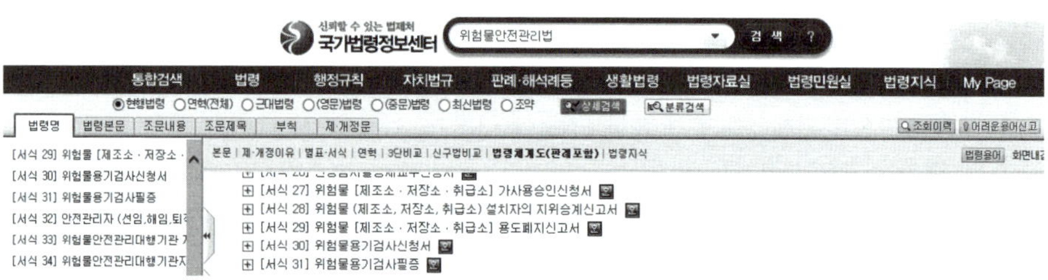

위험물안전관리법의 위험물안전카드 서식

㉢ 위험물안전카드 양식에 맞게 위험물안전관리법에서 지정하고 있는 유별 위험물의 안전카드를 작성한다.

2) 안전카드를 활용하여 유별 위험물의 정보를 수집한다.

① 위험물질의 위험성, 유해성, 환경오염성, 성상 등의 정보를 참고하여 저장 및 취급방법에 참고한다.

② 한글파일로 저장하여 보관한다.

3) 안전카드 작성요령

① 물질명란에는 화학명, 통칭명 등을 기재한다.

② 해당법규 및 위험·유해성란에는 해당성이 있는 사항 칸에 "○"표기를 하고, 품명란에는 「위험물안전관리법 시행령」 별표 1에 규정된 품명을 기재한다.

③ 특성란에는 해당성이 있는 칸에 "○"표기를 하고, 그 밖의 위험성란에는 그 밖의 위험성 및 주의사항 등을 기재한다.

④ 사고발생 시의 응급조치 요령란에는 누출·화재 사고발생시 조치하여야 할 사항, 처리약제 등을 기재한다.

위험물 안전카드 작성 (예시)

[별지 제48호서식] <신설 2005.5.26>

<table>
<tr><th colspan="13">위험물 안전카드</th></tr>
<tr><td rowspan="2">물질명</td><td colspan="6"></td><td colspan="2">UN No.</td><td colspan="4"></td></tr>
<tr><td colspan="6"></td><td colspan="2">CAS No.</td><td colspan="4"></td></tr>
<tr><td colspan="13">해당법규 및 위험·유해성</td></tr>
<tr><td colspan="7">위험물안전관리법</td><td colspan="3">유해화학 물질관리법</td><td colspan="3">총포·도검·화약류 등 단속법</td></tr>
<tr><td colspan="6">유별</td><td rowspan="2">품명</td><td rowspan="2">유독물</td><td rowspan="2">취급제한 유독물</td><td rowspan="2">관찰물질</td><td rowspan="2">화약</td><td rowspan="2">폭약</td><td rowspan="2">화공품</td></tr>
<tr><td>제1류</td><td>제2류</td><td>제3류</td><td>제4류</td><td>제5류</td><td>제6류</td></tr>
<tr><td></td><td></td><td></td><td></td><td></td><td></td><td>칼륨</td><td></td><td></td><td></td><td></td><td></td><td></td></tr>
</table>

<table>
<tr><td rowspan="4">특성</td><td colspan="3">위험성</td><td colspan="4">유해성</td><td>환경오염성</td><td>그 밖의 위험성</td><td colspan="4">성상</td></tr>
<tr><td rowspan="2">금수성</td><td rowspan="2">폭발성</td><td rowspan="2">가연성</td><td colspan="3">유해가스 발생</td><td rowspan="2">눈·피부 접촉 시 위험성</td><td rowspan="2">하천등 유입주의</td><td rowspan="3"></td><td rowspan="2">고체</td><td rowspan="2">액체</td><td rowspan="2">기체</td><td rowspan="2">수용성</td></tr>
<tr><td>상온</td><td>고온</td><td>물과 접촉</td></tr>
<tr><td></td><td></td><td></td><td></td><td></td><td></td><td></td><td></td><td></td><td></td><td></td><td></td></tr>
<tr><td colspan="14"><사고발생시의 응급조치 요령></td></tr>
<tr><td colspan="14"><긴급신고 번호> : 소방서(119), 경찰서(112), 시군구청(128), 한국도로공사(080-701-0404)
<긴급신고 내용> : 사고시각, 사고장소, 물질명, 사고유형, 부상자 유무, 운송자 명칭</td></tr>
<tr><td colspan="14"><긴급 연락처></td></tr>
</table>

화주		운송자	
주소		주소	
전화	(주간) (야간)	전화	(주간) (야간)

210mm×297mm(보존용지(1종) 120g/m^2)

수행내용 : 유별 위험물의 소화설비 및 소화기구 파악하기

재료 · 자료

위험물안전관리법 시행규칙, 소화기구

기기(장비 · 공구)

인터넷, 필기구, 소화설비, 소화약제

안전 · 유의사항

1) 유별 위험물의 화재 및 폭발현상에 주의하고 화재 및 소화 방법의 특성에 대해 숙지한다.
2) 화재현상 발생 시 적용하는 소화약제의 방출 및 실습 시에 안전에 주의하고 소화 시에 발생될 수 있는 유독가스 등에 유념하여 안전조치와 보호 장구를 충분히 갖춘 후 수행한다.

수행 순서

1) 위험물안전관리법에서 규정하고 있는 유별 위험물의 소화설비 기준을 확인한다.

① 국가법령정보센터(http://www.law.go.kr) 사이트에 접속한다.

국가법령정보센터 사이트

② 위험물안전관리법 시행규칙에서 제41조. 「소화설비의 기준」을 검색한다.

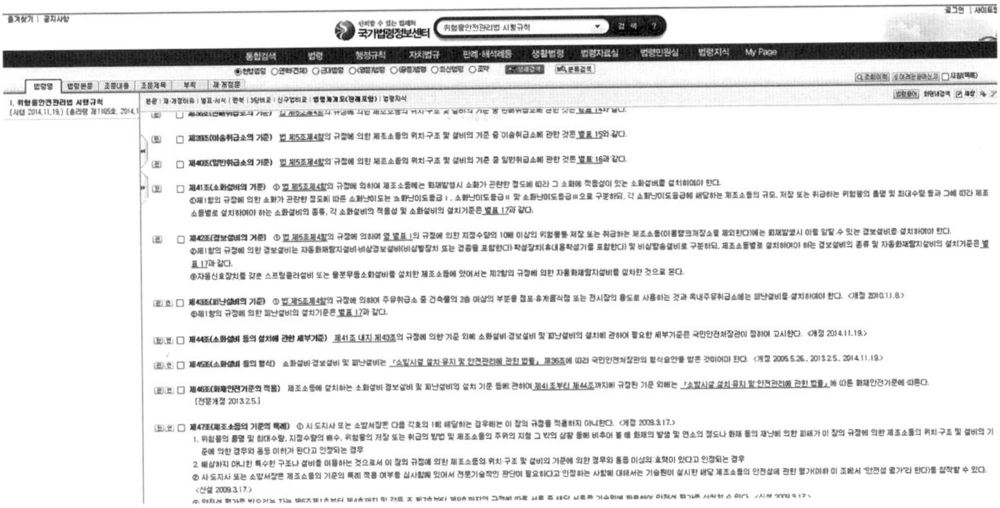

위험물안전관리법 시행규칙의 소화설비기준

③ 위험물안전관리법 시행규칙의 별표 17을 확인한다.

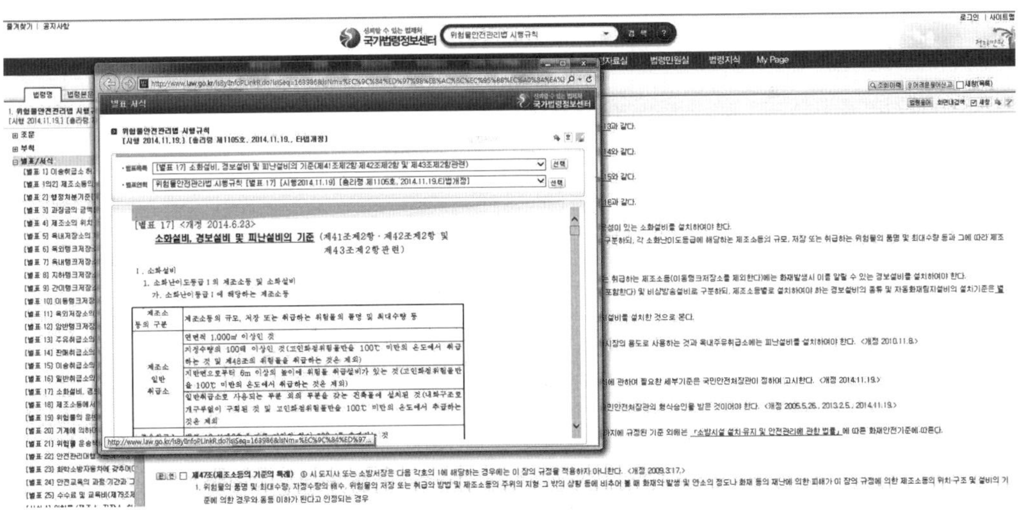

위험물안전관리법 시행규칙 별표 17

④ 별표 17에 표기된 유별 위험물에 대한 소화설비를 파악하여 예상될 수 있는 화재 및 폭발사고에 대응할 수 있도록 한다.

부록 5. 연습문제 해답

▶ 제1장 서론

16. (1) 몰분율 $= \dfrac{\text{해당 물질의 몰수}}{\text{전체 몰수}}$

질산 수용액(360 g) = 질산(31.5 g) + 물(328.5 g)

질산(HNO_3)의 몰분율

$$= \frac{\text{질산}(HNO_3)\text{의 몰수}}{\text{질산}(HNO_3)\text{의 몰수} + \text{물}(H_2O)\text{의 몰수}} = \frac{0.5\ \text{mol}}{0.5\ \text{mol} + 18.25\ \text{mol}} \fallingdotseq 0.026$$

(2) 몰농도(M) $= \dfrac{\text{용질의 몰수(mol)}}{\text{용액의 부피(L)}}$

액 비중이 1인 질산 수용액 360 g의 부피(L)는 0.36 L이다.

몰농도(M) $= \dfrac{0.5\ \text{mol}}{0.36\ \text{L}} \fallingdotseq 1.388\ \text{M(mol/L)}$

▶ 제2장 위험물화학의 기초

1. $\Delta = 100℃ - 30℃ = 70℃$

$Q = mC\Delta T = 100\text{g} \times 0.093\text{cal/g} \cdot ℃ \times 70℃ = 651\text{cal}$

2. $Q = mC\Delta T$

$1{,}000\text{kcal} = 10\text{kg} \times 0.547\ \text{kcal/kg} \cdot ℃ \times (T_2 - 20℃)$

$T_2 = 202.8℃$

4. $\dfrac{V_1}{T_1} = \dfrac{V_2}{T_2}$에서 $V_2 = V_1 \times \dfrac{T_2}{T_1} = 300\text{mL} \times \dfrac{(100+273.15)\text{K}}{(0+273.15)\text{K}} \fallingdotseq 409.83\text{mL}$

5. $\dfrac{P_1}{T_1} = \dfrac{P_2}{T_2}$에서 $P_2 = P_1 \times \dfrac{T_2}{T_1} = 5\text{atm} \times \dfrac{(800+273.15)\text{K}}{(25+273.15)\text{K}} \fallingdotseq 17.99\text{atm}$

7. $P_1V_1 = P_2V_1$에서 $P_2 = P_1 \times \dfrac{V_1}{V_2} = 150\text{atm} \times \dfrac{30\text{L}}{40\text{L}} = 112.5\text{atm}$

8. $PV = \dfrac{w}{M}RT$

$$M = \frac{wRT}{PV} = \frac{0.17\text{g} \times 0.082\text{L} \cdot \text{atm/K} \cdot \text{mol} \times (70+273.15)\text{K}}{\frac{130}{760}\text{atm} \times 1\text{L}} \fallingdotseq 27.96 \fallingdotseq 28\text{g/mol}$$

따라서 분자량 28에 가까운 기체는 N_2(질소)로 추정할 수 있다.

9. $PV = \frac{w}{M}RT$

$$M = \frac{wRT}{PV} = \frac{1.429\text{g} \times 0.082\,\text{L} \cdot \text{atm/K} \cdot \text{mol} \times (0+273.15)\text{K}}{1\text{atm} \times 1\text{L}} \fallingdotseq 32\,\text{g/mol}$$

10. $PV = \frac{w}{M}RT$

$$V = \frac{wRT}{PM} = \frac{6\text{g} \times 0.082\,\text{L} \cdot \text{atm/K} \cdot \text{mol} \times (90+273.15)\text{K}}{1\text{atm} \times 78\text{g/mol}} \fallingdotseq 2.29\,\text{L}$$

11. $PV = \frac{w}{M}RT$

$$\frac{w}{V} = \frac{PM}{RT} = \frac{2\,\text{atm} \times 34\,\text{g/mol}}{0.082\,\text{L} \cdot \text{atm/K} \cdot \text{mol} \times (27+273.15)\text{K}} \fallingdotseq 2.76\,\text{g/L}$$

12. $PV = nRT$

$$P = \frac{nRT}{V} = \frac{\left(\frac{32}{32} + \frac{56}{28}\right) \times 0.082\,\text{L} \cdot \text{atm/K} \cdot \text{mol} \times (20+273.15)\text{K}}{30\text{L}} \fallingdotseq 2.40\,\text{atm}$$

13. (1) 24.26, (2) 3.92, (3) 4.42, (5) 12.9

14. (1) 연소범위 : 1.4~7.6[%], (2) 위험도 : 4.43,

(3) 옥탄값의 정의 : 이소옥탄 100, 노말헵탄을 0으로 하여 가솔린의 품질을 측정

공식 : $\frac{\text{이소옥탄}}{(\text{이소옥탄} + \text{노말헵탄})} \times 100$

15. $PV = nRT$

$$V = \frac{nRT}{P} = \frac{\left(\frac{1000}{76}\right) \times 0.082\,\text{L} \cdot \text{atm/K} \cdot \text{mol} \times (100+273.15)\text{K}}{1\,\text{atm}} \fallingdotseq 402.61\,\text{L}$$

16. $\frac{V_1}{T_1} = \frac{V_2}{T_2}$에서 $V_2 = V_1 \times \frac{T_2}{T_1} = V_1 \times \frac{(273+273.15)\text{K}}{(0+273.15)\text{K}} \fallingdotseq 1.99\,V_1$

따라서, 처음 체적보다 1.99배 증가한다.

24. (1) 탱크의 강도를 저하시키는 주위의 화재를 예방하고, 안전거리 유지

(2) 화재 시 살수설비 등 폭발방지 장치

(3) 긴급차단장치, 안전밸브 등 설비

25. $PV = \frac{W}{M}RT$에서 $\frac{W}{V} = \frac{PM}{RT} = \frac{2 \times 44}{0.082 \times (27+273.15)} \fallingdotseq 3.575$

27. $V_2 = V_1 \times \frac{T_2}{T_1} = 1 \times \frac{(273+400)\text{K}}{(273+100)\text{K}} = 2.378\,\text{L}$

용기 밖으로 나온 공기의 부피는 $2.378 - 1 = 1.378\text{L}$

$\therefore\ \frac{1.378}{2.378} \times 100 = 57.95\%$

29. $PV = nRT,\ PV = \frac{w}{M}RT$

$$V = \frac{wRT}{PM} = \frac{1,000\text{g} \times 0.082\text{atm} \cdot \text{L/K} \cdot \text{mol} \times (0+273.15)\text{K}}{1\text{atm} \times 44\text{g/mol}} = 509.05\ \text{L}$$

30. $\frac{V_1}{T_1} = \frac{V_2}{T_2}$ 에서 $\frac{1\text{L}}{(10+273.15)\text{K}} = \frac{V_2}{(400+273.15)\text{K}}$

$V_2 \cdot (10+273.15)\text{K} = 1\text{L} \cdot (400+273.15)\text{K}$

$V_2 = \frac{(400+273.15)\text{K}}{1\text{L} \times (10+273.15)\text{K}} ≒ 2.38\ \text{L}$

■ 달아난 공기량 = 나중 공기량 − 처음 공기량 = 2.38 − 1 = 1.38 L

달아난 공기량은 처음 공기량의 1.38배

31. 분해반응식 : $2NaHCO_3 \rightarrow Na_2CO_3 + CO_2 + H_2O$

$PV = nRT,\ PV = \frac{w}{M}RT$

$$V = \frac{wRT}{PM} = \frac{(5 \times 10^3)\text{g} \times 0.082\text{atm} \cdot \text{L/K} \cdot \text{mol} \times (100+273.15)\text{K}}{1\text{atm} \times 84\text{g/mol}} ≒ 1821.33\ \text{L-}NaHCO_3$$

$\therefore$ 910.67 L-CO_2 → 0.91 m^3-CO_2

32. $PV = nRT,\ PV = \frac{w}{M}RT$

$$P = \frac{wRT}{MV} = \frac{500\text{g} \times 0.082\text{atm} \cdot \text{L/K} \cdot \text{mol} \times (1000+273.15)\text{K}}{227\text{g/mol} \times 0.32\text{L}}$$

$≒ 718.60\text{atm} \times 1.033227\text{kg}_f/\text{cm}^2 = 742.23\ \text{kg/cm}^2$

※ $1\ \text{atm} = 1.033227\ \text{kg}_f/\text{cm}^2$

33. 분해반응식 : $Al_4C_3 + 12H_2O \rightarrow 4Al(OH)_3 + 3CH_4$

$PV = nRT,\ PV = \frac{w}{M}RT$

$$V = \frac{wRT}{PM} = \frac{100\text{g} \times 0.082\text{atm} \cdot \text{L/K} \cdot \text{mol} \times (20+273.15)\text{K}}{1.5\text{atm} \times 144\text{g/mol}} ≒ 11.12884259\ \text{L-}Al_4C_3$$

$\therefore$ 11.12884259 L-Al_4C_3 × 3 = 33.39 L-CH_4

34. 분해반응식 : $2NaHCO_3 \rightarrow Na_2CO_3 + CO_2 + H_2O$

발생하는 CO_2의 부피 :

84 g-$NaHCO_3$	1 mL-$NaHCO_3$	1 mL-CO_2	22.4 L-CO_2	= 1.12 L-CO_2
	84 g-$NaHCO_3$	2 mL-$NaHCO_3$	1 mL-CO_2	

35. 분해반응식 : $2Na + 2H_2O \rightarrow 2NaOH + H_2$

$$\frac{46\ \text{g-Na}}{} \bigg| \frac{1\ \text{mL-Na}}{23\ \text{g-Na}} \bigg| \frac{1\ \text{mL-H}_2}{2\ \text{mL-Na}} \bigg| \frac{2\ \text{g-H}_2}{1\ \text{mL-H}_2} = 2\ \text{g-H}_2$$

$$P = \frac{wRT}{MV} = \frac{2\text{g} \times 0.082\text{atm} \cdot \text{L/K} \cdot \text{mol} \times (30 + 273.15)\text{K}}{2\text{g/mol} \times 2\text{L}} = 12.42915\ \text{atm}$$

36. (1) 디에틸에테르: 폭발범위 : 1.85～36%, 위험도 $= \dfrac{(36-1.85)}{(1.85)} = 18.46$

(2) 아세톤: 폭발범위 : 2.15～13%, 위험도 $= \dfrac{(13-2.15)}{(2.15)} = 5.05$

37. $\dfrac{V_1}{T_1} = \dfrac{V_2}{T_2}$에서 $\dfrac{1\text{L}}{(10+273.15)\text{K}} = \dfrac{V_2}{(400+273.15)\text{K}}$

$V_2 \cdot (10+273.15)\text{K} = 1\text{L} \cdot (400+273.15)\text{K}$

$V_2 = \dfrac{(400+273.15)\text{K}}{1\text{L} \times (10+273.15)\text{K}} ≒ 2.38\ \text{L}$

■ 달아난 공기량 = 나중 공기량 − 처음 공기량 = 2.38 − 1 = 1.38 L

$\therefore\ \dfrac{1.38}{2.38} \times 100 = 57.98\%$

38. $Zn + 2HCl \rightarrow ZnCl_2 + H_2$ * Zn : 65.39 g/mol

$$\frac{1\ \text{kg-Zn}}{} \bigg| \frac{10^3\ \text{g-Zn}}{1\ \text{kg-Zn}} \bigg| \frac{1\ \text{mL-Zn}}{65.39\ \text{g-Zn}} \bigg| \frac{1\ \text{mL-H}_2}{1\ \text{mL-Zn}} \bigg| \frac{2\ \text{g-H}_2}{1\ \text{mL-H}_2} = 30.59\ \text{g-H}_2$$

$$V = \frac{wRT}{PM} = \frac{30.59\text{g} \times 0.082\text{atm} \cdot \text{L/K} \cdot \text{mol} \times (27+273.15)\text{K}}{0.5\text{atm} \times 2\text{g/mol}} = 752.89\ \text{L-H}_2$$

39. $1{,}000\ \text{m}^3\text{-Air} \rightarrow 210\ \text{m}^3\text{-O}_2$ ········· ①

$\rightarrow 790\ \text{m}^3\text{-N}_2$

$\dfrac{210}{(1{,}000+x)} \times 100 = 15\%$ $\quad 1{,}000 + x = \dfrac{210 \times 100}{15} = 1{,}400$

$\therefore\ x = 1{,}400 - 1{,}000 = 400\ \text{m}^3$ ········· ②

$PV = \dfrac{w}{M}RT$에서

$$w = \frac{PVM}{RT} = \frac{1\text{atm} \times (400 \times 10^3)\text{L} \times 44\text{g}}{0.082\text{atm} \cdot \text{L/K} \cdot \text{mol} \times (35+273.15)\text{K}} = 696524.8948\ \text{g} ≒ 696.52\ \text{kg}$$

40. $80\% \xrightarrow{\text{희석소화}} 3\%$

$\dfrac{300 \times 0.8}{(300+x)} \times 100 = 3\%$

$300 + x = \dfrac{300 \times 0.8 \times 100}{3} = 8{,}000$ $\quad \therefore\ x = 7{,}700\ \text{kg}$

$\therefore\ 7{,}700\ \text{kg} \times 1.5 = 11{,}550\ \text{kg}$

41. $CaC_2 + 2H_2O \rightarrow Ca(OH)_2 + C_2H_2$

$$\begin{array}{c|c|c|c} 10\text{ kg-}CaC_2 & 1\text{ kmol-}CaC_2 & 1\text{ kmol-}C_2H_2 & 26\text{ kg-}C_2H_2 \\ \hline & 64\text{ kg-}CaC_2 & 1\text{ kmol-}CaC_2 & 1\text{ kmol-}C_2H_2 \end{array} = 4.0625\text{ kg-}C_2H_2$$

$$V = \frac{wRT}{PM} = \frac{(4.0625 \times 10^3)\text{g} \times 0.082\text{atm} \cdot \text{L/K} \cdot \text{mol} \times (30+273.15)\text{K}}{(70/101.3)\text{atm} \times 26\text{g/mol}}$$

$$= 5620.861138\text{ L} \fallingdotseq 5.6\text{ m}^3$$

42. ■ $2Na + 2H_2O \rightarrow 2NaOH + H_2$

$$w = \frac{PVM}{RT} = \frac{1\text{atm} \times 20\text{L} \times 2\text{g/mol}}{0.082\text{atm} \cdot \text{L/K} \cdot \text{mol} \times (20+273.15)\text{K}} = 1.664\text{ g-}H_2$$

$$\begin{array}{c|c|c|c} 1.664\text{ g-}H_2 & 1\text{ mol-}H_2 & 2\text{ mol-}Na & 23\text{ g-}Na \\ \hline & 2\text{ g-}H_2 & 1\text{ mol-}H_2 & 1\text{ mol-}Na \end{array} = 38.272\text{ g-}Na$$

■ $2K + 2H_2O \rightarrow 2KOH + H_2$

$$\begin{array}{c|c|c|c} 38.272\text{ g-}K & 1\text{ mol-}K & 1\text{ mol-}H_2 & 2\text{ g-}H_2 \\ \hline & 39\text{ g-}K & 2\text{ mol-}K & 1\text{ mol-}H_2 \end{array} = 0.98133\text{ g-}H_2$$

$$V = \frac{wRT}{PM} = \frac{0.98133\text{g} \times 0.082\text{atm} \cdot \text{L/K} \cdot \text{mol} \times (100+273.15)\text{K}}{2\text{atm} \times 2\text{g/mol}} \fallingdotseq 7.51\text{ L-}H_2$$

45. $$V = \frac{wRT}{PM} = \frac{1\text{g} \times 0.082\text{atm} \cdot \text{L/K} \cdot \text{mol} \times (100+273.15)\text{K}}{1\text{atm} \times 18\text{g/mol}} \fallingdotseq 1.7\text{ L-}H_2O$$

46. $$V = \frac{wRT}{PM} = \frac{100 \times 0.08205 \times 303}{0.987 \times 44} = 57.25\text{ L-}H_2O$$

▶ 제3장 물질의 구조

10. $$64\text{g } O_2 \times \frac{1\text{mol } O_2}{32\text{g } O_2} \times \frac{6.02 \times 10^{23}\text{개의 } O_2}{1\text{mol } O_2} = 12.04 \times 10^{23}\text{개의 } O_2$$

11. $2H_2O + 2Cl^- \rightarrow H_2 + Cl_2 + OH^-$

$$\begin{array}{c|c|c|c} 22.4\text{ L-}Cl_2 & 1\text{ mol-}Cl_2 & 2\text{ mol-}NaCl & 58.5\text{ g-}NaCl \\ \hline & 22.4\text{ L-}Cl_2 & 1\text{ mol-}Cl_2 & 1\text{ mol-}NaCl \end{array} = 117\text{ g-}NaCl$$

12. 아보가드로 법칙에 의하면 모든 기체 1 mol이 차지하는 부피는 표준상태에서 22.4 L를 차지한다.
따라서 0.8 g : 0.4 L = x g : 22.4 L

$$x = \frac{0.8 \times 22.4}{0.4} = 44.8\text{g}$$

▶ 제4장 화학반응의 원리

2. $C_2H_4 + 3O_2 \rightarrow 2CO_2 + 2H_2O$

$$1.93\,g\ C_2H_4 \times \frac{1\,mol\ C_2H_4}{28\,g\ C_2H_4} = 0.0689\,mol\ C_2H_4$$

$$5.92\,g\ O_2 \times \frac{1\,mol\ O_2}{32\,g\ O_2} = 0.185\,mol\ O_2$$: C_2H_4가 한계반응물

따라서 $$\frac{1.93\ g\text{-}C_2H_4}{} \left| \frac{1\ mol\text{-}C_2H_4}{28\ g\text{-}C_2H_4} \right| \frac{2\ mol\text{-}CO_2}{1\ mol\text{-}C_2H_4} \left| \frac{44\ g\text{-}CO_2}{1\ mol\text{-}CO_2} \right. = 6.066\ g\text{-}CO_2$$ 생성

$$10^3\,g\ C_2H_4 \times \frac{1\,mol\ C_2H_4}{28\,g\ C_2H_4} \times \frac{3\,mol\ O_2}{1\,mol\ C_2H_4} \times \frac{100\,mL\ Air}{21\,mol\ O_2} \times \frac{28.84\,g\ Air}{1\,mol\ Air} \fallingdotseq 14.714\,kg\ Air$$

7. $C_2H_5OH + 3O_2 \rightarrow 2CO_2 + 3H_2O$

$$\frac{1\ mol\text{-}C_2H_5OH}{} \left| \frac{3\ mol\text{-}O_2}{1\ mol\text{-}C_2H_5OH} \right| \frac{100\ mol\text{-}Air}{21\ mol\text{-}O_2} \left| \frac{22.4\ L\text{-}Air}{1\ mol\text{-}Air} \right. = 320\ L\text{-}Air$$

8. $C_3H_8 + 5O_2 \rightarrow 3CO_2 + 4H_2O$

$$\frac{3\ L\text{-}C_3H_8}{} \left| \frac{1\ mol\text{-}C_3H_8}{22.4\ L\text{-}C_3H_8} \right| \frac{5\ mol\text{-}O_2}{1\ mol\text{-}C_3H_8} \left| \frac{100\ mol\text{-}Air}{20\ mol\text{-}O_2} \right| \frac{22.4\ L\text{-}Air}{1\ mol\text{-}Air} = 75\ L\text{-}Air$$

9. $1000\ m^3$ 공기 중 산소의 양 : $1000\ m^3 \times 0.21 = 210\ m^3$

산소를 15 vol%로 만들 때 필요한 $CO_2 = \dfrac{210}{CO_2 + 100} = 15$에서 $CO_2 = 400\ m^3$

$$PV = \frac{w}{M}RT \text{에서 } w = \frac{PVM}{RT} = \frac{1atm \times 400\,m^3 \times 44\,kg/mol}{0.082\,L \cdot atm/K \cdot mol \times (35+273.15)K} \fallingdotseq 696.52\,kg$$

10. $CaC_2 + 2H_2O \rightarrow Ca(OH)_2 + C_2H_2$

$$PV = nRT \text{에서 } V = \frac{nRT}{P} = \frac{10/64 \times 0.082 \times (30+273.15)}{70/101.3} \fallingdotseq 5.62\,m^3$$

15. 2.5

16. 126 g

17. 571.43 kg

18. $2CH_3OH + 3O_2 \rightarrow 2CO_2 + 4H_2O$

- $$\frac{10\ L\text{-}CH_3OH}{} \left| \frac{1\ mol\text{-}CH_3OH}{22.4\ L\text{-}CH_3OH} \right| \frac{3\ mol\text{-}O_2}{2\ mol\text{-}CH_3OH} \left| \frac{32\ g\text{-}O_2}{1\ mol\text{-}O_2} \right| \frac{10^{-3}\ kg\text{-}O_2}{1\ g\text{-}O_2} \fallingdotseq 0.021\ kg\text{-}O_2$$
- $$\frac{10\ L\text{-}CH_3OH}{} \left| \frac{1\ mol\text{-}CH_3OH}{22.4\ L\text{-}CH_3OH} \right| \frac{3\ mol\text{-}O_2}{2\ mol\text{-}CH_3OH} \left| \frac{22.4\ L\text{-}O_2}{1\ mol\text{-}O_2} \right| \frac{10^{-3}\ m^3}{1\ L\text{-}O_2} \fallingdotseq 0.015\ m^3\text{-}O_2$$

19. 반응 전 : $4HCl + O_2 \rightarrow 2Cl_2 + 2H_2O$

1 mol 0.5 mol

■ 한계반응물

$$\frac{1\ \text{mol-HCl}}{} \left| \frac{1\ \text{mol-O}_2}{4\ \text{mol-HCl}} \right. = 0.25\ \text{mol-O}_2 \quad (\text{한계})$$

$$\frac{0.5\ \text{mol-O}_2}{} \left| \frac{4\ \text{mol-HCl}}{1\ \text{mol-O}_2} \right. = 2\ \text{mol-HCl} \quad (\text{과잉})$$

$$\frac{0.39\ \text{mol-Cl}_2}{} \left| \frac{4\ \text{mol-HCl}}{2\ \text{mol-Cl}_2} \right. = 0.78\ \text{mol-HCl}$$

반응 후 : $0.78HCl + 0.195O_2 \rightarrow 0.39Cl_2 + 0.39H_2O$

0.22 mol = (1 − 0.78), 0.305 mol = (0.5 − 0.195), 0.39 mol, 0.39 mol

반응 후 전체몰수 : 0.22 + 0.305 + 0.39 + 0.39 = 1.305 mol

$$P_A = P_T \cdot x_A$$

$$P_{\text{HCl}} = 1\text{atm} \times \left(\frac{0.22}{1.305}\right) = 0.168\ \text{atm}$$

$$P_{\text{O}_2} = 1\text{atm} \times \left(\frac{0.305}{1.305}\right) = 0.233\ \text{atm}$$

$$P_{\text{Cl}_2} = 1\text{atm} \times \left(\frac{0.39}{1.305}\right) = 0.298\ \text{atm}$$

$$P_{\text{H}_2\text{O}} = 1\text{atm} \times \left(\frac{0.39}{1.305}\right) = 0.298\ \text{atm}$$

20. $CH_3OH + \frac{3}{2}O_2 \rightarrow CO_2 + 2H_2O \quad \Rightarrow \quad 2CH_3OH + 3O_2 \rightarrow 2CO_2 + 4H_2O$

(1) $$\frac{8\ \text{kg-CH}_3\text{OH}}{} \left| \frac{1\ \text{kmol-CH}_3\text{OH}}{32\ \text{kg-CH}_3\text{OH}} \right| \frac{3\ \text{kmol-O}_2}{2\ \text{kmol-CH}_3\text{OH}} \left| \frac{32\ \text{kg-O}_2}{1\ \text{kmol-O}_2} \right. = 12\ \text{kg-O}_2$$

(2) $$\frac{8\ \text{kg-CH}_3\text{OH}}{} \left| \frac{1\ \text{kmol-CH}_3\text{OH}}{32\ \text{kg-CH}_3\text{OH}} \right| \frac{2\ \text{kmol-CO}_2}{2\ \text{kmol-CH}_3\text{OH}} \left| \frac{44\ \text{kg-CO}_2}{1\ \text{kmol-CO}_2} \right. = 11\ \text{kg-CO}_2$$

$$V = \frac{wRT}{PM} = \frac{(11 \times 10^3)\text{g} \times 0.082\text{atm} \cdot \text{L/K} \cdot \text{mol} \times (0 + 273.15)\text{K}}{1\text{atm} \times 44\text{g/mol}} = 5599.575\ \text{L-CO}_2$$

∴ $5.6\ \text{m}^3\text{-CO}_2$

25. $PV = nRT,\ PV = \frac{wRT}{M}$에서 $V = \frac{wRT}{PM}$

표준상태에서 벤젠 6 g의 부피(L)

$$V = \frac{wRT}{PM} = \frac{6\ \text{g} \times 0.082\ \text{atm} \cdot \text{L/K} \cdot \text{mol} \times (0 + 273.15)\ \text{K}}{1\ \text{atm} \times 78\ \text{g/mol}} \fallingdotseq 1.72\ \text{L}$$

표준상태에서 벤젠 1.72 L가 연소할 때 생성되는 CO_2의 부피는 $1.72\ \text{L} \times \frac{6}{2} = 5.16\ \text{L}$

$2C_6H_6 + 15O_2 \rightarrow 12CO_2 + 6H_2O$

28. $C_2H_5OH + 3O_2 \rightarrow 2CO_2 + 3H_2O$

$PV = nRT$, $PV = \dfrac{wRT}{M}$에서 $V = \dfrac{wRT}{PM}$

1 atm, 25℃에서 에탄올 200 g의 부피(L)

$$V = \frac{wRT}{PM} = \frac{200\ \text{g} \times 0.082\ \text{atm} \cdot \text{L/K} \cdot \text{mol} \times (25 + 273.15)\ \text{K}}{1\ \text{atm} \times 46\ \text{g/mol}} ≒ 106.3\ \text{L}$$

에탄올 106.3 L가 연소할 때 생성되는 CO_2의 부피는 $106.3\ \text{L} \times \dfrac{2}{1} = 212.6\ \text{L}$

$C_2H_5OH + 3O_2 \rightarrow 2CO_2 + 3H_2O$

29. $PV = nRT$에서 $PV = \dfrac{wRT}{M}$

$$\frac{w}{V} = \frac{PM}{RT} = \frac{0.85\ \text{atm} \times 32\ \text{g/mol}}{0.082\ \text{atm} \cdot \text{L/K} \cdot \text{mol} \times (25 + 273.15)\ \text{K}} ≒ 1.11\ \text{g/L}$$

▶ 제5장 중요한 원소화학

4. $P_2S_5 + 8H_2O \rightarrow 5H_2S + 2H_3PO_4$ ∴ H_2S(황화수소) 가스 발생 때문

5. $S + O_2 \rightarrow SO_2$

7. 연소범위 = 4 ~ 75%, 위험도(H) = $\dfrac{75-4}{4} = 17.75$

8. 조연

11. 착화점 : 100℃, 연소반응식 : $P_4S_3 + 8O_2 \rightarrow 2P_2O_5 + 3SO_2$

16. 석탄 100,000 g $\xrightarrow{0.01\%}$ 10 g-S

$$\frac{100{,}000\ \text{g-}\cancel{\text{석탄}}}{} \,\Big|\, \frac{0.01\ \text{g-S}}{100\ \text{g-}\cancel{\text{석탄}}} = 10\ \text{g-S}$$

$S + O_2 \rightarrow SO_2$

$$\frac{10\ \text{g-}\cancel{\text{S}}}{} \,\Big|\, \frac{1\ \text{mol-}\cancel{\text{S}}}{32\ \text{g-}\cancel{\text{S}}} \,\Big|\, \frac{1\ \text{mol-}\cancel{\text{SO}_2}}{1\ \text{mol-}\cancel{\text{S}}} \,\Big|\, \frac{64\ \text{g-SO}_2}{1\ \text{mol-}\cancel{\text{SO}_2}} = 20\ \text{g-SO}_2$$

18. ▪ 삼황화인 : $P_4S_3 + 8O_2 \rightarrow 2P_2O_5 + 3SO_2$

▪ 오황화인 : $2P_2S_5 + 15O_2 \rightarrow 2P_2O_5 + 10SO_2$

22.

구분	색상	독성	연소생성물	CS_2에 대한 용해도
황린	담황색	있음	오산화인(P_2O_5)	용해 됨
적린	암적색	없음	오산화인(P_2O_5)	용해 안 됨

23. (1) $P_2S_5 + 8H_2O \rightarrow 5H_2S + 2H_3PO_4$

(2) $2H_2S + 3O_2 \rightarrow 2H_2O + 2SO_2$

24. 삼황화인 연소반응식 : $P_4S_3 + 8O_2 \rightarrow 2P_2O_5 + 3SO_2$

오황화인 연소반응식 : $2P_2S_5 + 15O_2 \rightarrow 2P_2O_5 + 10SO_2$

▶ 제6장 부식성 물질의 화학

6. $3HCl + HNO_3 \rightarrow NOCl + Cl_2 + 2H_2O$

$Au + NOCl + 3HCl \rightarrow AuCl_4^- + NO + 3H^+$

10. $4HNO_3 \rightarrow 4NO_2 + 2H_2O + O_2$

11. 부동태

13. $3HCl + HNO_3 \rightarrow NOCl + 2H_2O + 2Cl$

$Au + 3Cl \rightarrow AuCl_3$

$AuCl_3 + HCl \rightarrow HAuCl_4$

▶ 제7장 물과 반응하는 물질의 화학

14. (1) 반응식 : $2NaH + 2H_2O \rightarrow 2NaOH + 2H_2$

(2) 위험성 ⅰ. 물과 반응하여 폭발성의 수소가스 생성

ⅱ. 공기 중에서 습기와 반응하여 자연발화위험성 또는 독성물질인 NaOH 생성

15. CH_4, C_2H_6

$(CH_3)_3Al + 3H_2O \rightarrow Al(OH)_3 + 3CH_4\uparrow$

$(C_2H_5)_3Al + 3H_2O \rightarrow Al(OH)_3 + 3C_2H_6\uparrow$

16. (1) 명칭 : 칼슘(Ca)

(2) 지정수량 : 50 kg

(3) 물과 반응식 : $Ca + 2H_2O \rightarrow Ca(OH)_2 + H_2$

(4) 보관 방법 : 물이나 습기의 접촉을 막고, 용기는 밀전밀봉할 것

(5) 소화 방법 : 건조사에 의한 질식소화

17. (1) 화학반응식 : $CaC_2 + 2H_2O \rightarrow Ca(OH)_2 + C_2H_2$

(2) 위험한 이유

ⅰ. 연소범위가 2.1～81 %로 넓으며 인화, 폭발위험이 있다.

ⅱ. 단독으로도 1 atm 이상에서 분해폭발한다.

ⅲ. 금속(Cu, Ag, Hg 등)과 반응하여 폭발성인 금속아세틸리드를 생성한다.

19. $K_2O_2 \rightarrow K_2O + 1/2O_2$

20. $2Na_2O_2 + 2H_2O \rightarrow 4NaOH + O_2$
생성물질 : NaOH(수산화나트륨), O_2(산소)

21. $2(C_2H_5)_3Al + 21O_2 \rightarrow Al_2O_3 + 12CO_2 + 15H_2O$

22. (1) 반응식 : $Ca_3P_2 + 6H_2O \rightarrow 2PH_3 + 3Ca(OH)_2$
(2) 지정수량 : 300 kg
(3) 위험성 : 독성, 가연성

23. (1) 반응식 : $CaC_2 + 2H_2O \rightarrow Ca(OH)_2 + C_2H_2$
(2) 생성되는 기체 화학식 : C_2H_2
(3) 생성물이 왜 위험한지 : C_2H_2의 폭발범위가 2.5～81%이므로, 공기 중에서 농도가 25%이면, 폭발범위 안에 들어가므로 폭발의 위험이 있다.

24. (1) $CaC_2 + 2H_2O \rightarrow Ca(OH)_2 + C_2H_2$

$$\frac{100\text{ kg-}CaC_2}{} \left| \frac{1\text{ kmol-}CaC_2}{64\text{ kg-}CaC_2} \right| \frac{1\text{ kmol-}C_2H_2}{1\text{ kmol-}CaC_2} \left| \frac{26\text{ kg-}C_2H_2}{1\text{ kmol-}C_2H_2} \right| = 40.625\text{ kg-}C_2H_2$$

$$V = \frac{wRT}{PM} = \frac{(40.625 \times 10^3)\text{g} \times 0.082\text{atm} \cdot \text{L/K} \cdot \text{mol} \times (100 + 273.15)\text{K}}{1\text{atm} \times 26\text{g/mol}}$$

$$= 47{,}809.84375\text{ L-}C_2H_2 = 47.81\text{ m}^3\text{-}C_2H_2$$

(2) 위험도 $= \dfrac{(81 - 2.5)}{2.5} = 31.4$

25. (1) 공기 중에서 반응식 : $2(C_2H_5)_3Al + 21O_2 \rightarrow Al_2O_3 + 12CO_2 + 15H_2O + 1470.4\text{ kcal}$
(2) 물과의 반응식 : $(C_2H_5)_3Al + 3H_2O \rightarrow Al(OH)_3 + 3C_2H_6$

26. $Mg + 2H_2O \rightarrow Mg(OH)_2 + H_2$
$2Mg + CO_2 \rightarrow 2MgO + C$

29. (1) $2Al + 6HCl \rightarrow 2AlCl_3 + 3H_2$
(2) $2Al + 2NaOH + 2H_2O \rightarrow 2NaAlO_2 + 3H_2$

30. (1) $(C_2H_5)_3Al + 3H_2O \rightarrow Al(OH)_3 + 2C_2H_6$
(2) $(C_2H_5)_3Al + 3Cl_2 \rightarrow AlCl_3 + 3C_2H_5Cl$
(3) $(C_2H_5)_3Al + 3CH_3OH \rightarrow Al(CH_3O)_3 + 3C_2H_6$
(4) $(C_2H_5)_3Al + HCl \rightarrow (C_2H_5)_2AlCl + C_2H_6$

32. $CaC_2 + 2H_2O \rightarrow Ca(OH)_2 + C_2H_2$

33. (1) CO_2와의 반응식 : $2Mg + CO_2 \rightarrow 2MgCO_3 + C$

(2) N_2와의 반응식 : $Mg + N_2 \rightarrow MgN_2$

(3) H_2O과의 반응식 : $Mg + H_2O \rightarrow Mg(OH)_2 + H_2$

34. (1) $CaC_2 + 2H_2O \rightarrow Ca(OH)_2 + C_2H_2$

(2) 위험도 $H = \dfrac{U-L}{L} = \dfrac{81-2.5}{2.5} = 31.4$

35. (1) 열분해 생성물 : CaO, O_2

(2) 염산과의 반응 시 생성물 : $CaCl_2$, H_2O_2

▶ 제8장 유독물질

2. $C + H_2O \rightarrow CO + H_2$: 탄소가 물과 반응하면 가연성 가스인 CO와 H_2가스가 발생하기 때문

4. $FeS + 2HCl \rightarrow FeCl_2 + H_2S$

9. Lethal Concentration

17. 탄소수가 증가할수록 연소범위의 하한이 커지고, 연소속도가 빨라지며, 발화온도가 높아지고 발열량($kcal/m^3$)이 작아진다.

18. 무색투명, 황, 청, 이산화황, 이산화탄소, 착화(발화)

▶ 제9장 산화·환원현상

10. 목탄 또는 황과 혼합하면 과염소산염은 자연발화를 일으키게 되는데, 그 화학반응식은 다음과 같다.

$KClO_4 + 2C \rightarrow KCl + 2CO_2$

$KClO_4 + 2S \rightarrow KCl \rightarrow 2SO_2$

12. 인산(H_3PO_4), 요산($C_5H_4N_4O_3$)

13. $(+2)+S+(-2)\times4=0$에서 $S=+6$

14. $(+1)+Cl+(-2)\times2=0$에서 $Cl=+3$

17. $32 \times \dfrac{40}{100} + 28 \times \dfrac{60}{100} \fallingdotseq 29.6$

18. $3.65 \times 10^3 g\ HCl \times \dfrac{1mol\ HCl}{36.5g\ HCl} \times \dfrac{6.02 \times 10^{23}\text{개의 HCl}}{1mol\ HCl} = 6.02 \times 10^{25}\text{개의 HCl}$

19. HNO_3, $KMnO_4$, H_2SO_4

20. 사방정계

21. (1) 열분해 반응식 : $2KMnO_4 \rightarrow K_2MnO_4 + MnO_2 + O_2\uparrow$

(2) 묽은 황산과의 반응식 : $4KMnO_4 + 6H_2SO_4 \rightarrow 2K_2SO_4 + 4MnSO_4 + 6H_2O + 5O_2\uparrow$

(3) 염산과 반응식 : $4KMnO_4 + 12HCl \rightarrow 4KCl + 4MnCl_2 + 6H_2O + 5O_2\uparrow$

22. $KClO_4 \rightarrow KCl + 2O_2$

23. (1) 물질명 : 질산칼륨

(2) 화학식 : KNO_3

(3) 분해반응식 : $2KNO_3 \rightarrow 2KNO_2 + O_2$

24. $K_2O_2 + 2CH_3COOH \rightarrow 2CH_3COOK + H_2O_2$

25. 화학식 : NH_4NO_3

열분해반응식 : $2NH_4NO_3 \rightarrow 2N_2 + 4H_2O + O_2$

26. (1) $2NH_4NO_3 \rightarrow 2N_2 + H_2O + 4O_2$

(2) ① 지정수량 : 1,000 L ② 위험등급 : Ⅲ

27. (1) $2Na_2O_2 + 2CO_2 \rightarrow 2Na_2CO_3 + O_2$

(2) $2Na_2O_2 + 2H_2O \rightarrow 4NaOH + O_2$

▶ 제10장 유기화합물

13. 구조식 :  $-CH_3$, 물질명 : 톨루엔, 품명 : 제4류 제1석유류, 지정수량 : 200 L

16. 명명법 : 메틸터셔리부틸에테르, 구조식 : 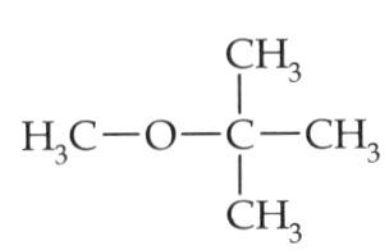

17. 옥탄값의 정의 : 휘발유의 폭발성, 연소성을 나타낸 것으로 이소옥탄 100, 노말헵탄을 0으로 하여 가솔린의 품질을 나타내는 척도

옥탄값 구하는 방법 $= \dfrac{\text{이소옥탄}}{\text{이소옥탄} + \text{노말헵탄}} \times 100$

옥탄값과 연소효율과의 관계 : 비례관계(옥탄값이 높을수록 연소효율이 좋다)

19. (1) 물질명 : 이황화탄소(CS_2)

(2) 완전연소반응식 : $CS_2 + 3O_2 \rightarrow CO_2 + 2SO_2$

(3) 가스의 총 부피

100 g-CS_2	1 mol-CS_2	3 mol-gas	22.4 L-gas	≒ 88.42 L
	76 g-CS_2	1 mol-CS_2	1 mol-gas	

20. 휘발유의 위험도 $= \dfrac{(\text{폭발상한값}-\text{폭발하한값})}{\text{폭발하한값}} = \dfrac{(7.6-1.4)}{1.4} = 4.4285 \fallingdotseq 4.43$

21. (1) 명칭 : MTBE (Methyl Tertiary Butyl Ether)

(2) 구조식 : $CH_3-O-C(CH_3)_2-CH_3$

```
                  CH3
                  |
CH3 — O — C — CH3
                  |
                  CH3
```

23. (1) 구조식 :

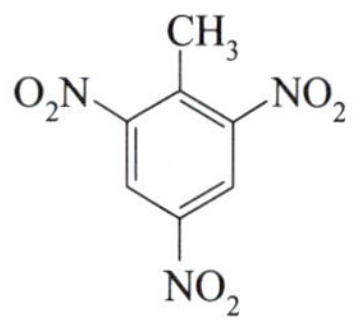

(2) 분해반응식 : $2C_6H_2CH_3(NO_2)_3 \ \rightarrow \ 3N_2 + 5H_2 + 12CO + 2C$

26. CH_3CHO의 위험도 : $H = \dfrac{U-L}{L} = \dfrac{57-4.1}{4.1} = 12.9$

CS_2의 위험도 : $H = \dfrac{U-L}{L} = \dfrac{44-1.2}{1.2} = 35.67$

27. 클로로벤젠(C_6H_5Cl)

▶ 제11장 탄화수소유도체와 고분자화합물

11. 카르복시산, 케톤

15. i. 카르복실기 : 요오드포름반응, ii. 아세트알데히드 : 은거울 반응

▶ 제12장 화약류

6. 물, 알코올

7. $PV = \dfrac{w}{M}RT$에서 $P = \dfrac{wRT}{VM} = \dfrac{500 \times 0.082 \times (1000+273.15)}{\dfrac{320}{1000} \times 227} = 718.6\,\text{atm}$

10. (1) TNT(트리니트로톨루엔)
(2) 제5류 위험물
(3) 니트로화합물류
(4) 200 kg
(5) 300℃

11. $4C_3H_5(NO_2)_3 \ \rightarrow \ 12CO_2\uparrow + 10H_2O\uparrow + 6N_2\uparrow + O_2\uparrow$

13. (1) 질산칼륨(KNO_3)
 (2) $2KNO_3 \rightarrow 2KNO_2 + O_2$
 (3) 산화제

14. (2) 담황색 또는 보라색
 (3) 1.5
 (4) $C_2H_4N_2O_6$ 질소 함유량 $= \frac{28\ g}{152\ g} \fallingdotseq 0.184$

15. (1) 질산에스테르류
 (2) $C_3H_5(ONO_2)_3$
 (3) $4C_3H_5(ONO_2)_3 \rightarrow 12CO_2 + 10H_2O + 6N_2 + O_2$

16. (1) 제5류 위험물
 (2) 니트로화합물
 (3) 200 kg

17. $4C_3H_5(ONO_2)_3 \rightarrow 12CO_2 + 10H_2O + 6N_2 + O_2$

찾아보기

Periodic Table of the Elements

MAIN GROUP ELEMENTS | TRANSITION ELEMENTS | MAIN GROUP ELEMENTS

- Metals (main-group)
- Metals (transition)
- Metals (inner transition)
- Metalloids
- Nonmetals
  비금속

Period	IA (1)	IIA (2)	IIIB (3)	IVB (4)	VB (5)	VIB (6)	VIIB (7)	VIIIB (8)	VIIIB (9)	VIIIB (10)	IB (11)	IIB (12)	IIIA (13)	IVA (14)	VA (15)	VIA (16)	VIIA (17)	VIIIA (18)
1	1 **H** 1.008																	2 **He** 4.003
2	3 **Li** 6.941	4 **Be** 9.012											5 **B** 10.81	6 **C** 12.01	7 **N** 14.01	8 **O** 16.00	9 **F** 19.00	10 **Ne** 20.18
3	11 **Na** 22.99	12 **Mg** 24.31											13 **Al** 26.98	14 **Si** 28.09	15 **P** 30.97	16 **S** 32.07	17 **Cl** 35.45	18 **Ar** 39.95
4	19 **K** 39.10	20 **Ca** 40.08	21 **Sc** 44.96	22 **Ti** 47.88	23 **V** 50.94	24 **Cr** 52.00	25 **Mn** 54.94	26 **Fe** 55.85	27 **Co** 58.93	28 **Ni** 58.69	29 **Cu** 63.55	30 **Zn** 65.39	31 **Ga** 69.72	32 **Ge** 72.61	33 **As** 74.92	34 **Se** 78.96	35 **Br** 79.90	36 **Kr** 83.80
5	37 **Rb** 85.47	38 **Sr** 87.62	39 **Y** 88.91	40 **Zr** 91.22	41 **Nb** 92.91	42 **Mo** 95.94	43 **Tc** (98)	44 **Ru** 101.1	45 **Rh** 102.9	46 **Pd** 106.4	47 **Ag** 107.9	48 **Cd** 112.4	49 **In** 114.8	50 **Sn** 118.7	51 **Sb** 121.8	52 **Te** 127.6	53 **I** 126.9	54 **Xe** 131.3
6	55 **Cs** 132.9	56 **Ba** 137.3	57 **La** 138.9	72 **Hf** 178.5	73 **Ta** 180.9	74 **W** 183.9	75 **Re** 186.2	76 **Os** 190.2	77 **Ir** 192.2	78 **Pt** 195.1	79 **Au** 197.0	80 **Hg** 200.6	81 **Tl** 204.4	82 **Pb** 207.2	83 **Bi** 209.0	84 **Po** (209)	85 **At** (210)	86 **Rn** (222)
7	87 **Fr** (223)	88 **Ra** (226)	89 **Ac** (227)	104 **Rf** (261)	105 **Db** (262)	106 **Sg** (266)	107 **Bh** (262)	108 **Hs** (265)	109 **Mt** (266)	110 **Ds** (269)	111 **Rg** (272)	112 **Cn** (285)	113 **Nh** (286)	114 **Fl** (289)	115 **Mc** (290)	116 **Lv** (293)	117 **Ts** (294)	118 **Og** (294)

INNER TRANSITION ELEMENTS

Period															
6	Lanthanides	58 **Ce** 140.1	59 **Pr** 140.9	60 **Nd** 144.2	61 **Pm** (145)	62 **Sm** 150.4	63 **Eu** 152.0	64 **Gd** 157.3	65 **Tb** 158.9	66 **Dy** 162.5	67 **Ho** 164.9	68 **Er** 167.3	69 **Tm** 168.9	70 **Yb** 173.0	71 **Lu** 175.0
7	Actinides	90 **Th** 232.0	91 **Pa** (231)	92 **U** 238.0	93 **Np** (237)	94 **Pu** (244)	95 **Am** (243)	96 **Cm** (247)	97 **Bk** (247)	98 **Cf** (251)	99 **Es** (252)	100 **Fm** (257)	101 **Md** (258)	102 **No** (259)	103 **Lr** (266)

제3판 **위험물질론** 이론과 실습 정가 32,000원

발 행 2022년 9월 10일 3판 1쇄
저 자 현성호 · 차정민
발행인 정우용
발행처 도서출판 **동화기술**
경기도 파주시 광인사길 201(문발동, 파주출판도시)
Tel (031)955-4211~6 donghwapub@nate.com
Fax (031)955-4217 www.donghwapub.co.kr
(등록) 1977년 12월 19일/9-16호

ISBN 978-89-425-9374-3